科学素质学习大纲系列

中国科普研究所
China Research Institute For Science Popularization

全民工程素质学习大纲

全民工程素质学习大纲课题组 编

社会科学文献出版社
SOCIAL SCIENCES ACADEMIC PRESS (CHINA)

图书在版编目(CIP)数据

全民工程素质学习大纲 / 全民工程素质学习大纲课题组编. -- 北京 : 社会科学文献出版社, 2021.1
ISBN 978-7-5201-7443-5

Ⅰ. ①全… Ⅱ. ①全… Ⅲ. ①公民-工程技术-素质教育-中国 Ⅳ. ①TB

中国版本图书馆CIP数据核字（2020）第255552号

全民工程素质学习大纲

编　　者 / 全民工程素质学习大纲课题组

出 版 人 / 王利民
责任编辑 / 张　媛　吴　敏

出　　版 / 社会科学文献出版社 · 皮书出版分社（010）59367127
地址：北京市北三环中路甲29号院华龙大厦　邮编：100029
网址：www.ssap.com.cn
发　　行 / 市场营销中心（010）59367081　59367083
印　　装 / 三河市东方印刷有限公司

规　　格 / 开　本：787mm×1092mm　1/16
印　张：32.5　字　数：612千字
版　　次 / 2021年1月第1版　2021年1月第1次印刷
书　　号 / ISBN 978-7-5201-7443-5
定　　价 / 158.00元

本书如有印装质量问题，请与读者服务中心（010-59367028）联系

全民工程素质学习大纲

课题组

组长 颜　实　高宏斌[①]

成员 李秀菊　周丽娟　张天慧　鞠思婷

① 同为课题组第一组长和负责人。

导 语

党的十九大报告强调要坚定实施创新驱动发展战略，人才作为创新的第一资源，是创新驱动发展战略的基础和关键。以创新为核心的经济竞争时代，对人才创新能力的要求越来越高。工程素质是培养人才创新能力和创新意识的基础，全社会良好的工程素质水平将促进人才创新能力的发展，加快我国到2035年跻身创新型国家前列的步伐。

世界各国政府和教育部门都重视工程教育的发展，美国的工程素质研究领先于其他国家，科学素质基准、技术素质基准以及科学教育、技术教育和数学教育标准中均增加了工程的内容。澳大利亚、英格兰、法国、德国、南非等也颁布了大学前工程教育标准和类似标准的文件，但各国均未形成独立的面向全民的工程素质标准。

现阶段，我国全民对工程的认识和理解还存在不足。一方面，大型工程的相关争论不断出现，引发了大众层面的广泛关注。例如三峡大坝在修建之初因移民、环保等问题引发公众热议；转基因工程在公众和科学家之间引发了激烈的争论。大型工程引发的质疑和争议，究其原因是公众对工程不理解、工程素质还普遍不高。另一方面，成年人对工程的兴趣不高，当代青少年对工程的兴趣弱化，选择工程类专业的学生逐渐减少，工程师出现严重短缺。在“中国焦点群体对工程的理解和态度”调查中，仅有48.7%的受访者表示对各类工程信息感兴趣，相较受访者对国家经济发展信息感兴趣的比例（91.9%）低了将近一半，46.6%的受访者认为“工程知识太复杂，我根本就听不懂”。关于公众理解工程的研究已经到了十分紧迫的程度。因此，为了推动大型工程建设，增加青少年对工程的兴趣，促进公众对工程的理解，必须提高全民的工程素质。

为促进全民工程素质快速提升，中国科普研究所开展了《全民工程素质学习大纲》（以下简称工程大纲）的研究和编写工作，为全民提升工程素质提供内容标准。

《全民工程素质学习大纲》的编写遵循以下原则。

科学性：概念、定义、原理和论证等内容的叙述清晰、准确，符号、单位、术语、公式、数据、图表以及参考文献、历史人物和事件的表述科学准确、前后一致。

基础性：选取某学科领域内公民必须了解和掌握的、最能反映我国公民工程素质基本要求的知识点及相关的知识链接。

系统性：采用当今世界上比较通用的思维导图编排理念，既系统地反映某学科领域的知识主干，又注重不同学科领域知识点的彼此关联。

前瞻性：在知识点内容的表述上，既具备学科发展的历史观，又体现本学科发展趋势的前瞻性。

时代性：既参照国内外已有研究的成果，更符合时代发展的现实需要。

在以上背景与编写原则的指导下，项目组组织相关领域专家学者，对国内外工程素质内涵、维度以及工程教育标准进行了研究，参照《全民科学素质学习大纲》和《全民技术素质学习大纲》的思路，将《全民工程素质学习大纲》划分为三部分：第一部分为工程的本质；第二部分为工程的世界，包含七个工程领域，分别为信息与电子工程、能源与材料工程、医药与卫生工程、农业与食品工程、环境与建筑工程、机械与运载工程、化工与轻纺工程；第三部分为工程与社会。九个章节分别由九个专家团队主持编写工作，其中“工程的本质”由北京科普发展中心苏国民副研究馆员和张天慧副研究馆员主持；“信息与电子工程”由西安交通大学电子与信息学部管晓宏院士主持；“能源与材料工程”由中国科学报社鞠思婷副研究馆员主持；“医药与卫生工程”由天津大学化工学院朱宏吉副教授主持；“农业与食品工程”由中国农业大学食品科学与营养工程学院张秀清副教授主持；“环境与建筑工程”由北京建筑大学环境与能源工程学院王建龙教授主持；“机械与运载工程”由上海交通大学科学史与科学文化研究院黄庆桥副教授主持；“化工与轻纺工程”由北京工业大学环境与生命学部宋旭峰高级实验师主持；“工程与社会”由中国科学院大学人文学院胡志强教授和王楠副教授主持。每个部分均邀请三位及以上该领域的权威专家对大纲内容的系统性和科学性进行严谨论证并提出修改建议。最后将九个章节进行汇总编辑经专家审定后形成《全民工程素质学习大纲》。

工程大纲每个章节的知识分为三级结构，每一章开头均有内容简介和知识框架导图，以便读者对该章的知识有系统全面的了解。其中，工程的本质包含六个部分，末级知识点 19 个；信息与电子工程包含五个部分，末级知识点 40 个；能源与材料工程包含五个部分，末级知识点 27 个；医药与卫生工程包含三个部分，末级知识点 28 个；农业与食品工程包含两个部分，末级知识点 27 个；环境与建筑工程包含三部分，末级知识点 23 个；机械与运载工程包含四个部分，末级知识点 22 个；化工与轻纺工程包含三个部分，末级知识点 23 个；工程与社会包含五个部分，末级知识点 16 个。

工程大纲约 50 万字，系统、全面地架构了各学科领域的工程知识框架，对各工程的定义、原理和结构、历史、现状和趋势、评估等方面进行阐述。

工程大纲是提升全民工程素质的抓手，它将推动我国工程素质标准的研究，是促进我国工程教育发展、公众理解工程及参与工程决策的一项有效举措，也将为我国经济社会的发展提供不可或缺的软实力保障。

目　录

第一章　工程的本质　1

一、工程及其特征…………………………………… 2

（一）工程的定义　3

（二）工程的特征　5

二、工程的起源与发展…………………………………… 8

（一）工程的起源　9

（二）工程的发展　10

三、工程的基本要素与分类…………………………………… 12

（一）工程的基本要素　12

（二）工程的基本分类　14

四、工程的过程…………………………………… 17

（一）工程规划　17

（二）工程决策　20

（三）工程设计　23

（四）工程实施　25

（五）工程运行　28

（六）工程退役　30

（七）工程评价　33

五、工程理念、思维与方法 35
（一）工程理念 36
（二）工程思维 38
（三）工程方法 41
六、工程与科学、技术、产业 44
（一）工程与科学的关系 44
（二）工程与技术的关系 46
（三）工程与产业的关系 48
第二章 信息与电子工程 53
一、信息与通信工程 55
（一）无线通信工程 56
（二）空天地一体化网络工程 57
（三）近场通信 59
（四）车联网工程 61
（五）工业互联网工程 63
（六）绿色通信工程 64
（七）智能安防工程 66
（八）虚拟现实工程 67
二、控制科学与工程 69
（一）无人驾驶汽车 70
（二）智能视频监控 73
（三）无人仓储 75
（四）能源互联网工程 78
（五）智能建筑 79
（六）智能家居 81

（七）网络化协同制造工程 83
（八）智能工厂 85
（九）数字供应链 86
（十）卫星 / 惯性多模组合导航 88
（十一）红外光电多模复合制导 89
（十二）机械故障智能诊断仪 91
三、计算机与软件工程 93
（一）群智感知网络工程 94
（二）工业互联网工程 96
（三）大数据工程 98
（四）知识工程 100
（五）软件工程 102
（六）物联网工程 104
四、电子科学与技术 106
（一）集成电路设计与制造工程 107
（二）绿色照明工程 109
（三）平板显示工程 110
（四）柔性电子工程 112
（五）微波通信工程 114
（六）光电信息工程 115
五、网络空间安全工程 117
（一）电子对抗工程 118
（二）信息安全工程 120
（三）人工智能安全 122
（四）信息物理系统安全工程 123
（五）智能侧信道攻击 125
（六）大数据安全工程 127
（七）行为异常挖掘 128
（八）智能信息隐藏 130

第三章 能源与材料工程 137

一、能源工程……138

（一）化石能源开采工程 139

（二）火电工程 140

（三）水电工程 142

（四）风电工程 144

（五）太阳能工程 146

（六）海洋能工程 148

（七）生物能工程 150

（八）核能工程 152

（九）地热能工程 154

二、能源储存与输送……156

（一）储能工程 156

（二）送变电工程 158

（三）特高压电网工程 160

三、能源转化与应用……161

（一）动力机械工程 161

（二）热能与动力工程 164

（三）制冷低温工程 166

（四）节能工程 168

四、材料生产与制备……170

（一）矿业工程 170

（二）粉末冶金材料工程 172

（三）无机非金属材料工程 174

（四）高分子材料工程 176

（五）复合材料工程 177
（六）信息功能材料工程 180
（七）生物材料工程 181
五、材料的加工与成型…………183
（一）材料铸造成形工程 184
（二）材料塑性成形工程 185
（三）材料特种加工成形工程 187
（四）材料的回收再利用工程 188
第四章 医药与卫生工程 192
一、生物医学工程…………193
（一）生物医学工程 194
（二）临床医学工程 203
二、制药工程…………212
（一）生物制药工程 213
（二）化学合成制药工程 220
（三）中药与天然药物制药工程 222
（四）药物制剂工程 224
（五）新药研发工程 226
三、卫生工程…………228
（一）医疗卫生工程 228
（二）公共卫生工程 233
（三）职业卫生工程 241

第五章 农业与食品工程 248

一、农业工程 249
（一）农田基础设施工程 249
（二）农业机械化工程 254
（三）设施园艺工程 259
（四）农业信息化工程 260
（五）农产品产地初加工与储藏工程 264

二、食品工程 267
（一）粮食工程 267
（二）油脂工程 273
（三）水产品加工与保藏工程 276
（四）畜禽产品加工工程 279
（五）果蔬加工工程 284

第六章 环境与建筑工程 294

一、环境工程 295
（一）水环境工程 296
（二）大气控制工程 300
（三）固体废物处理处置工程 303
（四）噪声控制工程 309

二、建筑与土木工程 314
（一）建筑环境与设备工程 314

（二）房屋建筑工程 319

三、水利工程……323

（一）防洪工程 323

（二）调水工程 326

第七章 机械与运载工程 335

一、机械与动力工程……336

（一）机械制造工程 337

（二）机械自动化工程 339

（三）机械电子工程 341

（四）过程装备与控制工程 343

（五）特种设备工程 345

（六）动力机械工程 347

（七）热能与动力工程 350

二、交通运输工程……352

（一）车辆工程 352

（二）桥梁隧道工程 354

（三）道路与铁道工程 356

（四）交通信息工程 357

（五）物流工程 359

三、船舶与海洋工程……361

（一）造船工程 361

（二）海洋运载工程 363

（三）海岸与岛礁工程 365

（四）海洋勘探工程 367

（五）船舶与海洋平台工程 369

四、航空航天工程……371
（一）飞机设计与制造工程 371
（二）航空航天系统工程 373
（三）运载火箭工程 375
（四）卫星工程 377
（五）深空探测工程 379

第八章 化工与轻纺工程 384

一、化学工程……386
（一）热力学与传递工程 386
（二）催化与反应工程 388
（三）化学安全工程 391
（四）化学系统工程 393
（五）石油气化学工程 395
（六）煤化学工程 398
（七）生物化学工程 400
（八）精细化学品工程 402
（九）核化工与核燃料工程 404
（十）生物质化学工程 407
（十一）绿色化学工程 410
二、轻化工程……414
（一）造纸工程 415
（二）皮革工程 417
（三）制糖工程 419
（四）发酵工程 422
（五）粮食工程 425
（六）包装工程 428

（七）印刷工程 431

三、纺织工程……434

（一）纤维工程 435

（二）染整工程 441

（三）服装工程 445

（四）纳米纺织工程 447

（五）生态纺织工程 450

第九章 工程与社会 456

一、工程的社会属性……458

（一）工程的社会特征 458

（二）工程的社会功能 461

二、工程的社会运行……463

（一）工程活动的主体：工程共同体 464

（二）工程的社会运行 468

（三）工程的社会评估 470

三、工程的社会影响……473

（一）工程的经济、社会、生态影响 473

（二）工程风险 475

（三）工程的价值冲突和权衡 477

四、工程的社会责任……480

（一）邻避效应 481

（二）行善与不作恶原则 482

（三）环境可持续原则 483

（四）权利与公正原则 485

（五）负责任的工程创新 488

五、工程的社会参与……490

（一）公众理解工程 491

（二）从“公众理解工程”走向工程的社会参与 494

（三）社会参与的原则与途径 495

第一章 工程的本质

当今社会工程无处不在，随时可见，例如土木工程、水利工程、交通工程、机械工程、电力工程、医药工程、生物工程、通信工程、网络工程、软件工程、航天工程等。可以说，我们正生活在一个工程化的社会。

工程是人们建设家园的活动，是改善和自然关系的活动。同时工程也涉及人与人的关系、人与社会的关系。工程活动塑造了现代物质文明和精神文明，深刻地影响和改变着人们生活的方方面面。

我国是世界上的工程大国。为了在工程中建立和谐的人与自然的关系、和谐的人与社会的关系，了解工程的本质是必不可少的。了解工程的本质，有利于公众增进对工程的认知，深化对工程现象的理解，也有利于公众提高对工程问题的兴趣，提升“公众理解工程”和“公众参与工程”的意识和能力，从而最终提升公众的工程素质，这对于促进工程的良好发展、发挥工程的积极作用、推动工程教育进步、培养更多工程人才有着重要意义。

我们对工程的认识远远落后于实践。工程的发展对人们的生产生活产生了深远和显著的影响，人们开始关注工程的本质，关于工程是什么的讨论，一直以来都没有定论。但这并不妨碍人们从不同的视角认识和研究工程，同时工程哲学于21世纪之初兴起。通过研究分析，将工程的基本特征概括为建构性和实践性、集成性和创造性、科学性和经验性、复杂性和系统性、社会性和公众性、效益性和风险性等方面。

人们对工程是什么的追问自然也要回溯到对工程起源的探讨。工程起源于人类生存的需要，起源于人类对器物尤其是工具的需要，进而是对居住场所的需要，以及一切非天然生成物的需要。工程的发展也给其定义不断注入新的内容。

工程是工程诸要素的集成过程，具体体现为以科学为基础对各种技术要素和非技术要素的集成。对工程进行分类，既要考虑技术的基本类型，也要兼顾其满足社会需求的目的性要求。

工程可以看作一个过程，通常包含规划、决策、设计、实施等一系列相互联系、紧密配合、协同作用的阶段与环节。通过工程方法实现工程建设，在工程的过程中形成的工程理念和工程思维发挥着根本性的作用。

正确认识和深刻理解工程与科学、技术、产业之间的辩证关系，对于认识工程，明确工程的划界问题，推动科学、技术、产业等一体化发展，都具有重要意义。

在总结和归纳前人研究的基础上，本章内容主要包括工程及其特征、工程的起源与发展、工程的基本要素与分类、工程的过程等方面。希望读者在阅读本章之后，能够了解工程的概念、特征、要素、类别，了解工程的起源与发展及过程，了解工程思维和常见的工程方法及其与科学、技术、产业的关系，能积极思考当代工程发展及日常生活、工作中遇到的相关问题，积极参与工程相关公共事务，科学合理地进行工程决策，自觉提升自身的工程素养。

本章知识结构见图 1–1。

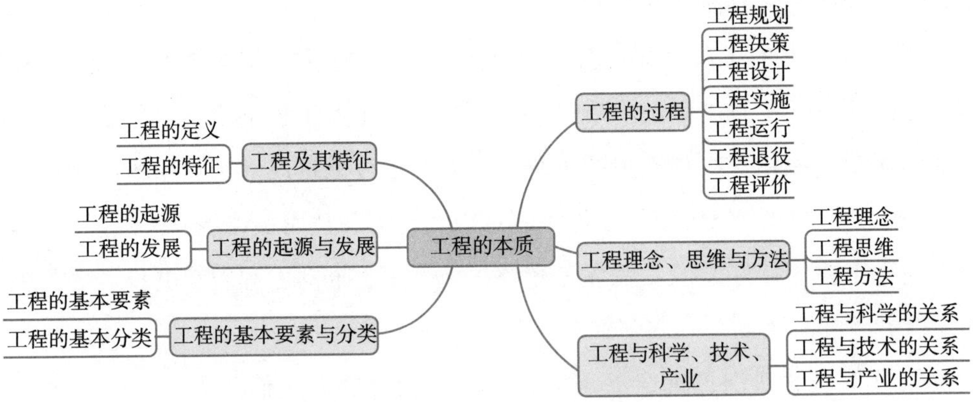

图 1-1　工程的本质知识结构

一、工程及其特征

当今社会工程无处不在、随时可见，与人们的生活紧密相连。可以说人们生活在一个工程化的社会。长城、故宫、都江堰、京杭大运河等，这些都可称为工程。我们熟悉的生物工程、通信工程、网络工程、软件工程、航天工程等，也是工程。工程活动自古就有，并且塑造了现代文明，深刻影响着社会生活的各个方面。现代工程构成了现代社会存在和发展的基础，是现代社会实践活动的主要形式。正确认识和理解工程的概念和特征，有助于加强对工程的理解。

（一）工程的定义

什么是工程？严格地说，目前还没有形成统一的定义。伴随着科学技术的发展和人类社会实践的不断深化，工程的定义逐步演化。在科技和社会高速发展的当代，工程更是一个广泛、多样的概念。我们可以从广义和狭义两方面来理解工程。广义的工程是指所有人类有规模、有组织的实践活动，涉及社会生活的许多领域，涵盖各种不同性质的工程，既包括针对物质对象和基于技术活动的自然工程，又包括针对人文对象和基于人类社会活动的社会工程。也有人称自然工程为“硬工程”，称社会工程为“软工程”。狭义的工程是指与生产、建设活动密切联系，人类运用自然科学理论和现代技术原理改造客观世界的“有形”的、创造性的实践活动，而这种创造性活动是通过各种项目的实施、以各类工程技术人员为主来完成的，如国家大剧院建设工程、南水北调工程、青藏铁路工程以及航天工程、探月工程、人类基因组工程等大型工程和大科学工程，以及建设工厂、修建铁路、研制新装备、开发新产品等中小型工程。

简单地说，工程是在约束条件下的设计。最基本的约束条件是自然规律，其他限制因素包括时间、资金、可用材料、人文、环境法规和政治因素等。例如港珠澳大桥在设计之初要考虑风速，融入生态环保元素，要保障珠江口伶仃洋主航道的绝对畅通，还要保证所在海域附近香港国际机场的飞机正常起降。建筑设计上还要体现中华文化的一脉相承、源远流长。好的设计要敬畏自然，并保持安全、环保、美观的平衡。“工程”一词最早诞生于军事领域，后拓展到民用建筑领域，以及其他生产和生活领域。起初工程主要指攻防器械和设施，如弩炮、云梯、浮桥、器械等的建造活动。后来人们普遍认为建筑和施工就是工程，工程即创造之意。随着科学技术的发展，几乎每次新科技出现都会产生一种相应的工程，工程的定义也不断被注入新的内容。《自然辩证法百科全书》中对工程的定义是：“把数学和科学技术知识应用于规划、研制、加工、试验和创制人工系统的活动和结果，有时又指关于这种活动的专门学科。”《现代汉语词典》中对工程的释义是：“土木建筑或其他生产、制造部门用比较大而复杂的设备来进行的工作，如土木工程、机械工程、化学工程、采矿工程、水利工程、航空工程。”

工程发展至今，关于工程是什么的讨论，一直以来都没有定论，但这并不妨碍人们从不同的视角认识和研究工程。专家学者从不同的视角为工程下了定义，大致可归纳为以下几种。

1. 把工程看作一种活动

最普遍的理解是把工程看作一种活动。李伯聪在《工程哲学引论》一书中指出，工程即造物。李伯聪通过分析科学、技术和工程三者之间的关系得出，“科学是以发现为核心的人类活动，技术是以发明为核心的人类活动，而工程是以建造为核心的人类活动”。他认为，“工程是人类改造物质自然界的完整的、全部的实践活动和过程的总称”。殷瑞钰和汪应洛等对此定义作了扩展，他们认为工程是人类利用和改造客观世界的实践活动，是人类运用各种知识（包括科学知识、经验知识，特别是工程知识）和必要的资源、资金和装备等要素并将之有效地构建起来，以达到一定目的（通常是得到有价值的产品或技术服务）的有组织的社会实践活动。还有学者认为工程是指需要较多的人力、物力在一个较长时间周期内完成较大而复杂的工作，如城市改建工程、“京九铁路”工程、西气东输工程等。《义务教育小学科学课程标准》认为：工程是运用科学和技术进行设计、解决实际问题和制造产品的活动。简言之，工程是以科学和技术为基础的系统性工作。工程的关键是建造，核心是设计。

2. 将工程看成一种艺术

最早把工程定义为艺术的是工程师、作家托马斯·特雷戈尔德（Thomas Tredgold）。他在 1828 年写给英国民用工程师学会的信中，把 civil engineering（民用工程，中国一般称为“土木工程”）定义为“为了人类的利益而综合利用自然资源的一种艺术”。这一定义在后来被英美工程师普遍接受，至今美国工程教育协会（American Society for Engineering Education，ASEE）还沿用这一定义，将工程解释为“一种把科学和数学原理、经验、判断和常识运用到造福人类的产品制造中去的艺术”。

3. 将工程看成一种职业或专业

美国工程和技术资格认证委员会在 1985 年的年度报告中指出：“工程是应用通过研究、经验和实践所得到的数学和自然科学知识，以开发有效利用自然的物质和力量为人类利益服务的途径的职业。”被誉为世界高等工程教育旗手的美国麻省理工学院则将工程定义为：“工程是关于科学知识和技术的开发与应用，以便在物质、经济、人力、政治、法律和文化限制内满足社会需要的一种创造力的专业。”美国工程师专业发展委员会则认为工程是利用各种科学知识开辟合理使用自然资源的途径来为人类谋福利的专业的总称。

4. 将工程看成一门学科

这是学术界对工程的一种专业性认识，也可称作工程学。学术界一般将“工程”视为将自然科学原理应用于生产的实践活动及其所形成的学科。我国《辞海》中对工程的解释是将自然科学的理论应用到具体工农业生产部门中形成的各学科的总称，如水利工程、化学工程、土木工程、遗传工程、系统工程、生物工程、海洋工程、环境工程等。

总之，不同专业和领域的学者对工程的定义或解释有诸多版本，本研究采用工程是一项实践活动的定义，认为工程是为了满足需要和改造世界，运用科学和技术进行设计、解决实际问题和制造产品的活动。

（二）工程的特征

工程不是单纯的事物，而是一种复杂的社会实践，即建造设施的活动。工程关注结果和目标的实现。工程是有明确目标、具体方案、具体要求、具体投入、具体完成时间的，而这些具体的内容都是可实现、可验证的。工程的活动一般都具有一定的规模、一定的技术难度，并由专业人员设计与指导。

现代工程是一种高度创造性的劳动，其核心要素是科学技术。现代工程大多是多学科跨领域的科学技术集成体，其成果是技术要素与非技术要素综合性优化集成的产物。重大工程的跨学科特性要求我们在工程确立时必须具备跨越具体学科的视角。

工程与自然环境和社会环境相互联系、相互作用，其成果成为人类社会的重要组成部分。现代人的生活高度依赖于工程建造的设施。现代工程已成为现代社会生存与发展的基础。综合分析现代工程活动，可以将工程的基本特征概括为建构性和实践性、集成性和创造性、科学性和经验性、复杂性和系统性、社会性和公众性、效益性和风险性等方面。

1. 建构性和实践性

工程都是通过具体的决策、规划、设计、建造等实施过程来完成的。任何一个工程过程都突出地表现为建构一个原本不存在的新事物的过程，或者是一个对以往工程不断改造、创新和完善的过程。例如，建设空间站等，就是建构一个原本不存在的新事物。大型综合工程的建构过程不仅仅体现在物质结构的建构即工程建设过程，也包括诸如工程理念、设计方法、管理制度、组织规则等方面的主观概念建构。作为物质建构过程表现为各种物质资源配置、加工，能量形式转化，信息传输变换等实践过程；作为主观概念建构过程表现为工程理念的定位、工程整体的概念设计、工程蓝图的规划安排等建构过程。

工程活动具有鲜明的主体建构性和直接的实践性，并且建构性与实践性是高度统一的。工程的实践性不仅体现在工程项目的物质建设过程中，更体现在工程项目建成以后的工程运行中。工程运行效果反映工程建设的质量和水平。工程运行的实际状况取决于工程建设的状况，工程建设的质量取决于工程建构的水平。

2. 集成性和创造性

工程是通过各种科学知识、技术知识转化为工程知识并形成现实生产力从而创造效益的活动过程。它体现了集成创新的特点。任何一个工程都是集合各种复杂的要素而完成的集成建构，这种集成建构的过程就是工程制造、创新的过程。事实上，每个工程都是独一无二的，几乎没有完全相同的工程。可以说每一项重大工程都具有创造性，其可以体现在工程理念、工程设计、工程实施、工程运行等工程活动的全过程。工程创新就是集成创新，是集成性和创造性的结合。

3. 科学性和经验性

工程活动，尤其是现代工程活动都必须建立在科学的基础上。工程是将科学知识和技术成果转化为现实生产力的活动。任何一个工程建造活动都具有多种基础学科交叉、复杂技术综合运用的特点，特别是工程中运用和集成的关键性技术都将自然科学甚至社会科学的原理作为依据。工程在集成过程中其自身的理论、原则和规律，都必须具备科学性。

工程建设离不开工程设计者和实施者的经验和知识。参与具体工程活动的设计者和实施者的实践经验是工程活动中科学性原则的重要补充。工程经验是工程活动中不可或缺的。工程活动中的经验性也伴随着科学进步而不断升级。所以，工程活动中的科学性与经验性是相互依存、相互包含和相互转化的。工程活动过程中，随着科学进步，工程活动中的个体经验所包含的科学因素不断丰富，工程经验性也不断提升。

4. 复杂性和系统性

工程是由各种因素组成的复杂系统，主要体现在：现代工程项目规模大，协作面广，投资大，建设周期长，技术复杂，工程实施过程复杂。此外，工程往往由多个施工单位共同参与并协作，包含复杂的社会管理系统和众多的利益群体。随着科学技术的迅速发展，人类的工程活动无论是在规模上还是在复杂程度上都不断出现新的高度。

工程活动的复杂性与系统性是密切结合的。工程系统自身的特点决定了其具有复杂性。工程是根据自然界的规律和人类的需求规律制造一个原本并不存在的人工事物，所以，工程的系统性不同于自然事物的系统性，包含了自然、科学、技术、社会、政治、经济、文化等诸多元素。工程的系统性是在自然事物的复杂性基础上加上了社会和人文的复杂性，是这三个复杂性的复合。工程的系统性关联着复杂性，工程的复杂性依存于系统性。

5. 社会性和公众性

工程处在社会大环境中，与社会具有不可分割的联系。工程的价值只有通过满足社会和人们的生产生活需要才能得以实现。任何工程项目都必须在一定时期和一定社会环境中存在和展开，是社会主体组织实施的实践活动。因此，可以说社会性是现代工程最重要的特征之一。工程的社会性表现为工程实施主体的社会性。特大型工程，诸如“阿波罗登月工程”“三峡工程”等参与者众多，工程共同体成员一起协同工作，在特定的工程流程、规范和方法的指导下，有组织地共同完成工程的建设。

同时，工程也表现出其公众性。工程特别是特大型工程，往往对特定地区的社会、经济、政治、文化和生态的发展具有直接的、显著的影响与作用。公众关注工程问题，主要是从自身所感受到的工程所带来的社会、经济、文化、环境等的正负面效应出发的。

工程的这种特征要求人们全方位地认识和理解工程，综合考虑工程带来的经济效益、社会效益和生态效益。推动社会公众全面理解工程的同时，注重社会公众对工程建设的支持、监督和参与。

6. 效益性和风险性

工程都有明确的效益目标。工程效益主要表现为经济效益、社会效益和生态效益。一个成功的工程项目，不仅在技术上是先进的和可行的，而且在效益上是合算的。要多目标优化设计方案、科学选址选型、进行系统综合平衡及成本效益核算，协调经济效益、社会效益和生态效益，实现利益最大化。

工程是有风险的。任何一项工程都是人工建构的产物，必然存在多种风险，包括决策风险、经济风险、安全风险、技术风险、自然风险、环境风险、市场运营风险等。

工程的风险按照来源可归结为非科技要素和科技要素。非科技要素的风险首先来源于工程活动环节的复杂性。工程活动包括诸多环节，不同的环节都由不同的社会群体来完成，不可能每一个建设者和参与者都对工程建设有全面科学的考虑和准确的操作，从而可能造成工程难以达到预期的技术水平、产品等级和质量标准等的要求，这就会带来安全风险。其次，来源于工程利益相关者的矛盾。工程涉及政府部门、企业、工程专业技术人员、工人、社区环境中的居民等多方利益相关者，往往存在诸多利益冲突，使得工程人为地存在很多风险。科技要素的风险主要来源于三个方面：一是科学知识本身的局限性和不确定性；二是工程风险是当代科技风险的特殊形态；三是当前科技水平的限制。大型工程项目往往需要技术上的突破和集成，由于受当前科技水平和认识能力的限制，即使有技术的突破和集成可能也无法同时判断出其负面效应，使得工程本身存在风险和不安全因素。

在工程活动中，效益与风险是相关联的。对于经济效益来说其总是伴随着市场风险、资金风险、环境负荷风险；对于社会效益来说，其则伴随着就业风险、劳动安全风险；对于环境生态效益来说，其又伴随着成本风险、能耗风险等。

二、工程的起源与发展

人类历史的发展和文明的开创过程都离不开工程。人类的工程活动是社会存在和发展的重要基础。工程起源于人类生存的需要，起源于人类对器物尤其是工具的需要，进而是对居住场所的需要，以及一切非天然生成的物质的需要。制造这些物质的活动，就成为人类的工程活动。作为人类在地球上生活和科学探索、技术创新留下的重要痕迹，工程活动深深地烙上了人类技术进步的印记，记载和存储了历史上大量经济、文化和科技的信息，标志着一定时期人类社会科技发展水平和文明程度。

随着人类文明的发展，人们可以建造出比单一产品更大、更复杂的产品，这些产品不再是结构或功能单一的东西，而是各种各样的所谓“人造系统”，于是工程的概念就产生了，并且它逐渐发展为一门独立的学科和技艺。

在中国，“工程”这个词最先出现于南北朝时期，在相当长的一个时期内主要指土木的构筑、实施及其结果。在西方，“工程”（engineering）这一概念也是逐步演变的。英语中“工程”一词的词根 engine 源于拉丁文 ingenerare（意为“创造”），而英语中 engine 这一动词的最初含意是“发明、设计”。“工程”这一单词的正式诞生是源于 17~18 世纪欧洲军事斗争的需要。随后，英国出现了最早的民用工程，大体上与现在所说的土木工程相当。20 世纪以来，人类的生产方式越来越多样化，随着新技术不断涌现，工程已经渗透至更广泛的领域。

（一）工程的起源

1. 史前时代的工程

从人类可以制造石器工具算起，到人类发展起农业生产，产生不同于崇尚平等的部落社会的社会制度为止，这个时期的时间跨度有相当大的弹性。从工程的造物活动上看，这个时期是器具的最初发现时期。制造工具、用火、建筑居所、迁移是这个时代主要的工程内容。有考古证据表明，史前时期在西亚和北非一带，楔形物和斜面装置已经得到应用。这一时期陶器的出现揭开了人类利用自然的新篇章，其制作过程相比石器制作包含了更多的技术要素。制陶实践的发展进一步推动了高温加工技术的出现，使人类进入技术工序更为复杂和精细化的金属时代。同时，工序、选材以及满足特殊目的体现了人类最原始的需求和创造性本能，这一特征也一直延续到现代工程。

2. 文明时代的工程

与史前时代相比，文明时代具备的一些特征包括：中心城市的出现、确立了制度的国家、文字书写系统、巨大的建筑物等。这一阶段，轮轴、杠杆、滑轮和螺旋装置等逐步得到应用。其中，作为工程实践的大型建筑物和中心城市的建造，也是由社会和生活需要的推动而发展起来的。这一时期，人类的工程活动已经具有越来越高的生产力水平、组织管理水平和土木建造技术以及其他相关的工程技术，主要工程内容和活动方式已经演变为农业、金属和城市建设等领域的工程活动，尤其是铁的普遍使用将人类的工程提高到一个新的水平。

从陶器发展到青铜器、铁器，再到大型水利工程，旧的技术不断被新的技术整合，新的技术之间又不断相互融合进而产生更新的技术体系，并在此过程中发展出特定的工程思维和工程文化。

以建筑工程为例，在西方从一般的居所发展到礼仪建筑，从古代亚述及巴比伦之金字形神塔到埃及的金字塔，从英格兰的索尔斯堡大平原上的巨石阵到埃及的方尖碑，这些宗教性、纪念性、装饰性的复杂的大型结构工程，反映了人类工程活动已具有越来越高的技术水平、组织管理水平。西欧在中世纪建造的几百座宏大华美的教堂，成为欧洲最杰出的工程建筑项目，也折射出人类工程建设水平、工程文化和思维的演变。

在古代中国，大型建筑结构和水利工程的成就更是举世闻名。例如始建于公元前 5 世纪的万里长城，迄今仍是世界历史上最伟大的工程之一；公元前 3 世纪中叶建成的都江堰，作为中国最古老的水利灌溉工程，至今仍然在发挥作用，造福社会。此外，还有京杭大运河、宏伟的历代皇城建筑等，这些都体现了中国古代工程技术的非凡成就，显示了中华民族工程发展的悠久历史和光辉。

总之，进入文明时代的工程活动渗透了更多纪念性、艺术性等具有象征意义的精神因素，承载了更多政治、经济、宗教和文化的需求，进而推动了工程思维的发展，出现了设计、项目组织等新的工程活动形式。

（二）工程的发展

1. 近代工程时期

近代以来，工程对人类社会发展的影响日益加深，人们对工程的依赖程度也更加明显。到 18 世纪，科技发展突飞猛进，特别是在英国，出现了被称作工业革命的科学大发展。炼铁生产开始使用焦炭来代替木炭，为现代高炉的大型化奠定了基础，是冶金史上的重要里程碑。蒸汽机的发明、纺织行业的机械化、工厂系统中生产的集中化以及铁路运输的发展，改变了 18 世纪至 19 世纪初的社会形态。尤其是蒸汽机的发明和广泛使用成为工程发展中划时代的标志。

以工程视角来说，蒸汽机的发明和应用陆续导致以下工程的出现和发展。按照时间顺序，首先是机械工程方面，形成了从动力机到工具机的生产技术体系，这也意味着复杂系统工程的出现；其次是采矿工程方面，岩石机械、隧道支撑、通风设施以及煤炭运输等工程得以推动；再次是纺织工程方面，纺织机的出现引发了以蒸汽动力机为基础的工厂的出现；最后是结构工程的出现，用力学的方法来分析建筑物和构筑物在各种荷载作用下的内力和变形，通过控制结构的内力和变形，达到结构在施工和使用过程中安全可靠的目的。另外，由于蒸汽机的出现，用于交通运输的蒸汽机车和蒸汽轮船得以应用，海洋工程也随之兴起。

近代工程包含如下特点：在设计和开发过程中需系统合作；科学和科学方法成为工程中备受关注的部分；工程师开始作为雇员出现；工程活动的负面环境影响也开始被认知。

2. 现代工程时期

19 世纪以来，工程进入更加快速发展的时期。在工程中出现了许多新的专业和职业人员。工程的类型大大增加，工程的方法更加多样；特别是工程管理中福特制和泰勒制的出现，使人们对工程有了新的理解。零部件生产标准化和流水作业线相结合，使得生产效率得到空前的提高。工程的迅速扩展促进了科学进步，而科学进步又导致新的工程时代的到来。电力革命成为工程史中又一个划时代的标志，通常认为“电气化时代”的开端也就是现代工程时期的开端。

20 世纪初，以冶金工程为代表的“重工业”得到了进一步的发展，产生了更多的工业产物，如铁路、机器和兵器制造等。结构工程中出现了大屋顶、大跨度桥梁、地铁和隧道、大坝、集装箱货轮、输油管道等形式多样的标志性建造物。

20 世纪中期以来，形成了以高科技为支撑的核工程、航天工程、生物工程、微电子工程、软件工程、新材料工程等现代工程。

现代工程具备如下鲜明的特点：工程对科学的依赖日益增强，工程方法开始出现；工程系统日益复杂，工程风险与工程价值开始分庭抗礼；工程对自然和人类社会的影响日益重大和深远，在满足和刺激人类需求方面表现出无穷的力量。

3. 工程发展展望

21 世纪是工程的时代，工程无处不在、随时可见。工程是直接生产力，工程塑造了现代物质文明和精神文明，构成了现代社会存在和发展的基础。工程深刻地影响和改变着人类生产生活的各个方面。

工程有自身的结构、功能、目标和发展规律，工程的发展离不开作为工程基础的科学与技术的发展。技术是工程的基本要素和重要手段，工程则是技术集成与综合优化，同时也是科技转化为现实生产力的桥梁。现代科技的发展往往是由工程需求拉动的。人类的工程活动总会向科学技术提出更高的要求和标准，工程的发展自然会推动人类科学技术的进步，使两者的发展水平保持相对同步。在现代科学学科分化与综合集成的影响下，工程学科在高度分化的同时，综合集成的趋势也明显加强，并且产生了一批新兴的工程领域，不断向新的科技领域进军，积极探索和建设特殊环境下的工程，如深海油田工程、探月工程、极地工程等。

现代工程不仅具有自然科学技术的属性，而且具有人文社会科学的属性，是两者的综合集成。现代工程是一个以建造活动为基础，包括科学活动、技术活动、社会活动、文化活动和管理活动等在内的复杂系统。

当今人类正生活在由各种“有形”和“无形”的工程所联系起来的网络中，无论是经济的发展，还是文化的建设，无不通过各种工程的设计和实施来实现。可以说，人类的当代文明就是工程文明。

三、工程的基本要素与分类

要正确认识和理解工程，在了解工程的定义和特征之后，还需要了解工程的基本要素和分类。工程活动是工程诸要素的集成，是以科学为基础对各种技术要素和非技术要素的集成。对工程进行分类既要考虑技术的基本类型，还要兼顾其满足社会需求的目的性要求。

（一）工程的基本要素

工程是工程要素的集成过程，具体体现为以科学为基础对各种技术要素和非技术要素的集成。工程的规划、决策、设计、建造、运行，必须考虑市场、资源、资金、劳动力、土地、环境等非技术因素。

工程是技术要素与非技术要素的统一体，其中技术要素构成了工程的内核，非技术要素构成了工程的边界，这两类要素相互作用、相互制约。工程的存在特征往往取决于这些要素的状况。

1. 技术要素

技术一般指根据生产实践经验和自然科学原理而发展起来的各种工艺操作方法与技能，运用这些方法和技能所创造的一些产品，比如机器、硬件或工具器皿等通常也可以叫作技术。工程活动中，往往包含了多种技术，或者说，若干技术的组合构成了工程的基本状态，技术是工程活动的基本要素。技术要素是保证工程活动能够正常进行的必不可少的基本因素，也是推动工程发展的内在原因。新的技术往往并不是一出现就能立即被应用于工程，而是要经过不断选择、“变异”，才会有效地“嵌入”工程系统。

技术作为工程的要素具有以下特点：第一，局部性。技术是工程中的一个子项或个别部分。除了技术之外，工程的实施还受很多非技术要素的影响，如资源、环境、文化、经济、政治等要素。第二，多样性。工程中诸多技术有着不同的地位、起着不同的作用，它们往往发挥着不同的功能。第三，不可分割性。不同的技术作为工程构成的基本单元，在一定的环境条件下，以不可分割的集成形态构成工程整体。

2. 非技术要素

工程的非技术要素涉及很多，这里主要介绍资源、土地、资本、人、市场。

必要的资源条件是工程活动的基础和前提。资源的类型甚至还在一定程度上决定了工程活动的发展路径。实际上人类能够利用的资源种类及其方法在历史进程中发生了很大变化。由于技术发展，近现代工程中所利用资源的范围空前扩大，许多原先不能利用的资源成为可用的资源，工程活动的类型和范围大大拓展。另外，当代社会，自然资源的有限性特征越来越明显，基于日益严峻的资源紧缺的压力，许多工程活动面临挑战，并逐渐转型。例如，很多石油工程、煤炭工程因石油和煤炭资源的减少而逐步迁移或转型。

土地是工程系统中的基础性要素。随着社会的发展，工程系统中土地要素的利用广度和深度以及作用方式都在发生重大的变化。与此同时，土地的稀缺性也推动土地价值越来越高。在新的技术条件和环境下，作为土地资源“延伸形式”的海洋的重要性日益显著。

资本是工程活动中基本经济要素的一种。工程活动中资本筹集方式在不同社会和不同经济制度中有着较大的差异。随着经济的发展，工程活动中资本要素的形态和作用方式（包括筹资方式）也在发生变化。在现代经济活动中，风险投资的出现特别值得关注。

人是工程活动或者工程建构过程中最重要的变量。工程活动的主体因素是人，在每一项工程中，都有一个由许多人参加和组成的“工程共同体”，其组成成分是随着工程的推进而不断变化的。早期的工程规模小，涉及领域单一，投资不大，“工程共同体”的构成就比较简单。现代社会中，随着大型、超大型工程项目的出现及发展，“工程共同体”涉及的人群越来越多，其组织方式和内部结构也越来越复杂。

市场需求是工程活动的重要动力。市场因素常常成为工程活动的决定性因素。市场发育越完善、市场交易规模越大、市场发展水平越高，市场要素对物质文明的影响和拉动力度就越大。但是，市场的范围、规模及其作用，受到国家、社会的制约和调节，在不同的时代有所不同。把满足市场需求和实现社会公正及人与自然的和谐结合起来，将引导工程活动迈入新的阶段。

（二）工程的基本分类

对工程进行分类，对于我国高校工程类专业的设置、工程类行业和企业的分类等都具有非常重要的作用。人类的工程活动，一方面以技术活动为依托，是技术要素与非技术要素的集成体；另一方面是对社会需求的满足。因此，对工程进行分类，既要考虑到技术的基本类型，又要考虑到其满足社会需求的目的性要求。

对于工程，我们可以从以下不同角度进行分类。

1. 按照工程所在的国民经济产业分类

从满足社会需求出发，应该把工程的分类和产业类型联系起来。从产业的角度看工程，工程类型与产业分类有较强的对应性。国民经济的不同产业和行业在经济活动中涉及不同的工程。由于工程的多样性，工程分布于国民经济的各个领域，工程建设与国民经济的各个产业、各个行业相关，在相应产业（行业）中的工程就具有其产业（行业）的特点，与此对应，则有三大工程类型。

第一产业类工程：对自然资源的直接利用和改造，以满足人类的基本生活需求，主要包括农业工程、林业工程、畜牧工程、渔业工程等。

第二产业类工程：对来源于自然界的资源和初级产品的二次加工和利用，以满足人类的生产生活需要，特别是为社会的再生产活动提供基础，包括矿业工程、制造工程、电力工程、燃气和自来水工程、土木工程、其他工程（海洋类工程和兵器类工程等）。

第三产业类工程：为人类正常的生产和生活（消费）提供服务，属于社会基础结构的类型。与第一、第二产业类工程不同的是，绝大多数第三产业类工程不是物质生产活动，其产品是无形的。涉及的工程有电子商务工程、电子信息工程、医学工程、大科学工程、交通工程、环境工程、软件工程、金融工程等新兴产业类工程。

2. 按照工程的用途分类

工程的类型有很多，用途也各不相同，这使得各类工程的专业特点相异，由此带来了设计、建筑材料、施工设备、专业施工队伍的不同。工程按照用途可以分为以下五类。

（1）住宅工程

这类工程主要是居民的住房，包括城市各种类型的房地产建设工程和农村大多数私人自建房工程。住宅工程（房地产业）是我国最为普遍、发展最迅速的工程之一。

（2）公共建筑工程

这类工程按照不同用途可以细分为大型公共建筑（如医院、机场、公共图书馆、学校、旅游建筑等）和商业建筑（如大型购物场所、智能化写字楼、电影院等）。这类工程以满足公共使用功能为目的，具有较高的建筑艺术性，并符合地方文化和独特的人文环境的要求。

（3）土木水利工程

这类工程主要指水利枢纽工程、港口工程、大坝工程、水电工程，以及高速公路、铁路、隧道、桥梁、运输管道和城市基础设施工程。大型水利工程包括各种江河湖泊治理工程、跨流域调水工程、江河湖库清淤工程、水土保持工程等。

（4）工业工程

这类工程主要指化工、医药、冶金、石化、火电、核电、汽车等工程。这类工程主要包括建造生产这些产品的工厂，例如化工厂、发电厂、汽车制造厂等，涉及国民经济的各个工业部门。

（5）其他工程

这类工程主要指信息工程、软件工程、生物工程、环境工程、航天工程、军事工程等现代高技术工程，以及我国“十三五”规划提出的新一代信息技术、高端装备制造、新材料、生物、新能源汽车、新能源、节能环保、数字创意产业和相关服务业等战略性新兴产业中的相关工程。

3. 按照工程的知识体系分类

工程实体的构建和正常运行需要多门学科知识的应用和多专业的协同配合。工程系统与我国高等院校中的工程学科专业分类体系紧密相连。按照相关知识体系分类，工程可划分为许多工程学科或专业。

教育部和国务院学位工作委员会根据学科研究对象、范式、知识体系和人才培养需要制定的《学位授予和人才培养学科目录》（2018 年 4 月发布）将所有的大学专业划分为 12 个大学科门类。在 12 个学科门类中，与工程相对应的学科主要是工学学科（代码为 08），工学学科门类下设 39 个一级学科，分别为 0801 力学（可授工学、理学学位）、0802 机械工程、0803 光学工程、0804 仪器科学与技术、0805 材料科学与工程（可授工学、理学学位）、0806 冶金工程、0807 动力工程及工程热物理、0808 电气工程、0809 电子科学与技术（可授工学、理学学位）、0810 信息与通信工程、0811 控制科学与工程、0812 计算机科学与技术（可授工学、理学学位）、0813 建筑学、0814 土木工程、0815 水利工程、0816 测绘科学与技术、0817 化学工程与技术、0818 地质资源与地质工程、0819 矿业工程、0820 石油与天然气工程、0821 纺织科学与工程、0822 轻工技术与工程、0823 交通运输工程、0824 船舶与海洋工程、0825 航空宇航科学与技术、0826 兵器科学与技术、0827 核科学与技术、0828 农业工程、0829 林业工程、0830 环境科学与工程（可授工学、理学、农学学位）、0831 生物医学工程（可授工学、理学、医学学位）、0832 食品科学与工程（可授工学、农学学位）、0833 城乡规划学、0834 风景园林学（可授工学、农学学位）、0835 软件工程、0836 生物工程、0837 安全科学与工程、0838 公安技术、0839 网络空间安全。

4. 其他分类

除了上述工程分类，还可以按照如下标准分类：①根据被改造对象（自然界和人类社会）的不同，工程可分为自然工程和社会工程。前者又称为“硬工程”，如三峡工程、青藏铁路工程、退耕还林工程、天然林资源保护工程等，后者又称为“软工程”，如希望工程、“211”工程、知识创新工程等。②根据各种要素的投入比例不同，可以将工程活动划分为劳动密集型工程、资本密集型工程和知识（技术）密集型工程。古代的工程活动如万里长城工程、埃及金字塔工程等，大多属于劳动密集型工程；

互联网工程、软件工程、生物工程、航天工程、探月工程等现代工程属于技术密集型工程。③按照工程规模的不同，可分为特大型工程、大型工程和中小型工程。④按照工程出现的次序，可分为传统工程和现代工程。传统工程主要集中在土木工程、建筑工程、水利工程、交通工程、电力工程、机械工程、冶金工程、化工工程等大规模集约化劳动领域。随着科学技术的飞速发展和知识经济时代的到来，出现了许多时代特色鲜明的现代工程，如医药工程、信息工程、生物工程、材料工程、遗传工程、网络工程、生态工程、航天工程等。

四、工程的过程

工程作为描述活动、行动（操作）、过程的范畴，通常包含一系列相互联系、紧密配合、协同作用的阶段与环节。美国学者马丁和辛津格认为一般工程项目包括五个阶段：提出任务、设计、制造、实现、结束任务。董雪林和王健认为工程一般分为六个阶段：工程目标选择、工程目标论证、工程目标决策、工程项目设计、工程项目组织与实施、工程项目验收与评估。梁军将工程分为四个阶段：工程决策、工程实施、工程运行和工程终结。

殷瑞钰、李伯聪等选择从过程论的观点讨论工程活动的过程。他们认为工程活动的产品既不是自古就有的，也不是永远存在的，呈现为一个“从生到死”的过程，而工程活动也表现为一个全生命周期的过程。工程活动具有过程性、有序性、动态性、反馈性，是全生命周期的集成与构建。工程活动必定有其共性程序，一般来说，包括：规划与决策、工程设计、工程实施与建造、工程运行与维修、工程退役等。所有“正常的”工程活动都会经历这一程序化过程。

综合各专家学者的观点，下文把工程的过程划分为工程规划、工程决策、工程设计、工程实施、工程运行、工程退役、工程评价七个环节，逐一进行介绍。

（一）工程规划

所谓规划就是筹谋、计划、布局、配置、有条理的安排，常指比较全面、长期、有整体目标的计划。在一定区域或领域内从事大规模的工程建设就需要这样的规划，如新的城市建设规划、流域水利工程规划、全国铁路发展规划等。工程规划是选择和决策的过程，是指导行动的方案，所以搞好工程规划至关重要。工程总体空间规划与设施布置，一般涉及许多工程个体的组合，包括多个层次。工程规划是人类的社会经验与工程建设实践的结合。

1. 工程规划的概念

工程规划是谋划未来的工程任务、工程进程、工程效果和环境对工程活动的要求，以及为此而规定工程实施的程序和步骤的过程，是在人类对自身所处的社会经济环境具有清晰认识的条件下，结合社会、经济、文化发展水平和工程技术水平为实现未来的理想而提出的总体规划，它反映了人们将自身的经验与自身所创造的理论相结合的努力。

2. 工程规划的目的

工程规划的目的是合理、有效地整合各种技术与非技术要素，对工程系统的组织环境和社会环境进行分析，然后根据分析结果确定目标工程的战略设想与计划安排，并对每一步骤的时间、顺序和方向做出合理的安排。与工程设计的不同之处在于工程规划主要考虑工程项目的技术可能性及其可能发挥的社会作用。

工程规划遵循工程与社会辩证统一的基本规律，是调整社会整体利益与部分利益之间关系的工具。工程规划所要考虑的因素主要是社会的长远利益，例如工程项目与生态环境、工程项目与社会未来发展、工程项目与社会安全、工程项目与社会效益等。

工程规划和社会公共利益密切相关，因此它受到了以国家为代表的社会公共利益的制约，这是工程规划需要经过有关国家机关批准的原因。这里又一次体现了工程建设的社会关系属性。

3. 工程规划的过程

工程规划的过程包括几项具体的相互关联的活动。由于技术与经济是工程的核心要素，工程规划活动首先是技术的分析，用于评估技术资源及其与供应关系间的经济效益。其次是对资源的分析与预测，预测未来在工程实施中对各种技术性资源、物质性资源、经济性资源、土地与环境资源的需求与供应关系。最后是整合各种外部环境要素：全面而综合地考虑社会、经济、资源、环境、技术、工艺等各方面的问题；安排各种要素供需关系的发展进程，并在空间上予以合理的布置；统筹解决整体与局部、近期与远期等各种矛盾和关系。

4. 工程规划的分类

按工程规划的范围可分为工程总体规划和工程局部规划。工程的总体规划一般指在项目决策阶段所进行的全面规划，局部规划是指对总体规划进行分解后的一个单项性或专业性问题的规划与决策。按照工程项目建设程序，工程规划可分为建设前期工程构思规划和工程实施规划。由于各类规划的对象和性质不同，规划的依据、内容和具体要求也各不相同。

（1）工程构思规划

工程构思规划是在工程决策阶段所进行的总体规划，其主要任务是在整体性和全局性视野下考虑问题、分析问题，进行整体性和全局性的构思，用系统的思想，基于工程全生命周期的整体考虑提出工程的构思、进行工程的定位，全面构思一个工程系统。

（2）工程实施规划

工程实施规划是指为了使构思规划与决策具有可行性和可操作性，而提出的带有策略性和指导性的设想。实施规划一般包括以下几种：①工程组织规划。国家规定，对大中型工程应实行法人责任制。这就要求按照现代企业组织模式组建管理机构和进行人事安排。②工程融资规划。工程融资规划是选择合理的融资方案，以达到控制资金的使用、降低工程的投资风险的目的。③工程控制规划。工程控制规划是指对工程实施系统及全过程的控制规划与决策，包括工程目标体系的确定、控制系统的建立和运行的规划。④工程管理规划。工程管理规划是指针对工程实施的任务分解和分项任务组织工作的规划。它主要包括合同结构规划、工程招标规划、工程管理机构设置和运行机制规划、工程组织协调规划、信息管理规划等。

工程规划是有整体目标的谋划活动，不论是新工程的规划还是既有工程的再规划，必须有整体的目标作为规划活动的中心。尽管工程的具体目标各有不同，但总体目标与原则都是使技术、人力、财力、物力及信息流得到合理、经济、有效的配置和优化，保证工程系统功能的实现，从而获得良好的效益。当然，每项工程的具体目标往往不止一项，而应当是一套目标群，不同具体目标往往也不可能同时达到最佳，有时可能互相矛盾与冲突。因此，要选择恰当的目标群指标，基于多目标决策理论，选择合理的规划方案，在一定边界条件下实现工程的总体目标最优化。

工程规划的形成是一个论证的过程。要对众多的工程要素进行整合，形成工程在技术、经济等方面具体可行的建造依据。因此，工程规划必然要经过一个较长时间的、反复的、多次的论证过程，如三峡工程的论证时间长达四十年。

（二）工程决策

近年来，工程活动的蓬勃发展促进了社会经济的发展，给人们的生产生活带来很大的便利。但任何事物都有两面性，工程在给人们带来便利、丰富大众生活的同时，也产生了很多负面影响。工程决策是工程活动的初始环节，也是最重要的环节。工程决策做得好，工程项目往往就成功了一半，相反，则可能半途而废。因此，工程决策直接决定了工程的命运。随着工程决策的作用和影响日益显现，工程决策开始受到广泛的关注。

1. 工程决策的概念

什么是工程决策？提出一项工程，对其可行性进行分析，制定可行的工程实施方案，对这些方案进行比较和评价从而选出最佳实施方案，最终按照选定的方案实施，这便是工程决策的全过程。换句话说，整个工程实施前的活动过程就是工程决策的过程。这一过程中每个环节之间是相互联系的，忽略任何一个环节都可能导致整个工程决策的失误，因此要认真对待每一个环节的决策。工程决策是一个动态的过程，一项影响重大的工程需要经历多次循环往复的决策才能确定。

综上，工程决策是为了实现特定的目标，工程决策者针对相关的工程项目进行部署，运用科学的理论和方法，对于预选工程实施方案进行分析、比较和评判，从而选出最佳实施方案的抉择过程。

工程决策决定着工程活动的整体走向和未来发展，是工程活动中最重要的阶段。工程决策涉及很多复杂的因素，如经济因素、技术因素、社会因素和伦理因素等，它们相互联系、不可分割。

2. 工程决策的主体、目标和过程

（1）工程决策的主体

工程决策是工程活动的“发动环节”。在传统的工程决策中，工程投资方往往是工程决策的主体，所考虑的内容也限于工程对投资者的利益影响。由于社会制度、环境、条件、任务、目标等不同情况，工程决策的主体（决策者）可能是政府、企业或其他类型。

科技的发展使工程不再仅仅是工程投资者的事，往往关乎文物保护、环境保护、原住民利益保护等多方利益群体。所以，工程决策不再是某个体可以完全决定的事，不仅国家基于可持续发展目的日益加强对工程决策的监管，而且公众也越来越关注工程项目的决策问题，甚至积极参与进来。这些利益相关方的冲突给工程项目的决策带来巨大影响。

（2）工程决策的目标

工程决策的首要任务是确定工程目的及目标（群）。对于工程决策而言，工程总目标应该包括以下内容：①功能目标，即项目建成后所达到的总体功能；②技术目标，即对工程总体技术水平的要求或限定；③经济目标，如总投资、投资回报率等；④社会目标，如对国家或地区发展的影响等；⑤生态目标，如环境目标、对相关污染的治理程度等；⑥其他有关目标。

（3）工程决策的过程

从广义上讲，工程决策过程包括三个步骤：针对问题确定工程目的及目标（群），收集和处理有关信息并拟定多种备选方案，明确方案。正确的决策是建立在全面、及时、准确地收集和处理相关信息的基础上的。如果没有全面、及时、准确的相关信息，方案的制订就会成为无源之水。在决策过程中，根据工程总体目标的要求和战略部署需要，广泛收集自然、技术、经济、社会等方面的信息，对这些信息进行加工整理，提出可行的工程实施方案。工程将给社会、经济和生态环境等带来多方面的影响，因此往往会提出多种备选方案。

工程决策从过程上可分为两个层面：一是工程活动的总体战略部署，二是选择具体的实施方案。工程活动的总体战略部署，主要是根据问题与机会决定在什么时间、什么地方，安排什么工程。战略部署需要考虑工程的可行性，但重点在于工程总体布局的合理性、协调性与经济性。选择具体的实施方案，是要对多个可能的实施方案进行综合评价与比较分析，从中选择最满意的方案。工程活动的总体战略部署和选择具体的实施方案是紧密相关的。

3. 工程决策的类型与特征

（1）工程决策的类型

工程决策的类型有多种不同的划分。按不同的决策主体可分为个体决策和集体决策。根据影响范围可分为战略性决策和战术性决策。根据决策所处条件的不同可分为确定型决策、非确定型决策和风险型决策等。每一项工程决策既有战略性决策，也有战术性决策；有些决策是个人决定的，但更多应由集体共同来决定；有一些工程决策是确定型的，但更多的工程决策具有风险性和不确定性。

（2）工程决策的特征

工程决策具有目的性、整合性、层次性、未来性和现实性的特征。

第一，工程决策具有目的性。工程决策行为以目标为导向，目标是工程决策行为的依据。工程决策决定着一项工程的未来发展。

第二，工程决策具有整合性。工程活动中涉及技术因素、社会因素和环境因素，工程决策是对以上涉及的诸因素的整合。决策主体在做出工程决策时，不仅要追求决策本身的正确，也应协调好各相关方的利益和价值，并将所有权衡的要素最终变成可行的方案，而要实现多阶段目标和利益的平衡就要进行非逻辑性的整合。

第三，工程决策具有层次性。工程决策是以各个阶段的目标为依据的。目标具有层次性，因此，工程决策也具有层次性。工程决策的层次性体现为工程决策的不同阶段都有确定性的决策，从而形成了多层次的工程决策体系。

第四，工程决策具有未来性。从本质上来讲，工程决策是对即将开展的活动进行筹划。因此它指向的是尚未建成的工程，实现的是未来可能的价值和目标，所以具有未来性。

第五，工程决策具有现实性。因为任何面向未来的设计和决策都是以当前实际情况为依据的，脱离当前实际的决策是毫无意义的。

4. 工程决策要考虑伦理责任

工程决策结果的影响往往很广泛，种种灾难性事故的发生使得人类愈发清醒地认识到伦理在工程中的作用。在工程决策过程中要主动考虑到社会公认的伦理要求，以便做出更好的决策。

工程决策在伦理方面要考虑责任伦理。一个不负责的决策势必会给社会和人类造成重大的伤害，工程决策主体应自觉将责任伦理作为行动准则。另外，工程决策者在决策时应充分考虑工程的环境效益，避免工程活动给生态环境带来负面影响是决策者需要承担的社会责任，也是决策者应遵守的道德规范。大多数工程决策者在决策时都忽略了工程与自然、人与自然间的伦理关系。积极倡导绿色工程，重构生态伦理是十分必要的，这不仅关系到一项工程的成败，也关系到自然生态的平衡和人类整体的命运。

（三）工程设计

工程设计是工程决策之后进行的活动。工程设计在工程活动中占据显著的地位，具有特殊的重要性。有些人甚至认为设计是工程的本质。例如，1983 年斯密斯（R.J.Smith）曾说：“工程的本质在于设计。”成功的设计是工程顺利建设和成功运行的前提、基础和重要保证，平庸的设计预示着平庸的工程，而错误或失败的设计则可能导致未来工程出现重大问题甚至失败。

1. 工程设计的概念

工程设计是工程活动过程中不可或缺的一部分。工程设计是在工程理念的指导下进行的思维和智力活动，是体现和落实工程理念的过程。工程设计是工程总体谋划与具体实现之间的关键环节，是技术集成和工程综合优化的过程。具体来说，工程设计是指设计师运用各学科知识、技术和经验，通过统筹规划、制订方案，最后用设计图纸与设计说明书等来完整表达设计者的思想、设计原理、整体特征和内部结构，甚至设备安装、操作工艺等的过程。

从知识的范畴方面看，工程设计包括对多种类型知识的获取、加工、处理、集成、转化、交流、融合和传递。工程设计的实质是将知识转化为现实生产力的先导过程，从某种意义上可以说工程设计是对工程构建、运行过程进行先期虚拟化的过程。

2. 工程设计的特点

工程设计是工程师职业技能的重要组成部分，是工程师为实现工程目标而提供的切实可行的、可操作的解决方案。在不同的工程领域，设计方法不尽相同，如土木工程、水利工程、软件工程、机械工程等，在设计方法上就有各自的特点。从整体上看，工程设计的基本特点包括特殊性、创造性、复杂性、选择性和约束性。

（1）特殊性

工程设计的最终产品是设计图纸，这是区别于其他产品的显著特征。设计图纸是评价设计水平及设计人员工作量的主要依据，也是设计单位的资本。设计单位一切工作都是围绕图纸的形成过程而组织和展开的。

（2）创造性

工程设计是一种创造性的思维活动，需要创造出那些先前不存在的甚至不存在于人们观念中的新东西，它是一种知识产品。在工程设计过程中，要不断创造新的事物。设计的原始构思就是一种创造，最大限度地运用设计工程师的创造性思维。随后的工程设计过程表现为创造过程，是从粗到细、从轮廓到清晰的过程。工程设计既体现了原始创新，更突出体现了集成创新。

（3）复杂性

要完成一项工程设计需要多方面的专业人才，而且工程设计总是涉及多变量、多参数、多目标和多重约束条件的复杂问题。工程设计可被看作为先前不曾解决的问题确定合理的分析框架，并提供解决方案，或者以不同的方式为先前解决过的问题提供新的解决方案，这是非常复杂、困难的。

（4）选择性

任何工程问题的解决不具有唯一性。工程设计者必须在多个可能的方案中做出选择。在选择过程中，要充分运用设计者所掌握的理论知识及多方面的实践经验，通过分析、综合，以及一定的想象和创造，对每个方案的利弊进行应有的基本分析。

（5）约束性

工程设计要受到很多条件的约束与限制。受科学技术条件的限制，受资金、物力、人力等经济条件的限制，受主管部门、建设单位、当地文化风俗、社会意识等社会条件的限制等。因此，工程设计既要尊重科学，又要注重实践。

3. 工程设计的流程

工程设计是一个富有创造性的创作过程，主要包括构思、筹划、计算、绘图、说明等，最终给出设计方案及工程物的蓝图。工程设计的基本流程为根据需求确定工程目标、提出工程问题、做出概念设计并逐步细化为设计方案，形成初步设计以及详细设计。在工程设计过程中，设计从最初的形式逐渐演变、修改到可以接受的形式。因此有人说，设计过程的实质是设计与要求之间的一种拟合。

工程设计的过程可简单描述为五步。第一，明确设计要求和约束条件。设计的约束条件包括工程要求与目标、技术条件、经济条件、环境条件等，还应包括工程设计所应依据的法律、规范等设计文件，以及成本和时间的限定等。第二，确定设计问题。这些问题是根据设计要求和约束条件提出的。第三，拟定设计方案。根据设计要求和对设计问题的把握，提出可能的解决方案。一般情况下，很难找到满足所有要求的解决方案，故通常是提出多个备选方案。第四，选择设计方案。工程设计问题没有唯一解答，也没有选择方案的唯一标准。经过多次反复修改评估，确定最终的设计方案。第五，工程设计检验。工程设计检验主要是指综合应用相关科学理论对设计方案进行检验。

工程设计的具体流程在不同的工程活动中也会有很大的差别。一般来说，工程设计活动基本上都始于“概念设计”，经过“初步设计”和“详细设计”实现概念的具体化，最终获得清晰规范的图纸、程序与操作流程。概念设计是总体设计，是整个工程设计中的重要一环，是工程设计过程的基础，该阶段主要根据设计要求做任务分析，进而提出设计方案、初步概念和设想，形成顶层设计。初步设计是设计团队对概念设计逐步具体化，该阶段的主要任务是充分理解工程的总体性功能和结构设计，对概念设计加以精细化和准确化，明确可采取的有效的工程技术手段，使工程设计最终得以实现。详细设计是概念设计具体化的最后阶段，需要根据明确的规范、公式、手册等进行大量细致周全的计算与制图，完成工程的详细设计工作，该阶段也叫作“施工图设计阶段”，设计人员需要提供可以加工实施的图纸和文件。

4. 工程设计的原则

工程设计是一项必须遵循和依照有关“设计规范”进行的工作。传统工程设计强调经济、实用、安全与效率，而现代工程设计应体现当代先进的工程理念。具体说来，工程设计首先要坚持安全原则。许多灾难性事故都与设计缺陷有关，应尽最大可能避免因人为过失而酿成灾难。工程师应努力预判人为过失，并做出设计上的安排，考虑引入必要的容错手段，确保即便工程失败也不至于造成重大灾难。工程设计的另一个基本原则是创造原则。从本质上讲，工程设计是一种创造性思维活动，这种创造性是指设计理论、方案等方面的创新。在趋于成熟的工程领域，设计的主要任务是调整工程物的整体形式，或是为满足用户的需求而做一些相对小的改变，此时设计的创造性不高；而在全新的情境或任务中，设计便要求高度的创造性。此外，工程设计还应遵循协调原则。现代工程设计一般由多人合作完成，在合作设计中需要相互协商协调。

（四）工程实施

工程活动最本质的内容和最核心的阶段是工程的实施阶段。没有工程的实施阶段，无论多么好的计划和设计方案都将不过是空中楼阁。工程活动的实施过程不是由单独的个人来进行的，而是由一个集体来执行的。

1. 工程实施的概念

工程实施就是由工程实施者按照计划设计中一定的程序实施的一系列操作，实现工程目标的过程。工程的实施是从抽象到具体的实践过程，这一具体化过程就是通常所说的工程实践过程。工程实施的具体化过程，实质上是使自然界存在的物体从形式上发生根本的转变，向人工的工程实体转化的过程。与此同时，在工程实施的过程中，人与人之间的行动和关系需要在彼此合作中进行磨合、调整，从而形成所谓的工程制度、工程组织，保障工程的顺利实施。

2. 工程实施的目的

工程实施的目的在于“改造世界”，进而改造人类自身，既能够造福于人类又有利于自然界和社会，最终实现人与自然的永续存在和发展。因而，工程实施必须高度重视“自然”与“人文”的统一。工程实施的过程，是工程价值的展现过程，也是人的自由的实现过程，应当体现“自然”与“人文”的交融，实现工程的质量、效率、效益和安全等综合因素的整体优化。

工程实施是将工程建设目标由图纸转为具体的工程实体的过程。从性质上看，工程实施是将工程图纸所反映的意识性内容进一步转化为能够实现人们开展工程建设目的的工程实体。工程实施对工程质量和工程经济、工程安全具有实质性的影响。

3. 工程实施的内容和方法

工程实施阶段是工程生命周期的关键环节，涉及比设计阶段更复杂的内容，需要运用不同于设计阶段的复杂方法。这个阶段是工程生命周期中涉及工作内容繁杂、时间进度明确、耗费大量资源的阶段，其工作目标是完成工程的成果性目标，该阶段的产物是工程的整体性、物质性成果。这一阶段的主要任务是以工程计划为依据，借助多种相关技术方法和非技术方法，通过配置工程组织内外的各种资源，完成工程的各项活动，实现工程的成果性目标；并通过对工程实施过程的动态控制，实现工程在时间、费用、质量等方面的约束性目标。工程实施阶段的核心过程和主要内容如下。

（1）工程技术的实现与创新

工程在实施过程中会涉及多种技术的应用与综合，为使得这些技术能够充分发挥作用，为工程的实施提供保障和支持，还必须有相应的技术人员、技术装备、技术实验以及技术管理制度等与之配套。技术的实现属于工程实施的核心内容，从某种程度上讲，工程技术的实现水平决定了企业乃至整个国家的工程建设水平，是整个国家综合实力的体现。

（2）工程质量控制

质量控制贯穿于工程实施的全过程。工程管理者应具有质量数据统计与控制的相关知识，特别是抽样检查和概率方面的知识，以便能够评价质量控制的输出。质量控制的依据包括工作结果、质量管理计划、操作描述和检查表格。工程质量控制需要从客户的要求和目标出发，针对影响目标实现的问题进行分析和改进，通常的步骤为目标制定—诊断分析—行动计划—质量改进—后续措施。

（3）工程进度控制

由于制订工程计划时事先难以预见的问题很多，因而在计划执行过程中往往会发生或大或小的偏差，这就要求工程管理人员及时对计划做出调整，消除与计划不符的偏差。工程进度的控制就是要时刻对每项工作进度进行监督，对那些出现"偏差"的工作采取必要措施，以保证工程的实施按照预定的计划进度执行，使预定目标在预定时间和预算范围内实现。

（4）工程费用控制

工程费用控制是要保证各项工作在它们各自的费用预算范围内进行。费用控制的基准是事先制定的工程费用预算。费用控制的基本方法是规定各部门定期上报其费用报告，由控制部门对其进行审核以保证各种支出的合理性，再将已经发生的费用与预算进行比较，分析其是否超支并采取相应的措施予以弥补。

上述四条主线的工作推进，需要工程技术支撑、工程范围控制、工程采购管理和工程风险管理等的支持和保障。

4. 工程实施需要的知识

工程实施是对工程设计意图的贯彻。为了保证施工过程的科学性，工程实施需要工程力学知识和简单的工程绘图方面的知识。为了确保工程所使用的材料符合设计要求，工程实施需要工程材料方面的知识。除了上述几个方面外，工程实施还需要工程测量方面的知识，以便将工程设计图纸上的内容在工程施工现场进行准确的定位。工程实施还需要工程管理和工程经济方面的知识，这是由工程项目的复杂性所决定的。此外还需要法律方面的知识，因为工程实施系统不仅影响到工程建设者本身的利益，还会影响到工程实施系统周围的环境，可以依照法律对工程实施系统与周围环境方面的关系进行调整。

（五）工程运行

工程经过实施构建出一个新的事物后，便进入了运行阶段。工程建造的目的是运行或运营。工程运行过程是体现工程目标群的关键环节，也是评价工程理念是否正确、工程决策是否得当、工程设计是否先进的依据。当然，工程运行还体现了运行团队的素质、管理人员的水平，以及运行过程与周边环境的良好相容性等。所以，绝不能忽视工程活动中的运行（运营）阶段。工程运行效果的考核必须落实到各项技术经济指标、环境负荷、投入产出效果等方面。成功的工程活动开展，离不开科学合理的工程运营、管理方法。

1. 工程运行的概念

工程运行是工程建成后投入使用，即工程使用。对于许多工程尤其是生产设施建设工程，工程运行阶段的活动主要是生产活动，这种日常生产活动的效益与工程效益密切相关。但生产不是工程，生产活动不是工程活动。因为工程设施的专业使用、维护或技术改造都属于工程活动的范畴，所以我们把工程运行当作工程活动的一个阶段。

2. 工程运行阶段的工程主体

一般来说，工程运行阶段的主体是工程使用者，也就是工程的投资者。即便公共设施建设工程也是如此，使用者作为纳税人是实际的工程投资者，即工程主体。从广义上说，每个人都是工程使用的主体。在生产设施建设工程中，使用者包括运营和维修工程师及工人。其中工程师负责工程使用与维护，具有特殊责任。

3. 工程运行的意义

首先，工程设计与建造就是为了供人使用，所以工程决策、设计与施工都必须考虑工程运行。其次，工程设施的功能只能在此阶段得以实现并接受检验，而且工程活动中所用科学和技术的适当性和有效性也在此阶段进行检验。最后，除工程建设过程中对环境的破坏外，工程的负面效应也是在运行过程中显现的。即便工程化生产中的日常生产活动不归属于工程，生产活动中出现的负面效应也往往是工程本身的缺陷，即表明工程建造的生产设施不够完善。

关于工程运行的意义，从微观角度讲，工程运行比其他阶段更具包容性，因为无论是决策设计，还是施工建造，都必然会涉及工程使用，必须考虑到潜在使用者和设施的功能需求。因此，人们已经在一些工程中引入建设运营一体化理念。从宏观角度讲，工程使用与人类生活息息相关。工程实施的产物主要服务于人类需求，工程运行才能发挥这些产物的作用。这些产物只有在使用中才能实现其功能与价值。工程使用是人类社会正常运转的前提，现代人都生活在工程运行的情境中。

4. 工程运行的原则

工程建设的目的是运行和使用，因此，对工程运行阶段进行管理和控制，对于整个工程具有举足轻重的影响。在工程运行过程中关注工程安全和工程伦理问题，能够有力地推动和谐社会的建设；将生态成本补偿的思想贯穿于工程运行活动，有利于推动可持续发展的绿色工程运行。工程运行应坚持以下基本原则。

（1）注重工程的整体性

工程运行必须兼顾多元利益主体的价值偏好，综合考虑工程的经济价值、政治价值、生态价值、军事价值、社会价值以及人文价值，尽可能全面平衡工程的正效应和负效应、短期效应和长期效应，从而使工程的整体价值和效益最大化。

（2）保证质量和安全

工程质量是工程的灵魂与生命线。工程安全高于天，一个好的工程总是质量上乘、安全可靠的，不存在安全隐患与大的风险。工程运行要高度关注工程质量与安全，把保证质量和安全的原则贯穿于工程运行全过程，并作为选择和确定工程运行手段、方式、路径合理性与有效性的重要尺度与标准。保证工程的质量和安全是评价和衡量工程运行价值的最高标准。

（3）注重环境、生态保护，合理补偿生态成本

当前，环境和生态保护、可持续发展等已经成为世界性主题，它要求在满足当代人的需要的同时，不能对后代人满足其需要的能力构成危害。在这种情况下，需要树立生态补偿的工程运行理念，并将这种理念渗透到工程运行的持续过程中去。将工程对生态环境的负面影响视为工程成本的重要组成部分，有利于人类生存环境不受侵害，生活质量不断提高。

（4）讲求效率

根据对工程运行的整体性要求，在工程运行过程中对于工程价值和成本的计算范围需要大大扩展，不仅要考虑功利价值，也要考虑人文价值；不仅要考虑经济成本，而且要考虑社会成本和环境成本。在工程运行过程中，不仅要考虑工程运行的价值，还要综合考虑工程运行手段、方式或途径的有效性与合理性，包括对技术手段、运行规程、奖罚措施与管理模式的合理性等进行判断，从而将效率原则贯穿于工程运行的各个具体环节。

（六）工程退役

任何工程项目，都有一个从无到有、到运行、到终结直至退役的过程。然而，由于退役往往发生在工程建设完成并交付运行若干年后，且退役的影响与建设方的关系似乎不是很大，工程退役问题被包括建设者、管理者、研究者在内的各方所忽视。

随着人口骤增所带来的各种社会矛盾的强化及生存环境承载力的弱化，工程退役对社会诸方面的影响越来越大，因此工程退役越来越受到重视。

1. 工程退役的概念

工程退役指在工程目标完成、功能失效、设计寿命完结、危害生态环境，或人为原因、不可抗力等致使工程中止运行的情况下，对工程的处置过程。工程退役是工程运行过程的末端环节，是工程生命周期中不可或缺的部分。

2. 工程退役的分类

工程退役可分为两个层次：主功能退役和全功能退役。

主功能退役是指工程的设计功能退役，如炼钢厂的炼钢功能、矿山的采矿功能等。但设计功能退役后，作为工程基础的建筑物——厂房等还可以被开发出新功能，如北京 798 艺术区就是在原国营 798 厂等电子工业的老厂区基础上发展起来的。

全功能退役是指包括原有设计功能及建筑物、设施等在内的工程整体的退役，如工厂整建制裁撤后，厂房拆除，人员遣散。全功能退役中，厂房拆除，腾退土地，因此往往会涉及土地的处置问题，如土壤修复问题等。例如，有些化工厂或药厂主功能退役后，遗留下来的生产设施甚至土地都可能布满化学污染物，不仅无法转化为其他使用功能，而且有一定危害。因此这样的工程必须全功能退役，并且在退役环节中还涉及土壤及其他环境修复的处置过程。

3. 工程退役的原因

工程是复杂的综合体，其中有物，有人，有人与人、人与物相互作用中形成的文化、社会和经济运行方式。工程成为自然生态系统的一部分，也成为社会生态系统的一个关节点。工程退役需要考虑其所牵涉的自然生态关系、人的利益和福祉，以及社会结构、社会秩序、社会冲突、社会变迁等，需要考虑到资源、环境、文化、经济、政治等多重复杂因素。工程退役的背景可以简化为四大部分：资源、环境、经济、社会。综合分析，工程退役主要有工程目标完成、工程功能失效、工程设计寿命完结、危害生态环境、人为因素、不可抗力等方面的原因。

（1）工程目标完成

该原因一般适合于短期目标、一次性目标或阶段性目标的工程，如临时建筑、只负载了少量阶段性目标的航天器等。工程目标完成是理所当然的退役理由，但这也涉及如何退役的问题，特别是对于短期目标、一次性目标的工程，设计之初更应该将退役问题考虑周全。

（2）工程功能丧失

工程功能丧失，一般存在四种情况：一是基于年代久远、物料变性、风雨剥蚀等原因，功能丧失，如一些古建筑等。二是对资源有依赖的工程，资源枯竭而导致工程退役。例如我国的鄂尔多斯等石油城、煤炭城，因资源枯竭而萧条、凋敝。三是因工程质量存在问题并在运行中暴露出来，或因发生事故而致使工程功能难以实现。例如北京喜隆多商场大火，致使商场功能丧失。四是由于经济环境和条件变化，现有工程不能适应新环境的要求而被淘汰，如落后的生产线和厂房等。

（3）工程设计寿命完结

因设计寿命完结导致工程退役，是最正常的、最符合预期的退役。然而，设计寿命完成却不意味着必然退役。工程的设计寿命，一般由工程目标、工程技术能力、工程材料寿命、工程环境条件等因素决定。实际上，我国当前的建筑平均使用寿命不足30年。

表 1–1　我国部分工程的设计寿命

单位：年

工程名称	设计年限	工程名称	设计年限
秦山核电站	30	某大学教学楼	70
田湾核电站	40	某大学体育馆	100
三峡主体大坝	100	南京地铁	100
成都地铁	100	国家大剧院	100

（4）危害生态环境

随着工程的运行以及社会环境的变迁，一些工程的环境危害逐步显现出来。如果环境保护及危害消除措施效果不好，就该论证工程退役的问题了，例如首钢的搬迁。

（5）人为因素

人为因素涉及人为决策或人为责任。此情况一般涉及：一是行政决策，包括工程的草率上马导致短期内退役；二是工程质量，包括所有建设过程中出现的问题，导致工程不能实现功能或存在隐患，不得不退役；三是责任事故，由于发生事故，工程丧失功能而退役，或建设过程不得不中止等。

（6）不可抗力

不可抗力一般是指遭遇自然灾害或强制性规划征地，导致工程退役。自然灾害如地震、海啸、强风暴、火山爆发等，如日本福岛核电站因海啸而逐步进入退役阶段。

4. 工程退役的基本方式

每个工程的设计宗旨、环境条件、实施过程等都是独一无二的。因此，其退役方式也会各有不同。综合来看，工程退役主要有四种基本方式。一是原址弃置遣散型。这是最普遍的一种退役类型，也是最原始、最简单的做法。如矿山开采到一定程度，成本大于收益，开采价值丧失，矿山被弃置，人员遣散。二是原址回收遣散型，主要是指企业经营不善导致倒闭后，机器设备生产线被拍卖再利用，人员遣散。三是原址改造就业型，主要是指企业不能继续原有的生产经营方式，逐步扩展或转产经营，为此对工程进行改造以适应新的生产或经营方式。如大庆油田原址改造，开展新的生产经营方式，这也是多数资源工程终将面对的问题。四是转址改造就业型，主要指工厂搬迁、人员主体同迁等情形，如首钢从北京撤离，转址改造。具体到某一个工程，其退役方式可能是几种方式的组合应用。

工程退役不是一个简单的过程，其中存在许多需要探究和解决的问题。特别是在当今社会，人口增长、文化冲突频繁、自然资源稀缺甚至枯竭、环境容量接近极限、生态系统脆弱，工程退役已不仅是工程问题，而且是事关工程、经济、环境、社会的综合性问题，牵涉决策、调研、论证、实施诸多环节。置之不理或处置不当，带来的问题和后患相当严重，甚至是灾难性后果；而处理得好，或许可以产生意想不到的效益。工程退役本身也是一个工程。在资源和环境以及社会生态链的约束下，工程退役将越来越成为人类社会值得重视和规划的事务之一。

（七）工程评价

工程是一种社会实践，其任务是建造设施，目的是满足人们的合理需要。所以，工程应当有益于人类生活。然而，工程活动不仅仅给人类带来了利益，还引起了资源短缺、环境破坏和生态危机等负面效应。因此在工程活动中，离不开工程评价。过去，人们常常仅着重从经济角度和依据经济标准对工程活动进行评价，但是，这种评估方法无法很好地把握工程、社会与自然环境之间的整体关系，已经不能全面反映工程的“真实价值”，甚至在现实中不可避免地带来了各种问题。这就需要把握工程价值的多维性，突破传统工程活动评估方法的思维局限性，对工程活动进行全面、系统的评价，努力保证工程评价的全面性、科学性与合理性，为可持续发展服务。

1. 工程评价的概念

评价是一种活动，旨在对评价对象做出价值判断。工程评价是依据一定的价值标准对工程实践及其结果进行的价值评判，其实质是工程合理性评价。它是工程决策与判断工程社会实现程度的重要依据，是工程活动不可缺少的环节，是工程领域健康发展的重要措施。工程评价对于正确引导工程实践是非常必要的。

工程评价包含对工程的技术、质量、环境因素、投入产出效益、社会影响等方面的综合评价，可以说是对工程的再认识问题。在工程评价中坚持进行必要的价值审视，可突出工程活动的方向性和目的性，从而强化工程活动的正面价值，批判其负面价值，为工程活动确立一个价值框架，起到良好的价值导向和调控作用。对工程进行评价，需要基于适当的评价标准，对工程价值进行再认识。

2. 工程评价标准

工程评价本身是一种社会活动，必须成为一种合理的活动。评价活动的基本结构是评价主体、评价客体和评价标准。工程评价标准是相关工程共同体在一定的现实条件下，采取某种适当的形式制定的标准。工程评价标准取决于评价主体的工程价值观和需要，也取决于人们的认知水平和思维方式。

（1）工程评价标准体现利真善美

工程合理性是目的合理性、技术合理性和效果合理性的统一。从本质上讲，目的合理性是合功利性与合道德性的统一，技术合理性是合规律性与合目标性的统一，效果合理性是合功利性、合道德性、合观赏性的统一，即合目的性。合功利性意味着工程有良好的功能，满足人们的合理需要，是利的体现；合规律性要求采用科学的方法和先进的技术手段从而最经济有效地达成目标，是真的体现；合道德性意味着公平公正，不损害他人、社会及环境利益，是善的体现；合观赏性是指工程具有审美价值，是美的体现；合目的性和合目标性意味着工程活动以达成目的、实现功能目标为转移，这是最根本的。

综上所述，工程合理性评价标准应该具有统一性，即体现目的合理性、技术合理性和效果合理性的统一，而这体现的是利、真、善、美的统一。

（2）工程评价标准应当反映现代工程理念的要求

工程评价标准应当反映现代工程理念，体现以人为本，人与自然、人与社会协调发展的核心理念，以及工程的生态观、工程的协调观等。绿色工程是一个先进的工程理念，绿色建筑标准是将绿色工程理念具体化为一个可以量化的标准。我国于2006年颁布的《绿色建筑评价标准》总结了绿色建筑方面的实践经验和研究成果，是借鉴国际先进经验制定的第一部多目标、多层次的绿色建筑综合评价标准，用于评价各类民用建筑。在评价方面，明确区分了设计阶段和运行阶段并采用评分的方法，以总得分率确定评价等级。

3. 工程评价原则

工程评价是一种复杂的综合性评价，必须同时考虑目的、手段和结果。此外，没有最优的工程，但我们期望合理的工程，可以接受的工程，从总体上讲是有益的工程。因此，合理性评价是一个利弊权衡的过程，事先制定好正确的评价原则非常重要。

（1）目的原则

工程评价同其他领域的评价一样，必然具有导向作用。这种导向作用对工程领域的健康发展至关重要，因此评价的目的必须清晰合理。解决当代人面临的现实问题，需要依靠以科学技术为基础的工程活动。所以，我们只需要对工程进行批判，制定积极可行的指标体系，以便更好地引领工程实践，使其真正造福于人类。换言之，工程评价的根本目标在于促进工程领域健康发展和工程实践合理化。

（2）分类原则

一项工程可能追求多种价值，但一般有少数几种主导性价值。现代工程类型众多，追求的主要价值不同。有的工程的主要目标是经济效益，有的是社会效益，有的是环境效益等。很显然，工程类型和目标不同，评价的项目和指标体系也就不同，采用统一的评价标准是行不通的，故分类评价是工程评价的一个基本原则。

（3）辩证原则

人们对工程的期望和要求可能相互矛盾；工程的价值也是多方面的，往往还会有负面效应。工程都是有利有弊的，而且是非与利弊将随着时间的推移而发生微妙的变化。所以，在工程合理性评价中，坚持辩证原则至关重要。工程评价的辩证原则体现在多个方面，强调事实与价值相统一、安全与经济相统一、过程与结果相统一、定性与定量相统一等。

（4）全面原则

工程评价必须基于对功利目标和其他价值的全面认识。许多工程仅仅关注技术合理性，忽视社会人文传统。在我国很多工程评价往往重视收益而忽略危害，引起的不良后果已受到人们的重视。因此工程评价必须是全面的综合性评价，既要考虑工程的经济效益、社会效益、生态效益、艺术价值等，又要考虑到工程的负面效应。审视工程对社会各方面的影响，特别是积极效应与负面效应、短期效应与长期效应、经济价值和非经济价值、短期利益和长期利益。

五、工程理念、思维与方法

工程活动是以人为主体的活动。工程活动中，工程理念发挥着根本性的作用。工程理念是人们追求的工程理想，是工程实践的根本指导思想。好的工程理念可以用于指导兴建造福当代、泽被后世的工程，而错误的工程理念又必然导致各种贻害自然和社会的工程出现。

工程活动中，决策者、工程师、劳动者等不同人员都在进行思维活动。工程思维是不同于科学思维和技术思维的一种思维方式，它在指导工程实践中具有重大而深远的现实意义。

工程活动是一种实践活动，工程活动的过程和结果都是通过工程方法实现的。随着工程活动的发展，大量工程方法也都按照渐进的、量变的方式进行演化。

认识工程，需要理解和掌握工程理念、工程思维和工程方法。树立和弘扬新时代先进的工程理念，培养和形成正确的工程思维，运用效率化、和谐化的工程方法，对于开展各种工程活动、推动建立“自然—工程—社会”的和谐关系具有十分重要的意义。

（一）工程理念

各类工程活动都自觉或不自觉地在某种工程理念的支配下进行。在正确的工程理念指导下，许多工程青史留名，但也有不少工程由于理念的落后甚至错误，造成失误，甚至殃及后世。工程理念影响到工程战略、工程决策、工程规划、工程设计、工程实施、工程运行及其管理的各个阶段和各个环节。从现实方面看，工程理念在工程活动中发挥着最根本性的、指导性的、贯穿始终的、影响全局的作用。

1. 工程理念的概念

什么是理念？理念，是人们经过长期的实践及理性思考所形成的思想观念、精神向往、理想追求和哲学信仰的抽象概括。在现实语境下，人们谈论理念主要是指理想性的观念。根据对理念的这种理解，工程理念自然就是人们所追求的工程理想。工程理念是工程师或工程主体在工程思维及工程实践活动中形成的对“新的事物”的理性认识和目标向往。它是关于工程与“自然—人—社会”关系不断完美化的追求，也渗透了人们对工程的价值取向。

工程理念绝不仅仅是抽象的思想或空洞的概念，它深刻地渗透在工程的全部过程中，并且在工程的效果中打下不可磨灭的“烙印”。工程理念不仅直接影响工程活动的近期结果和效应，而且更深刻地影响到工程活动的长远效应和后果。

2. 工程理念的作用

工程理念涉及两个重大问题，一是应该如何认识人与自然的关系，二是应该如何认识工程活动中人与人的关系、人与社会的关系。工程理念，就是一种指导实践的基本观念和原则；这种理念构成工程活动的灵魂，体现人们在工程实践中的价值追求，并渗透到工程活动的全过程。经验表明，一项工程活动要获得成功，其建设者必须遵循正确的原则，必须有正确的理念。

在现实生活的各个领域中，人们都有自己的理念。从功能上讲，工程理念就是工程实践的根本指导思想。工程活动是分层次的，不同层次的活动需要不同的理念来指导；工程活动是分阶段的，不同阶段的活动需要不同的理念来指导。所以，工程理念有高低层次之分，也有样式类型之别。最高层次的工程理念是指总体性观念，即对工程提出的总体性、原则性、纲领性要求。这种理念涉及工程的精神层面，表达人们希望工程达到的理想境界，反映人们最深层的需求，因而成为工程主体的根本性价值诉求。

如上所述，各个工程阶段或环节都有自己的理念，如工程设计理念、工程施工理念、工程管理理念等。工程理念是统帅工程活动的灵魂，对于工程的得失与成败至关重要。即便是技术层面的工程理念，其作用也相当重大；理念上的失误很可能造成整个工程的失败。

3. 工程理念的主要内容

观察工程发展的历史，我们会看到工程专业化、组织化、职业化、建制化的逐渐形成，还会看到现代工程的另一个发展趋势，即工程朝着科学化、智能化、生态化方向发展。现代环境保护运动、资源节约运动是实现社会可持续发展的必然要求，这些要求呼唤着和谐工程、绿色工程。现代先进的工程实践模式是时代的要求，关系到人类的生存与发展，充分体现着正确先进的工程理念。

正确的工程理念必须建立在符合客观规律的基础上，包括各种自然规律、经济和社会规律。因此，工程除了要体现技术进步、经济效益，还必须重视环境效益，遵循社会道德、伦理和社会公正、公平等准则。面对当前工程活动中出现的诸多矛盾和问题，工程的领导者、管理者和实践者必须改变粗放发展的工程理念，树立正确的工程理念，并反映在不同层次和不同方向上。树立正确的工程理念同时是落实科学发展观的关键之一。

目前主要的工程理念有“以人为本，人与自然、社会和谐发展”，“资源节约、环境友好、循环经济和可持续发展”，“要素优选、组合和集成优化”，“追求不断创新与工程美感”。这些工程理念体现了以人为本，人与自然、人与社会协调发展的核心理念，也体现了工程的生态观、协调观、多元价值观和社会观等。

以人为本是核心工程理念之一。在工程活动中，无论是利用自然、尊重自然、顺应自然、保护自然，还是追求人与自然和谐，其都是为了人的发展。所以，以人为本是工程活动的基本原则，也是现代人普遍认可的根本理念。

与自然和谐是核心工程理念之二，也是工程活动应当遵循的基本原则。所谓和谐即让工程与自然环境相协调、相适应，既不破坏自然，也不受自然的侵害。工程与自然的和谐包括两个方面：一是工程建设过程中的和谐；二是工程创造物出现在自然界中，两者必须和谐。

与社会和谐是核心工程理念之三。工程建设不仅在自然环境中实施，通常也牵涉复杂的社会环境。建设和谐社会是全社会的目标，工程活动必须与社会和谐。工程活动涉及多个利益相关者，工程与社会和谐实质上是工程利益相关方和谐、工程建构物与人文环境和谐以及当代人与后代人利益相平衡。

4. 工程理念的发展

工程理念是在实践经验的基础上经理性思考形成的。简言之，工程理念是工程实践经验与智慧的结晶。这种理念体现的是现实与理想的辩证统一，绝不是脱离实际的空想。先进的工程理念反映时代精神的精华和时代进步的要求，工程理念的突出特征在于其时代性。很显然，随着社会的发展，工程也在发展。相应地，工程经验与智慧逐渐积累，指导工程实践的理念必将发生变化。

（二）工程思维

工程活动是造物的活动，不是单纯的自然过程，工程活动中有思维活动渗透并贯穿其中。工程活动是以人为主体的活动，工程活动的主体——包括决策者、工程师、投资者、管理者、劳动者和其他利益相关者等不同人员——在工程过程中表现出丰富多彩、追求创新、正反错综、影响深远的思维活动。

1. 工程思维的概念

不同性质、内容和类别的实践活动必然会形成不同的思维方式。工程活动中形成的思维方式称为工程思维。思维往往是以现实为参照系的。工程思维作为一种思维方式，以现实世界为思维对象或思维的参照目标。工程思维不是天马行空的幻想，工程思维是提出工程问题、求解工程问题的过程。工程思维的基本任务和基本内容就是要提出工程问题和解决工程问题。

2. 工程思维的特征

工程思维具有特定的性质、特征，在工程活动中有独特的地位与作用。工程活动是创造新事物的活动，因而，“造物思维”就成为工程思维最基本的性质和特征。简要概括工程思维最重要的特征，体现为科学性、集成性、创造性、综合性与艺术性。

（1）科学性

和古代工程多数基于经验建设不同，现代工程是建立在现代科学基础之上的。可以说古代的工程思维基本上只是“经验性”思维，而现代工程思维则是以现代科学为核心和理论基础的思维，因此现代工程思维具有科学性。然而工程思维不等同于科学思维，也不依附于科学思维，它是一种完全独立的思维活动，两者之间存在很大的区别。

通常情况下，科学家发现科学定律，工程师设计一座电站。科学家发现科学定律是典型的“理论思维”活动，属于科学思维，工程师设计一座电站是典型的“设计思维”活动，属于工程思维。科学思维反映外部现实世界，工程思维设计、创造现实，改变世界。这是两种不同的思维方式在思维与现实的关系上最大的不同。

工程思维与科学思维的区别还突出表现在以下几个方面。第一，工程思维是价值定向的思维，而科学思维是真理定向的思维。科学思维的目的是发现真理、探索真理、追求真理，而工程思维的目的是满足社会生活需要、创造更大的价值。第二，工程思维是与具体的“对象”联系在一起的，而科学思维超越了具体对象。科学思维以发现普遍的科学规律为目标，是以普遍性为灵魂和核心的思维。由于任何工程项目都是特定的对象，世界上不可能存在两个完全相同的工程，因此工程思维方式就成了以“个别性”为灵魂的一种思维方式。第三，从时间和空间维度看，科学思维不受具体时间和具体空间的约束，具有普遍性。工程思维是与具体时间和空间联系在一起的思维，是具有“当时当地性”特征的思维，即“特定性”。工程选址问题和工期问题就是工程思维“当时当地性”的具体表现。

（2）集成性

工程活动是一个复杂的集成过程，是技术因素、经济因素、管理因素、社会因素、审美因素和伦理因素等多种要素的集成系统，这就决定了工程思维是以集成性为根本特点的思维方式。

工程是在人文和科学的基础上形成的跨学科的知识和实践体系，因此，工程活动需要匹配各种因素、运用多种规律、调和各类需求，还需要充分考虑情景条件，进行多种权衡与协调。在此基础上，实现多领域、跨学科、多元互补的知识、理论、方法与技术的集成创新，以及技术要素与非技术要素多层次、多尺度、多因素的集成创新。集成性的成功和失败往往成为决定工程思维成败的关键要素。

（3）创造性

工程思维是建构自然界不存在并且永远也不可能自发生成的新事物的创造性思维，体现的是人们不满足现状、超越现实、追求理想、改变世界的造物智慧，具有高度的创造性。工程问题的新颖性、多解性，以及方案优化的可能性，要求解决工程问题必须具有创造性。其实质是最大限度地发挥工程主体的主观能动性，突破思维定式，提出怀疑和批判。怀疑和批判，往往是创造思维的起点。

由于工程具有当时当地性，任何一项工程都不可能完全照搬其他工程的思维与方法，必须根据当时当地的条件和特殊的工程任务目标进行不同程度的灵活变通与随机应变，这体现了工程思维的创造性。未来随着科技的发展，工程活动的深度、广度不断拓展，工程实践会将人类思维的创造性构想变成越来越多的新事物。

（4）综合性

工程活动承载着明确的社会目的，是手段与目的的有机综合体。一项工程的成功，不是某一要素（技术等）或某一环节的成功，而是需要各种不同要素（技术要素与非技术要素等）、各个环节的紧密配合、相互支持、协同运作。它是一项多种要素共同参与、集成优化创造的社会实践结果。因此，着眼于全方位、全过程、全要素、全生命周期的总体协调统筹、适当配置的综合性思维是工程思维的重要特征。此外，工程思维是工具理性和价值理性整合与融通的综合性思维。文化的多元化、工程的多元价值以及工程系统的复杂性，使得现代工程往往具有多元多维的价值取向与多种目标（经济、政治、文化、生态、社会、伦理、审美等），这些不同领域的价值目标往往遵循不同的思维逻辑。要处理好工程的多元价值和多种目标的复杂关系，把它们有机地融合在一项工程的规划、设计与建构方案中，就需要在思维中进行跨学科、跨领域、立体化、全视域的综合考量、多方统筹协调，这更加体现出工程思维的综合性。

（5）艺术性

工程思维具有艺术性。工程思维的艺术性不仅表现在工程思维需要想象力上，更表现在工程思维常常需要工程的决策者、设计师及工程师具备“思维个性”，追求“工程美”上。在讨论工程思维的艺术性问题时，要特别注意研究关于工程问题求解的“非唯一性”和设计与决策的“艺术性”。

工程师的工程思维具有艺术性，与艺术家的艺术思维在思维与现实的关系上既存在某种联系又存在一定的差别。艺术思维往往突出的是“虚构”的想象性，艺术想象中为了追求、弘扬“美”，允许充分地联想。工程思维强调的是具有可实践过程和可实现目标的想象性。工程思维追求的是通过工程活动可以实实在在得到的美。

工程思维是工程活动中运用的思维方式。由于工程活动存在实践性和建构性等特征，工程思维必须是“脚踏实地”的思维，可行性、可操作性、运筹性等也是工程思维的重要标志。由于篇幅的关系，不一一赘述。

（三）工程方法

人类社会中所使用的工程方法是不断变化、不断演进、不断发展的。在人类历史上，工程方法早已存在，甚至应该说早在原始社会中人类就掌握了一些原始的工程方法。工程方法在运用时必须遵循一定的指导原则，否则工程活动就难免出现这样或那样的问题。工程方法的进步在相当程度上决定着工程的进步。在近代工程发展史上，许多工程师都强调工程方法的基本目的和基本特征。

1. 工程方法的概念

所谓方法是指在给定条件下，为达到一定的目的所需采取的手段、方式、程序等。工程是建设活动，工程方法是指工程活动所需采取的手段、方式、程序等，包括工程决策方法、工程设计方法、工程施工方法、工程维护方法、工程管理方法等。工程方法以提高功效（功能及其效率）为基本目标和基本标准。工程方法的科学化和有效性是工程实践合理化的前提。工程方法的基本任务、基本性质和根本意义就在于其是形成和实现“现实生产力”的途径、手段和方法，这就是工程方法最本质的灵魂，也是工程方法最基本的性质。

2. 工程方法的基本特征

工程方法是一种独立的方法类型，工程方法具有“自身”特定的基本特征。

（1）选择性

工程的本质是利用各种知识资源与相关基本经济要素，构建一个新的事物的集成过程、集成方式和集成模式的统一，其目的是形成直接生产力。构建新的事物是工程活动的基本标志。每一个工程都有其特殊性，因此，工程方法必然也呈现相对多元性的基本特征。由此，对构成工程系统的组成单元和工程方法的选择性就凸显出来。

（2）集成性

在具体的工程实践中，工程方法是以“工程方法集”的形式发挥作用，而不是以单一方法的形式发挥作用。因此，对“单一工程方法”进行集成就成为工程方法的一个基本特征。具体的工程方法有很多，而能够最终进入工程系统并形成“工程方法集”的那些方法是被选择出来并集合而成的，因此集成性是工程方法最显著的基本特征之一。

（3）协调性

工程活动中存在许多矛盾和冲突，采用工程方法分析解决这些矛盾和冲突时，工程主体必须依据一定的协调原则进行协调工作，协调性因此成为工程方法的又一个基本特征。在一定意义上可以认为，工程方法之间的协调决定着工程活动的顺利进行。

（4）过程性

出于多种原因，以往许多人常常只关注工程活动的设计和建造阶段，而忽视了工程活动的“退役阶段”，实际上在考虑工程的“生命过程”时也只关注了工程的“诞生过程”而忽视了某一或某些工程活动必然还有“生命结束过程”，把工程活动等同于工程活动的建设，以工程活动的“建设活动周期”概念取代了工程活动的“全生命周期”概念。在这样的认识背景下，与工程活动的退役阶段有关的许多问题就严重地被忽视了。在认识、分析和处理这些问题的过程中，人们越来越明确、越来越深刻地认识到必须从“全生命周期”的视野来认识工程活动的过程性特征，必须把工程理解为一个包括决策、规划、设计、建造、运行（运营）、退役等阶段在内的“全生命周期过程”，而不能把工程活动的维护、运行、退役阶段“置之度外”，不能使之成为认识工程活动阶段性、过程性时的“盲区”。

（5）产业性

工程活动总是隶属于特定产业（行业），相应可划分出通信工程、土木建筑工程、机械工程、交通运输工程、冶金工程、化学工程、矿业工程、水利工程等。各类工程的行业性特点就决定了与之相对应的工程方法也呈现相对不同的产业性特征。具体如修建一座桥梁的方法和建设一座钢厂的方法就不尽相同。人们针对不同产业和行业，总结和概括出“关于桥梁设计的一般方法（即桥梁设计的共性特征）”“土木工程设计方法”“化工设计方法”“机械设计方法”等行业性设计方法。

3. 运用工程方法的几个通用原则

（1）工程方法和工程理念相互依存、相互作用的原则

工程理念要对工程方法的运用发挥指导、引导和评价标准的作用。工程方法的运用要服务于实现工程理念所设定的工程活动的目的，在实际运用中，工程方法不能脱离工程理念的指导。工程理念和工程方法是相互依存、不可分离的，如果工程理念不能“落实到”一套具体的工程方法中，工程理念就成为空谈。

（2）工程方法运用中的选择、集成和权衡协调原则

工程方法运用中的选择原则和集成原则是密不可分的。在工程实践中，工程方法多以工程方法集的形式发挥作用，因此需要对诸多“单一工程方法”进行“集成”和“选择”。“选择”是“集成”的基础，而“集成”则是“选择”的协同效果。

对于工程活动来说，必要的妥协、巧妙的协调、高明的权衡往往是工程建设的关键所在，而在协调和权衡上的失败往往就意味着工程实践过程受阻。

（3）工程方法运用的可行性、安全性、效益性原则

可行性、安全性和效益性原则是工程方法运用的又一重要原则。工程活动是实践活动，工程实践者——包括工程领导者、管理者、投资者、工程师、工人等——无不承认可行性的重要性，背离了工程的可行性，其危害性往往很大。对于工程方法运用的安全性，也应该给予足够的重视。忽视安全性的想法和做法都是错误的。工程是讲究效益的，必须从广义的理解中认识与把握工程的效益性。

除此之外，运用工程方法还必须遵循的通用原则包括在遵守工程规范和开展工程创新辩证统一的原则和约束条件下满意适当、追求卓越与和谐的原则。工程方法的通用原则绝不是“不令自行”的。事实证明，必须把思想认识、心理态度和有关制度

等结合起来，才能形成更加有效的措施来保证工程方法通用原则得到切实的贯彻和实行。

六、工程与科学、技术、产业

科学、技术、工程和产业是人类活动的重要内容。科学活动属于人类的认识活动，是以探索发现为核心的活动，基本任务是研究和发现事物的“一般规律”。技术活动与人类的生产、实践活动相联系，是以发明革新为核心的活动，目标是最大限度地扩展人的能力，以实现对自然的开发与利用。工程活动是以集成建构为核心的活动，工程活动要综合运用科学技术知识来解决建构过程中的实际问题，通过建构过程来提供满足人们需求的产品或设施。产业是以生产服务为核心的人类实践活动。科学、技术、工程和产业四种不同性质和类型的活动之间既相互联系、彼此互动，又相对独立、相互区别。

从知识角度上看，在认识自然、发展社会生产力的过程中，人类积累了有关科学、技术、工程、产业等方面的知识，从而构成了一系列相关知识。“科学—技术—工程—产业”是一种相互关联的知识链。这个知识链是多层次的知识网络，不同环节和层次之间存在复杂的关系。从经济学角度分析，科学是一种对自然界和社会本质及其运行规律的探索与发现，不一定要有直接的、明确的经济目标。而技术、工程、产业则有着明显的经济目标或社会公益目标，在很大程度上是为了获得经济效益、社会效益（包括环境效益等）并改善人们的物质文化生活。

正确认识和深刻理解工程与科学、技术、产业之间的辩证关系，对于认识工程，明确工程的划界问题，推动科学、技术、工程、产业一体化发展等，都具有重要意义。

（一）工程与科学的关系

工程和科学既有区别，又有联系。工程活动自古有之，而科学应用于工程则主要是近代以来的事情。从活动类型上讲，工程是造物活动，科学是发现活动；从活动结果上讲，工程的成果是设施，科学的成果是知识；从活动主体上讲，工程的主体是工程师、投资者、管理者和工人等，科学的主体是科学家。有时，人们把工程当作科学或学科领域。但实际上，这种意义的工程是指工程学，而不是工程活动。有时，人们会说工程是科学的应用。这里所说的工程是活动，而科学是手段。

在一般观念里，科学是研究自然界和社会事物的构成、本质及运行规律的系统性、规律性、理论化的知识体系，是人类不断探索真理的一种实践活动，作为知识形态存在的科学与作为物质形态存在的工程之间存在较大的距离。但事实上，工程与科学之间具有密切联系。

1. 科学和工程都是协调人和自然关系的重要中介

科学的突出特征是探索发现，工程的突出特征是集成建造。它们的共同本质在于都反映了人对自然界的能动关系，都是人类不断认识和改造自然的实践活动。科学活动可以看作以探索发现为核心的人类活动，工程活动可以看作以集成建造为核心的人类活动，这种活动使完全为人类服务的工程建造物成为现实。

2. 科学是工程的理论基础

工程越来越建立在科学的基础上，科学是工程的理论基础和必须遵循的原则。在人们不自觉地运用科学理论时，工程建造活动是经验性的，进程是缓慢的。在以集成建造为核心的现代工程活动中，科学原理已得到越来越多的应用，成为不可缺少的理论基础。随着人类对客观世界认识的深入，科学发展和分化成为许多大的门类，形成众多相互交叉的学科群。相应地，有更多更完整的科学理论体系在指导着工程实践。

工程诸要素中，非常重要的技术要素背后都有其基本的科学原理作前提。工程必须遵循科学理论，符合科学的基本原则和定律，凡是背离科学理论的工程必然导致失败。工程活动中的设计、建构和运行等环节还必须遵循系统论、控制论、信息论、协同论、突变论、自组织理论等科学理论。例如，根据系统科学原理进行计算机模拟，是现代工程活动的一个重要方法。用系统科学方法对所研究的工程活动进行专门的数学描述。系统科学把工程看作系统，确定其结构和对应匹配关系，从而引进数学方法和数学语言，可以对工程活动进行深入研究。通过建立模型，结合计算机工具，甚至可以对工程活动的全部过程进行虚拟演示，及时发现问题，防患于未然，这大大降低了工程的论证成本和潜在风险。

3. 工程与科学之间互为条件、双向互动

科学指导工程，工程反过来促进科学的发展。科学的探索发现与工程的集成建构是两种相对独立的创造性活动，两者却处于互为条件、双向互动的辩证过程之中。科

学所探索发现的事物及其运行规律对工程建造活动有正向促进作用，同时工程的集成建构活动中发现的新问题反过来又促进科学理论的新发现和新进步。

科学理论不是静态的和一成不变的，而是发展变化的，科学就是不断发现新事物、新理论的探索活动。某些科学概念以及科学探究方法的使用可以支持工程设计活动。工程对科学存在促进作用。科学家依靠工程师的产品探索自然世界，进行各种操作和测量。如果没有工程师开发的工具和设备，许多科学进步是不可能实现的。现代科学研究越来越需要以技术、工程为手段和载体，以各种各样的仪器、装备为工具，以工程实践中提出的许多新问题，特别是工程科学问题为研究对象。科学也必须经过工程的活动才能转化为现实生产力。

科学发现的日新月异，也推动了工程集成建构模式的创新。现代工程的集成建构活动越来越依赖于科学技术活动，在工程的各个领域，对相关科学的理解是完成这项工作的先决条件。工程师运用科学知识，结合设计的策略来解决实际问题。工程师在工作中使用科学，科学家在工作中使用工程产品。因此，工程必须建立在科学认识基础上，但科学认识又往往只能在工程实践中才能获得。伴随科学的技术化和工程化，工程也不断科学化，同时以现代科学技术活动为基础的工程活动也形成了特殊的工程科学领域。

（二）工程与技术的关系

技术是一种特殊的知识体系，现代技术往往是运用科学原理、科学方法结合经验，开发出来的工艺方法、生产装备、仪器仪表、自动控制系统及新产品等，这是一类经过“开发”“加工”的知识方法与技能体系。技术是需要更多的资金开发出来的有经济目的、社会目的的知识系统。技术的特点在于突出发明与创新。技术活动的成果是技术发明，多以有产权的发明专利形式面世，技术在很大程度上有其经济属性和产业特征。工程是综合运用科学知识和技术方法与手段，有组织、系统化地改造客观世界的具体实践活动及取得实际的成果。工程是各种不同技术的集成运用，是技术现实生产力作用和功能实现的重要途径。工程活动的成果是工程建造物，这些成果是独特的。事实上，任何工程项目都是特殊性的、一次性的，其成果独一无二；而任何技术都必须具有可重复性，即可重复应用。

“工程”与“技术”经常被合并称为“工程技术”，这种表达方式突出了工程与技术之间的联系。作为活动手段的技术与作为活动过程的工程，在任何时候、任何情况下都是不可分割的。没有不依托工程的技术，也没有不运用技术的工程。但我们不能把工程等同为技术，也不能用技术代替工程，因为两者既有密切联系又有本质区别。

工程作为技术的集成，与技术密切相关，并且比与科学的关系更为直接和明显，也更为复杂。

1. 技术是工程的基本要素，工程是技术的优化集成

技术是工程活动的基本要素。技术作为工程的要素具有以下特点：第一，个别性和局部性。技术是工程中的一个子项或要素。第二，多样性和差别性。工程中诸多技术有着不同的地位，起着不同的作用，它们之间往往存在不同的功能。第三，不可分割性。实际上，不同的技术作为工程构成的基本单元，在一定的环境条件下，以不可分割的集成形态构成工程整体。

工程往往是诸多技术的集成。工程可看作一种集成的技术活动形态，若干技术的系统集成便构成了工程的基本形态。工程作为改造世界的活动，必须有技术特别是关键技术的支撑。工程中的关键技术是某一工程能否成立的关键因素。工程是集成建构新的存在物的活动或结果，构成某一工程的诸多技术要素之间有核心专业技术和相关支撑技术之分。工程是不同形态的技术要素的系统集成，是诸多核心技术和外围支撑技术的优化组合与综合集成。构成工程的各种技术之间有机地联系、组织在一起构成一个系统的整体。工程作为技术的集成则具有以下特征：第一，集成统一性。工程是若干技术及其相互关联产生的整体，工程都以统一体出现。第二，协同性。工程由两个或两个以上的技术复合而成，不同技术之间具有相互协同的关系。第三，相对稳定性。工程都是技术的有序、有效集成，不是简单的加合，其结构和功能在一定条件下具有相对稳定性。

工程不仅要集成已成熟的技术，而且要集成在工程活动过程中发明、研制的适合工程需要的技术特别是专用技术，这些技术发明和创造也是工程活动的组成部分。工程不仅包括技术的集成，还包括技术与经济、技术与社会、技术与文化等其他要素的集成。工程的建造要涉及工程目标的确定、工程方案的选择和工程项目的决策等，其实现必须考虑技术、经济、社会、生态等诸多因素。就某项特定工程而言，可以应用的技术可能有多种，不同技术方案的选择是工程决策要考虑的重要内容。

2. 工程是技术的载体，是技术物化和发展的平台

工程是技术的载体和应用，是技术发挥作用和物化发展的平台。技术发明的物化过程，就是工程活动的过程。当一个技术设想经过物化转变成一个工具、仪器等新事物时，这个新事物的制造过程就是工程活动，这种工程是获得实物形态技术的工程。工程是技术的应用，这个“应用”的过程是一个转化的过程，是技术从知识（理论）形态向实物形态转化的过程，转化过程之后必然有新的物质也就是工程实体出现。当代社会中大部分都是技术发明、技术转化的产物，也都是工程活动的产物。

工程是技术发展的动力，也是技术成熟化、产业化道路上的桥梁。一项工程要运用多项技术，工程的发展大大扩展了技术的使用范围，推动了技术的革新和进步，促进了技术的发展。工程的开发实施是有目的的，但是技术本身是没有目的的。一项通用技术开发出来后，就可能拓展应用到其他领域，如核技术和可以民用的军工技术。

（三）工程与产业的关系

工程与产业既相互区别又相互联系。产业是社会生产力发展到相当水平后，建立在各类专业技术、各类工程系统基础上的各种行业的专业生产、社会服务系统，是社会经济的表现形式。产业可以理解为同类工程活动的一个集合，工程是产业的组成单元或基础。产业是经济范畴内的一种专门系统，是由同类或相似的工程专业体系和相关的工程技术相互组织、集合而成的。产业生产的活动目标主要是经济效益和社会效益，但是这种效益是以特定的工程活动为基础的。

1. 工程是产业发展的基础

现代工程活动具有大规模、巨系统、中长期、高投入、高科技含量的特点，有时会对自然生态环境产生重大影响，工程活动已经成为现代社会生产实践活动的主要形式，是国民经济发展的基本内容。产业是建立在各类专业技术、工程系统基础上的各种行业性的专业生产、社会服务系统。可以说工程构成了产业发展的基础。

如果从产业的角度看工程建设，产业离不开建造。产业是由同类或相似的工程集成物和相关工程技术相互组合、汇集而成的行业系统。同类工程建造物的集合就是产业，如建造钢铁厂、修建公路和铁路、开采煤矿、开发油田等工程活动，每一类工程中都包含许多具体的建造活动，这样的建造活动产生的一个又一个集成物，构成了钢

铁产业、运输产业、煤炭产业和石油产业。那些作为新开工建设的工程项目，如三峡工程、“宝钢二期工程”、手机制造线、芯片制造线等，其建设过程和投产运行过程，往往是形成一种产业或者推动产业发展的必要条件或者基本要素。产业化运行实际上是一个需要不断设计、制造和大规模生产的工程活动。

国民经济中的产业活动大多表现为工程建造与工程运行过程和结果。某种类型的工程活动表现为相应的产业形态，其还可以造就某种新型产业。产业特征往往以工程活动的内涵为表征，通常包括专业工程设计在内的系统的生产和制造活动。工程活动作为一种产业活动是国民经济的基本架构。工程活动的质量、水平和规模表征着产业发展的层次和竞争能力。

工程项目的布局与结构往往决定或影响特定区域的产业布局和产业发展。工程项目的建设可以改变和优化区域产业结构，推动区域产业结构的升级换代。例如，在水力资源丰厚的区域，有目的性地建设一系列水利工程，就可以形成以发电、航运、灌溉等为特征的产业布局等。很显然，只有现代社会中工程化的生产活动才是产业结构中最发达、最典型的产业形态。可以说，工程活动作为产业形成和发展的物质基础，是构成产业生产的基本内容，推动着经济结构的升级换代，深刻影响着人类生活的各个方面。

2. 产业生产是标准化、可重复运作的工程活动

产业生产活动是以经济效益和公益性服务为最终目的的，其活动的过程以生产为社会大众所认可的生活用品或生产资料为基本途径，因此，必须高度重视其标准化、可重复性。标准化的源头就是工程活动在创造新的存在物时，所制定的符合科学理论、自然条件、技术水平、社会价值等要素的复合性技术规定。

众多行业的工程活动的原理设计、机器设备、生产流程、生产工艺、操作细则等经过不断优化、筛选直至形成某种产品生产活动的固定程式。然后，这个固定程式又被分解为原料、动力、制造、测试等技术环节。最后，诸多技术环节的有机衔接和组合就是所谓的生产线，在生产线上的制造活动就是产业生产活动的一个重要类型。因此，产业生产活动的标准化和可重复性是其追求经济效益的根本条件。

标准化是促进生产技术进步的重要手段。现代社会化的生产规模越来越大、技术要求越来越高、分工越来越细、协作越来越广泛，要让众多部门相互有机地组织起来，获得最佳的社会经济效益，标准化是重要途径。只有实行标准化生产，才能提高生产效率、服务效率和经济效益；只有进行可重复性生产，才能持续不断地满足日益

增长的社会需求，发挥产业生产的社会经济功能。

当代，在日益深化的科学理论的指引下，不同领域的诸多技术方兴未艾，产业结构不断调整和升级，产业的技术密集度不断提升，科学技术在推动产业升级中的作用越来越大。产业越是高度合理化，其对产业技术和工程技术创新的要求也就越高。以现代科学技术支撑的工程活动，使产业形态愈加发达、多样，产业结构不断优化升级，并创造出一些新型产业和高技术产业，如软件产业、物流产业、生物医药产业等。产业越来越要求标准化生产、可重复运作。工程活动的规模、质量和创新水平，表征着产业结构升级的高度和产业的竞争力。

参考文献

[1] Wulf, W.A. Diversity in Engineering. The Bridge. http://www.nae.edu/Publications/TheBridge/Archives/CompetitiveMaterialsandSolutions/DiversityinEngineering.aspx. 1998, 28(4).

[2] Engineering in K-12 Education: Understanding the Status and Improving the Prospects[EB/OL]. The National Academies Press. http://www.nap.edu/catalog/12635.html.

[3] 吴锋，叶锋 . 工程经济学 [M]. 北京：机械工业出版社，2015.

[4] Gomez, A. G., Oakes, W. C., & Leone, L. L.. Engineering Your Future: A Project-based Introduction to Engineering. Second Edition. Wildwood, MO: Great Lakes Press, 2006.

[5] 王连成 . 工程系统论 [M]. 北京：中国宇航出版社，2002.

[6] 中华人民共和国教育部 . 义务教育小学科学课程标准 [M]. 北京：北京师范大学出版社，2017.

[7] 成虎 . 工程管理概论（第二版）[M]. 北京：中国建筑工业出版社，2010.

[8] 教育部和国务院学位工作委员会 . 学位授予和人才培养学科目录 [EB/OL]. http://www.moe.gov.cn/s78/A22/xwb_le ft/moe_833/201804/t20180419_333655.html, 2018-4-19.

[9] 殷瑞钰，汪应洛，李伯聪，等 . 工程哲学（第三版）[M]. 北京：高等教育出版社，2018.

[10] 王章豹 . 工程哲学与工程教育 [M]. 上海：上海科技教育出版社，2018.

[11] 道・加比，保罗・撒加德，等 . 爱思唯尔科学哲学手册 [M]. 郭贵春，殷杰，译 . 北京：北京师范大学出版社，2016.

[12] Moorey P. S.Ancient Mesopotamian Materials and Industries:The Archaeological Evidence[M]. New York:Oxford University Press Inc.,1994.

[13] 沈珠江 . 论工程在人类发展中的作用 [J]. 中国工程科学，2007,(1).

[14] 姚立根，王学文 . 工程导论 [M]. 北京：电子工业出版社，2012.

[15] 李伯聪 . 工程哲学引论——我造物故我在 [M]. 郑州：大象出版社，2002.

[16] 刘则渊 . 现在工程前沿图谱与中国自主创新策略 [J]. 科学学研究，2007,(2).

［17］ 殷瑞钰，李伯聪，汪应洛等 . 工程方法论 [M]. 北京：高等教育出版社，2017.
［18］ 全国工程硕士政治理论课教材编写组 . 自然辩证法 ——在工程中的理论和应用 [M]. 北京：清华大学出版社，2009.
［19］ 宁先圣 . 工程技术人才观 [M]. 北京：中国社会科学出版社，2007.
［20］ 徐长山 . 工程十论——关于工程的哲学探讨 [M]. 成都：西南交通大学出版社，2010.
［21］ 胡志根等 . 工程项目管理 [M]. 武汉：武汉大学出版社，2004.
［22］ 孔祥静 . 工程决策中的伦理问题及对策研究 [D]. 南京林业大学，2017.
［23］ 齐艳霞 . 试论工程决策的伦理维度 [J]. 自然辩证法研究，2009,（9）.
［24］ 范春萍 . 工程退役问题 [J]. 工程研究—跨学科视野中的工程，2014,6(4).
［25］ 卡尔・米切姆 . 工程与哲学——历史的、哲学的和批判的视角 [M]. 王前等译 . 北京：人民出版社，2013.
［26］ Dieter G. E. Engineering Design:A Materials and Processing Approach[M].3rd ed.London: McGraw-Hill, 2000.
［27］ 孟晓飞 , 刘洪 , 宋智斌 . 设计的性质、范式及其结构 [J]. 机械设计，2001,(8).
［28］ 李永胜 . 论工程思维的性质、特征与作用 [J]. 创新，2018,12(1).
［29］ 殷瑞钰 . 工程演化与产业结构优化 [J]. 中国工程科学，2012,(3).
［30］ 薛守义 . 工程哲学——工程性质透视 [M]. 北京：科学出版社，2016.

编写专家

张天慧　谭　超　苏国民

审读专家

翟杰全　史晓雷　牛桂芹　王　聪

专业编辑

吴　敏

第二章

信息与电子工程

信息与电子技术的飞速发展始于20世纪70年代以来的信息技术革命。信息技术不仅改变了人们的生产方式和生活方式，也改变了人们的思维方式和学习方式，渗透到人类社会的方方面面。信息与电子成为当前最具创新引领性、交叉融合性和前沿性的一个现代技术领域。

实际上，大家对信息与电子工程技术并不陌生，我们日常生活中每天都在使用各类由信息与电子工程技术支撑的软件、工具和系统，也享受着其带来的种种便利。比如，计算机的出现极大地加速了社会信息化的进程，它也成为信息社会的必备工具之一；移动通信技术的发展使人与人之间的沟通更便捷，使获得信息的方式更多元，进而改变了我们的生活方式；自动控制技术的进步使生产自动化成为可能，将人们从繁重的、重复性的劳动中解放出来，进而从事更富创造性的工作；电子工程技术领域的“摩尔定律”更创造了人类工业发展史上的奇迹，使集成电路芯片成为现代工业的“粮食”；人工智能与机器人也逐步从科幻电影和小说中走进人们的生产生活，带来人脸识别、语音识别、无人驾驶等智能应用的“神奇”体验与乐趣。

当前，信息技术产业正以传统产业难以比拟的增量效应、乘数效应和技术外溢效应，不断向其他领域的产品和服务渗透，信息技术领域已成为提升国家科技创新实力、推动经济社会发展和提高整体竞争力最重要的动力引擎。以物联网、大数据、机器人及人工智能等技术为驱动力的第四次工业革命正以前所未有的态势席卷全球，成为继蒸汽技术革命、电力技术革命和信息技术革命后又一次使人类社会经济生活大为改观的大事件。促进新一代信息技术与经济社会各领域融合发展，培育“互联网+”生态体系，一直是国家大力推进的专项行动。特别的是，我国在移动互联网、第五代移动通信（5G）、人工智能等战略性新兴技术领域发展迅速，在若干重点方向已经具备国际一流的竞争力。因此，相比以往的工业革命，我国在第四次工业革命中占据更有利的位置，也将获得更多的发展机遇。习近平同志指出，“信息化为中华民族带来了千载难逢的机遇”，“我们必须敏锐抓住信息化发展的历史机遇”。推动物联网、大数据、云计算、人工智能等信息技术在生产制造领域的融合应用，强化制造业与信息技术融合发展，进而推动信息技术与农业、能源、金融、商务、物流等各个领域深度融合，将成为我国未来推动经济社会发展、建设创新型国家的长期战略。因此，做好信息与电子工程技术领域的科普工作，让各行各业、不同教育背景的人了解信息与电子工程技术，是非常必要的，也是意义深远的。

本章知识结构见图2-1。

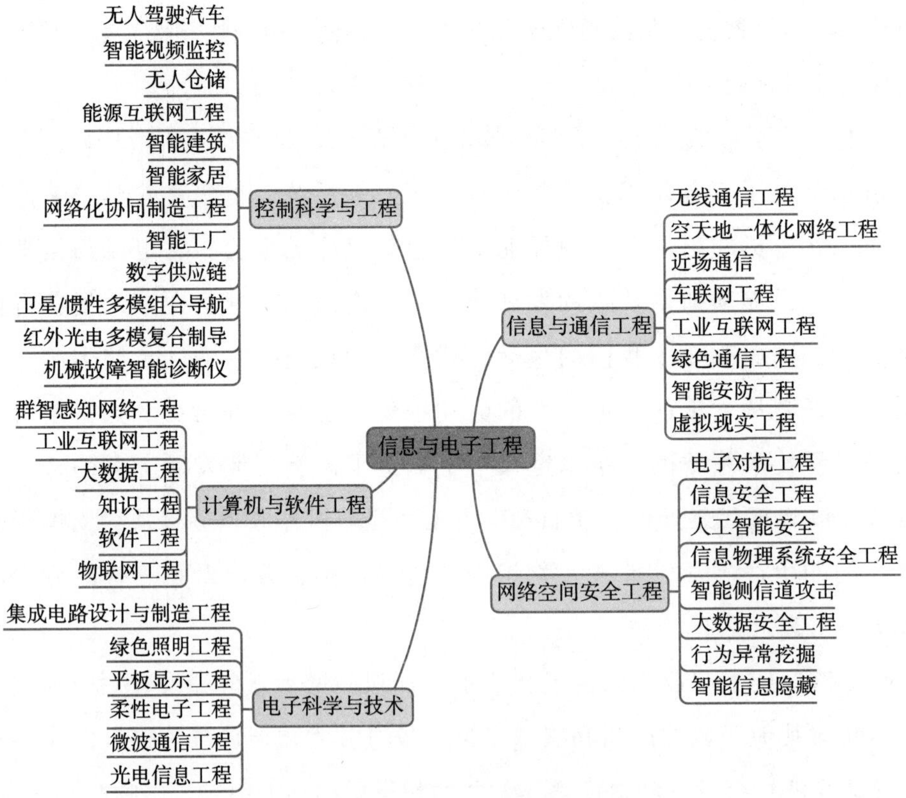

图2-1　信息与电子工程知识结构

一、信息与通信工程

信息与通信工程以万物互联为目标，旨在建立信息的获取、传输、处理、利用的系统，涉及信息工程、通信工程、通信系统、信号处理等。信息与通信工程在本科阶段设置的专业包括“信息工程”“电子信息工程”“通信工程”等，研究生阶段设置学科“信息与通信工程”，下设两个二级学科，分别为“通信与信息系统”“信号与信息处理”。本学科在理论研究与工程实践相结合、学科交叉和军民融合等方面具有明显的特色与优势，对经济发展和国家安全发挥了重大作用，服务领域覆盖无线通信、有线通信、未来网络、人工智能、智能制造等，工作形式涵盖技术研发、管理咨询、教学科研等。

人类开始通信的历史已很悠久。早在远古时期，人们就通过简单的语言、壁画等方式交换信息。19 世纪中叶以后，随着电报、电话的发明，电磁波的发现，人类通信领域产生了根本性的变革，开始利用电信号作为载体进行信息的传播，开始了人类通信的新时代。电磁波的发现，在 20 世纪初不仅实现了信息的无线电传播，也促进图像传播技术的迅速发展。1946 年，世界上第一台电子计算机研制成功，随着微电子技术的发展，计算机显示了前所未有的信息处理功能，推动着信息与通信技术的发展。20 世纪 80 年代末多媒体技术的兴起和互联网技术的发展，使计算机具备了综合处理文字、声音、图像、影视等各种形式信息的能力，并日益成为信息处理与通信最重要和必不可少的工具。

信息与通信工程一方面以信息传输和交换研究为主体，涉及国民经济和国防应用的电信、广播、电视、声呐、导航、遥感、遥测遥控、互联网等领域，研究各类信息与通信网络及系统的组成原理、体系构架、功能关联、应用协议、性能评估等内容；另一方面以信号与信息处理研究为核心，研究各类信息系统中的信息获取、变换、存储、传输、应用等环节中的信号与信息处理，包括各种形式的信号与信息处理的算法与体制、物理实现、性能评估、系统应用等内容。信息与通信工程学科与邻近的电子科学与技术、计算机科学与技术、控制理论与技术、航空宇航科学与技术、兵器科学与技术、生物医学工程等学科有着越来越紧密的联系，也与军事学门类军队指挥学等一级学科有着密切联系，并逐渐相互交叉、相互渗透。

随着第五代移动通信网络（5G）的广泛部署，信息通信与网络将逐渐渗透到现代社会生产生活的方方面面，为工业、农业、物流、交通、金融、航运、娱乐等行业，甚至军事等领域提供可靠的信息连接保障和信息处理手段，成为现代信息社会不可或缺的基础设施。信息与通信工程将进一步向着空天地海一体化、泛在化和智能化的方向迈进，为大数据、物联网、云计算以及人工智能等新技术的运用提供高效快速安全的基础保障。

（一）无线通信工程

无线通信工程可以传送电话、传真、图像、数据以及广播和电视节目等通信业务，也可以用于遥控遥测、报警以及雷达、地面导航、海上导航等特种业务。在近些年的信息通信领域中，无线通信工程的发展最快、应用最广。

无线通信工程，主要指的就是借助电磁信号实现信息交互以及自由空间定向有效传播的一种信息交换模式。无线通信技术的优势显而易见，其能有效提高信息的传递效率。无线通信工程摆脱了有线的束缚，具有服务面广泛、实用性强的特点。

无线通信工程利用电磁波信号辐射，在自由空间对信息进行传播。无线通信工程由发射设备、传输媒质和接收设备三部分组成。

发射设备的发射机一般由振荡器、放大器、调制器、变频器和功率放大器等组成。发射天线必须与发射机的功放输出阻抗匹配，使无线电波能以最高的效率发向空间。接收天线将接收的信号送到接收机。接收机一般主要由前置放大器、变频器、本地振荡器、中频放大器、解调器和低频基带放大器组成。

无线通信工程能够在广阔的空间内对信号、数据等进行自由传递，因此工程开展的位置比较分散。无线通信工程的开展会受到较多因素的影响，其中发射的电磁波容易受到电及水的影响。无线通信技术的运输线路较长，其中电磁波的传输速度虽然较快，但是整体长度较长，需要经过较长路径的传播。这些特点使得无线通信工程的开展受到较多影响。

1897 年，马可尼在固定站与相距 18 海里的一艘拖船成功进行了一次电报试验，标志着无线电通信的诞生。现代无线通信技术的发展始于 20 世纪 20 年代，经过一系列曲折的发展，无线通信系统目前已经成为现代社会不可或缺的一部分。

蜂窝移动通信系统是目前最具代表性的无线通信工程。第一代蜂窝移动通信系统（1G）起源于 20 世纪 80 年代，主要采用模拟技术和频分多址（FDMA）技术。1G 只有一般语音传输服务，且话音质量低，信号不稳定。中国的 1G 系统于 1987 年 11 月

18日在广州开通并正式商用。

第二代蜂窝移动通信系统（2G）采用时分多址（TDMA）和码分多址（CDMA）技术，提供数字化的话音业务及低速数据业务，完成模拟技术向数字技术的转变。它克服了模拟移动通信系统的弱点，话音质量和保密性能得到很大的提高。GSM是最广泛采用的2G通信制式。

第三代蜂窝移动通信系统（3G）最基本的特征是基于智能信号处理技术。智能信号处理单元成为基本功能模块，大大提升了数据传输速率。因此3G不仅支持多媒体语音和数据通信，还可以提供各种宽带信息业务。

2013年12月，工信部宣布向三大运营商颁发第四代蜂窝移动通信系统（4G）牌照，移动通信系统正式进入4G时代。4G使用正交频分多址接入（OFDMA）技术来提高频谱效率。多天线多入多出（MIMO）和载波聚合等新的4G技术进一步提高了整体网络容量。

为了应对未来爆炸性的移动数据流量增长、海量的设备连接、不断涌现的各类新业务和应用场景，第五代蜂窝移动通信系统（5G）应运而生。5G提出“增强移动宽带”“低时延高可靠”“大规模机器类通信”三大典型应用场景，要求在超高流量密度、超高连接数密度、超高移动性等极端场景下仍然能够稳定提供服务。2018年3GPP RAN工作组宣布冻结R15阶段的5G标准，标志着5G标准化工作取得重大突破，为5G的商用化奠定了基础。2019年，三大运营商相继取得5G牌照并率先在国内部分一、二线城市进行商用化试验。2020年7月3日,3GPP宣布5G R16标准冻结，标志着5G第一个演进版本标准正式完成。

无线通信工程的发展和进步对于提升国家生产水平具有重要的影响力，能进一步促进经济和社会的全面发展。加之无线通信工程项目自身具有较大的市场发展潜力和社会推动力，因此对于各个行业的融合发展能起到良好的促进作用。但是，因为无线通信工程具有位置分散、工程易受干扰以及运输线路较长等特征，其也会对工程项目建设和分布产生一定的制约作用。另外，由于无线电磁传播的开放性，无线通信链路易受电磁干扰及窃听等方面的攻击，需要结合特定场景和垂直行业应用来评估无线通信系统的安全机制。

（二）空天地一体化网络工程

伴随着现代信息技术的快速发展，未来空天地战略信息服务行业对于综合信息资源的需求日益提高。将地面移动网络和空间网络无缝连接起来，组成空天地一体化网络系统已经引起了很多国家的关注。

空天地一体化网络工程是由多颗不同轨道上、不同种类、不同性能的卫星形成星座覆盖全球，通过星间、星地链路将地面、海上、空中和深空中的用户、飞行器以及各种通信平台密集联合，以 IP 为信息承载方式，采用智能高速星上处理、交换和路由技术，进行信息准确获取、快速处理和高效传输的一体化高速宽带大容量信息网络，即天基、空基和陆基一体化综合网络。

空天地一体化网络工程主要分为天基、空基、地基三层。三层既能独立工作，也能互联互通，通过异构网络融合，构成天地空合一的立体、多层、异构的宽带无线通信网络。天基部分主要由空间通信卫星构成，空基部分主要由飞行在低空的飞行器以及直升机构成，地基部分主要包括地面站节点、海面船只、地面固定节点以及其他移动节点。

天基网络有中继卫星，中继平台（飞艇）组成多级中继网络，与空基和地基网络构成分层网络体系结构，在空基网络无法直接与地面指挥中心进行通信时，可提供路由迂回，进一步提高系统的抗毁能力。在地基通信网络中，地面节点（包括移动用户终端、中继站或基站等）采用地面网络结构互联。地面节点可与升空平台互联构建地空远程宽带无线中继通信网；多个升空平台以 Mesh 网络形式互联构成更大区域的覆盖网络。地面节点和升空平台还可通过天基卫星实现远程中继，使区域覆盖网络接入骨干交换网。

空天地一体化网络工程最早是由互联网演变而来的。从互联网技术到星际互联网的研究，将地面互联网延伸到空间。20 世纪 90 年代起，美国先后有国家航空航天局（NASA）、大学实验室以及企业等 30 多家机构参与了空天地一体化信息网络技术的研究。欧洲各国为实现星上组网的目标也开展了一系列技术研究工作。国际海事卫星系统（Inmarsat）是世界上第一个全球性的移动业务通信系统。美国的转型卫星通信系统 TSA 计划通过 Teleport 实现与美军其他卫星通信系统的互联互通，形成美国全球信息栅格（GIG）的空间部分，为构建天地一体化网络提供了参考。

从国外卫星系统发展来看，目前已经由分立的卫星通信系统过渡到天地异构网络互联互通，正在向天地一体方向发展。一方面，在需求和市场牵引下，天基网络规模越来越大、应用越来越广，各类运营公司层出不穷，天基地面网络优势结合互补，各类应用渗透到陆海空天的各个角落和人们生活的方方面面。另一方面，在科学技术创新驱动下，天基网络的容量快速增大、速率显著提高、服务不断拓展、成本明显降低，正在颠覆传统的电信行业概念，引领产业创新和商业模式创新。此外，为了减少卫星制造、发射、运行成本，网络卫星的建设向小卫星化、可重构化、编队化的趋势发展。

空天地一体化信息网络重大工程的实施，必然将信息系统顶层设计、天地融合设计推向新高度，将实现信息系统服务能力的跨越式提升。空天地一体化网络应有以下特性。协作性：空、天、地网络之间协同工作融合为统一的一体化网络系统，最大限度地利用地面移动网络以及卫星网络的优势，系统中的各个模块以及模块之间能够协同工作，对空间信息进行协调、管理及优化，最大限度地收集并利用各种空间信息资源，实现对事件更快更好的处理。泛在性：综合空、天、地等多种网络实现广泛覆盖和多重覆盖，保障全天候实时的覆盖范围。高效性：空天地一体化网络综合信息系统具有对任务事件快速的反应能力以及高效的处理能力。

（三）近场通信

近年来，随着移动互联网的迅速发展以及智能终端等设备的普及，电子商务和物联网等逐步发展，近场通信（Near Field Communication，NFC）成为移动支付的主流方式之一，并应用在公共交通、智慧校园等方面以增强其便利性。此外，NFC 因软硬件实现方式简单和具备一定的保密性以及安全性等优势，大量应用在数据传输、智能海报、医疗、航空等领域。

NFC 是在非接触式射频识别技术的基础上，结合无线互联技术，在一块芯片上将多个功能整合到一起，最终实现进程与兼容设备的识别和数据交换目标的一种具有双向通信特点的高频无线通信技术。NFC 可以实现各移动终端之间的非接触式信息交换，在较短距离内实现对特定设备的连接，具有较强的保密性和安全性。

NFC 技术原理如图 2-2 所示。

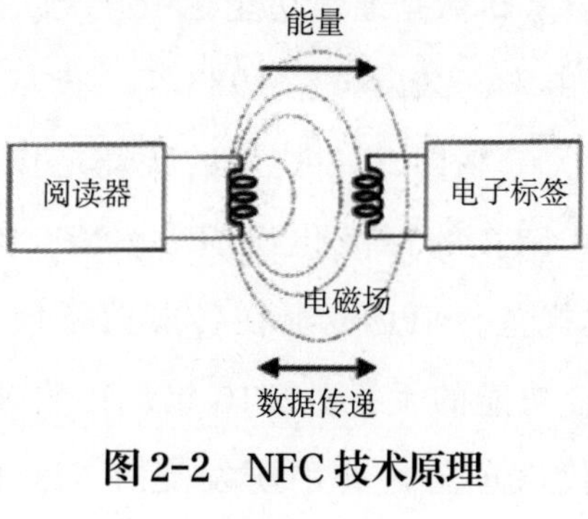

图 2-2 NFC 技术原理

其中阅读器产生射频场，电子标签从射频场中耦合得到能量，然后以信息的形式反馈给阅读器；阅读器将要发送的信息经过调制后发送给电子标签，电子标签通过负载调制将阅读器所需信息传回阅读器。阅读器一般包含近场通信控制器、安全模块及天线。主控模块将数字信号转换为射频信号完成 NFC 基本准备，天线按照 13.56MHz 的标准向外发出信号，安全模块保存密钥和余额等保密数据。电子标签是一种具有数据存储功能的 IC 卡。

实际系统中，NFC 支持的工作模式如图 2-3 所示。

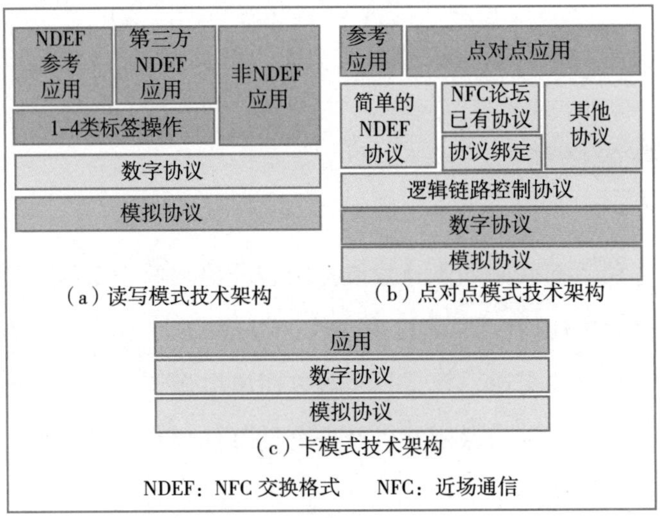

图 2-3　NFC 工作模式

其中，三种不同的工作模式共有的模拟协议、数字协议和 NFC 相关动作规范定义了 NFC 设备的无线射频特性、可操作范围、通信相关构件和建立通信的一系列动作。其他每一种技术规范都完成特定功能，并且针对具体的业务应用和工作模式灵活选择适当的协议规范。比如卡模式应用于银行卡，读卡器模式支持公交车站点信息获取，点对点模式实现 PDA 计算机数据通信功能。

对 NFC 的研究和应用由来已久。早在 1983 年，查尔斯 · 沃尔顿获得的第一个非接触式射频识别技术相关专利即 NFC 技术的开篇之作。2004 年，诺基亚、飞利浦和索尼联合牵头组建了 NFC 的标准化组织——NFC 论坛（NFC Forum），随后提出并获批了相关标准化规范。NFC 逐渐在各应用领域崭露头角。2006 年，诺基亚 6131 成为首款支持 NFC 功能的手机；2010 年，谷歌 Nexus S 成为首款支持 NFC 功能的 Android 手机。现代汽车公司着手研发支持 NFC 的汽车，能够识别不同驾驶者手机特定的配置文件，根据记录的驾驶者的喜好自动调节车内娱乐设置；汽车零部件供应商 Continental 也在测试 NFC 汽车虚拟钥匙，以应用到电动汽车的租赁当中。

NFC 技术逐渐被推广和应用在移动支付、安防、政府部门和市场营销中。在移动支付方面，几年前上海、深圳、西安等多个城市已实现刷支持 NFC 的手机乘公交车，北京地铁一号线、二号线等已经可以利用 NFC 手机模拟一卡通卡片使用。NFC 安防主要应用于制作电子客票等，即用户购票后，票务系统将票务信息发送到手机，具有 NFC 功能的手机可以将机票信息转化为电子机票，用户可直接刷手机值机。此外，我国已经有很多城市的政府部门使用了 NFC 技术，例如工作人员在进入停车场时，只需用手机轻轻扫描即可完成支付。NFC 技术也会对市场营销产生一定的影响。比如，商家可以把包括海报和促销等信息的 NFC 标签放在商铺前面，用户可以利用 NFC 手机按照需要获得相关信息，也可将其分享给好友，实现对产品的营销。总之，NFC 作为一种新兴的技术给人们的生活带来了较大的便利。

对 NFC 的主要测试为一致性测试、互操作测试、功能性测试、信息安全评估和政府强制性测试。其中一项重要的测试为对 NFC 信息安全的评估，包括智能卡的物理层、智能卡的操作系统、NFC 数据格式安全、数据链路安全、NFC 安全件和移动支付安全等内容。因为安全问题的制约，NFC 作为开环移动支付的发展方向不容乐观，作为电子标签的应用也会逐渐被二维码替代。但 NFC 在安防方面的应用会越来越广泛，如手机 NFC 虚拟门禁卡和电子门票。总之，NFC 在不久的将来会发挥其优势，给人们的生活带来更多的便利。

（四）车联网工程

当前汽车产业与技术向低碳化、信息化、智能化方向发展的趋势日益明显，其中信息化是智能化的基础和支撑，并有助于提升低碳化的潜力。作为汽车信息化的核心内容之一，车联网将使汽车具备与外界的交互能力，从而使交通体系的全局优化和车辆运行的最佳状态成为可能，其产业化将有望改变未来的汽车产品形态，进而重塑整个产业生态格局。

车联网是以车内网、车际网和车载移动互联网为基础，按照约定的通信协议和数据交互标准，在车-X（车、路、行人及互联网等）之间进行无线通信和信息交换的大系统网络，是能够实现智能化交通管理、智能动态信息服务和车辆智能化控制的一体化网络，是物联网技术在交通系统领域的典型应用。从更广泛的意义上看，车联网包括车辆在全生命周期内产生的全部信息交换，涵盖车辆研发、生产、销售、使用、回收等各个环节。

车联网是一个庞大的系统，是多领域技术的集成群，涉及数据采集技术、车载通信网络技术和数据处理技术等。数据采集包括整车采集和车外采集。整车采集主要通过传感器对温度、位置、车速、加速度和振动等车辆信息进行实时、准确的测量，并通过 CAN 网络对整车进行监控与诊断。车外采集数据主要包括车辆的位置、行驶状态、道路状态、前后及两侧车辆状态等信息。车载通信网络是一种车与车、车与路之间通信的车载自组网。在一定范围内，车辆之间可自动连接建立一个移动网络，并共享数据和信息，同时还能通过路边节点的通信接入互联网，以便获取更多信息资源。数据处理技术主要包括云计算和大数据技术。通过云接入，道路基础设施将获取的交通信息发送给车载终端，并把探测到的周围交通状况上传给云平台，实现车载自组织网络内车辆交通信息的共享。

车联网在国外起步较早。20世纪60年代，日本就开始研究车间通信。2000年左右，欧洲和美国也相继启动多个车联网项目，旨在推动车间网联系统的发展。2007 年，欧洲 6 家汽车制造商（包括 BMW 等）成立了 Car2Car 通信联盟，积极推动建立开放的欧洲通信系统标准，加强不同厂家汽车之间的沟通。2009 年，日本的 VICS 车机装载率已达到 90%。美国在关键的车车协同、车路协同技术方面已经开展大量道路试验，并考虑强制安装车载短距离通信系统；从 20 世纪末起日本通过在高速和干线公路建设路侧单元，推送实时交通信息；欧洲在前期 V2X 研究项目的基础上，从 2014 年起建立基于局域自组织网络的车路协同式安全系统。

在车联网体系架构方面，欧、美、日在车辆专用短程通信、车联网信息应用集、路侧设备等方面已经形成了较为成熟的标准方案。我国主要通过 863 计划、自然科学基金等项目进行重点攻关，包括“基于移动中继技术的车辆通信网络的研究”“智能车路协同关键技术研究”“车联网应用技术研究”等课题，已经取得了阶段性成果，但尚未投入实际应用。总体而言，中国的车联网技术正处于快速发展阶段，但与国外还存在较大差距。全球车联网技术预计将在 2025 年进入大规模市场化阶段，随着互联网、大数据、云计算等技术的发展和成熟，车联网技术将为汽车产业带来前所未有的新技术、新业态、新格局。

伴随着车联网技术的飞速发展，其所面临的安全威胁日渐凸显，并逐渐成为评估车联网技术时不可忽视的方面。作为在智能交通中具有典型性和先进性的车联网，因应用环境更加特殊、组网更加复杂、管理更加困难，其安全威胁更加突出。为此，对于车联网安全的研究，需要在充分认识各类已有网络技术的基础上，结合车联网自身的结构和功能特征，从体系结构、协议实现、管理策略、具体应用等方面分析可能存在的安全隐患和潜在的安全威胁，在充分认识所面临威胁的基础上，为安全技术研究和机制创新提供依据与支撑。

（五）工业互联网工程

国际金融危机之后，发达国家转变“重金融、轻工业”的思维方式，重视工业发展，巩固其在技术、产业等方面的领先优势。随着信息通信技术的不断创新与演进，各国积极推动信息通信产业与传统产业融合，促进制造模式、生产组织方式和产业形态的深刻变革，制造业重新成为全球经济竞争的制高点。近年来，各国陆续推出发展先进制造业的行动计划，积极推进工业互联网发展。

工业互联网是互联网和新一代信息技术与工业系统全方位深度融合所形成的产业和应用生态，是工业智能化发展的关键综合信息基础设施。其本质是以机器、原材料、控制系统、信息系统、产品以及人之间的网络互联为基础，通过对工业数据的全面深度感知、实时传输交换、快速计算处理和高级建模分析，实现智能控制、运营优化和生产组织方式变革。

工业互联网是全球工业系统与高级计算、分析、感应技术以及互联网连接融合的产物。通过集成利用大数据技术、移动物联网技术和人工智能技术等新一代网络信息技术系统构建网络、数据、安全三大功能体系，为实体经济的网络化、数字化、智能化、服务化转型构建智能交互、安全可靠的网络基础设施，形成制造业与互联网融合发展的新业态、新产业、新模式。其中网络体系是工业系统互联和工业数据传输交换的支撑基础，构建实时感知、协同交互的生产模式；数据体系是工业智能化的核心驱动，驱动从机器设备、运营管理到商业活动的智能和优化；安全体系为网络与数据在工业中的应用提供保障，实现对工业生产系统和商业系统的全方位保护。

2011 年，德国率先提出工业 4.0 概念，并将其作为德国政府的战略计划，支持工业领域的革命性创新。2012 年 11 月，美国通用电气公司发布白皮书，提出“工业互联网”的概念并加以描述，并于 2014 年初与美国电话电报、思科、通用电气等公司成立“工业互联网联盟”，以期打破技术壁垒，促进物理世界和数字世界的融合。日本也加快战略布局，于 2015 年发布《2015 年制造业白皮书》。

为应对挑战，推进产业转型升级，2015 年 3 月，李克强总理在政府工作报告中提出“中国制造 2025”的概念，希望推动互联网与制造业融合，提升制造业数字化、网络化、智能化水平，加强产业链协作，发展基于互联网的协同制造新模式。此后政府陆续发布《国务院关于积极推进“互联网 +”行动的指导意见》《关于深化“互联网 + 先进制造业”发展工业互联网的指导意见》等政策引导支持工业互联网的发展，工业互联网逐渐从建议方案走向具体实施阶段。

当前，互联网创新发展与新工业革命正处于历史交汇期，各国参与工业互联网发展的国际竞争日趋激烈。国务院及有关部门陆续发布发展工业互联网的指导意见，提出我国工业互联网发展的“三步走”战略。由工业、信息通信业、互联网等领域百余家单位共同发起成立的工业互联网产业联盟已成为推动我国工业互联网发展的重要载体，目前联盟成员数量已达 1600 余家，分别从工业互联网顶层设计、技术研发、标准研制、产业实践、国际合作等方面务实开展工作，发布了多项研究成果，为政府决策、产业发展提供支撑。在平台构建及应用方面，我国具备一定行业、区域影响力的工业互联网平台数量超过 50 家，重点平台的平均工业设备连接数突破 65 万台、平均注册用户数 50 万、平均工业 App 数 1950 个。基础电信企业与大型工业企业强强联合，在多个行业加快布局，已形成 20 余种融合应用类型，重点聚焦工业制造、能源电网、智慧港口等领域。

目前，全球工业互联网处于格局未定和面临重大突破的战略窗口期，我国工业互联网呈现协同联动的良好开局，应用场景丰富、市场空间广阔且推进动力强劲。工业互联网将为推动制造业高质量发展提供关键支撑，将全面引发互联网全球治理体系的创新变革。

（六）绿色通信工程

随着全息媒体和万物互联时代的到来，人们对移动网络容量的需求仍将呈现指数增长的态势，节能减排需求也越来越大。随着低碳经济的到来，“绿色通信”的概念得到了各国政府、运营商、设备制造商等的广泛认同。实现绿色通信，对内可以实现低碳运营，对外能够促进低碳经济，在整个国家乃至世界实现可持续发展的过程中具有重要的地位。

绿色通信（Green Communications）指节能减排、减少环境污染和资源浪费以及对人体和环境危害的新一代通信理念，主要采用创新的高效功放、多载波、分布式、智能温控等技术，配合灵活的站点场景模型，对基站进行积极改造，以达到降低能耗的目的，最终达到人与自然和谐相处，实现可持续发展。

目前，关于绿色通信工程的关键技术研究包括网络架构、网络部署、资源调度、链路级技术等方面。

网络架构：在5G时代将采用扁平化的IP网络，网络层次简单，实现分布式架构，使得无线资源管理更加灵活高效，实现用户在核心网的无缝切换。

网络部署：5G采用基站分层部署的策略，可大幅度降低能量损耗，提高整个网络的能量效率。通过部署家庭基站（HeNB）、微微蜂窝基站（Pico Cell）、微蜂窝（Micro Cell）、中继（Relay）等多种低功率节点的方式提升系统容量。

资源调度：在合适的时机对网络资源进行控制是提高网络能量效率的有效解决方案。小区的开关技术是解决潮汐现象这一问题的常用方法。在基站业务量低时，通过信令控制部分基站休眠，由相邻基站承担休眠基站原先的覆盖区域的业务传输和容量补偿。

链路级技术：高阶多输入多输出系统（MIMO）能够大幅度降低基站的功耗和成本。设备到设备（D2D）无需基站即可实现通信终端之间的直接通信，具有信道质量高、频率资源利用效率高的优点。非正交多址接入（NOMA）将一个资源分配给多个用户，也可以提高资源利用率。

为了满足人们对通信业务的需求，通信业必须加速基础设施建设，相伴而来的是各种设备大量投入使用，生产设备的原材料消耗以及设备使用过程中的能耗急剧增加；随着5G时代的到来，数据业务呈现爆炸式增长，数据中心机房和无线基站建设又为能耗增加了新的元素；同时，设备在使用过程中的排放也呈上升态势。通信业的发展对能源和环境同时产生了负面影响，既加重了资源环境的负担，又对通信业本身乃至人类社会的可持续发展构成威胁。节能减排和绿色发展已经成为突破全球资源环境瓶颈、实现经济可持续发展的共同选择。

国外的绿色通信起步较早，并且节能减排工作相对成熟，主要从以下五个方面推进节能减排工作：建立ISO 14001管理体系，制定分阶段的较为细化且实施性强的目标，制定具体的环境管理方案（包括设备、能源、建筑、终端、绿色供应链及ICT助力节能减排），监测管控（涉及统计体系、内部监督以及第三方监督等），对环境和能源进行审计评估。除了电信运营商以外，各大设备商也积极推进节能环保，在产品的设计生产方面采用创新技术，从源头上控制产品的能耗。

通信业本身就是提供“绿色”服务的，只有通信产业链各个环节都实现节能减排、绿色发展，才能够真正构建理想的绿色通信。实现绿色通信需要从技术和管理两方面着手，双管齐下：从管理层面看，政府介入和指导是绿色通信得以有效实现的必要条件。政府部门制定相关的法律法规和制度，可以督促通信产业节能减排，保证绿色通信行为长期化。从技术层面看，运营商和设备厂商应该不断探索新技术，以保障绿色通信的实现。只有产业链的上下游统一协作，制定业界统一的标准，综合考虑硬件、软件、网络及制度管理等要素，才能在节能减排过程中将作用发挥到极致，从而促进绿色通信发展。

绿色通信贯穿于信息化产业的绿色产品设计、绿色产品生产、绿色运营网络建设、绿色服务提供等各个环节，强调全要素（包括网络、终端以及服务等）和全生命周期过程（包括生产制造、包装运输、运营使用和回收处理等）遵循 Reduction、Reuse、Recycling 的原则。以绿色运营为中心，打造高效、低耗、少排、无污、可回收的绿色通信产业链，最终必将实现人与自然和谐相处，带动全社会可持续发展。

（七）智能安防工程

随着时代与经济的发展，安防技术在各行各业也有了广泛的应用和发展，企业和个人对于安防工作更加重视。随着互联网时代的到来，人们对安防技术有了新的要求，希望安防数字信息智能化平台得到广泛的应用，并且能够以更高的效率完成工作。

智能化安防技术指的是服务的信息化、图像传输与存储技术结合、利用电子信息技术和智能化技术进行安全防护，智能化安防技术改变了传统的安防系统模式，高度智能化的安防系统能够在紧急情况下自动给治安部门或系统传送信息，将风险损失最小化。

智能安防是通过各种安防设备为一些重要场所提供入侵报警服务的综合性系统，主要包含三个子系统：门禁子系统、监控子系统和入侵报警子系统。智能安防工程涉及的主要技术如下：第一，物联网技术。这是智能安防工程的重要技术支撑，基本原理是在计算机互联网的基础上利用无线数据通信技术，构建一个覆盖实际物体的网络。在这个网络中，物之间可以进行相关交流而且无人干预，通过计算机互联网实现物品的自动识别和信息的互联与共享。第二，人工智能技术。这使得安防工作更加简单高效，目前许多安防场所都采用了视频监控技术和人脸识别技术。第三，防火墙技术。这在网络安全中起到了至关重要的作用。防火墙技术可以让我们的网络处于一个比较安全的通信环境，将不同意进入的数据拒之门外，最大限度地阻止网络中黑客的攻击。

不管是从国家角度还是普通人的生活环境出发，安防工作都与每个人息息相关。我国的安防工作在1959年故宫失窃案后发生了很大的改变，开始使用简单的安防报警设备。到1983年，我们使用的安防监控系统前端是模拟摄像机，后端为矩阵、磁带录像机和CRT电视。随后数字化给安防行业带来了新的发展，使用单位发展到金融系统、文物系统、军工系统等，监控规模越来越大。安防系统数字化DVD产品诞生，其采用了数字记录技术，在图像处理、图像存储、检索备份以及网络传输、远程控制等方面都有较好的性能。1997年之后，监控系统向高清化发展，使得网络化监控与更多的业务结合起来。自2009年起智能化安防已经突破安防产业的范畴，以集成化、智能化为特征的新安防时代已经到来。2012年的物联网传统技术催生了国家智慧城市发展战略。当下，人工智能以及大数据使安防工作更加先进完善，技术革新带来了应用层面的跳跃式升级。

在当今的安防智能化产品中，最成熟尖端的技术当属人工智能技术。比如在天地伟业AI场景化应用中有人脸识别技术、车辆大数据分析、智能行为分析、交通结构化数据分析等。“跨年龄人脸识别”也是一个成功的AI应用案例，据媒体报道，警方借助AI技术实现跨年龄人脸识别，帮助被拐卖的儿童找回亲生父母。

5G基于超高清和快速响应的特点也被应用到智能安防中。智能安防产业借助5G技术优势向相关市场全面渗透也成了行业发展的必然趋势，尤其是与智能安防关联密切的智慧城市、智能家居生态建设将会成为重点应用场景。5G与AI结合使得整个安防系统实现全程监控、智能决策，效率、准确率和机动性将大幅度提升。

智能安防工程与人们的生活息息相关，数据信息的大范围传播、科技水平的提升都会使人们对于安防工程的需求日益提高，智能化安防工程的发展是必然趋势。安防工程带来的益处随处可见，其不仅降低了安全隐患的风险，而且加快了不安全因素的追踪和解决，处理过程的多依据特点很适合时代的需要。综上所述，智能化安防发展是大势所趋，会给世界带来翻天覆地的变化。

（八）虚拟现实工程

由于计算能力和立体显示等技术的进步，人们对于虚拟现实技术的探索越来越多，各行业对于虚拟现实工程的需求也越来越高，虚拟现实技术获得了很大的发展，被成功应用于航空航天、军事、娱乐等多个方面，形成了一个新的科学技术领域，展现出巨大的发展潜力和广阔的应用前景。

虚拟现实（Virtual Reality，VR）是以计算机技术为核心，结合相关科学技术，生成与一定范围真实环境在视、听、触感等方面高度近似的数字化环境，用户借助必要的装备与数字化环境中的对象进行交互作用、相互影响，可以产生亲临真实环境的感受和体验。虚拟现实是人类在探索自然、认识自然过程中创造产生、逐步形成的一种用于认识自然、模拟自然，进而更好地适应和利用自然的科学方法和科学技术。

虚拟现实工程涉及许多技术，包括以下几方面。

第一，动态环境建模技术。动态环境建模技术通过获取实际环境的数据，并根据应用需要，建立相应的环境模型。

第二，实时三维图形生成技术。通过一定方式把环境模型中的立体图像用二维切片的方式投影到屏幕上，该屏幕同时做高速的平移或旋转运动，由于人眼的视觉暂留，人眼观察到的就是由它们组成的三维立体图像。

第三，立体显示与传感器技术。通过视觉图像和外戴于指尖的振动传感器装置协同作用，"欺骗"人脑的感觉系统，可以使人产生切实触摸到虚拟物体的错觉。通过头戴的原型显示设备及其他配套设备，使用者可以通过设备感受到真实触感，如此就达到了虚拟现实工程所要求的效果。

虚拟现实工程的发展可以分为四个阶段。

1963 年之前是虚拟现实工程发展的第一阶段。从 1929 年 Edward Link 设计出用于训练飞行员的模拟器到 1956 年 Morton Heilig 开发出多通道仿真体验系统 Sensorama，这个阶段的虚拟现实工程实现了有声形动态的模拟，已经蕴含虚拟现实的思想。

1963~1972 年是虚拟现实工程发展的第二阶段，也就是萌芽阶段。1968 年，Ivan Sutherland 成功研制了带跟踪器的头盔式立体显示器（HMD）。1972 年，Nolan Bushell 开发出第一个交互式电子游戏 Pong。

1973~1989 年是虚拟现实工程发展的第三阶段。在这个阶段，虚拟现实工程的概念和理论逐步形成，多种应用工具也在这个阶段被研制出来。"虚拟现实"的概念就是在 1984 年由 VPL 公司的 Jaron Lanier 首次提出的。

1990 年至今是虚拟现实工程发展的第四阶段。虚拟现实工程的理论进一步完善并得到了应用。21 世纪以来，虚拟现实工程高速发展，软件开发系统不断完善，有代表性的如 MultiGen Vega、Open Scene Graph、Virtools 等。

在国际上，由于虚拟现实技术起源于美国，美国拥有主要的虚拟现实技术研究机构。目前，虚拟行星探索是美国虚拟现实技术研究机构的重点研究目标，此项研究的重点内容就是将虚拟现实工程应用于遥远行星的研究工作中。

我国也越来越关注虚拟现实工程。2006 年，国务院颁布的《国家中长期科学和技术发展规划纲要》将虚拟现实技术列为信息领域优先发展的前沿技术之一，各大高校和科研院所也在不断开发有关应用。例如，我国空军第二航空学院开发的飞行训练模拟系统，可使操作者在虚拟环境下产生与现实一致的视觉、触觉效果，提高了飞行员的训练效率。

目前，虚拟现实工程的研究领域仍然存在大量有待解决的问题和难题，例如建模可行性及复杂性、虚拟环境的构建和海量数据的管理、虚拟与真实景物的结合、人机交互机制的构建等，这些问题的突破会促使虚拟现实工程得到更大的发展。

虚拟现实工程发展态势良好，未来将广泛应用于军事、医疗、航空航天等重要领域，社会影响深远，所以针对虚拟现实系统的各种性能如逼真性、交互性、实时性，特别是虚拟现实系统应用的可靠性，建立合理的评价指标和合适的评估标准是非常必要的。

目前这方面的研究相对较少，针对不同场景的应用工程进行评估本身也具有难度，大多数性能难以定量描述，应当结合具体虚拟现实技术的开发，尽快开展这一方向的研究。在研究开发虚拟现实应用系统的同时，也需要开展对各种虚拟现实系统应用结果评价方法的研究，开发支持各种应用指标的评价工具。

二、控制科学与工程

控制科学与工程是一门研究控制的理论、方法、技术及其工程应用的学科。本学科以控制论、信息论、系统论为基础，研究各领域内独立于具体对象的共性问题，即为了实现某些控制目标，应该如何建立系统的模型，分析其内部与环境信息，采取何种控制与决策行为；而与各应用领域的密切结合，又形成了控制工程丰富多样的内容。控制科学与工程在本科阶段称为“自动化”，研究生阶段称为“控制科学与工程”。本学科下设七个二级学科和一个专业学科，分别为“控制理论与控制工程”“检测技术与自动装置”“系统工程”“模式识别与智能系统”“导航、制导与控制”“企业信息化系统与工程”“生物信息学”“控制工程”。本学科点在理论研究与工程实践相结合、学科交叉和军民结合等方面具有明显的特色与优势，对经济发展和国家安全发挥了重大作用，服务领域覆盖互联网、人工智能、通信、IT、智能制造、金融管理、教育咨询、科学研究等领域，工作形式涵盖技术研发、管理咨询、教学科研等。

控制科学与工程是20世纪最重要的科学理论和成就之一，其各阶段的理论发展及技术进步都与生产和社会实践需求密切相关。我国北宋时期发明的水运仪象台就体现了闭环控制的思想。到18世纪，近代工业采用了蒸汽机调速器。但直到20世纪20年代逐步建立了以频域法为主的经典控制理论并在工业中获得成功应用，才开始形成一门新兴的学科——控制科学与工程。此后，经典控制理论继续发展并在工业中获得了广泛的应用。在空间技术发展的推动下，50年代又出现了以状态空间法为主的现代控制理论，并相继发展了若干相对独立的学科分支，使本学科的理论和研究方法更加丰富。60年代以来，随着计算机技术的发展，许多新方法和技术进入工程化、产品化阶段，显著加快了工业技术更新的步伐。在控制科学发展的过程中，模式识别和人工智能与控制相结合的研究变得更加活跃。由于对大系统的研究和控制学科向社会、经济系统的渗透，形成了系统工程学科。特别是近20年来，非线性及具有不确定性的复杂系统向“控制科学与工程”提出了新的挑战，进一步促进了本学科的迅速发展。本学科的应用已经遍及工业、农业、交通、环境、军事、生物、医学、经济、金融、人口和社会各个领域，从日常生活到社会经济无不体现本学科的作用。

控制科学与工程对于各具体应用领域具有一般方法论的意义，而与各领域具体问题的结合，又形成了控制工程丰富多样的内容。本学科的这一特点，使其对相关学科的发展起到了有力的推动作用，并在学科交叉与渗透中表现出突出的活力，例如，与信息科学和计算机科学的结合开拓了知识工程和智能机器人领域；与社会学、经济学的结合使研究的对象进入社会系统和经济系统的范畴；与生物学、医学的结合更有力地推动了生物控制论的发展。同时，相邻学科如计算机、通信、微电子学和认知科学的发展也促进了控制科学与工程的发展，使本学科所涉及的研究领域不断扩大。

（一）无人驾驶汽车

自1886年第一辆汽车制造以来，汽车技术一直在不断改进和完善中，并已广泛应用于社会生活的各个方面。应用场景包括公共交通、物流运输和交通服务等方面。截至2019年6月，中国拥有3.4亿辆机动车，其中包括2.5亿辆汽车。但是，随着汽车数量的增加，交通问题变得越来越突出，如交通事故和交通拥堵等。无人驾驶汽车的出现为彻底解决交通问题提供了可能性。

无人驾驶汽车是根据高精度地图提供的先验信息，通过传感器检测道路环境，自动规划行驶路线，实现控制车辆到达目标位置的智能汽车。它使用多种车载传感器来感应车辆的周围环境，根据道路、车辆位置和障碍物信息来控制车辆的方向和速度，从而使车辆能够安全可靠地行驶在路上。

按照美国汽车工程学会（SAE）对无人驾驶汽车的定义，无人驾驶技术可分为5个等级：第1级（L1）是以人为主，为人提供辅助驾驶功能；第2级（L2）为部分自动辅助驾驶，可以实现自动转向、自动加减速等操作，但驾驶的主导者依然是人而非机器；第3级（L3）为有条件自动化驾驶，从这一阶段开始转向以车辆为主、驾驶员为辅；第4级（L4）为高度自动化驾驶，在限定的条件下可完全无人驾驶；第5级（L5）为完全无人驾驶，无人车可在所有场景下无人驾驶。

无人驾驶汽车可分为以下四个模块：感知、定位、规划和控制。

感知：无人驾驶汽车的感知部分需要获取大量的周围环境信息，如障碍物的位置和速度、可行驶区域、交通标志等，以便尽可能地掌握周围环境对无人驾驶汽车的影响。感知模块通常通过融合来自各种传感器（例如激光雷达、摄像机和毫米波雷达等）的数据来获取这些信息。

定位：无人驾驶汽车的定位模块用于确定其地理位置，这是无人驾驶汽车路径规划和任务规划的支撑。当前，无人驾驶汽车最广泛使用的定位方法包括全球定位系统（Global Positioning System，GPS）和惯性导航系统（Inertial Navigation System，INS）。其中，GPS的定位精度在几厘米至几十米之间，且精度越高，所需要的传感器价格越昂贵。在GPS的基础上，通过融合IMU的定位方法可以进一步提高定位精度。此外，地图辅助定位算法也是可靠的无人车定位算法，通常在没有GPS信号的环境下使用。同步定位与地图构建（Simultaneous Localization and Mapping，SLAM）是这类算法的代表。

规划：路径规划是无人驾驶汽车信息感知和智能控制之间的桥梁，是实现无人驾驶的“大脑”。无人驾驶汽车规划系统首先根据道路网格地图规划出从车辆当前位置到目的地的全局路径。当车辆沿着全局路径行驶时，根据感知模块获得的信息，避让和绕行可能出现的障碍物，并规划新路径，直到到达目标位置。路径规划技术可以分为两类：全局路径规划和局部路径规划。全局路径规划通过利用已知的本地信息（例如，在地图中标注静态障碍物的位置和道路边界）来确定到达目的地最优的路径。局部路径规划是在全局路径规划生成的可驾驶区域内，再根据传感器检测到的局部环境信息，在小范围内重新规划无人驾驶车辆的轨迹。

控制：决策控制模块是无人驾驶汽车的最后一个环节。控制模块在已知规划路径和当前车辆位置的前提下，结合实际的车辆位置和速度，计算控制量并通过执行机构控制无人驾驶车辆跟踪规划的路径。控制系统可以分为横向控制系统和纵向控制系统。横向控制的主要任务是避免车辆驶出规划路径，其控制对象是车辆的转向角和转向角速度；纵向控制的任务是使车辆按照规划的速度行驶或停止，其控制对象是车辆的速度和加速度。

20 世纪 70 年代以来，美国、英国、德国和其他发达国家开始对无人驾驶汽车进行研究。1987 年至 1995 年，普罗米修斯计划在某些欧洲国家推出，其成果为后续无人驾驶技术的发展奠定了基础。20 世纪 90 年代后期，美国国防部启动了著名的 DEMO 计划，在此期间成功研发了数十辆无人驾驶测试车。自 2004 年以来，美国国防部高级研究计划局（DARPA）组织了三次无人驾驶汽车挑战赛，极大地促进了无人驾驶技术的发展。除了各大高校和研究所以外，一些大型互联网公司也对无人驾驶技术进行了探索与研究。2012 年，谷歌基于丰田普锐斯改装的无人驾驶汽车获得了内华达州的驾驶执照，这是美国第一张无人驾驶汽车的驾驶执照。2016 年 12 月，其研发部门更名为 Waymo 并成为 Alphabet 的独立子公司，同时推出了新型无人驾驶汽车模型。此外，一些新能源汽车公司也在积极开展无人驾驶技术研究，较为著名的有特斯拉公司。

国内对于无人驾驶技术的研究始于 20 世纪 80 年代。国防科技大学于 1992 年研制出中国第一辆无人驾驶原型车。自 2009 年起，国家自然科学基金委员会开始组织一年一度的中国智能车未来挑战赛（Intelligent Vehicle Future Challenge）。该赛事加强了各大高校间无人驾驶技术的交流，极大地调动了企业和科研院所的积极性，有效地加快了国内无人驾驶技术的发展。从 2009 年到 2019 年，该赛事已分别在西安、鄂尔多斯、赤峰、常熟等地成功举办了十一届。

自 2013 年起，国内许多企业掀起了无人驾驶研究热潮，其中，百度无人车 Apollo 在国内处于领先地位。Apollo 于 2013 年起步，并于 2015 年 12 月在北京进行了高速公路和城市道路的无人驾驶测试。2019 年 1 月，Apollo 3.5 发布。该平台可支持复杂城市道路无人驾驶。同时，百度发布了全球首个面向无人驾驶的高性能开源计算框架 Apollo Cyber RT。除此之外，国内也出现了许多基于无人驾驶技术的新兴创业公司，吸引了大量的投资，如图森未来、蔚来汽车等。尽管无人驾驶技术已经取得了许多进展，但是在真实的交通场景下，无人驾驶汽车在实用性和安全性等方面仍存在提高空间。

无人驾驶汽车主要从以下几个方面评估：一是技术评估，对无人驾驶的功能、性能进行评估；二是用户相关评估，对驾驶员与车辆的交互、用户满意度等方面进行评估；三是交通性能评估，对无人驾驶汽车在真实交通流中的表现进行评估；四是安全性与交通环境影响的评估，对无人驾驶汽车汇入道路后交通安全性及交通效率、能耗的影响进行评估。

（二）智能视频监控

视频监控是安全系统的重要组成部分，是利用视频技术探测、监视一定区域并实时传输现场图像的电子系统或网络，视频监控技术的发明对于预防和打击犯罪、保护生命财产起到了重要作用。

随着社会经济的持续发展，人们对安全的要求日益提高，视频监控的覆盖面不断扩大，传统的视频监控技术只能实现监控记录实况，无法进行预测和报警。而实现实时监控，就需要大量人工监看视频，时间过久工作人员会出现疲劳，进而无法及时对异常情况做出反应。要解决这些问题就需要将智能监控技术引入视频监控系统，辅助视频监控人员做好监察工作。

智能视频监控是利用计算机视觉和模式识别技术，由机器对视频信号进行处理、分析和理解，通过分析视频内容对监控场景中的变化进行定位、识别和跟踪，并在此基础上分析和判断目标行为的技术。智能视频监控系统能在异常情况发生时及时发出警报或提供有用信息，有效地协助安全人员处理危机，最大限度地减少误报和漏报现象。

在智能视频监控中有很多关键技术，包括运动目标检测、运动目标分类、运动目标跟踪、目标行为识别。

运动目标检测是智能视频监控中一个很基础但很关键的部分。如果要从视频中识别出目标物体，就要先从视频流中分割出运动区域，其有效分割对于后期的运动目标跟踪和行为理解的有效性和正确性至关重要。影响目标检测准确性的因素主要有背景中的噪声、光线的变化、目标的遮挡等，因此设计一个能够快速、完整地检测出运动目标区域并且有效克服外界干扰的检测算法成为现在广大研究人员努力的方向。

运动目标分类的目的是从检测到的运动区域中将特定类型物体的运动区域提取出

来，例如分类场景中的人、车辆、动物等不同的目标。根据可利用信息的不同，目标分类可以分为基于运动特性的分类和基于形状信息的分类两种方法。基于运动特性的识别利用目标运动的周期性进行识别，受颜色、光照的影响较小；基于形状信息的识别利用检测出的运动区域的形状特征与模板或者统计量进行匹配。

运动目标跟踪在智能视频监控中具有重要地位。目标跟踪是跟踪在视频图像中检测到的兴趣目标，研究目标在连续的图像帧间，创建基于位置、速度、形状、纹理、色彩等有关特征的对应匹配问题。在目标跟踪中，由于物体形态的多变性、运动速度、光照变化、背景变化以及物体被遮挡或多个目标相互遮挡等复杂情况，如何准确地跟踪目标，获得更好的跟踪方法成为当下研究的热点。

目标行为识别是智能视频监控的重要组成部分。其是指对目标的运动模式进行分析和识别，通过在跟踪过程中检测到的目标行为和行为变化，根据用户的自定义行为规则，判断被跟踪目标的行为是否存在威胁。行为识别可以分为三类：静态姿态识别、运动行为识别和复杂事件分析。静态姿态识别就是通过对静态图像中目标的姿态估计来识别目标的行为，但由于缺少行为中的动态信息，对于一些描述动作变化的行为，例如“坐下”和“起立”，一张图像就无法达到识别的目的。运动行为识别利用视频流来识别运动状态，是目前广泛采用的行为识别方法。复杂事件分析是行为分析的高级阶段，能够通过对目标在较长时间内的分析做出描述，例如多人交互。

视频监控是安全防范的重要组成部分，以其直观、方便、信息内容丰富而广泛应用于许多场合。随着信息技术的进步和市场需求的不断发展，视频监控技术发展历史可以概括为以下三个阶段。20 世纪 70 年代，诞生了电子监控系统，这个时期以闭路电视监控系统为主，这一代技术价格低廉，安装简单，适合小规模的安全防范系统。随着数字编码技术和芯片技术的进步，20 世纪 90 年代中期数字视频监控系统应运而生。初期采用模拟摄像机和录像机构建视频监控系统，这个阶段被称为半数字时代，后期利用网络摄像机和视频服务器，使视频监控系统进入了全数字化时代。随着世界经济的发展，传统的视频监控系统已经不能满足人们对于安全的需求。随着计算机视觉和模式识别技术的发展，2000 年前后诞生了利用机器代替人工进行全天候实时分析报警的智能视频监控系统。经过约 20 年的发展，视频监控系统已经进入全面数字化、网络化、智能化的时代，日益受到重视和关注。

监控数字化、网络化和智能化是视频监控技术公认的发展方向。公安部在“十一五”规划中明确提出，将人脸识别、智能化的目标识别与分析作为其七个重点发展方向中的两个，由此可见其重要性。国外智能视频监控行业起步较早，产品技术成熟，发展较为完善。国内在这一领域起步较晚，但在国家政策和技术发展、市场应用等多种因素的共同推动下，视频监控市场正在高速发展。目前，智能视频监控在国内已经有了一定规模的应用：2007 年竣工的青藏铁路，全线 1300 路通道采用智能视频分析，对全线铁路进行入侵保护；北京地铁 5 号线重点区域均采用了炸弹和入侵检测；北京航空信息中心机房采用了入侵及防尾随探测……

随着我国平安城市、智能交通等各项建设的持续开展，以及金融、教育、物业等各行业用户安防意识的不断增强，视频监控市场一直保持稳定增长。然而，大多数摄像头一直没能摆脱人工监控的传统监控方式，由此导致了大量视频数据堆积占用存储资源、视频监控实时性差、视频检索困难等问题，一旦有案件发生，海量摄像头带来的海量视频数据检索工作就需要耗费大量警力。为了解决这些问题，智能视频监控的发展开始以 5G 引领的超高清和 AI 赋能的智能化为主要发展方向和趋势，物联网的大力发展也为智能视频监控技术的创新带来了更大的生机与挑战。

从公安部的 3111 工程、天网工程到智慧城市、雪亮工程，视频监控在社会公共安全中发挥着越来越重要的作用。随着 5G、AI 和物联网技术的发展，智能视频监控技术迎来了生机与挑战，智能摄像头不仅要看得见、看得清、看得远，还要看得懂。人工智能和智能视频监控的结合，正在变被动防御为主动预警，在公共安全领域实现可视化 、网络化、智能化管理。智能摄像头的要求已经由看得见、看得远、看得清向看得懂转变。

（三）无人仓储

近年来，随着人民生活水平的日益提高，各行各业都发生着翻天覆地的变革。尤其是电子商务和物流快递行业呈现爆发式增长，其特点是规模的急速扩张和海量订单的碎片化。这两个特点导致了严重的后果：传统仓储管理和运作的模式难以及时、准确地做出反应和处理，甚至会因为某一点的死锁造成整个系统牵一发而动全身的瘫痪。正由于仓储物流是物品流通的载体、电子商务的血液，各家企业都迫切希望提高仓储物流效率。“无人仓储”这个新兴概念便在此时应运而生，进入了人们的视野。

伴随着“互联网 +”的兴起、物联网技术逐渐渗透和应用到各行各业，仓储管理也朝着自动化、智慧化的方向大跨步发展，智慧仓储成为仓储业发展的热点。作为智慧仓储的一种实现方式，无人仓储也有了质的飞跃。市面上各类无人仓储技术及相应产品，如无人车、无人机、搬运机器人等，还有集成的无人仓储系统如雨后春笋般出现在各大企业的采购单中。

无人仓储，简单的字面理解即没有人的仓储。某种程度而言，依靠高度集成的智能化物流系统应用，实现了用机器代替人工，全仓储流程无人化，达到了降低成本、增加效益的目的。就如京东物流首席规划师、“无人仓”项目负责人章根云所言：无人仓的实质是自动化技术与智慧系统的结合体。

无人仓储从入库、扫描、存储到打包、分拣、出库，各个环节均会紧密衔接、有条不紊地进行。从本质上看它还是服务于订单的生产和运营，是要将技术真正落地，而非单纯的科技展示。大幅度简化繁重、重复的人工环节，减轻工作人员的劳动负荷，产生数倍于传统仓库的效率。

无人仓由硬件和软件两部分组成。其中，硬件包括：作为存储设备的自动化立体库，作为搬运设备的堆垛机、无人叉车、自动导引运输车，拣选设备的机械臂、分拣机，以及有包装功能的自动称重复核机和自动包装机等。

使用自动化立体仓库，可实现仓库高层的合理化、存取自动化、操作简便化；而作为无人仓库中重要的起重运输设备，堆垛机和无人叉车的主要作用是穿梭于立体仓库的通道内，将货物从巷道口运输至货架，并摆放到货格中，抑或是将货物从货格中运输至巷道口。其余的设备也都具有以下几个共同的特点：①提高仓库的空间利用率，减少占地面积，同时方便货物的存取；②提高作业效率，依靠较高的自动化程度，解放劳动力；③稳定性好，降低了由人工操作而带来的错误率，具有良好的可靠性。

软件部分主要包括仓库管理系统和仓库控制系统（例如亚马逊的 WCS 和 WMS）。仓库管理系统从整体上对全局进行调配和统筹安排，协调存储、调拨、拣选、包装等环节，通过人工智能、大数据、运筹学等相关算法和技术，根据不同的繁忙程度进行调度和动态的规划，“自主”做出决策与指挥，最大化设备的运行效率，充分发挥设备的集群效应，实现作业流、数据流和控制流的协同。同时记录下所有的操作和货物的信息与数据，保证正确性。仓库控制系统则作为仓库管理系统的执行者，接收其命令，以最优解完成动作，保证仓库的高效运行。

春秋时期政治家管仲曾提出“积于不涸之仓”“藏于不竭之府”。仓库自古以来的功能便是存储，即用原始的人工仓储的方式保存人们所需的生活必需品。伴随着机械化水平的提升，各种机械设备开始进入仓库承担各式各样的任务。20世纪五六十年代，人工仓储正式进化为机械化仓储，通过机械手、吊床和升降机等机械进行仓储的管理和运维。后来，随着机械的进化，出现了应用自动化技术的仓储方式。这一进步主要是源自机器人、自动化、信息系统等技术的创新与提升，它们能够自动识别分拣方式进行管理。而后，有了集成自动化仓储、自动存取立体仓库，这些都是由计算机集成制造的中大型系统。最近几年，随着“工业 4.0”时代的到来，智能自动化仓储成为热门话题。例如亚马逊公司的子公司 Kiva Systems 研制生产的 Kiva 机器人等。尽量减少人员配置，把人工成本降到最低，同时取消了原来传输线完成的位移动作，机器人在仓储工作中的作用可见一斑。

国内在无人仓储方面取得重大进展的是京东集团，其研发的“无人仓”技术采用大量智能物流机器人进行协同与配合，将“智慧”赋予传统工业机器人，使其在智能控制系统的指挥下，具备了像工人一样“自主”的判断力和行为；同时降低了人工存在的错误率，并且可以完成高强度、高难度的工作，可谓一举多得。

就机器人技术发展的水平而言，现阶段的无人仓储能发挥最大限度功用的场景为标准化物件“整进整出”场景。在这种场景下，货品的包装不需要拆卸。但是当整件进入拣选环节时，需要从不同整箱里分别找到顾客订单上所要求的商品；在业务繁忙的高峰时期，甚至需要同时为多个订单拣货，这些任务都是现阶段的机器人难以完成的。据有关数据统计，在我国，厂内人工驾驶叉车的搬运速度是自动导引运输小车速度的三倍，同时人工拣选、拆包装速度是机械手臂的二倍到三倍。在物流搬运、拣选、拆包装等环节上，人工的操作效率确实远高于现阶段机器的效率。

除此之外，无人仓储也具有一定的效能上限，超出效能上限的工作负荷是难以承受的。并且相对于人工，无人仓储的短板——无法在波峰波谷期间灵活调节业务安排，这也让柔性化要求较高的仓库在做出选择时多了几分顾虑。

从以上种种分析来看，现在就用无人仓储完全替代人工仓储是不切合实际的。技术、资金、规模是想要转型升级的仓库不可避免要面对的，而且从性价比来看，绝大部分仓库更多地依靠人工仍将是更优的选择。如何让机器和人协同工作，怎么用信息化、智能化机械和物联网技术辅助人工提升仓储运维效率将是人们面对的下一个棘手问题。每一家企业应该着眼于自身痛点，仔细分析效益最大化的仓储解决方案，理性选择无人仓储才是正确的方式。

但是只针对无人仓储来说，作为物流发展过程的一个重要环节，它保证了货物仓库管理各个环节操作的速度和准确性。只有推动其不断发展，我们才把握住开启全球智慧物流的未来之匙。

（四）能源互联网工程

缓解能源危机和减少大气污染已成为能源可持续发展中迫切需要解决的问题，因而以集中式利用高碳化能源为特点的传统能源利用模式将难以持续。随着可再生能源发电技术以及互联网信息技术的快速发展，构建以深入融合可再生能源与互联网信息技术为特征的能源互联网将是实现能源清洁替代和可持续发展的关键所在。发展能源互联网将从根本上改变对传统能源利用模式的依赖。

2016 年国家发改委发布《关于推进“互联网 +”智慧能源发展的指导意见》，对能源互联网的定义：能源互联网是一种互联网与能源生产、传输、存储、消费以及能源市场深度融合的能源产业发展新形态，具有设备智能、多能协同、信息对称、供需分散、系统扁平、交易开放等主要特征。

随着未来能源互联网中大量分布式和集中式可再生能源的接入，能源互联网将呈现复杂的非线性随机波动特性。为有效推动能源互联网的发展，需要在可再生能源生产、传输、存储、服务环节的关键技术以及能源互联网的系统规划分析技术方面进行研究，以促进未来能源互联网的发展。

可再生能源发电技术是构建能源互联网的动力之源，主要包括集中式与分布式风电、太阳能发电技术，运行控制技术，能量转换技术等。智能输电网技术是实现大规模可再生能源发电外送和能源资源大范围优化配置的关键技术手段。大容量、规模化储能技术是实现能源利用形式多样化、提高能源利用效率的关键环节，在能源互联网中开发利用多种储能技术对整个系统的稳定性具有重要作用。互联网信息技术负责能源信息的识别、采集、分析、传送、管理等方面，是实现多种能源合理调配的关键。

2011 年，美国著名经济学者杰里米·里夫金在《第三次工业革命》一书中提出互联网通信技术与能源体系交融的设想，并认为信息技术与能源的融合将从根本上改变能源的开发与利用方式。国家电网公司原董事长刘振亚在电气与电子工程师学会电力与能源协会 2014 年年会上进一步提出构建全球能源互联网，并指出能源问题具有全局性和广泛性，只有统筹全球能源资源开发、配置与利用，才能实现能源清洁替代和电能替代，保障全球能源的高效、可持续供应。

2016 年 2 月，国家发改委、国家能源局、工业和信息化部联合制定发布《关于推进“互联网 +”智慧能源发展的指导意见》（以下简称《意见》）。《意见》提出，能源互联网建设近中期将分为两个阶段推进，先期开展试点示范，后续进行推广应用，并明确十大重点任务。《意见》明确了能源互联网建设目标：2016~2018 年，着力推进能源互联网试点示范工作，建成一批不同类型、不同规模的试点示范项目。2019~2025 年，着力推进能源互联网多元化、规模化发展，初步建成能源互联网产业体系，形成较为完备的技术及标准体系并推动实现国际化。

目前，我国能源系统发展呈现信息化水平显著提升、清洁能源开发集中式与分布式协同、横向不同能源品种间互联互通与互补协同、纵向“源—网—荷—储”协调性显著提升等趋势，能源系统的网络形态日趋明显，能源互联网初具雏形。

2017 年 7 月，为落实国务院第 138 次常务会议的部署，有效促进能源和信息深度融合，推动能源领域结构性改革，国家能源局以《关于组织实施“互联网 +”智慧能源（能源互联网）示范项目的通知》（国能科技〔2016〕200 号）公开组织申报“互联网 +”智慧能源（能源互联网）示范项目。2017 年 8 月，全国 55 个首批能源互联网示范项目已陆续开工，中国能源互联网进入实操阶段。

未来我国将减少一次性能源的比重，促进新能源的发展，提高可再生能源的比重。预计 2050 年我国新能源的比重将增加至 30%，这将增加对能源互联网的依赖性。在经济发展的背景下，我国用电量将快速增长，结构变化频繁。这对能源治理提出了新的要求，将会刺激对能源互联网的需求。

能源互联网作为信息技术与可再生能源技术的产物，连接范围很广，涉及领域众多，其评估指标也是多样的。对于能源侧，可以对满足能源需求过程中的效率提升空间进行展望，选择能源利用效率、资产利用效率和市场配置效率三个不同层次的评估指标。对于传输网侧，涉及能量的运输、存储，以及规划、布局、建设、管理、用户等各个环节，应该综合考虑经济、环境、工程等因素，同时重视用户的体验和需求。

由此可见，基于我国经济发展模式、能源体系转型的实际情况和需求，结合现有的电力、通信、工程等相关标准和规范体系，总结能源互联网技术研究关键和示范试点经验，建立适合我国能源互联网发展的评价指标体系将是未来的重点工作。

（五）智能建筑

20 世纪 90 年代以来，我国的智能建筑迅速发展，已取得明显的社会效益和经济效益。据统计，目前智能建筑工程的投资已占建筑工程投资的 5% ~ 10%，因此智能建筑在建筑行业显得尤为重要。智能建筑给人们的生产与生活带来了高效、舒适、便利及智能，未来智能建筑在中国有着广大的发展前景。

智能建筑是将建筑、通信、计算机网络和监控等各方面的先进技术相互融合、集成为最优化的整体，具有工程投资合理、设备高度自控、信息管理科学、服务优质高效、使用灵活方便和环境安全舒适等特点，能够适应信息化社会发展需要的现代化新型建筑。

智能建筑是计算机信息处理技术与建筑艺术相结合的产物，包括“办公自动化系统”（OA 系统）、“建筑自动化系统”（BA 系统）和“通信自动化系统”（CA 系统）三大系统（简称“3A 系统”）。将其中的火灾报警及自动灭火系统从大楼自动化管理系统中分割出来，形成独立的“消防自动化系统”（FA 系统），并将面向整个大楼各个智能化系统的一个综合管理系统也独立出来，形成“信息管理自动化系统”（MA 系统），这样亦可称为“5A 系统”。

在智能建筑中，各个系统组成了不可分割的有机体。BA 系统保证了机电设备和安全管理的自动化，如对大楼温度湿度、含氧量、火警与照明度等参数值自动进行测量，并按照使用者的要求，迅速实施调节和综合管理；当大楼内部某个地方出现故障时，安全系统会自行修正，保证设备的正常运行。CA 系统包括提供现代化通信手段的各种设备，通过设置结构化综合布线系统，使 OA 系统为用户带来极大的便利，及时方便地获得金融情报、商业情报、科技情报及各种数据库系统中的最新信息。

“智能建筑”一词，首次出现于 1984 年，当时，由美国联合科技公司（United Technology Corp.，UTC）的一家子公司——联合科技建筑系统公司（United Technology Building System Corp.）在美国康涅狄格州的哈特福德市改建完成一座名叫都市大厦（City Place）的大楼，“智能建筑”出现在其宣传词中。该大楼以当时最先进的技术来控制空调设备、照明设备、防灾和防盗系统、电梯设备、通信和办公自动化设备等，除可实现舒适性、安全性的办公环境外，还具有高效、经济的特点，从此诞生了公认的第一座智能建筑。自第一座智能大厦诞生后，智能建筑便蓬勃发展，以美国和日本最多。日本第一次引进智能建筑的概念是在 1984 年的夏天，多年来，相继建成了墅村证券大厦、安田大厦、KDD 通信大厦、标致大厦、NEC 总公司大楼、东京市政府大厦、文京城市中心、NIT 总公司的幕张大厦、东京国际展示场等。在国内，1990 年建成的北京发展大厦可被认为是我国智能建筑的雏形，在随后的 10 年间颁布制定了多项有关智能建筑的设计规范以及标准，直到 2000 年，建设部和国家质量监督局共同制定颁布了我国第一个智能建筑设计的国家标准《智能建筑设计标准》

（GB-T50314-2000）。

国内大概从 20 世纪 80 年代开始引入智能建筑的概念，就目前而言，尽管有很多建筑自称有智能建筑的概念，但实际上称得上智能建筑的并不多。有的建筑只安装了防盗监控系统、有个办公软件就自称是智能建筑大厦，实际上智能建筑中的 5A 系统只实现了很小一部分，算不上智能建筑。有些建筑安装了很多智能设备，但是建筑本身的实际内容却有诸多问题：工程建设水平不高、工程质量不能令人满意、智能系统不能正常工作，导致智能设备无法使用，有名无实。其实，出现这样的问题并不是偶然。因为最初是房地产开发公司先向市场推出了智能建筑的概念，其中很多地产开发商并不理解智能建筑的正确定义，只是借此来提升产品的含金量，使其能够卖出更高的价钱。其实系统集成开发公司才是最早进入市场的机构，这些公司的前身大多是通信工程公司或者网络工程公司，但这些公司因缺乏建筑行业的运营经验而发展受阻。因为如上问题并没有得到成功解决，我国智能建筑市场的发展并不顺利。

近年来，为了破解城镇化带来的各种“城市病”，智慧城市建设已经提上日程。而智能建筑作为智慧城市的重要组成元素，随着国家智慧城市建设广度和深度的拓展，智能建筑必须融入智慧城市建设，这是智能建筑今后发展的大方向。随着我国计算机网络技术、现代控制技术、智能卡技术、可视化技术、无线局域网技术、数据卫星通信技术等的不断提升，智能建筑将会在未来我国的城市建设中发挥更加重要的作用，作为现代建筑甚至未来建筑的一个有机组成部分，不断吸收并采用新的可靠技术，不断实现设计和技术上的突破，为传统的建筑概念赋予科技和智能，为人们的日常生活提供便利与高效。

（六）智能家居

目前我国的建筑能源消耗占全国总能耗的 21%~24%，研究表明，建筑节能是缓解能源危机的最有效途径之一。同时人们对居住环境的要求越来越高，伴随着物联网技术的日趋成熟，智能家居的出现成为必然。它不仅能为用户节省能源开支，还可以为用户提供更为舒适、健康、方便的生活环境。

智能家居是利用先进的计算机技术、网络通信技术、智能云端控制、综合布线技术、医疗电子技术，依照人体工程学原理，融合个性需求，将与家居生活有关的各个子系统如安防、灯光控制、窗帘控制、煤气阀控制、信息家电、场景联动、地板采暖、健康保健、卫生防疫、安防保安等有机地结合在一起，通过网络化综合智能控制和管理，实现“以人为本”的全新家居生活体验。

智能家居是在互联网的影响之下物联化的体现。智能家居通过物联网技术将家中的各种设备连接到一起，提供各种控制或者定时控制的功能和手段。与普通家居相比，智能家居不仅具有传统的家庭居住功能，同时还兼备建筑、网络通信、信息家电、设备自动化功能，提供全方位的信息交互功能。其主要包括以下技术。

其一，家庭网关及其系统软件。家庭网关是智能家居局域网的核心部分，主要完成家庭内部网络各种不同通信协议之间的转换和信息共享。其二，需要构建统一的平台。用计算机技术、微电子技术、通信技术、家庭智能终端将家庭智能化的所有功能集成起来，使智能家居建立在统一的平台之上。其三，通过外部扩展模块实现与家电的互联。为实现家用电器的集中控制和远程控制功能，家庭智能网关通过有线或无线的方式，按照特定的通信协议，借助外部扩展模块控制家电或照明设备。其四，嵌入式系统的应用。随着新功能的增加和性能的提升，对处理能力大大增强的具有网络功能的嵌入式操作系统和单片机的控制软件程序做了相应的调整，使之有机地结合成完整的嵌入式系统。

智能家居的概念起源很早，但一直未有具体的建筑案例出现，直到1984年美国联合科技公司将建筑设备信息化、整合化概念应用于美国康涅狄格州哈特福德市的City Place大楼时，才出现了首栋“智能建筑”，从此揭开了全世界争相建造智能家居的序幕。智能家居是自动化技术、通信技术的产物。最初，智能家居技术只是用来控制照明和供暖，随着物联网技术的出现，智能家居几乎可以管理控制所有家用电器，并且可以检测电器的运行状况和家庭环境从而进行自动调整，为居民提供更舒适的家庭环境。智能家居系统通过网络将所有家用电器连接起来，并对它们进行集中控制、监测，用户可以清楚地观察到电器的运行情况和家庭的环境状况。

智能家居的发展可以分为三个阶段。首先是单品智能化阶段，这个阶段主要面向用户关注度高的产品，如电视、空调、热水器等，各电器之间并没有形成网络。其次是不同产品联动阶段，使得各种家用电器互联，在数据上进行互通。最后是系统化实现智能，这一阶段系统通过网络连接各种通信设备及家用电器，实现集中控制管理，维持家庭环境的协调。

目前，全球关于智能家居的产品很多，在研发方面，欧美国家处于相对领先位置。微软的未来之家项目位于微软德蒙总部园区，设计理念是居民与计算机自然的对话，随时获取信息，各种电器与居民的日常生活无缝连接。三星的smart home提供了一个完整的智能家居解决方案，将用户的所有设备通过云端服务器连接在一起，并且通过智能终端应用来控制管理这些设备。海尔的 U-home 实现了家电系统物联，将原来简单的用户控制转化为人与家电、家电与家电的双向通话，实现了采光、通风、电器、门锁的关联。

智能家居本身的建设目的就是给人们提供安全、舒适的生活环境，但是目前的智能家居系统还存在许多不足之处。一是产品的成熟度还不够，语音识别类产品的准确率有待提升；二是价格昂贵、功能鸡肋，一些产品造价不菲但交互体验不尽如人意。未来智能家居的发展必然在这些方面加以完善，并将这个理念贯穿于家居生活各个系统，如影音设备、温度调控、安全控制等，针对这个方面还要完成远程与集中控制并行的任务，确保整个家居生活体现更加人性化的特点。

（七）网络化协同制造工程

制造业是强国之基、富国之本，在当今经济全球化和社会信息化大背景下，国际制造业竞争日趋激烈，新兴信息技术与制造业的深度融合，引发制造业传统生产、制造与销售模式的深刻变革。在同质化竞争的全球市场环境下，制造业正在向研发和产品运营维护等生命周期的服务阶段转移，越来越多的制造企业成为制造、服务的综合体，二者相互渗透，从定制化的规模生产慢慢向服务型生产转变。推进实施“中国制造 2025”国家战略和“互联网 +”行动，加速推动制造业的转型升级，对我国经济社会发展具有重要的战略意义。

网络化协同制造工程是指在“互联网 +”的大背景下，充分利用新兴技术，突破传统时空的约束，将产品的设计、研发、生产、管理、服务通过互联网连接起来并进行实时通信。企业不再从事单独的设计与研发，或者是单独的生产与制造，而是基于顾客需求，以服务与制造融合为主线，将传统的串行工作模式转变为并行工作方式，缩短产品的研发和生产周期，快速响应个性化客户需求，从而实现资源的优化配置，最优化利用有限的资源。

网络化协同制造工程作为一项复杂性、系统性的工程，主要涉及以下几个方面：第一，网络协同制造模式与理论。以推进互联网与制造业、服务业与制造业融合发展为主线，研发与构建产品全生命周期制造服务融合、多学科交叉的大数据在线分析、运维与预测经营等核心模型与关键技术，为制造业的转型升级提供有力的理论支撑。第二，网络协同制造工业软件。基于协同云平台，构建工业大数据、工业互联网等平台系统，研发复杂产品的全数字化优化和仿真，通过互联网创建供应链网络，实现产品的全生命周期管理、资源管理与供应链协同，形成网络化协同制造工业软件系统，推动网络协同制造不断向前发展。第三，资源管理与智能供应链。在互联网时代，协同不仅仅是企业内部的协作，还包括产业链上游、下游组织之间的协作。构建企业制造资源与用户需求的协同空间，任何资源的变动和用户需求的改变都能在整个网络中快速传播、及时响应，实现精准对接、协同运营。第四，产品全生命周期制造服务。在信息物理融合系统 CPS 的支持下，着眼于产品的全生命周期，开发产品服务生命周期集成管理平台，实现产品运行状态的在线数据采集。通过构建产品运维与服务知识库，进行在线诊断与服务，以提高客户服务的满意度为目的，实现传统制造向服务型制造转型。

早在 1991 年美国里海大学就提出“美国企业网”计划，目的是研究如何利用信息高速公路将美国的制造企业联系在一起。随后，美国开展了“下一代制造模式”的研究，相继诞生了计算机辅助制造网，以及与俄罗斯合作研究的俄—美虚拟企业网等。2002 年，欧盟提出了“第六框架计划”，计划的内容之一便是研究利用互联网技术改善联盟内部各经济体企业之间的协作与集成机制，进一步通过互联网串联整个欧盟的企业，实现资源共享、协同制造。

在需求与政策的双向推动下，我国的网络化协同制造获得长足的发展。截至 2018 年 6 月底，离散制造业规模以上实现网络化协同制造的企业占 33.7%。虽然近年来我国网络化协同制造获得了一定的发展，但仍存在一些问题，主要有以下几个：其一，对网络化协同制造战略的认识不足。企业未能将供应商、合作伙伴视为命运共同体，部分企业将其视为转移风险的手段。其二，信息网络设施尚待完善。在网络化协同制造的进程中，信息基础设施和平台是关键，相关的技术水平还有待提升。其三，制造业企业信息化水平参差不齐。其四，标准体系尚未建立。目前的标准在行业上下游间暂未统一，不能做到以标准为引领，制约了网络化协同制造的进一步发展。

基于以上问题和不足，未来网络化协同制造应考虑从以下几个方面突破：第一，企业要提高对网络化协同制造战略的认识，与供应商和合作伙伴建立战略合作伙伴关系。第二，加快相关信息技术的研发，提升技术产业支撑能力，推进边缘计算、深度学习等新兴技术的应用研究。第三，加强政策引导和资金支持，推进中小型制造企业的信息化改造升级。第四，完善标准体系，面向关键技术和重点领域，使标准化与网络化协同制造新模式同步。

（八）智能工厂

随着信息通信技术的发展、互联网和物联网的广泛应用，信息物理融合系统应运而生，掀起了新一轮的工业革命，包括德国工业 4.0、美国工业互联网、中国制造 2025 等，都在强调信息物理融合系统、物联网、通信等新兴技术的研究与应用，制造业必须走向智能制造，必须发展作为智能制造载体的智能工厂新模式。

数字化工厂是指利用数字化技术，集成产品设计、制造工艺、生产管理、企业管理、销售和供应链等领域专业人员的知识，进行产品设计、生产、管理、销售、服务的现代化工厂模式。2006 年，美国 ARC 总结了以制造、设计、管理为中心的数字制造，提出用工程技术、生产制造和供应链作为三个维度描述工厂的全部活动。通过建立这三个维度的信息模型，利用适当的软件就可以完整表达围绕产品设计、技术支持、生产制造及原材料供应、销售和市场相关的所有环节的活动。如果这些描述和表达能够在这三个维度各自贯通，得到实时数据的支持，还能实时下达指令指导这些活动，并且为实现全面优化可在这三个维度之间进行交互，那就可以认为这就是理想的数字化工厂。

智能工厂首先应该是数字化工厂。在此基础上，进一步发展成为实现产品智能化设计和制造，以及管理智能化的工厂模式。智能工厂是在制造业的基础上，融合自动化技术、信息通信技术和智能科学技术，结合数据、信息和知识，建立具备核心竞争力的新一代制造业企业及其生态系统。

智能工厂的主要特征包括三维模拟仿真优化、网络集成的智能生产线、即插即用软件集成平台、工艺数据库、实时信息跟踪、系统集成综合管控。智能工厂的主要目的包括规范管理、减少失误、提供决策、提高效率、拓宽市场、提升自动化水平。智能工厂已经具有自主采集、分析、判断、规划的能力。利用物联网，可以实现最佳效益、最优生产、动态平衡、无人干扰的目标，系统中的每个小部分可以自行组合，从而实现系统内部的融合、协调和重组。实际上，智能工厂的主要体现就是人机交互。

智能工厂主要依靠三大技术，即无线感测器、云端智能工厂、无线工业通信。工业 4.0 中的无线感测器主要包括神经网络、遗传演算、进化计算、混沌控制，主要的性能要求包括高速、高效、多功能、灵活。云端运算是实现资源利用的创新方式，主要依赖于互联网的异构和自治服务。无线工业通信的本质就是实现各个设备与系统之间的融合与交互，并以此为工业制造、生产提供基础支持。

美国、德国、中国先后出台了智能制造的相关文件。美国 2008 年出台《重振美国制造业政策框架》《国家先进制造战略计划》等一系列文件，德国 2010 年 7 月颁布《思想·创新·增长——德国 2020 高技术战略》，中国 2015 年审议通过了《中国制造 2025》。

在现阶段，智能工厂的发展方向主要涵盖三个方面，即制程管控可视化、全方位系统监控、制造绿色化。制程管控可视化能够实时为控制者展示产品加工、制造进程，对减少生产故障、偏差起到了积极作用，还可以为产品后期制造提供参考数据。全方位系统监管是以传感器为连接，在物联网基础上实现制造设备的感知，包括控制、识别、分析、推理和决策。制造绿色化是为了最大限度地实现环境和资源效益。

智能工厂的研究方向还包括智慧安全技术、智慧工厂建设、软件算法的研究与应用。智慧安全技术主要针对数据安全技术、通信安全技术和网络安全技术。智能工厂建设急需一套实施规范与标准。在软件算法的研究和应用方面，在制造企业中使用智能算法、智能分析的案例比较少。未来应加强数学模型和软件的研究，实现语音识别、手势识别、神经网络算法等智能技术在制造业领域的应用。

在工业 4.0 的时代背景下，智能工厂需求强劲、增长迅速，是未来制造业发展的趋势。但是，智能工厂的发展仍处于早期阶段，其整体系统极其复杂，企业切忌贸然推进，应结合自身特点，做好充分的前期需求分析和整体规划。

（九）数字供应链

供应链在工业和民用领域有着举足轻重的地位，随着近年来我国经济的发展、企业的迅速扩张和民众对消费品的需求升级，各界对供应链管理、优化的需求大大增加。传统供应链在许多情况下已经不能满足企业和民众的需求，5G、云计算、大数据以及 IOT 等战略性新兴技术的发展，推动了数字供应链的产生和发展。

数字供应链是一个以客户为中心组建的最优化供应网络，也是一个对复杂供应链进行精准管理的数字化平台。通过数字供应链，企业可以及时获取并最大限度地利用不同来源的实时数据，进行需求感知、需求刺激和需求匹配，并通过人工智能、大数据等科技手段控制商流、信息流、物流和资金流，组建一个最优的供应网络。

数字供应链脱胎于传统供应链，又有别于传统的供应链。传统供应链本质上是线性的，而数字供应链不一定有固定的顺序流程，更多地表现为动态的、相互联系的系统。整个系统协同运作确保弹性的端到端用户体验，针对产品和服务的未来需求为企业提供精准、深入的理解和感知，实现从“描述需求”到“预测需求”的转型，帮助企业清晰、透明地勾勒出供应体系和层级关系，从而识别出关键的供应路径。利用数字供应链，企业可以与多级供应商进行实时信息交互，对供应商的库存、产能、质量等信息进行监控，实现主动风险管理，及时对风险做出响应，保证供应的连续性，在成本和客户满意度之间找到最优的平衡点，进而帮助企业完善决策，使信息和物流的传输速率得以提高。

“供应链”这一概念于20世纪80年代提出，真正发展始于20世纪90年代后期。1985年，美国学者Michael Porter在《竞争优势》一书中提出了价值链的概念，1996年，Reiter在整合了价值链思想的基础上，首次提出了“供应链”这一概念。现在，供应链这一概念指产品生产和流通过程中所涉及的供应商、生产商、分销商以及消费者等通过与上游、下游成员的连接组成的网络结构。典型的供应链系统有邮政公司的邮件分发系统、波音公司的零配件供应链系统等。由于供应链日趋复杂，动态性、交叉性日益加大，对其上下游控制、规划的需求日渐增加，现有供应链管理技术渐渐不能满足企业需求。2001年，数字供应链这一概念第一次被提出，2013年曼彻斯特城市大学教授Tony Hines出版了业界第一部介绍数字供应链的专著*Supply Chain Strategies: Demand Driven and Customer Focused*。2019年，运动品牌Under Armour开始使用数字供应链技术组建“健身连接平台”，提升了销售业绩和用户黏性。

目前，我国的数字供应链研究在部分领域处于国际前列，但业务的广泛性、普遍性仍待提升。国务院在2017年10月发布《国务院办公厅关于积极推进供应链创新与应用的指导意见》，指出“未来应推进数字供应链协同制造、促进制造供应链可视化和智能化，推动感知技术在制造供应链关键节点的应用……到2020年，基本形成覆盖我国重点产业的智慧供应链体系”。数字供应链通过RFID芯片和IOT设备访问、接收来自各类设备的动态数据，使用区块链技术构建可信供应链。新冠肺炎疫情期间，国家电网数字供应链体系发挥了重要作用。在疫情发生一个月内，国网总部共调配防疫物资超过1.23亿元，向供应商下达小额采购订单154亿元。供应商使用“e物资”App进行远程确认、在线签署，降低了人员聚集风险，节约了企业运营成本；平安银行等金融机构也使用数字供应链把控关键投资过程，降低金融风险；全球最大的乳制品企业之一荷兰皇家菲仕兰康柏尼公司使用数字供应链监测牛奶的采集、生产和运输流程，保证产品的安全。

对数字供应链的评估主要集中在以下几个方面：①软硬件建设完成度。数字供应链对软件的迭代升级以及硬件的布设密度要求较高，故需要完善的软硬件管理体系。②数据采集的完整性、准确性以及处理的实时性。正确采集数据，保证采集的完整性，可最大限度提高全供应链的效率。③风控系统是否健全。企业应建立数字供应链风险预警系统，确保利益相关方和客户数据的安全性，保障数字供应链的安全。④节能减排要求。数字供应链通过能耗数据分析来降低能源消耗和生产成本，提高工厂整体能效水平，减少能耗。

（十）卫星 / 惯性多模组合导航

在车辆、船舶和飞机等运载体的运行过程中，往往需要实时掌握其运动状态（位置、速度、姿态），从而合理规划载体路径，以便顺利抵达目的地，这就需要借助导航技术。各类新型运载体对导航设备的性能提出了新需求，很多情况下单一导航方法已无法满足。将多种不同的导航方法结合起来从而提高精度成为一种有效的解决方案。卫星 / 惯性多模组合导航便是一种典型的代表。

组合导航是对两种或两种以上的导航技术进行组合，以提高导航系统的精度和可靠性。选择不同的导航方法和组合方法，可得到不同的组合导航系统。不同导航方法各有优劣，实际应用中通常选择能够互补的方法来取长补短，从而使组合导航系统具有更高的精度和稳定性。卫星 / 惯性多模组合导航就是由卫星导航和惯性导航两个子系统所组成的，目前应用最为广泛，具有全球、全天候、高精度、高可靠性的特点。

卫星导航和惯性导航具有很强的互补性，卫星 / 惯性多模组合导航系统在设计时首先要对卫星导航和惯性导航的特性进行分析，建立数学模型，再用适当的方法综合利用两者所提供的信息，以提高整体系统的精度和可靠性。

卫星 / 惯性多模组合导航中，以惯性导航为基础对惯导进行误差分析、建模，建立状态空间模型，再把卫星导航提供的信息作为量测，通过卡尔曼滤波估计惯性导航误差，最后以此修正惯导，从而持续输出高精度的导航信息。根据卫星 / 惯性导航的组合层次，一般可以分为松、紧和超紧组合。松组合利用卫星导航的解算结果（速度、位置）和惯导给出的相应参数的差值作为量测，易于实现。紧组合中将惯导结果生成的伪距和卫星接收机的原始伪距量测的差值作为量测，虽更为复杂，但精度更高，卫星数目少于4颗时也可使用。超紧组合是在松或紧的基础上，利用校正后的惯导来辅助接收机跟踪卫星，提高动态性能。

卫星/惯性多模组合导航最早的研究起步于20世纪80年代，这一过程和卫星导航、惯性导航各自的发展紧密相关。1973年，为了满足军事武器发展的需求，美国开始研发全球定位系统GPS。而惯性导航作为人类发展最早的导航技术，已经在航海、航空、航天等领域得到了广泛应用。计算机的发展以及卡尔曼滤波技术的提出，为组合导航技术的实现提供了有利条件。70年代末GPS试验卫星发射，随后美国开始研究GPS辅助惯性导航。卫星/惯性多模组合导航因为巨大的应用价值和应用潜力成为研究的重点，至今已取得丰硕成果。

现代卫星导航系统中，GPS技术最为成熟，应用最为广泛。美国空军打算在未来20年发射30多颗第三代GPS卫星。

我国北斗导航系统已于2020年基本建设完毕，可供全球使用。

俄罗斯计划在2033年发射46颗GLONASS卫星。

卫星导航资源变得更加丰富，如何更加充分有效地利用这些资源提供服务是未来研究的焦点，能够综合利用各卫星系统的多模卫星导航会得到更多关注。

目前，传统的高精度惯性器件价格昂贵。未来，组合导航还将继续发挥重要作用，特别是对于小型化、智能化平台采用惯性导航和卫星导航的组合能够以低成本实现高精度。

卫星/惯性多模组合导航系统技术的成熟，将进一步促进新兴民用领域低成本导航性能的提升，如无人机、智能车等。这些领域使用更多的是MEMS惯性传感器。MEMS器件成本低廉，体积微小，但精度低，适用于各种消费级产品。卫星/惯性多模组合导航技术的采用，将会极大地提升这些民用消费级产品的导航精度而无需增加成本。

此外，在远洋勘测科考任务中，卫星/惯性组合导航也将发挥越来越重要的作用，为舰船航向以及舰载动中通设备提供精准导航信息，确保远洋勘探科考各项与位置区域信息密切相关的任务顺利开展。

（十一）红外光电多模复合制导

面对复杂的战场环境，武器系统的远程攻击、全天候工作、抗干扰、快速和精确制导能力愈发重要。单一模式制导已难以满足需求，因此多模复合制导技术得到了更多关注。多模复合制导有着单一寻的制导无法比拟的优势。众多复合制导技术中，红外与光电复合制导是一种最为常见且有效的技术途径。

红外光电多模复合制导是一种综合利用红外与光电系统多传感器感知目标信息获得更加精确信息的一种方法。红外与光电传感器具有互补性。光电系统获取的成像分辨率较高但在恶劣天气条件下对大气的穿透成像能力差，夜间成像能力尤其差；红外系统则恰好相反，红外光电多模复合制导充分利用各类图像，实现图像融合，最终实现精确制导。

红外光电多模复合制导技术包括对多传感器获取图像的融合处理以及图像中目标的跟踪与定位。对传感器获取图像的处理包括图像预处理、图像配准与图像融合三个步骤。

图像目标的跟踪与定位在目标捕获和识别以后进行。持续存在的疑似目标才被标志和归类为目标。一旦帧内所有的分割部分都被分类，就可以运用追踪器进行追踪。跟踪算法的设计原理主要有卡尔曼滤波、多假设追踪等。跟踪过程中，跟踪器一般采用一到多个跟踪波门将目标套住，随目标移动；窗口大小随目标状况变化，只进行波门内图像数据处理。算法所获取的跟踪误差用来确定所跟踪的目标相对于传感器视线的运动。常用的跟踪算法有中心跟踪、边缘跟踪、特征序列匹配、相关跟踪算法等。

对图像中目标进行定位需记录拍摄处成像系统的世界坐标、成像系统的姿态、目标在成像系统中的坐标等信息，通过一系列坐标的转换，并结合多次观测值进行滤波最终得到目标位置。

第一代红外制导成熟于20世纪50年代，以美国响尾蛇为代表，仅能探测飞机喷气发动机尾焰的红外辐射。第二代红外制导成熟于20世纪60年代，具备了全向攻击能力。第三代红外制导采用红外焦平面阵列探测器成像制导。由于目标如机身材料技术、光电干扰和隐身技术的成熟发展，单一模式制导无法胜任作战任务，就此拉开红外双模 / 多模复合制导系统研发和应用的大幕。

针对多模复合制导的研究，美国起步较早，20世纪80年代就开始了激光 / 红外复合制导的研发。在最近几十年的几次重要战争中（如海湾战争、科索沃战争、伊拉克战争与数次反恐战争），多模复合制导技术都显示出巨大的威力。

目前，红外光电复合导引技术仍是国内外研究机构的重点研究课题，也是美国相关军事企业的重点研发内容。当前的主要研究热点及趋势包括：①红外系统与光电系统之间保持无缝衔接，形成互补。②目标检测算法与跟踪算法的可靠性有待提高。

③需提高复合制导平台的精确定位与快速扫描能力。

国际上，目前具有代表性的红外复合制导武器是美军的地空导弹——毒刺（Stinger Post）。毒刺导弹分为基本型和改进型。基本型采用全向红外导引头。改进型导引头工作在红外紫外两个波段，并采用了先进扫描技术，探测范围大幅拓展，抗干扰能力强。

此外，美国联合空地导弹（JAGM）也是红外多模复合制导的典型代表。采用制冷/非制冷红外成像、半主动激光和毫米波雷达三种导引模式。多模式协同工作，能有效执行夜间城市精确打击、近海多目标攻击以及丛林伪装目标攻击等多种任务。

中国科学院长春光学精密机械与物理研究所研究了红外被动成像技术与激光主动三维成像技术相结合的复合导引体制，采用红外成像信号与激光测距信号接收共口径、激光发射与接收共轴设计，可实现4公里距离制导导引。

红外光电多模复合制导兼具两种导引系统性能的优点，具有广阔的发展前途，因此越来越受到重视。

在战术使用上，红外光电复合制导将大大提高寻的制导系统的抗干扰能力、隐蔽能力、识别能力，并极大地提升制导和打击的精度，提升如“斩首行动”“定点清除”的战术打击效能，从而加快战争进程，避免传统战争中的大规模人员伤亡。

（十二）机械故障智能诊断仪

随着现代工业技术的不断发展，机械设备的大型化、高速化、连续化和自动化能够有效提高生产效率。但结构越来越复杂，给系统的维护和维修带来了困难。故障智能诊断技术能够有效提高系统的可靠性和安全性，在机械故障诊断中发挥着重要作用，可以在一定程度上减少机械故障造成的经济损失，降低重大事故的发生率，从而提高安全生产效率。因此机械故障智能诊断技术具有极为重要的研究意义，相应的诊断设备具有重要的工程应用价值。

机械故障诊断是一种了解和掌握机器在运行过程中的状态，确定其整体或局部正常或异常，早期发现故障及原因，实现故障隔离并预报故障发展趋势的技术。智能诊断是通过模拟人脑的机能来处理各类模糊信息，有效地获取、传递、处理、重构和利用故障信息，从而识别和预测诊断对象的状态，使系统具备自动修正和自动获取知识的能力。机械故障智能诊断仪是针对不同应用环境和要求，采用相关专业技术设计开发，具有数据采集和设备故障分析能力的多功能仪器。

通过监测机械设备在运行时或在相对静态条件下的状态信息，结合诊断对象状态的历史记录，利用人工智能方法对其加以处理和分析从而识别设备的实时状态是否正常。机械故障智能诊断本质上是机械的故障预测与健康管理，具体实施步骤包括：信号采集、信号处理、特征提取、状态评估、智能预测和分析决策等。其中信号处理与特征提取是关键；状态评估、智能预测与分析决策是故障诊断的核心技术。在信号采集和获取阶段，利用先进的、智能化的传感器技术获取机械设备的运行状态信号或信息。在信号处理与特征提取阶段，需要滤波、维压缩、变换、增强、精化故障特征等。特征提取时需要时域分析、频域分析、幅值域分析、图像特征提取等。在状态评估、智能预测和分析决策阶段，以提取的特征为输入，采用人工智能模型和故障信息实现机械设备故障的自动检测和识别，最终做出故障诊断、故障隔离以及维修决策。

机械故障诊断技术的发展历史可分为以下四个阶段。

第一阶段：19 世纪工业革命到 20 世纪初，在较低的生产力水平下，往往采取事后维修的方式。

第二阶段：20世纪初到20世纪50年代，规模化的生产方式下，作为预防性方式，对机械设备进行定期维修。检测手段由听、摸、闻、看到初步的设备诊断技术仪器，机械设备诊断技术在此阶段孕育。

第三阶段：20 世纪六七十年代，大规模生产方式下，采用状态维修的方式，即以设备技术状态为基础的预防维修方式。提高了机械设备的可靠性与安全性，进一步延长了机械设备的寿命，机械设备诊断技术逐步形成。

第四阶段：20 世纪 80 年代至今，采用风险管理下的柔性生产方式，利用状态监测保障机械设备的可靠性和安全性，能够对故障模式及影响进行分析。机械设备诊断相关信息的集成化、智能化、网络化程度得到提升，机械设备智能诊断技术逐渐成熟。

诊断技术已列入国家重点攻关项目并受到高度重视，如西安交通大学的“大型旋转机械计算机状态监测与故障诊断系统”、哈尔滨工业大学的“机组振动微机监测和故障诊断系统”。东北大学设备诊断工程中心经过多年研究，研制成功了“轧钢机状态监测诊断系统”“风机工作状态监测诊断系统”，均取得了可喜的成果。

英国数千家大型机械制造工厂采用机械故障诊断技术后，累计节省 3 亿英镑的维修费用，而故障诊断系统和投入的费用仅为 0.5 亿英镑。日本的制造业企业包括汽车、工程机械企业等，在大规模采用故障诊断与监测系统后，事故率降低 75%，维修费用降低 25%~50%。

随着嵌入式技术的发展，硬件日趋小型化、低成本化。智能化机械故障诊断仪也从传统的机柜式大中型设备形态发展成为便携化形态。随着深度学习的流行，基于深度学习技术的故障诊断技术及故障诊断仪也逐渐成为研究开发的热点。

机械设备工作的安全、可靠和可维护，直接影响系统的工作效率。关键机械设备出现故障而不能继续运行时，往往会影响整个系统的运行，从而造成巨大损失。机械故障诊断是保证安全运行的必要条件。随着工业生产的智能化，高精度、高集成化、网络化、多功能的机械故障智能诊断仪在实际工程建设中的使用频率将大幅度提高，无论是对于工业生产还是国防装备制造而言，智能故障诊断都发挥着越来越重要的作用。

三、计算机与软件工程

计算机与软件工程是以计算机科学与技术、数学、工程学、管理学等相关学科为基础的交叉性学科。其以计算机软件与理论和软硬件集成综合技能为基础，以计算机应用技术为背景，以应用数学、管理科学等学科为方法和原理，研究并实施系统性和规范化的过程化方法，最终用于计算机硬件、软件领域的设计与实现。

20 世纪中期，计算机刚刚突破军事领域的局限，拓展到民众使用领域。发展到 60 年代中期，大容量和高速度渐渐成为计算机必不可少的要求。这时，高级语言开始出现，操作系统的发展也急剧加速，引起了计算机应用方式的快速变化。由于需要处理大量数据，第一代数据库管理系统因此诞生。随着计算机软件系统的复杂程度越来越高，且规模越来越大，软件的可靠性问题也变得越来越突出，软件危机开始爆发。随后，“软件工程”的概念被提出，将系统化、严格约束、可量化的方法应用于软件的开发、运行和维护中。

20 世纪 70 年代，为了突破人工智能发展瓶颈，“知识工程”的概念被提出，旨在于机器智能与人类智慧（专家的知识经验）之间构建桥梁，搭建“专家系统”，即特定领域内具有专家水平解决问题能力的程序系统。随着互联网行业的飞速发展，互联网数据迅速膨胀变大，20 世纪 80 年代，“大数据”的概念诞生，之后，大数据工程作为大数据规划建设运营管理的系统工程而被提出。随着社会的发展和科技水平的提高，物理世界的联网需求与信息世界的扩展需求催生出一种新型的网络——物联网（Internet of Things，IoT）。

2009 年，物联网成为各界热点，物联网工程随之诞生，通过智能感知、识别技术与普适计算等通信感知技术，广泛应用于网络的融合中，也因此被称为继计算机、互联网之后世界信息产业发展的第三次浪潮。2010 年后，随着传感器技术的飞速发展和智能手机的普及，群智感知网络工程得以发展，主张利用智能设备的普及性，通过人们已有的移动设备形成分布式感知网络，发挥人多力量大的优势，从各地收集海量多维异构数据，解决各种大规模数据需求问题，提供高质量、可靠的数据服务。2012 年，通用电气提出了“工业互联网”的概念，旨在通过工业互联网平台把设备、生产线、工厂、供应商、产品和客户紧密地连接并融合起来。

综上所述，计算机与软件工程的应用主要包含群智感知网络工程、工业互联网工程、大数据工程、知识工程、软件工程及物联网工程。总的来说，这些不同类别的工程研究领域，大部分都力求最大化利用已有的信息资源，进行收集、管理、分析，从而得到不同的结果。在自然环境检测、交通信息收集与管理、定位服务、医疗保健、能源勘测、气候预测、工业制造等领域发挥着重大作用。

我国算是在计算机与软件工程领域起步比较晚的国家之一，直到 1980 年初，中国的计算机与软件工程基础技术研究才开始。之后，许多高等学校和科研单位陆续开展了软件工程开发方法学、面向对象技术等基础技术的研究。其中，国家将“软件工程核心支撑环境”“软件工程技术、工具和环境的研究与开发（SEP）”等课题列入国家重点科技攻关项目。与此同时，计算机与软件工程领域的课程在许多高校开展，主要面向本科生和研究生，在引进国外优秀教材的同时也会采用国内先进人才编著的课本，说明了我国对于计算机与软件工程的重视。

如今我国各个行业几乎都有计算机与软件工程的应用，例如工业、农业以及银行、航空、政府部门等。这些应用进一步提升了生活的质量，进一步促进了经济和社会的发展。

（一）群智感知网络工程

随着无线通信和传感器技术的发展，以及无线移动终端设备的广泛普及，普通用户使用的移动设备（如智能手机和平板电脑等）集成了越来越多的传感器，拥有越来越强大的计算和感知能力。利用众多普通用户现有移动设备中的传感器进行感知，通过已部署的移动互联网（如蜂窝网和 WiFi 等）进行数据传输，形成了一种新兴的感知网络，即群智感知网络（Crowd-Sensing Networks）。

群智感知是结合众包思想和移动设备感知能力的一种新的数据获取模式，是物联网的一种表现形式，指通过人们已有的移动设备形成交互式、参与式的感知网络，并将感知任务发布给网络中的个体或群体来完成，从而帮助专业人员或公众收集数据、分析信息和共享知识。

群智感知网络系统架构包括服务器平台、数据使用者和任务参与者（数据提供者）三个部分，分为感知层、网络层和应用层。在云端的服务器接受来自数据使用者的服务请求，将感知任务分配给参与者，处理收集的感知数据，并提供其他的管理功能。参与者接收到感知任务后，进行所需数据的感知，然后将数据返回给服务器，服务器将数据处理后返回给数据使用者。通过整个流程实现数据感知、数据收集和信息服务提供等功能，群智感知是一种分布式服务模式，如图 2-4 所示。

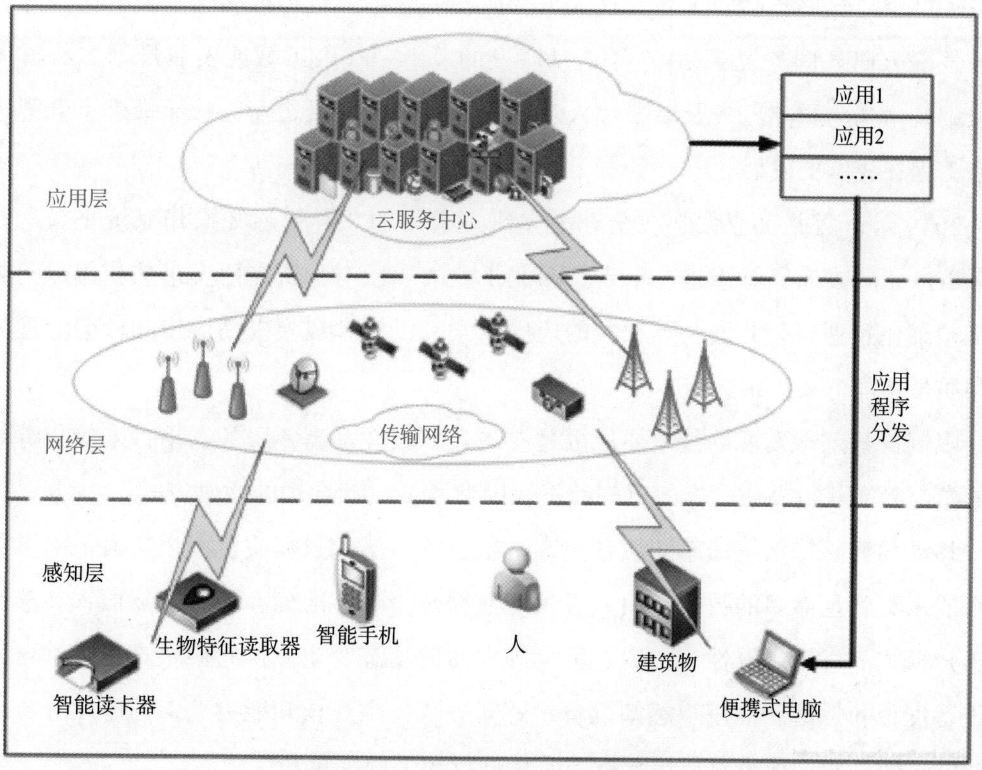

图 2-4　群智感知典型体系结构

群智感知能够从各地收集海量多维异构数据，解决各种大规模数据需求问题，提供高质量、可靠的数据服务，具有部署灵活经济、感知数据多源异构、覆盖范围广泛均匀和高扩展多功能等诸多优点。群智感知的理念就是要无意识协作，让用户在不知情的情况下完成感知任务，突破专业人员参与的壁垒。

虽然群智感知网络是近几年感知网络中的一个新概念，但这个思想在互联网刚刚繁荣时就被人提出和应用。《连线》（*Wired*）杂志在2006年提出了一种新的应用方式——众包（Crowd-sourcing）。它是指将一个任务以自由自愿的形式外包给互联网中的广大用户完成。其中有两个典型的众包应用案例，即足不出户外星人搜寻项目（SETI@ home）以及《纽约时报》利用广大用户输入验证码帮助完成大量古老报纸的数字化存档。虽然与群智感知类似的思想很早就被提出，手机也很早就被发明和使用，但直到最近几年群智感知网络才被正式提出和研究。通过传感器技术、智能手机、应用商店以及高处理和高存储能力计算中心飞速发展和普及的强力推动，群智感知网络才被正式提出和研究。

2013年以来，我国多个重点科研计划对群智感知研究进行了重点支持。《国家"十三五"科技创新规划》《新一代人工智能发展规划》也将智能感知、群体智能列为重点发展方向。国务院于2017年7月印发的《新一代人工智能发展规划》将群体智能关键技术列为重点任务及新一代人工智能重大科技项目之一，从而推进了群智感知网络工程在我国的发展。

2019年，西北工业大学在全球率先研发通用的"群智感知操作系统平台"——CrowdOS正式发布；基于这一平台，西北工业大学已与其所在西安市的相关部门展开城市精细化管理、公共安全等领域的应用探索，以期大规模提高城市和社会治理的效率和质量，降低人工维护成本。

限制群智感知发展的最主要原因是参与者积极性不高，服务器平台未能招募足够多的参与者来获得高质可靠的感知数据，因此需要设计合理的激励方式。

移动群智感知网络的感知质量包含时空覆盖质量和数据质量两个层面，前者关注是否能采集到足够多的数据，而后者关注数据是否足够准确和可信。然而，在移动群智感知模式下，用户属性、位置、情境等方面的动态变化使得我们很难对时空覆盖质量进行度量和保障。而用户感知设备、感知方式、主观认知能力、参与态度等方面的异构性也使得我们很难对感知数据的质量进行相关的度量和保障。

尽管以上因素都会造成感知数据质量的参差不齐，但是群智感知网络能很好地解决大规模感知网络中部署维护成本高这个关键难题，仍然有非常广阔的发展前景。

（二）工业互联网工程

工业互联网作为新一代信息技术与制造业深度融合的产物，通过实现人、机、物的全面互联，构建起全要素、全产业链、全价值链全面连接的新型工业生产制造和服务体系，成为支撑第四次工业革命的基础设施，对未来工业的发展产生全方位、深层次、革命性影响。加快发展工业互联网不仅是各国顺应产业发展大势，抢占产业未来制高点的战略选择，也是我国推动制造业质量变革、效率变革和动力变革，实现高质量发展的客观要求。

"工业互联网"（Industrial Internet）是指全球工业系统与高级计算、分析、传感技术及互联网的高度融合，以开放、全球化的网络，将人、数据和机器连接起来，属于泛互联网的目录分类。工业互联网的本质和核心是通过工业互联网平台把设备、生产线、工厂、供应商、产品和客户紧密地连接融合起来。

工业互联网包括工业软件、工业通信、工业云平台、工业互联网基础设施、工业安全等，这里的工业云平台主要包括数据采集层、IaaS 层、PaaS 层、SaaS 层。

数据采集层包括协议解析、数据集成、边缘数据处理等。IaaS 层是支撑，包括对所有计算基础设施的利用，如处理 CPU、内存、存储、网络和其他基本的计算资源，用户能够部署和运行任意软件，包括操作系统和应用程序。PaaS 层是核心，构建一个扩展的操作系统，为应用软件开发提供一个基础平台。SaaS 层是关键，主要是以工业 App 的形式体现，面向特定的工业场景提供特定的服务。SaaS 产品种类包括设计、生产、设备管理、能耗优化等。

工业互联网云平台产业链的参与者主要包括设备制造商、系统集成商、网络运营商和平台供应商等，而处在不同产业链环节的企业则借助工业互联网云平台，专注于自身优势业务的发展，蓄势待发。

2009 年，阿里公司率先开展云平台的研究，并逐步与制造、交通、能源等众多领域的领军企业合作，成为一些工业企业搭建云平台的重要推手。2012 年，工业互联网的概念被正式提出。工业系统由点及面、全面发展，向网络化、数字化、智能化、系统化所演变。

2015 年以后，国内企业积极开展布局，航天云网、三一重工、海尔、富士康等企业依托自身制造能力和规模优势，推出工业平台服务，并逐步实现由企业内应用向企业外服务的拓展。和利时、用友、沈阳机床、徐工集团等企业则基于自身在自动化系统、工业软件与制造装备领域的积累，进一步向平台延伸，尝试构建新时期的工业智能化解决方案。目前，中国工业互联网云平台产业的发展仍处于初级阶段。

从国际来看，发达国家政府纷纷加快推进工业互联网建设，如美国在先进制造国家战略中，将工业互联网和工业互联网平台作为重点发展方向；德国工业 4.0 战略也将推进网络化制造作为核心。GE、西门子、达索、PTC 等国际巨头也纷纷布局工业互联网平台，并将其作为探索数字化转型、提升行业服务能力、构建长期发展竞争力的关键。总的来看，美国、欧洲和亚太是当前工业互联网平台发展的焦点地区，全球工业互联网平台市场持续呈现高速增长态势。

从国内来看，党中央、国务院高度重视发展工业互联网，做出了一系列战略部署。习近平总书记强调，“深入实施工业互联网创新发展战略，系统推进工业互联网基础设施和数据资源管理体系建设”。国务院印发《关于深化“互联网 + 先进制造业”发展工业互联网的指导意见》，统筹布局网络、平台、安全三大功能体系建设。李克强总理连续两年在政府工作报告中提出“工业互联网平台”，强调“打造工业互联网平台，拓展‘智能 +’，为制造业转型升级赋能”。

工业互联网评估的三大核心要素可归纳为互联互通、综合集成、数据分析利用。互联互通是指企业内部或企业内外部之间的人与人、人与机器、机器与机器、机器与产线、产线与产线以及服务与服务等的网络互联和信息互通。综合集成是指企业内部或企业内外部之间通过数据库集成、点对点集成、数据总线的集成、面向服务的集成等多种模式，实现产品设计研发、生产运营管理、生产控制执行、产品销售服务等各个环节对应系统的互集成互操作。数据分析利用是企业基于互联互通、综合集成所汇聚的各类数据，进行数据分析和深度挖掘，为企业智能化决策与生产、网络化协同、服务化转型等提供土壤和支撑。

（三）大数据工程

21 世纪，伴随着互联网行业的飞速发展，互联网数据迅速膨胀，从而被称为大数据，起初，业界并没有认识到大数据中的价值以及数据爆炸带来的隐患，随着时间的推移，学术界、商界、政府都逐渐意识到推进大数据发展的重要性，如何安全、合理、有效地利用大数据不仅影响信息产业的发展，也是政府和社会各界面临的一大挑战。

大数据工程指大数据的规划、建设、运营、管理的系统工程，主要处理的任务有数据的定义、搜集、核算与保存，因而大数据工程师们在规划和布置这样的系统时，首先考虑的是数据的高可用问题，即大数据工程体系的需求实时地为下游事务体系或剖析体系供给数据效劳。大数据工程关注数据提取的速度、大规模数据的处理能力、系统的稳定运行以及容错能力。

大数据工程涉及平台和数据库的开发、部署和维护。大数据工程师需要设计和部署这样一个系统，使相关数据能面向不同的消费者及内部应用。其中主要工作任务和流程包括：①研究和开发大数据采集、清洗、存储及管理、分析及挖掘、展现及应用等有关技术；②研究和应用大数据平台体系架构、技术和标准；③设计、开发、集成、测试大数据软硬件系统；④大数据采集、清洗、建模与分析；⑤管理、维护并保障大数据系统稳定运行；⑥监控、管理和保障大数据安全；⑦提供大数据的技术咨询和技术服务。

"大数据"的概念最早出现在20世纪80年代前后，著名未来学家阿尔文·托夫勒在《第三次浪潮》中将"大数据"称为"第三次浪潮的华彩乐章"，"9·11"事件之后，大数据开始成为美国政府预防、阻止恐怖组织活动的有效工具。2009~2011年，"大数据"成为互联网技术行业中的热门词语，并且开始得到工业界、政府的关注与支持：2009年印度建立了用于身份识别管理的生物识别数据库；同年美国政府通过启动政府数据网站的方式进一步开放了数据的大门；2010年肯尼斯库克尔发表大数据专题报告《数据，无所不在的数据》；"大数据时代已经到来"出现在2011年6月，麦肯锡发布的关于"大数据"的报告正式定义了大数据的概念，其后逐渐受到了各行各业的关注……大数据技术逐渐被大众熟悉，各国政府、公司开始意识到大数据的价值，尝试拥抱大数据。

从2017年开始，大数据已经渗透到人们生活的方方面面，在政策、法规、技术、应用等多重因素的推动下，大数据行业迎来了发展的爆发期。2018年达沃斯世界经济论坛等全球性重要会议都把"大数据"作为重要议题，进行讨论和展望，大数据发展浪潮正在席卷全球。2017年，全球的数据总量为21.6ZB，目前全球数据每年的增长速度在40%左右，全球大数据市场规模年均实现15.37%的增长，预计到2020年全球数据总量将达到40ZB，未来五年（2018~2022年）年均复合增长率约为15.37%，至2022年，全球大数据市场规模将达到800亿美元。随着人工智能、云计算、区块链等新科技和大数据的融合，大数据将释放更多的可能性，迎来全面的爆发式增长。

在建设大数据工程的过程中，评估是一项很重要的工作。立项前，需要完成可行性评价、社会经济效益衡量、数据隐私安全性等评估工作。其中数据隐私安全性是评估大数据工程的一个重要因素，隐私数据泄露带来的风险包括个人信息暴露导致人身财产安全受到威胁、重要行业公司数据泄露导致国家安全受到威胁等。隐私信息贯穿于数据生产、处理、存储、发布和使用的全过程。收集、利用个人信息时，要保障用户的知情权和选择权，需先得到用户授权。只有严格设置信息流传播限制，保证数据存储和传播的安全性，大数据项目才能顺利地立项和结项。

尽管隐私数据始终存在泄露的风险，但长久来看，安全性较高的大数据工程给人民生活带来的正面影响大于其负面影响。大数据应用是信息化社会发展的一个重要阶段，而大数据工程则给经济和社会生活带来了深刻的影响。

（四）知识工程

英国哲学家培根曾经说过，“知识就是力量”。人类靠知识发展至今，同样的，任何智能系统都需要获取知识和运用知识。使机器具备认知智能，拥有理解和解释的认知能力，是人工智能的主要研究目标之一，而知识工程是实现认知智能的突破口，其主要关注知识的获取、表示、推理和解释。

知识工程是一门以知识为研究对象的工程学科，提供开发智能系统的技术，将知识集成到计算机系统中，以解决需要高水平专业知识的复杂问题，是人工智能、数据库技术、数理逻辑、认知科学和心理学等学科交叉发展的结果。其主要研究内容包括知识的获取、知识的表示以及知识的运用和处理三大方面。

知识工程的理论基础包括 TRIZ 理论和本体论。TRIZ 是解决工程实际问题、力求快速实现创新的方法，是基于知识的、面向人的发明问题解决的系统化科学方法，如图 2-5 所示。

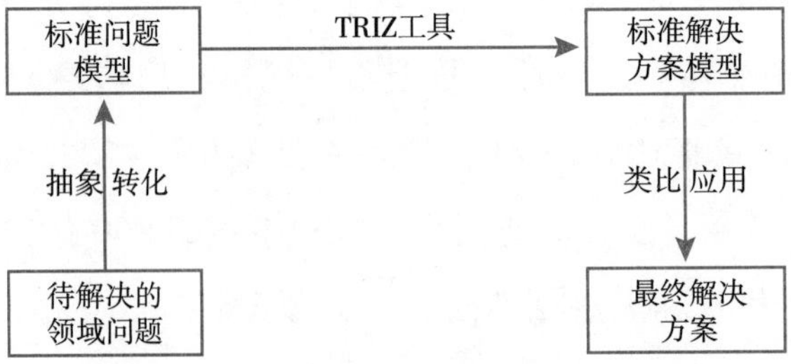

图 2-5　TRIZ 的一般解题模式与流程

本体论原是古希腊哲学中研究世界上客观事物存在的本质和关系的一个哲学概念。近年来，本体论被应用到计算机领域，对于知识工程、人工智能及数据库有着日渐重要的影响。

用恰当的方法实现专家知识的获取、验证、表示、推理和解释，是设计知识工程系统的重要技术问题，如图 2-6、图 2-7 所示。

图 2-6　知识工程主要流程

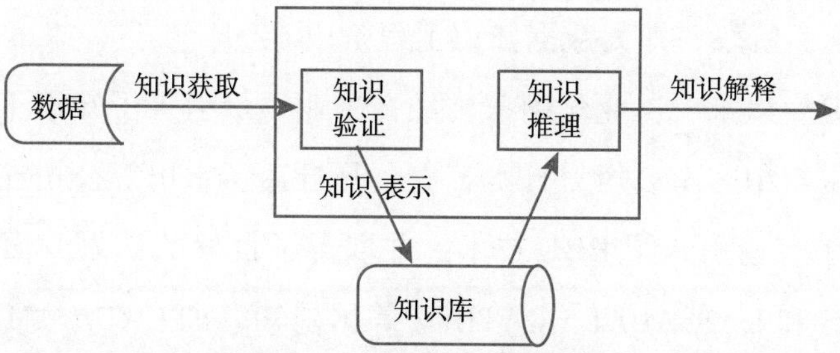

图 2-7　知识工程结构

➢ 知识获取：传统的知识工程是由专家、书籍、文件、传感器或计算机文件自上而下地获取知识，新型知识工程则是利用大数据技术自下而上地挖掘、抽取知识。

➢ 知识验证：通过测试用例等方法，知识得到验证，而测试用例的结果则常被专家用来表示知识的准确性。

➢ 知识表示：获得的知识被组织在一起的活动，建立知识库是进行知识表示的必要条件。

➢ 知识推理：包括软件的设计，使计算机做出基于知识和细节问题的推论。

➢ 知识解释：设计和编程解释功能。

知识工程的兴起使人工智能摆脱了纯学术研究的困境，使人工智能的研究从理论转向应用，并最终走向实用。

自 1956 年 8 月在达特茅斯会议上提出“人工智能”这个概念以后，人们取得了一批令人瞩目的研究成果。到了 20 世纪 70 年代初，不切实际的研发目标带来接二连三的项目失败和期望落空。在人工智能领域经历挫折之后，美国斯坦福大学教授爱德华·费根鲍姆（Edward A. Feigenbaum）经过长时间思考后，认为传统的人工智能忽略了知识的重要性，因此人工智能必须重视知识并引进知识。

1977 年，爱德华·费根鲍姆教授提出了知识工程的概念，旨在构建机器智能与人类智慧（专家的知识经验）之间的桥梁，搭建“专家系统”，即特定领域内具有专家水平解决问题能力的程序系统。

自 20 世纪 70 年代被提出以来，知识工程和专家系统便开始了广泛的应用。80 年代则出现了多学科综合型专家系统即知识型系统。90 年代，万维网的出现，为知识的获取带来了极大的便利。近几年来，针对传统知识工程中知识获取困难、知识应用困难的难题，谷歌首先取得重大突破，推出了自己的知识图谱。知识工程在知识图谱技术引领下进入了全新阶段，即大数据知识工程阶段。

自知识工程诞生以来，工业化国家已经在工业领域引入了知识工程技术。美国福特汽车公司，英国空中客车公司，日本日立、马自达、本田等公司在计算机辅助产品设计和辅助制造中普遍引入了 KBE 技术，并取得了良好的效果。面对知识工程领域的潜在市场，EDS 和 DASSAULT（CATIA）等国外知名的 CAD/CAM 系统开发人员已经开发了基于知识的工程设计系统，主要用于建立基于产品的几何和非几何特征。该模型使工程师能够在设计过程中基于产品领域的知识获得帮助，从而提高了产品的创新设计能力。

国内许多大学和研究机构已经对知识工程研究进行了投资。2016 年，科技部启动了云计算与大数据重点专项工程。同年，由合肥工业大学吴信东教授牵头，联合中国科学院与系统科学研究院、西安交通大学等 15 家单位承接了科技部“大数据知识工程基础理论及其应用研究”专项，力图做到大数据知识工程的落地，引领大数据分析走向大知识研究和应用。2017 年，中国人工智能学会理事长李德毅在以“智能 + 时代，智胜未来”为主题的第四届中国机器人峰会暨智能经济人才峰会上提出如今人工智能的发展离不开智能科学和技术的研究，知识工程才是人工智能时代最有意义的课题之一。目前，知识工程已经应用到工业、教育等传统领域，更加高效智能；同时还应用到电子政务、电子商务等新领域，实现有效结合。

（五）软件工程

在现代社会中，软件应用于工作生活的方方面面。典型的软件有电子邮件、嵌入式系统、办公套件、操作系统、游戏等，提高了工作效率和生活品质。

软件工程：①将系统化的、严格约束的、可量化的方法应用于软件的开发、运行和维护，即将工程化应用于软件；②对①中所述方法的研究。软件工程涉及操作系统、编程语言、开发工具、标准和设计模式等方面。

软件工程的目标：在给定成本、进度的前提下，开发出具有适用性、有效性、可修改性、可靠性、可理解性、可维护性、可重用性、可移植性、可追踪性、可互操作性和满足用户需求的软件产品。追求这些目标有助于提高软件产品的质量和开发效率，减少维护的困难。

①适用性：软件在不同的系统约束条件下，使用户需求得到满足的难易程度。

②有效性：软件系统能最有效地利用计算机的时间和空间资源。各种软件无不把系统的时 / 空开销作为衡量软件质量的一项重要技术指标。

③可修改性：允许对系统进行修改而不增加原系统的复杂性。它支持软件的调试和维护，是一个难以达到的目标。

④可靠性：能防止因概念、设计和结构等方面的不完善造成的软件系统失效，具有挽回因操作不当造成软件系统失效的能力。

⑤可理解性：系统具有清晰的结构，能直接反映问题的需求。可理解性有助于控制系统软件的复杂性，并支持软件的维护、移植或重用。

⑥可维护性：软件交付使用后，能够对它进行修改，以改正潜伏的错误，改进性能和其他属性，使软件产品适应环境的变化等。

⑦可重用性：把概念或功能相对独立的一个或一组相关模块定义为一个软部件。可组装在系统的任何位置，降低工作量。

⑧可移植性：软件从一个计算机系统或环境搬到另一个计算机系统或环境的难易程度。

⑨可追踪性：根据软件需求对软件设计、程序进行正向追踪，或根据软件设计、程序对软件需求的逆向追踪的能力。

⑩可互操作性：多个软件元素相互通信并协同完成任务的能力。

自 1970 年起，软件开发进入了软件工程阶段。“软件危机”的产生，迫使人们不得不研究、改变软件开发的技术手段和管理方法。从此软件开发进入软件工程时代。此阶段的特点是：硬件已向巨型化、微型化、网络化和智能化四个方向发展，数据库技术已成熟并广泛应用，第三代、第四代语言出现。第一代软件技术，结构化程序设计在数值计算领域取得优异成绩；第二代软件技术，软件测试技术、方法、原理用于软件生产过程；第三代软件技术，处理需求定义技术用于软件需求分析和描述。如今，软件工程已经融入国内外各个软件项目开发之中。

随着互联网技术与信息技术的快速发展，我国对软件产品的需求量逐渐增加，目前，软件工程技术在市场发展过程中主要呈现以下几个特点：首先，软件工程技术应用范围较广。目前，软件工程技术主要应用于软件的开发、应用、测试等 IT 领域，随着互联网的发展、智能手机的普及、人们生活水平的提高，我国对软件工程技术人员的需求量逐渐增加，尤其是在计算机领域。其次，软件工程技术门槛高。从事软件开发等工作对于人员的素质要求较高，非专业人士无法真正进入软件开发应用等行业。

开发过程的工程化管理是计算机软件工程发展的趋势之一。计算机软件的开发必须遵循原型规律或者生命周期规律，这也是每一个计算机软件开发的共同特点，也由此产生了原型管理模式和生命周期管理模式。在未来的管理中，计算机软件企业应采用两种管理模式相结合的方式。

软件体系结构贯穿于软件研发的整个生命周期，具有重要的影响。这主要从三个方面来进行考察：利益相关人员之间的交流、系统设计的前期决策、可传递的系统级抽象。

随着软件产业与规模的不断扩张，软件在给人们带来方便与利益的同时，也给人们带来了一定的风险，软件风险给人们造成了巨大的生命及财产损失，所以当前提高软件风险的管理水平成为软件工程发展中的主要任务，软件的风险管理主要包括风险的评估、辨别、监督、计划以及控制的活动等。软件管理过程的主要标准为是否可以降低不确定性因素的影响。

（六）物联网工程

美国 IBM 公司 2008 年首次提出了“智慧地球”，中国紧随其后提出“感知中国”，将构建“物联网”的思想热潮逐渐变成政府和企业的行动，对未来全球的发展产生了深远的影响。

物联网工程是指将无处不在的末端设备和设施通过各种通信网络实现互联互通，应用大集成以及基于云计算的 SaaS 营运等模式，在内网、专网或互联网环境下，采用适当的信息安全保障机制，提供安全可控乃至个性化的实时在线监测、定位追溯、报警联动、调度指挥、预案管理、远程控制、安全防范、远程维保、在线升级、统计报表、决策支持、领导桌面集中展示等管理和服务功能。

物联网是在计算机互联网的基础上，利用 RFID、无线数据通信技术，构造一个覆盖世界万事万物的“Internet of things”，在这个网络中，物品能够彼此“交流”，而无需人工干预。其实质是利用射频自动识别技术，通过计算机互联网实现物品的自动识别和信息的互联与共享。

物联网工程从技术层面讲主要涉及三个部分，即对外感知、感知信息传输（可能需要节点利用无线组网实现信息传输）、信息处理与回馈控制。智能技术贯穿整个物联网之中，是核心技术的核心。感知可以是智能感知，可以是多节点协同感知，还可以是智能识别感知系统。

物联网理念最早可追溯到比尔·盖茨 1995 年所著的《未来之路》一书，当时受限于无线网络、硬件及传感设备的发展水平，并未引起重视。1999 年，美国 Auto-ID 中心首先提出物联网概念。2005 年，在信息社会世界峰会（WSIS）上，国际电信联盟（ITU）发布了《ITU 互联网报告 2005：物联网》，指出无所不在的“物联网”通信时代即将来临。欧洲智能系统集成技术平台（EPoSS）于 2008 年在《物联网 2020》中分析预测了未来物联网的发展阶段。

我国政府也高度重视物联网的研究和发展。2009 年 8 月，国务院总理温家宝在无锡视察时发表重要讲话，提出“感知中国”的战略构想，表示中国要抓住机遇，大力发展物联网技术。2010 年 1 月 19 日，吴邦国参观无锡物联网产业研究院，表示要培育发展物联网等新兴产业，确保我国在新一轮国际经济竞争中立于不败之地。我国政府高层一系列的重要讲话、报告和相关政策措施表明：大力发展物联网产业将成为今后一项具有国家战略意义的重要决策。

现在关于物联网的大部分工作都处于产业试验阶段，但积少成多、量变带动质变，最终智能电网、智能交通、智能城市将会进入消费者的生活，影响所有人的生活方式。

2020 年 6 月，滴滴在上海首次面向大众开放了自动驾驶服务，央视主播朱广权全程直播了驾驶体验，进行了一次自动驾驶全民科普。同时，高德与自动驾驶企业文远知行达成合作意向，在广州也上线了自动驾驶出租车服务。

2020 年全球物联网全行业（包括设备、网络、平台、连接、解决方案、数据分析、安全等）收入预计为 7 万亿 ~8 万亿美元；我国物联网产业规模已从 2009 年的 1700 亿元跃升至 2016 年的超过 9300 亿元，预计 2020 年达到 18300 亿元，其间 CAGR（复合增长率）达到了 18%。

随着科学技术的发展，物联网中蕴含了太多的机会。物联网是一片广阔的蓝图，将现有的互联网再扩张，可以联网的地方都是物联网可以触及的地方。

物联网系统评价认证体系是物联网产业发展的重要环节，构建科学的物联网系统评价模型，则是建立物联网系统评价体系和评价制度的基础。

物联网系统存在诸多安全隐患，当前的物联网系统评估分析方法主要是定性的评估分析方法，缺乏量化的评估分析方法。因此，后续还需要结合物联网系统遭遇安全威胁的概率、危害程度、补救措施的对应关系，定量分析物联网的系统安全。当然，尽管物联网工程建设过程中存在一定的负面影响，但长久来讲，其对人类社会的发展仍有着深刻的战略意义。物联网技术是最有潜力且全世界都将大力发展的科学技术之一。

四、电子科学与技术

电子科学与技术主要研究电子运动规律、电磁场与波、电磁材料与器件、光电材料与器件、半导体与集成电路、电路与电子线路及其系统的科学与技术，发明和发展各种信息电子材料和元器件、信息光电子材料和器件、集成电路和集成电子系统，是现代信息技术的基础。从历史沿革角度看，在近两个世纪中，电子科学与技术获得了长足的发展，19 世纪出现的欧姆定律和基尔霍夫定律奠定了电路理论基础，麦克斯韦方程组奠定了电磁波理论基础；20 世纪量子力学体系的建立和固体物理学的发展，在电子科学与技术的理论和工程实践之间架起了坚固的桥梁。

在电子科学与技术领域，激光技术使得人们针对电磁波的生成、控制和探测逐步实现电磁全频谱的覆盖，晶体管和集成电路以及光纤和半导体激光器则开创了电子信息的新纪元。近年来，宽禁带半导体器件、碳基电子器件、半导体新能源器件、微纳电子器件、MEMS 器件、量子电子器件等新型电子器件不断涌现，电子器件从集成发展到系统集成芯片，光电子 / 光子器件也逐步走向集成，有力推动了计算机、通信、自动控制等学科的发展，极大地支撑了国民经济与国防领域中各类电子信息系统的发展，成为当代信息社会的基石。

从学科内涵角度看，电子科学与技术一级学科下设物理电子学、微电子学与固体电子学、电路与系统、电磁场与微波技术四个研究方向。在电子科学与技术学科内，各研究方向互相渗透、互相交叉，例如导波光学是物理电子学和电磁场与微波技术的交叉，集成电路是电路与系统、电磁场与微波技术、微电子学与固体电子学的交叉，微机电系统是微电子学与固体电子学和物理电子学的交叉等。电子科学与技术已经成为现代科学技术诸多学科的重要基础。随着人类社会全面进入信息时代和能源短缺时代，电子信息化、节能环保的需求推动现代科学技术突飞猛进，作为基础学科的电子科学与技术必将获得新突破和新发展，新的学科分支也将不断出现。

电子科学与技术的发展水平直接关系着信息传递和交流水平，建立在其基础上的信息产业也已经成为目前国民经济的支柱产业，更是我国经济健康发展的发动机和催化剂。未来军事对抗主要体现为电子战、信息战，它也成为国家安全的重要保障。同时，电子科学与技术也是国际科学研究的重要前沿。电子科学与技术已经渗透到当今社会的方方面面，从日常生活、工作、学习、娱乐到探索海洋、宇宙以及未来世界都离不开它。本部分我们从电子科学与技术在工业生产和日常生活中的应用出发，介绍该域六个典型的工程样例。

（一）集成电路设计与制造工程

近40年以来，集成电路设计与制造工程飞速发展，广泛应用于通信、医学、日常生活、国防等各个领域，创造了巨大的社会价值，并且正在形成新的产业增长点。集成电路是当今世界信息技术产业高度发展的基础和源动力之一。

集成电路设计与制造工程是将一个电路中所需的晶体管、电阻、电容和电感等元件及布线设计安置在一块衬底材料之上，采用半导体器件制造工艺，把它们制作在衬底基片上，然后封装在一个管壳内，成为具有所需电路功能的微型结构。

集成电路设计和制造流程是按顺序进行系统设计、逻辑设计、电路设计和版图设计，以及逐次在各层之间进行反复验证和比较，主要包括以下步骤。①系统描述：它是一个综合说明，包括设计系统的规范，据此考虑设计模式或制造工艺，确定芯片尺寸、工作速度、功耗和系统功能。②功能设计：常用时序图解或各模块之间的关系图解，用来改进整个设计过程或简化后续设计步骤。③逻辑设计：用文本、原理图或逻辑图及布尔方程表示逻辑结构进行设计。④电路设计：综合考虑逻辑部件的电路实现，并用详细的电路图来表示。⑤物理设计：版图设计，把每个元件及元件间的连接转换成几何表示，把电路的几何表示称为版图，要符合与制造工艺有关的设计规则要求。⑥设计验证：版图设计完成后要进行设计验证，以确保版图满足各项要求。⑦模拟和仿真：将有关数据在虚拟环境下进行模拟和仿真，以检查系统的正确性。⑧制造：通过硅片准备、杂质注入、扩散、光刻和外延等工艺在硅片上形成所需的电路或系统。⑨封装和测试：完成芯片制造后，进行封装和测试，去除不合格产品。

集成电路的发展经历了一个漫长的过程。1906 年，第一个电子管诞生；1912 年前后，电子管的制作日趋成熟促进了无线电技术的发展；1918 年前后，发现了半导体材料；1920 年，发现半导体材料所具有的光敏特性；1932 年前后，运用量子学说建立了能带理论研究半导体现象；1956 年，硅台面晶体管问世；1960 年 12 月，世界上第一块硅集成电路制造成功；1966 年，美国贝尔实验室使用比较完善的硅外延平面工艺制造成第一块公认的大规模集成电路。1988 年，16M DRAM 问世，1 平方厘米大小的硅片上集成了 3500 万个晶体管，标志着进入超大规模集成电路阶段的更高阶段。英伟达代号“GK110”的图形处理器，采用了全部 71 亿个晶体管来处理数字逻辑。Intel Core i7 处理器的芯片集成度为 14 亿个晶体管。所采用的设计与早期不同的是它广泛应用电子设计自动化工具，设计人员可以把大部分精力放在电路逻辑功能的硬件描述语言表达形式上，而功能验证、逻辑仿真、逻辑综合、布局、布线、版图等可以由计算机辅助完成。由此可见，集成电路从产生到成熟大致经历了如下过程：电子管—晶体管—集成电路—超大规模集成电路。

当前集成电路设计和制造工程的发展突飞猛进，跨国公司英特尔、三星、台积电等国际芯片龙头企业 5~10 纳米芯片已逐渐开始量产。我国涌现出中芯国际、华力、武汉新芯、展讯、海思等一批具有一定水平的集成电路设计与制造企业，但集成电路产业在产业规模、技术水平、市场份额等方面都与国际先进水平存在一定差距，中芯国际具有 14 纳米芯片生产能力。

未来一段时间，集成电路设计与制造技术仍将保持快速发展。在设计方面，随着市场对芯片小尺寸、高性能、高可靠性、节能环保的要求不断提高，高集成度、低功耗的 SoC 芯片将成为未来主要的发展方向，软硬件协同设计、IP 复用等技术也将得到广泛的应用。在制造方面，随着存储器、逻辑电路、处理器等产品在更高的处理速度、更低的工作电压等方面的技术要求不断提高，12 英寸数字集成电路芯片生产线将成为主流加工技术，7 纳米技术步入商业化；8 英寸及以下芯片生产线将更多地集中在模拟或模数混合集成电路等制造领域。

发展集成电路设计与制造工程和增强国防实力、发展经济和提高人们生活水平和生活质量有着密切的联系。集成电路向着高频、高速、高度集成、低耗能、尺寸小、寿命长等方向发展。集成电路产业是我国未来科技发展的重中之重，也是信息技术发展的必然结果，在面临机遇和严峻挑战的同时，中国集成电路设计及制造工程的发展必须保持稳中求进，积极研发高端技术。

（二）绿色照明工程

当前人类社会面临气候变化、化石资源枯竭等一系列问题，这些问题促使全球绿色、节能、环保运动兴起，促进了全球绿色照明工程的高速发展。

绿色照明工程是一种在全球绿色环保运动下兴起的以节约电能、保护环境为宗旨的新理念。它是指通过科学的照明设计，采用效率高、寿命长、安全和性能稳定的照明电器产品（电光源、灯用电器附件、灯具、配线器材以及调光控制器材等），改善和提高人们工作、学习、生活的照明条件和质量，从而创造一个高效、舒适、安全、经济、有益于环境并充分体现现代文明的照明环境。

绿色照明工程中的一项重要内容是照明设计节能，即在遵循照明设计标准，保证人们工作、学习、生活环境要求的前提下，最科学、有效地利用照明用电。因此，目前大力推广以 LED、太阳能为代表的绿色照明应用。

发光二极管（Light Emitting Diode，LED），是一种能够将电能转化为可见光的固态的半导体器件，可以直接把电转化为光。LED 的中心是一个半导体的晶片，晶片的一端附在一个支架上，一端是负极，另一端连接电源的正极，使整个晶片被环氧树脂封装起来。半导体晶片由两部分组成，一部分是 P 型半导体，在它里面空穴占主导地位；另一部分是 N 型半导体，主要是电子。但这两种半导体连接起来的时候，它们之间就形成一个 P-N 结。当电流通过导线作用于这个晶片的时候，电子就会被推向 P 区，在 P 区电子跟空穴复合，然后就会以光子的形式发出能量，这就是 LED 灯发光的原理。与传统光源相比，LED 更符合高效光源的要求，而且在节能、环保、安全、舒适方面都有突出的表现，更有利于实现绿色照明（见表 2-1）。

表 2-1 LED 的性能与传统光源比较

灯具	光效（lm/W）	色温（K）	显色指数	寿命（h）
LED	80~100	4500~6000	75~80	50000
白炽灯	16 左右	2400~2900	95~99	1000~2000
荧光灯	70~90	3800 左右	60~90	8000~15000
高压钠灯	110~135	1900~2800	23~25	20000~28000

1991 年 1 月美国环保局（EPA）首先提出实施“绿色照明”和推进“绿色照明工程”的概念，很快得到联合国的支持与许多发达国家和发展中国家的重视，并积极采取相应的政策和技术措施，推进绿色照明工程的实施和发展。1993 年 11 月中国国家经贸委开始启动中国绿色照明工程，并于 1996 年正式列入国家计划。2006 年生产出第一个每瓦 100 流明的发光二极管，这一效率仅次于气体放电灯。2010 年已在实验室条件下开发出发光效率高达每瓦 250 流明的某一特定颜色的 LED。2008 年建成的国家体育场鸟巢的主要灯具应用高效节能的 LED 产品，在实现良好节能效果的同时，采用的智能总控系统可便利实现不同场景的转换。国家体育场水立方的 LED 景观照明系统在屋顶和 4 个立面采用 1W 功率型 RGB 型 LED 灯具，总面积约 5 万平方米。

欧美等发达国家和一些发展中国家先后开展了由政府倡导和推动并且公众、企业、非政府组织（NGO）广泛参与的绿色照明工程活动，目前绿色照明工程已经成了国际公认的节能环保项目和可持续发展的成功范例。日本于 1998 年在世界率先实施“21 世纪照明”计划，并在 2006 年完成用白光发光二极管照明替代 50% 的传统照明。美国“半导体照明国家研究项目”由美国能源部制定，预计到 2025 年，固态照明光源的使用将使照明用电减少一半，每年节电额达 350 亿美元。在政府的引导下，我国绿色照明工程取得了以下三个方面的新进展：高效照明产品推广财政补贴、照明产品能效标识、逐步淘汰白炽灯。中国绿色照明工程的内容与措施就是节能环保照明，通过采用节能照明设计，选用效率高、寿命长、安全可靠、性能稳定的照明产品或充分利用天然光源来提供人们所需的照明。

绿色照明工程有助于节约能源、保护环境并有益于社会，目前已逐步得到公众认可。因此，在国家产业政策的鼓励和扶持下，绿色照明工程的发展前景将非常广阔。

目前，我国绿色高效照明工程的产品节能认证和标准制定及监管还不够健全，相关的标准和法规不太完善。政府引导是绿色照明工程取得成效的前提，而市场化运作是绿色照明工程持续健康发展的基础。国家必须采取综合措施，制定标准，完善法规，积极探索高效照明产品推广应用的新机制，促进高效照明产品市场健康发展。

（三）平板显示工程

20 世纪以来，作为人机互联和信息展示的窗口，显示技术在人类知识的获取和生活质量的改善中扮演着重要角色。显示产业已经成为电子信息工业的一大支柱产业。

平板显示器具有厚度轻薄、重量轻便、电压低、功耗小等优点，在许多方面都优于传统显示器件，使其在各领域中得到了更广泛的推广和应用。

平板显示工程是研究平板显示技术、原理，材料与器件的设计、制作、封装等相关的工程技术领域，包括平板显示的基本原理、材料发光的机理、显示器件的设计结构与制作工艺、驱动与控制技术，以及显示器件连带产业链中所需的各种材料、配件等。平板显示技术跨越材料、化工、半导体等多个领域，涉及微电子技术、光电子技术、材料技术、制造装备技术、半导体工程技术等多个技术门类。

平板显示器件按显示原理进行分类主要有液晶显示（LCD）、等离子体显示（PDP）、发光二极管显示（LED）、有机发光二极管显示（OLED）等。

LCD是平板显示中发展最成熟、应用最广泛的显示器件。LCD通过电光效应控制液晶分子的转动，改变液晶分子在电场下的排列状态，从而影响光线的传播方向，调控液晶像素单元的透射率和反射率，产生不同灰度级及颜色数的图像，以实现灰度和彩色显示。LCD可分为反射型、透射型和投影型三种形式。以三片式LCD为例，背光源经过光学系统被分为RGB三束光，三束光分别照射至RGB三色液晶屏，通过外加调制信号源控制液晶单元的透光性，实现对RGB三束光的通、断的调控；经过调控的三束光在棱镜中重新汇聚，经过投影镜头在屏幕上透射出彩色图像。

单色PDP直接利用加电压后惰性气体辉光放电时发出的可见光来实现单色显示。彩色PDP则是在两块玻璃基板间充入多种惰性气体，基板的周围采用密封构造，利用真空中惰性气体放电产生紫外光，激发基板间RGB三基色荧光粉发出基色光，从而实现彩色显示。PDP的各个发光单元结构完全相同，屏幕亮度分布均匀，易于实现大屏幕彩色显示。

LED是由P型和N型半导体组成的半导体器件。在P-N结两端加正向偏压时，载流子在P-N结附近发生辐射复合，从而实现发光；将小的LED以点阵的形式拼接组合起来即可实现彩色显示。

OLED是利用电流驱动有机半导体材料产生可逆色变实现显示的技术。在OLED结构的阳极和阴极间施加正向电压，驱动电子和空穴分别注入发光层，并激发有机分子发光。OLED的发光色可通过有机材料结构的变化方便选择，从而实现全彩色显示。

1968年，世界上第一台基于动态散射效应的液晶显示器诞生，液晶显示器开始出现在历史舞台上。1985年液晶显示器产业开始商业化，进入大众消费视野。20世纪末，生产技术的革新使得LCD产业进入高速发展期，并于21世纪初走上成熟发展之路，逐步取代了CRT显示成为显示设备的主流。近年来，随着人们对显示器件需求的增加，我国平板显示器件生产总量迅速增长，技术更新速率明显提升，工程结构日趋完善。随着科技的发展，平板显示从 LCD 发展到现今的 OLED，平板显示工程也不断推陈出新，涉及的学科从光学、电子学、材料学、化工等多门学科相互交叉，到逐步囊括人眼生理学、光度学、色度学及心理学等多个领域。

经过多年的不懈发展，平板显示工程越来越趋向于成熟，液晶显示技术已经大面积应用，家庭电脑、电视、手机的显示面板等都采用成熟的大面积 LCD 来显示画面，LCD 成为目前市场上最热门的显示方法。有机发光显示也同样大放异彩，在数码相机、平板电视、平板显示器等产品中逐渐看到了 OLED 屏幕的身影，OLED 具有能耗低、响应速度快等优点，被业界人士认为是最有前景的新一代平板显示器。

在显示技术日益成熟的前提下，轻薄、便携、可折叠的柔性显示器是未来显示的发展方向。柔性显示器具有耐冲击、抗震能力强、体积小、重量轻、方便携带等优点。当前柔性显示还处在产业化的前夜，相信随着新材料、新显示技术的不断涌现，柔性显示必将为平板显示工程带来新的技术变革。

理想的显示器需要满足高亮度、高对比度、高分辨力、大显示容量、全彩色显示、低电压驱动、低功耗、薄而轻等多种需求。当今信息化时代，平板显示进入了突飞猛进的发展阶段，有机发光显示迅速发展，新型的柔性显示也越来越得到人们的青睐。随着一些新的显示技术（如量子点、激光显示等）崭露头角，平板显示工程与相关产业链将逐步发展和完善。

（四）柔性电子工程

柔性电子技术是将电子器件制作在柔性或可延性基板上的新兴电子技术。柔性电子设备在一定范围的形变（如弯曲、折叠、扭转、压缩等）下仍可正常工作，可改变传统信息器件与系统的刚性物理形态，实现信息获取、处理、传输、显示以及存储的柔性化。

柔性电子工程是研究与柔性电子材料和器件相关的理论、制备方法及应用的技术工程领域，主要涉及柔性电子材料的设计与合成，柔性电子器件的设计、制备、封装与应用等，其目的是实现电子器件的柔性化，满足下一代电子产品在便携性和柔性方面的需求。

常用的柔性电子器件的制备方法包括：直接利用柔性功能材料实现电子器件；硬薄膜屈曲结构，即通过转印技术使硅等硬薄膜条在弹性软基底上形成周期性的正弦曲线来获得柔性；通过可弯曲的导线将各个微电子结构连接起来形成岛桥结构，从而使集成后的电子器件具有柔性；将硅基半导体薄膜设计成开放网格式结构，利用薄膜材料变形时的面内转动实现柔性。四种柔性化设计方案在可实现器件的柔性程度、工艺难度和器件电学性能方面各有优劣，可根据实际应用选择合适的方案。

目前，被广泛研究的柔性功能材料有水凝胶、液态金属、高分子聚合物以及导电纳米材料等。水凝胶以高分子网络为骨架，网络中充满水分，生物相容性强，容易掺杂以调控其导电性；液态金属是常温或者接近室温下呈现液态相的金属，具有很强的导电性；高分子聚合物通过掺杂成为导体来用作导线，或者成为半导体用来做有机场效应晶体管；导电纳米材料（如金属纳米材料、碳纳米材料等）尺寸小，本身具有一定的柔性和可拉伸性。

柔性电子器件具有可变形、质轻、便携、易穿戴、面积大等特性，在信息通信、医疗保健、生物传感、军事国防、航空航天等领域都具有极高的应用价值，代表性的应用包括可折叠有机发光器件、柔性显示器、柔性光伏电池、智能外科手套等。

柔性电子的发展可追溯至20世纪60年代。1967年英国皇家空军研究院的Crabb等人首次通过减薄单晶硅晶圆的厚度获得了世界上第一块柔性太阳电池阵列，标志着柔性电子的出现。1968年，Brody提出在纸条上制备薄膜晶体管并将其集成在显示点阵电路中，用于实现显示图像的寻址和开关。此后，他们又在各种柔性衬底上制备了薄膜晶体管（TFT）器件。1985年，日本产业界开发了基于α-Si:H TFT背板的液晶显示器，大大促进了在新型柔性衬底上制备硅基薄膜电路的研究。1997年，科学家在塑料衬底上成功制备了多晶硅TFT器件。自此，柔性电子领域的研究迅速开展。与此同时，柔性OLED显示技术也在蓬勃发展，近年来柔性OLED显示器已经在移动显示领域成为大众市场产品。

近十年间，柔性电子技术吸引了国内外研究人员的高度关注与重视，国内外知名高校先后建立了专门的柔性电子技术研究机构，并逐步开展了柔性电子材料与器件的设计、制造工艺等方面的研究。国际上针对柔性电子技术的重大研究计划也纷纷出台，如美国的FDCASU计划、日本的TRADIM计划、欧盟的第七框架计划等。

国内知名研究所、高校在有机光电材料和器件、柔性太阳能电池、场效应管、柔性半导体器件制备等方面也进行了颇有成效的研发。例如，浙江清华柔性电子技术研究院在柔性显示、柔性电源、柔性电子器件等方面取得了世界领先的研究成果；天津大学精密测试技术及仪器国家重点实验室，成功开发出一种柔性射频滤波器，成为我国在柔性电子设备上的一大技术突破。中国科学院院士、南京工业大学校长黄维表示，柔性电子技术将带动万亿元规模的市场，协助传统产业提升产业附加值，为产业结构和人类生活带来革命性变化。

从未来发展趋势和应用的角度分析，柔性可穿戴设备将成为未来研究和市场的热点。未来的可穿戴设备将进一步柔性化、微型化，丰富的功能和内容信息以及精准化服务将成为其产业竞争力的重要部分。此外，可穿戴设备与新型传感技术、物联网技术、大数据处理等的交互融合会将柔性电子技术的推广和应用推向新的高潮。

（五）微波通信工程

微波通信是国家通信网的一种重要通信手段。利用微波进行通信具有容量大、质量好的特点并可传至很远的距离，普遍适用于各种专用通信网。近年来，微波通信在许多领域都得到了广泛的应用，如移动通信、卫星通信等。

微波通信（Microwave Communication）是将信号以频率在 300MHz 至 300GHz(对应波长为 1 米至 1 毫米）的电磁波——微波作为载体传输的综合技术。微波的穿透性较强不能被电离层反射又容易被地面吸收，故只能直线传播，传播距离只有几十千米至一百多千米，部分被称作毫米波的微波辐射非常容易被大气层衰减。

微波通信工程中采用微波作为信息传输的载体。微波波长短、频率高，在传输过程中容易受到阻断和反射，所以微波通信以视距通信为主。按照微波通信系统中微波站的工作方式可以分为终端站、中继站以及分路站三个类型。远距离的微波通信是通过中继站实现信号接力传输的。其中中继站的主要作用是接收数字信号、变频、进行放大、再转发到下一个中继站，以克服空间传输中大的衰落损耗并确保传输数字信号的质量，具有极强的全线公务联络能力。

微波站的设备包括天线、收发信机、调制器、多路复用设备以及电源设备、自动控制设备等。发信机由调制器、上变频器、高功率放大器组成，收信机由低噪声放大器、下变频器、解调器组成，天馈线系统由馈线、双工器及天线组成。用户终端设备把各种信息变换成电信号。多路复用设备则利用多个用户的电信号构成共享一个传输信道的基带信号。在发信机中，调制器把基带信号调制到中频再经上变频变至射频，也可直接调制到射频。

用于空间传输的电波是一种电磁波，其传播的速度等于光速。无线电波可以按照频率或波长来分类和命名。1901 年伽利尔摩·马可尼使用 800kHz 中波信号将无线电信息从英格兰传到加拿大纽芬兰省，实现人类历史上第一次横跨大西洋的无线通信实验。微波通信具有通信容量大、建设速度快、投资成本低、抗灾能力强等优点，在 20

世纪 50 年代发展迅速。特别应该指出的是 80 年代至 90 年代发展起来的一整套高速多状态的自适应编码调制解调技术与信号处理及信号检测技术，对现今的卫星通信、移动通信、全数字 HDTV 传输、通用高速有线 / 无线的接入，乃至高质量的磁性记录等诸多领域的信号设计和信号的处理应用起到了重要的作用。微波通信频段的发展历程如图 2-8 所示。

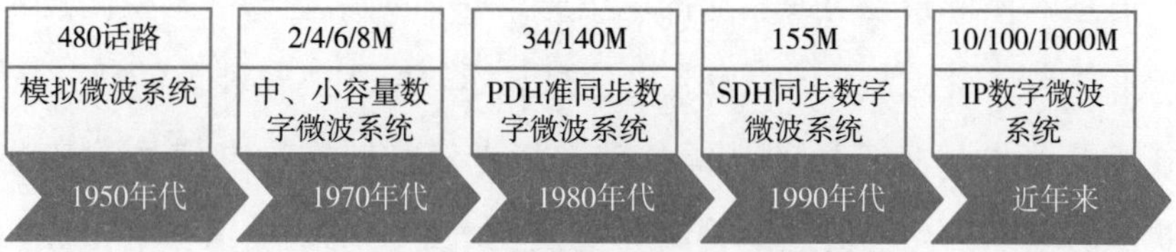

图 2-8 微波通信频段的发展历程

大部分国家都采用微波中继通信技术。当前，我国邮电部有一级干线微波线路 2 万多公里，其中约 10% 的采用数字微波技术，其余大部分是模拟调频的微波设备，模拟设备约一半依靠进口。除了邮电，我国其他部门，如水利、电力、石油、林业等部门有约 8 万公里的专用微波线路，其中大部分为数字微波线路。微波通信虽然不比光纤通信快速以及稳定，但微波通信工程成本低、信息安全度高、抗灾能力强，如发生洪水或地震、人工挖掘等导致光纤被切断，通信终止时，不受干扰的微波设备就显得尤为可靠。例如在唐山大地震以及 20 世纪 90 年代长江中下游特大洪灾中微波通信发挥了巨大的作用。因此，光纤通信要和微波通信相互配合。在山区、农村等不发达的地方，微波通信发挥的作用往往比光纤通信更大。另外现在国内乃至国际上热门的 5G 新技术，也需要更高速率、高频段的微波通信设备的支持。为了满足人们对无线通信设备如手机网络速率越来越高的要求，我们必须加大对微波通信工程的投入。

在微波通信系统设计建设时，需要对整个系统进行全方位的评估。其中质量评估是重中之重，评估过程整体可分为工程建设质量评估与系统传输性能评估。二者分别依照不同的指标建立相应的评估体系。

（六）光电信息工程

面对当代社会以太比特 / 秒为起点的信息量需求，传统的电子信息技术在实际应用中已渐露疲态。在该情况下，光电信息技术应运而生。它以极大的信息容量、极高的存储密度以及超快的响应速度推动现代信息技术的发展，使得光电信息产业成为21世纪四大支柱产业之一 。

光电信息工程是以光子为信息基本载体来实现光通信、光存储以及光电显示等应用的工程，是由光学、光电子、微电子、微计算机、材料等科学技术相结合而成的多学科综合工程。

光电信息工程主要通过选用合适的光信息源，利用光辐射或者光图像信息探测器件去探测光信息，并将其转换成相应的电信号，然后利用光电信息检测技术、传输与处理技术来实现光存储、光通信以及光电信息显示等应用。其涉及的部分技术如下。

激光技术是光电信息工程的光源基础，将光信号转换为电信号的光电探测器技术是信息获取的基础，光电信息的检测和变换技术是实现光电信号的形成、传送、检测和处理的重要保障，光电信息传输技术则是针对光电信号实现高质量传输的重要保障。此外，光电信息显示技术、光信息存储技术、光电传感技术、激光全息技术、生物光子技术等也是支撑光电信息工程发展的重要技术。

光电信息工程的发展得益于20世纪60年代激光的诞生，而室温下连续工作的半导体激光器和传输损耗低的光纤的出现，使得光电信息工程迅速发展。20世纪90年代后期以来，世界上许多国家都开始动员国家力量加速光电信息产业的发展，力求在技术和产业应用上占据主动控制权。例如，美国提出的“激光核聚变计划”、英国提出的“阿维尔计划”、德国提出的“激光2000”、日本提出的“激光研究五年计划”等，促使光电信息工程及产业蓬勃发展。

光电信息工程涉及光电元器件、光电显示、光存储、光通信、激光、光伏发电多个学科领域，近年来逐步呈现从独立技术向跨界融合的新趋势。从光电信息产业角度看，其市场规模巨大、前景广阔，并且已经逐步成为当前的战略性新兴产业之一；国际竞争异常激烈，欧美和日本在光电信息产业全球布局方面，依旧掌握着大量核心技术、标准和品牌，控制着未来光电产业发展的主导权。我国也是全球重要的光电产业大国，其中中国台湾地区更是世界光电产业的重要力量，具有较大的影响力。但我国在全球光电信息产业中仍存在大而不强的突出问题，整个产业链发展不均衡，特别是位于产业链源头的核心光电子芯片及高端器件缺失，对外技术依存度高。

近年来，我国政府相继部署和制定了一系列科技支撑项目和产业支持政策发展光电信息工程的相关薄弱环节。2016年，科技部率先启动了“战略性先进电子材料”重点专项，其中对光电显示有关的“第三代半导体与半导体照明”方向做了重点部署。2017年，科技部发布了《“十三五”材料领域科技创新专项规划》，指出大力研发新型纳米光电器件及集成技术，加强示范应用。2017 年，工业和信息化部正式公布智能制造试点示范项目名单，加快发展光电子器件与系统集成产业，推动互联网、大数据、人工智能和实体经济深度融合。2018 年，工业和信息化部发布了《中国光电子器件产业技术发展路线图（2018—2022 年）》，聚焦光通信器件、通信光纤光缆、特种光纤、光传感器件四大门类，提出发展思路和政策建议，针对各子行业的不同产品分别提出了详细的三年（到 2020 年）和五年（到 2022 年）发展目标。

光电信息工程涉及通信网络、新能源、医疗健康、先进制造、测量、信息存储显示以及国防等多个应用领域，其技术水平和产业能力是当前国家综合实力和国际竞争力的重要指标之一。光电信息工程相关的产业更是经济转型、产业升级过程中的朝阳产业，还是大量传统和新兴产业发展的基础。

作为一个多学科交叉的系统工程，光电信息工程的发展水平评估可以参考以下两个方面：①光电信息技术发展与储备水平，例如与人工智能等颠覆性技术融合发展的水平；②光电产业核心标准的掌控能力。

五、网络空间安全工程

随着网络技术的快速发展和全面普及，人类从此进入网络社会，网络空间已成为各国优先争夺的重要战略空间。网络空间正全面改变人们的生产生活方式，安全问题不容忽视。网络空间作为继陆、海、空、天之后的“第五维空间”，已经成为各国角逐权力的新战场。网络空间安全的提出是基于全球五大空间的新认知，网络领域与现实空间中的陆域、海域、空域、太空一起，共同形成了人类自然与社会以及国家的公共领域空间，具有全球空间的性质。世界主要国家为抢占网络空间制高点，已经开始积极部署网络空间安全战略。

美国国家标准技术研究所在《增强关键技术设施网络空间安全框架》中给出了网络空间安全的定义：通过预防、检测和响应攻击，保护信息的过程。2010 年，美国启动了国家网络空间安全教育计划（NICE），旨在通过整体布局和行动，在信息安全常识普及、正规学历教育、职业化培训和认证等三个方面开展系统化、规范化的强化工作，从而全面提高美国的信息安全能力。2011 年，美国国家标准技术研究所发布了《NICE 战略计划》，包括三个目标：①提高对网络在线活动的风险意识；②扩大能够支撑网络安全国家的专业人员储备；③发展和维护一支具有全球竞争力的网络空间安全队伍。我国于 2014 年成立了中央网络安全和信息化领导小组，并在成立会议上指出：没有网络安全就没有国家安全，没有信息化就没有现代化。2015 年 7 月，我国发布实施了新国家安全法，首次明确了“网络空间主权”的概念，提出要“维护国家网络空间主权”。2015 年 6 月，经教育部批准，网络空间安全专业增补为国家一级学科，进一步明确信息安全人才培养方向，培养力量更加集中，体现了国家对网络安全、信息安全人才培养的关注，也标志着我国信息安全教育进入了新的时代。

我国是网络大国，也是面临的网络安全威胁较严重的国家之一。当前，我国网络空间安全面临严峻的风险与挑战，包括关键信息基础设施遭受攻击破坏，严重危害国家经济安全和公共利益；网络谣言、淫秽、暴力、迷信等有害信息侵蚀文化安全和青少年身心健康；网络恐怖和违法犯罪大量存在，威胁人民生命财产安全，破坏社会秩序；围绕网络空间资源控制权、规则制定权的国际竞争日趋激烈，网络空间军备竞赛挑战世界和平等。国家在“坚持总体国家安全观”“加强国家安全能力建设”等方面的要求为网络空间安全的发展指明了方向。我国将大力实施网络强国战略，以总体国家安全观为指导，贯彻落实创新、协调、绿色、开放、共享的发展理念，增强风险意识和危机意识，统筹国内国际两个大局，统筹发展安全两件大事，积极防御、有效应对，推进网络空间和平、安全、开放、合作、有序，维护国家主权、安全、发展利益，实现建设网络强国的战略目标。

（一）电子对抗工程

在当今信息时代中，电子技术已渗透到军事等各个领域。传统的血与肉的较量逐渐转变为信息技术、电子技术的比拼。电子对抗技术可以以较小的代价削弱或破坏敌方的同时保护己方，为掌握战场主动权、夺取胜利创造有利条件。因此有军事家大胆预言：21 世纪的战争将是以电子对抗为主角的信息化战争。

电子对抗工程以电子设备为对抗基本载体，实现破坏目标电子设备、保障己方设备正常效能等实战目标。该工程涉及电子对抗技术、电子信息工程、航空航天工程、武器系统工程等，是由微电子、通信、光学、材料等交叉而成的多学科综合工程。

电子对抗工程主要目标是借助专门的电子设备、仪器和武器系统干扰敌方电子设备的工作甚至破坏设备，同时保护己方电子设备效能。电子对抗工程主要涉及雷达对抗技术、通信对抗技术、光电对抗技术等。其中，雷达对抗技术是在空域、频域、时域全面展开的。在空域内，雷达对抗技术一般围绕情报雷达天线主瓣副瓣的技术特性进行相应调整；在频域内，雷达抗干扰的主要措施是频谱滤波、扩谱、频率捷变等通信技术，有效地去除频域冗杂信息，规避频谱瞄准干扰；在时域内，雷达抗干扰技术的主要措施有距离选通、抗距离拖曳等，通过信号在时域特性上的不同来分辨干扰从而加以筛选。通信对抗技术主要依赖于频段拓展、通信反侦察技术、智能天线技术、组网技术等。拓展后的通信频段超过了一般设备的工作频率，使干扰难以进行；通信反侦察技术一般采取不同的多址连接技术，在提高通信容量的同时增加对抗方侦察、干扰的难度；智能天线技术采用“自适应天线技术”，既可以实现空分多址通信，也可以对准主要方向避免强干扰；组网技术采用节点和传输信道组成的网状结构，通过改变无线网络组网方式或增加网络链路保证通信安全。光电对抗技术的实质是电子对抗向光谱段的延伸，主要分为两部分：光电对抗与侦察技术、反光电对抗与反干扰技术。光电侦察技术通过光电手段探知敌方光电设备，常见的有红外告警机、激光告警机等；反光电对抗侦察技术使用特殊涂料使设备在探测中“隐身”；反光电干扰技术包括自适应技术、多光谱技术等，增加自适应特性或者改变识别的范围来削弱干扰。

1905 年日俄战争期间，操作员无意间发现可以监听敌方无线电通信获得情报，并干扰敌方无线电通信。这一现象引起了电子对抗的萌芽。电子对抗在第一次世界大战期间真正开始。这一时期的电子对抗主要表现为对无线电通信的侦察、分析和破译，而不注重对无线电通信的破坏，只是简单地利用无线电收发信机实施侦察和干扰。第二次世界大战中，许多国家开始研制和应用无线电导航系统及雷达系统，电子对抗有了更加丰富的目标，诞生了雷达对抗等多种对抗形式。同时，通信对抗的形式和方法得到了进一步发展，电子对抗设备的种类不断丰富，出现了一些专用的电子对抗设备。由于电子对抗不直观可见的特性，美苏在冷战期间进行了长期的电子侦察和电子干扰。在对抗斗争的需求牵引下，电子对抗技术得到了极大的提升。

美国是当今世界上电子对抗技术最发达的国家。美国新一代超音速隐形战机 F-35 的综合电子对抗系统性能名列世界军机榜首。快速攻击识别、探测与报告系统（RAIDRS）是美国研制的一套攻击预警探测系统。欧洲的雷达与电子对抗技术紧随美国之后，处于快速发展当中，在无人机载 SAR 技术、雷达共形天线技术、米波三坐标雷达技术等方面均有造诣。俄罗斯的希比内（Khibiny）电子对抗系统、机载火控雷达、有源相控阵雷达均实力不俗。我国的机载有源相控阵火控雷达、无人机载 SAR、量子雷达新技术迅速发展。

电子对抗技术具有两大趋势：认知化方向、综合射频与一体化设计方向。认知无线电是一个智能无线通信系统，能够感知外界环境，并使用人工智能技术，实时改变技术参数，以达到在任何情况下都能可靠地进行通信和有效利用频谱资源的目的。基于综合射频的一体化电子战系统不仅具有对抗敌军的通信、导航、敌我识别系统的功能，还能在不增加系统硬件的前提下增加软件，实现兼具目标探测和敌我属性识别的能力。

电子对抗技术可以帮助国家军队获得重要的军事情报，破坏敌方作战指挥系统，并可以对己方重要目标进行防御。然而，由于物理空间电磁环境复杂、电磁信号繁多且变化无常，组织实施有效的电子对抗存在困难。尽管眼下我们处于一个较为和平的年代，但是冲突的因素也常常出现。电子对抗技术与电子对抗工程依然是各国未来国防事业的重中之重，是抢占新时代军事前沿的关键。电子信息技术的应用将引发电磁斗争领域的重大改革，智能化、蜂群化、灵巧化、高能化的电子对抗新阶段即将到来。

（二）信息安全工程

随着国家经济的持续发展和国际地位的不断提高，国家基础信息网络和重要信息系统面临的安全风险日益严峻，计算机病毒传播和网络非法入侵十分猖獗，网络违法犯罪持续大幅增加，犯罪分子利用一些安全漏洞，使用黑客病毒技术、网络钓鱼技术等新技术进行网络盗窃、网络诈骗等违法活动，给我国政治、经济和社会发展造成严重的负面影响。信息安全工程在我国发展的短短几年间，从早期的安全就是杀毒防毒，到后来的安全就是安装防火墙，到现在的购买系列安全产品，直至开始重视安全体系的建设，人们对安全的理解正在一步一步加深。

信息安全工程是采用工程的概念、原理、技术和方法来研究、开发、实施与维护信息系统安全的过程，是将经过时间考验证明是正确的工程实践流程、管理技术和能够得到的最好的技术方法相结合的过程。信息安全工程专注于信息系统的安全性。信息安全工程涉及心理学和经济学等社会科学以及物理、化学、数学、建筑和园林绿化领域所使用的一些技术，如故障树分析也来源于信息安全工程。

信息安全工程在整体设计过程中遵循信息安全的木桶原则、网络信息安全的整体性原则等九项原则，主要设计步骤为：一个完整的安全体系和安全解决方案是根据网络体系结构和网络安全形势的具体情况来确定的。风险分析与评估是通过一系列管理和技术手段来检测当前运行的信息系统所处的安全级别、安全问题、安全漏洞，以及当前安全策略和实际安全级别的差别，评估运行系统的风险，根据审计报告，可制定适合具体情况的安全策略及其管理和实施规范，为安全体系的设计提供参考。制定安全策略是为发布、管理和保护敏感的信息资源而制定的一组法律、法规和措施的总和，是对信息资源使用、管理规则的正式描述。安全策略应该是一个详细的完备的指导方针，另外需求分析要考虑管理层、物理层、系统层、网络层、应用层五个层次的安全需求。安全体系是安全工程实施的指导方针和必要依据，是信息安全工程的"建筑图纸"。安全工程的实施是为信息与网络系统设计实现安全防护体系的最后一个阶段的任务，最关键的一点是保证安全工程的质量，避免重复建设和垃圾工程。

早期的信息安全工程方法理论来自系统工程过程方法。美国军方最早在系统工程理论基础上开发了信息系统安全工程，并于 1994 年 2 月 28 日发表了《信息系统安全工程手册 1.0》。后来，在信息系统安全工程方法的基础上，出现了第二种思路：过程能力成熟度的方法，其基础是能力成熟度模型（CMM）。CMM 的 1.0 版在 1991 年 8 月由 CMU 软件工程研究所发布。同期，NSA 也开始了对信息安全工程能力的研究，选取了 CMM 的思想作为其方法学，正式启动了"SSE-CMM 系统安全工程—能力成熟度模型"研究项目。1996 年 10 月发布了 SSE-CMM 的 1.0 版本，继而在 1997 年春制定完成了 SSE-CMM 评定方法的 1.0 版本。1999 年 4 月，形成了 SSE-CMM2.0 和 SSE-CMM 评定方法 2.0。2002 年 3 月，SSE-CMM 得到了 ISO 的采纳，成为 ISO 标准——ISO/IEC 21827，冠名为《信息技术—系统安全工程—能力成熟度模型》。

信息化快速发展，使信息化环境所面临的各种主动和被动攻击的情形越来越严峻，信息系统客观存在的大量漏洞，极易被敌对势力或黑客利用来对系统进行攻击。近几年，全球信息安全工程市场规模迅速扩大，但缺少真正的龙头企业，市场集中度较低。信息安全产品与服务的提供商以及信息安全系统的集成商构成了信息安全产业链。信息安全产品的提供商又分为硬件产品、软件产品以及信息安全服务的提供商。随着信息安全上升到国家战略高度，国内信息安全工程的发展得到了国家相关政策的大力支持。

目前，国内的信息安全工程行业在安全基础理念、核心技术的研发和主流产品的开发等多个方面均取得了较为显著的进步。我国虽有专门从事信息安全工作的基础研究、技术研发与技术服务的高科技企业和研究机构，构成了中国信息安全产业的新格局，但是由于国内从事这类专业的技术人才严重短缺，对中国信息安全行业的发展造成了影响。信息安全涉及的大到国家、小到个人，无论是从政治、经济、体制还是社会工程等范畴来看，信息安全行业都将是具有广阔发展前景的行业，必将为我国社会各方面各产业可持续发展保驾护航。

（三）人工智能安全

随着人工智能系统的普及，针对人工智能的攻击和破坏将会严重威胁公众的生命和财产安全。国务院于2017年发布《新一代人工智能发展规划》，明确指出在大力发展人工智能的同时，必须高度重视可能带来的安全风险挑战，加强前瞻预防与约束引导，最大限度地降低风险，确保人工智能安全、可靠、可控发展。当前一些研究已经揭示了机器学习正在遭受对抗样本攻击、数据投毒攻击、模型萃取攻击、成员推测攻击等多种类型的安全威胁。如何保证人工智能系统安全可靠运行已经成为人工智能技术发展过程中必须关注和解决的一个关键问题。

人工智能安全是指为了保证人工智能系统在自然或人为因素的威胁和干扰下能够正常运行，避免功能被破坏或更改、防止数据泄露而采取的管理和安全保护措施。人工智能安全是一个涵盖网络空间安全、人工智能、计算机科学等多门类科学技术的综合工程。

人工智能系统安全技术主要包含两个方面的问题：①如何保证原理性漏洞，即人工智能系统的核心——机器学习模型很难受到罕见或恶意样本的影响，且不会暴露敏感信息。经典机器学习模型往往基于一个稳定性假设：训练数据与测试数据近似服从相同分布。当罕见样本甚至是恶意构造的非正常样本被输送到机器学习模型时，就有可能导致机器学习模型输出异常结果，从而引发人工智能系统出现异常行为。②如何保证没有系统性漏洞：首先要选择合适的物理硬件支持，避免因硬件特性随环境变化而产生不稳定行为，即便在遭受物理破坏时，系统也应该有能力尽可能做出决策以避免非常事态发展；其次要避免在软件开发阶段可能引进的软件漏洞。

针对人工智能系统的安全问题，大部分研究集中在对于人工智能系统的“大脑”——机器学习模型的安全研究和分析上。Dalvi等于2004年最早提出了对抗分类的概念，Lowd等于2005年进一步提出了对抗学习的概念。Szegedy等在2013年描述了对抗样本现象：对输入图片构造肉眼难以发现的轻微扰动，即可导致基于深度神经网络的图像识别器输出错误的结果。此外，有研究表明用户的隐私数据等敏感信息会被暴露在泄露风险中。2015年Fredrikson等展示了如何利用系统输出的决策置信值来从不完整信息中恢复出原始训练数据。除了用户隐私，服务商模型的保密性也难以得到保证。2016 年 Tramèr 等实现了通过轮询方式回推机器学习模型实现模型窃取。上述信息一旦泄露，将会对用户和服务商造成难以估量的损失。在系统性安全方面，Xiao 等披露了 Tensorflow、Caffe 与 Torch 三种深度学习框架及其依赖库中的数十种代码漏洞，并展示了如何利用该漏洞引发基于三种框架的深度学习应用产生崩溃、识别结果篡改以及非法提取问题。

在机器学习模型安全方面，我国学者在对抗样本的攻击和防御方法研究方面已经达到领先水平。在 2017 年神经信息处理系统大会（NIPS）举办的对抗样本攻防比赛上，清华大学的团队囊括了目标攻击、无目标攻击和防御三个项目的冠军。针对对抗样本的防御问题，该团队提出通过在神经网络的高层表示层中进行去噪来抑制对抗样本噪声的逐步放大。我国需要注重网络空间安全、人工智能等多领域交叉人才的培养，以继续保持我国相关研究水平处于世界前列。此外，我国需要出台相应的标准体系，并健全人工智能安全、隐私等相关内容的法律法规，建立完善的人工智能安全监管体系，确保人工智能安全相关的研究和产品开发等工作合理、有序进行。

人工智能安全不仅是事关大众利益的迫切需求，也是国家重大战略顺利实施的重要保障。对人工智能系统安全隐私的研究已经成为人工智能发展中的研究热点和研究重点。以往的研究工作大多局限于特定场景，今后应着重开展系统化、通用化的攻击检测和安全防御理论研究，以规避未知对抗样本类型引发的零日攻击。此外，应研究人工智能系统的自动化测试方法，并制定出一套系统的安全评估体系，以保证人工智能提供安全可信的服务。最后，应该注重产学结合，推进研究机构与企业的合作，以真实服务为对象对理论方法进行实践和验证，推动人工智能行业进一步发展。

（四）信息物理系统安全工程

信息物理系统（Cyber-Physical System，CPS）是集控制、通信与计算于一体的智能系统。通过计算信息和物理对象在网络空间中的深度融合与实时交互，CPS 能够在感知全局状态的基础上，实现自主的优化决策与智能控制，以可靠、经济、高效的方式稳定运行。CPS 及其相关技术推动了工业控制系统、智慧城市、智慧医疗、智能电网等领域关键技术的跨越式发展。然而，随着信息系统与物理系统耦合程度的加深，CPS 面临由信息安全（Security）与工程安全（Safety）所产生的综合安全威胁。

信息物理系统安全工程是指融合交叉计算机科学与技术、网络空间安全、控制科学与工程等相关学科知识，综合运用信息系统网络安全方法和物理系统工程安全方法，保证信息物理融合系统完整性、可用性和保密性，从而确保系统安全可靠运行的工程。

信息物理系统安全工程主要包含建模、检测、防御等几个方面。建模的目的是对 CPS 进行抽象，从而更好地对系统进行设计、控制与防护。检测的目的是及时地对 CPS 遭受的恶意行为或恶意攻击做出判断，防止系统状态出现较大的偏离。防御的目的是提高恶意攻击的难度与代价、降低恶意攻击的成功率或阻止攻击对系统造成破坏。

2007 年，美国总统科学技术顾问委员会在《挑战下的领先——竞争世界中的信息技术》中将 CPS 列为未来 8 项网络与信息技术之首；2013 年，德国在汉诺威工业博览会上推出的“工业 4.0”项目中将 CPS 列为首位；我国从 2009 年开始关注并规划 CPS 的发展，相继提出了“信息化和工业化深度融合”“互联网 +”“中国制造 2025”等国家战略，并将 CPS 列为支撑新一轮产业变革的核心技术。

信息系统与物理系统的融合有效地改善了传统物理系统的性能，但同时也引入了新的漏洞。攻击者利用信息系统与物理系统间的紧密耦合关系，采用网络攻击或者物理攻击手段，造成 CPS 系统故障或诱导故障在系统中传播，从而对系统进行破坏。2009 年，震网病毒通过修改 PLC 软件代码，摧毁了伊朗浓缩铀工厂 1000 多台离心机，导致伊朗核计划被破坏，被认为是全球范围内首次爆发的典型 CPS 攻击。2015 年，乌克兰电力部门遭受 BlackEnergy3 攻击，使得乌克兰 3 个不同区域大约 22 万人失去电力供应。目前，典型 CPS 攻击的模型、效果已得到广泛研究，而为了更好地保护 CPS 安全，CPS 检测与防御研究正在向综合信息系统安全与物理系统安全的多维度方向发展，从而全面构建新型的安全检测与防御框架。

现有研究通常利用系统理论、物理定律对 CPS 进行机理建模，或利用大数据分析对 CPS 进行抽象建模，但 CPS 中的网络信息与物理实体广泛关联，信息空间与物理世界的相互作用随时间和空间而变化，因此利用多领域模型捕捉这种变化对 CPS 的设计至关重要。

典型 CPS 攻击包括拒绝服务攻击、重放攻击、虚假数据注入攻击、零动态攻击等。大部分攻击通过篡改系统的量测量或控制量，在躲避异常检测的同时达到破坏系统的目的。近年来国际上爆发的多起安全事件表明，CPS 面临的攻击手段正在向多样化、复杂化、智能化的方向发展，攻击所具备的隐蔽性和对系统造成的破坏性也更强。由于 CPS 大多涉及国民经济重要行业，CPS 的可靠与安全研究受到越来越多的关注。

现有的CPS安全检测与防御主要从信息系统网络安全、物理系统工程安全、综合安全三个方面进行考虑。信息系统网络安全方面，认证协议、非对称加密、访问控制等方法可用于阻止攻击者进入系统，入侵检测、流量分析等方法可以用于攻击行为的实时检测。物理系统工程安全方面，根据物理系统的拓扑结构以及量测数据在时间、空间上的相关性，可对攻击进行检测。此外，综合安全检测与防御方法也正在成为安全研究者关注的重点。将信息系统与物理系统的模型和数据进行关联融合，物理水印、移动目标防御、博弈论等方法和思想被逐渐用于CPS的异常检测、防御保护和构建新型安全防御框架中。未来，CPS安全检测与防御将降低对特定资源的依赖程度，构建快速、全面的安全检测与防御机制，并辅以安全控制方法，从而保证系统的安全性和可靠性。

信息物理系统安全工程需要为CPS的完整性、可用性、保密性提供保障，其发展水平的评估可以参考以下几个方面：①大型复杂CPS建模的准确性与可用性；②CPS隐蔽性攻击检测的实时性与准确性；③防御CPS攻击的全面性和有效性；④CPS遭受攻击后的恢复水平。

（五）智能侧信道攻击

侧信道攻击（Side Channel Attack）是针对加密电子设备在运行过程中的时间消耗、功率消耗或电磁辐射之类的侧信道信息泄露而对加密设备进行的攻击，其区别于传统的数学分析方法。所有的攻击类型都利用了加密/解密系统在进行加密/解密操作时算法逻辑没有被发现缺陷，但是通过物理效应提供了有用的额外信息（这也是其被称为“旁路”的缘由），而这些物理信息往往包含了密钥、密码、密文等隐秘数据。将人工智能方面的技术引入侧信道攻击所产生的新型方法，近年来取得了较大的进展，在密码破解、物理层侧信道攻击、虚拟机攻击等方面取得了较大的成果，引起了较高的社会关注。

智能侧信道攻击是指采用人工智能或其他智能算法完成侧信道攻击的过程。其中，侧信道攻击是一种基于从密码系统的物理实现中获取信息完成密钥恢复的攻击手段，区别于密码分析，侧信道攻击并没有利用暴力破解方法或者密码算法中存在的理论性弱点。在密码学中，侧信道攻击又可以称为旁路攻击、边信道攻击。根据侧信道攻击所借助的介质，可以将侧信道攻击分为以下几大类：缓存攻击、计时攻击、功耗分析攻击、电磁攻击、声学密码分析攻击、数据残留攻击、软件初始化错误攻击、故障注入攻击、光学攻击等。智能侧信道攻击利用传统侧信道攻击所获取的数据配合人工智能算法，可以提高攻击的效率和成功率。

智能侧信道攻击主要是针对被攻击系统选取合适的物理信息，其次针对被攻击对象选取不同密钥获取本地的物理信息，随后利用本地不同的“物理信息—密钥”作为训练集，接着利用训练集训练出针对被攻击系统的人工智能模型，最后将被攻击系统运行时的物理信息作为特征量输入训练好的人工智能模型即可得到破解密码。智能侧信道攻击的实现原理主要涉及以下几个关键步骤：①如何选取合适的物理信息；②如何构建训练集；③如何选择人工智能模型。

智能侧信道攻击的历史和人工智能相关算法的发展息息相关。早在 2011 年，Hospodar 等利用最小二乘支持向量机结合密码设备泄露的物理信息成功对高级密码标准 AES 实施了攻击。2012 年，Zhang 等提出了通道驱动的跨虚拟机的边信道攻击，利用机器学习的算法最终获取了受害虚拟机的密钥。2013 年，Lerman 在 Hospodar 研究的基础上，提出了利用半监督学习算法一般化模板攻击，该方法放宽了密码设备完全被控的假设。2015 年，Richard 等发表了基于神经网络的 AES 掩码攻击，展示了如何使用神经网络来识别掩码值，以及随后以高概率的单个攻击轨迹来识别密钥值。2016 年，Saravanan 等提出了一种基于神经网络的高效密钥猜测方案。该方案以智能卡的功耗攻击为背景，通过小波变换、数据归一化、主成分分析方法对功耗数据进行预处理，然后对概率神经网络进行训练。2017 年，Cagli 等采用卷积神经网络与数据增强相结合的方法，破解了基于时钟抖动防御策略的密码芯片，给密码芯片的安全性带来了巨大威胁。这些将人工智能与侧信道攻击结合的方式，从不同的方面提升了侧信道攻击的效率和成功率。

当前，智能侧信道攻击依然处于起步的阶段，还没有出现井喷式的发展，而是呈现很明显的分块趋势。当前的相关科研成果主要有三个方面：芯片密钥攻击、物理层侧信道攻击、虚拟机攻击。在芯片密钥攻击上，以 Cagli 研究成果为代表，展现了芯片知识产权保护存在极大的漏洞，需要进一步增强芯片的安全性，近一段时间对相应攻击的反制措施的研究也陆续有成果出现；在物理层侧信道攻击方面，模板攻击过于依赖参数假设、先验知识，并且受限于低维环境，相应地，能耗攻击已渐渐取代模板攻击，成为物理层侧信道攻击的主流研究方向；在虚拟机攻击方面，目前的研究工作虽然说还不多，但是在以虚拟化技术为基准的云计算广泛应用的前提下，这已经显现出巨大的威胁，是相关从业人员需要特别关注的地方。

智能侧信道攻击的研究发展有利于促进系统的加密强度不断提升。随着物联网以及云计算的布局不断扩大，智能侧信道攻击的应用场景也越来越丰富，而伴随攻击研究的深入，防御等级也会逐步提升，如此一来，物联网和云计算的使用才能更加安全可靠。另外，智能侧信道攻击的研究可能会带动硬件开发产业将设备朝高集成、低能耗、高可靠性等方向发展。中国企业也应当稳中求进，积极抓住可能存在的机遇。

（六）大数据安全工程

当前社会已经全面进入了大数据时代，海量数据给这个时代带来了无限的可能，而蕴藏在这些数据中的信息也暴露出诸多的漏洞和隐患。在这样的背景下，大数据安全工程成为当前数据科学领域一个重要的关注方向。它关注大数据本身面临的安全威胁，包括大数据平台的安全性、数据的安全性以及个人信息的安全性。

大数据安全主要是保障数据不被窃取、破坏和滥用，以及确保大数据系统的安全可靠运行。大数据安全需要构建系统层面、数据层面和服务层面的大数据安全框架。从系统层面来看，保障大数据应用和数据安全需要构建立体纵深的安全防护体系，通过系统性、全局性地采取安全防护措施，保障大数据系统正确、安全可靠的运行，防止大数据被泄密、篡改或滥用。从数据层面来看，大数据应用涉及采集、传输、存储、处理、交换、销毁等环节，每个环节都面临不同的安全威胁，应确保数据在各个环节的保密性、完整性、可用性。从服务层面来看，需要加强大数据的安全运营管理、风险管理，做好数据资产保护，确保大数据服务安全可靠运行。

为应对大数据环境面临的安全挑战与威胁，产业界在防护技术方面进行了针对性的实践与探索，主要涉及以下三个方面：大数据平台安全技术、数据安全技术、个人隐私保护技术。在商业大数据平台方面，已经建立了相对完善的安全机制解决方案，这些都为平台安全技术提供了解决方案。数据是整个大数据系统中最核心的资产，是大数据安全工程最终需要保护的对象。目前所采用的数据安全技术，一般是在整体数据视图的基础上，设置分级分类的动态防护策略。在数据泄露防护技术方面，目前普遍引入了自然语言处理、机器学习、聚类分类等新技术，将数据管理的颗粒度进行了细化，对敏感数据和安全风险进行智能识别。大数据环境下，数据安全技术提供了机密性、完整性和可用性的防护基础，隐私保护是在此基础上，保证个人隐私信息不发生泄露或不被外界知悉。

大数据正在重塑世界新格局，被誉为“21 世纪的钻石矿”。在标准制定方面，2014 年 11 月成立了 ISO/IEC JTC1 WG9 大数据工作组，编制大数据基础标准，其编写的 ISO/IEC 20546 中“第 4 部分：安全与隐私保护”将大数据安全作为一个重要的部分进行标准解释。美国国家标准与技术研究院于 2015 年 9 月发布了《NIST 大数据互操作手册》，其中第四册《安全与隐私保护》由安全与隐私保护小组负责编写。中国全国信标委也成立了大数据标准工作组，对口国际相关工作组，发布了 16 项国家规范，并专设大数据安全标准特别工作组制定我国安全标准体系。目前在技术领域，在大数据平台安全和数据安全方面已有成熟的技术，个人隐私保护方面还在不断进步。

国家大数据战略要构建以数据为关键要素的数字经济，推动实体经济和数字经济融合发展，推动互联网、大数据、人工智能与实体经济深度融合。同时充分利用大数据推动产业转型加速构建大数据安全保障体系，保障国家大数据发展战略顺利实施。为保障大数据安全，我国的网络安全企业近年来发展迅速，相关的初创企业如雨后春笋般出现，先进的设备技术人才不断涌入数据安全行业。目前，国内外大数据平台安全、数据安全、隐私保护相关技术能够初步解决各自面临的安全问题和挑战，但在应对新型网络攻击形式、有用场景方面还有较大的不足。

未来在大数据安全技术发展领域会更加注重以下几个方面：① 要站在总体安全观的高度，构建大数据安全综合防御体系；② 从攻防两方面入手，强化大数据平台安全保护；③以关键环节和关键技术为突破点，完善数据安全技术体系；④ 加大隐私保护核心技术产业化投入，兼顾数据利用和隐私保护双重需求；⑤重视大数据安全评测技术的研发，构建第三方安全检测评估体系。

大数据安全工程涉及大数据平台安全技术、数据安全技术、个人隐私保护技术，以及行业标准的制定。其重要程度随着大数据行业的发展而日益提升。在大数据成长为企业升级转型、提升竞争力的重点的同时，应当充分认识到大数据安全和大数据应用是一体之两翼、驱动之双轮，各国各行业必须从国家网络空间安全战略的高度认真研究与应对当前大数据安全面临的问题。

（七）行为异常挖掘

行为异常挖掘，又称为行为离群点分析或者行为孤立点挖掘。在人们对行为数据进行分析处理的过程中，经常会遇到少量这样的数据，它们与数据一般模式不一致，或者说与大多数数据相比有些不一样，我们称这样的数据为异常数据。对异常数据的处理在某些领域很有价值，例如在网络安全领域可以利用异常数据挖掘来分析网络中的异常行为，在金融领域异常数据挖掘可以识别信用卡的欺诈交易、股市的操控行为、会计信息的虚假报价、欺诈贷款等。

行为异常挖掘是数据挖掘中的一个步骤，可识别出偏离正常行为数据集的数据点、事件等。符合相关规范的行为被定性为正常行为，而与正常行为偏离较大的行为被定性为异常行为。行为异常可以指示关键事件，例如消费者行为的变化、兴趣爱好的变化，对于机器而言，可以检测机器是否正常运转等。行为异常挖掘涉及两个基本问题：其一，在对一个给定的数据集进行分析之前必须事先约定什么样的数据才是异常数据，也就是异常行为定义的问题。其二，用什么方法来从给定的数据集中将异常数据提取出来。

行为异常挖掘是通过大数据、机器学习或深度学习等方式对用户长期行为进行建模，然后通过监督学习的方式判断当前行为是否属于异常行为，主要涉及机器学习、大数据、用户行为建模等方面的原理与技术。行为异常挖掘是从本地抓取数据，对数据进行预处理，并进行序列化处理，得到用户模型，从而寻找用户异常行为。

行为异常挖掘的起源已经很难追溯。不过可以大致追溯到信用卡的欺诈交易等问题，随着移动端设备、智能手环、智能手表等的普及，用户在使用这些设备的过程中，会形成基于这些设备的日常行为模式，在科研领域可以对这些日常行为模式进行分析，从而获得非异常行为模式，如果得到的数据不符合这一模式，可以被认定为异常行为模式。

行为异常挖掘目前正处于发展的高峰期，近几年来，随着用户身份认证等研究的发展，持续认证也需要用户行为的异常挖掘。随着时代的发展，很多新领域也需要行为异常挖掘，包括银行客户流失预警、违章建筑识别、机器学习离群点分析等。综合来看，异常行为分析可以从用户视角将多种数据关联和丰富起来，持续跟踪并进行风险预警。根据多种数据模型和策略，以及综合模式匹配、基线学习、机器学习等多种分析方法，帮助用户防范信息泄露、避免商业欺诈。

行为异常挖掘涉及大数据、机器学习、深度学习、建模分析、异常点检测、用户行为分析等多个应用领域，通过对这些领域的整合，可以对用户的异常行为进行分析。行为异常挖掘除了应用于以上场景外，还可以用于拒绝服务攻击检测、安全情报分析、态势感知、网页篡改发现、应用层攻击检测、恶意文件检测等安全分析的场景。作为一个多学科交叉的系统工程，行为异常挖掘的发展水平评估可以参考以下两个方面：①对异常数据的感知能力；②行为异常数据的挖掘能力。

（八）智能信息隐藏

传统的信息隐藏方法（隐写术方法）主要有利用高空间频率的图像数据隐藏信息、采用最低有效位方法将信息隐藏到宿主信号中、使用信号的色度隐藏信息的方法、在数字图像的像素亮度的统计模型上隐藏信息的方法、Patchwork 方法等。随着大数据时代的到来，以及 GPU 计算服务器的计算能力提升，人工智能和深度学习技术迎来了新的发展浪潮，对于信息隐藏的方法也趋于智能化，以对抗生成网络为主的智能化信息隐藏算法逐渐得到发展。

智能信息隐藏（Intelligent Information Hiding）技术是指以实现隐藏信息（即信息隐写术，Steganography）为目的，使用智能化方法设计隐藏算法或将信息直接隐藏在智能模型中的一类技术。该技术主要包括如何利用人工智能方法进行信息隐藏（即实现智能化信息隐写术），如何利用某些特定手段将信息隐藏在人工智能模型中（如对抗样本攻击、后门植入、水印植入等）两大方面。

智能信息隐藏技术主要通过特定的智能算法，利用信道冗余的原理，将需要隐藏的信息隐藏于载体信息（或载体模型）中，确保在传播的载体信息中提取出隐藏的信息（或在载体模型的应用中能够触发隐匿的特定行为）。其基本特性为随着载体相对隐秘信息比例的增大，隐藏后者就更加容易。该技术具体的实现原理主要分为：其一，通过智能算法对特定的信息进行隐藏。其二，将某些特定的信息或行为隐藏在智能算法的模型中。

随着智能算法的不断发展，信息隐藏的方法趋于智能化，以对抗生成网络为主的智能化信息隐藏算法逐渐得到发展。此外，信息隐藏技术设计者也尝试通过递归神经网络（Recurrent Neural Network，RNN）等其他智能技术的变体来较好地达到智能信息隐藏的目的。同时，随着人工智能模型本身的广泛应用，训练者会有意或者无意地隐藏人工智能模型本身的某些特定的信息或行为，其中包含模型水印植入等良性行为，或者模型后门植入等恶性行为。此外，由于引起该行为的特性所带来的模型参数变化相对于载体模型本身往往较小，其很难被一般的检测方法检测出来，这也引起研究者从信息隐藏的角度来对模型隐藏信息或行为进行进一步的研究。

目前主要的智能信息隐藏技术基于 GAN 图像生成技术，可以分为构造载体和无载体两种。构造载体选定一个隐藏载体，如语音文字和图像。无载体信息隐藏不需要提前制定载体，隐藏的信息通过一定的算法会直接生成对象。然而，GAN 网络目前的输出结果不稳定、较为单一，对改进图像生成系统作为良好的载体还需要深入研究，另外 GAN 对隐写的载体也可以利用到 GAN 生成的文本载体上。

在将信息隐藏到深度学习网络的研究中，从攻击角度可以做到将信息植入整个神经网络（Badnet），也可以只将信息嵌入特定的隐藏层中（Trojan Attack）。首先，从保护知识产权角度，训练者可以嵌入特定的水印信息到模型的参数中，并经过特定提取方式进行验证从而保护自己的知识产权。但目前隐藏的信息量较大，会很容易被人识别发现，后续的研究工作可能会提高信息的隐蔽性，如隐藏信息量的大小。其次，隐藏的信息可能会和语义结合起来，使得隐藏的信息更加具有特定意义。最后，隐藏的信息可能会更加考虑实际的物理攻击场景。

深度学习目前广泛应用在图像分类、人脸识别、自然语言处理、自动驾驶等复杂场景。我们需要关注其网络安全问题，例如恶意的信息注入，以及利用深度学习技术将隐藏的信息注入图片等载体中。我们必须明确地解决这些问题，才能更好地将这些技术应用到日常生活中，当前在防御方法等领域还面临很多挑战，深度学习技术在安全领域亟须更进一步的发展。

参考文献

[1] 吴静，须德．基于视频监控的运动目标检测 [J]. 科技信息，2007,(2).

[2] 袁国武．智能视频监控中的运动目标检测和跟踪算法研究 [D]. 云南大学，2012.

[3] 刘治红，骆云志．智能视频监控技术及其在安防领域的应用 [J]. 兵工自动化，2009,28(4).

[4] 孔晓东．智能视频监控技术研究 [D]. 上海交通大学，2008.

[5] 冯仕民．智能视频监控中运动目标跟踪技术研究 [D]. 电子科技大学，2010.

[6] 陈颖鸣，陈树越，张显亭．智能视频监控中异常行为识别研究 [J]. 微电子学与计算机，2010.

[7] 前瞻产业研究院．2019 年中国视频监控行业市场现状及发展趋势分析 [R]. 2019.

[8] 里夫金．第三次工业革命：新经济模式如何让改变世界 [M]. 张体伟，孙豫宁，译．北京：中信出版社，2012.

[9] 刘振亚．全球能源互联网 [M]. 北京：中国电力出版社，2015.

[10] 严太山 . 能源互联网体系架构及关键技术 [J]. 电网技术 . 2016, (40).
[11] 田世明 . 能源互联网技术形态与关键技术 [J]. 中国电机工程学报 , 2015, (34).
[12] 赵军 . 能源互联网研究进展：定义、指标与研究方法 [J]. 电力系统及其自动化学报 , 2018, (10).
[13] 马钊 . 能源互联网概念、关键技术及发展模式探索 [J]. 电网技术 , 2015, (39).
[14] 周海明 . 能源互联网技术框架研究 [J]. 中国电力 , 2014, (47).
[15] 智蒋菱 . 智能电网创新示范区能源互联网评估指标及评价方法 [J]. 电力系统及其自动化学报，2016，(28).
[16] 徐科 . 面向城市能源互联网的城市能源消费特征量化对比分析 [J]. 电力系统及其自动化学报，2017, (29).
[17] 刘林 . 全球能源互联网发展水平关键指标选取 [J]. 电力系统及其自动化学报，2016，(28).
[18] 王继业 . 能源互联网信息技术研究综述 [J]. 计算机研究与发展，2015，(52).
[19] 阎俊爱 . 智能化建筑技术与设计 [M]. 北京：清华大学出版社，2005.
[20] 杨绍胤 . 智能化建筑设计实例精选 [M]. 北京：中国电力出版社，2006.
[21] 李益才 . 浅析智能化建筑在建筑行业的重要性 [J]. 城市建设理论研究（电子版）,2016,(13).
[22] 李文志 . 浅谈智能建筑的现状与未来 [J]. 通讯世界 ,2019,26(10).
[23] 阮星 , 蔡闯华 . 一个基于 ZigBee 协议的智能照明应用实例的实现 [J]. 赤峰学院学报（自然科学版）, 2011,(8).
[24] 李天祥 .Android 物联网开发细致入门与最佳实践 [M]. 北京：中国铁道出版社，2016.
[25] 中安 . 家庭自动化与安防向高集成数字化发展 [J]. 金卡工程 , 2008, 12(4).
[26] 王云华 . 智能家庭网络系统研究 [D]. 南京信息工程大学 , 2011.
[27] 钟丽静 , 冯承文 . 网络家电——家用电器的新趋势 [J]. 家电科技 , 2008,(1).
[28] 董玲 . 多功能网络数字音频功率放大器的播放功能软件设计与实现 [D]. 电子科技大学，2013.
[29] 智能家居技术发展趋势 [J]. 现代装饰 (理论), 2012,(8).
[30] 王雅志 . 基于蓝牙技术的嵌入式家庭网关的研究与实现 [D]. 湖南大学 , 2010.
[31] 付珊珊 . 基于 ARM 的智能家居管理终端的研究与实现 [D]. 安徽理工大学 , 2014.
[32] 郭邵义主编 . 机械工程概论 [M]. 武汉：华中科技大学出版社，2015.
[33] 陈勇志 , 李荣泳主编 . 机械制造工程技术基础 [M]. 成都：西南交通大学出版社，2015.
[34] 全燕鸣编著 . 机械制造自动化 [M]. 广州：华南理工大学出版社，2008.
[35] 张祖国 . 基于社会化的协同智能制造系统研究 [D]. 中国科学院国家空间科学中心 ,2015.
[36] 王正成 . 网络化制造资源集成平台若干关键技术研究与应用 [D]. 浙江大学 ,2009.
[37] 饶俊 . 网络化制造平台的产品信息建模方法与应用研究 [D]. 天津大学 ,2011.
[38] 黄南霞 . 大数据环境下的网络协同创新体系研究 [D]. 华中师范大学 ,2014.
[39] 郭云欣 . 面向汽车生产车间的协同制造资源配置与优化研究 [D]. 长安大学 ,2017.
[40] 耿红生 . 云制造下网络协同和人机交互融合的关键技术研究 [D]. 东北大学 ,2014.
[41] 张泉灵 , 洪艳萍 . 智能工厂综述 [J]. 自动化仪表 , 2018, (39).
[42] 杨春立 . 我国智能工厂发展趋势分析 [J]. 中国工业评论 , 2016, (12).
[43] 焦洪硕 , 鲁建厦 . 智能工厂及其关键技术研究现状综述 [J]. 机电工程 , 2018, 35(12).

[44] 海天电商金融研究中心编．一本读懂工业 4.0 革命 [M]. 北京：清华大学出版社，2016.
[45] 彭瑜编．智慧工厂：中国制造业探索实践 [M]. 北京：机械工业出版社，2015.
[46] 汉斯·库尔编．智慧工厂大规模定制带给制造者的基于、方法和挑战 [M]. 北京：机械工业出版社，2015.
[47] 蒋明炜编．机械制造业智能工厂规划设计 [M]. 北京：机械工业出版社，2017.
[48] 粟志敏，克努特·艾力克，尤尔根·瑞克尔，安德里亚斯·赛弗特．供应链 4.0——下一代数字供应链 [J]. 上海质量 ,2017,(3).
[49] 陆阳阳．物联网促进数字供应链快速发展 [J]. 中国物流与采购 ,2018,(14).
[50] 李彦林．物联网数字供应链——无车承运人新业态 [J]. 中国物流与采购 ,2018,(14).
[51] 杨洋．数字孪生技术在供应链管理中的应用与挑战 [J]. 中国流通经济 ,2019,33(6).
[52] 季小立，朱鸿渐．基于物联网的我国流通供应链协同模式及政策建议 [J]. 商业经济研究 ,2019,(20).
[53] Celia Garrido-Hidalgo,Teresa Olivares,F. Javier Ramirez,Luis Roda-Sanchez. An end-to-end internet of things solution for reverse supply chain management in industry 4.0[J]. Computers in Industry, 2019, 112.
[54] 顾小昱．物联网技术在全程供应链管理中的应用研究 [J]. 物流技术与应用 ,2019,24(5).
[55] 季小立，朱鸿渐．基于物联网的我国流通供应链协同模式及政策建议 [J]. 商业经济研究 ,2019(20).
[56] Roberto Michel. The digital supply chain takes shape[J]. Logistics Management (2002),2019,58(5).
[57] 熊伟．物流 4.0 变革驱动力 [J]. 中国储运 ,2017,(10).
[58] 应根裕，胡文波，邱勇等编著．平板显示技术 [M]. 北京：人民邮电出版社，2002.
[59] 王丽娟．平板显示技术基础 [M]. 北京：北京大学出版社 , 2013.
[60] 田民波，叶锋著．平板显示器技术发展 [M]. 北京：科学出版社，2010.
[61] 赵坚勇编著．平板显示与 3D 显示技术 [M]. 北京：国防工业出版社，2012.
[62] 应根裕，屠彦，万博泉等编著．平板显示应用技术手册 [M]. 北京：电子工业出版社，2007.
[63] 苏芬芳．微波通信的主要技术与应用价值探讨 [J]. 中国新通信 ,2018,20(17).
[64] 刘忠华．谈数字微波通信技术在广播传输中的应用 [J]. 科技创新与应用 , 2012,(6).
[65] 黄进勇．从我国微波通信市场的发展看微波通信企业的营销 [D]. 对外经济贸易大学 ,2003.
[66] 杜青，夏克文，乔延华．卫星通信发展动态 [J]. 无线通信技术 ,2010,19(3).
[67] 王云飞．我国数字微波通讯现状及发展前景 [J]. 电子产品世界 , 1995,(10).
[68] 钟志明．数字微波通信技术的现状及发展前景 [J] 数字技术与应用 , 2018,(5).
[69] 李永贵．微波通信工程建设和管理中的质量保障措施 [D]. 华南理工大学 ,2008.
[70] 唐贤远，邓兴成．数字微波通信系统 [M]. 北京：高等教育出版社 ,2011.
[71] 雷玉堂．光电信息技术 [M]. 北京：电子工业出版社 , 2011.
[72] 黄静等．现代通信光电子技术基础与应用 [M]. 西安：电子科技大学出版社，2013.
[73] 曹方，王凡．如何系统提升我国光电产业创新能力 [J]. 科技中国 , 2019,(7).
[74] 张博闻，王军，柳玥竹．中国光电子产业发展探讨 [J]. 通信世界，2017,(2).
[75] 毛浩．突破技术瓶颈　实现自主可控——国家信息光电子创新中心发展思路与实践 [J]. 中国工业和信息化 , 2018,(12).
[76] 张永录．电子对抗武器系统发展方向初探 [J]. 舰船电子对抗 , 2003,(1).

[77] 王跃鹏，同武勤．现代雷达电子对抗技术 [J]. 现代防御技术，2005, 28(2).
[78] 叶盛祥，谢德林，杨虎，等．光电对抗技术 [J]. 光电工程，2001,(1).
[79] Dalvi N., Domingos P., Sanghai S., et al. Adversarial classification[C]. Proceedings of the 10th ACM SIGKDD International Conference on Knowledge Discovery and Data Mining, Seattle, Aug 22–25, 2004. New York: ACM, 2004.
[80] Lowd D., Meek C.. Adversarial learning[C]. Proceedings of the 11th ACM SIGKDD International Conference on Knowledge Discovery in Data Mining, Chicago, Aug 21–24, 2005. New York: ACM, 2005.
[81] Szegedy C., Zaremba W., Sutskever I., et al. Intriguing properties of neural networks[J]. arXiv: Computer Vision and Pattern Recognition, 2013.
[82] Fredrikson M., Jha S., Ristenpart T., et al. Model Inversion Attacks that Exploit Confidence Information and Basic Countermeasures[C]. Proceedings of the 22nd ACM SIGSAC Conference on Computer and Communications Security (CCS), 2015.
[83] Shokri R., Stronati M., Song C., et al. Membership Inference Attacks Against Machine Learning Models[C]. Proceedings of IEEE Symposium on Security and Privacy, 2017.
[84] Tramèr F., Zhang F., Juels A., et al. Stealing machine learning models via prediction APIs[C]. Proceedings of the 25th USENIX Conference on Security Symposium (USENIX), 2016.
[85] Zhang G., Yan C., Ji X., et al. Dolphinattack: Inaudible voice commands[C]. Proceedings of the 2017 ACM SIGSAC Conference on Computer and Communications Security. ACM, 2017.
[86] Xiao Q., Li K., Zhang D., et al. Security risks in deep learning implementations[C]. 2018 IEEE Security and Privacy Workshops (SPW). IEEE, 2018.
[87] Hospodar G., Mulder E. D., Gierlichs B., et al. Least squares support vector machines for side-channel analysis[J]. Developing Concepts in Applied Intelligence, 2011.
[88] Yang S., Zhou Y., Liu J., et al. Back Propagation Neural Network Based Leakage Characterization for Practical Security Analysis of Cryptographic Implementations[C].ICISC'11 Proceedings of the 14th international conference on Information Security and Cryptology, Seoul, Korea—November 30–December 02, 2011, Springer-Verlag Berlin, Heidelberg, 2012.
[89] Yinqian Zhang, Ari Juels, Michael K. Reiter, et al. Cross-VM side channels and their use to extract private keys[C]. Proceedings of the 2012 ACM conference on Computer and communications security. ACM, 2012.
[90] Lerman L.. Semi-supervised template attack[M]. Constructive Side-Channel Analysis and Secure Design. 2013.
[91] Zhang Z., Wu L., Wang A., et al. Improved leakage model based on genetic algorithm [J]. IACR Cryptology EPrint Archive, 2014.
[92] Lerman L., Bontempi G., Markowitch O.. Power analysis attack: An approach based on machine learning[J]. International Journal of Applied Cryptography, 2014, 3(2).
[93] Richard G., Neil H., Maire O.. Neural network based attack on a masked implementation of AES[C]. 2015 IEEE International Symposium on Hardware Oriented Security and Trust, Washington, D.C., USA, 2015,

IEEE, 2015.

[94] Saravanan P., Kalpana P.. A novel approach to attack smartcards using machine learning method[J]. Journal of Scientific and Industrial Research, 2017, 76(2).

[95] Cagli E., Dumas C., prouff e. Convolutional neural networks with data augmentation against jitter-based countermeasures[C]. Cryptographic Hardware and Embedded Systems - CHES 2017: 19th International Conference . Taipei, Taiwan, September 25–28, 2017, Proceedings. Springer, Cham, 2017.

[96] Gulmezoglu B., Eisenbarth T., Sunar B.. Cache-Based Application Detection in the Cloud Using Machine Learning[C], 2017.

[97] Z. Yang., J. Guo, K. Cai. et al. Understanding retweeting behaviors in social networks [C]. Proc. of the 19th ACM International Conference on Information and Knowledge Management (CIKM). Toronto, ACM, 2010.

[98] S. Golder. Tweet, Tweet, Retweet: Conversational Aspects of Retweeting on Twitter[C]. Proc. of 43rd Hawaii International Conference on Systems Science (HICSS), IEEE Computer Society, 2010.

[99] B. Suh., L. Hong., P. Pirolli., and E. Chi. H.. Want to be Retweeted? Large Scale Analytics on Factors Impacting Retweet in Twitter Network[C]. Proc. of IEEE International Conference on Social Computing (SocialCom), IEEE, 2010.

[100] H. Peng., J. Zhu, D. Piao. et al. Retweet Modeling Using Conditional Random Fields[C]. Proc. of 2011 IEEE 11th International Conference on Data Mining (ICDM) Workshops. Vancouver, IEEE, 2011.

[101] E. Agichtein., E. Brill. and S. Dumais. Improving Web Search Ranking by Incorporating User Behavior Information[C]. Proc. of the 29th annual international ACM SIGIR conference on research and development in information retrieval(SIGIR). Seattle, Washington, USA, ACM, 2006.

[102] 刘奕群，岑荣伟，张敏，等 . 基于用户行为分析的搜索引擎自动性能评价 [J]. 软件学报 , 2008,19(11).

[103] 马少平，刘奕群，刘健，等 . 中文搜索引擎用户行为的演化分析 [J]. 中文信息学报 , 2011,(6).

[104] M. ohri, A. Rostamizadeh, A. Talwalkar. Foundations of Machine Learning[M]. Fundations of Machine Learning. The MIT Press, 2012.

[105] Y. Lecun, Y. Bengio, G. Hinton. Deep learning[J]. Nature, 2015, (521).

编写专家

管晓宏　李　凡　王慧明　张渭乐　陈　希　韩德强　周亚东　沈　超
郗超波　谭文疆　周　迪　王兆宏　闫理贺　惠　维　张　鹏

审读专家

王文杰　高　峰　赵季中　朱京平

专业编辑

杨　洋

第三章 能源与材料工程

能源、材料和信息，是人类社会发展的三大支柱，足见能源和材料工程的重要性。

能源，顾名思义，即能量的来源或源泉，是可以从自然界直接取得的具有能量的物质，或从这些物质中再加工制造出的新物质，是能够产生机械能、热能、光能、电磁能、化学能等各种能量的资源，包括煤炭、原油、天然气、煤层气、水能、核能、风能、太阳能、地热能、生物质能等一次能源和电力、热力、成品油等二次能源，以及其他新能源和可再生能源。能源工程就是生产和应用能源的一系列人类活动。

广义来讲，能源来自三个途径：①来自地球以外天体的能量，最主要的是太阳辐射能。②来自地球自身的能量：一种是以热能形式储藏于地球内部的热能和重力能；另一种是海洋和地壳中储藏的核燃料所包含的原子能。③来自地球与其他天体相互作用所产生的能量，如潮汐能等。按照技术开发程度，可将能源划分为常规能源和新能源。按照成因，可将能源划分为一次能源（亦称天然能源）和二次能源（亦称人工能源）。

能源资源的生产与消费对于世界经济和人类文明非常重要。无论是生产商品、提供运输，还是使计算机和其他设备正常运作，所有经济活动都需要能源资源。因此，能源工程一直以来都是人类文明发展的基石之一，没有能源工程就没有现代工业的发展。但随着能源的使用越来越多，能源工程也带来一些环境和社会问题。

材料是人类用于制造物品、器件、构件、机器或其他产品的物质。材料是人类赖以生存和发展的物质基础。材料的发展标志着社会的进步，社会的发展常常以材料来命名，如“石器时代”“青铜时代”“铁器时代”“新材料时代”等。材料工程就是开采、制备和加工材料的一系列人类活动。

根据成分和物理化学性质，可将材料分为金属材料、无机非金属材料、高分子材料和复合材料；根据性能特征，可将材料分为结构材料和功能材料；根据应用领域，可将材料分为电子材料、航空航天材料、建筑材料、生物材料和核材料等。

材料工程为人类提供了日常生产生活不可或缺的材料，同时也不断为人类未来发展提供新的材料。跟能源工程一样，材料工程也是人类文明发展的基石之一。本章将围绕能源工程、材料工程及其交叉领域，选取27个代表工程介绍它们的发展背景、科学原理、发展现状、社会影响和环境评估等内容。

本章知识结构见图3-1。

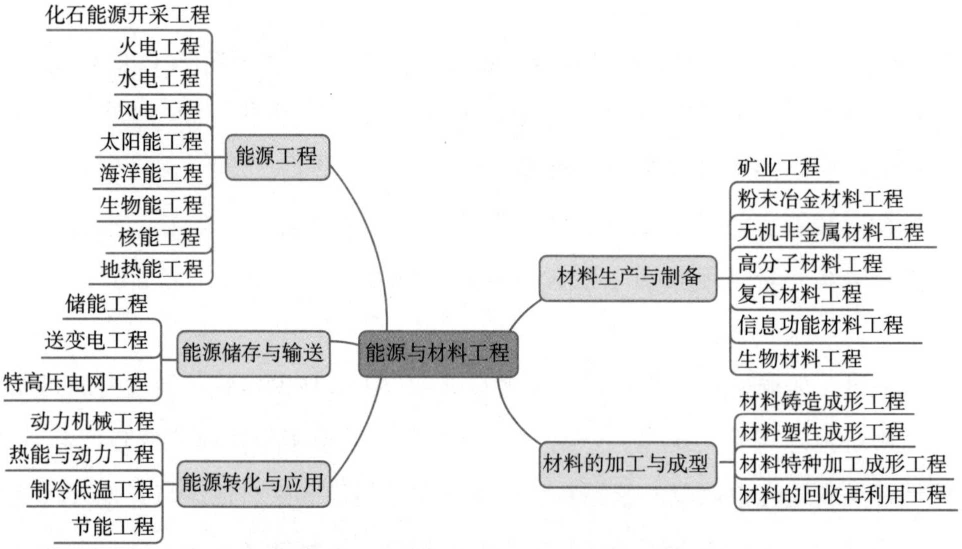

图3-1　能源与材料工程知识结构

一、能源工程

能源工程就是生产和应用能源的一系列人类活动。本部分主要介绍两种常规能源工程和七种新能源工程。

（一）化石能源开采工程

19 世纪以来，随着科技的发展和人口的爆炸性增长，人类消耗能源的速度越来越快，其中化石能源是人类现有能源体系中最大的组成部分，支撑着人类一切日常生活的运转。

化石能源由古代生物的遗体经过深度掩埋和受到长时间地热与细菌分解的作用转变而来，主要包含煤炭、石油和天然气三种形式。化石能源开采工程，顾名思义就是指将煤炭、石油和天然气这些资源从地下挖掘开采出来的工程。世界目前探明的煤炭储量约 8615 亿吨，石油储量约 2335 亿吨，天然气储量约 210 万亿立方米。按照人类目前的开采和消耗速度，这些化石能源大约还可供人类开采 100 年。

根据煤炭资源的埋藏深度不同，一般相应地采用露天开采和矿井开采两种方式。露天开采是指移去煤层上面的表土和岩石（覆盖层），开采显露的煤层。此法在煤层埋藏不深的地方应用最为合适，许多现代化露天矿使用设备足以剥除厚达 60 余米的覆盖层。矿井开采则针对埋藏过深不适于露天开采的煤层，采用竖井、斜井或平硐 3 种方法获得通向煤层的通道进行开采。竖井是一种从地面开掘以提供到达某一煤层或某几个煤层通道的垂直井，在井下，开采出的煤倒入竖井旁侧位于煤层水平以下的煤仓中，再装入竖井箕斗从井下提升上来。斜井是用来开采非水平煤层或是从地面到达某一煤层或多煤层之间的一种倾斜巷道，斜井中装有用来运煤的带式输送机，人员和材料用轨道车辆运输。平硐是一种水平或接近水平的隧道，开掘于水平或倾斜煤层在地表露出处，常随着煤层开掘，它允许采用任何常规方法将煤从工作面连续运输到地面。

油气开采是将埋藏在地下油层中的石油与天然气等从地下开采出来的过程。油气由地下开采到地面的方式，可以按是否需给井筒流体人工补充能量分为自喷和人工举升。自喷是指油层能量充足，利用油层本身能量就能将油举升到地面的方式；若油层能量较低，必须人工给井筒流体增加能量才能将原油从井底举升到地面上来，这种方式叫作人工举升。人工举升采油包括气举采油、抽油机有杆泵采油、潜油电动离心泵采油、水力活塞泵采油和射流泵采油等。

人类利用化石能源的历史由来已久，17 世纪以前，我国化石能源开采工程一直世界领先。商周时期，我国就已进行地下采煤。到了明代，采煤作业中已采用了排除瓦斯和防止矿井塌陷的措施。我国近代早期天然气开采工程也十分发达，1835~1840 年，在我国四川，人们采用手工加竹竿的方式采集天然气，采气深度超过 1 千米，堪称世界奇迹。

从18世纪60年代英国产业革命开始，蒸汽机的发明巩固了煤炭在能源中的主导地位，当时英国是煤炭开采工程发展最快的国家，1913年达到了近3亿吨，约占当年世界煤炭开采总量的22%。当时煤炭生产主要集中在英国、美国、德国和苏联，四国煤炭总产量占世界总额的75%以上。我国煤炭开采工程到2006年达到23.25亿吨，开采量跃居世界第一，机械化程度由早期的30%提高到77.78%。2018年我国煤炭产量超过35亿吨，约占世界开采总量的一半，是世界第一煤炭开采大国。

现代石油开采工业起源于1858年，美国德雷克首先用机械钻盐井的方式在泰特斯维尔成功开采并抽取原油，并达到每天30桶的开采效率。之后石油开采工程飞速发展，到了1960年，世界石油年产量突破10亿吨，2018年全球石油产量为44.5亿吨。新中国成立后，我国地质学家相继发现了大庆油田、胜利油田、辽河油田，使我国石油产量快速上升，1978年原油产量突破1亿吨，跻身为世界产油大国，2018年我国石油开采总量约为1.9亿吨。世界范围内，中东地区原油产量最高，达到14.9亿吨，占比33.29%；北美地区产量达到10.27亿吨，占比22.96%；欧洲及欧亚大陆达到8.72亿吨，占比19.49%；非洲、中南美洲及亚太地区分别占比8.69%、7.49%、8.08%。

相比于煤炭，天然气燃烧更高效、更清洁。1916年，美国发现了门罗气田，可采储量超过4000亿立方米，后续不断有新气田被发现。到了1930年，美国已发现天然气储量超过1.8万亿立方米，年产量超过500亿立方米。之后，苏联、加拿大和意大利等国也陆续发现大量天然气田。我国2000年之后开始重视天然气的开发和利用，2018年天然气产量超过1600亿立方米。

化石能源是人类经济和社会发展最关键的物质基础，但同时也是引发气候变暖、环境恶化的根源，在化石能源开采和利用的过程中不可避免地会对环境造成破坏。所以人类未来需要把握好化石能源的开发利用和环境保护的平衡问题，实现能源和环境的可持续利用和发展。通过逐步减少高碳化石能源的消耗，增加低碳能源和可再生能源，例如天然气、水能、风能、核能等的消耗比例，从根本上解决污染排放的问题，实现人类绿色发展和未来可持续发展。

（二）火电工程

化石燃料燃烧，即火力发电是人类利用能源的最主要形式。2018年，火力发电占整个能源体系的 85%，可以说人类的大部分活动都依赖于火电工程。但是，火力发电所需的化石燃料属于不可再生资源，随着化石资源的不断减少和气候环境的不断恶化，人类对火电工程的发展又有了新要求。

火电工程一般是指将化石燃料燃烧产生的能量转换成电能等可被人类直接利用的能量的工程。化石燃料主要是指煤炭、石油及天然气，分别占整个能源消耗的 28%、34% 和 23%。相关资料统计，按照目前火力发电消耗化石燃料的速度，存量化石燃料大约可以维持 300 年的时间。进一步考虑约 90% 的温室气体 CO_2 都是由火力发电产生的，火电工程发展面临的情况会越发严峻。

火力发电厂实现化石（通常是煤炭）燃烧能转换为电能的基本过程如图 3-2 所示。

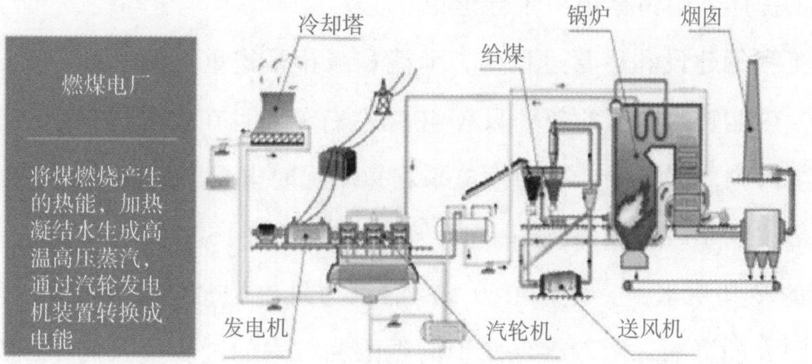

图 3-2 燃煤电厂发电过程

资料来源：http://www.cnenergy.org/dl/hd/201807/t20180712_659369.html。

储煤场将大小均匀的煤块，经过输运皮带运输到大型锅炉中充分燃烧，煤炭燃料燃烧放出大量热能，这些热能用来加热蒸汽管道中的水，水吸热变成高温高压的水蒸气，水蒸气通过管道导入汽轮机组中，水蒸气推动叶轮带动发电机旋转而产生电能。在火力发电过程中，会产生大量余热、粉尘和有害气体。

中国是世界上最早利用化石燃料的国家，早在 3500 年前，中国人就发现了煤炭，并进行开采和应用。到了汉代，煤炭的运用十分广泛，汉代冶铁遗址的勘探和发掘，证实了西汉时煤炭就已经作为燃料来炼铁。西方古罗马大约在 2000 年前开始利用煤炭加热。到了 18 世纪，随着蒸汽机的发明和电磁学的发展，化石燃料产生的能源不再单一用来加热，而是用来发电。1875 年，人们在巴黎北火车站建立了世界上第一个火电厂。随后，美国、苏联、英国也相继建立火电厂。我国于 1882 年在上海建立了一座火电厂——乍浦路火电厂。到了20世纪，随着人们对电能急切的需求，火电工程也迅速发展，火电机组的容量不断增大。20世纪初期，火电机组容量一般是1万~10万kW；到了50年代中期，就普遍达到了30万~60万kW的规模；80年代后，日本鹿儿岛电厂火电机组容量达到了440万kW。

火电是我国最主要的发电形式，发电量占比70%~80%。1950年，苏联投建了我国抚顺火电厂等23个火电工程项目，奠定了我国火电工程发展的基础。1960年，我国电力行业开始自主创新，自行研制了10万kW、12.5万kW、20万kW的火电机组。改革开放以后，我国经济、科技迅速发展，电力需求不断增长。而火力发电技术相对成熟、投资需求少、容易规模化生产、成本较低，而且对地理环境要求低，所以一直以来火电工程是我国主要的能源工程形式。2018年，我国火电工程发电量接近5万亿kWh，占全国发电总量的73.23%，其中100万kW的机组超过100台。火电工程在我国整个能源工程体系中占据绝对主导地位。

在火电工程的建设和运营过程中，节能和减排是很重要的一项工作。火电工程在发电过程中，热能转为电能的效率只有40%左右，而且在发电过程中会产生大量的酸性气体和粉尘污染。据统计，火力发电平均每千瓦时电量产生的二氧化碳超过400克，是其他发电形式的10~100倍，全国每年产生的烟尘约1500万吨。而且火力发电过程会消耗大量的冷却用水，一座100万kW的火力发电站日均耗水量约10万吨，对周围环境造成巨大的影响。随着环保意识的觉醒和技术的进步，人们不断淘汰低功率的小型机组，集中发展高功率的机组，并开发了超临界火力发电技术，该方案具有显著的节能和改善环境的效果。而且在烟囱出口加装高效静电除尘器，生产废水实现了循环利用，粉煤灰转制建筑材料原料等，实现超低排放的绿色环保管理控制，使得火电工程发展与人类健康发展和谐共进。

（三）水电工程

在全球能源工程体系中，水电工程是极其重要的组成部分，且随着化石燃料日渐减少和环境不断恶化，水能作为一种对环境冲击小，取之不尽、用之不竭、可再生的清洁能源，成为非常重要且前景广阔的替代能源。

水电工程是指将水能转换为电能等可以被人们直接利用的能量的工程。据统计，全球水能资源理论蕴藏总量约42亿kWh/Y，其中适合开发水能资源约12亿kWh/Y，而目前全球水能资源开发利用程度不足20%，所以水电工程还有巨大的开发与发展空间。

水力发电的核心部件是发电机组，典型的水力发电原理如图 3-3 所示。

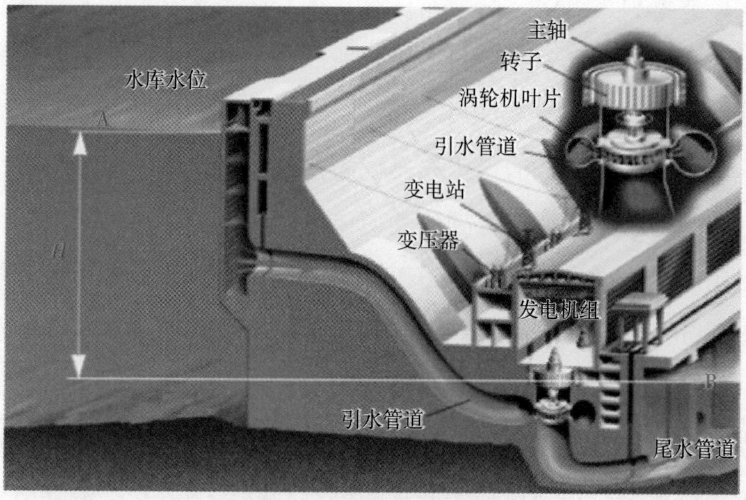

图 3-3　水力发电原理

资料来源：http://www.iwhr.com/zgskyww/ztbd/dbzhw/first/webinfo/2011/01/1294879660858790.htm。

高处的水具有很大的势能，这些水从高处流向低处的时候会产生巨大的动能，流水穿过引水管道，推动发电机组的涡轮叶片，带动涡轮机的转子快速转动，就产生巨大的电能。水电工程的电能转换效率很高，大型水电站电能转换效率高达 90%。

人们对水能的利用由来已久，早在商周时期，人们就利用水往低处流的特点，在河流旁边开凿水渠，引水入田或者排水出田。到了春秋战国时期，人们掌握了筑坝技术，使得水能的应用从灌溉扩展到航运、河道治理甚至国家战争中，都江堰和郑国渠就是当时的产物。到了约 2000 年前的东汉时期，我国出现了水轮机械，即以水流为动力，带动水轮转动，再依靠传动装置把水轮运动传到机械终端。早期水轮机械主要用在粮食加工上。最早的水能发电工程诞生于 1878 年的英格兰诺森伯兰（Northumberland），那时候发的电仅仅能够点燃一盏电灯。四年后第一家商用水电厂出现在美国（Wisconsin），之后数以百计的水电工程陆续投产运营。20 世纪上半叶，美国和加拿大的水电工程处于领先地位，当时位于华盛顿的大古力水电站装机容量高达 1974MW，是世界最大的水电工程。20 世纪 60~80 年代，大型水电的开发主要集中在加拿大、苏联和拉丁美洲。过去发展中国家出于政治、经济原因，水电工程发展较为缓慢，直到 80 年代中后期，以中国、巴西为代表的发展中国家发展迅速，水电工程的开发速度大大加快。目前世界上水电装机容量超过 1000 万 kW 的有 16 个国家，排在前五的是中国、美国、巴西、加拿大和俄罗斯。我国目前是水电工程规模最大、水能蕴藏量最大的国家，但是水能开发利用程度约 14%，不足世界平均 25% 的水平，而瑞士、法国、奥地利、英国、美国、日本、意大利等国家，水能开发利用程度均在 50% 以上，最高可达 74%，远远超过中国。所以我国水电工程还有巨大的发展空间。

水电是清洁能源，可再生、几乎无污染、运行费用低，在地球传统能源日益紧张的情况下，水电工程是一个值得优先发展的传统能源工程。但是水电工程大多数建在天然河道上，从而会破坏河流长期演化而成的生态环境，对水质、局部的气候和地质都会产生一定影响。而且水电工程施工范围巨大，会造成周围地貌和植被发生巨大变化，植物生存环境丧失，进一步导致区域动物发生迁移和种类改变，甚至会牺牲水电工程周围的耕地、房屋、工厂甚至文物古迹等。所以发展水电工程还需要建立环境影响评价制度和生态环境保护制度。在实施水电工程前，对可能造成的区域气候、水文、土质和民生影响进行详细评估，并预测影响程度，结合这些数据对拟建的水电工程进行综合评价，从而选择水电工程最佳实施方案。

水电工程虽然对环境存在一定的负面影响，但是相比火电和其他能源，该能源储量巨大而且集中，对环境影响相对很小，又是可再生的清洁能源，综合考虑，这是我国和世界值得大力发展的能源。

（四）风电工程

气候变化、化石能源枯竭和环境恶化是人类可持续利用能源面临的主要挑战，而规模化发展风力发电是应对这些挑战的一个有效措施。近 20 年以来，全球风力发电产业持续高速增长，风能工程也取得了很大进步，风电正在成为许多国家的主力能源之一。

风电工程是将风能转换成电能等可被人类直接利用的能量的工程。地球上的风能资源十分丰富，相关资料统计，每年来自外层空间的辐射能为 1.5×10^{18}kWh，其中 2.5%（即 3.8×10^{16}kWh）的能量被大气吸收，产生大约 4.3×10^{12}kWh 的风能，而目前全球风力发电机组的装机容量只有不到 2.0×10^{8}kW，风能还有巨大的利用空间。

实现风能—电能转换的核心设备是风力发电机（简称“风机”），一个典型的风机结构如图 3–4 所示。

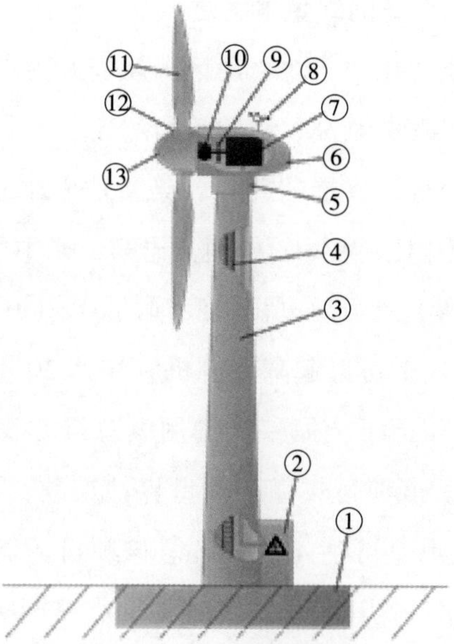

图 3-4　风机结构

①底座　②控制柜　③塔筒　④内部爬梯　⑤偏航控制装置　⑥机舱罩　⑦发电机　⑧风速计　⑨制动　⑩齿轮箱　⑪叶片　⑫叶片桨距控制　⑬整流罩

资料来源：Arne Nordmann, http://commons.wikimedia.org/wiki/File:Wind_turbine_int.svg。

其中，叶片是集风装置，风推动叶片转动的原理与飞机机翼受到升力起飞的原理类似，其作用是把流动空气的动能转换成叶片旋转的机械能。之后由风机中的发电机将机械能转换为电能。

多个风机组成一个风电机组，集电系统将风电机组生产的电能收集起来输出，可将输出电压从 690V 升高到 10kV 或 35kV。如果通过升压变电站的主变压器进一步升压，则可达到配合 35kV 以上的高压输电、超高压输电（500~1000kV）或特高压输电（1000kV 以上）的电网线路。

风能是一种古老的能源利用形式，人类社会最初是通过风车利用风能。早在 2000 年前，中国、巴比伦和波斯等国就已能建造风车用来提水灌溉农田、碾磨谷物。后来风车技术不断发展，并传入欧洲地区。18 世纪后，随着工业技术的进步，风车的结构和性能有了很大的优化，开始用来发电。1887 年，世界上第一台风电机组诞生在苏格兰。它由帆布制作，高 10 米，配置一套蓄电池组。到 1918 年，丹麦已拥有 120 台风电机组。从 1973 年世界性石油危机开始，世界各国进一步重视风力发电，并加大投入。至 2016 年，风电在美国已超过传统水电成为第一大可再生能源。在德国，陆上风电已成为整个能源体系中最便宜的能源。2019 年全球成本最低的风电项目的度电成本仅为水电的一半，成为最经济的绿色电力之一。

我国的陆上风能资源集中在“三北”地区，风资源约占全国的80%。相比陆上风电，海上风电具备风电机组发电量高、机组运行稳定、不占用土地等优势，因而全球风电场建设已出现从陆地向近海发展的趋势。英国是全球最大的海上风电市场，占全球累计装机容量的36%，德国以29%的份额位居第二，中国以15%的份额位居第三。

世界上最大的巨无霸海上风力发电机是我国的SL5000。它的叶片长度达128米，风轮高度超过40层楼，机舱上可以起降直升机，在其20年的设计寿命里，将从空气中获取4亿kWh的电能，相当于上海一天的用电总量。我国装机容量最大的海上风电项目是中广核如东项目。该项目攻克多项世界性难题，总装机容量达15.2万kW，共安装38台风机，年上网电量可达4亿kWh。该项目的建成投运，标志着我国掌握了海上风电建设的核心技术，也让我国成为继德国、英国等国家后，少数几个具备海上风电建设核心能力的国家之一。

在风电工程的建设过程中，评估是一项很重要的工作。立项前，需要完成选址测风、风能资源评价、预可行性研究等评估工作。立项之后，经能源主管部门、土地管理部门、环境保护管理部门、安全生产监督管理部门等机构评估同意后，才能开展后续工作。

其中，环境影响是评估风电项目的一个重要因素。风电，在建设期和运营期均对当地周围环境或多或少地产生影响，如噪声、施工和生活废水、固体垃圾、高压部件的电磁污染等。只有将这些环境影响控制在规定范围内，风电工程项目才能顺利立项和结项。

当然，尽管风电工程对环境存在一定的负面影响，但长久来看，其影响远远小于燃煤、石油或天然气。风能依然是最有潜力，且全世界都将大力发展的清洁能源之一。

（五）太阳能工程

太阳能是一种清洁能源，规模化发展太阳能发电是应对环境问题的一个有效措施。近20年来，全球太阳能发电产业增长迅速，太阳能工程也取得了很大进步，太阳能逐渐并入很多国家的能源体系之中。

太阳能工程是将太阳能转换成电能等可被人类直接利用的能量的工程。地球上的风能、水能、潮汐能都来源于太阳能；即使是地球上的化石燃料（如煤、石油、天然气等），本质上也是远古以来储存下来的太阳能，所以广义的太阳能的范围非常大。狭义的太阳能则限于太阳辐射能的光热、光电和光化学的直接转换。本研究讨论的是狭义上的太阳能，但仅是狭义上的太阳能也拥有巨大的能源总量。地球每小时接收的太阳能总量就相当于整个世界一年消耗的总能量，可以说太阳能是无尽的。

太阳能发电工程的核心部件是太阳能电池阵列，它实现了从太阳能到电能的转换。典型的太阳能电池结构如图 3-5 所示。

图 3-5　太阳能电池结构

资料来源：自制组图。

太阳能电池阵列的基础单元部件是单体，单体的基体材料大多是高纯硅，纯度可达 99.999%。单体是实现太阳能到电能转换的最小单元，一般太阳能电池单体的工作电压约为 0.5V，电流为 20~25mA/cm^2，其中单晶硅单体的转换效率可达 20% 以上，多晶硅可达 17% 左右。单体的输出电压、电流太小，无法直接作为电源使用。将一定数量的单体串联、并联或者混联，就构成了组件。组件的组合方式是固定的，一般有 36 片、48 片、54 片、60 片和 72 片五种形式，再将这些组件连接，就构成了太阳能电池阵列。

其实，人类对太阳能的利用由来已久，早在 3000 年前，我国古人就能够利用阳燧汇聚太阳光来取火。到了公元前 3 世纪，希腊人和罗马人曾利用凹面镜聚热原理点燃了敌方战船，到了公元500年左右，罗马人在浴室中修建了保温隔热的太阳能浴室。1615 年，法国工程师所罗门·德·考克斯发明了第一台太阳能驱动的发动机。但是在 19 世纪之前，人类主要应用太阳能的热效应。一直到 1893 年，法国实验物理学家 E. Becquerel 发现液体的光生伏特效应（简称“光伏效应”），这为太阳能发电奠定了理论基础。1877 年，W. G. Adams 和 R. E. Day 详细研究了硒（Se）的光伏效应，并制作第一片硒太阳能电池，这是人类首次实现太阳能到电能的转换。随着多年的研究和技术开发，太阳能工程发展到现在，全球累计装机容量已经超过 400GW，年发电量约占全球发电总量的 2%。

我国的太阳能资源非常丰富，日照量 2200 小时以上的地区占整个国土面积的 2/3 以上。这些地区年辐射总量为 3300~83600MJ/m^2，相当于 110~250kg 标准煤燃烧产生的热量。虽然我国拥有丰富的太阳能资源，但是太阳能工程的发展并非一帆风顺。我国首次制得太阳能电池是在 1960 年前后，那时的太阳能电池主要应用于航天领域，电池效率可以达到 15%，与当时的国际水平相差不大。我国太阳能真正实现工程化实施始于 20 世纪 80 年代，当时研发工作蓬勃展开，但是由于工程技术积累几乎全无，太阳能工程进展比较缓慢。到了 80 年代末期，我国引进了国外多条太阳能生产线，太阳能生产能力由原来的几百 kW 提升到几千 kW，成果喜人。但后续发展乏力，太阳能电池的产能一直维持在这个水平。到了 2001 年，无锡尚德成功建立 10MW 太阳能电池生产线，生产线投产第一年就相当于前四年我国太阳能电池产量的总和，一举将我国与国际太阳能工程的差距缩短了 15 年，之后我国太阳能工程事业迅速发展。如今，我国是世界上太阳能发电量最多的国家，约占全球太阳能发电总量的 25%。而且太阳能发电量增长迅速，2017 年我国新装机总量全球占比超过 50%，太阳能工程相关电池、材料、组件市场占有率超过 70%，其中硅锭硅片高达 90%。

人类长期依赖化石能源，环境受到了严重污染，环保呼声日益高涨，而相比其他能源工程形式，太阳能工程在实施过程中污染少，可在任何地方快速安装，系统运行时无噪声、无有害气体排放，也无放射性污染物排放，这是一种非常环保的能源形式，值得大力推广。

（六）海洋能工程

海洋面积约占地球的 2/3，蕴藏的能源资源丰富，因此海洋能成为人类能源产业发展的希望。近几十年以来，全球海洋能产业不断发展，开发利用技术不断进步，海洋能工程取得了巨大成就，逐步进入各个国家能源体系。

海洋能工程是将海洋能转换成电能等可被人类直接利用的能量的工程。海洋能主要包括潮汐能、海浪能、温差能、盐差能和潮流能等。更广泛意义上的海洋能还包括海面上空的风能、海水表面吸收的太阳能和海洋里的生物质能。海洋能产生的来源有两个，一是太阳和月球对地球的引力，二是太阳辐射能。地球海洋能储量十分巨大，难以估量，相关资料统计，仅潮汐能就超过 30 亿 kW。

在所有的海洋能中，潮汐能是人类最早开始利用并且发展最为成熟的海洋能，其他海洋能工程基本处于实验室阶段。潮汐发电方式和陆上水力发电非常相似（见图 3-6），都是利用水的动能推动涡轮机叶片，从而带动发电机组进行发电。

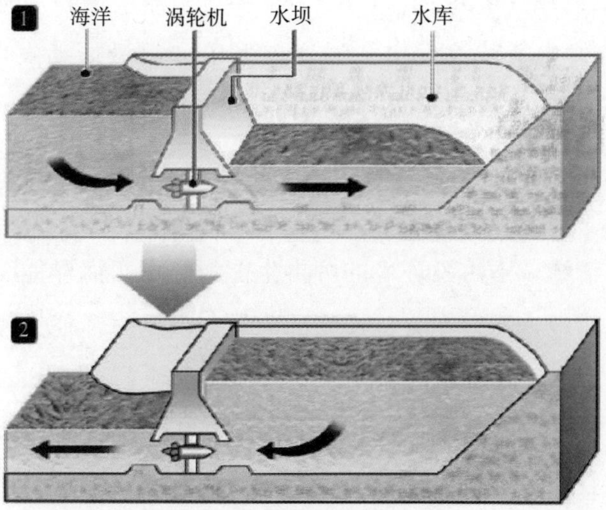

图 3-6　潮汐发电原理

资料来源：http://www.sohu.com/a/202144803_99931738。

图 3-6 所示的潮汐发电是双向发电。潮汐发电站一般建在海湾附近，用拦海水坝将海洋隔开，形成一个天然水库，发电机组就装在拦海大坝内。涨潮时，海水水位逐渐升高，此时海水从海洋流向水库，推动涡轮机叶片，带动发电机组发电。退潮时，海水流向相反，再一次推动涡轮机旋转发电。这种双向发电的形式对潮汐能的利用率较高，每天持续发电的时间相比单向发电要长。

据相关记载，人类最早利用海洋能可以追溯到公元 10 世纪，当时的阿拉伯人就利用落潮（海水的动能）推动磨坊研磨谷物。11 世纪的英国人在多佛港口建造了很多座潮汐磨，有些在 20 世纪初还可以运转。早期人们主要利用海洋能研磨谷物，海洋能用来发电是 20 世纪以后的事情。1913 年，德国在北海海岸建立了世界上第一座潮汐发电站。但具有实际商业价值的是法国在 1967 年建成的朗斯潮汐电站，发电量可达 24 万 kW。1968 年，苏联在基斯拉雅湾建成了一座试验性的潮汐电站。

我国陆地海岸线长达 18000 多公里，潮汐能十分丰富，据不完全统计，我国潮汐能总量约为 1.1 亿 kW，可开发约 0.385 亿 kW。我国自 1955 年开始建设小型潮汐电站，20 世纪 50 年代末至 80 年代先后建成沙山、白沙口、江厦等 70 余座潮汐电站，成为世界上建成现代潮汐电站最多的国家。截至 2018 年底，世界装机量前四的潮汐发电站分别是韩国始华潮汐电站（25.4 万 kW，2011 年）、法国朗斯潮汐电站（24 万 kW，1967 年）、加拿大安纳波利斯潮汐电站（2 万 kW，1984 年）和我国江夏潮汐发电站（0.39 万 kW，1980 年）。除了潮汐发电，海洋能发电的方式还有海上风力发电、波浪发电、温度差发电和涡激振动发电等。但是相比潮汐发电，这几种发电方式目前还处于初期试点试验阶段，远远没有潮汐发电工程成熟。

海洋能的利用涉及政治、经济、技术和环境等复杂问题。海洋能工程的社会和环境效益好，是一种清洁、不污染环境的可再生能源。由于海洋能工程多立足于海上，建设时不需要占用耕地，不存在人口迁移的问题。但是海洋能工程通常建设周期长，设备工作环境恶劣，饱受海水冲击和腐蚀，技术难度巨大，综合起来相比传统能源工程建设和维护成本非常高，常常需要当地政府持续提供各方面支持，这对政府财政会造成一定压力。而且在海湾口筑坝建电站与海湾内其他资源开发方式，如建立码头、港口会形成一定矛盾，所以整个工程经济效益评估难度大。但是海洋能储量丰富，开发潜力极大，随着技术发展进步，海洋能会逐渐成为区域化能源体系中重要的组成部分。

（七）生物能工程

随着人类生存环境不断恶化，用现代技术开发利用包括生物能在内的可再生型能源资源，对于减轻人类对传统化石能源的依赖、促进社会经济的发展和生态环境的改善具有重大意义。因此，近些年来生物能工程不断发展创新，逐渐成为主力能源工程之一。

生物能工程是将生物质转换为电能或者其他能被人类直接利用的能量的工程。生物能广义上包含一切以生物质为载体的能量，具有一定再生性。相关资料表明，全球每年新生的生物质热当量约 3×10^{12} 焦耳，是人类总能耗的 10 倍以上，但是目前人类对生物能的利用率不足 3%。从这两方面来讲，生物能工程未来还有巨大的发展潜力。

生物质的成分组成与化石燃料大体相同，所以利用技术相差不大，目前生物能发电主要有三种形式，一是农林废弃物直接燃烧发电，这是最主要的生物能利用形式，大约占整个生物能发电总量的 90%。废弃物主要有秸秆、林木、其他垃圾等，这种发电方式采用的设备和火力发电设备非常相似，如图 3-7 所示。首先将生物质燃料去除水分，压缩成大小均匀的料块，将这些料块送入锅炉中燃烧加热水，水受热汽化膨胀，推动汽轮机旋转进行发电。二是生物质气化发电，是指将生物质在气化炉中转化为气体燃料，气体再经净化后，去除其中灰分、焦油和焦炭等杂质，再燃烧发电。生物质气化发电几乎不排放任何有害气体，是生物能发电中最有效、最清洁的发电方式。三是沼气发电，是将有机废弃物进行厌氧发酵处理产生沼气，沼气燃烧来驱动内燃机发电。

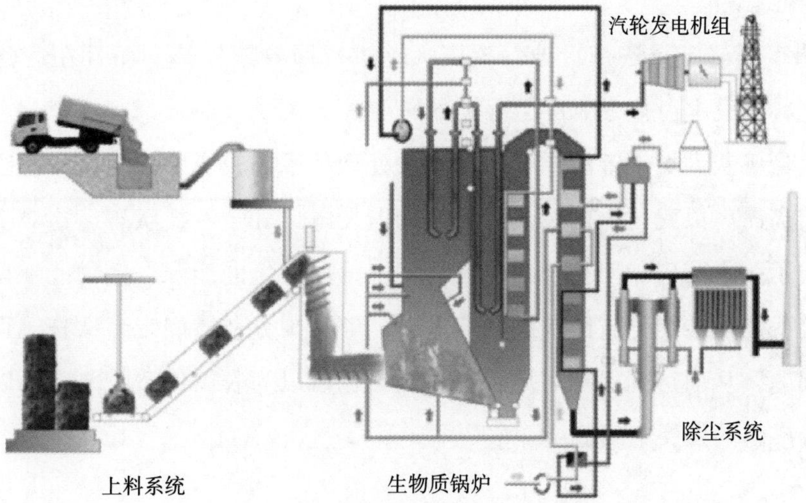

图 3-7　生物能直燃式发电原理

资料来源：https://www.xianjichina.com/baike/detail_1229.html。

生物能是人类最早使用的能源，考古工作者在云南元谋人遗址中发现不少炭屑，这意味着人类利用生物能至少有 170 万年的历史。古代人们利用生物能的形式大多是直接燃烧，用以加热食物、冶炼金属和照明。1860 年，薪炭等生物能原料在世界能源消耗中所占的比例仍然高达 74%，后续随着化石燃料的大量开发利用，生物能原料用量逐年下降。到了 20 世纪 70 年代，世界石油危机爆发，生物能工程重新焕发光彩。1988 年丹麦建立了世界第一座秸秆生物燃烧发电厂，1992 年英国建立了第一家利用动物粪便发电的电厂，随后生物能工程稳定持续发展。截至 2018 年，全球生物质发电厂约有 3800 个，装机容量约为 130GW，其中欧美占比 64%，亚洲占比 31%，生物能发电量占可再生能源发电量的 8%。

我国生物能资源相当丰富，相关资料统计，仅各类农业废弃物（如秸秆等）的资源量每年即有 3.08 亿吨标准煤，薪柴资源量为 1.3 亿吨标准煤，加上粪便、城市垃圾等，资源总量估计可达6.5亿吨标准煤以上。我国生物能发电以直燃发电为主，目前我国生物能工程水平与国际水平相当，其中生物质燃烧、气化、垃圾发电技术处于世界领先地位。我国是世界上生物能工程发展最快的国家，年均复合增长率超过8%。截至2018年，我国已经投产生物能工程项目902个，覆盖全国30个省、自治区、直辖市。其中广东粤电湛江生物质发电厂是世界上单机容量及总装机容量最大的生物质发电厂，两台机组总装机容量为2×50MW，主要燃料是桉树皮和甘蔗渣，每年能够节省28万多吨标准煤，还可实现二氧化硫零排放，每年减排二氧化碳约48万吨，产生电能超6亿kWh。

生物能工程属于重资产行业，投资大、投资回收期较长，而且在运营过程中收购、储存燃料的成本占整个项目运营成本的70%左右。生物质燃料在燃烧、气化过程中会产生大量飞灰、噪声等问题，虽然相关处理技术比较成熟，但是目前废物处理成本仍然比较高昂。以我国为例，大部分生物能发电厂处于亏损状态。这对生物能的快速发展造成了一定障碍。但是生物能是一种清洁可再生的能源，生物能工程的开发不仅能够减轻我国对传统化石能源的依赖，还能够减少分散燃烧废弃秸秆过程中产生的环境污染问题，从而达到保护环境目的，同时也可以为农民创造收入，所以生物能工程具有十分广阔的发展空间。

（八）核能工程

风能和太阳能作为低碳能源，从众多替代新能源中脱颖而出，但是这两种能源目前的转换利用效率较低，并不能为快速发展的工业文明提供足够的能源并解决气候变化问题，所以核能就被纳入低碳低污染能源结构。

核能工程是将核能转换成电能等可被人类直接利用的能量的工程。核能发电是利用核反应堆中核原料（通常是铀-235）裂变所释放出的热能进行发电的方式。它与火力发电极其相似，只是以核反应堆及蒸汽发生器来代替火力发电的锅炉，以核裂变能代替矿物燃料的化学能。相关资料统计，世界上铀储量约200万吨，按照现在世界上的核电站规模，可供它们继续发电约70年。

核能发电核心装置是核反应堆，一个典型的核电厂结构如图3-8所示。核反应堆中的核燃料是富含铀-235（约3%）的棒料。它是将富含铀-235的原料制成直径1厘米、高度1厘米的圆柱体，然后将几百个圆柱体装入直径1厘米、长4米的薄壁锆合金管中制成的。核燃料棒被置于大量的冷却剂中，铀-235在控制棒的作用下缓慢发生裂变反应，裂变反应产生的中子被燃料棒周围的冷却剂吸收，此时会产生大量的热。这些热量经由冷却剂导出传给下一级水路，水受热产生巨量高温高压的水蒸气，高温高压的水蒸气推动发电机的叶轮旋转就产生了电。

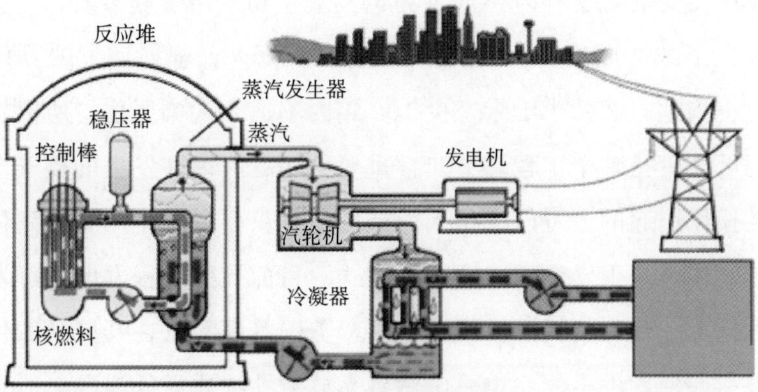

图 3-8　核电厂结构

核能是一种人们在 20 世纪初才发现和逐步掌握的能源形式。最早的可控核反应堆是 1942 年 12 月由费米等人在芝加哥大学完成的。1954 年，苏联在卡卢加州建造了第一座商用核电站——奥布灵斯克核电站。虽然当时核电站的输出功率仅有 5000kW，但是标志着人类和平利用核能的开端，值得一提的是，奥布灵斯克核电站平稳运行了近 50 年，直到 2002 年才正式关闭。继苏联建立第一座核电站之后，英国、美国等国家也陆续建成各种核电站。到 1960 年，全世界有 5 个国家建成 20 座核电站。其间，由于铀浓缩技术不断提高，到了 1966 年，核能发电成本已经低于火力发电成本，这大大加快了核能工程的发展。1978 年，全世界超 20 个国家拥有核电站，仅仅 30MW 以上的核电站就超过 200 座。

我国核能工程开始较早，但是用于商业发电却比较晚。我国第一颗原子弹于 1964 年爆炸成功，但是和平利用核能于 20 世纪 80 年代才开始。我国第一座自行设计建造的秦山核电站于 1991 年才投入运行。核能工程发展至今，取得了巨大进步，国际原子能机构统计，截至 2018 年底，全球共有 448 座核动力堆在运行，另有 59 座正在建设，当年发电容量达到 397GW，相当于 600 多万吨油完全燃烧产生的热量。2018 年我国核能发电总量已经跃居全球第三，但是核能发电量占整个能源的比重只有 4%，远低于全球 10.6% 的水平。美国、俄罗斯、韩国和英国核能发电量占整个能源的比重约 20%，法国高达 71%。

核能工程在电力方面的应用是最清洁的方式，在整个发电过程中不排放温室气体和其他废气，而且由于燃料能量密度非常高，核电站整个工程规模较同等功率的其他电站小得多。所以对于能源需求巨大的国家，这是一种值得大力发展的安全、清洁又高效的能源技术。但是核燃料与核废料具有放射性，这导致核能工程一旦出现事故将会产生巨大的社会安全问题。1986 年 4 月的乌克兰切尔诺贝利事故，是史上最严重的核电事故之一，事故造成人员伤亡、重病超过 30 万人，辐射诱发的其他疾病发病人数超过 250 万，当地方圆几十千米至少 100 年内不适合人类居住。所以核能工程安全运行和废料的后处理是整个工程环节非常重要的问题。以往发生的核安全事故，大多是由非规范性操作引起的，可以说是人为造成的，只要安全生产管理到位，严格按照标准程序执行，核能是很安全的能源利用方式。目前核能工程发电已经发展到第三代技术，安全性比上一代大幅提升。而且中国、美国等国家正在开展第四代核电技术开发，届时核电站即使发生事故，也可以做到无放射性物质厂外泄漏。所以核电工程是值得大力发展和推广的能源工程。

（九）地热能工程

地热能是蕴藏在地球内部的天然热能，具有清洁、高效、稳定、安全等优势，在调整能源结构、治理雾霾、节能减排等方面发挥着独特作用，尤其在供暖领域，地热能将成为未来主要的发展方向。

地热能工程是将地热转换为电能或者其他可以被人类利用的能源形式。地球上的地热能储量巨大。相关资料统计，地球内部热能总量约为全球煤炭储量的 1.7 亿倍，足以满足人类数十万年的消费需求。地热能利用占比每提高 1 个百分点，就相当于减少 3750 万吨标准煤使用量，减排二氧化碳 9400 万吨、二氧化硫 90 万吨、氮氧化物 26 万吨。地热主要分布在板块构造边缘一带，通常为火山和地震多发区。按照地热能的利用方式，可以分为地热发电和直接利用两种类型。其中一般把高于 150℃的地热称为高温地热、低于 150℃的地热称为中低温地热。高温地热资源用来发电，中低温地热资源可以用于供暖、制冷、温泉旅游、农业种植等。在合理管控的模式下，地热田的寿命可达 100~300 年。所以地热能是一种可持续利用的清洁能源。

地热能转换为电能的原理如图 3-9 所示，它的核心装备与火力发电类似，都是涡轮机发电机组。首先向地下储热层打两口深井，再用压力泵将冷水打入地下储热层。

冷水受热变成水蒸气，从产气井中冲出来。其中温度较高的水蒸气流入蒸汽罐中，推动涡轮机叶片旋转发电。相对水蒸气温度较低的液态水流入另一个通道，加热低沸点介质，低沸点介质受热蒸发膨胀，推动另外一组涡轮机叶片发电。

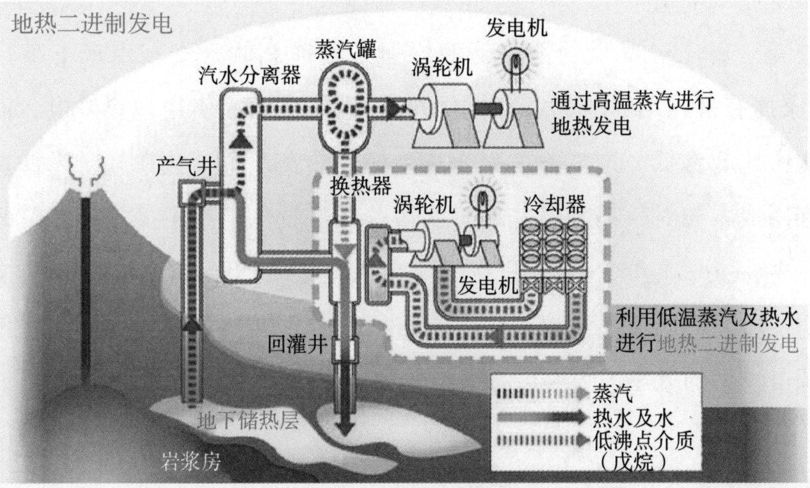

图 3-9　地热发电原理

资料来源：http://3g.hbddrn.com/lingyu/fadian/6101.html。

史书记载，公元前 600 至公元前 500 年以前的东周时代，我国先人就知道利用地下热水洗浴治病和灌溉农田，还会从热泉中提取硫磺等有用元素。在欧洲，意大利至今还保存着古罗马利用地热的遗迹。世界上凡有温泉出露的地方，都有低温地热利用的历史。历史上对地热资源的开发利用大多限于对温泉的直接利用上，且主要用于医疗和洗浴方面。地热能的大规模利用始于 1812 年意大利人在拉德瑞罗提取硼酸。到了 1904 年，意大利人科迪恩利用地下喷出的蒸汽作为动力发电，成功点亮了一盏电灯，这一创举标志着利用地热发电的开始，开创了人类利用地热发电的新纪元。截至 2018 年，全球地热装机容量约为 13GW，约占可再生能源总量的 0.6%。地热利用排名前五的国家分别是美国、印度尼西亚、菲律宾、土耳其和新西兰。其中美国拥有世界最大的地热田——盖瑟斯地热田，它所产生的电能占加州北海岸地区总电量的 60% 以上。

我国地热资源十分丰富，地热能约占全球地热能的 1/6。据国土资源部勘察，我国地热能可开采量大约相当于 26 亿吨标准煤。我国地热能工程起步于 20 世纪 70 年代，目前我国地热能的开发利用可分为发电和直接利用两个方面。高温地热资源主要用于发电，中温和低温地热资源则以直接利用为主，对于 25℃以下的浅层地热能而言，主要用于供暖和制冷。其中我国浅层地热能、中深层地热能直接利用规模分别以年均 28%、10% 的速度增长，增速已连续多年位居世界第一。2018 年直接利用量约为 5 万 GW，其中主要是地源热泵和地热供暖，全国地热能工程规模约 500 亿元，大约有 400 家企业从事相关生产。

地热能是一种十分优质的清洁能源，但是目前总体开发利用率不高。全球大约有 90 个国家拥有可利用的地热资源，目前只有 24 个国家使用地热发电，而且在这些国家中能源占比非常低。这主要是因为高品位地热资源多蕴藏在几千米深处的干热岩中，开采利用成本相对较高。但是地热能运营成本较低，且不受季节、气候制约，其发电成本仅为风力发电的一半，只有太阳能发电的 1/10，如果能有开采技术上的突破，或者切实可行的政策、法律对该工程进行扶持，唤醒沉睡的宝藏，将使得地热能在绿色能源市场上的竞争力大幅度提升。

二、能源储存与输送

能源储存与输送主要是指将电能通过一定的技术转换为空间或时间上可转移或质量可控制的能量形式，并可以在适当的时间、地点以合适的方式释放，为电力系统或用电设备供电。

（一）储能工程

电能是现代社会发展的基础，人类现代生活中的一切活动都离不开充足的电能。电能的来源多种多样，例如矿物燃烧能、水能、风能、太阳能和核能等。人类消耗电能的行为具有周期性和波动性，而电力输出时通常要求稳定性，那么就存在人类在用电高峰时电力有所不足，而在用电低谷时电力往往溢出的问题。随着人类社会不断发展进步，产生的电能越来越多，这部分溢出的电能，如果不加以存储利用，将会是巨大的浪费。所以随着电力工程的蓬勃发展，储能工程也步步跟随，取得了巨大的发展和进步。

储能工程就是将电能转换为其他形式的能量存储起来，必要时可转换为电能供人类在其他时间或地点使用的工程。储能的方式目前主要有机械储能、化学储能和电磁储能。抽水储能属于机械储能的范畴，是规模最大、技术最为成熟的储能方式，在整个储能工程中占比约95%，占据绝对主导地位。抽水储能一般和水电站、核电站一起结合使用。抽水储能原理如图3–10所示。

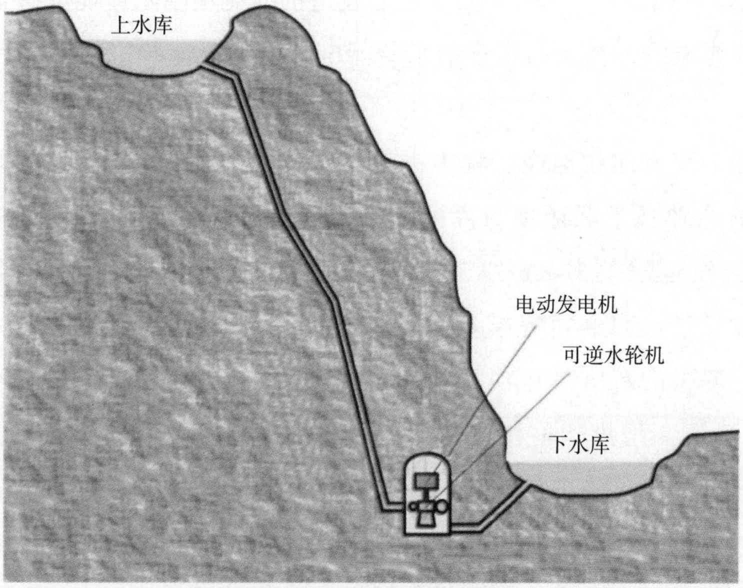

图3-10　抽水储能原理

资料来源：https://www.sohu.com/a/71399546_131990。

抽水储能工程一般包括三个部分，上水库、下水库和电动机组。在用电低谷时，发电站产生了多余的电能，抽水储能站利用这部分电能把下水库的水抽到上水库中，将电能转换为水的势能。到了用电高峰时期，发电站产生的电量不够使用，此时上水库的水冲入下水库中，带动电动机组发电，用以补充发电站的电力。

抽水储能已经有130多年历史，世界上第一座抽水储能电站于1882年诞生在瑞士苏黎世，装机容量为515kW。由于抽水储能工程建造难度大，直到20世纪50年代，抽水储能还主要集中在少数西欧国家。20世纪60年代以后，抽水储能快速发展，1960年，世界抽水储能装机容量为350万kW，到了1990年就增长到8300万kW。我国在1968年和1973年先后建成岗南与密云两座小型混合式抽水蓄能电站，装机容量分别为1.1万kW和2.2万kW。80年代中后期，国家电网规模逐渐扩大，抽水储能电站建造步伐加快。先后建立了河北潘家口、广东广州和北京十三陵以及浙江的天荒坪等10座抽水储能电站，装机容量达5590MW。早期的施工技术多来源于国外承包商，2000年以后，抽水储能相关建造技术才陆续国产化。到了2018年，全球抽水蓄能工程装机容量约 185GW，中国、日本、印度和韩国，欧洲的西班牙、德国、意大利、法国、奥地利和北美的美国，这 10 个国家储能项目累计装机容量占全球的近 4/5。我国同期已经完工的抽水蓄能电站 34 座，在建 32 座，投产总装机达到 30GW，在建装机容量 43GW。其中，已建造的西龙池抽水蓄能电站是世界上水头最高的抽水蓄能电站，在建的丰宁抽水蓄能电站是世界上装机规模最大的抽水储能电站。

化学储能工程目前在储能工程中占比不足 3%，但是近年来发展非常迅速。根据中关村储能产业技术联盟项目库的不完全统计，2000~2017 年全球电化学储能项目累计装机投运规模为 2.6GW，复合增长率约 30%。2018 年上半年，全球新增投运电化学储能项目装机规模 697.1MW，同比增长 133%，相比 2017 年底增长 24%。其中，英国的新增投运项目装机规模最大，为 307.2MW，占比 44%，同比增长 441%。中国新增投运电化学储能项目装机规模 100.4MW，相比 2017 年底增长 26%，占全球新增规模的近 15%，同比增长 127%。电化学储能工程快速增长的原因有两个：一是得益于电池制造成本的下降，项目投资回收年限较短（目前一般小于 8 年），而抽水储能项目投资回收缓慢，一般需要 30 年；二是得益于政策支持，政策对电化学储能补贴额度上升，进一步降低了生产成本，使得该技术可以迅速推广。

储能工程是对现有能源体系的补充，可调节稳定各类发电站能源输出、降低电压波动、稳定电能质量，实现电网的信息化和智能化。而且储能工程电力来源是溢出电能，所有储能工程符合节能减排的根本目标，可提高电能利用率、减少备用机组、减少碳排放量，是一个值得大力推广发展的能源工程。

（二）送变电工程

发电站所生产的电能是保障人类现代生活的基石，具有运输方便、便于使用和易于控制等特点。19 世纪 80 年代以来，电机取代了 18 世纪产业革命技术基础的蒸汽机，成为现代社会人类物质文明与精神文明的技术基础。

将发电站生产的电输送到用户，叫作送电，需铺设电网。为了降低长距离输运的损耗，发电站输出的电能通常使用高压电。而用户所使用的电压又比较低，这就需要将高压电和居民用电进行电压转换，这叫作变电。

送变电工程是各种电压等级输电线路建设工程、变电所安装工程、电缆与光缆敷设工程以及各种类型的微波塔建设工程，简单来讲，就是架线送电到各家各户，建变电站。

目前我国的电网按照电压高低划分为三种：110kV 和 220kV 的高压电网，330kV、500kV 和 750kV 的超高压电网，1000kV 交流和 ±800kV 直流特高压电网。其中特高压输电有很多优势，具有距离远、容量大、损耗低、占用土地少等优点，输电能力可达到 500kV 超高压输电的 2.4~5 倍，被称为“电力高速公路”。

输变电过程中需要变压装置，实现输送电压升降的核心装置就是变压器，典型的变压器结构如图 3-11 所示。

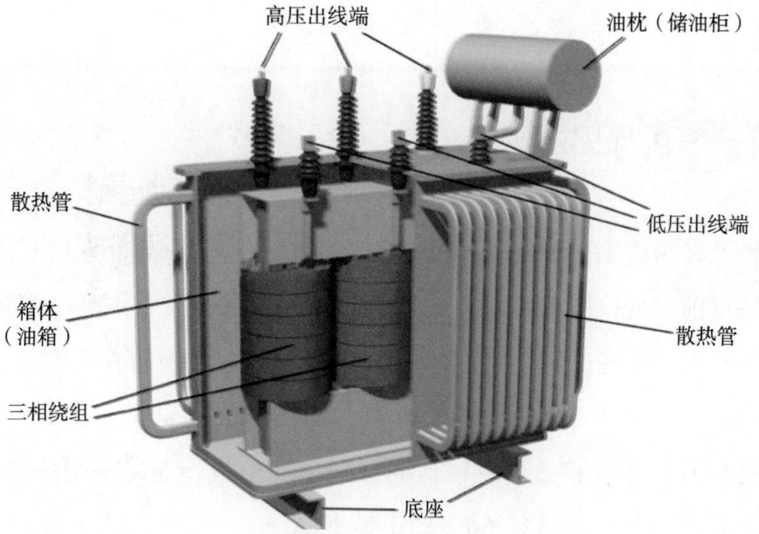

图 3-11　变压器结构

资料来源：http://www.pengky.cn/。

变压器的关键部分由高低压线圈和铁心构成，低压线圈（低压出线端位置）和高压线圈（高压出线端位置）共同缠绕在一个铁心中。出于电磁感应的原因，入口的低压大电流的电力就变成了高压小电流的电力。多级变压器串联起来，就可以将输出电压从 690V 升高到 10kV 或 35kV。如果通过升压变电站的主变压器进一步升高，则可达到 35kV 以上的高压输电、超高压（500~1000kV）输电或特高压（1000kV 以上）输电。

1866 年，西门子制成世界上第一台工业发电机（自励直流发电机），19 世纪中期，出现了爱迪生、特斯拉等一批伟大的科学家，他们发明了各式各样的电器，例如灯泡、录像机、放映机、霓虹灯等。这让人们对电力的需求也越来越迫切。送变电工程就是伴随着电能的大规模运用而建立发展的，其中输电线路（电网）的建设是核心。

1908 年，美国建立了世界第一条高压输电电路，输电电压为 110kV。1952 年，瑞典建成世界上第一条 380kV 超高压电路；1965 年，加拿大建立的超高压电路输电电压达到 735kV。1985 年，苏联首次将电路输电电压提高到 1150kV。我国最早的高压输电电路是 1908 年建成的，电网从石龙坝水电站至昆明，电压达到 22kV，后续技术不断提高，输电电压在 1935 年时达到 154kV。新中国成立以后，我国能源需求迫切，输电网技术发展迅速。1952 年建成 110kV 京津唐电网，1954 年左右形成 220kV 东北电网骨架。1980 年前后逐渐掌握 500kV 电网制造技术。到了 2005 年，建成了 750kV 输电线路。

（三）特高压电网工程

在变电技术较为成熟的情况下，如何提高电网电压从而降低电网在送电过程中的能量损耗，是目前送变电工程的重点发展方向，因此各国都在大力发展特高压电网工程。特高压电网工程是解决长距离（1000km）电力输送问题的有效方案。通常，一回路特高压直流电网可以输送 600 万 kW 电量，相当于现有 500kV 直流电网的 4~5 倍，送电距离也是后者的 2~3 倍。而且输送同样功率的电量，如果采用特高压线路输电，可以比采用 500kV 高压线路节省 60% 的土地资源。

2005 年初，我国对特高电压电网工程可行性做了全面论证，并于 2009 年 1 月 6 日，建立了自主产权的 1000kV 特高压线路，这是当时世界上技术最先进的特高压电网工程。截至 2018 年底，中国已累计建成“八交十四直”22 个特高压电网工程，在建“六交三直”9 个特高压电网工程。2018 年 9 月 30 日，准东到皖南 ±1100kV 特高压直流输电工程投运。它始于新疆昌吉自治州，终点位于安徽宣城市，线路全长 3324 公里，输送功率为 1200 万 kW，每千公里输电损耗降至约 1.5%，每年可向华东输电 660 亿 kWh，是当时世界上电压等级最高、输送容量最大、输送距离最远、技术水平最先进的特高压电网工程。

由于特高压电网具有占地面积小、电力输送损耗低和电力输送量大的特点，其环境评估和社会评价都较好。通过统筹规划，可在送变电的过程中减少温室和污染性气体排放，提高现有电力资源利用率。送变电工程解决了电能输送和居民生产生活用电问题，是关乎国计民生的重大工程，未来以特高压电网为代表的送变电工程必将继续蓬勃发展。

三、能源转化与应用

能源中的能量除了转化为电能储存和输运，还能直接转化为其他能量形式利用起来。这部分主要阐述 3 个能源应用工程以及节能工程。

（一）动力机械工程

近两个世纪以来，人类在动力的发展与使用中取得了革命性突破。从马车到汽车，从竹筏到舰艇，从陆地交通到飞机航空，从人工采矿到机械开采，无不见证着人类科技与工程文明的进步。如今，动力机械工程已经成为社会发展和人民生活不可或缺的一部分，它与我们的生产生活息息相关，并成为人类文明进步的左膀右臂。

动力机械工程是以燃气轮机、汽轮机、内燃机和正在发展中的其他新型动力机械（如太阳能驱动、电驱动等）为系统，研究如何将燃料的化学能、流体动能或新型能源安全高效地转化为人类所需的机械动力的一种科学工程。换言之，动力机械工程其实就是将能源转化为动力从而驱使机械做功的过程。

地球上的能源资源非常丰富，除了传统的石油、天然气、煤炭等燃料，还有一系列新型能源被不断开发应用于动力机械工程中，如风能、氢能、太阳能等。这些新型能源近乎取之不尽、用之不竭，因此动力机械工程的发展有着非常大的空间和光明的未来。

动力机械工程中的核心装备是发动机。发动机是一种将其他形式的能量转化为机械能的装置，包括内燃机（往复活塞式发动机）、外燃机（斯特林发动机、蒸汽机等）、喷气发动机、电动机等。

以汽车的发动机为例（一般为内燃机），如图 3-12 所示，在发动机内部有一个曲轴——活塞结构，这个结构能够将活塞的直线运动转换为曲轴的旋转运动，进而带动汽车轮胎进行旋转。那么如何让活塞进行直线运动，并且不停地进行呢？

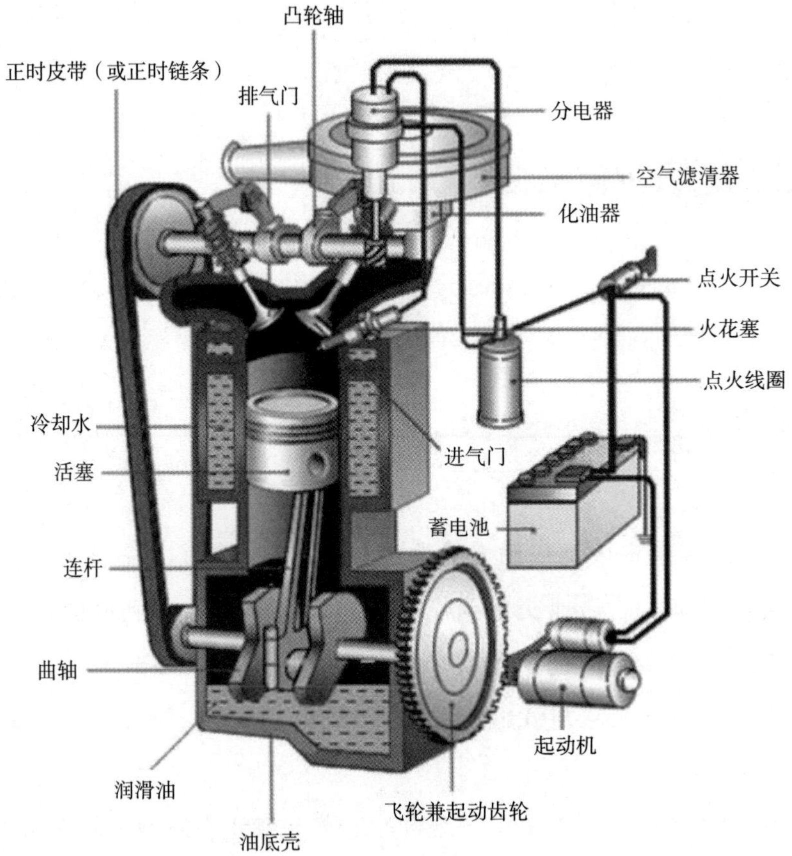

图 3-12　发动机的总体构造

资料来源：百度百科。

实际上，发动机的工作原理分为四个步骤，我们一般叫发动机的四个冲程，即进气冲程、压缩冲程、做功冲程以及排气冲程。我们将图 3-12 中的缸体内部简化放大并将四个冲程分解，如图 3-13 所示。

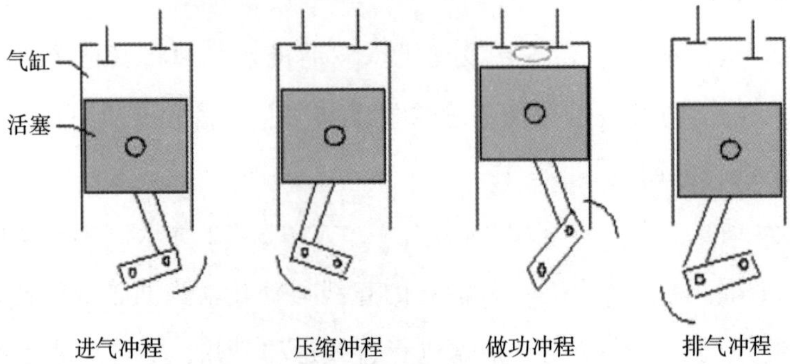

图 3-13　发动机的冲程

资料来源：www.qcwxjs.com。

在进气冲程时，气缸上方的进气门打开，曲轴带着活塞向下运动，然后混合气体（燃油 + 空气）进入气缸中，自此进气冲程结束；在压缩冲程时，进气口关闭，随着曲轴的继续旋转，混合气体被不断压缩；而后则进入做功冲程，此时通过火花塞将压缩后的混合气体点燃，混合气体在燃烧的过程中温度急剧上升，导致体积剧烈膨胀，从而使得活塞迅速向下运动，进而带动曲轴加速旋转；当燃烧反应结束后，则进入排气冲程，此时排气门打开，燃烧后的气体由此排出，即成为汽车尾气。在汽车的运动过程中，整个发动机循环地进行着这四个冲程，从而使得汽车能够获得源源不断的动力。

这种利用气体的体积剧烈膨胀从而驱动机械运动的方式，是动力机械工程中非常普遍和经典的一种应用。

其实人类利用其他能源转换为机械动能的历史非常久远。早在东汉时期，我国劳动人民就发明了水车，利用水的动能转动辐条，使得水车上的一个个水斗都装满河水被逐级提升，到了顶部之后，水斗自然倾斜，将水注入渡槽，流到灌溉的农田里。

到了近代，1698 年托马斯·塞维利和 1712 年托马斯·纽科门制造了早期的工业蒸汽机。1807 年，罗伯特·富尔顿第一个成功地用蒸汽机来驱动轮船。与内燃机相似，蒸汽机也是利用蒸汽的膨胀推动活塞做功，从而转换为机械能。蒸汽机的出现标志着第一次工业革命，直到 20 世纪初其仍然是最重要的发动机，随着内燃机和汽轮机的发展才逐步让位。在 20 世纪中后期，人类对电能的使用和了解逐步成熟，电动机逐渐走进了动力机械领域，并占有一席之地。特别是到了 21 世纪，电动汽车也开始慢慢走入家家户户。与此同时，其他新的能源如太阳能、氢能也逐步被开发和应用在人们的生产生活中。

在我国，动力机械工程已经成为国民经济发展以及国家综合实力提升中不可或缺的一部分。截至 2019 年 6 月，我国机动车保有量达 3.4 亿辆，汽车达 2.5 亿辆；机动车驾驶人数达 4.22 亿人，汽车驾驶人数为 3.8 亿人。在船舶方面，截至 2018 年，我国全年民用钢质船舶产量突破 3000 万载重吨。我国“远大湖”号超级油轮可载重 30 万吨，总长 333 米，型宽 60 米，型深 29.3 米，最高处达 71.2 米，相当于层高 2.6 米的 24 层高楼，船体自重 40651 吨。船舱总容量相当于装载 200 万桶原油。服务航速 15.9 节，续航能力 2 万多海里，其自动化航海系统可实现一人驾驶操作和无人机舱，在空载情况下能抵御 9 级大风。此外，动力机械工程在我国的军事国防领域也起着至关重要的作用，最为典型的为航空母舰、潜艇的发展，截至 2019 年，我国已拥有 3

艘航母、100多艘潜艇。

动力机械工程的发展是人类智慧的结晶，其可实现的机械动力远远超过人类的体能极限。目前，动力机械工程正朝着环境友好、可持续的方向发展，不断开发新能源。动力机械工程不仅能大大提升人们的生产生活质量，也能维护一个国家的安全、稳定和繁荣。

（二）热能与动力工程

人类社会发展与社会生产力的发展密切相关，而社会生产力的一个重要组成部分就是能源与动力工程。热能作为当代社会中的主体能源（燃煤、石油、天然气、地热能等），已经成为人类生存发展必不可少的一部分，并起着非常重要的作用。作为热能最为广泛的一个开发领域，热能与动力工程已使人类文明产生了革命性的进步。

热能与动力工程是一个开发和利用热能并将其转化为动力的工程。从科学技术的发展来说，热能大规模地转化为动力是工业革命的标志。瓦特发明蒸汽机是设备发明的进步，卡诺关于热功转化效率的研究则是对于热力学系统的理论贡献。随着热能动力转化技术的进步和规模的不断扩大，热能与动力工程在人类工业发展中也发挥着越来越重要的作用。

在热能与动力工程的发展中，电厂热能动力工程是最为典型的，也是与人类生活最密切相关的。我国70%以上的电力来自火电厂，其中煤电占比92%，气电占比4%。燃煤电厂和燃气电厂原理大同小异，都是先将燃料的化学能转换为热能，然后再转换为机械能，再通过透平和发电机将机械能转换为电能。

火力（热能）发电厂主要包括三大系统。

（1）燃烧系统，包括输煤、磨煤、锅炉与燃烧、风烟系统、灰渣系统等环节。

（2）汽水系统，由锅炉、汽轮机、凝汽器、除氧器、加热器等构成，主要包括给水系统、冷却水系统、补水系统。

（3）电气系统，以汽轮发电机、主变压器等为主。

火力发电主要包括以下几个步骤。

（1）燃煤电厂用煤作为燃料，煤燃烧后加热锅炉中的水，产生大量蒸汽，这些有很高温度和压力的蒸汽从主蒸汽阀和调节阀进入汽轮机。

（2）蒸汽沿管道进入汽轮机中不断膨胀做功，冲击汽轮机转子高速旋转，带动发电机转子（电磁场）旋转，定子线圈切割磁力线，发出电能，再利用升压变压器，升到系统电压，与系统并网，向外输送电能。

（3）在蒸汽轮机的汽轮机排气膨胀后，蒸汽冷凝器冷凝成水，然后到加热器，通过水到锅炉加热到蒸汽，如此进行循环。

（4）也就是说，蒸汽的热能首先转换为动能，然后动能转换为运动叶栅中的机械能，涡轮旋转带动发电机转子转动，由发电机励磁系统提供给转子直流电流作为磁场，以及发电机定子磁力线切割转子的旋转，将电力传输到系统。

整个过程的工作原理是能量转换的过程，即热能—动能—机械能—电能。

热能与动力工程的发展起源于煤炭的大规模使用。18 世纪前，人类只限于对风力、水力、畜力、木材等天然能源的直接利用，尤其是木材，其在世界一次能源消费结构中长期占据首位。蒸汽机的出现加速了 18 世纪开始的产业革命，促进了煤炭的大规模开采。到 19 世纪下半叶，出现了人类历史上第一次能源转换。1860 年，煤炭在世界一次能源消费结构中占比 24%，1920 年上升为 62%。从此，世界进入了“煤炭时代”。

18 世纪末出现的以煤为燃料的蒸汽机，推动了机械化工厂逐渐代替手工业工场。18~19 世纪，煤成为人类社会的主要能源。19 世纪中叶，人类又开发了石油。1965 年，石油首次取代煤炭占据首位，世界进入了“石油时代”。1979 年，世界能源消费结构的比重是：石油占 54%，天然气和煤炭各占 18%，油、气之和高达 72%。石油取代煤炭完成了能源的第二次转换。煤、石油和天然气等化石能源成为近现代热能与动力工程主要原料，并支撑着现代工业的发展。

尽管有新能源被不断开发，但当今世界主要能源均为热能，而热能与动力工程则成为社会生产力和工业发展的基础。

2018 年，我国火力（热能）发电依旧是主要发电形式，占据了总发电量的 73.32%，而水力、风力和核能等其他能源发电总共才占 26.68%。但是，无论是煤、石油还是天然气，都是一次能源、不可再生能源，随着能源消耗量的逐渐增加，世界能源面临一个新的转折点。

此外，燃烧使用这些能源会不可避免地带来许多附加产物，并产生诸多环境影响，如二氧化碳、氮氧化物、氧化硫等，如果是煤发电厂，还会有粉煤灰、汞等。所以，从长远来看，虽然目前热能与动力工程在社会发展中起着中流砥柱的作用，但如何转型为可持续、环境友好型的发展模式，将会是热能与动力工程面临的一个挑战。

（三）制冷低温工程

随着社会生产技术的发展，进入生产和商品流通领域的制冷和低温装置日益增多。比如已经进入家家户户的空调和冰箱，不仅为人们的工作和生活提供了舒适的环境，而且这些制冷和低温装置也成为精密零件加工、计算机房运行、仪器仪表生产等行业发展的必要条件。

制冷低温工程主要是研究获得并保持低于环境温度的原理与方法，实现该条件所需要的仪器和设备，以及研究低于环境温度条件下的工程应用。根据温度的不同，它又可划分为制冷工程和低温工程两个领域，前者涉及环境高于120K［开尔文（K）=273.15+摄氏度（℃）］温度范围的问题，后者涉及低于120K温度范围的问题（一般按温度范围划分为以下几个领域：120K以上，普冷；120~0.3K，低温；0.3K以下，极低温）。制冷低温工程在机械、冶金、石油、化工、食品保存、人工环境、生物医学、低温超导以及航天技术等诸多领域有着广泛的应用。

作为最常见的制冷设备之一，冰箱已经成为家家户户必不可少的一项家用电器。市面上的冰箱主要有两种，即气体吸收式冰箱和半导体式冰箱。其中气体吸收式冰箱应用最为广泛。气体吸收式冰箱以热源为动力，一般使用氨作为制冷剂。

冰箱在工作时，主要分为以下几个步骤，如图3-14所示。

（1）首先通过压缩机将制冷剂（氨）吸入，经过压缩机的绝热压缩后最终变成高温高压的蒸气。

（2）然后蒸气进入冷凝器中，在同等压力下进行制冷剂蒸气的冷凝，同时向周围的介质进行散热，将其变成高压低温的制冷剂冷液。

（3）高压低温的制冷剂冷液在冰箱的毛细管中转变成低温低压的制冷剂蒸气，之后将制冷剂蒸气送入蒸发器中。

（4）蒸发器是冰箱产生制冷效果的关键装置，冰箱的蒸发器在冰箱制冷系统中主要是将通过毛细管的低温低压的制冷剂蒸气在蒸发器等压的条件下使其沸腾，制冷剂蒸气在沸腾的过程中会吸收周围介质的热量，从而使得冰箱内环境温度下降，达到制冷效果。

气体吸收式冰箱在工作时没有机械的运转，因此在运行过程中不会产生噪声，结构也比其他类型的冰箱更加简单，制作成本相对较低，使用寿命非常长，目前已经被各大厂商采用并得到市场认可。

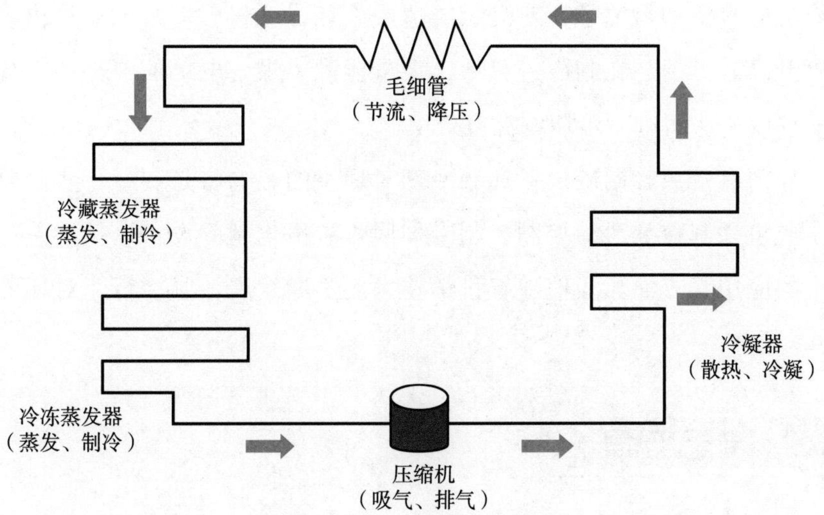

图 3-14　冰箱制冷原理

资料来源：百度百科。

我国以现代制冷技术为基础的制冷装置的应用始于 19 世纪 80 年代，1880 年在上海筹建“上海机器制冰厂”。1933 年，较大的制冷装置已超过 30 套。到 1948 年，全国肉类食品冷库容量达到 30000 吨，水产类生产能力达到 580 吨 / 日，冷藏 13200 吨 / 次。20 世纪 60 年代初，在上海建成了比较完整的制冷装置制造中心，主要通过仿制进口产品生产制冷机械和装置。1959 年后，进入自行设计、制造生产的阶段。20 世纪 80 年代以后，由于制冷空调市场的急速发展，吸引了大量资金，中国制冷空调行业进入了腾飞阶段。到了 20 世纪 90 年代，我国已成为冷冻、空调装置第一生产大国。

低温装置方面，1992~2001 年我国研制了大型乙烯冷箱，已具备设计制造日产 60 万 ~80 万吨的大型乙烯冷箱的能力。

现在，我国已经成为全球最大的制冷产品生产、消费和出口国，我国年发电量六七万亿度，其中 1/3 以上用于制冷业，制冷产业年产值达 8000 亿元，吸纳就业超过 300 万人，家用空调产量全球占比超过 80%，冰箱占比超过 60%，我国制冷用电量已占到全社会用电量的 15% 以上。在制冷行业中，我国多项产品产量稳居世界第一，制冷空调行业已经成为我国装备工业的有生力量和国民经济的重要组成部分。

但是，随着制冷行业规模的扩大，制冷技术对环境的影响也越来越大。在制冷剂的使用过程中，存在消耗大气臭氧层和引起全球温室效应的问题。一些制冷剂会产生改变自然界臭氧平衡的氯原子，对臭氧层造成破坏，这将破坏地球的热辐射平衡，导致大气温度升高。另外，在制冷过程中，大量能源（煤、电）的消耗将间接产生大量二氧化碳的排放，从而进一步加剧温室效应。

未来，如何有效减轻制冷设备和制冷剂对环境的影响将是制冷行业需要解决的问题。其中主要包括制冷剂泄漏控制、制冷剂回收、优化制冷设备运行效率、新能源在制冷设备上的应用等方面。相信随着科学技术的不断发展，制冷行业对环境的影响将不断减小。

（四）节能工程

一直以来，能源都是人类赖以生存的重要物质基础，与人类的生产生活等活动密切相关。20 世纪 70 年代以后，随着人类对大量不可再生能源（化石燃料等）的使用和依赖，能源问题也逐渐成为世界的重要战略焦点。发展节能工程，推动发展节约型、高效型能源利用方式，是人类可持续发展过程中的必经之路。

节能工程是指在设备 / 建筑的设计、改造和使用过程中执行节能标准，采用节能型的技术、工艺、装备、材料和产品，在保证能源需求的前提下，增加利用可再生能源，高效利用或减少不可再生能源的使用。“十一五”期间，国家把能源消耗强度降低和主要污染物排放总量减少确定为国民经济和社会发展的约束性指标，把节能减排作为调整经济结构、加快转变经济发展方式的重要抓手和突破口。

在节能工程中，热能一直是节约的焦点。因为热能是转换为其他能源（电能、机械能等）的重要基础，而我国将近 70% 的电能都是由热能转换而来的，其实现手段基本就是煤炭的燃烧。煤炭是不可再生资源，而我国的消耗量又大，一方面造成了煤炭资源的迅速减少，另一方面也增加了对环境的污染。

我们知道燃煤发电是燃料在燃烧时加热水生成蒸汽，而后蒸汽推动汽轮机旋转，热能转换成机械能，然后汽轮机带动发电机旋转，将机械能转换成电能。

那么在这个过程中如何节约能源呢？主要有以下几个途径：①提高热能转换和利用设备的效率，减少转换次数和传送距离；②减少用热过程中的不可逆损失，如燃烧要尽量在高温下进行，加热、换热应设计小的温床，力求减少工质节流和摩擦损失等；③充分利用余热，回收凝结水；④降低热能生产中的自耗能量，从而向外输出更多能量；⑤作为节约不可再生能源的重要补充手段，把太阳能、地热能等新能源纳入节能技术体系中。

其实除了工厂中的节能工程以外，我们生活中也有着越来越多节能工程的应用，其中最典型的就是建筑节能工程。

我国是一个发展中大国，又是一个建筑大国，每年新建房屋面积高达17亿~18亿平方米，超过所有发达国家每年建成建筑面积的总和。建筑使用能耗包括采暖、空调、热水供应、照明、炊事、家用电器、电梯等方面。建筑耗能总量在我国能源消费总量中的份额已超过27%。

建筑方面的节能主要是针对采暖、热水、电力等方面的节约，其中应用较为广泛的便是太阳能电池以及储热水池。

我国节能工程的发展现今还处于起步阶段，新中国成立初期，我国能源生产力严重不足，从平均能源资源占有量来看，我国只相当于世界平均水平的1/2、美国的1/10。近年来，我国能源生产力产生了巨变，能源消耗量逐渐增大，因此节能工程的发展也越来越受到重视。

“十一五”以来，在各项节能降耗政策措施的大力推动下，经过全社会的共同努力，我国单位GDP能耗整体呈现下降态势，2005~2018年累计降低41.5%，年均下降4.0%，比1952~2005年年均降幅扩大3.9个百分点，节能降耗取得巨大成效。“十一五”时期，单位GDP能耗目标为2010年比2005年降低20%左右，实际下降19.3%；“十二五”时期，单位GDP能耗目标为2015年比2010年降低16%以上，实际下降18.4%；“十三五”时期，单位GDP能耗目标为2020年比2015年降低15%，2018年比2015年已下降11.4%。我国节能减排工程的发展扭转了我国工业化、城镇化快速发展阶段能源消耗强度和主要污染物排放量上升的趋势。

此外，我国的生产结构也逐步向清洁化转变。受我国能源资源禀赋“多煤少油缺气”特点的影响，新中国成立初期，原煤占能源生产总量的比重高达96.3%，其他品种原油仅占比0.7%，水电占比3%。70年来，原煤占比在波动中持续下降，2018年下降到最低的69.3%；原油占比稳步提高到最高点1976年的24.8%后逐步下降，2018年下降到7.2%；天然气、一次电力及其他能源等清洁能源占比总体持续提高，天然气由1957年最低的0.1%提高到2018年最高的5.5%，一次电力及其他能源由1949年的3.0%提高到2018年最高的18.0%。

随着社会的发展，今后节能工程将会是构建可持续发展的环境友好型社会的关键工程，而能源的高效利用、新能源的发展将会是未来节能工程的主题。

四、材料生产与制备

材料生产与制备是通过一定的途径，从气态、液态或固态的不同原材料中得到化学上不同于原材料的新材料，使其能够满足生产所需材料的标准。本部分选取 7 个相关工程进行阐述，涵盖从原材料开采到功能材料制备的内容。

（一）矿业工程

矿产资源的开发和利用，是人类经济发展和文明进步的基石。人类文明的主要活动都建立在矿产资源的开发和利用上。矿产资源的开发利用为人类活动提供了主要能源和冶金原材料等，极大地促进了经济、社会的发展，被誉为工业之母。

矿业工程是指矿产资源的开发和利用，是一门应用性和综合性很强的学科。它与地质资源与地质工程、能源工程、冶金工程、材料科学与工程、力学、土木工程、机械工程、化学等相邻学科有着密切联系。典型的矿产开发过程如图 3-15 所示。

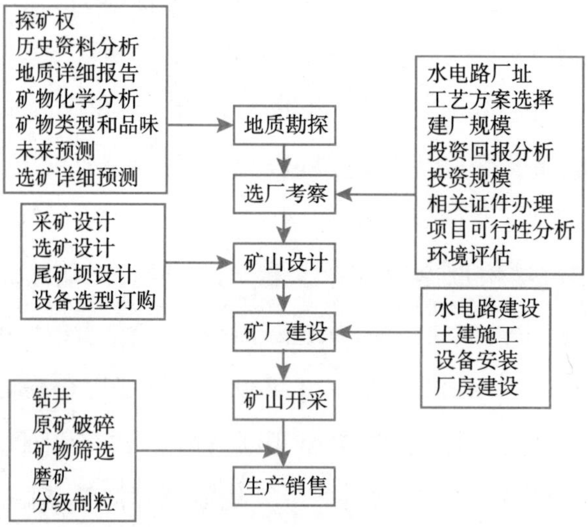

图 3-15　矿产开发过程

矿产资源开发和利用与人类祖先同时出现，最早可以追溯到 200 万年前的旧石器时代。那时的人类祖先就能采集石料，并将石料打磨成生产工具用于采集、处理食物和抵御野兽的袭击。我国目前发现最早的矿物地下开采遗迹是广东南海西樵山地下采石场，距今有6000多年。考古人员通过考察瑞昌岭古铜矿，发现早在商代中期就出现了井巷支护技术和铲、斧等专业的挖掘工具。湖北黄石铜绿山铜矿遗址的发掘考察显示春秋战国时期，我国的矿业工程取得了进一步发展。当时的人们在没有任何动力和大型机械的生产条件下，把矿井开掘到地下50米深。而且整个工程开采方式多样，竖井、斜井、斜巷、平巷相结合，初步解决了地下开采通风、排水、照明和支护的一系列问题。秦国统一中华大地之后，秦中央政权设立了专门的政府机构——铁官来管理铁矿事宜，这标志着当时的人们已经充分认识到矿业工程的重要性，并将它提高到国家战略管理规划的层面。西汉汉武帝时期，全国有49处设立了铁官。到了唐代，我国矿厂数量增加到铁矿104处、铜矿62处（不包括今云南、贵州两省地区）。元和初年（806 ~ 810年）铁的年收入量约200万斤，铜的年收入量约26万斤。随着社会进步和经济发展，我国开采的矿物产量和种类不断增加。到了明清时期，我国能够开采锡、铅、锌、金、银和汞，开采量较秦汉时期有了几十倍甚至近百倍的提升。过去几千年，我国矿业工程在全世界一直处于领先地位，但是工业文明以来，我国矿业发展逐步落后于发达国家。

我国是一个矿产品种多但是资源并不丰富的国家，目前发现的矿产种类有171种，探明确切储量的有158种，大多数种类的矿产储量不高，贫矿和难选矿较多，人均资源占有量只相当于世界人均资源占有量的27%、美国的10%。新中国成立初期，我国矿业基本处于停滞状态，矿井及设备被炸毁，运输道路被破坏。新中国成立以后，我国大力发展矿业工程，矿业事业取得了巨大进步。现在我国是世界三大矿业国家之一。原煤产量2018年达到36.8亿吨，比1949年增长114倍；原油产量2018年达到1.9亿吨，增长1574.9倍；钢铁产量超过8亿吨，十种有色金属产量超过5000万吨。但是由于矿业工程发展过快，存在产能过剩、管理经营粗放、生产过程污染严重的问题。未来，我国将把绿色发展作为矿业发展的基本要求，积极采用数字化和智能化管理技术，使我国矿业事业健康持续高效发展。

矿产开发过程，本质上是大规模的岩体开挖过程和活动，这一活动投资巨大、影响深远且会对当地的生态环境造成重大影响，包括土地破坏、水资源污染和生物多样性损失。我国矿业工程发展到现在，探矿采矿工程能力相对比较成熟，但是安全环保生产和管理存在很多问题。例如2010年福建紫金矿业溃坝事件，尾矿库排水井在施工过程中被擅自抬高进水口标高、企业对尾矿库运行管理安全责任落实不到位，导致汀江重大水污染事故。矿物开发生产的过程，必然伴随着巨大噪声和粉尘污染等问题。矿业工程健康持续的发展，需要土地管理部门、环境保护部门、安全生产部门共同监督管理，实现绿色环保生产、可持续发展，留给祖国未来一片绿水青山。

（二）粉末冶金材料工程

高性能的材料是工业制品的源头、现代工业的基石。随着工业的发展和人们生活的改善，对高性能材料的需求日益增长，而粉末冶金材料工程是应对该问题的有效措施。20 世纪以来，全球工业发展迅速，材料生产制造手段层出不穷，粉末冶金材料工程取得了巨大进步，在现代社会生活中有着不可替代的作用。

粉末冶金材料工程是将金属粉末或者复合粉末作为原料，经过压制成型和烧结制造各种类型材料制品的工程。粉末冶金制品种类繁多，其中应用最广、产量最大的是铁基制品和铜基制品。相关统计资料表明，我国 2018 年铁基和铜基粉末冶金制品产量超过 18 万吨，同期全球产量超过 45 万吨。

粉末冶金材料工程涉及的生产活动较多，其生产源头是各种材料的粉末。典型粉末冶金工程过程如图 3-16 所示。

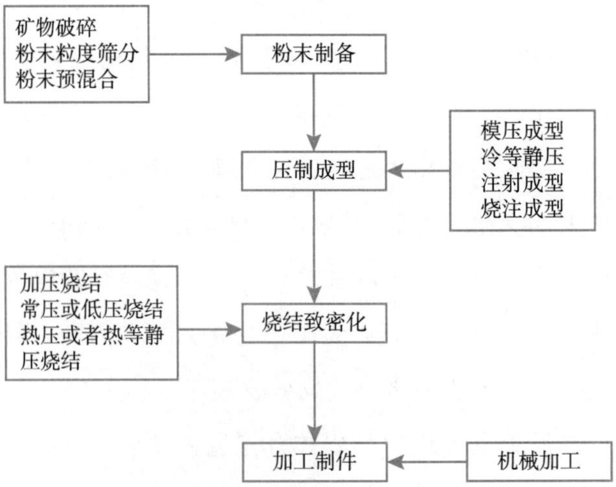

图 3-16　粉末冶金工程过程

粉末冶金工程中，首先将矿物破碎，粉末筛分得到适合粒度的原料粉末，然后再将一定量的黏结剂加入原料粉末中，之后将混有黏结剂的粉末放入特定形状的模具中，再通过外部施加压力使得粉末受到挤压黏结成形，制得一定形状和尺寸的压坯。压坯在一定温度和气氛下烧结收缩之后，就得到较致密的烧坯。烧坯再经过机加工或者后处理技术，最终得到了粉末冶金材料制品，该方法非常适合生产制造难以加工或者冶炼的材料。高强度、高熔点的难熔金属例如钨、钼、铌、钽等，常使用粉末冶金的方法生产制造。

早在3000多年以前，人们就采用块炼铁技术制铁，这是粉末冶金材料工程早期的雏形。到了18世纪中叶，欧洲将这一古老技术用于铂金属的致密化，开启了粉末冶金材料工程的复兴之旅。到了20世纪初期，人们用该法成功制造了钨灯丝，这大大推动了粉末冶金材料工程的发展。到了20世纪20年代，该技术工程又成功解决了硬质合金刀具制造的问题，这一成就被誉为机械加工中的革命。在电气时代，人们用粉末冶金技术大量制造了磁性元器件和电触头，为电子信息设备提供了必不可少的器材和元器件。20世纪中叶，粉末冶金已经能够生产多种机械结构零件，其制品的产量增长率远远高于其他材料成型工程的产量。

粉末冶金材料工程发展至今，在全球可以分为北美、欧洲和亚洲三个区域。其中北美、欧洲区域粉末冶金技术先进，制品应用领域广泛，而亚洲区域发展相对落后。我国粉末冶金材料工程虽然在20世纪50年代初期基础几乎为零，但是发展非常迅速，到了2009年，我国粉末冶金制品产量超过日本跃居亚洲首位，成为世界性的粉末冶金材料工业大国，但是目前工程水平仍然较低。粉末冶金材料性能优异，目前最大的应用领域是汽车行业，所以粉末冶金材料工程发展水平常采用粉末冶金制品在汽车行业应用占比和单辆汽车中粉末冶金零件的质量来衡量。美国、欧洲和日本汽车上使用的粉末冶金产品总量占整个粉末冶金总量的80%，且覆盖零件种类繁多，而我国目前不足60%。单车用量方面，美国单车粉末冶金制品用量超过18.6千克，日本为8千克，欧洲为7.2千克，而我国仅有4.5千克。所以我国粉末冶金材料工业未来还有巨大的发展空间。

粉末冶金材料工程在实施过程中，难免会产生粉尘、噪声、废气和污水等污染物，但是由于生产过程比较集中，粉尘可以集中回收处理；噪声污染可以采取隔离消音的方式消除；烧结过程产生的尾气通常是氢气或者氮气，可以采取点燃的方式处理；废水排放多为职工生活污水，毒性物质非常罕见。所以整个工程相比其他大规模的材料工程对环境的污染较少，是一个污染相对较轻的生产方式。而且相对其他材料工程，粉末冶金材料工程在整个生产过程中，材料利用率比较高，材料性能突出，高性能陶瓷材料、难熔金属材料的最佳生产方案只有粉末冶金，所以这是一项值得大力推广发展的工程。

（三）无机非金属材料工程

材料是当代人类文明发展的三大支柱之一，无机非金属材料是材料领域的三大类别之一。它有着金属材料、有机高分子材料不可替代的优势，常见的无机非金属材料有玻璃、水泥和陶瓷。近 50 年以来，随着全球计算机相关科学的发展和发展中国家城市化进程高速持续推进，无机非金属材料工程取得了巨大进步，极大地改善和影响了人们的生活。

无机非金属材料工程是对无机非金属材料体系性能进行设计优化，并实现批量化生产的工程。无机非金属材料是除了金属材料和有机高分子材料外所有材料的统称，包含氧化物、碳化物、氮化物、硼化物、硅酸盐、铝酸盐等物质组成的材料。地球上无机非金属材料储量巨大，相关资料统计，地壳中化学元素含量最多的是氧（47%）和硅（28%），两者之和占元素总量的 75%，但这些资源无法直接利用，需要经过一系列处理才可以走进人们的生活。典型的无机非金属材料生产流程如图 3-17 所示。

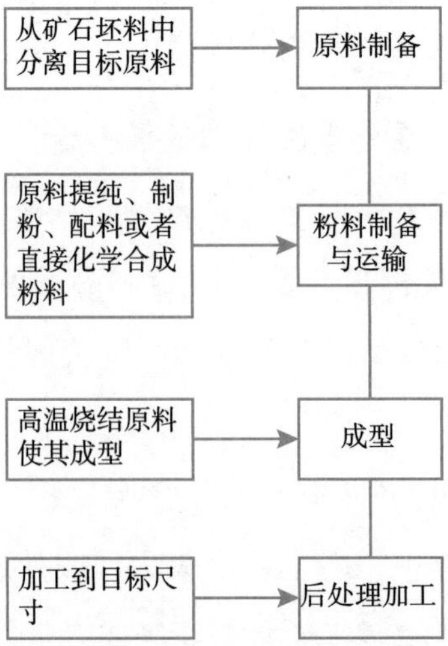

图 3-17　无机非金属材料生产流程

首先开采出原料矿石，经过破碎机粉碎处理后，得到富含目标元素的无机非金属原料，原料再经过进一步提纯或者配料得到原始的粉料，粉料再经过粉末冶金的方式烧制成型，最后按照需求加工到目标尺寸。

早在石器时代，人类就开始挑选特定形状和材质的石头制造石器，这是最早的无机非金属材料工程。到了约 1 万年前的新石器时代，人们初步掌握了火的应用，成功烧制了陶器，这是现代非金属材料工程的雏形。又经过了约 5000 年，古埃及人偶然制得了玻璃，之后将这一技术发展壮大，大量的玻璃制品出现在那个时代的出土文物中。从三四世纪开始，随着人类对火技术应用的进步和发展，出现了瓷器制品，这标志着无机非金属材料工程发展到一个新的高度。19 世纪早期，出现了无机非金属半导体材料，这是现代电子信息工业发展的基础核心材料，目前它广泛应用于各种电子元器件中，包括芯片、信号放大器、电子屏幕等，可以说，没有无机非金属半导体材料，就没有现代化社会。

我国是无机非金属材料产业大国，目前探明的非金属矿产有 93 种，其中萤石、重晶石、膨润土等储量位居世界前列，膨润土储量占世界的 65.8%，石墨储量占世界的 42.3%，重晶石储量占世界的 43%。我国现代化非金属材料工程起源于 20 世纪 50 年代，仿照苏联模式成立，在 70 年代快速发展以后又进入了停滞和低速阶段。改革开放以后再一次高速发展，目前已经建立起勘探、开采、加工、销售和研发完善、种类齐全的非金属材料工业体系。

我国目前是世界上最大的水泥生产国家，2018 年我国生产的水泥约 22.1 亿吨，全球水泥产量约 40 亿吨，占全球的比重约 56%。同时，人造金刚石产量占全球的 90% 以上；立方氮化硼产量占全球的 70% 以上；玻璃幕墙产量占全球的 75% 以上。虽然我国无机非金属材料工程取得了巨大进步，但是仍然面临很多问题。目前我国传统无机非金属材料存在质量较低、高科技含量少、国际竞争力较弱的问题。而随着全球电子计算机、信息技术的快速发展，无机非金属材料与高科技领域的联系越来越紧密，这些领域对无机非金属材料的性能要求越来越高。欧、美、日等发达国家（地区）十分重视无机非金属材料工程的发展。美国为了保持在高技术和军事装备方面的领先地位，在《国家关键技术报告》中，将新材料列为六大关键技术之首，而无机非金属新材料占有相当比例；日本发布的《21 世纪初期产业支柱》所列新材料领域的 14 项基础研究计划中，有 7 项涉及无机非金属新材料的研究领域。

传统无机非金属材料生产时，需要消耗大量的能源，而目前世界能源尤其是我国能源存量日益短缺，所以需要大力发展无机非金属材料的节能生产和回收再利用工程，减少生产过程中的能耗；再者，单一的材料往往无法满足高端领域或极端条件下的应用，所以还要发展无机非金属材料复合化和深度加工技术，扩大无机非金属材料的应用范围。

（四）高分子材料工程

高分子材料与金属材料、无机非金属材料并称三大材料。相比其他材料，高分子材料是一种“年轻”的材料，它的发现和应用相对比较晚。但是由于高分子材料具有轻量化、高强度、制造简单、成本低廉等优异的性质，高分子材料工程的发展速度非常快。目前，高分子材料的应用范围已经超过了金属材料和无机非金属材料，广泛地存在于人们生活的各个方面。

高分子材料也叫作聚合物材料，这种材料的分子量一般都大于10000，主要元素成分为碳、氧、氮和氢。高分子材料工程是指高分子材料的合成、改性和生产的工程。目前世界高分子材料总产量已经超过3亿吨，按照体积计算，已经超过了钢铁的产量。高分子材料种类繁多，相关报道显示目前高分子材料超过2000万种，并且还以每年数十万种的数量不断增加。高分子材料按照特性可以分为橡胶、纤维、塑料、高分子黏结剂、高分子涂料和高分子复合材料等。它们的生产流程和工艺差别巨大。

橡胶材料一般以生胶为原料制品，生胶原料首先经过一定的高温塑炼过程，让生胶中的长链分子降解变短，从而使生胶具有一定可塑性。塑炼过程之后是混炼，混炼是将一定比例的各种配合剂作为辅助材料，与塑炼后的生胶一起进行混合炼制。混炼后，配合剂就会均匀地分散在生胶中，这样橡胶制品就会具有各种新的性能，或强度增加，或耐热性增加，或电绝缘性能增加，或其他性能发生改变。混炼后的产物再经过压延或压出的成型过程，就得到一定形状的橡胶制品。最后再经过硫化过程，得到了最终的橡胶产品。

塑料制品生产流程相对较短，一般以小颗粒的塑料为原料，小塑料颗粒在加热时变软混匀，同时经过吹塑或者轧制等成型方式后发生形变，成型方式有30多种，变形后的塑料制品再经过冷却，就得到了最终的塑料制品。

高分子黏结剂和涂料生产流程类似，将一些初级的小分子原料，在酸性或者碱性的条件下，经过反应生成高分子聚合物，高分子聚合物按照不同的配比进行混合，加入稳定剂或者着色剂等，就得到了最终制品。

高分子材料最早的应用可以追溯到15世纪，那时的美洲玛雅人就可以利用天然橡胶制作容器、雨伞等生活用具。到了1907年，美国人通过苯酚和甲醛反应，制得了酚醛塑料，这是人类首次合成的具有商业价值的高分子材料。高分子材料早期一直被当作一种有机胶体材料进行研究，1922年施陶丁格（H. Staudinger）首次提出将高分子材料与有机胶体材料区别开来，纠正了人们的研究方向和思路，之后这一领域的成果层出不穷。由于施陶丁格在高分子材料领域的突出贡献，被称为“高分子材料之父”，并于1953年荣获诺贝尔化学奖。从1930年开始，新类型高分子材料的数量和应用范围都有大幅度增长，聚苯乙烯、尼龙、钠橡胶和丁苯橡胶等陆续问世。到了20世纪70年代，美国和日本科学家又相继发现了导电高分子材料。导电高分子材料在发光二极管、太阳能电池、手机和微型显示器上有着广泛的应用，与人们的现代化生活息息相关。我国的高分子材料工程起步于20世纪50年代，经过60多年的发展，我国已经成为高分子材料领域的生产和消费大国。我国目前每年消费高分子材料约5000万吨，自有产量约3000万吨，全球排名第二位。

高分子材料因质轻、高强度、耐温、耐腐蚀等优异性能，广泛应用于高端制造、电子信息、交通运输、建筑节能、航空航天、国防军工等诸多领域，有着其他材料不可替代的作用。但是绝大部分高分子材料都无法在自然界的条件下发生降解，有些高分子材料即使可以降解，降解周期也往往长达几百年或者更长时间。目前高分子材料垃圾污染已经成为全球共同密切关注的话题。人类迄今为止生产的几十亿吨塑料制品，只有约9%的被回收再利用，这些塑料垃圾在南极、数千米的海域中都有发现。一些深海鱼类的体内也存在塑料微粒。高分子材料不仅难以降解，而且在生产过程中往往伴随着大量酸碱等有毒物质，对环境有着巨大的安全隐患。未来只有大力开展绿色生产、材料改性、废料回收和循环利用工程，才能实现人类健康可持续发展。

（五）复合材料工程

随着社会发展和人们生活水平的提高，人们对材料的性能要求越来越高。人们期望一种材料既像木头一样轻，又像玻璃一样坚硬，还希望它具有金属一般的韧性。人们发现将金属、无机非金属和高分子材料用物理或者化学的方法组合在一起，就会得到一种全新的材料。新的材料既可以保持原材料的某些特性，又具有组合后的一些新特性，而且可以对材料的性能进行设计调控，是一种非常理想的材料。后来，人们将由两种或者两种以上不同材料组合而成的材料叫作复合材料。

复合材料工程是指复合材料的研究、设计和生产的过程。复合材料种类繁多，目前还没有统一的分类方法。按照常用的增强类型进行分类，复合材料可以分为三种，颗粒增强复合材料、纤维增强复合材料和叠层复合材料，如图 3-18 所示。

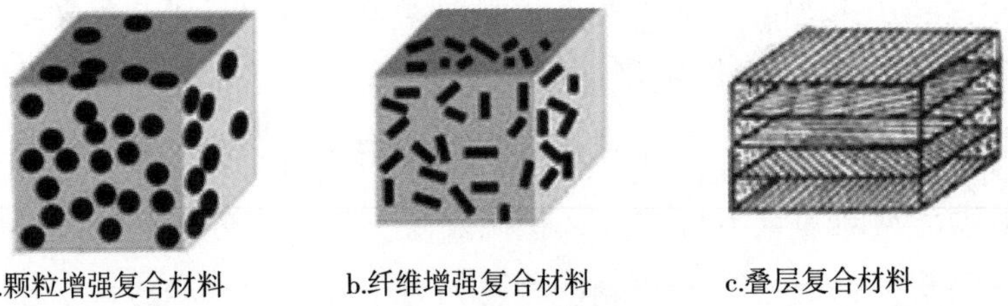

图 3-18　复合材料种类

资料来源：http://www.51wendang.com/doc/defede06178f75aab94279dc/9。

颗粒增强复合材料，顾名思义，就是为了改善基体材料的力学性能，一般是为了提高基体材料的耐磨性、硬度或者断裂功，将一些颗粒状材料均匀分散到材料里，颗粒大小从几十纳米到几十微米不等。常用的分散手段是将增强材料的颗粒和基体材料的超细粉末混合后进行球磨，之后再烧结成最终制品。常见的颗粒增强材料有碳化钛、氧化锆、碳化钨和碳化硅等。

纤维增强复合材料是指以有机聚合物为基体（常见的有树脂、橡胶）、以连续纤维为增强材料组合而成的材料。由于基体材料和增强材料种类繁多，最终制品的性能和用途也不尽相同，纤维增强复合材料成型方式差异巨大。以典型的碳纤维增强树脂基复合材料生产过程为例，如图 3-19 所示。

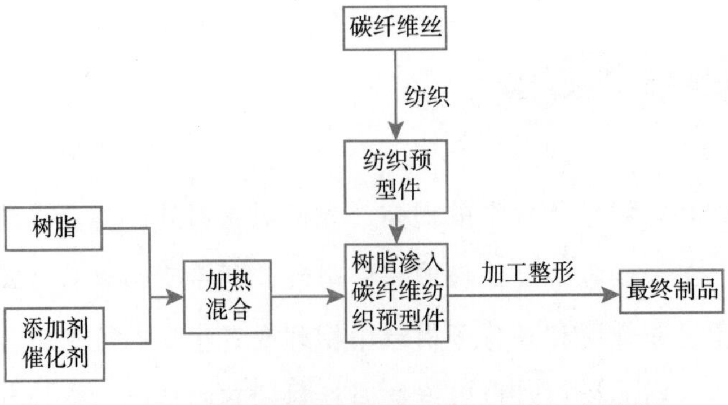

图 3-19　碳纤维增强树脂基复合材料生产过程

碳纤维丝通过纺织的手段，得到纺织预型件，这种预制件和最终制品形状类似，但是其中充满了孔洞。树脂材料常温下流动性很差，在一定温度下加热，并加入添加剂和催化剂后，树脂就拥有了良好的流动性。此时将碳纤维纺织预型件浸入树脂中，树脂就会慢慢渗入其中的孔洞。孔洞里的树脂在催化剂的作用下，发生反应，最终在碳纤维纺织预型件中固化成型。浸渍后的碳纤维纺织预型件再经过机加工成型，就得到了最终的碳纤维增强复合材料制品。

叠层复合材料是将特性不同的材料，用胶合、焊接、喷涂、热压等方式层叠在一起以满足某种性能要求的材料。常见的叠层复合材料有防弹玻璃，它是在两层有机玻璃中加入聚碳酸酯纤维层而得到的一种透明复合材料。

人们对复合材料的应用由来已久，远古时期，人类利用稻草、树枝和泥巴等建造居所，可以认为是复合材料的最早应用形式。我国出土的新石器时期的朱漆木碗，成型于约 7000 年前，是有实物证明的最早的复合材料工程应用。古代文明时期，最常见的复合材料工程案例是埃及的金字塔、中国的万里长城等建筑。近代复合材料工程的开端，是 1944 年美国橡胶公司开发出的玻璃纤维增强聚酯树脂复合材料。该种材料于 1944 年成功应用于飞机机身和机翼。从那以后，人们开始重新认识复合材料的威力，开展了大量的研究设计工作，使其成为具有工程意义的材料。我国树脂基复合材料工程始于 1958 年，早期是用手工涂抹的方式制造树脂基复合材料渔船，以层压和卷制方式制造复合材料板、管等。现代复合材料是以高性能树脂、金属或者陶瓷为基体，采用碳纤维、氮化硅纤维、氧化铝纤维、硼纤维等高性能纤维作为增强材料，比早期的玻璃纤维复合材料性能更加优越，主要应用于飞机、火箭、航天器和高速列车等工况恶劣的设备上。现代大飞机上的复合材料占比至少 25%，而 B787 飞机复合材料占比更是高达 50%，除了机翼、尾翼前沿和发动机挂架外，外观上几乎看不到金属材料。据相关资料统计，2018 年全球复合材料产量已达 1140 万吨，产值 830 亿美元。我国复合材料 2018 年产量达 430 万吨，超过美国、欧盟、日本三大经济体复合材料年产量的总和。

复合材料具有质轻、强度高、耐腐蚀、易成型和制造成本低的优势。在交通运输领域采用复合材料，可以使得汽车或者飞机减重减排，减少二氧化碳排放和能源消耗，是一种值得大力推广应用的材料。但是复合材料也存在一些安全和环保问题。以碳纤维强化树脂基复合材料为例，碳纤维复合材料回收处理时，基体的碳纤维对人体危害很大，又无重复利用的价值，同时增强基聚合物树脂既无法回收也无法降解。随着未来复合材料的用量越来越大，这些产品若无法得到有效处理，那么其带来的环境安全问题会越来越大，这是未来复合材料工程发展面临的一个重要问题。

（六）信息功能材料工程

21 世纪是信息科技的时代，智能家居、智能穿戴设备、新医疗和智能汽车等新设备不断刷新着人们日常生活中的认知。随着未来工业 4.0 的兴起、大数据时代的来临和航空航天电子领域的进一步发展，信息功能材料的需求越来越多，信息功能材料工程随即发展起来。

信息功能材料一般是指涉及信息产生、发射、传输、处理、储存和显示的材料。信息功能材料工程是指信息功能材料的研究、设计和生产的工程活动，涉及的材料包括半导体材料、光电子材料、非线性光学材料、发光材料、电真空材料、磁储存材料等。其中需求最多、产量最大的是硅材料，它贯穿于信息的产生、发射、处理、储存和显示整个过程，可以说，没有硅材料的发展，就不可能有信息工程的发展。

硅元素是地壳中第二丰富的元素，地壳中含量约占 27.6%。但是自然界的硅多以化合物的形式存在，而信息功能材料需求的硅，它的纯度通常要高于 6 个 9（99.9999%），半导体行业更是要求 11 个 9 以上。自然界的硅元素需要经过极其复杂的提纯技术才能达到应用的水平。以硅基芯片生产过程为例，如图 3-20 所示。

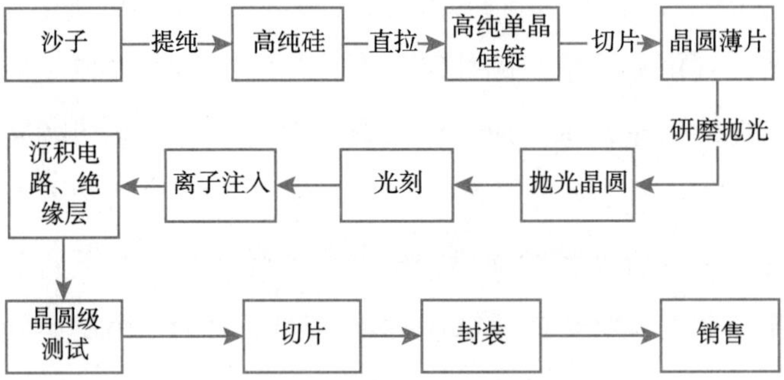

图 3-20　硅基芯片生产过程

富含二氧化硅的石英沙子，经过几次提纯，得到高纯硅。高纯硅再通过直拉生长的方式，得到高纯单晶硅锭，现在生产的硅锭可以达到直径 300mm 以上，重量约 100kg。单晶硅锭经金刚石锯片切成厚度约 1mm 的初级晶圆，此时的晶圆表面粗糙，需经过多道清洗抛光才能进行光刻步骤。通过光刻技术、离子注入、物相沉积技术多次反复加工，就成功地在晶圆表面构成数以亿计的微纳电路。这些电路测试合格后，再切割成一定大小进行电子封装，最终就得到了功能性的芯片。

信息功能材料工程早期是以半导体信息功能材料的生产为基础而发展的。最早的半导体信息功能器件是由美国电机发明家 G. W. Pickard 于 1906 年发明的。他用金属与硅接触产生的整流功能来侦测无线电波。然而半导体材料真正意义上的工业应用，是 1948 年由贝尔实验室发明的场效应晶体管。其第一个应用是索尼公司的便携式收音机，之后开启了半导体信息功能材料工程的快速发展之路。从 20 世纪 60 年代起，半导体硅材料用量平均以每年 12%~16% 的速度增长，目前全世界每年消耗约 3 万吨的高纯硅，仅光伏用硅片产量每月就超过 1000 万片。

信息功能材料工程发展到现在，材料本身已经发展更新了几代。其中半导体材料初期以硅基半导体材料为第一代，第二代以砷化镓为代表，目前大力开发的是以碳化硅和氮化镓为主的第三代。目前第二、第三代半导体信息材料全球市场已经超过 100 亿美元，晶圆需求每年超过 20 万片。随着 5G 技术和新能源汽车产量的增加，未来 5 年其需求复合增长率将会超过 10%。

我国信息功能材料工程发起于 20 世纪 50 年代中期，与国外研发基本同时开始。但是我国装备制造技术比较落后，与国外的差距越来越大。2018 年，中国功能信息半导体材料产业销售额超过 1000 亿美元，但是大部分高端产品依赖进口，亟待突破的产品、技术非常之多。以硅片为例，12 英寸硅片仍几乎百分之百依赖进口，8 英寸硅片本土化率也仅为 20%。

目前人类社会已经发展到互联网时代，未来会进一步向着物联网时代迈进。物联网发展的基础就是信息功能材料工程，但是信息功能材料工程整个流程能耗极高。这是因为信息功能材料的纯度非常高，那么材料生产提纯的过程中势必会产生大量的废料、废气和废水。仅仅最后清洗电路板的环节，就有 12 道工序之多。在大力发展信息功能材料工程的同时，要做好绿色生产，减少生产过程中的污染排放，做到与环境和谐共存。

（七）生物材料工程

生老病死是人类永恒的话题。现代社会人类的平均寿命大大延长，但是与之相伴的“现代文明病”的发病率逐年增加，如心脑血管疾病、高血压、高血脂、肥胖、糖尿病等。以糖尿病为例，20 世纪 70 年代患病率小于 1%，2018 年我国糖尿病发病率约为 10%，患者人数超过 1 亿人。治疗这些疾病离不开先进的医疗手段，先进的医疗手段离不开先进的生物材料工程。随着人们对健康长寿这一目标的不断追求，生物材料工程也不断发展进步，目前生物材料工程已经成为各个发达国家重点发展的任务之一。

生物材料又称生物医用材料，是用于与生命系统接触，能对细胞、组织或器官起替换、修复或者诱导再生作用，并且不会对人体产生排异反应的特殊功能材料。生物材料工程就是指这些材料的研发、改良和生产的工程。该工程是一个学科交叉性非常强的领域，涉及医学、材料科学、生物化学、物理学、制造工程学、伦理学和药物学等。当前新材料、新技术、新应用层出不穷，各国急切加入这一领域的研究之中。按照生物材料工程的发展阶段，可以将生物材料分为惰性生物材料和活性生物材料。典型的生物材料生产过程如图 3-21 所示。

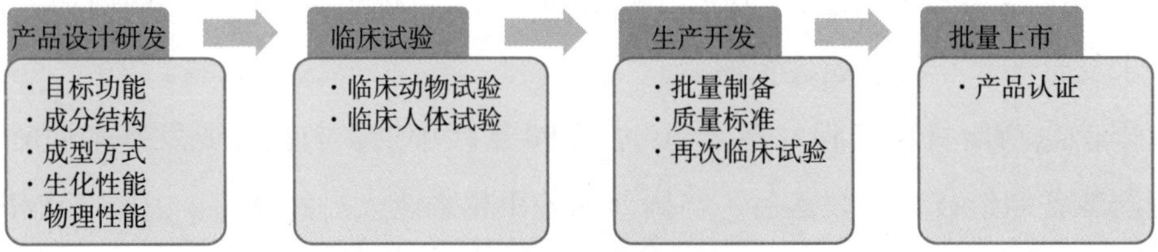

图 3-21　生物材料生产过程

生物材料从研制到生产制件是一个漫长的过程。产品设计研发阶段，首先要考虑的是材料本身与人体的生物相容性，是否对人体有害。基本要求无毒性、不致癌、不引起人体细胞突变和组织反应，且性能和天然组织相适应。如果是新型材料，还需要进行长期的试验验证。其次要考虑材料本身的理化性能、耐久性能、长期使用时人体遭受的风险、最终产品成本等。下一步的临床实验通常需要几年的时间，积累大量的临床数据验证，才有可能获得国家审批，进而批量应用到患者身上。整个过程投入非常大，往往需要上千万元或者更多资金。

人类对生物材料应用的雏形可以追溯到 3500 年前的古埃及，那时的人们就用棉花纤维和马鬃做伤口的缝合线。到了 2500 年前，我国和埃及掌握了将黄金作为生物材料来修复缺损的牙齿。真正现代意义上的生物材料起源于 20 世纪初，第一次世界大战时，巨大的人员伤亡推动了生物材料工程的发展，当时常用的生物材料有石膏、橡胶和棉花等，目前这类材料基本被淘汰。到了 20 世纪 60 年代，生物科学、材料科学和工程学发展进步巨大，人们开发出惰性生物材料，这类材料在使用过程对器官组织几乎无影响。常见的惰性生物材料有不锈钢、钛、金、银、氧化镁、硅橡胶、聚四氟乙烯等，这类材料与生物环境几乎没有作用，不发生化学反应和降解。生物活性材料的概念最早由美国人 L. Hench 于 1969 年提出。生物活性材料可以在材料和组织之间形成化学键，常见的有羟基磷灰石。这种材料植入体内后，可以与新骨细胞形成键合，与组织结合紧密，无炎症或刺激反应。生物材料工程发展到现在，已经成为世界经济中最具生气的朝阳行业。迄今为止，人们研究过的生物材料超过 1000 种，常用生产的数十种。目前全球存在超过 25000 家生物医疗企业，每年产值超过 2000 亿美元。

我国生物材料工程起步于 20 世纪 70 年代，经过多年发展已形成华中、西部、华北、华东和华南五大研发和产业基地。目前已经成为世界第二大生物材料市场，全球约 70% 的低值医用生物材料由我国生产出口。但总体来看，国内大约 70% 的生物材料市场仍被国外产品占据，在更高端的产品领域，国外产品甚至占据 95% 以上。

生物材料的使用直接关系到人体的生命安全，所以生产使用过程中，安全性是首要问题。但生物材料与人体的相互作用，有时需要很长一段时间才能显现，所以各个国家医疗器械等审批机构审批流程非常严格。新的生物材料产品往往需要许多年才能获批上市。

生物材料用量较少、产品附加值巨大，一个心脏支架售价 5000 元到 20000 元不等（2020 年我国已将心脏支架的医保采购价降至均价 700 元），材料用量却不足 0.1 克。生物材料工程是一个典型的低原料消耗、低能耗、低污染但附加值巨大的产业。我国未来面临人口老龄化加剧，人体组织和器官数量有限，以及经济持续增长、人民健康意识逐渐增强等一系列问题，这些都大大加剧了我国对生物材料的需求。国务院发布的生物产业发展规划、“十三五”发展规划等都明确指出要大力推动医用生物材料工程的发展，并且将生物材料工程列为十大重点发展领域之一。

五、材料的加工与成型

材料的加工与成型是指通过一定的工艺手段使材料在物理上（形状、颜色等）处于和原材料不同的状态（化学上完全相同），经过加工成型后的材料就变成成品或产品。本部分选取 4 个相关工程进行阐述，涵盖了常用的材料成型工程及回收再利用工程。

（一）材料铸造成形工程

铸造是一门古老而年轻的工艺，根据文献记载和实物考证，我国铸造生产拥有4000年以上的历史。现代社会随着制造业的不断发展，不同材料的铸造成形工程系统越来越完善，使得材料铸造成形工程在现代制造业中发挥着不可替代的作用，在航空航天、工业制造、汽车、医疗等众多领域广泛应用。

铸造成形是将液态的金属注入制造好的铸型腔后凝固成形，获得具有一定形状、尺寸和性能的机械产品毛坯和零部件。材料铸造成形工程是对铸造材料、铸造成形方法、铸造装备与监测、铸造工艺设计以及环保与安全等一系列相关问题的研究、生产及应用的工程。材料铸造成形工程是一个国家科研水平、制造业地位以及国防实力的重要体现。

铸造方法种类繁多，各具特点，但其基本相同，均为先通过熔配符合化学成分要求的液态材料，在铸型中凝固、冷却，产生一系列结构和性质的变化，最终形成铸件。

以挤压铸造工程中的工艺流程为例，如图3-22所示。挤压铸造是一种将一定量的液态的金属注入模具型腔，然后施加较高的机械压力，使液态或半固态的金属在压力下低速充型、凝固和发生少量塑形变形，获得毛坯或零件的材料加工工程。其可用于生产各类合金，如铝合金、镁合金、锌合金、铜合金、灰铸铁、球墨铸铁、碳钢、不锈钢等。

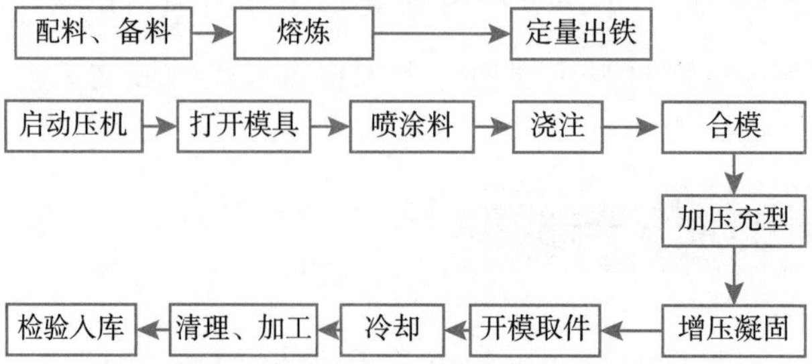

图3-22　挤压铸造生产工艺流程

我国铸造工程历史悠久，以青铜铸造为主的铸造生产促成了灿烂的商周青铜文化，典型的代表文物有商代的后母戊鼎、六十四件编钟、秦始皇陵出土的大型彩绘铜车马；以铁为主的铸造生产推动了铸造技术的发展，典型代表有山西阳城梨镜、明朝永乐大钟等。铸造工程发展迅速，特别是19世纪末和20世纪上半叶出现了很多新的铸造方法，如低压铸造、陶瓷铸造、连续铸造等，并在20世纪下半叶得到完善和实用化。

现代工业生产中，铸造工程占据极其重要的地位，为农业、工业、国防、交通等领域提供了大量必需的机械部件。

材料铸造成形工程与国家经济发展态势以及全球经济发展大环境密切相关，我国铸造产业在经过多年的持续快速发展后处于结构调整升级的关键阶段。

近年来，我国铸造工程技术领域与国外发展差距逐年缩小，优秀铸造企业国际竞争能力不断增强，例如轻合金和高温合金精密铸造成形工程的发展满足了我国多种新型先进国防装备需求；大型耐热耐蚀承压不锈钢材料和铸造成形工程的发展满足了我国新型发电设备部件制造需求等。尽管近年来我国在铸造成形工程中取得了显著的进步，但是在不同方向技术领域依然与国外存在一定的差距。例如在黑色金属及成形方面，无论是在铸铁还是铸钢方面均存在一些领域材料体系不完整，铸造技术不稳定、不可靠，关键力学性能指标与国外差距大的问题。在造型材料方面，存在造型材料污染大、成本高等问题。在特种铸造成形工程领域，我国在熔模铸造、高压铸造、反重力铸造、挤压铸造、消失模铸造等方面与发达国家依然存在较大差距。因此，我国目前在铸造工程方面依然存在铸造技术创新能力薄弱、先进铸造工艺不稳定不可靠、节能环保任务重的问题。

未来铸造成形工程的发展将更加趋向优质、高效、智能、环保的方向。我国目前战略性新兴产业蓬勃发展，装备制造业由大变强，市场需求旺盛，同时国内颁布了一系列战略规划和标准，为铸造产业和技术的发展营造了有利的环境。

未来，我国铸造成形工程的发展机遇与挑战共存。越来越先进的装备制造对铸造工艺水平要求不断提升，铸造工程在向高端市场迈进的同时，在资金、技术、人才等方面的国际竞争日趋激烈。能源消耗、大气污染、固体废物排放等问题也从侧面对铸造工程提出了更高的要求。铸造成形工程的发展对国家未来制造业的发展至关重要，在工业体系中占有重要的地位。

（二）材料塑性成形工程

塑性成形工程具有高产、优质、低耗等显著特点，已成为当今先进制造业的重要发展方向。工业部门的广泛需求为塑性成形新工艺新设备的发展提供了强大的原动力和空前的机遇。随着学科领域交叉越来越广泛，塑性成形与计算机紧密结合，数控加工、激光成型、人工智能、材料科学和集成制造等一系列与塑性成形相关联的技术快速发展，使得塑性成形新工艺和新设备不断涌现，同时也为材料塑性成形工程的发展提供了巨大的空间。

材料塑性成形是指利用材料的塑性，在工具及模具的外力作用下加工制件的少切削或无切削的工艺方法。材料塑性成形工程面向金属材料、工程塑料、橡胶及多种硅酸盐材料，利用各种塑性成形理论、工艺方法、成形技术以及专用的成形机械设备、模具及其他工艺装备对材料进行加工。

固体物质在承受外力时，其内部会产生相应的应力和应变，在弹性范围内，去除外力后固体物质会恢复到原来的形状和尺寸，当应力超过某一限度后，即使去除外力，材料的变形也不能完全恢复，从而产生程度不同的永久变形，这种变形称为塑性变形。塑性成形工程的基本原理是利用材料的塑性变形性质，使之在外来的作用下逐步变形并成为具有一定形状和尺寸精度的产品。塑性成形的重要特征是通过毛坯体积转移而成形，这是与切削加工的本质区别。

塑性成形是机械工程制造学科领域的一个重要分支。从材料发展的历程来看，材料是人类能够不断向前发展的基础，其中材料的制备和成形加工更是发挥着重大的作用。铜的冶炼和铸造技术的进步使得人类从石器时代进入青铜时代，铁的规模冶炼技术和锻造技术的进步让人类从青铜时代进入铁器时代。16 世纪中叶起，人们开始研究金属材料的组成、制备与加工工艺、性能之间的关系，使得人类从单一的青铜、铁器时代进入合金时代，推动了近代工业的快速发展。20 世纪以后，材料合成技术的不断发展，推动了现代工业的快速发展，其中电子信息、航空航天等尖端工业的发展，反过来也对高性能材料及部件的制备提出了更高的要求，促进了一系列新材料和新材料加工工程的发展，其中材料塑性工程也在这个过程中逐渐形成，成为工业制造中重要的组成部分。

近年来，材料塑性成形工程不断发展，新技术、新方法不断涌现，尤其是精密塑性成形技术的不断发展、模具品质的不断提升，显著提高了生产效率和产品质量，进一步降低了生产成本，提升了产品的市场竞争力，使得塑性成形工程成为工业界不可或缺的部分。随着我国经济的高速发展，GDP 持续增长，塑性成形工程领域快速发展壮大，其中金属塑性成形技术也相应持续发展进步，锻压件总产量达到 4000 万吨以上，总产值达到 6000 亿元，技术与产业规模总体上都达到了国际制造大国的水平，但是依然不是制造强国。未来塑性加工制造工程的发展将朝着精密化、高效化、强韧化、柔性化、清洁化、自动化、集成化等技术方向前进。

塑性成形工程作为现代制造业中重要的领域，在国民经济的发展中有着举足轻重的作用。塑性加工的产品在交通运输、航空航天、电子通信、医疗器械、化工业、建筑业、能源工业、军工业等领域以及人们日常生活中都有着大量的应用，体现了一个国家基础制造和先进制造的能力及水平。总的来说，大到促进一个国家的发展，小到维持人们的日常生活，都需要塑性成形工程发挥其作用。发展塑性成形工程，对增强我国制造业的核心竞争力，保障我国交通、能源、国防安全的发展，促进国民经济的快速发展具有十分重要的作用。

（三）材料特种加工成形工程

随着科学技术的发展和社会的进步，各种新材料、新结构以及形状复杂的精密微细零件和器件大量涌现，向制造业提出了一系列迫切需要解决的难题。由于采用已有的加工方法来加工这些零部件十分困难，甚至无法加工，人们一方面千方百计完善和改进传统机械加工技术，提高加工水平，另一方面则借助科学技术的发展冲破传统加工方法的束缚，不断地探索、寻求新的非传统加工方法，于是，在本质上区别于传统加工的特种加工成形工程便应运而生，并不断得到发展。特种加工成形工程技术在国际上被称为“21 世纪的技术”。

特种加工也称“非传统加工”或“非常规机械加工”，是指那些不属于传统加工工艺范畴的加工方法，不同于使用刀具、磨具等直接利用机械能切除多余材料的传统加工方法。材料特种加工成形工程是指特种加工技术与方法在实际中具体应用的工程类活动。

特种加工成形指用电能、热能、光能、电化学能、化学能、声能及特殊机械能等能量实现去除或增加材料的加工方法，从而实现材料去除、变形、改变性能或镀覆等工艺，主要特点为：加工时不靠机械能量切除多余材料，特种加工的工具与被加工零件基本不接触，不受工件的强度和硬度制约；加工机理不同于一般金属切削加工，不产生宏观切屑；不发生强烈的弹、塑变形；多种能量能够相互组合使用。

传统的机械加工已有非常悠久的历史，对人类的生产活动和物质文明起到了极大的推动作用。从第一次产业革命到第二次世界大战之前，在长达 150 多年靠机械切削加工的漫长年代里，并没有产生特种加工的迫切要求，也没有发展特种加工工程的充分条件。

随着社会生产的需要和科学技术的进步，20世纪40年代，苏联科学家发明了利用电火花的瞬时高温来熔化、汽化金属的电火花加工的方法。20世纪50年代以来，由于现代科学技术的迅猛发展，机械工业、电子工业、航空航天工业、化学工业、医药工业、国防工业等蓬勃发展，各种新结构、新材料和复杂形状的精密零件大量出现，其结构和形状越来越复杂、材料越来越强韧，对精度要求越来越高，对加工表面粗糙度和完整性要求越来越严格。各种难切削材料的加工、特殊复杂型面的加工、超精密及光整零件的加工、特殊零件的加工等各类问题，仅仅依靠传统的机械切削加工方法很难解决，有些根本无法实现。在生产的迫切需求下，人们通过各种渠道，借助于多种能量形式，不断研究和探索新的加工方法，包含电火花、激光、电子束、离子束超声波等加工技术的特种加工工程应运而生，并不断发展。

目前我国特种加工工程在发展过程中，始终坚持走独立自主的道路，不断创新，形成了独具特色的自主技术体系，具有较强的国际影响力和竞争力。但整体上创新能力仍较薄弱，高端技术及产品的性能质量与国际先进水平相比仍有一定的差距。伴随着新的产业技术变革，特种加工工程发挥着越来越重要的作用，也面临着前所未有的挑战与机遇。未来特种加工工程与装备将呈现“独特、智能、融合、绿色、优质”五大发展趋势。

随着材料及制造业的不断发展，特种加工工程面对加工复杂型面、微细结构、难加工材料等情况有着非常大的优势，并且能够获得高质量及高精度的产品，被广泛应用在航空航天、汽车、能源动力装备、微电子、生物医疗、精密模具、大规模集成电路等高端制造领域，已经成为先进制造业不可或缺的重要组成部分，在我国从制造大国向制造强国迈进过程中发挥着重要的推动力。

（四）材料的回收再利用工程

随着人类社会的快速发展，各类材料的产量与使用量逐年上升，同时产生的废料也逐年增多，废料的堆积造成了严重的资源浪费和环境污染。目前，环境恶化、资源短缺是人类面对的现状，材料的回收再利用工程对环境保护、经济发展具有重大意义。

材料的回收再利用分为两种不同的形式：一种形式是废弃物中原材料和能量的利用，包括熔化回收利用金属、塑料等原材料，通过焚烧垃圾利用其能量，或通过技术研发利用某一行业的材料废弃物作为另一行业的生产原料（如利用煤渣生产水泥）等形式；另一种形式更为直接，将回收产品中可利用的部件进行翻新，再制造为新产品。材料的回收再利用工程指将各类废弃或者失去功能利用价值的产品进行回收，经过一定的处理后使得废弃的材料能够被全部或部分重新利用的系统工程。

不同性质材料回收利用工程中，所使用的原理及难易程度不同。以高温合金废料的回收和再利用使用的火法回收工艺为例，高温合金在生产制造过程中添加了 Ta、Cr、W、Nb、Re、Ru 等多种难熔金属元素，使其耐高温性能、耐腐蚀性能、抗疲劳性能及组织稳定性等得到极大提升，同时也大大增加了后期回收再利用的难度。高温合金的火法回收原理如下：首先将高温合金废料在真空感应炉或电渣炉中进行二次熔融，得到合金熔体，然后通过相应的分离纯化工艺处理（如熔体处理、熔渣脱氮、高温熔体吹氩、陶瓷过滤等）除去夹杂的非金属物质，最后获得新的合金铸锭，达到对合金的再利用。

"回收利用"来源于传统的废旧物资回收行业。与材料回收利用相关的活动，具有很长的历史，在很多国家都有对废旧物品捡拾、收集、买卖和加工的传统。20 世纪后期，随着资源短缺现象日益凸显，以及废旧物品造成的环境治理问题加剧，人们开始强调将资源利用的速度和效率保持在生态系统可承受范围之内，极大地提升了社会对资源再利用的重视，同时推动材料回收再利用工程的飞速发展。至 21 世纪初，材料回收再利用工程已经具有较大规模，并且发展速度较快。

在经济效益的推动之下，资源回收再利用工程领域发展迅速。目前，从总体规模、行业组织以及企业实践等各个角度来看，资源回收再利用供应链已逐步发展壮大，走向成熟，创造出巨大的经济价值。宏观统计数据显示，资源回收再利用工程产生的效益已经具有相当大的规模，全球范围内再制造的年工业总产值估计至少在1000亿美元以上。未来，资源回收再利用工程将持续保持强劲的发展势头。

同时，材料回收再利用也面临一系列挑战。例如，现有生产技术对部件的回收及利用效率仍然有限，现有市场中客户对再制造产品的认同感还不够。这些问题在很大程度上还必须依靠重大基础性技术的科研突破以及社会层面对资源回收再利用的进一步认识和了解才能予以根本解决。

材料回收再利用工程的发展能够在经济、环境、能源等方面带来巨大的效益，通过材料的回收再利用，能够减少原始矿产的开发以及新产品制造过程中造成的环境污染。据美国环境保护局估计，如果美国汽车回收业的成果能被充分利用，大气污染水平将降低 85%，水污染处理量将减少 76%，同时回收再利用工程的发展能够显著降低能源消耗。我国把节约资源作为基本国策，大力发展循环经济，因此材料回收再利用工程将在未来发挥重要的作用。

参考文献

[1] 王承阳 . 热能与动力工程基础 [M]. 北京：冶金工业出版社 . 2010.

[2] 何满潮 , 朱国龙 . “十三五”矿业工程发展战略研究 [J]. 煤炭工程 ,2016,48(1).

[3] 卢本珊 . 中国古代采矿工程技术史研究的几个问题 [J]. 文物保护与考古科学 ,2003,(4).

[4] 王运敏 . 冶金原料开采与矿物加工工程技术发展研究 [C]. 2012—2013 冶金工程技术学科发展报告 . 中国金属学会 ,2014.

[5] 中国钢协粉末冶金分会发布 2017 年主要金属粉末的生产销售统计报告 [J]. 粉末冶金工业 ,2018,28(3).

[6] 毛志强 . 粉末冶金零件在汽车上的应用 [J]. 粉末冶金工业 ,2003,(1).

[7] 杨立国 . 中国水泥产能过剩问题及对策研究 [D]. 北京交通大学 ,2017.

[8] 唐靖炎 , 何保罗 . 我国非金属矿开发利用现状 [J]. 中国建材 ,2006,(1).

[9] 武帅 , 鲁云华 . 功能高分子材料发展现状及展望 [J]. 化工设计通讯 ,2016,42(4).

[10] 史冬梅 , 张雷 . 高性能高分子结构材料发展现状及对策 [J]. 科技中国 ,2019,(8).

[11] 张君红 . 先进复合材料在飞机结构中的应用 [J]. 化工设计通讯 ,2019,45(9).

[12] 曹景斌 . 飞机结构复合材料国产化应用技术研究 [C]. 中国航空学会 .2019 年（第四届）中国航空科学技术大会论文集 ,2019.

[13] 本刊专题报道 . 我国新一代信息功能材料及器件技术发展成果显著 [J]. 科技促进发展 ,2015,(2).

[14] 王占国 . 半导体光电信息功能材料的研究进展 [J]. 功能材料信息 ,2010,7(3).

[15] 王继扬 . 互联网 + 时代的信息功能材料 [C]. 中国晶体学会 . 中国晶体学会第六届学术年会暨会员代表大会（非线性光学及激光晶体材料分会）论文摘要集 , 2016.

[16] 张真 , 卢晓风 . 生物材料有效性和安全性评价的现状与趋势 [J]. 生物医学工程学杂志 ,2002,(1).

[17] 汤顺清 , 周长忍 , 邹翰 . 生物材料的发展现状与展望 (综述)[J]. 暨南大学学报 (自然科学与医学版),2000,(5).

[18] 何艳青 . 科技进步推动世界石油工业持续发展 [J]. 石油科技论坛 ,2006,(6).

[19] 张文昭 . 中国早期石油勘探发展概况 [J]. 石油知识 ,1994,(2).

[20] 龙裕伟 . 中国古代煤炭的开发利用 [J]. 经济与社会发展 ,2018,16(4).

[21] 杨勤明 . 中国火电建设发展史 (2)[J]. 电力技术 ,2008,(5).

[22] 白连勇 . 中国火力发电行业减排污染物的环境价值标准估算 [J]. 科技创新与应用 ,2013,(26).

[23] 水力发电建设的简史 [J]. 水力发电 ,1954,(3).

[24] 陆钦侃 . 我国经济可开发水能资源初步估算 [J]. 水力发电学报 ,1993,(3).

[25] 朱成章 . 世界水能资源和水电开发 [J]. 贵州水力发电 ,2002,(4).

[26] 李柯，何凡能．中国陆地太阳能资源开发潜力区域分析 [J]. 地理科学进展 ,2010,29(9).
[27] 赵玉文 .21 世纪我国太阳能利用发展趋势 [J]. 中国电力 ,2000,(9).
[28] 麻常雷，夏登文．海洋能开发利用发展对策研究 [J]. 海洋开发与管理 ,2016,33(3).
[29] 王传崑．国外海洋能技术的发展 [J]. 太阳能 ,2008,(12).
[30] 高祥帆，游亚戈．海洋能源利用进展 [J]. 中国高校科技与产业化 ,2004,(6).
[31] 余容．如何提高生物能发电的可靠性和可用率 [J]. 国际电力 ,2003,(6).
[32] 赵军，王述洋．我国农林生物质资源分布与利用潜力的研究 [J]. 农机化研究 ,2008,(6).
[33] 黄玉文，钟奇振．探秘世界最大生物质发电厂 [J]. 环境 ,2017,(7).
[34] 宋湛谦．生物质资源与林产化工 [J]. 林产化学与工业 ,2005,(S1).
[35] 韦中燊．漫谈核能的历史 [J]. 现代物理知识 ,2005,(2).
[36] 安永锋．核能在我国能源战略中的地位 [J]. 山西能源与节能 ,2003,(2).
[37] 何金祥．简论我国进一步发展核能利用的必要性 [J]. 国土资源情报 ,2008,(9).
[38] 谭衢霖，翟建平，徐光平，涂俊．核能利用与我国可持续发展战略的关系 [J]. 电力环境保护，2000 ,(1).
[39] 庞忠和，胡圣标，汪集旸．中国地热能发展路线图 [J]. 科技导报 ,2012,30(32).
[40] 李耀辉．储能技术在电气工程领域中的应用 [J]. 民营科技 ,2014,(9).
[41] 朱文韵．全球储能产业发展动态综述 [J]. 上海节能 ,2018,(1).
[42] 杜至刚．中国特高压电网发展战略规划研究 [D]. 山东大学 ,2008.
[43] 张章奎．国内外特高压电网技术发展综述 [J]. 华北电力技术 ,2006,(1).

编写专家

鞠思婷　杨怀超　林　强　丁宝明

审读专家

郭新立　张　晖　张朝军

专业编辑

陈文龙

第四章 医药与卫生工程

医药与卫生是人类实现健康的基本条件，是促进人的全面发展的必然要求。提高人民健康水平，实现病有所医的理想，是人类社会的共同追求。在本章的编写中，我们将医药与卫生工程围绕三个方面展开，即生物医学工程、制药工程和卫生工程。

生物医学工程是综合运用工程专业、物理学、化学、数学和计算工程的原理研究生物学、医学、行为工程与人类健康的工程。生物医学工程的目标是从分子、细胞、组织、器官到整个人体系统多层次上形成和完善新的工程体系，致力于生物学、材料工程、过程控制、组织 / 器官移植、仪器工程和信息学中相关的创新性研究，服务于疾病的预防、诊断、治疗、康复，提高人类健康水平。另外，生物医学工程多层面、多方位的社会需求属性决定了生物医学工程必然是广覆盖、深交叉、快速发展、多变化的工程。紧随社会进步的步伐，生物医学工程及其产业发展极其迅速。近 50 年以来，生物医学工程已深入生命工程、临床医学工程的各个领域，从生命现象的发现到生物学过程的定量分析、从海量的组学数据分析到新药研制、从临床医学到基础医学，生物医学工程深刻地改变了生命工程和医学本身，而且预示着生命工程进步和医学变革的方向。可以说，没有生物医学工程就没有生命工程和临床医学的今天。生物医学工程是所有工程中发展最快的一个工程领域，取得了令人震惊的成就，并且仍然具有极其诱人的发展前景，在国民经济中占据着重要地位。

医药产业已成为世界经济强国竞争的焦点，世界上许多国家都把建立医药品工业视为国家强盛的一个象征。新药的不断发现和治疗方法（如基因治疗）的巨大进步，促使医药工业发生了非常大的变化。医药工业的发展是与制药工程的水平密切相关的。制药工程是应用化学作用、生物作用以及各种分离技术，实现药物工业化生产的技术实践。在我国，制药工程主要包括化学制药、生物制药、天然药物及中药制药等子工程，是建立在化学、药学（中药学）、生物学和化学工程与技术基础上的多工程交叉专业，主要涉及药品规模化和规范化生产过程中的工艺、工程化和质量管理等共性问题。制药工程在药物产业化过程中具有举足轻重的作用，涉及原料药以及药品生产的方方面面，直接关系到产品生产技术方案的确定、设备选型、车间设计、环境保护，决定着产品是否能够投入市场、以怎样的价格投入市场等企业生存与发展的关键因素。我国制药工程在经过长时间的发展历程之后，其技术水平得到了很大的提升，加之现代工程技术的不断创新与进步，制药工程技术不断改进完善，这对于提升我国制药工业水平有着重大的现实意义，更是推动我国制药工业蓬勃发展的重要保障。

随着中国工业化、城市化进程和人口老龄化趋势的加快，居民健康面临着传染病和慢性病的双重威胁，公众对医疗卫生服务的需求日益增加。与此同时，中国卫生资源特别是优质资源短缺、分布不均衡的矛盾依然存在，医疗卫生事业改革与发展的任务十分艰巨。党的十八大就做出决定，把“健康中国”上升为国家战略，习近平总书记在全国卫生与健康大会上强调，要把人民健康放在优先发展的战略地位，加快推进健康中国的建设。卫生工程是应用工程技术和有关工程的理论及实践来控制生活和生产环境中存在的不利因素，以创造适宜环境、保障人类健康为目的的综合性工程。

本章知识结构见图 4-1。

一、生物医学工程

生物医学工程的发展基于生命工程的发展和临床医学实践的需求，其内涵是应用力学、物理学、化学、数学等基础工程及电子学、光学、材料学、计算机工程、信息工程等技术工程的原理与方法来研究生物学和医学问题，定量认识生命现象和生物学过程中的基本规律，以此理解、改变或控制生物系统，提升人类健康保障与重大疾病诊疗水平。紧随社会进步的步伐，生物医学工程及其产业发展极其迅速。特别是从20 世纪 80 年代末期开始，由于人类对自身健康的关注与需求不断增加及疾病谱的变化，对疾病诊断治疗技术及装备的要求越来越高。近 40 年以来，生物医学工程已深入生命工程、临床医学的各个领域，从生命现象的发现到生物学过程的定量分析、从海量的组学数据分析到新药研制、从临床医学到基础医学，生物医学工程深刻地改变了生命工程和医学本身，而且预示着生命工程进步和医学变革的方向。可以说，没有生物医学工程就没有生命工程和临床医学的今天。生物医学工程是所有工程中

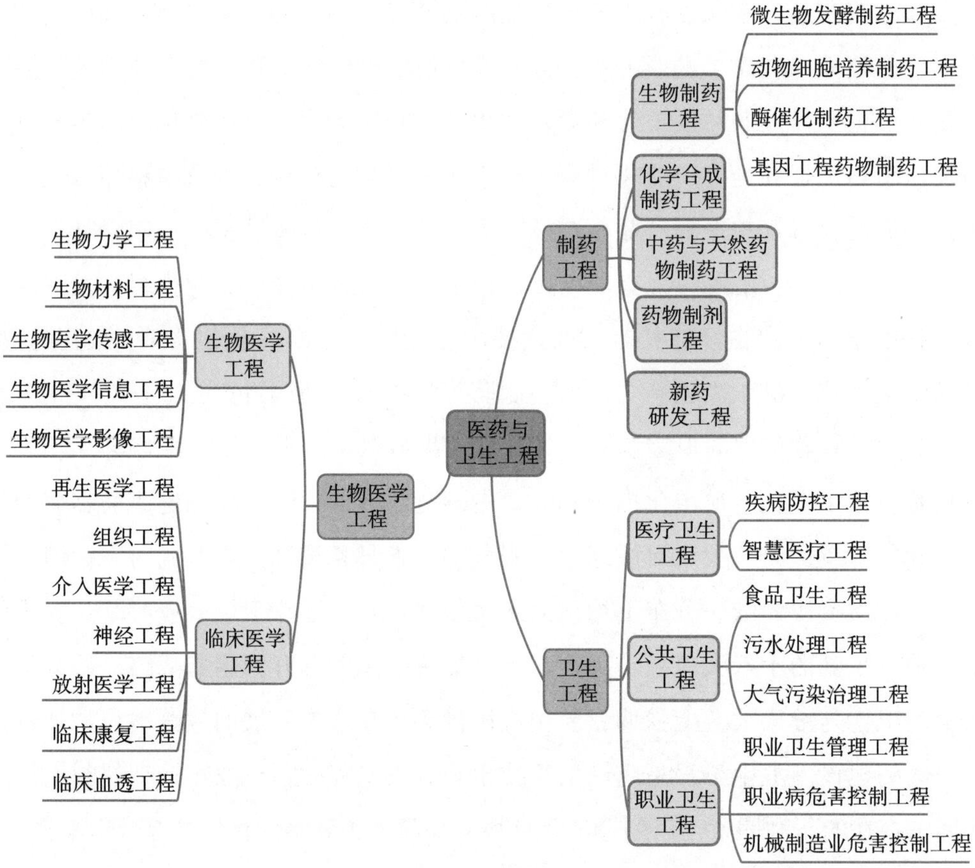

图 4-1　医药与卫生工程知识结构

发展最快的一个技术领域，取得了令人震惊的成就，并且仍然具有极其诱人的发展前景。

（一）生物医学工程

生物医学工程是理工医相结合的工程，是应用工程技术的理论和方法，研究医学防病治病、保障人民健康的工程。狭义的生物医学工程主要包括生物力学工程、生物材料工程、生物医学传感工程、生物医学信息工程、生物医学影像工程等。

1. 生物力学工程

众所周知，机械运动是物质运动的最基本形式，而生命运动是物质运动的最高形式。人体内部也存在各种力学运动，如心脏的泵血运动、血液周期性的脉动循环流动、血液压力和血管之间的流—固耦合力学作用等。生物力学工程可以帮助人们理解生物体的正常生理现象、预测病变情况和制订治疗康复方案。临床医学的诊断、手术和治疗都与生物力学工程密切相关。

生物力学工程是应用力学的原理和方法研究生物体中力学问题以促进人们对生物体的正常生理现象的理解，并能对病变情况进行预测且协助制订治疗康复方案的过程。生物力学工程的研究内容非常丰富，几乎涉及生物体与力学有关的所有问题。生物力学工程是运用力学方法使复杂的生命系统模型化的技术，对人体生命运动行为进行客观而量化的描述、解释和评价。

生物力学工程运用力学原理、理论和方法深化对生物学和医学问题的定量认识，从而理解生命体的运动与变化规律，量化生命介质的结构与功能关系。大体上可划分为几个工程领域：生物固体力学工程、生物流体力学工程、运动生物力学工程、细胞与分子生物力学工程。这几个工程领域有机组合就形成了比较系统的生物力学工程。其中生物流体力学工程同固体力学工程密切结合，主要研究人体的生理流动，尤其是循环系统和呼吸系统中的流体动力学。运动生物力学工程首先是对经典力学分析、力学模型、运动技术最佳化、人体运动仿真、肌肉力学模型等方面进行重点研究，使研究方法和测量手段进一步向工程化和合理化的方向发展，为运动损伤、康复手段的选择提供系统的方案，其次是对运动器械的力学载荷、载荷分布和载荷能力及运动器官、组织和系统的材料力学工程的研究。在细胞与分子生物力学工程方面，众多细胞力学模型（连续性模型、离散性模型）和分子力学理论的提出和发展体现了细胞与分子生物力学工程研究在理论层面的飞速发展。综上，几个不同的生物力学工程分支在复杂的生命系统工程中进行有机组合，为人类生命健康的维护提供系统且可靠的指导。

20 世纪 70 年代末，在冯元桢先生的大力推动和支持下，生物力学工程在我国开始起步。一大批力学、物理学、生物学及医学工作者加入生物力学工程的研究和应用中，主要有生物流体力学工程、心血管生物力学与血流动力学工程、骨关节与肌肉软组织力学工程、口腔生物力学工程、呼吸力学工程等。1967 年第一次国际生物力学研讨会在瑞士召开，此后每两年一次，对推动生物力学工程的应用起到了积极的作用。1973 年成立了国际生物力学学会。1978 年中国力学规划会议将生物力学工程列入力学发展规划纲要。1980 年，中国生物医学工程学会成立，生物力学工程是主要的方向之一。近些年来随着医疗技术的发展，生物力学工程在相应的应用中起到了不可替代的作用。

生物力学工程是生物医学工程的重要基础之一，对医疗器械、人工器官、康复工程及生物医学仪器的研究进步与相关产业发展具有重要意义。生物力学工程中以力学生物学和分子生物力学为代表的前沿领域发展势头强劲，以骨关节生物力学和血流动力学为代表的传统优势领域继续深入发展并与人类健康问题密切结合，基于临床医学工程、组织工程与康复工程的生物力学工程及生物材料力学与仿生力学研究表现出很强的应用潜力和前景。目前生物力学工程致力于发展相关的新技术和新方法，紧密联系临床诊治。以骨外科、口腔正畸、修复治疗方案的生物力学工程为例，实现其建模仿真和最终治疗方案的优化不仅与计算生物的发展相关，也与影像技术、可视化技术等密切相关。可以这样说，在临床医学和康复工程中，只有将生物力学工程的应用与各种社会经济关联起来，才能真正满足社会的需求。

生物力学工程在解决关键工程问题、明确力学因素在人类健康和疾病发生发展中作用的同时，致力于发展相关的新技术和新方法，并将其紧密联系和应用到临床诊治和康复工程中，对国民经济和人类健康起到了极大的推动作用。目前，我国在生物力学工程方面还需要进一步加强工程系统的建设。应重视与产业密切相关的生物力学工程的基地建设，为人类健康和疾病防治提供关键与共性技术和良好的软件、硬件基础。另外，面对研究人才和积累不足，真正从事前沿基础研究的队伍较少的问题，需要加强人才队伍的建设。

2. 生物材料工程

随着材料工程的发展，以及生物医学领域出现新需求，生物材料工程的应用不断更新和拓展。

生物材料工程是将材料工程与工程技术相结合，针对生物材料特有的功能，定向地组建成具有特定性状的生物新品种并用于解决生物医学中的问题，特别是临床医学中的问题。

生物材料工程是对一类用于诊断、治疗、修复或替换人体组织、器官或增进其功能的新型高技术材料进行系统整合评价的工程，是生物医学工程与产业的重要组成部分，其管理属于医疗器械范畴。生物材料工程涉及医用高分子、医用金属（合金）、生物陶瓷、复合材料、纳米材料、生物衍生材料等。生物医学材料主要用于制造基础医疗器械及技术含量高、附加值高的直接植入人体或与生理系统结合使用的材料及其终端产品（人造血管、血管支架、人工心瓣膜、心脏起搏器、人工骨、骨修复与替代材料、人工关节、人工器官、牙科材料、药物控制释放材料），以及临床疾病诊断材料。

图 4-2 为血管支架在血管中的应用，支架由金属丝按一定线路重复折叠而成，金属丝在纵行模具表面螺旋缠绕，至一定长度折返后继续缠绕，形成菱形孔的网状管形结构。平行金属丝继续穿过各个网孔间隙，最终形成双重编织的网孔管形支架。该血管支架的顺应性、柔顺性良好，其双重编织使横断面上的支架管壁厚度减少，而双丝共同承担的周向张力则得到了加强，且利于减少金属丝的直径，即缩小了金属丝体积，使较大口径的支架能预装于较细的导鞘之中，减轻了对穿刺点和血管的损伤。

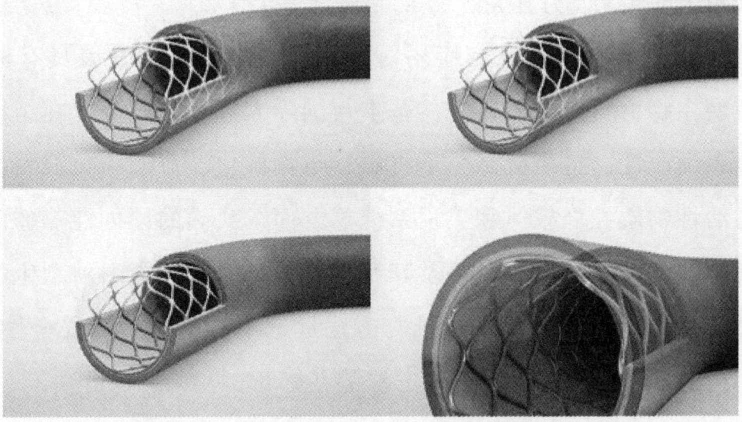

图 4-2　一种新型血管病损支架在血管中的应用

资料来源：www.vjshi.com。

20 世纪 40 年代高分子材料工程的大力发展促进高分子材料广泛应用于医学领域，银汞合金、不锈钢、钛合金、钴合金等金属材料的应用使硬组织的重建、修复得到了大力发展；20 世纪 70 年代发现钙磷生物陶瓷和玻璃的特殊生物相容性后，硬组织修复、替换材料进入新的发展时期。随着材料工程与技术的发展，以及生命工程的进步，生物材料的发展既有机遇，又不可避免地受到冲击。根据发展水平和产业化状况，生物材料工程大致可分为三个发展阶段。

①生物惰性材料工程阶段，即强调材料特性对组织 / 器官功能修复 / 恢复的积极作用，忽视其与组织 / 器官之间的相互作用细节，生物材料利用自己的材料特性辅助组织 / 器官恢复功能或行使部分功能。

②生物活性材料工程阶段，即材料与组织细胞亲和性改善，关注界面间的相互作用，生物材料工程积极参与生命体生物学过程。

③组织 / 器官再生用生物材料工程阶段，不仅关注材料与组织细胞的亲和性，还

关注材料支架本身的成型和降解性能、细胞营养供应和废物排泄能力、组织形成和功能恢复、材料的降解消失等。

生物医学及其相关工程的发展，对生物材料工程提出了更高要求，迫使材料工程家发现新型生物材料及改善现有生物材料的结构与性能，这为生物材料工程的发展提供了机遇。生物材料工程发展的前沿方向是采用工程的方法去发掘生物降解性和生物活性相统一的新型材料。生物材料研究已经与生命工程形成日益密切的结合和渗透关系，同时紧紧围绕临床应用目标，针对组织损伤（创伤）的病理环境与愈合机制。生物材料工程旨在将目前发展较为成熟的生物材料逐步应用于实际的临床工程中，比如临床血透以及相关的疾病治疗中。

生物材料工程的研究、开发与应用对国民经济和社会的发展具有极其重要的意义。我国在新型生物材料方面的研究，基本与国际先进水平同步，在组织诱导性生物材料、钛合金表面改性、抗凝血高分子材料、生物矿化、血液净化材料、新型医用金属材料及生物活性物质控释载体和工程系统等方面，我国的原创性工作已得到国际关注。生物材料的评估是保障生物材料及其制品质量与安全、指引新型生物材料工程研究与开发的重要依据。现有的评估标准与方法远远不能满足生物安全性评价的要求。改进和发展生物医学材料的生物学评价方法势在必行。

3. 生物医学传感工程

随着人类对医疗水平要求的提高，如对疾病的早期诊断、快速诊断、床边监护、在体监测等需求的升级，生物医学传感器不断发展创新。同时各类工程技术的发展也极大地推动了生物医学传感工程的发展。

生物医学传感工程是获取有关生物医学信息的工程，与生物力学工程、生物材料工程、人体生理、生物医学电子与医疗仪器、信号与图像处理等其他生物医学工程直接相关，并且是上述领域研究中的共性工程，也是它们的应用基础。

随着生物传感工程的发展，人们成功地把包括抗体、细胞受体、DNA 聚合物和完整细胞等在内的具有特异选择性功能的生物单元用作敏感元件。信号分析部分通常又叫换能器，换能器是捕捉敏感元件与目标物之间的反应过程，并将其表达为物理信号的元件。最早应用的换能器是电化学传感器，随着各种物理手段的引入，它可以测定生化反应的化学物质、热、压电、光、磁等物理化学性质，将被分析物与生物识别元件之间反应的信号转变成易检测、可量化的另一种信号，比如电信号、光信号等，再经过信号读取设备的转换过程，最终得到可以对分析物进行定性或定量检测的数据。为了将被检测信号的变化有效地取出，一般需要把生物敏感元件和信号处理装置一体化。利用一体化技术可以促进传感器响应的高速化、高灵敏化和微型化。

一种新型的肠道小肠胶囊内镜如图 4-3 所示，它具有以下特点：首先，主要采取的是一种自动拍摄的方式，被激发后，按照每秒 0~2 帧的频率进行自动拍摄，平均每秒钟拍 0.8 帧图像。其次，对于小肠胶囊内镜来说，从食管到胃、小肠，再到结直肠，是一个被动传输的过程，患者吃下去这样一个胶囊之后不会干扰日常生活。最后，胶囊内镜将以每秒 0.8 帧的频率自动拍摄并传输到一个终端，这样一个被动传输的过程通常要工作大于 8 个小时拍摄 2 万 ~5 万张图片。

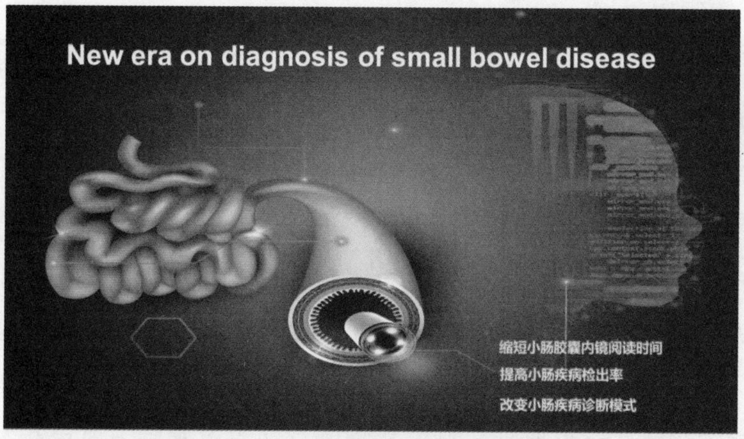

图 4-3　一种新型的肠道小肠胶囊内镜

资料来源：https://www.mr-gut.cn/talks/s/3bbe0e93c44b40b8a4badc71073efcf5。

到目前为止，生物传感器工程大致经历了三个发展阶段：第一代生物传感器由固定了生物成分的非活性基质膜（透析膜或反应膜）和电化学电极组成；第二代生物传感器是将生物成分直接吸附或共价结合到转换器的表面，无需非活性的基质膜；第三代生物传感器把生物成分直接固定在电子元件上，它们可以直接感知和放大界面物质的变化，从而把生物识别和信号的转换处理结合在一起。

随着传感器的发展，生物医学传感器工程在医学领域中发挥的作用越来越重要。同时，人类因对生命健康的重视而对生物医学传感器也提出越来越高的要求，成为传感器技术发展的强大动力。生物医学传感技术的未来发展趋势主要将集中在床边监测、无损监测、在体监测、生物芯片和微流控技术、细胞内监测、仿生传感器、智能人工脏器、基因探测、分子脑研究、人体监测传感器网络等方面。

科技以人为本，未来传感器工程的发展将依照现在及未来的需求向着更好地为人类服务的方向发展。先进传感器必须具备集成化和微型化、智能化、多参数和多功能化、可遥控、无创检测等优良特征。

4. 生物医学信息工程

随着社会的不断发展，生物医学工程在研究方向上不断扩充，研究层次不断深化，信息技术在该工程的发展过程中起了十分重要的促进作用。无论是在工程分支的研究范围、研究方式与手段方面，还是在研究成果的转化方面，信息技术均起到了积极的推动作用，生物医学工程在人类的医疗服务水平、社会经济效应等方面获得了前所未有的关注与成功。

生物医学信息工程是以信息工程和生命工程为主的多工程交叉的综合性工程，是电子、计算机、通信、智能仪器、传感检测、医学仪器以及生物学、现代医学等在生命工程中的应用与融合。生物医学信息工程提高了生物医学工程的医疗服务水平，且提高了社会经济效应。

生物医学工程在应用中将生物体和人视为一个工程系统。而研究系统最有效的方法之一是从系统论出发，利用系统的相互作用去研究系统，从信息传递和交换中去认识系统。生物医学信息工程中有许多可提取和处理的信号，可分为主动信号和被动信号。主动信号是由生理过程自发产生的，如心电和脑电等电生理信号，以及体温、血压、脉搏、呼吸等非电信号。被动信号是通过外界对人施加某种信号如X射线、超声波、同位素、磁场等，然后将生理状态信息通过这些信号的某些参数携带出来。

如图 4-4 所示为目前应用较为广泛的宏基因组测序对人类肠道菌群的测序分析结果。宏基因组学（Metagenomics）又叫微生物环境基因组学、元基因组学。它通过直接从环境样品中提取全部微生物的 DNA，构建宏基因组文库，利用基因组学的研究策略研究环境样品所包含的全部微生物的遗传组成及其群落功能。它是在微生物基因组学的基础上发展起来的一种研究微生物多样性、开发新的生理活性物质（或获得新基因）的新理念和新方法。通过宏基因的测序我们能逐步地了解人类肠道菌群的组成等信息，从而针对性地对一些肠道疾病进行干预治疗。

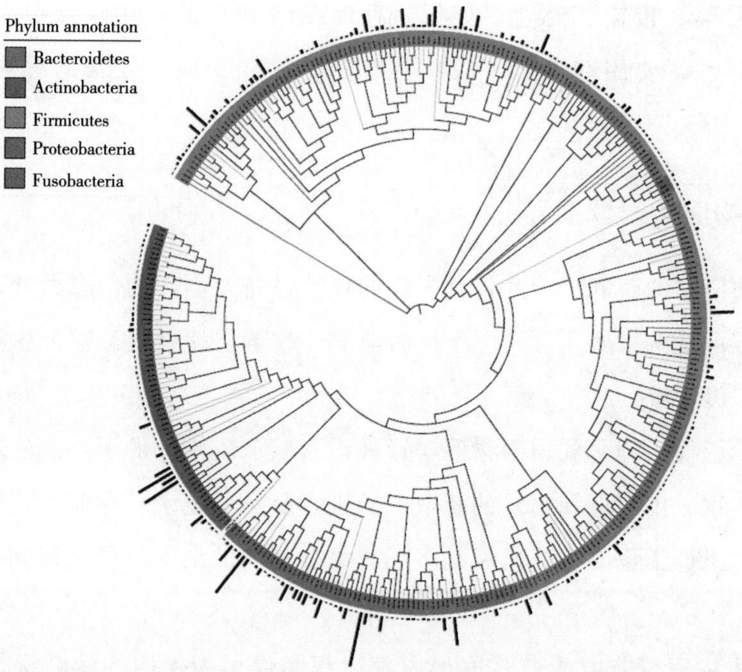

图 4-4　基于全基因组序列的 1520 个分离的肠道菌群的系统发育树

资料来源：Zou Y. et al. Nat Biotechnol 2019 (doi: 10.1038/s41587-018-0008-8)。

随着 20 世纪 60 年代计算机技术的发展，特别是 90 年代后网络通信技术的迅猛发展与普及，生物医学工程的研究领域不断扩展延伸，出现了许多依托信息技术、多工程背景、以信息化为主导的生物医学信息工程。在云计算与格技术广泛使用的信息时代，高性能计算涉及各行各业，也给生化系统的建模研究提供了强有力的技术支持。

在过去近 10 年时间里，信息技术极大地促进了生物医学工程各工程分支的发展，传统的人类生命健康治疗体系逐渐趋向于更加依赖信息技术的综合性系统。医疗诊断（如身体扫描仪）、治疗方式（如放射性治疗与微创手术）和整合型健康医疗系统，均得益于信息技术的迅猛发展。近年来的研究表明，医院信息系统如临床管理、诊疗服务、医嘱自动录入等，存储和处理病人信息系统如电子病历和电子健康档案，决策支持系统如作为诊断的辅助手段的专家诊断系统等，取得了实质性的提升。此外，相应的计算机算法在生物医学中的应用，例如基于人工神经网络算法的临床决策支持系统也是医学信息工程的发展方向。

不久的将来医学信息工程将在医院管理、教学和科研、疾病的预防与诊断和治疗等方面发挥巨大和不可替代的作用，并将带动整个医学界的革新。需要培养生物医学信息采集、传输、处理、分析、存储及研制新型生物医疗电子、信息仪器等方面的专业性、实用性人才，以及具有宽广的知识面、较强的综合应用能力的人才。

5. 生物医学影像工程

生命活动信息的获取离不开各种先进的仪器设备及高效的信息后处理系统。生物医学影像工程已成为“大工程”，涉及物理学、数学、计算机工程、生物学、化学和医学等多个工程领域。

生物医学影像工程是利用生物医学影像设备获取生物体的形态、生理、功能和代谢等信息的工程，由图像和信号的获取、处理、显示、记录、存储和传输等过程所组成。生物医学影像工程的快速发展是多工程综合交叉的结果，各工程间相辅相成、相互促进。

医学影像工程以非侵入方式取得内部组织影像，为疾病的诊断提供了直观的依据，对最终准确诊断病情和治疗疾病起到了不可替代的作用。分子影像运用影像工程手段显示组织水平、细胞和亚细胞水平的特定分子，反映活体状态下分子水平变化，从而对其生物学行为在影像方面进行定性和定量研究。生物医学影像工程的成像目标也从单纯的显示形态学的变化发展到通过影像手段将疾病的生理、功能、代谢等过程表现出来。从生物医学工程发展的角度看，医学影像能提供器官、组织、细胞甚至分子水平的图像，医学影像工程是生物医学工程各分支工程研究中不可或缺的重要手段。从临床诊断角度看，医学影像以非常直观的形式向人们展示人体内部的结构形态与脏器功能，已成为临床诊断中最重要的工程手段之一。各种医学影像技术各有优缺点，选择何种成像方式取决于待检测对象的特点，如何联合多种成像方式都是医学影像工程需要逐步解决的工程问题。

1895 年，物理学家 Roentgen 发现了 X 射线，随后工程学家制造出 X 射线设备，这使得 X 射线成像技术被运用到医学等领域。此后，电子技术和计算机技术的发展直接导致了 CT 技术、数字减影血管造影（DSA）、计算机放射摄影（CIR）和数字放射摄影（DR）等新型 X 射线成像技术的问世。

1946 年，美国物理学家 Bloch 和 Purcell 首先发现了核磁共振现象，并因此获得了 1952 年的诺贝尔物理学奖。

1973 年，美国工程家 Lauterbur 发现，把物体放置在一个稳定的磁场中，然后加上一个有梯度的磁场，再用适当的电磁波照射这一物体，这样根据物体释放出的电磁波就可以绘制物体某个截面的内部图像；随后，英国工程家 Peter Mansfield 又进一步验证和改进了这种方法，并首次成功地对活体进行了手指的 MRI。在这两位工程家研究成果的基础上，在工程学专家和计算机专家的努力下第一台医用 MRI 设备于 1980 年问世。从此以后，MRI 走过了从理论到实践、从形态到功能、从二维到四维、从宏观到微观的发展历史。随着生物影像工程的发展和后处理手段的进步，生物医学影像工程必将获得长足的发展，该工程也必将在生命工程领域的研究中发挥越来越重要的作用。

生物医学影像工程的发展趋势是从宏观成像向宏观与微观融合的多尺度成像转变。CT 和常规 MRI 等宏观水平的成像可清楚地观察到生物体形态和结构特点，而近年来的一个发展趋势是转向分子水平的微观尺度以更精确更清晰地观察相关分子影像。

当代生物医学影像工程已经能够在器官、组织、细胞、分子和基因等不同水平，从不同的时间和空间尺度来观察观测生物体的活动过程，为生命工程和临床医学提供前所未有的发展机遇。

（二）临床医学工程

临床医学工程是运用工程技术理论、方法研究和解决临床医学实际问题的工程。临床医学工程是为了利用现代科学和工程技术知识，将医学工程的成果更好地服务于临床医疗，而在医院中发展起来的以医疗设备的全程技术管理为主，解决医院装备现代化中技术、设备和经济管理方面问题的一个系统工程。一般而言，临床医学工程包括再生医学工程、组织工程、介入医学工程、神经工程、放射医学工程、临床康复工程、临床血透工程等工程分支。

1. 再生医学工程

对再生医学领域的深入研究，必将为有效延缓人类衰老及治疗由其引起的系列疾病等严重影响人类寿命及生活质量的重大疾病带来理论及治疗手段的重大突破。

再生医学工程是指利用生物学及工程学的理论方法创造丢失或功能损害的组织和器官，使其具备正常组织和器官的机构和功能，以对受损、病损和老化的细胞、组织与器官进行有效修复及再生，以根治性治疗为最终目标去开展研究，以新的研究思路去寻找有效治疗或根治人类重大疾病的新方法和手段。

再生医学工程涵盖组织、器官、肢体再生等领域，包含细胞移植、组织工程及残余组织的再生诱导等内容，旨在探寻再生的机制并应用于恢复疾病后组织结构和功能的治疗策略。组织损伤后的修复过程必然需要大量的新细胞。在组织器官受损后最重要的就是机体产生大量的细胞来重塑损伤组织。新生细胞有的来源于干细胞的扩增与分化，有的来源于分化细胞的增殖，有的来源于细胞去分化至一个相对原始的状态，或者来源于一种类型的细胞转分化为另一种细胞类型。再生不仅有干细胞的分裂，而且有分化细胞的去分化。生物有机体的再生是通过转分化、细胞迁移和细胞增殖的结合来完成的。机体的各种细胞具有记忆所属机体组织的能力，可良好地进行“专业分工”，帮助组织再生。

从公元前600年第一部外科教科书所记录的印度外科医生用脸颊的皮肤修补撕裂的耳垂等，到近代组织培养和干细胞分离培养的发展，2006年山中伸弥发现人工诱导多能干细胞（iPS）避免了胚胎干细胞的伦理问题，2010年第一个接受胚胎干细胞治疗的是一个脊髓损伤的人，2015年干细胞第一次市场化是欧洲委员会批准用Holoclar来治疗严重受损的角膜等，再到，生物打印的软骨被证明优于用于膝关节置换的塑料和钛，以及哈佛干细胞研究所已经成功地用超级海藻酸钠球移植猕猴，让它存活了6个月。再生医学工程在20世纪末被提出以后，即被视为21世纪生命工程与医学领域的新兴前沿工程，在国际上受到广泛重视。

目前，基于活细胞移植的再生医学工程已经有了长足发展。造血祖细胞及具有良好体外复制能力的干细胞的发现，因其具有从外周血进入骨髓微环境的能力，从而有效促进了再生医学工程的发展。随后，角质细胞及软骨细胞体内扩增与体内移植技术的建立，以及细胞培养技术及支架技术的发展，进一步促进了用于损伤修复的组织工程技术的成功与完善。

再生医学工程旨在利用生命工程、材料工程、工程学、计算机工程等多工程的理论和方法，通过激活机体内源性干细胞，或植入外源干细胞、干细胞衍生细胞、功能组织及器官，修复、替代和增强人体内受损、病变或有缺陷的组织和器官，实现疾病治疗。尽管再生医学工程的发展及其相关产品的生产存在巨大的挑战，但目前已有多个用于移植的人工皮肤及软骨替代产品已经获得管理部门的批准。再生医学工程的发展为一系列重大慢性疾病的治愈带来希望，同时也为器官移植中缺乏器官来源的问题找到潜在解决方案。

2. 组织工程

组织、器官的丧失或功能障碍是人类健康所面临的主要危害之一，也是人类患病和死亡的主要原因。随着生命工程、材料工程及相关物理、化学工程的发展，人们提出并发展了组织工程。

组织工程是指应用生命工程与工程学的原理与技术，在正确认识哺乳动物的正常及病理状态下组织结构与功能关系的基础上，研究和开发适用于修复、维护、促进人体各种组织或器官损伤后的功能和形态的生物替代物，包括种子细胞、信号分子、支架材料、工程化组织构建与生物反应器等主要内容。

将复合物植入机体的组织或器官病损部位，随着生物材料在体内逐渐被降解和吸收，植入的细胞在体内不断增殖并分泌细胞外基质，最终形成相应的组织或器官，从而达到修复创伤和重建功能的目的。生物材料支架所形成的三维结构不但为细胞获取营养、生长和代谢提供了一个良好的环境，也为组织工程的发展提供了一种组织再生的技术手段，将改变外科传统的“以创伤修复创伤”的治疗模式，迈入无创伤修复的新阶段。所谓组织工程的四要素，主要包括种子细胞、生物材料、细胞与生物材料的整合以及植入物与体内微环境的整合。同时，组织工程的发展也将改变传统的医学模式，进一步发展成为再生医学并最终用于临床。

美国麻省理工学院（MIT）化学工程教授 Robert Langer 于 20 世纪 60 年代发明了高分子化合物控制释放系统，随后又发现了一类新型可降解聚合物材料，这可视为组织工程的萌芽。80 年代初，Langer 和波士顿麻省大学医院 Joseph P. Vacanti 医生首次阐述了组织工程的简单含义，开展了初步的研究工作并提出了“组织工程”概念。随后美国国家工程基金会也相继资助建立了一系列实验室，正式开展组织工程研究。目前，美国已有相当数量的研究机构，如美国国家航空航天局（NASA）、美国能源部（DOE）、美国国立卫生研究院（NIH）、麻省理工学院（MIT）、哈佛医学院（HMS）、佐治亚理工学院（GIT）、加利福尼亚大学圣迭戈分校（UCSD）等参与到组织工程的研究中。

近几年，组织工程呈现从结构组织向实体器官拓展的研究趋势，标志是组织工程膀胱的临床应用。组织工程的发展推动了细胞治疗、基因治疗、生物活性因子治疗的发展，使组织工程研究进入了“再生医学”的新时代。事实上，工程化组织移植、工程化细胞治疗、工程化基因治疗及工程化细胞因子治疗，以及具有引导/诱导组织再生的生物活性材料的应用，都是为了实现组织、器官的结构、功能、形态的完美修复，造福更多的患者。

组织工程这一概念自提出后就得到了长足的发展，基础理论不断完善，新的设想及新的产品不断涌现。尽管工程化组织和人工器官的构建仍存在许多挑战，但已经不再是一个遥不可及的梦想了。具有简单结构的人工组织已经应用于临床，且这种重建或替代功能已经为成千上万的人提供了一个可行的治疗手段。

3. 介入医学工程

介入医学工程为临床介入医疗提供系列器械与材料。尤其是现代化数字医疗设备的不断进步，为介入诊断与治疗操作提供了越来越直观的医学影像。

介入医学工程以影像诊断工程为基础，在医学影像诊断设备引导下，利用穿刺针、导管或腔镜技术，对疾病进行低创伤性治疗或对采集组织学、细菌学及生理、生化资料进行诊断。

局部疾病局部治疗是它的指导思想。它采用的治疗手段，既非单纯药物治疗，也不是单纯的手术疗法；而是通过插入导管给药、通电、气囊扩张等取得满意的治疗效果。如图 4-5 所示为常用的穿刺器的结构示意。穿刺鞘（1）的外壁上同轴套设有可沿其表面轴向移动且紧密配合的定位盘（2），所述穿刺鞘（1）的外壁上设有若干节状锥形凸起（25），所述定位盘（2）可在所述节状锥形凸起（25）上移动。由于该工程在临床上具有针对性强、能见度高、设备较简单、操作方便、病人痛苦甚小、价格低廉、成功率高等诸多优点，近年来已得到长足的发展，并广泛地应用于临床实践，特别是介入心脏病学、介入神经放射学等。

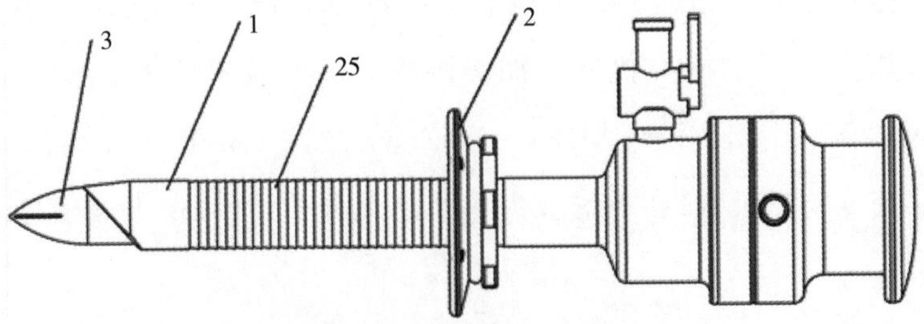

图 4-5　一种穿刺器的结构示意

资料来源：https://www.jigao616.com/zhuanlijieshao_17607734.aspx。

1928 年，Santos 等完成了第一例经皮直接穿刺主动脉造影。20 世纪 40 年代，医学专家开展了右心房、右心室、主动脉弓及肺动脉的介入穿刺造影，但由于设备和器材的缺陷，发展较为缓慢。1953 年，瑞典医生 Seldinger 首创采用套管针、导丝和导管经皮股动脉插管行血管造影的技术，提高了介入操作的安全性，奠定了当代介入医学的操作基础。20 世纪七八十年代，随着医学影像技术、材料技术和生物技术的发展，介入所用相关器材得到了极大改善和迅速发展，促进了经皮穿刺技术的应用和发展。1964 年，由美国放射学家 Dotter 开发的同轴导管系统血管成形术为介入成形术打下了实践和理论的奠基石。自 1967 年提出介入放射学的概念以来，此项技术发展迅速，已形成一系列诊断方法与治疗方法，成为与内工程、外工程并驾齐驱的第三治疗工程。

随着临床应用和研究的进一步发展，介入医学工程在临床应用范围进一步扩展的同时，通过深层次的病理生理、免疫学改变等基础理论研究，将不断发展、完善和优化自身理论体系，今后与内、外科呈现三足鼎立的局面会越来越明显。介入医学工程具有微创性、可重复性、定位准确、疗效高、见效快、并发症少、多种技术联合应用简便易行等优点。近年来，全国各地介入技术实践如雨后春笋般蓬勃发展，除了传统的介入科外，消化内镜、神经、急诊、超声等多工程、多类别、多领域介入技术发展迅猛，为广大患者带来了一系列先进的介入微创治疗工程新方法。

作为近年来迅速发展起来的新兴技术工程，介入医学工程一方面取代传统外科手术治疗疾病，提供一种创伤较小的治疗手段；另一方面使一些传统手术难以处理的疾病问题得以完满解决。随着时间的推移、人们认识上的更新，介入医学将会更广泛地应用于临床，造福广大患者。

4. 神经工程

神经工程是新兴的、用工程技术研究中枢和周围神经系统的功能并操作其行为的工程。神经工程的两大目标是通过神经系统和人造设备间的沟通来修复和增强人体的功能。

神经工程（Neural Engineering）采用工程方法分析神经功能，解决与神经系统相关的问题，并为神经系统的康复，甚至为健康人的机体功能提升提供行之有效的手段。

神经工程系将生物医学工程技术与方法，借由神经细胞再生与组织特性评估及神经与电子设备间接口等方法的研究与发展，探索中枢及外围神经系统的功能及行为表现，以了解中枢神经系统及周边神经系统的感觉或运动控制讯息的活化、传递及神经调控功能的过程，并期望借由这样的成果协助失能者恢复及增进机能。神经工程旨在探明感觉系统和运动系统编码及处理讯息的机制，定量研究这些机制在病理状态下发生的变化，研究如何通过脑机界面、神经修复等途径操纵这些正常和病变的机制。

早在1791年，Luigi Galvani教授就发现任何可以发出电火花的导电材料都能使离体青蛙腿收缩。紧接着在1793年，Alessandro Volta教授进一步证明这种情况不可能是由青蛙体内的金属元素导电导致的，而是青蛙自身以某种方式产生电，这一推测直到1838年，才由Carl Matteucci观察到的骨骼肌收缩时产生的短暂的生物电所证实。他们各自的独创性工作在当时的科研领域引起了广泛关注，并且Galvani的工作催生了电生理学的诞生。现代神经生理工程与现代工程、材料工程、计算机工程等的结合形成了现在的神经工程的雏形。

在过去10年里，神经工程迎来了一波爆炸式发展，它在临床上的应用前景也为神经工程家、医生和患者带来治愈疾病的新希望。然而其中有很多研究仅限于实验室层面，与临床试验尚有很远的距离，它们同样面临一系列亟待解决的问题。这些问题典型地集中在脑—机接口技术领域、人工视觉技术领域以及光遗传学技术领域。

脑神经工程研究无疑是人类历史史上最具有挑战性的工程研究。“了解脑”、“保护脑”和“创造脑”是许多国家制定脑工程发展计划的目标和宗旨。现代神经工程研究在推进此类脑研究计划中起到不可估量的作用。

5. 放射医学工程

世界卫生组织统计，发达国家综合治疗肿瘤的五年生存率为45%，其中手术的贡献占22%，放射治疗占18%，化疗占5%。放射治疗是除手术治疗外最重要的治疗方法，放射治疗可以单独使用，也可与其他疗法一起使用，约70%的肿瘤患者需要接受放射治疗。

放射医学工程主要应用现代工程技术，从细胞、分子和整体水平阐明电离辐射生物效应的作用、机理及其防治，促进核工程技术的发展和原子能的和平利用。

放射医学工程尤其关注放射性工作人员和公众的放射生物效应及其安全防护，包括各类放射源、辐射装置和核设施（包括反应堆）的安全与防护，辐射监测、放射性废物的安全管理，职业照射人员的健康管理，核武器袭击的防护等，关注环境辐射对人类健康的影响。放射医学工程主要包括医学物理、放射化学、放射生物、生物物理、辐射血液、辐射免疫、放射遗传、放射毒理、辐射剂量、辐射流行病、放射损伤临床、放射治疗、辐射防护药和增敏药物，以及电离辐射的临床转化应用（包括临床肿瘤放射治疗、核医学等放射医学转化应用）等医学工程分支。其中放射治疗工程利用一种或多种电离辐射对恶性肿瘤及一些良性病进行治疗。放射治疗的手段是电离辐射。辐射是以波或粒子动能形式穿过空间或物质介质的发射能量的传播，或者说是以波或粒子形式穿过空间或物质介质的能量。

放射治疗工程的发展经历了漫长的过程。通过早期的试验，人们发现电离辐射仅仅对一部分病种和病例有效，人们也发现了一些治疗后出现的辐射损伤。20 世纪 30 年代左右，放射医疗进入了 MV 级低 LET 辐射治疗阶段。1931 年美国 Vande Graff 发明电子静电加速器。1947 年英国 Fry 等、1948 年美国 Hansen 等各自独立发明行波电子直线加速器。1953 年英国 Hammersmith 医院首次用一台 8Mev 行波医用电子直线加速器进行放射治疗。1970 年美国 Sable 等开发出 4Mev 驻波医用电子直线加速器。1972 年中国开展医用电子感应加速器的研究。1987 年中国研制成医用驻波电子直线加速器。同时高 LET 辐射治疗的尝试也在不断进行中，各种新放射治疗技术的出现使放射治疗进入精确放射治疗的时代。

目前，国内的放射医学工程已经从二维治疗转化为三维、四维放射治疗，剂量分配也由点发展到体积。精准放射治疗是未来放射医学工程的发展方向，精准放疗是高度依赖设备和信息化技术的放射治疗。

放射医学工程的主要任务是研究电离辐射对人体的作用、机制、损伤与修复的规律，放射损伤的诊断、治疗和预防，为放射性工作人员的卫生防护、医学监督和保健工作提供理论依据和措施。未来，我国应做好技术人员的培训工作，加强放射设备操作培训，提高从业人员的专业素质。在此基础上，促进放射治疗规范一体化发展，构建全国性的一体化质控网络，借鉴国外先进经验推动我国放疗事业向精准化的方向发展。

6. 临床康复工程

随着科技的发展、社会的进步、人口的老龄化，越来越多的康复工程产品应用于临床。

临床康复工程是工程技术人员在全面康复和有关工程理论指导下，与各个康复领域的康复工作者、残疾人、残疾人家属密切合作，以各种工艺技术为手段，帮助残疾人最大限度地开发潜能，恢复其独立生活、学习、工作、回归社会、参与社会能力的工程。

用工程的方法和手段使伤残者康复，促使其功能恢复、重建或代偿，是康复工程在康复医学中的主要任务。对于由脑血管意外和脊髓损伤以及意外损伤造成的肢体伤残者，借助工程手段是主要的，有时甚至是唯一的康复方法。例如各种原因造成截肢的患者，其肢体功能的恢复和代偿将主要依靠工程的方法来实现。因此，康复工程在康复医学中占有重要地位，起着不可代替的作用。从这个意义上说，一个国家的康复医学水平与康复工程技术的发展水平有密切关系。把残疾人使用的、特别生产或一般有效地防止、补偿、抵销残损（病损，Impairment）、残疾（Disablity）或残障（Handicap）的任何产品、器械、设备或技术系统称为残疾人辅助器具，一般又称为“康复器械”（Rehabilitation Devices）。

1656年，在柏林成立了世界上第一个假肢行会。1740年，巴黎大学医学教授Nicholas Andry提出了“矫形”概念。20世纪50年代至60年代初，美国、日本、加拿大等国政府先后出资成立了康复工程研究所。20世纪80年代后，机电一体化技术、微电子技术、生物电技术、信息技术、网络技术以及材料工程获得突飞猛进的发展，使一大批具有高科技含量的康复工程产品不断问世，并应用于临床。1970年，我国自行研制的前臂肌电假肢应用于临床。20世纪80年代，西方国家的现代康复理念传播到中国，康复工程在我国兴起，促进了我国康复工程的大发展。

目前，国内康复专业技术人才的数量远远跟不上实际的需求，康复人才的短缺，导致许多患者难以达到预期康复效果。此外，康复人才队伍结构也有局限性，从事聋哑、肢残等传统康复服务的人较多，而能够提供心理、精神等方面服务的人才严重缺乏，满足不了人们对康复的要求。虽然我国康复领域存在不少缺陷，但由于医学的进步和卫生保健事业的发展，病死率降低，老年人口比例的增加以及慢性和老年病的日益突出等种种因素，康复医疗对象不仅出现了明显的增多趋势，而且其构成情况也不断发生变化，残疾者与整个社会的情况相仿，有高龄化的倾向，脑血管障碍和脑性瘫痪等中枢神经系统障碍增加，并有重度化倾向。肢体功能障碍合并精神障碍者有增多的趋势。由此可见，康复医学在整个医疗事业中占有很重要的地位，而且随着社会生产力的发展和生活水平的提高，其将越来越显示出重要性。

康复临床实践证明，作为医工结合新兴工程的康复工程，在我国康复医学发展过程中起着不可替代的独特作用。在康复医学中引入以现代工程技术成果为依托的康复工程，是现代康复医学的特点之一，康复工程已经成为现代康复医学的重要组成部分，针对某些疾患，如截肢、运动功能障碍、视听障碍等，康复工程方法已经成为主要的康复治疗手段。目前国内康复工程专业技术人才严重短缺，许多患者难以达到预期康复效果，将来需要加大相关工程人员的结构配置力度。

7. 临床血透工程

血液净化是采用扩散、对流、吸附及分离等原理，清除血液中致病物质和多余水分并补充机体需要的物质，主要用于肾衰竭，包括急性肾损伤和终末期肾病治疗，也可用于肝衰竭及自身免疫疾病等治疗。

临床血透工程是指采用物理、化学和生物的方法清除血液中的致病物质，达到净化血液的目的，主要用于肾脏疾病的治疗，也用于中毒、肝衰竭及自身免疫性等疾病治疗的工程。

血液透析是目前最常用的血液净化疗法，也是器官功能替代最成熟的范例。肾衰竭患者可以依赖透析治疗而获得长期生存，并有较高的生存质量，可以返回社会和工作岗位。血液透析的方法如图 4-6 所示，是将血液引出体外，经带有透析器的体外循环装置，血液与透析液借半透膜（透析膜）进行水和溶质的交换，血液中水和尿毒症毒素包括肌酐、尿素、钾和磷等进入透析液而被清除，而透析液中碱基和钙等则进入血液，从而达到维持水电和酸碱平衡的目的。

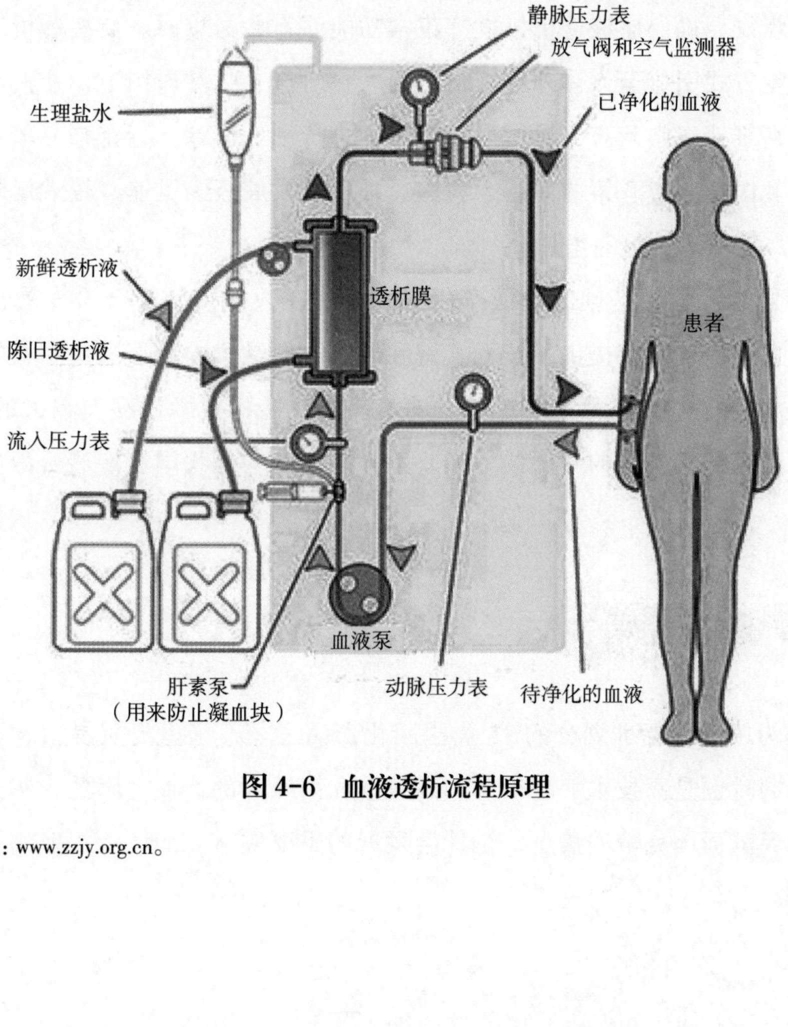

图 4-6　血液透析流程原理

资料来源：www.zzjy.org.cn。

1924 年，德国 Haas 医师以火棉胶制成管状透析器进行人类历史上第一次血液透析。1945 年，荷兰的 Willem Johan Ko 在极为困难的第二次世界大战时期，设计出转鼓式人工肾，被称为人工肾的先驱。1954 年，血液透析机开始投入批量生产。1955 年，美国人工器官协会宣布人工肾正式应用于临床。透析设备的不断发展和完善，促进了血液净化方法的开展，1967 年血液滤过（I-IF）应用于临床；1972 年血液灌流抢救昏迷患者获得成功，间断离心分离血浆开始应用；1976 年连续性动静脉血流滤过（CAVH）应用于临床。1979 年免疫吸附应用，2 级滤过法行血浆置换首次使用，冷滤过法血浆置换技术设计成功；1988 年可调钠血透机出现，高通量、高效透析机出现；1992 年连续性高通量透析（CHFD）、连续性高容量（I-IVHF）出现，并研制生产在线血液透析滤过机（on-lineHDF），1996 年连续性肾脏替代疗法 CRRT 应用于 ICU 急性肾功能治疗。1975 年日本江良利用 TM · 101 和 REDY 透析液吸附再循环装置，制成 9.2 公斤重的携带型人工肾。1978 年日本阿岸三制成一种夹克式人工肾，透析液、血泵、吸附剂和透析器均放在夹克衫内穿在身上，总重量只有 4.5 公斤，可以连续工作。近些年来，临床血透工程取得了更多突破性进展。

随着医学和治疗技术的不断发展，人们对血液透析机的认识越来越深入，这对促进患者疾病恢复、确保血液透析机发挥正常功能而言尤为重要。血液透析工程将体内血液通过一定方式引流至人体外部透析器内，在对流、弥散作用下，让人体内部电解质和酸碱平衡维持正常状态，对体内代谢废物进行彻底清除。近年来，随着我国经济的迅速发展和医疗支付政策的完善，我国血液透析发展极为迅速，较大规模的透析中心相继建立，血透人数显著增加。

以临床血透工程为基础的血液净化工程技术在我国得到了极大发展，为实施安全、有效的血液净化治疗提供了技术支持和保障。但是我国血液透析患者的长期存活率和生活质量尚存一定差距；因经济发展不平衡，透析技术还存在较大的地域差距；血液透析医师、技术人员的专业技术参差不齐。这些均是我国血液透析治疗领域亟须解决的问题。

二、制药工程

医药作为按国际标准划分的 15 类国际化产品之一，是世界贸易增长最快的 5 类产品之一，同时也是高技术、高投入、高效益和高风险的产业。因此，医药工业也成为世界医药经济强国竞争的焦点，是社会发展的重要领域。而医药工业的发展是与制药工程的水平密切相关的。随着医药工业的发展，我国在制药工程领域也取得了可喜的进展。

制药工程是应用化学作用、生物作用以及各种分离技术，实现药物工业化生产的技术实践，在我国主要包括生物制药、化学合成制药、中药与天然药物制药等分支工程，是建立在化学、药学（中药学）、生物学等工程与技术基础上的多工程交叉专业，主要涉及药品规模化和规范化生产过程中的工艺、工程化和质量管理等共性问题。

制药工程在药物产业化过程中具有举足轻重的地位，涉及原料药以及药品生产的方方面面，直接关系到产品生产技术方案的确定、设备选型、车间设计、环境保护，决定着产品是否能够投入市场、以怎样的价格投入市场等企业生存与发展的关键因素。本部分根据药物来源及其生产过程的技术特点，划分为生物制药工程、化学合成制药工程、中药与天然药物制药工程，此外，对药物制剂工程和新药研发工程也进行了介绍。

（一）生物制药工程

现代生物技术兴起于20世纪80年代，发展非常迅速，生物制药作为生物工程研究开发和应用中最活跃、进展最快的领域，被公认为21世纪最有前途的产业之一。每年上市的新药中，生物制药产品所占比例逐年上升，针对一些难以治疗的疾病起到了非常关键的作用，是保证人们健康的重要手段。一般而言，生物制药工程包括以微生物特点为研究重点的微生物发酵制药工程、以细胞生物学为理论基础的动物细胞培养制药工程、以生物活性酶为核心的酶催化制药工程以及以基因工程为基础的基因工程药物制药工程。

1. 微生物发酵制药工程

微生物药物是一类特异的天然有机化合物，包括微生物的初级代谢产物、次级代谢产物和微生物结构物质，还包括借助微生物转化生产难以完全依靠化学方法合成的药物或中间体。

微生物发酵制药工程是利用微生物代谢过程生产药物的技术，在人工控制的优化条件下，利用制药微生物的生长繁殖，同时在代谢过程中产生药物，然后，从发酵液中提取分离、纯化精制，获得药品的过程。

菌株选育、发酵和分离纯化或提炼是发酵制药工程的三个主要过程。生产药物的天然微生物主要包括细菌、放线菌和丝状真菌三大类。细菌主要生产环状或链状多肽类抗生素，如芽孢杆菌产生杆菌肽。放线菌主要产生各类抗生素，以链霉菌属最多，生产的抗生素主要有氨基糖苷类、四环类、大环内酯类和多烯大环内酯类。用于生产药品的真菌较少，但都极其重要。如青霉菌属用来生产青霉素，顶头孢霉菌用来生产头孢菌素 C，土曲霉用来生产降血脂的洛伐他丁等。发酵过程是微生物发酵制药工程的核心，而发酵罐又是发酵过程的核心设备（见图 4–7）。制药微生物的发酵过程分为菌体生长期、产物合成期和菌体自溶期三个阶段。根据微生物的代谢产物类型，可把发酵分为初级代谢产物发酵和次级代谢产物发酵，前者应用于生产氨基酸、核苷酸、维生素、有机酸等，而后者应用于生产抗生素等产品。从微生物氧气需求即发酵供氧的角度，可把发酵分为好氧发酵、厌氧发酵和兼性发酵三类。分离纯化阶段主要包括发酵液预处理、过滤、分离提取、精制等过程。

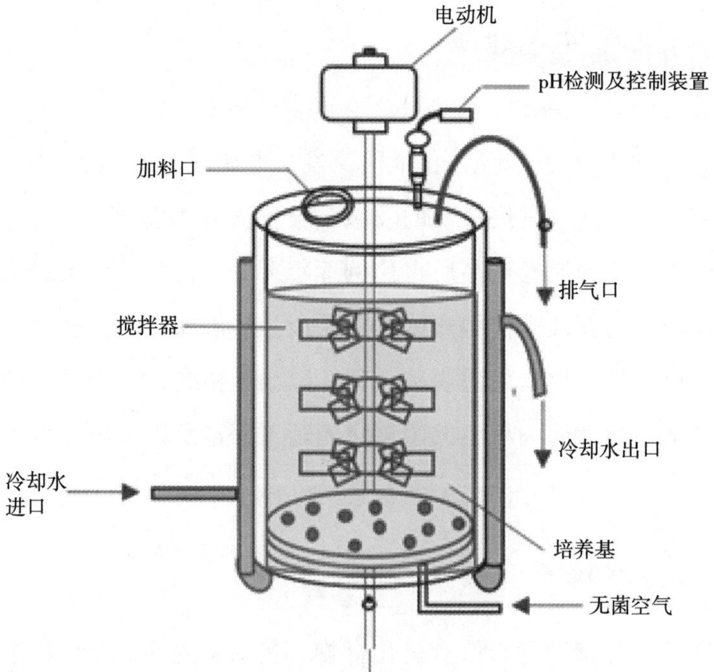

图 4–7　发酵罐结构

早在千余年前，我国已开始用发酵方法制药，如六神曲、半夏曲、豆黄等。《本草纲目》记载："半夏研末，以姜汁、白矾汤和作饼，楮叶包置篮中，待生黄衣，晒干用。" 1928 年，英国细菌学家 Fleming 对葡萄球菌的培养皿中出现的一个透明的抑菌圈进行研究，发现了丝状真菌点青霉素产生的抗菌物质青霉素，抗生素从此诞生。20 世纪 40 年代初，青霉素迅速大规模工业生产，现代化发酵制药拉开了序幕。20 世纪 50 年代，微生物发酵开始用于生产氨基酸、核酸等。20 世纪 70 年代，随着固定化酶或细胞连续发酵技术的开发与应用，发酵制药工程的药物生产范围和生产能力有了大幅扩大和提高。20 世纪 80 年代，发酵制药工程进入了基因工程、蛋白质工程、细胞融合技术等高新技术应用阶段。

高产优质的菌株是微生物发酵制药工程的关键，自然界中的菌种倾向于生长繁殖，而发酵制药工程追求大量积累目标产物。因此，每一次针对菌种改良的生物技术的兴起都为发酵制药工程带来巨大的进步。如 20 世纪 80 年代的杂交育种与基因工程和 90 年代的基因组重排技术。而目前，以设计和构建按照预定程序与方式运行的新的生物部件、装置和系统为宗旨的合成生物学无疑是当今乃至几十年后发酵制药工程发展的重要助推剂。实现发酵生产青蒿素便是合成生物学在发酵制药领域最新的杰出成果之一。相信未来随着合成生物学的不断发展，越来越多的利用人工创造的自然界中不存在的微生物实现药物高效生产的案例将会出现。

目前，我国生物发酵制药产业规模逐步扩大，然而仍存在核心技术水平与国外具有较大差距而影响产业发展的重大问题。例如，可用作绿色农药的杀虫抗生素多杀菌素，早在 2005 年就被美国环保局批准作为储粮剂，2019 年其在全世界的销售额达 3 亿多美元。然而市场上销售的多杀菌素产品及原料药基本都产自美国陶氏益农公司，国内多杀菌素原料药的生产还无法与之竞争。一方面，这与国外专利药物保护期限有关；另一方面，是国内优质多杀菌素生产菌种的研发进展缓慢。因此，如何获得更多具有自主知识产权的新型药物以及高产菌株，是我国现今生物制药工程领域的一项紧迫任务。

2. 动物细胞培养制药工程

细胞是生物体的最小结构单元。细胞学说认为细胞具有全能性，即含有所有遗传物质，在离体条件下具有发育成为个体的潜在能力，因此工程家也在不断探索细胞培养技术，并先后培养出多种细胞和组织，药物生产也成了细胞培养的最重要应用之一。

动物细胞培养制药工程是指以动物组织或器官为原料，运用各种生化提取分离技术经提取、分离和纯化得到一类天然药物，以酶及辅酶、多肽激素及蛋白质、核酸及其降解物、糖类及脂类等动物细胞来源的生物药物的过程。

动物细胞培养制药过程与微生物发酵制药过程相似，主要区别在于所使用的生产原料为动物细胞。供生产药物的动物细胞有原代细胞、二倍体细胞系和转化细胞系三类。原代细胞是直接取自动物组织器官，经过分散、消化制得的细胞悬液，如鸡胚细胞、原代兔肾细胞和淋巴细胞。原代细胞经过传代、筛选、克隆后，从中挑选的具有一定特性的细胞株为二倍体细胞系。转化细胞系是通过某个转化过程形成的，常常因染色体断裂而变成异倍体，失去了正常细胞的特点并获得无限繁殖能力。因此，转化细胞株最适于大规模生产培养，被广泛用于细胞培养制药中。动物细胞大规模培养按照培养方式主要可分为悬浮培养、贴壁培养和贴壁—悬浮培养，而按照操作方式可分为分批式培养、半连续式培养和灌流式培养。

1907 年，Harrison 在无菌条件下离体成功培养蛙胚神经组织，并使之生长，是现代动物细胞培养的开端。1951 年，Earle 等开发了培养基，大规模动物细胞培养技术开始发展起来。之后，20 世纪 50 年代和 60 年代利用动物细胞培养技术分别生产了脊髓灰质炎疫苗和麻疹疫苗。1986 年，用淋巴瘤细胞系生产了干扰素，同年第一个杂交瘤生产的治疗性抗体 Orthoclone OKT3 上市，1998 年 CHO 细胞表达的第一个融合蛋白药物 Enbrel 上市。目前，动物细胞培养制药工程被广泛用于认出病毒疫苗、单克隆抗体和重组生物药品等，约 70% 批准的蛋白质药物由哺乳动物细胞系统表达制造，且数量仍在不断增加。

近几年来，我国在开发大规模细胞培养技术方面投入了大量人力和资金，我国动物细胞培养制药产业也取得了长足进步，如大型医药企业华北制药集团实现了重组人促红细胞生产素注射液、重组乙肝疫苗等产品的产业化生产。未来进一步应用遗传修饰的哺乳动物细胞能够生产更多的蛋白质、抗体、多肽类药物等。

动物细胞培养制药工程在生物制药工业中应用极其广泛，为生物制药提供了更多的技术参考与发展空间，促进了我国医药产品的研发，为部分疾病的治疗找到了新的治疗方法。随着生物技术的进一步发展，动物细胞生产的药物品种将会更多，产品生产周期更短、安全性更高，动物细胞培养制药工程在制药领域的优越性将会越来越明显。

3. 酶催化制药工程

酶是生物体产生的具有高度立体专一性的催化剂，酶动力学拆分是制备手性药物单一对映体的重要方法之一，酶的活性和稳定性在生产和应用中至关重要。随着酶催化工艺在多个国际制药巨头全球畅销药物工业制造中的应用，生物催化技术在制药工业中的显示效应不断扩大，尤其是在过程替代、实现更绿色的制药工艺中发挥了重要作用。

酶催化制药工程是应用酶的特异性催化功能并通过工程化将相应原料转化为目的药物的过程，酶学和工程学贯穿其中。

酶催化制药工程主要包括药用酶的生产和酶法制药两个方面，主要内容包括酶的生产、分离、纯化、固定化、酶反应器等。生物酶法制备手性药物的反应条件温和，一般在室温下接近中性的溶液中进行反应，催化效率和反应速率极高，通常为化学催化的 10^6~10^{12} 倍，催化的立体选择性好，副反应少，产率高，可以催化各种类型的反应，包括各类化合物的水解与合成反应、氧化还原反应、加成和消除反应等。目前，酶催化制药比较成熟的应用包括利用青霉素酰化酶制造半合成青霉素和头孢霉素、利用酪氨酸酶制造多巴、利用核苷磷酸化酶生产阿糖腺苷以及利用蛋白酶和羧肽酶将猪胰岛素转化为人胰岛素等。

酶的发现得益于人们对酿酒的兴趣。1716 年的《康熙字典》中就收录了“酶”字，并给出了“酶者，酒母也”这个定义，酶乃酒之母，酒乃酶所生，表明我国学者当时已经发现酒是通过酶的作用生成的，对酶的作用有了初步的认识，这比昆尼在 1878 年提出“enzyme”（来自希腊文，意思是“在酵母中”）这个词早了 100 多年。1833 年，佩恩和帕索兹从麦芽的水抽提物中用酒精沉淀得到一种可使淀粉水解成可溶性糖的物质，称之为“淀粉酶”。在随后的 100 年里，人们逐步认识到酶是生物体产生的具有生物催化功能的物质。直至 1926 年，美国康奈尔大学萨姆纳首次从刀豆提取液中分离纯化得到脲酶结晶，并证明它具有蛋白质性质，随后一系列酶的研究都证实酶的化学本质是蛋白质，为此萨姆纳获得了 1946 年诺贝尔奖。目标明确地进行酶的生产和应用开始于 19 世纪末。1894 年，日本的高峰让吉从米曲霉中制备得到了淀粉酶，用作消化剂，开创了近代酶的生产和应用的先例。之后，随着酶固定化、酶分子修饰及酶定向进化技术的发展，酶工程在制药领域，尤其是手性药物合成方向得到了广泛应用，如荷兰 DSM 公司采用 D- 苯甘氨酸酰胺或甲酯与 7- 氨基 -3- 脱乙酰氧基头孢霉烷酸在固定化的青霉素酰化酶催化下合成氨苄头孢。

生物酶催化的手性药物合成尽管已经有许多成功的研究结果，但是目前能够进行工业规模生产的仍然为数不多，主要原因还在于酶和微生物的种类仍然十分有限，能够催化的反应类型总的来看还不能满足需要，酶和微生物对工业生产的条件要求较为苛刻，酶的稳定性较差，酶制剂的价格仍然较昂贵，大量使用时生产成本会受到影响。目前，酶催化制药工程中亟待解决的问题包括：酶催化和化学催化反应条件相差极大，需要解决酶催化和化学催化反应的动力学耦合问题；目前仅开发利用了很小一部分的生物催化剂资源，对酶催化反应类型的拓展及其催化机理认识较浅，因此能够用来生产的药物范围极为有限；酶催化制药工艺的开发周期较长，工艺开发周期与化学合成制药不可相提并论。未来酶催化制药工程的发展趋势包括：采用基因工程方法（易错 PCR、饱和变异、基因改组等）对现有酶进行直接进化，获得合适的酶催化剂；进一步开发酶的固定化技术，是酶催化剂实用化的关键，是酶催化制药工程领域的另一个重要方向；通过溶媒工程和底物工程使酶催化剂更好地发挥作用，创造出成本更低、竞争力更强的药物生产工艺。

酶催化制药工程进入制药领域的时间较短，是一个比较年轻的工程，其发展空间巨大，未来前景也是无可限量的。完善酶催化合成手性药物技术平台，研究与探索酶催化不对称反应的普遍规律，发展光学不对称制药工程，对国计民生都有极大意义。

4. 基因工程药物制药工程

应用基因工程和蛋白质工程技术制造的重组活性多肽、蛋白质及其修饰物，如治疗性多肽、蛋白质、激素、酶、抗体、细胞因子、疫苗、融合蛋白、可溶性受体等均属于基因工程药物。基因工程药物的本质是蛋白质，目前主要采用微生物发酵法、动物细胞培养法获得，现已有近 40 种基因工程药物投放市场。

基因工程药物制药工程是指利用重组 DNA 技术，结合发酵工程和细胞工程等现代生物技术研制预防和治疗人类、动物重大疾病的蛋白质药物、核酸药物以及生物制品的工业过程。

基因工程制药的主要过程分为上游和下游两个阶段。上游阶段为开发基因工程药物提供基因工程菌（工程细胞），是基因工程制药的基础。该阶段主要包括获得目的基因、构建 DNA 重组体、将重组体导入宿主细胞、鉴定筛选阳性克隆、构建基因工程菌（工程细胞），图 4-8 为以质粒为目的基因载体的重组细菌构建过程。下游阶段是从工程菌（工程细胞）的大规模培养直到产品的纯化、制剂和成品的检定与包装。

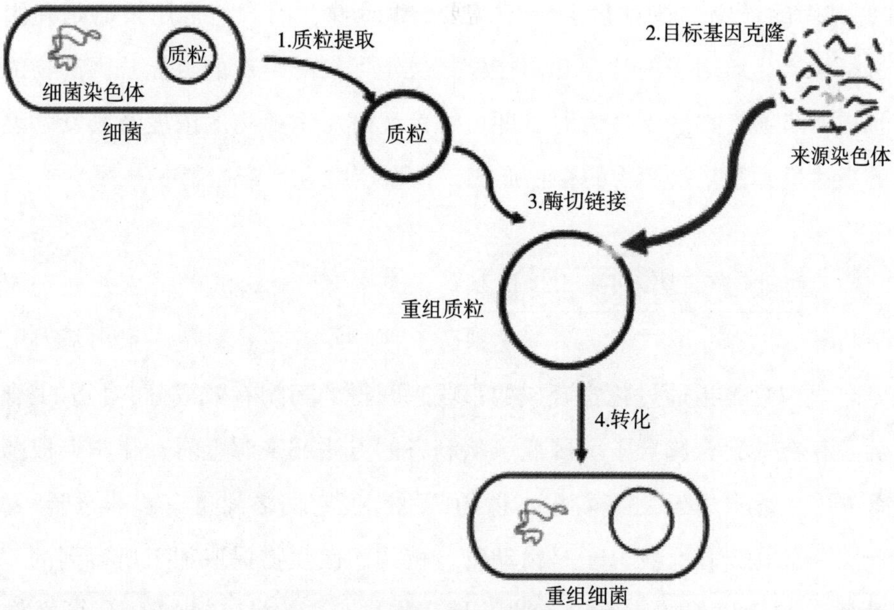

图 4-8　基因工程菌的构建过程

1973 年，斯坦福大学的 Cohen 等人首次在体外成功构建了具有生物功能的重组质粒，为基因工程拉开了序幕。1977 年，美国工程家第一次用大肠杆菌生产出有活性的人脑激素——生长激素释放抑制素。1978 年，美国工程家将人工合成的人胰岛素基因转移到大肠杆菌中，使后者产出人胰岛素。1983 年，用基因工程制造的胰岛素产品开始投放市场，从而为广大糖尿病患者提供了一条可靠、生产量大而又稳定的药品来源。自重组人胰岛素经美国 FDA 批准上市以来，基因工程药物不断问世。基因工程药物成为世界各国政府和企业投资开发的热点，近 20 年发展神速。我国于 1989 年研制出第一个拥有自主知识产权的重组干扰素 a-1b，至今已有 20 多个品种获准上市，其质量与进口同类品种相当，而价格却仅为进口药的 1/3 左右。

据不完全统计，欧美诸国目前已经上市的基因工程药物近 100 种，还有约 300 种药物正在临床试验阶段，处于研究和开发中的品种约 2000 个。值得注意的是，近两年基因药物上市的周期明显缩短。与一般药物研究开发相比，基因工程药物研究投入大。在美国，这种药物的研究经费是工业研究平均投入的近 10 倍，且呈逐年增加的趋势。一些大的跨国公司为垄断市场而冒险涉足，如美国强生公司为开发一个重组人红细胞生成素（EPO）产品，投资超过 20 亿美元，获利也十分丰厚。近年来，随着基因编辑技术、基因组学、蛋白质组学及生物信息学等领域的研究更加深入，基因工程制药将有更多的机会获得突破性进展，为保障人类健康做出更大的贡献。

外源基因的产物往往对宿主菌有害或产生毒性，因此，常用策略是利用条件诱导表达进行生产。启动子的类型和调控模式决定了发酵生产的目标基因产物的表达方式。当蛋白质药物产率达到最大时，即可结束发酵。诱导物的浓度及其发酵温度会影响产物的表达量，甚至是产物的存在形式，在生产中应严格控制。

（二）化学合成制药工程

化学合成药物是指通过化学合成的手段来获得的药物有效成分，是人工合成得到的自然界不存在的化合物分子。因此，从制备的方法或来源上看，化学合成药物与天然产物药物及生物技术药物有着根本性的区别。但它们之间也有着非常密切的联系，如天然产物一般是指化合物分子是由动物、植物、微生物提取加工所得到的，或者是自然界所固有的物质如矿物等。若此类化合物之后能经人工合成，仍可视作天然产物。如果人工合成的化合物后来发现其有对应的天然产物，则也应视作天然产物，只是以前未被人们认识罢了。目前，化学合成药物的品种、产量及产值在所有药品中所占比例都是最大的。

化学合成制药工程主要是以有机化学反应原理为理论基础，采用基本有机化工原料，根据目标分子的结构特征，选择合适的反应条件和化学试剂，通过特定的有机合成反应或不对称合成、相转移催化、固相酶催化等技术，制备化学合成药的工业过程。

化学合成药物作为药物的一大类型，它的起源和发展蕴含在整个药物发展的历史中。其研究与开发的历史是一个由粗到精、由盲目到自觉、由经验性的试验到工程的合理设计的过程。19 世纪末，化学工业，特别是染料化工、煤化工等的发展，为人们提供了更多的化学物质和原料，人们可以对众多的有机合成中间体、产物等进行药理活性研究。同时有机合成技术的发展，使人们由简单的化工原料来合成药物成为可能。19 世纪末期和 20 世纪初期，实现了化学药物的大量合成和制备，如阿司匹林、苯佐卡因、氨替比林和非那西汀等。20 世纪 30 年代至 60 年代，人们不仅合成了许多证明有药用价值的天然物质，一度缓解了自然资源匮乏的问题，而且利用有机合成及其他技术，合成了甾体激素类药物、半合成抗生素、神经系统药物、心脑血管治疗药以及恶性肿瘤的化学治疗药物等，使化学药物在这个阶段取得了长足的进步。20 世纪 60 年代后，随着精密的分析测试技术以及电子计算机的广泛应用，人们对生物体尤其是人体的认识也进一步加深，药物作用的可能靶点，如受体、酶、离子通道等的结构逐渐被阐明，病人的发病机制及过程也逐渐被人们所认识，大大提高了化学药物开发的成功率。

化学合成制药工程实际上是按预定路线从原料中得到产品的一系列单元反应与单元操作的有机组合，其中的化学单元反应如氧化反应、还原反应、水解反应、缩合反应、重排反应等涉及化学反应过程，是完成转化的关键。而单元操作则主要包括离心、过滤、干燥、减压蒸馏、精馏、洗涤等，这些物理过程可以实现物料的转移、产物的分离纯化等目的。所以，完整的化学合成制药工程包括了许多相互关联的环节，如图 4-9 所示，但总体以药物的合成工艺路线为核心。在完成工艺路线的选择后，通常会通过实验室（小试）工艺研究、中试放大研究及工业化生产工艺研究，完成该药物的工业化生产。

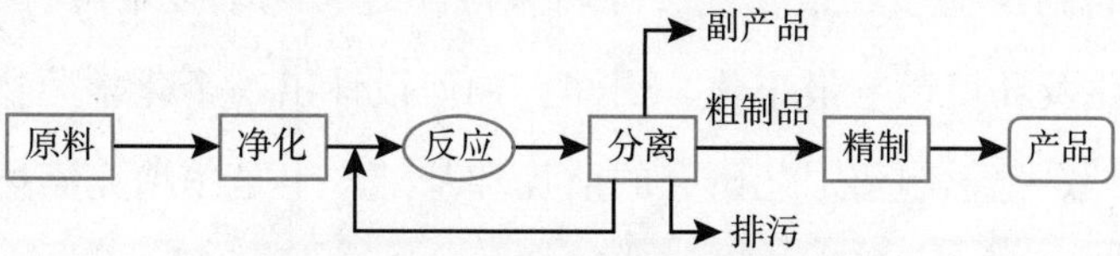

图 4-9　化学合成药物生产过程

目前，化学制药工业还存在诸多弊端，如生产工艺复杂，原辅料多，而产量不高；很多原辅材料和中间体易燃易爆或有毒性；“三废”（废渣、废气和废液）较多，且成分复杂，严重污染环境。因此，引入绿色制药工艺是促进化学制药工业清洁化生产的关键，也是今后化学合成制药工程的发展方向，其主要研究内容包括原料的绿色化、化学反应的绿色化、催化剂的绿色化、溶剂的绿色化、探究新合成方法和工艺路线等。

在生产技术方面，绿色化学的理念不断推动生产技术的革新，生物酶催化合成在某特定的反应和药物的合成中正展现其巨大的优势和价值。此外，近年来不对称合成技术也取得了很大的进步并有很多在药品生产中成功应用的实例。在生产设备及控制技术方面，多功能车间由于其具有灵活性、通用性、集成化的优点在制药行业中得到了大力的推广，在小批量药品的生产、产品的中试放大等方面展现出优势。同时，各种化学制药的反应及分离设备的制造也更加专业化、定型化、系列化和大型化。人工智能技术的蓬勃发展推动了制药设备和生产过程的自动化，这无论是从保证产品质量、提高生产效率、节省人工成本来看，还是从降低污染排放等角度来看，都是未来制药设备发展的必然方向。例如，在线监测技术是指在被测设备处于运行的状态下，按照设定的指令和程序，自动对生产设备和化学反应过程进行连续的或定时的动态监测，使整个系统处于受控的状态。该技术在加强员工劳动保护、降低安全事故发生率、提高劳动生产率和控制产品质量等方面具有十分重要的现实意义。

另外，我国化学制药企业在实施国际化经营的过程中，普遍急于产品出口或对外直接投资，由于缺乏充分的市场调研、国外市场经营经验以及足够的资金和管理等支持，企业的国际化经营往往以失败告终。我国化学制药企业在实施国际化经营的过程中，不必急于求成，力求一步到位。要像国外化学制药企业那样从销售国际化做起，待条件成熟时再实现投资国际化、企业可采取“立足本国、走出亚洲、面向世界”的策略，只有步步稳扎稳打，才能早日实现全面的国际化经营。

化学药物的合成依赖一定的合成路线来实现。一个药物可以有多条合成路线，其中具有生产价值的合成路线也可能不只一条。选择化学合成药物的生产工艺路线时，应遵循的评价标准包括反应步骤最少化、原料来源稳定、化学技术可行、生产设备可靠、后处理过程简单化及环境影响最小化。因而，如何设计出一个化学药物具有工业化生产前景的合成路线，是化学制药工艺研究的前提和基础，也是一项充满挑战的工作。

（三）中药与天然药物制药工程

中药是我国传统药物的总称，但是人们现在讲的中药是一个广义的概念，包括民间药（草药）、民族药和传统中药。中药也是中国传统文化的一部分，在世界各地流传，已逐渐被各国人民接受和认可，国际影响力不断提升。天然药物是指人类在自然界中发现并可直接药用的植物、动物或矿物，以及基本不改变其物理化学属性的加工品。中药与天然药物最主要的区别是中药具有在中医药理论指导下的临床应用基础，而天然药物或者无临床应用基础，或者不在中医药理论指导下应用。中国是生物多样性最丰富的国家，复杂的自然环境和生态环境决定了中药和天然药物资源的丰富程度。

中药与天然药物制药工程是按预定路线从中药及天然药物原料中得到产品的一系列单元反应与单元操作的有机组合。现代工程技术的发展推动了中药事业的不断进步，中药生产摆脱了过去“作坊”式的生产方式，广泛采用现代工程技术，应用新工艺、新辅料、新设备，研究开发中药新剂型，制备生产新制剂，从整体上提高中药水平，确保中药制剂的质量疗效与稳定性，为中药实现现代化并走向世界参与国际竞争奠定了坚实的基础。

中药与天然药物制药的工业生产过程主要包括原料粉碎、浸提、分离纯化、制剂等过程，如图 4-10 所示。粉碎是指借助机械力的作用将大块的固体物料制成适宜限度的碎块或粗粉的过程。中药和天然药物提取的传统方法有浸渍法（常温浸渍法、温浸法、煎煮法）、渗滤法、回流法等。总体来说，这些传统提取方法普遍存在有效成分提取率不高、杂质清除率低、生产周期长、能耗高、溶剂用量大等缺点，用这些方法处理后的产品往往难以克服传统中成药“粗、大、黑”的缺点，疗效也难以有效提高。常用的分离纯化方法有沉降分离法、滤过分离法、离心分离法。常见的精制方法有水提醇沉法（水醇法）、醇提水沉法（醇水法）、酸碱法、盐析法、离子交换法和结晶法。随着工程技术的进步，一些新技术如超微粉碎技术、半仿生提取技术、超声波提取技术、酶提取技术、大孔吸附树脂纯化分离技术、膜分离技术、超临界流体萃取技术已开始用于中药生产过程。中药和天然药物常用的剂型有40多个，如片剂、注射剂、胶囊剂、颗粒剂、软膏剂、气雾剂、膜剂、栓剂等。

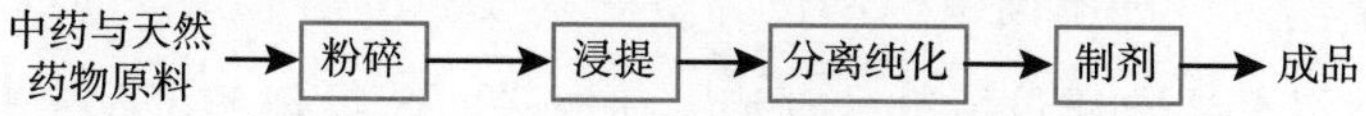

图 4-10　中药与天然药物生产过程

目前，我国正式批准生产的各类中药和天然药物超过5000个。这些新药涉及疾病较广，功效作用较全；在剂型上，除传统的剂型外，还出现了许多质量好、用量小、服用携带方便的新剂型（如滴丸、口服液等），大大满足了人们治疗、保健的需求。伴随着国家对中药新药的认可和重视，以及对中医药行业发展的规划和推动，我国中药新药研究已经走上了工程化、标准化、规范化、法治化的新轨道，中药新药研发也步入了一个兴盛的绝佳时期。此外，色谱—波谱联用技术如气相色谱—质谱、液相色谱—质谱、逆流色谱—质谱、液相色谱—核磁共振等的发展为复杂混合样品的快速在线分离、分析创造了条件。这些高通量活性筛选技术、现代分离纯化技术和结构鉴定技术的结合应用改变了中国传统的天然药物化学研究模式，加快了天然药物的研究步伐。同时，各种新技术的出现，特别是基因组学、蛋白质组学、生物信息学、质谱联用技术及生物大分子相互作用分析技术等，已使从复杂的生物大分子中迅速发现天然产物作用的特异性靶标成为可能。

中药与天然药物的评估包括：中药提取液中的低分子有效成分与高分子杂质是否高效分离，设计的整套工艺是否采用性能良好的粗碎机，使药材颗粒均一；是否采用定时批量进料，动态提取，增大提取强度；药液、药渣定时出料，是否采用专用沉降式离心机，连续进行分离，药渣可通过机械密封装置送至室外；是否采用先进、成熟的浓缩和离心喷雾设备，以获得优质的浸膏粉末；是否可对生产过程中的各项温度、压力、料液液位、流量、浓度等进行自动检测和控制，生产可实现全自动控制，并可用于车间的全面管理，为产品的质量提供可靠保证；是否整个生产过程中，物料都能在管道和密闭的设备内，使物料不与外界发生直接接触，符合药品的生产要求。此外，还需对微量级复杂天然药物和生物大分子的结构进行鉴定。

（四）药物制剂工程

药物应用于临床时，不能直接使用原料药，各种原料药物或是粉末，或是液体，有的还带有苦味或异臭，有的则带有一定刺激性，为了治疗需要和方便使用，药物应用于临床时必须制成适合于患者使用的最佳给药形式。药物制剂是指药物以适合于患者使用的不同给药方式和不同给药部位为目的制成的给药形式。而药物制剂是将药物制成临床需要并符合一定质量标准的剂型，研究表明药物剂型可改变药物的作用速度、降低药物的毒副作用、提高药物的稳定性、影响药物的治疗效果、产生靶向作用等。

药物制剂工程是通过一种或若干种原料药，配以适当的辅料组成一定的处方，再按一定的生产工艺流程，借助适当的制药机械，生产出式样美观、分剂量准确、性能稳定、安全可靠的药物制剂的过程。药物制剂工程的基本任务是规模化、标准化、规范化地生产出安全、稳定、有效的制剂产品。

药物制剂工程是以药剂学、工程学及相关理论和技术，综合研究制剂生产实践的应用工程，研究制剂工业生产的基本理论、工艺技术、生产设备和质量管理及制剂新产品的研发等，包括制剂生产工程，制剂质量控制工程，制剂工程设计与验证，新辅料、新机械、新设备研发，其吸收和融合了材料工程、机械工程、粉体工程学、化学工程学等的理论和实践，是一门综合性的技术工程。药物制剂生产的工程体系由生产系统的组织机构体系、文件系统、生产设备和物流管理系统构成。其中，生产系统的组织机构是完成药品生产的基础。首先，供应部门根据生产技术部门指定的计划进行原料、辅料和包装材料的采购，并由质检部门根据标准对所购原材料进行质量检测。然后，由技术部和生产部联合完成制剂产品的生产加工并进行临时仓储。最后，由市场部通过招标方式销售至医院等处。基本生产过程是指直接对劳动对象进行加工，把劳动对象变为药物制剂的过程。如片剂从原料开始，经过粉碎、过筛、制粒、压片再到包装，最终制成临床用的片剂产品的过程。图 4-11 展示了片剂及滴丸剂生产过程及对环境洁净等级要求。辅助生产过程是指各种辅助生产活动的过程，如动力车间提供的水、电、气 / 汽，制备注射剂时，车间内部其他岗位提供纯化水、注射用水、输送洁净空气的活动过程。

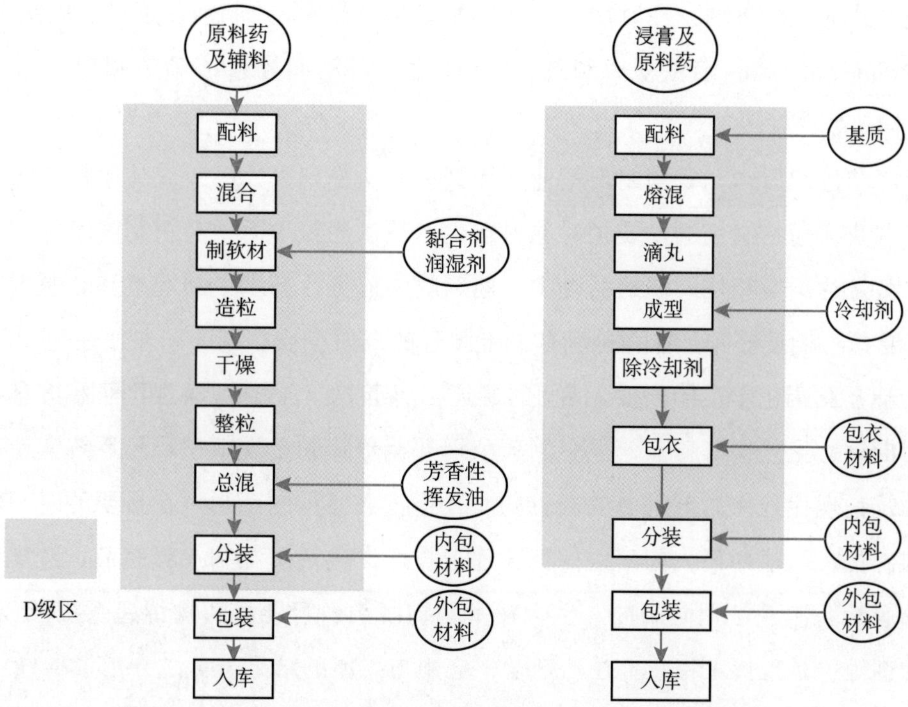

图 4-11　片剂及滴丸剂生产过程及对环境洁净等级要求

注：有关药品生产洁净区等级划分参见《药品生产质量管理规范》(2010 年修订)。

药物制剂有着悠久的历史。我国很早以前就有膏、丹、丸、散等不同的药物剂型记载。中国早期的医学和药学著作如《针灸甲乙经》《黄帝内经》《金匮要略》等都有关于药物剂型和疗效关系的记载。我国早期药物的主要剂型有汤剂、酒剂、醋剂、洗剂、丸剂和膏剂等。古埃及和古巴比伦公元前 16 世纪的著作《伊伯氏纸草本》收录了散剂、膏剂、硬膏剂、丸剂、印模片剂、软膏剂等多种药物制剂，此外还收录了制剂处方、生产工艺和用途等重要信息。欧洲药物制剂的研究起始于公元 1 世纪前后，欧洲药剂学鼻祖格林（罗马籍希腊人）在他的专著中收录了散剂、丸剂、浸膏剂、溶液剂、酊剂及酒剂。

随着 19 世纪以来西方机械文明的发展，大量制药机械产生，药物制剂的生产工艺发生了巨大的变化，药剂学作为一门专门工程从原来的药物学中独立出来。进入 20 世纪，药物制剂的研究取得了巨大进步。在理论基础方面，产生了一些药物制剂的基本理论如药物稳定性理论、溶解理论、流变学和粉体学等；在药物新剂型方面，产生了缓释制剂和靶向制剂等新剂型。20 世纪 90 年代以来，药物剂型和制剂研究已进入药物释放系统时代。新型药物释放系统已成为药学研究的重要发展方向，包括普通释药系统（片剂、胶囊剂、注射剂等）、缓蚀给药系统（长效制剂、延时释放制剂等）、控释给药系统（定时定位释药制剂、“智能化”自动调控系统等）和靶向给药系统（脂质体、微囊等）。

近半个世纪以来，我国制药产业从无到有、从小到大，已经成为原料药的主要生产国。但我国药物制剂的发展相对原料药生产技术比较落后，药物制剂工程水平亟待提高。与发达国家相比，制剂品种少，制剂附加值低，高水平新剂型和新制剂少，制剂技术落后，因此必须加快我国药物制剂工程的发展步伐。

由于开发新化学实体药投入多、风险高、难度大，而开发新型释药系统具有成本低、周期短、见效快等特点，很多制药公司开始青睐和重视新型释药系统，新型药物递送系统是现代药物制剂发展的新方向，是指将必要量的药物，在必要的时间输送到必要的部位，以达到最大的疗效的药物递送技术，包括缓释和控释制剂、经皮给药制剂、黏膜给药制剂、靶向制剂、生物技术药物制剂、智能型药物传递系统及 3D 打印药物制剂等，是现代工程技术在药剂学中应用与发展的结果。

评估一项药物制剂工程，要按照《药品生产质量管理规范》进行全面质量管理，包括质量控制和经济效益，其中质量控制又包括对物流、信息流和人流的控制。此外，在工艺卫生控制方面，包括对厂房和环境、设备和器具、人员和操作、原料、辅料和包装材料等的污染防治。

（五）新药研发工程

新药研究开发不仅投入很高，而且研发过程比较繁杂，必须经历化合物发现或发明、药效筛选、动物安全性试验、制剂剂型与给药途径的选择、化学稳定性研究、人体临床试验以及评价药物的疗效与安全性等一系列过程，最后才能上市。此医药的研发过程是一个复杂、长期而又充满挑战的过程，且每一阶段都存在失败的高风险，即使一个最有希望的新药研究，也有可能中途夭折。

从新化合物的发现到新药成功上市的过程通常被称为新药研发工程。新药研发是一项系统的技术创新工程，其通过实验不断改进药物性能，并证明该药物的有效性、安全性，同时经过严格的工程审查，最后取得上市许可。

从完整意义上说，新药的研发过程需要经历“药物发现”、“药物临床前研究”及“药物临床研究”三个阶段。通常，前两个阶段被称为“开发阶段”，“药物发现”是药物研发活动的开始，具有浓厚的科研探索性质，旨在找到并确定针对某一疾病具有活性的先导化合物。此阶段工作内容包括作用机理的研究、大量化合物的合成、活性研究等以寻找先到化合物为目的的研究工作，而“药物临床前研究”是药物研发过程中最为复杂的环节，是承上启下的关键阶段，其主要目的是针对已经确定的先导化合物进行一系列非人体试验，如毒理学研究和体内活性研究。最后，经临床试验证明可靠有效后，才能进行新药生产和销售。

19 世纪以来，从最开始的在现有化合物中寻找和发现可用的药用价值到合成药物、内源性生物活性物质的分离鉴定和活性筛选、酶抑制剂的应用等的大量涌现，新药研发的过程从随机筛选到定向发掘再到药物设计，经历了一个黄金发展期。

全球医药产业逐渐呈现创新过程高效化、创新范围区域化、创新主体多元化和创新者高素质化的趋势。其中，新药开发是一个漫长而复杂的过程，是一种高技术、高投入、高风险、高回报的产业，综合反映了一个国家在生命工程相关领域的发展状况。近年来，随着药品市场集约化程度的提高以及竞争的加剧，新药研发的速度明显减缓，同时研发成本不断上升。以研发为主的制药工业的研发投入占总销售额的比重已经成为各行业之首，而且研发投入还在以每 5 年翻一倍的速度持续增长。分析研发成本上升的原因主要包括：开发的新药更加复杂、临床试验成本上升以及新药评审政策日渐严格。新药研发投入虽高，但是回报并不乐观，“重磅炸弹”级新药开发越来越难。

目前，美国的新药研发能力在世界上处于绝对领先地位，其新药研发量占总量的一半以上。其次是欧洲，以瑞士诺华制药最强，亚洲几乎全为日本制药公司。我国现在已有近 4000 个化学药物，每年以 20~30 个的速度增加，而新药研发费用逐年增加，上市新药数量却不断减少，新药研发效率逐年降低。新药研发具有“高投入”“高科技”“高风险”“高回报”“高竞争”“长周期”的特点，随着多工程技术的迅速发展，从古代神农尝百草的感官体验到现代从分子甚至电子水平开发药物，药物的发现思路和方法也不断发生变化。我国新药研发经历了“跟踪仿制阶段”和“模仿创新阶段”，目前已进入“原始创新阶段”。我国的新药研发正在迎来新的发展机遇，国家监管部门不断加大改革力度，如改革评审制度、加入国际人用药品注册技术协调会、开展仿制药一致性评价等；新药研发的平台正在不断完善；生物医药成为风险投资的热点，各方面利好逐渐形成。

与发达国家相比，我国在新药研发方面存在严重不足。现在，生命工程、数理工程、计算机信息工程和工程学的汇聚，特别是大数据和人工智能技术的应用，将带来生命工程的第三次革命，给新药研发带来新的机遇和挑战。新技术变革时代，药物靶标发现和确证是原创新药发现的源泉，靶标发现和靶标确证也对提升生物医学基础研究水平和创新能力具有重大意义。

三、卫生工程

人们早已认识到人类的生存和发展与健康密切相关，因此卫生工程在人们的长期实践中发展出来。党的十八大做出决定，把“健康中国”上升为国家战略，习近平总书记在全国卫生与健康大会上强调，要把人民健康放在优先发展的战略地位，加快推进健康中国建设。

卫生工程是应用工程技术和有关学科的理论及实践来控制生活和生产环境中存在的不利因素，以创造适宜环境、保障人类健康为目的的一门综合性科学。通俗地讲，其是工程技术知识在卫生领域的具体应用。本章节将通过介绍医疗卫生工程、公共卫生工程和职业卫生工程，更加充分地解释工程技术在卫生健康事业中发挥的重大作用。

（一）医疗卫生工程

医疗卫生工程是指包含治疗伤病人员、保障和提高人民健康水平在内的综合体系。医疗卫生工程更加侧重于关注人民健康，涉及的范围广，内容复杂。本部分主要介绍包括传染病和慢性非传染病的疾病防控工程，以及结合互联网时代特点不断发展的智慧医疗工程。

1. 疾病防控工程

传染病肆虐人类的历史长达千年之久，是对人类危害最大的一类疾病。千百年来，人类利用各种方法来预防和控制传染病的发生和传播。随着科技水平和医药科学的不断发展，抗生素、疫苗等的研发和应用，传染病的发病率和死亡率逐渐下降。但是与此同时，随着我们生活环境的不断变化，出现了各类新型传染病。慢性非传染性疾病的发病率和死亡率日趋增高，严重影响了人类的生存质量和期望寿命，造成人力和社会资源的巨大损耗，是当今全球突出的医疗卫生问题。

对于这些疾病的预防、控制和治疗引起了社会各界的高度关注，疾病防控工作也成为世界大多数国家卫生工作的重点。

本节中介绍的疾病防控工程主要为传染病和慢性非传染病的防控工程。传染病的预防就是要在疫情尚未出现前，针对可能暴露于病原体并发生感染的易感人群采取措施，其中包括健康教育、传染病监测和报告，以及针对传染源、传播途径和易感人群的多种措施。慢性非传染性疾病则包含恶性肿瘤、糖尿病等多种疾病。通过对危险因素的干预进行慢性非传染性疾病的预防；通过药物和仪器介入对疾病进行很好的控制和治疗。

传染病在人群中流行的过程，即病原体从感染者排出，经过一定的传播途径，侵入易感者机体而形成新的感染，并不断发生、发展的过程。传染病的发生需要三个基本条件，即传染源、传播途径和易感人群，这三个环节缺一不可。因此，疾病防控工程就是要打破其中任何一个环节，从而防控传染病的传播。

对于慢性非传染性疾病的防控则分为三级预防：一级预防主要是对危险因素进行干预，同时兼具健康教育；二级预防是早发现、早诊断、早治疗；三级预防主要是对症进行治疗。

传染病肆虐人类历史数千年，直至20世纪中叶依然相当严峻。第二次世界大战结束后，随着科技水平和医药水平的提高，疾病的防控工作有了一定的技术基础。20世纪中期，抗生素和磺胺类药物以及高效杀虫剂的陆续投入和使用，使得之前一直困扰人类的慢性传染病得到控制。1980年5月世界卫生组织（WHO）宣布全球已经消灭天花。随后，世界普遍认为良好的卫生设施、疫苗和抗生素将控制传染疾病。

同样随着社会的发展，慢性疾病对于人类健康的影响愈发严重。2002年，我国实现慢性病由重治疗向防治结合方向的转变。2005年，实施癌症早诊早治等慢性病防治重大专项。2007年，在全国启动全民健康生活方式行动；2010年，启动国家级慢性病综合防控示范区建设工作。

2016年8月，新世纪首届全国卫生与健康大会在京召开，对健康中国发展战略进行了全面部署，习近平总书记在会上强调，没有全民健康，就没有全民小康。

针对传染病的疾病防控，现在常见的疾病防控药物包括传染病疫苗，如乙肝疫苗、HPV疫苗等。同时我国慢性非传染性疾病流行情况同样非常严重，高血压、心脏病、糖尿病和恶性肿瘤等患病率较高。针对慢性病的防控原则是“早发现、早诊断、早治疗”，同时需要注意饮食和生活习惯，适当开展体育运动增强体质。针对高血压患者，可以在医生指导下服用降压药物，控制血压。针对心脏病患者，在诊断过程中可以利用电学检查、X射线、超声心动图、磁共振显像等方式进行准确诊断。在治疗方式上一般分为药物和手术治疗。同时由于诱发心脏病的原因较多且复杂，需要针对不同情况制订个性化的治疗方案。针对糖尿病患者，需要控制血糖，必要时使用胰岛素等药物治疗。针对肿瘤的防控和治疗，需要注意远离致癌的环境因素，养成健康的生活习惯。在治疗手段上一般包括放化疗、手术等方式。随着科学技术的发展，也出现了越来越多的高效、针对性更强的疾病治疗设备，例如肿瘤治疗设备中的放疗设备和消融设备。

肿瘤放射治疗是利用放射线治疗肿瘤的一种局部治疗方法。放射线包括放射性同位素产生的 α 、β 、γ 射线和各类 x 射线治疗机或加速器产生的 x 射线、电子线、质子束及其他粒子束等。大约 70% 的癌症患者在治疗癌症的过程中需要用放射治疗，约有 40% 的癌症可以用放疗根治。放射治疗在肿瘤治疗中的作用和地位日益突出，已成为治疗恶性肿瘤的主要手段之一。

消融设备是射频产生高频振动，主要利用热效应。当射频电流流经人体组织时，电磁场的快速变化使得细胞内的正、负离子快速运动，于是它们之间及其与细胞内的其他分子、离子等的摩擦使病变部位升温，致使细胞内外水分蒸发、干燥、固缩脱落以致无菌性坏死，从而达到治疗的目的。

高强度聚焦超声（High Intensity Focused Ultrasound）是使用超声波的热效应、空化效应、机械效应，将超声波能量聚集于一个小区域内，快速将靶区组织凝固型坏死的技术。

疾病防控受到世界大多数国家的高度重视，随着科学技术的不断进步，疾病防控工程也会进一步发展，从而在根本上提高人们的生活质量。

随着社会的发展，人们越来越关注健康。疾病防控工作得到了各级政府的高度重视。当前，中国正处在工业化、城市化快速发展时期，人口老龄化进程加快，面临的健康问题日趋复杂，疾病防控任务更加艰巨。从工程角度来看疾病防控，就是需要进一步改善机构设施设备条件，加强房屋和实验仪器建设，构建疾病预防控制信息共享平台，提高信息资源利用率，健全健康危害因素监测网络，建立健康危害因素监测和干预工作机制，面向社会公众提供有效的医疗防控服务。

2. 智慧医疗工程

近年来，智慧医疗已成为医院信息化论坛中出现频率最高的关键词语。当今中国各级政府高度重视智慧城市建设，医疗改革走向科学化、民生化，智慧医院、智慧医疗应运而生。

智慧医疗就是通过打造健康档案区域医疗信息平台，利用最先进的物联网技术，实现患者与医务人员、医疗机构之间的互动。智慧医疗工程是一项依托电子信息技术和互联网，建立在信息丰富完整、跨服务部门基础上，面向病人的系统工程。

智慧医疗管理服务层由三部分组成，分别是智慧医院系统、区域卫生系统以及家庭健康系统，图 4-12 为智慧医疗组成体系。

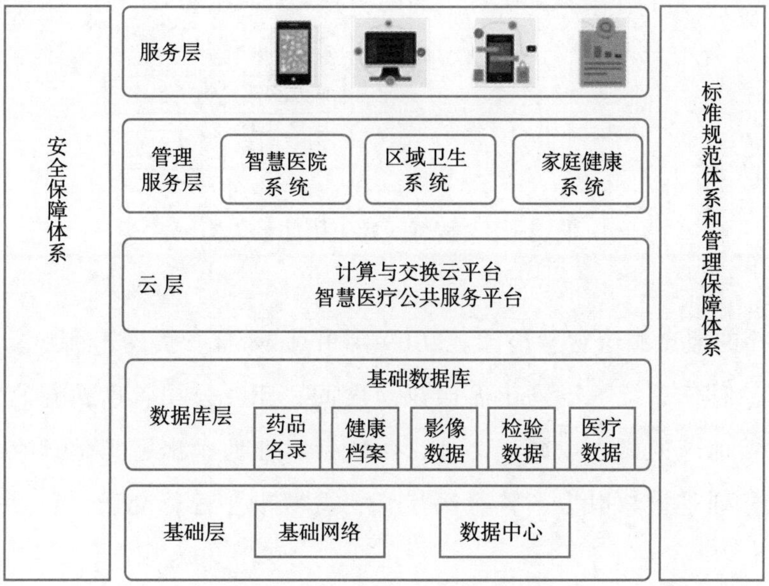

图 4-12 智慧医疗组成体系

智慧医疗工程充分借助医疗物联网、大数据分析、医疗云计算以及云服务等最新技术重构以数据采集为基础、以信息发现为核心、以远程服务为重点的智慧医疗工程体系架构，如图 4-13 所示。工程架构是以建筑物的应用需求为依据，通过对智能化系统工程的设施、业务及管理等应用功能做层次化结构规划，从而构成由若干智能化设施组合而成的架构形式。

智慧医疗工程的基础关键是底层医疗物联网，应用于数据采集。医疗物联网是专用于医疗领域，而非医院的数据系统。中间层为医疗云计算与大数据分析。大数据分析是指对规模巨大的数据进行分析，其特点是容量、速度、差异、时效性和可视化。医疗云计算是基于互联网的相关服务的增加、使用和交付模式，通常涉及通过互联网来提供动态易扩展且经常是虚拟化的资源。顶层是智慧医疗云服务系统，是医院信息化服务的新模式，能够将医院业务系统快速部署和统一运行。

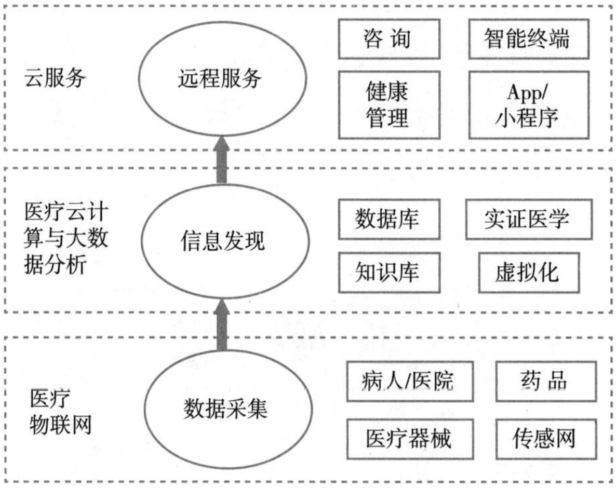

图 4-13　智慧医疗工程体系架构

智慧医疗的概念源于智慧地球。2009 年 1 月 28 日，美国工商业领袖举行了一次圆桌会议，时任总统奥巴马出席会议。席间，IBM 公司首席执行官彭明盛向总统抛出了智慧地球的概念。同年 2 月，IBM 针对性地抛出智慧地球在中国的六大推广领域，分别是智慧电力、智慧医疗、智慧城市、智慧交通、智慧供应链和智慧银行。

当今世界已经进入建筑信息时代—绿色智能化—绿色建筑—物联网—智慧城市阶段。在医疗领域与之相对应的则是智能化医院、数字化医院和信息化医院向物联网和智慧城市发展，从而实现智慧医疗工程，打造医疗健康社区，在未来的智慧城市中也会更加注重疾病防控，为健康生活提供保障。

在国际上互联网和物联网的发展推动了智慧医疗的发展，大多数医院正在以数字医院、绿色医院以及智慧医院为核心和方向。近几年，国外智慧医疗发展呈现应用范围更加广泛、物联网健康需求猛增以及医疗信息互联互通逐步普及等特点。

智慧医疗在我国也同样取得快速发展，2013 年，住建部公布了中国首批 90 个智慧城市试点名单，部分城市提出智慧医疗建设方案。与此同时，在发展中也暴露了一些问题，例如缺乏指导文件、资源共享不充分以及信息安全不能保障、相关法律还不完善等。因此在未来发展中，各级政府将进一步参与智慧城市和智慧医疗的建设工作，并加强指导，从而实现智慧医疗的应用范围不断扩大。值得一提的是，移动医疗的市场规模不断扩大，在我国移动医疗 App 数量就达 2000 多款。智慧移动医疗也将成为医疗智慧化的发展趋势。

移动互联网技术突飞猛进，在医疗行业的应用越来越广泛，从硬件终端设计到软件开发，专业化趋势明显。可以相信，随着科技的进步和信息技术的发展，智慧医疗工程将进一步发展、普及，为智慧城市的建设贡献力量。

（二）公共卫生工程

公共卫生工程与传统概念里的医疗服务有一定的区别，包含疾病防控的医疗卫生工程，同时也涉及食品、公共环境卫生等工程体系的建立和实际工作中的监督管理。公共卫生工程以保障人民健康为主要目的，覆盖范围相对较广。本部分主要介绍与我们日常生活息息相关的食品卫生工程、污水处理工程和大气污染治理工程。

1. 食品卫生工程

“民以食为天”，食品卫生是健康的保证，也是人类生存的基本条件，还是国家和社会文明程度的标志之一。随着国内经济与科技的飞速发展、人们生活水平的提高、人们对食品质量的要求提高，食品生产工艺趋于成熟和规范化，自动化生产在食品工业中的应用也越来越广泛，食品卫生工程越来越受到重视。

食品卫生工程是通过各种功能的配置、设计、食品的检测，最终对其效率、消耗度、可靠性、重要性、安全性进行综合评估，从食品污染物的预测与检测、食品加工技术、食品二次污染的控制技术等方面控制食品安全的一种工程技术。世界卫生组织（WHO）对食品卫生的定义是：在食品的培育、生产、制造直至被人摄食的各个阶段中，为保证其安全性、有益性和完好性而采取的全部措施。食品卫生是公共卫生的组成部分，也是食品科学的内容之一。

在各个国家，生物性污染均是导致食品安全危害的首要因素。因此，每个食品加工企业必须根据生产环境、加工设备、产品特性制定标准卫生规范，预防生物性污染。下面为大家介绍几种常见食品的腐败变质原理，从而可以更好地控制生物性污染。

（1）肉与肉制品

肉类富含脂肪和蛋白质，含水量高，pH 接近中性，适于腐败类细菌的生长，腐败类细菌污染肉类主要源于屠宰加工过程以及储藏、运输流通和消费等环节，如图

4-14 所示。常见的肉制品保藏方法是冷冻保鲜、冷藏保鲜、辐射保鲜、真空包装、化学保鲜等方法，用于防止肉类变质。

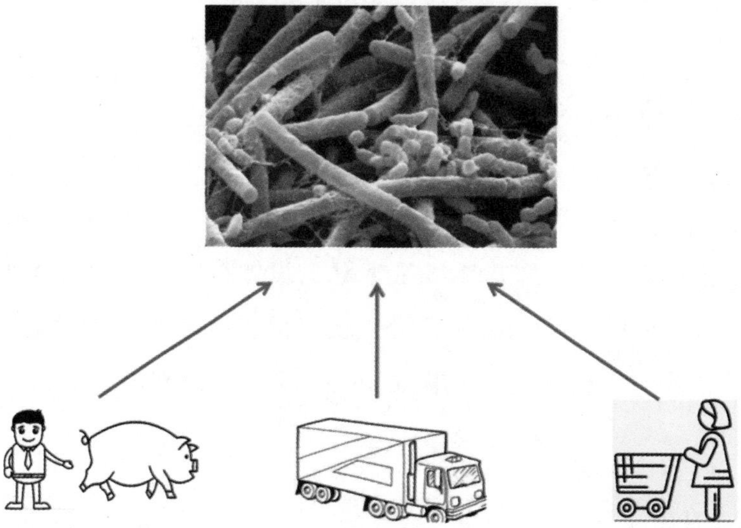

图 4-14　腐败菌污染肉类的途径

（2）蛋与蛋制品

引起蛋类变质的主要因素是细菌和霉菌，腐败过程如图 4-15 所示。防止蛋类变质要注意保持蛋壳和壳外膜的完整性，减少腐败菌污染，防止腐败菌侵入，同时还要抑制胚胎发育，保持低温储藏。

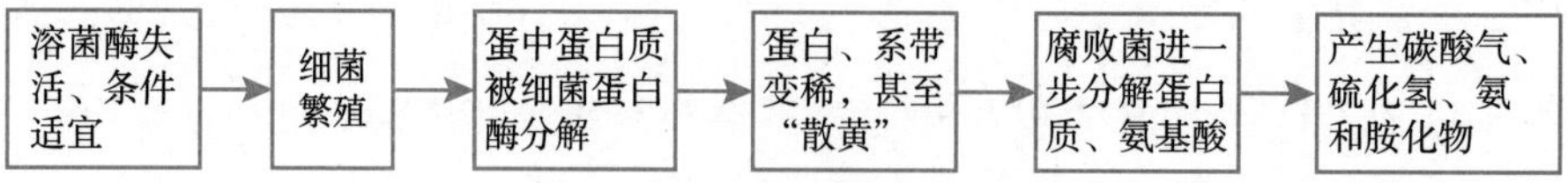

图 4-15　细菌腐败过程

（3）乳与乳制品

乳制品的变质同样是由腐败菌引起的，主要表现为乳糖发酵、蛋白质腐败和脂肪酸败。鲜乳变化进程如图 4-16 所示。由于鲜乳极易受到腐败菌污染，一般采用杀菌消毒的方法来延长鲜乳保质期。高温消毒和低温保鲜在鲜乳的储存和运输过程中最为常见。

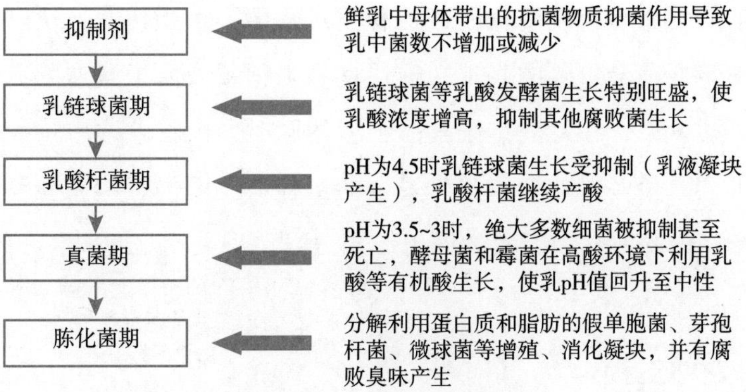
抑制剂
乳链球菌期
乳酸杆菌期
真菌期
胨化菌期
鲜乳中母体带出的抗菌物质抑菌作用导致乳中菌数不增加或减少
乳链球菌等乳酸发酵菌生长特别旺盛，使乳酸浓度增高，抑制其他腐败菌生长
pH为4.5时乳链球菌生长受抑制（乳液凝块产生），乳酸杆菌继续产酸
pH为3.5~3时，绝大多数细菌被抑制甚至死亡，酵母菌和霉菌在高酸环境下利用乳酸等有机酸生长，使乳pH值回升至中性
分解利用蛋白质和脂肪的假单胞菌、芽孢杆菌、微球菌等增殖、消化凝块，并有腐败臭味产生

图 4-16　鲜乳变化过程

食品卫生工程的概念及其功能随着社会的发展而充实和完善。历史上早就有记录食品卫生要求的相关文字。进入 19 世纪，随着微生物学的发展，食品卫生学进入自然科学的阶段。第二次世界大战前，食品卫生成为商品竞争的主要手段之一，法国制定《取缔食品伪造法》、英国制定《防止饮食掺假法》、美国制定《联邦食品、药品与化妆品法》等。

二战过后，尤其是近 20 余年，食品卫生工程得到了快速发展。食品企业良好操作规范（GMP）、卫生标准操作程序（SSOP）、危害分析与关键控制点（HAC-CP）等相继成为食品卫生工程中的有效手段。

在我国，20 世纪 60 年代国务院颁布《食品卫生管理条例》，1995 年颁布《中华人民共和国食品卫生法》，2008 年提交全国人民代表大会常务委员会讨论的《中华人民共和国食品安全法》为食品卫生工程持续良好发展提供法律和制度的保障。

近几年，地沟油、瘦肉精、食品非法添加等成为食品安全的热点话题。据美国疾病控制与预防中心统计，在食源性疾病大暴发的风险因素中，细菌污染所占的比例为 50%，而环境和设备污染所占的比例为 25%。环境和设备污染与食品安全事件有着较强的相关性。针对这一现象，国内外多位专家表示，食品企业应利用卫生工程理念指导生产实践，以确保在食品生产过程中把微生物污染降至最低。

为了适应食品生产环境和过程日趋复杂的形势，满足消费者对食品卫生和安全的要求，在食品卫生保障工作中，更加倾向于预防为主、及时纠偏，从而尽可能地减少因食品卫生质量不合格而造成的损失和严重后果。

长期以来，食品卫生工程主要致力于产品的安全性、稳定性和经营规模。而 21

世纪以来，科学的发展与突破使食品工程的范式发生了重要转变，从以物理实验为基础到食品建模的转变是最重要的表现。现代食品工程领域由于激烈的竞争、快速创新和科学技术的迅猛发展，在发展传统食品工程的同时，面临着许多重大的挑战，但也提供了独特的机会，很多保障食品卫生安全的工程与技术仍有待完善和创新，食品卫生工程仍然具有广阔的前景和巨大的潜力。

2. 污水处理工程

水是生命之源，人类的生产生活和科学试验都离不开水。水对于人类社会的进步和经济的发展，对于改善城乡居民生活和发展各项生产事业，对于气候调节和环境保护都有着不可替代的作用。

近些年，随着科学技术的进步和工业技术的发展，污水处理工程已成为工业生产中必要的环节，如何避免水体污染以及如何治理污染水源都成为当今社会最为关注的问题之一。

污水处理是为了使污水达到排入某一水体或再次使用的水质要求对其进行净化的过程。污水处理工程已经被广泛应用于建筑、农业、交通、能源、石化、环保、城市景观、医疗、餐饮等各个领域，也越来越多地走进人们的日常生活。

现代污水处理技术，可分为一级、二级和三级处理：一级处理主要去除污水中呈悬浮状态的固体污染物质，物理处理法大部分只能完成一级处理的要求，二级处理主要去除污水中呈胶体和溶解状态的有机污染物质，三级处理是进一步处理难降解的有机物、氮和磷等能够导致水体富营养化的可溶性无机物等，主要方法有生物脱氮除磷法、混凝沉淀法、砂滤法、活性炭吸附法、离子交换法和电渗析法等。

下文主要介绍日常净水器的部分工作原理和工业污水处理的工作原理。净水器中常用的超滤膜过滤原理如图 4-17 所示。超过滤是一种能够对溶液进行净化、分离或者浓缩的膜透过法分离技术。超滤过程通常可以理解成与膜孔大小相关的筛分过程。以膜两侧的压力差为驱动力，以超滤膜为过滤介质，在一定的压力下，当水流过膜表面时，只允许水分子、无机盐及小分子物质透过膜而阻止水中的悬浮物、胶体、蛋白质和微生物等大分子物质通过，以达到溶液的净化、分离与浓缩的目的。

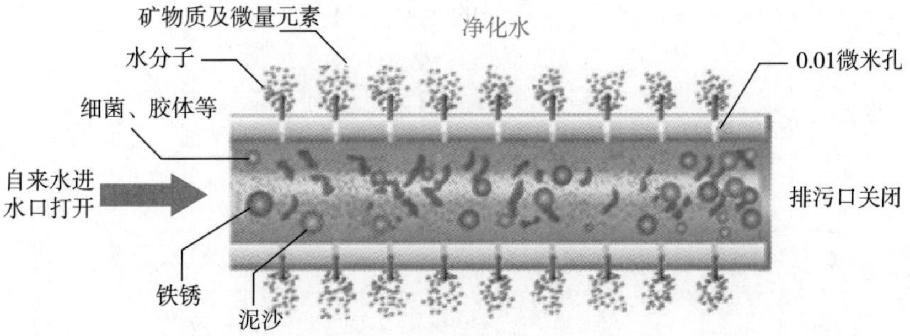

图 4-17　超滤膜过滤原理

资料来源：https://www.sohu.com/a/122833799_472731。

工业污水处理的工艺流程如图 4-18 所示。各车间排放废水先经格栅井进入调节池，混合搅拌，防止悬浮物沉淀。混合反应池是物化预处理设施，主要通过投加混凝剂去除废水中大部分悬浮物及胶状物，同时色度也有所降低。由混合反应池排出的污水和絮凝体的混合液进入沉淀池进行固液分离，上清液经出水堰板进入后续处理阶段，池底污泥进入污泥浓缩池。水解酸化池主要利用厌氧过程中的水解酸化阶段将水中结构复杂的大分子有机物在产酸性厌氧、兼氧微生物的作用下分解成结构简单的小分子有机物，将不溶性有机物水解成可溶性物质，提高废水可生化性，同时进一步去除色度。生物接触氧化池为普通推流式结构，池内装有高效填料和曝气装置，填料是生物膜的载体。污水在曝气装置作用下，与填料上附着的生物膜充分接触，使有机物充分降解，水质得到净化。经上述处理后的污水进入二次沉淀池进行固液分离，上清液外排，池底污泥回流至接触氧化池，剩余污泥排至污泥浓缩池。浓缩池的作用是降低污泥的含水率，缩小污泥的体积，浓缩后的污泥通过污泥泵进入带式压滤机进一步脱水后，泥饼外运，滤液回流至调节池。

早期的污水处理是通过污水收集系统收集并排放到附近下游水体，使其经过水体的稀释和自然净化变污为清。随着工业发展和人口膨胀，排放的污水越来越多，水质越来越复杂，已经超出水体有限的自然净化能力，因此污水处理工程技术快速发展。我国明代晚期已有污水净化装置，很多国家在早期利用石灰和金属盐进行污水处理。最早的废水生物反应器——厌氧生物处理器 Moris 池诞生于法国，而第一座生物滤池在英国投入使用。而后又出现了活性污泥法、脱氮除磷等多种污水处理工艺。近十几年，随着污染加剧、水资源短缺严重，人类对于水质提出了更高的要求，膜技术也越来越多地应用于污水处理工程中，并取得很好的成果。

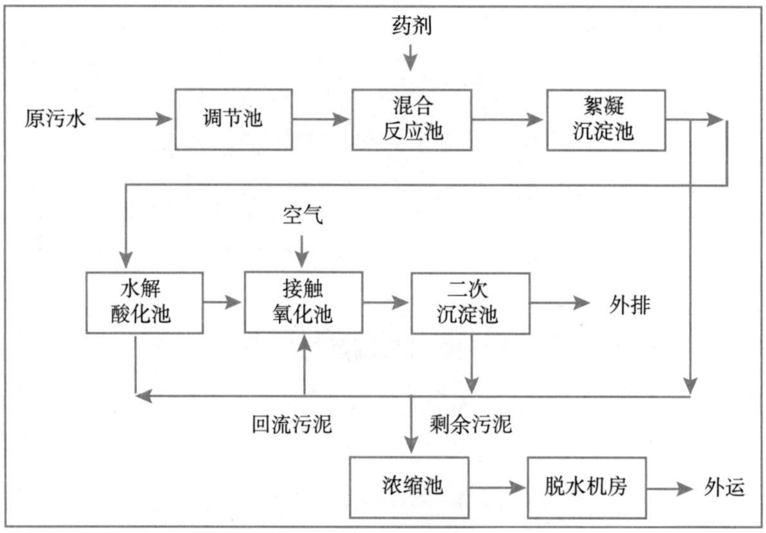

图 4-18　工业污水处理的工艺流程

过去几年，污水处理行业的产业能力发生了质的变化，这个质的变化主要包括：一是污水处理厂的数目快速增加，二是整体的处理能力快速增强。

通过研究美国及其他发达国家城镇水务的发展进程、技术标准、治理水平、监管制度等，可以发现我国虽然具备了大规模污水处理能力，但是仅仅体现在量上，在治理水平等质量方面依然存在较大的提升空间，如污水处理中的膜处理技术、污泥处理、再生水利用等方面。我国若要在质量上缩小与其他发达国家的差距，需要在污水处理的监管机制、投融资机制以及处理各环节产业链上加大投入力度，从而提高城镇污水处理的总体水平，有效控制水污染。与此同时在污水治理的工程技术上，也需要进一步创新，实现突破，尽快将最新的研究成果落实到实际的生产实践中，以达到“保质保量”的污水处理效果。当然，相比于污水处理技术，更重要的还是提高国民素质，养成保护水资源的意识，这才是长久之计，这也就需要更加合理、完善的监管机制。

以史为鉴，可以知兴替。在回顾污水处理工程技术的发展历史，我们不难发现，污水处理工程一步步发展，技术手段更加先进，与之相对应的是污水处理程度也在一级一级地提升。操作管理、资金和占地成本等问题又不断推动水处理工艺进步，在操作、占地、程序步骤、能源投入上一步步简化，这是科技进步和社会进步的体现，也是在告诫人们，水是生命之本，尽管技术在进步，但污水处理工程仍面临很多的问题和挑战。人类在生产活动过程中，需要养成水资源的保护意识，敬畏自然。

3. 大气污染治理工程

众所周知，大气对于人类活动的重要性。大气污染是人类活动或自然过程引起某些物质进入大气中，呈现足够的浓度，达到足够的时间，并因此危害了人体的舒适、健康和生活环境的现象。随着工业化的发展，各地出现了间歇的、不同程度的大气污染，被人们所熟知的雾霾正是其中的一种。大气污染会严重影响人体健康，并且会给工业、农业发展带来重大影响和损失。大气污染物质还会影响天气和气候，颗粒物使大气能见度降低，减少到达地面的太阳光辐射量。因此，大气污染治理工作刻不容缓。

大气污染防治的内容非常丰富，具有综合性和系统性，涉及环境规划管理、能源利用、污染防治等许多方面。大气污染治理的方法很多，根本途径是改革生产工艺，将污染物消灭在生产过程之中；另外，全面规划，合理布局，减少居民稠密区的污染；在高污染区，限制交通流量；选择合适厂址，设计恰当的烟囱高度，减少地面污染；在最不利的气象条件下，采取措施，控制污染物的排放量。

大气污染治理涉及内容较多，其中也包含多种类的工程技术原理。例如，采用石灰石或者石灰作为脱硫吸附剂，实现电站锅炉烟气脱硫；采用活性炭作为吸附剂，采用惰性气体循环加热脱附分流冷凝回收的工艺对有机气体进行净化和回收；采用优化配方的全 Pd 型三效催化剂，以及真空吸附蜂窝状催化剂的定位涂覆技术，制备汽车尾气净化器核心组件；针对不同场所，采用风盘或组空不同的中央空调系统，设置过滤器和净化组件，集成过滤、吸附、（光）催化、抗菌 / 杀菌等多种净化技术，实现室内温度和空气品质的全面调节。

在这里简单介绍家用空气净化器的原理，结构如图 4-19 所示。空气净化器主要由过滤网、静电除尘器、活性炭吸附器、传感器、风机组成。工作原理为：机器内的风机使室内空气循环流动，污染的空气通过机内的空气过滤网、静电除尘器、活性炭吸附器后将各种污染物清除或吸附，从而达到净化空气的目的。机器中的二氧化碳传感器用于检测室内是否缺氧，有一些空气净化器还会配置其他不同功能的传感器，以监测空气质量。某些型号的空气净化器还会在出风口处加装负离子发生器（工作时负离子发生器中的高压产生直流负高压），将空气不断电离，产生大量负离子，被微风扇送出，形成负离子气流，达到清洁、净化空气的目的。

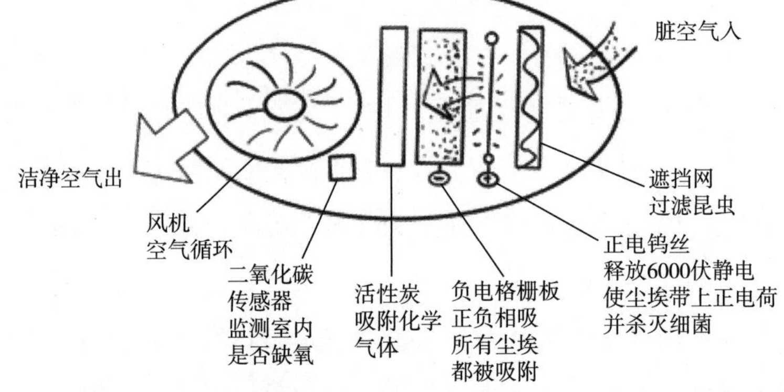

图 4-19　家用空气净化器结构

人类活动造成的大气污染问题和能源的消耗以及城市规模的扩大是分不开的。自12 世纪人们开始用煤作燃料之后，排出的煤烟使大气污染日趋严重。到 18 世纪，伴随着蒸汽机的发明和钻探石油的成功，生产力迅速发展，大气污染状况也随着工业的发展而恶化。18 世纪末到 20 世纪中期，大气污染主要为“煤烟型”污染。20 世纪五六十年代，随着工业高速发展，汽车数量倍增，大气污染发展成“石油型”污染。到了 20 世纪 70 年代，一些发达国家开始重视环境保护问题，从而开始着手大气污染治理。

近些年来，我国环境污染程度越来越严重，华北地区出现的大量雾霾天气，引发了社会对大气污染的关注。早在几年前，我国大气污染防治工作就已经陆续展开。自2002 年以来，我国出台了各项政策，加大了节能减排的力度，如 2002 年 1 月 30 日发布的《燃煤二氧化硫排放污染防治技术政策》，从能源合理利用、煤炭生产加工和供应、煤炭燃烧、烟气脱硫、二次污染防治等方面进行了详细的规定。2012 年 8 月，我国发布了《节能减排“十二五”规划》，对电力与非电力行业脱硫脱硝效率提出了具体的发展目标。以上各项节能减排政策对我国大气污染防治起到了一定的推动作用。2014 年 1 月 4 日，国家减灾办、民政部首次将危害健康的雾霾天气纳入 2013 年自然灾情进行通报，2017 年国务院将“坚决打好蓝天保卫战”写入政府工作报告。

1979 年 11 月在日内瓦举行的联合国欧洲经济委员会的环境部长会议，通过了《控制长距离越境空气污染公约》，并于 1983 年生效。公约规定，到 1993 年底，缔约国必须把二氧化硫排放量削减为 1980 年排放量的 70%。欧洲和北美（包括美国和加拿大）等 32 个国家在公约上签字。美国的《酸雨法》规定，密西西比河以东地区的二氧化硫排放量要由 1983 年的 2000 万吨 / 年，经过 10 年减少到 1000 万吨 / 年；

加拿大二氧化硫排放量由1983年的470万吨/年，经过10年减少到230万吨/年。减少二氧化硫排放量的主要措施有：①原煤脱硫技术。②改进燃煤技术。③石灰法，除去烟气中85%~90%的二氧化硫气体。④开发新能源，如太阳能、风能、核能、可燃冰等。同时，开发创新技术、利用工艺措施加强绿化等均可以有效缓解大气污染。

在我国，2013年1月，4次雾霾过程笼罩30个省（自治区、直辖市）。与此同时，世界上污染最严重的10个城市有7个在中国。2014年2月，习近平在北京考察时指出：应对雾霾污染、改善空气质量的首要任务是控制PM2.5，要从压减燃煤、严格控车、调整产业、强化管理、联防联控、依法治理等方面采取重大举措，聚焦重点领域，严格指标考核，加强环境执法监管，认真进行责任追究。2016年12月，入冬后最持久雾霾天气来临，多个城市已达严重污染。国家采取紧急措施，近几年雾霾现象才得以缓解。

随着工业化和城镇化进程的加快，中国的国民生产总值逐年攀升，与此同时，城市各类环境污染问题逐渐显现。尤其是近年来，重度污染的雾霾天气频现。严重的大气污染给城市居民的身体健康乃至生命安全带来了巨大威胁，也影响了城市交通、旅游、工商业生产等经济活动。因此，大气污染综合治理，不仅需要加大政策支持力度，更需要技术革新，减少工业废气的排放，汽车尾气需处理达标后排放，另外也要做好个人防护以及市内空气净化等工作。在大气污染治理过程中充分发挥工程技术优势，减少污染给人类生产生活和健康带来的不良影响。

（三）职业卫生工程

职业卫生工程是应用工程技术和有关学科的理论及实践来解决劳动者在生产中所面临的不利于人体健康的问题、创造良好的作业环境、保障身体健康、提高工作效率的一门综合科学。本部分主要介绍职业卫生管理工程和职业病危害控制工程，并以机械制造业为例介绍实际工作中的职业病危害控制工程。

1. 职业卫生管理工程

随着我国国民经济的快速发展，人们在职业岗位上投入的时间占比日益增加，职业卫生也愈发受到重视。保障从业人员身体健康、预防职业病的发生，是政府和用人单位共同关注的问题，也是切实关系到人民健康生活的问题。

职业卫生工程可以有效地帮助人们识别、评价和控制工作场所的职业危害因素，为劳动者提供健康、舒适的工作环境，以保护和促进劳动者的健康，达到高效工作、健康生活的目的。

职业卫生管理工程是指用人单位建立职业卫生组织管理机构，配备具有专业素质和能力的专职或者兼职职业卫生管理人员，并结合本单位的实际情况，建立健全职业病危害防治管理责任制。要落实职业卫生管理人员的责、权、利，以责定权，各级管理人员都要明确职责范围、基本任务、工作标准、实施程序、协作要求和奖罚办法等，把职业卫生管理工作纳入用人单位的管理考核范围，调动各级人员的积极性，齐抓共管，做好企业的职业病预防工作。

在职业卫生管理工程中，需要设立专门的从事职业卫生管理的职能部门，同时相关负责人需要明确职责要求；确立职业卫生规章制度和操作程序，作为管理人员和劳动者共同遵循的行为规范；作业环境和工作条件需要满足《工作场所职业监督管理规定》；定期进行职业病危害因素检测，识别和评价职业病危害因素；做好职业卫生档案管理以及职业健康检查工作；职业卫生教育培训对于提高用人单位工作人员职业卫生水平具有重要意义；用人单位需做好职业病危害告知以及个人防护用品的配备工作。

关于职业卫生我国早在汉唐宋时期就有记载，宋代孔仲平在《谈苑》中记载“贾谷山采石人，石末伤肺，肺焦多死”及“后苑银作镀金，为水银所熏头，手俱颤”。记载阐述了矽肺和汞中毒的临床表现和病理改变，是我国早期关于职业病的描述。到明朝后期，宋应星编制的《天工开物》一书中记录了避免劳动者接触职业病危害，保护劳动者健康的措施：“将楠竹凿空，相互连接，用于煤矿井下排除毒气”及“烧砒工人应站在上风向丈处操作”。这些记载是我国职业卫生预防知识方面最早的文字记录。

新中国成立后，科技迅猛发展，工业技术不断革新，我国职业卫生管理也与时俱进，得以全面发展。1998 年机构改革，职业安全卫生监管体制发生了重大变化。2008 年国务院办公厅发文，由国家安全生产监督管理总局负责对工、矿、商、贸工作场所职业卫生进行监督管理。目前，较为系统的职业卫生监督管理体制已基本形成。

我国的职业卫生工作始于新中国成立之后，在全国科技工作者的共同努力下，职业卫生事业从无到有、从雏形到成熟、从无序到规范，逐步发展壮大，历经半个多世纪，取得了辉煌的成就。全国网络型专业机构和人才队伍颇具规模，先后培养学士、硕士、博士等高级专业人才3万余人，据初步统计，全国目前有职业卫生专业技术队伍10万余人。职业环境改造取得重大成效，从源头上有效地消除和控制了职业病危害因素，对作业环境的改造起到了重要作用。自动化技术及计算机技术的发展，极大地丰富了职业卫生监测技术。职业健康监护和职业病临床诊治技术水平迅速提升。

未来职业卫生管理工程的工作模式将进一步向纵深发展，监测和关注的问题更为全面，在职业卫生管理方面也会有更加完善、符合实际的相关条例出台以适应职业类型的多样化。

目前我国职业卫生管理工程的发展仍然面临很多考验，很多新的职业类型和工作模式带来新的潜在的和可能出现的职业病危害，工作中的新工艺和新的化学物同样带来新的危害，工效学问题、不良体位姿势、生物节律问题、职业性心理紧张等日益严峻。同时，职业卫生管理工作的内容亟待延伸更新。因此，我国职业卫生工程在迅速发展的过程中仍然需要不断创新，在监督和管理上也需要探索符合时代特征的方式方法。

2. 职业病危害控制工程

职业病危害因素又称职业性有害因素，是指在职业活动中产生或者存在的可能对劳动者健康、安全和作业能力造成影响的因素或者条件，包括化学、物理、生物等因素。职业病危害因素是导致职业性健康损害的致病原，因此需要对职业病危害进行控制以保证工作人员的健康生活。

职业病危害控制工程即利用工程技术原理进行职业病危害控制，以保证人员安全与健康。通过职业病危害因素的识别和评价，了解职业病危害的产生以及对健康的影响程度，进而控制职业病危害。职业病危害控制工程包括生产性毒物控制、生产性粉尘控制、噪声控制、振动控制、异常气温控制、电磁辐射控制以及劳动保护用品的配备和使用。

在生产工艺过程中，职业病危害因素包含化学因素、物理因素和生物因素，因此我们需要对生产工艺、设备设施和操作等方面进行设计、规划、检查和保养。针对作业环境中化学、生物因素有毒物质采取净化回收的技术措施，包括机械通风、吸收净化、吸附净化、燃烧净化、冷凝净化。针对物理因素的粉尘、噪声、异常温度、电磁辐射等采取的预防措施包括物理式除尘、吸声降噪、隔声降噪等控制方式。下文举例说明几种吸附净化技术的原理。

机械通风主要原理是利用通风机产生的压力，使进入工作场所的新鲜空气和场所内的污浊空气形成网络通路，由通风机克服其沿程的流动阻力，从而实现通风的作用。

吸收净化是采用适当的液体作为吸收剂，根据不同组分的溶解度不同，吸收有害组分，净化气体。

吸附净化是利用固体表面存在未平衡或未饱和的分子引力或化学键力吸附气体分子从而实现气体成分分离，吸附有害成分，净化气体。

燃烧净化是通过热氧化作用，将废气中的可燃有害成分转化为无害、易于进一步处理和回收物质的工艺方法。

冷凝净化是利用蒸汽态物质在不同温度及压力下具有不同的饱和蒸气压，在降低温度和加大压力的情况下，使污染物得到凝结处理，以达到净化和回收的目的。

职业病危害控制的首要工作就是识别、评价和控制工作场所职业病危害因素，并为劳动者提供健康、舒适的工作环境，以保护和促进劳动者的健康。用人单位在职业病危害控制方面，首先，应用有利于职业病预防和保护劳动者健康的新技术、新工艺、新材料，使生产过程不产生或少产生职业危害因素；其次，采取相应的工程技术措施，控制和降低工作场所有害物质的浓度；最后，通过相应的管理措施，使用个体防护用品，加强个人防护，防止职业病危害发生。

与此同时，我国建立了健全的职业卫生法律法规体系以保证劳动者的身心健康，如《中华人民共和国职业病防治法》《放射性污染防治法》《使用有毒物品作业场所劳动保护条例》等。各个地方也制定了一系列地方性法规对劳动者进行保护。在未来，无论是在工艺技术上还是在法律法规体系上，国家都会为劳动者争取更多的保护和权益，让劳动者可以安全工作、健康生活。

职业病危害控制工程对于劳动者来说至关重要，尤其是针对一些存在一定安全风险的工作环境显得尤为重要。随着科学技术的发展和职业类型、岗位类型的多样化，职业病危害控制工程也将进一步发展，适应科技发展趋势，做到以人为本、预防为主，保证从业人员的健康。

3. 机械制造业危害控制工程

前文已经介绍了职业卫生管理工程和职业病危害控制工程，这一小节将以机械制造业为例，着重介绍机械制造业危害控制工程。

机械制造主要由原材料和能源供应、毛坯和零件成型、零件机械加工、材料改性与处理、装配与包装、搬运与储存、检测与质量监控、自动控制装置与系统八个工艺环节组成。在每个环节均存在一定的危害因素以及相应的控制办法。

①铸造是熔炼金属、制造与零件形状相适应的铸型，并将液体金属浇注到铸型中，待其冷却凝固后，获得铸件或毛坯的工艺方法，工艺流程如图 4-20 所示。此过程中产生的职业病危害包括粉尘、高温、辐射、噪声、有毒气体等。

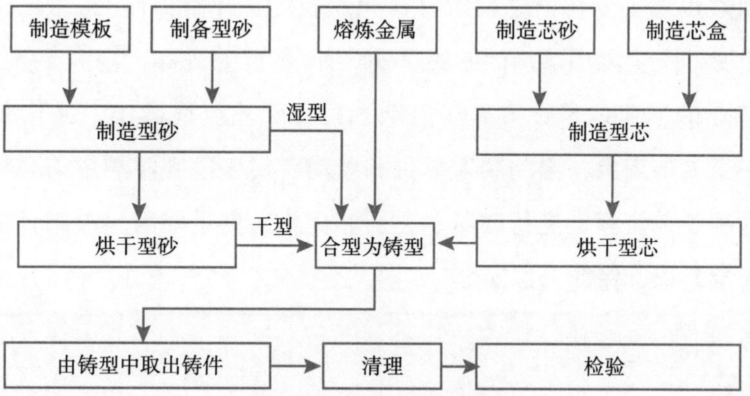

图 4-20　铸造工艺流程

②锻压是锻造和冲压的总称。工艺流程为毛坯—加热—锤炼—成型—冷却—产品—冲压—板料。此过程中产生的职业病危害包括粉尘、高温、辐射、噪声、有毒气体等。

③热处理是使金属零件在不改变外形的条件下，改变金属的性质，达到工艺上所要求的性能，提高产品质量。工艺流程为整体热处理、表面热处理、局部热处理和化学热处理。此过程中产生的职业病危害主要为有毒化学物质。

④机械加工是利用各种机床对金属零件进行加工。此过程中的危害包括毒物、粉尘和噪声。

⑤机械装配是根据产品设计技术要求，对零件或部件进行配合和连接。此过程中的危害包括毒物、粉尘和噪声。

针对机械制造业在工艺流程中出现的职业病危害，必须采取防护措施。首先是合理布局，减少交叉污染；其次是进行工艺改革，选择自动化程度高的设备或生产线，减少人员伤害。防尘措施上可以采用大功率通风系统，喷雾湿式作业；防毒措施需要局部通风排毒装置，同时配备防毒面具等护具；在噪声防控上一般要进行源头治理等。

机械制造业是一个国家最基础的行业，也决定了一个国家制造业的整体水平。在我国，机械制造业是制造工业的中心，是国民经济持续发展的基础，是工业化、现代化建设的动力源泉。机械制造技术是驾驭生产过程的系统工程，先进的制造技术特别强调计算机技术、信息技术、传感技术和自动化技术等。机械制造业的发展需要高新技术成果与传统制造技术相结合，那么从职业病危害的角度来说，自动化水平的提升，可以减少高危作业，同时也对工作环境的安全卫生程度要求更高，相应的职业病种类和危害因素也发生变化，这就需要在职业病危害控制工作上做到及时跟进调整。对于劳动者来说，安全无小事，健康最重要。

机械制造业的职业危害种类繁多复杂，且在工艺流程操作中又存在多种危害并存、多种危害交叉的现象，因此用人单位和劳动者对于危害防护更需要特别注意。除了在工程技术和工艺流程上进行改革、创新和优化，更重要的是做好日常的职业卫生培训，树立安全意识，保证工作安全。

参考文献

[1] 王劲松 . 公共卫生与流行病学 [M]. 北京：科学出版社，2018.
[2] 方鹏骞 . 中国医疗卫生事业发展报告 [M]. 北京：中国社会科学出版社，2019.
[3] 孙虹 . 智慧医疗工程 [M]. 南京：江苏凤凰科学技术出版社，2018.
[4] 郭新彪，刘君卓 . 突发公共卫生事件应急指引 [M]. 北京：化学工业出版社，环境科学与工程出版中心，2005.
[5] 钱和，姚卫荣，张添 . 食品卫生学 [M]. 北京：化学工业出版社，2015.
[6] 刘晓涛 , 郭卫兵 , 阎韶娟 , et al. 纺织印染废水治理工程设计 [J]. 环境工程学报 , 2002, 3(1).
[7] 李连山 . 大气污染控制工程 [M]. 武汉理工大学出版社 , 2003.
[8] 邵强，胡伟江，张东普 . 职业病危害卫生工程控制技术 [M]. 北京：化学工业出版社，2005.
[9] 杜翠凤，蒋仲安 . 职业卫生工程 [M]. 北京：冶金工业出版社，2018.

编写专家

朱宏吉　刘家亨

审读专家

胡金榜　蒋建兰　李艳妮

专业编辑

陈　颖

第五章

农业与食品工程

农业是人类赖以生存的基础，是社会和经济发展的基础。从人们种植作物及饲养牲畜开始，便拉开了人类原始农业的序幕。从原始农业到现代农业，就是农业生产技术提高和工程化发展的过程。

现代农业工程包含了“建设农业和维持农业生产高效率运转所需要的一切工程”（陶鼎来先生语），现代农业工程为现代农业发展筑牢基石、立梁架柱。食品工程主要包括食品加工、制造、包装及贮运等各个方面，旨在提供安全、营养和多样化的食品市场。现如今人们对食品营养和“色、香、味”的需求大大提高，这成为食品工程发展的重要使命。未来农业与食品工程通过产业渗透、产业交叉和产业重组等，激发产业链、价值链的分解、重构和功能升级，必然会引发产业功能、形态、组织方式和商业模式的重大变化。

本部分围绕农业与食品工程方面具体展开，农业工程从农田基础设施工程、农业机械化工程、设施园艺工程、农业信息化工程、农产品产地初加工与储藏工程 5 个领域展开。农业工程的机械化、设施化、信息化，具有鲜明的现代农业特征，也是当代农业发展的关键所在。农田基础设施工程是农业生产的基础，这些基础设施条件的提升可以大大促进现代农业的发展，反之则会限制其发展。农产品产地初加工与储藏工程是农产品生产环节的终端，是提高农产品价值的重要环节。食品工程包含了粮食工程、油脂工程、水产品加工与保藏工程、畜禽产品加工工程、果蔬加工工程，从社会需求量高的粮食、油脂工程到特色的水产品、果蔬等加工工程，比较全面地覆盖了食品工程研究内容和当代建设需求。

本章知识结构见图 5–1。

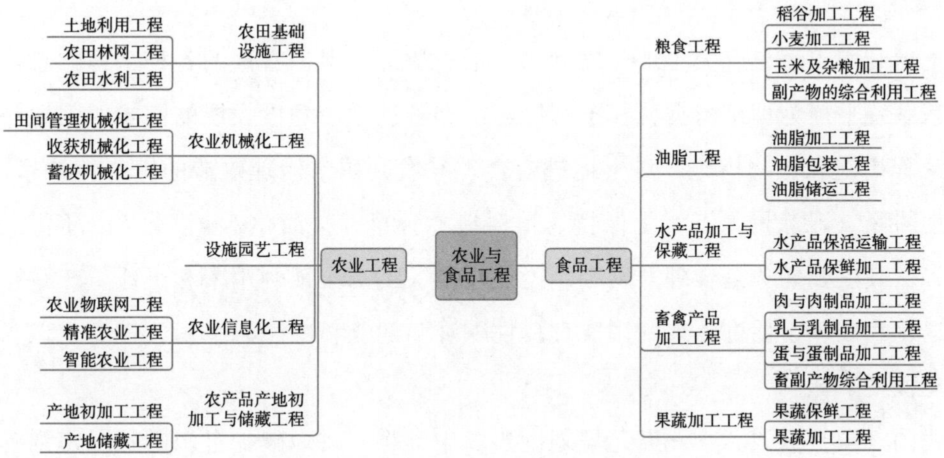

图 5-1　农业与食品工程知识结构

一、农业工程

人类开始经营农业后，就不能不利用工程手段，可以说农业工程的历史同农业一样久远。农业工程对农业的发展，以及对整个国民经济的发展有重大作用。农业工程一词发源于大约一个世纪以前的美国，那时美国已经有比较大规模的农业，需要对农场的灌溉、排水、道路、供电、仓储、畜舍、机械等，以及农民的住房、供水、取暖等进行规划和建设，要求由工程技术人员来从事这些工作。农业是国民经济的基础，农业工程为建设农业服务。世界发达国家的经验证明，农业工程是改变贫穷落后面貌和促进农业国向工业国转变的最重要的一门技术工程，对整个国家的发展产生深远的影响。

（一）农田基础设施工程

我国是农业大国，随着城市化进程加快，农业用地紧缩，如何充分利用土地资源，实现高标准基本农田建设已成为新时代的重要任务。改善农业生产条件，保护耕地环境，是保障国家粮食安全的重要举措。农田基础设施建设是推动农村经济发展、提高农业生产水平、促进农业和农村现代化的重要措施之一。

1. 土地利用工程

土地利用工程是有关土地开发利用、治理改造、保护管理的各种工程的总称，是以生态系统平衡为理论依据，根据国民经济和各项生产建设发展的需要，因地制宜地采用工程措施和生物措施，对土地进行合理开发利用与治理改造的综合性技术工程，如荒地耕垦、滩涂围垦、水土保持、植树造林种草、盐渍化 / 沙漠化 / 沼泽化土地的治理等。其主要任务是合理开发利用土地资源，提高土地利用率和土地生产率，防止土地退化和破坏，促进土地利用实现良性循环与建立新的生态平衡，提高土地利用的集约化程度。

我国《国土资源“十一五”规划纲要》中，将“耕地减少过多的状况得到有效控制，基本农田建设力度显著加大，土地节约集约利用程度明显提高”作为战略目标。为了落实“十分珍惜与合理利用每一寸耕地，切实保护耕地”的基本国策，国家提出了“耕地总量动态平衡”战略。为了实现这一战略目标，国家大力加强了土地开发整理与复垦工作。

土地利用工程根据土地利用的进程，可以分为土地开发、土地整理、土地复垦、土地修复（见图 5-2）。土地复垦和修复是对土地利用后的保护性耕作。土地复垦是指采用工程措施和生物措施，对在生产建设过程中因挖损、塌陷、压占造成破坏、废弃的土地和自然灾害造成破坏、废弃的土地进行整治，恢复利用的活动，目前针对矿区土地复垦的工程技术较多，如土壤重构、充填复垦、挖渠抬田、挖深垫浅等。土地修复是在人类生产活动改变自然生态系统平衡的同时，采用生物措施和工程措施相结合的综合措施，对不同地区、不同类型或不同利用目的的低产土地和遭受破坏不能利用的土地进行改造治理，以建立新的有利于人类活动的生态系统平衡，改良土壤、提高土地利用率和生产率。其中，农业工程措施，包括兴建农田水利工程、修筑梯田、

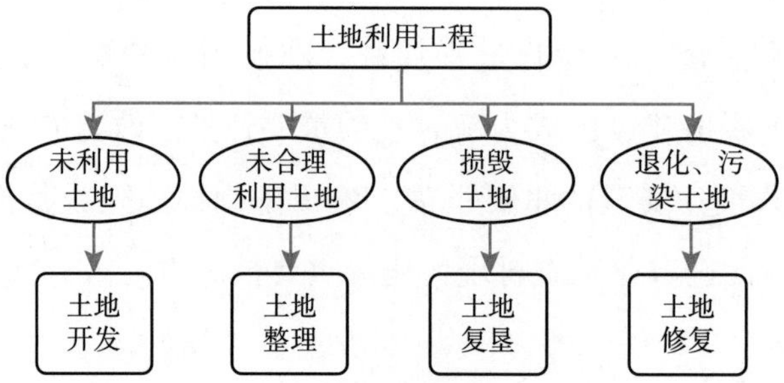

图 5-2　土地利用工程知识结构

改造坡耕地、平整土地、实行耕地园田化等；生物措施，包括营造护坡林、护田林、固沙林、固沙草等；农业技术措施，包括采用合理的种植制度、耕作制度、施肥制度等。

世界各国都很重视土地利用工程。比如，美国国会在20世纪30年代通过了《水土保持法案》，展开了适应农业机械化的农田整治工程，进行了以小流域为单位的土地改造，经过40多年的建设，基本改善了田纳西流域的面貌；日本在1949年制定土地改良法，使土地改良工作走上综合发展的道路，各级政府部门都设有耕地建设、耕地整治和土地改良机构，负责土地利用工程方面的工作。

土地利用工程方面，不同历史时期、不同工程对象在土地工程研究和实践中有不同的称谓，如土地整理、土地整治、土地利用学等。现代土地利用工程更强调服务于现代农业、绿色农业、持续农业的有关土地开发、整理、复垦、节地等的工程活动。在"十二五"期间，我国土地利用工程，从单纯的田块合并、提高土地利用效率向生态环境恢复和整个农村发展转变；研究热点集中在土地综合治理关键技术体系上，发展重点为土地开发整理理论和方法创新与实践，以及土地复垦与生态恢复、土地评价和等级提升、统筹城乡与节约用地技术的研发等。未来10~15年，土地利用工程重点在于土地资源评价与利用规划、土地开发整理复垦与生态修复、土地集约利用技术与工程及土地监测调查评价信息化方面。

结合我国的土地利用历史和现状，机械化作业、自动化作业是当前农田基本建设的重要手段，在土地利用工程中，机械化设备的便利程度是评估农田建设的一个重要指标；而土地资源利用率、土地的集约节约程度，是评价土地利用工程的关键所在。

2. 农田林网工程

农田林网工程是指将一定宽度、结构、走向、间距的林带栽植在农田田块四周，通过林带对气流、温度、水分、土壤等环境因子的影响，改善农田小气候，减轻和防御各种农业自然灾害，创造有利于农作物生长发育的环境，以保证农业生产稳产、高产，并能为人民生活提供多种效益。

从20世纪50年代开始，防护林的建设被列为我国农田基本建设的内容。农田林网可以改善周围的环境，降低实际风速，提升空气湿度、降低水分蒸发量，从而让农田林网周围形成一个有利于农作物生长的农田小气候，同时也是区域性防风治沙的重要举措，为人们生活提供生态效益、经济效益和景观效益等多种效益。

农田林网工程由主林带和副林带按照一定的距离纵横交错构成格状，形成防护林网。主林带用于防止主要害风，林带和风向垂直时防护效果最好。但根据具体条件，允许林带与垂直风向有一定偏离，偏离角不得超过30°。副林带与主林带相垂直，用于防止次要害风，增强主林带的防护效果。农田防护林带还可与路旁、渠旁绿化相结合，构成林网体系。

农田林网有效阻挡了风沙，改良了土壤，显著改善了农田小气候，庇护了农田，为粮食生产提供了绿色屏障。根据河南省农业科学院20多年的连续观测，由高度20m以上高大乔木形成的农田林网内风速平均降低35%~40%，蒸发量减少10%，相对湿度提高6.3%，土壤含水量增加6.1%。与相同条件的农田相比，林网内小麦增产6.8%~17.6%、玉米增产5.5%~13.1%、花生增产4.7%~8.4%、棉花增产8.3%~12.8%、西瓜增产12.4%。

农田林网建设有着悠久的历史。18世纪60年代，工业革命带动了全球经济的发展，其后，工业的发展造成了木材的急剧消耗，大面积的植被遭到破坏，环境问题日益严重。19世纪中后期，更是出现了世界性的环境恶化和荒漠化等问题，严重影响到农业的持续发展。为此世界各个国家开始逐步重视防护林网的建设。我国从20世纪中期开始面临环境恶化和土地沙漠化等一系列环境问题，由于生态环境恶化、粮食生产受到严重威胁，我国逐步意识到防护林网的重要性。

20世纪70年代，我国提出了“山、水、田、林、路”综合治理工程，同时在平原地区开展了大面积的绿化工程。截至2005年，平原地区共建造农田防护林2500万hm^2，网格化控制率达到78%，林带折和总面积达到200万hm^2，在防止自然灾害，改善农田微环境，促进农牧业稳定高产等方面起到了重要作用。

随着国民经济和社会的快速发展，资源与环境日益成为制约经济社会发展的两大重要因素。加强生态建设，维护生态安全，已经成为全人类的共识和国际社会的共同行动。2017年10月18日，习近平同志在十九大报告中指出，坚持人与自然和谐共生，必须树立和践行“绿水青山就是金山银山”的理念，坚持节约资源和保护环境的基本国策。今后我国林业生态工程建设中面临的热点和难点问题是：①人工防护林生态系统稳定性维持；②干旱地区林木水分生理，植被—土壤水文生态过程；③区域森林植被建设适宜度与生态用水的关系；④抗性植物材料的选择和繁育；⑤区域性防护林恢复与重建的生态经济评价。

农田防护林网的构建及优化具有改善农田生态系统的重要意义，同时能保障和提高作物产量和经济效益。在评估时，可以根据林网建设的目的，首先评估林网的防风、减风效果，其次评估林网对促进作物增产或者林木本身经济价值增长的作用。

3. 农田水利工程

农田水利工程是以农业增产为目的的水利工程，即通过兴建和运用各种水利工程，调节、改善农田水分状况和区域水利条件，提高抵御天灾的能力，促进生态环境的良性循环，使之有利于农作物的生产。具体来说，农田水利工程包括取水工程、输水配水工程、排水工程。

水是农业的基本要素，地球上没有水也就没有农业。农田水利是促进农业发展的关键因素，是进行农业建设的基础设施。作为国家基础建设的农田水利工程建设，是造福子孙后代的百年大计，在国家发展过程中起着重要的作用。由于各农业地区的自然条件和生产方式千差万别，需要进行农业水利区划和相应的灌排系统规划。在干旱、半干旱地区，灌溉是主要的，但为了防治土壤次生盐碱化，也需要排水；在盐碱化威胁较大和开垦盐碱荒地的地区，必须灌排并重，甚至无排水即无灌溉；在湿润、半湿润地区，由于降雨量较多，排水是主要的，但是雨量的季节分布并不完全符合农作物生长的要求，需要进行补充性灌溉。灌溉与排水两者相辅相成，便构成农田水利的主要内容。

农田取水工程主要指将天然河流中水体拦截导入灌区引水系统的工程。常见的地面取水工程有无坝引水、拦河坝、水闸、泵站等。其中水闸是一种低水头的水工建筑物，既能挡水，抬高水位，又能泄水，用以调节水位，控制泄水流量。它多修于河道、渠系及水库、湖泊岸边，在农田水利工程中应用十分广泛。泵站的基本功能是通过水泵的工作体运动把外加的能量转变成机械能，并传给被抽液体，使液体的位能、压能和动能增加，并通过管道把液体提升到高处，或输送到远处。

目前农田输水配水工程多利用低压管道输水配水以代替明渠输水配水进行农田灌溉工程，由管道分水口分水或外接软管输水进入田间沟、畦。输配水管网包括各级管道、分水设施、保护装置和其他附属设施。而田间灌水设施指分水口以下的田间部分，包括田间农渠、毛渠，田间闸管系统等。

排水工程主要是为了排除农业土地上多余水分，以改善地区或土壤的水分状况，防止作物受害，包括除涝、降渍与防治土壤盐碱化。农作物对农田排水要求可概括为排除多余的地面径流和控制地下水水位，农田排水系统主要由田间排水沟、集水排水沟和主干排水沟组成。

农业发展突出的国家一向注重农田水利工程的建设和发展，注重水资源的管理和利用。以色列的国土面积 2.78 万 km^2，其中 2/3 为丘陵和沙漠，气候干旱，年平均降水量约 300 mm，平均淡水资源仅 16 亿 m^3，人均占有淡水资源不到 300 m^3，仅相当于我国的 1/8。以色列在农业现代化的早期，就由政府出资重点狠抓了“北水南调”骨干输水工程的建设，并兼顾农田灌溉基础设施、污水处理技术装备和喷滴灌技术的产业化应用，加上水资源利用方法与管理措施，使得其水资源利用率达到了 80%~90%，大大提高了种植业的生产力。

我国的国土面积较大，各个地区的气候条件、土壤条件、地形状况及水文条件均存在巨大的差异，农作物的种类较多，种植范围也较广，结合以上条件，农田水利工程的节水灌溉技术必须依据不同地区的具体情况，采取有针对性的灌溉技术。在当前阶段，农田水利工程的发展不仅局限于水本身，更强调由注重作物产量转变为注重作物品质，日趋关注农村供水和饮水安全及人居水环境的安全，利用信息技术、新材料和学科交叉等手段，加强现代节水农业理论和技术创新，提升中国节水技术研究和设备的开发水平。同时，农业节水发展的重点已经由输水过程节水和田间灌溉节水转向生物节水、作物精量控制用水以及节水系统的科学管理，并重视农业节水与生态环境保护的密切结合，这代表了现代节水农业的发展趋势与方向。

当代农田水利工程建设的关键是科学灌溉。某种意义上来讲，节水农业就是现代农业，节水灌溉就是科学灌溉。节水农业的本质就是充分利用降水和高效利用灌溉水。传统的灌溉是充分灌溉制度，而节水农业提倡按需供水，强调直接补水给植物，而不只是为了湿润整个土壤层，因而出现了喷灌、滴灌、局部灌溉等先进灌溉手段。所以，农田水利工程的评估效果是以节水和灌溉水的利用效率为核心的。

（二）农业机械化工程

中国是一个农业大国，发展高效、安全的现代生态农业是中国现代化建设的重要目标，而农业机械化是农业现代化的重要内容和标志之一，提高农业机械化水平是促进中国农业资源可持续发展的重要途径之一。目前，人们通常所讲的“农业机械化”实际上是指农业机械设计、制造和应用于农业生产的“机械技术”的总和，即“农业机械化工程”，重点强调农业机械的设计、制造技术和在农业生产中的应用水平，包括三个方面：农业机械的产品设计和制造水平、农业机械与农艺适应水平、农业机械的应用水平。

1. 田间管理机械化工程

田间管理机械化工程指的是作物在田间生长过程中，需要进行的间苗、除草、松土、培土、灌溉、施肥和防治病虫害等作业工程，通过栽培管理机械和植物保护机械等设备实现“高产、高效和优质”。

不同作物的田间管理因气候、土壤、农艺等条件不同而不同，一般指间苗、中耕、除草、施肥、施药等。在精耕细作的手工生产式农业中，田间管理作业耗费工时很多。在机械化农业中，田间管理作业量有减少趋势，如通过精密播种可以减少间苗工序，通过喷灌和滴灌减少灌水的工作量等。在田间作业过程以及产前、产后各项作业中机电动力及其配套农具被广泛应用。田间管理机械化工程包括中耕机械化、植保机械化和灌溉机械化。

中耕机械化

中耕是在作物生长期间进行松土、除草、追肥、培土及间苗等作业，目的在于疏松地表、消灭杂草，促进有机物分解，增加土壤透气性，以利于作物生长。中耕机按照工作方式的不同可分为全面中耕机、行间中耕机等几大类，而随着中耕机的普及，中耕作业逐渐由人力劳动转向机械化操作，田间管理效率提高。例如，茶业是传统的劳动力密集型产业，而中耕机械化的发展不仅可以降低成本、提高产量、改善土壤性状、减少病虫害，更能提高丘陵等山区干旱茶园土壤抗旱能力。

植保机械化

植保作业的目的是消灭病、虫、草的危害，保证稳产高产。植保方法可按原理分为农艺防治法、生物防治法、物理防治法。

有以下几种机械利用方式使药液雾化：一是将药液加压通过喷孔喷出，与空气撞击而雾化，即液力式喷雾机；二是利用高速气流冲击液滴并吹散使之雾化，即风送式喷雾机（弥雾机）。除此之外，目前植保无人机也被投入使用，通过地面遥控或导航飞控来实现喷洒作业。其中液力式喷雾机较为常见，而为了提高喷药生产率，利用小型发动机作为动力的喷雾机常用于果园、大田的打药作业。

灌溉机械化

灌溉是为保证农作物正常生长的供水而调节土壤水分状况，提高土壤肥力，为农业生产增产服务的重要农业工程措施。喷灌、滴灌等地面灌溉方式具有省水、省工、省地、保土、保肥、适应性强，以及便于实现灌溉机械化、自动化等优点，是农田灌溉的发展趋势。

田间管理是种、管、收三大环节中的主要一环，“三分种，七分管”是人们在长期实践中针对管理工作重要性所得的结论，农产品的产量和质量与田间管理的方法密不可分。我国的农业单位在过去以小农经济为主，受经济限制以传统的人工技术进行田间管理，人工的低效率使得农民劳动时间成本增加，间接降低了农民收益。此外，农民依赖传统经验，与农业新兴技术脱节，比如过去一直存在的过度施肥问题。大量的施肥导致农田土壤 pH 下降甚至酸化，无法进行农作物种植，且我国有大量河水遭受化肥的污染，爆发藻类危机、破坏河流内生态。

随着科学技术发展，我国逐渐意识到农业机械化的重要性，积极推动机械化的田间管理，保证农作物的产量和品质，如今我国农业逐渐可以在不良自然影响力下做到提前防范和有效针对。以枣树种植田间管理为例，通过田间管理机械化的实行，红枣坐果率提高，幼果脱落现象明显减少，果品质量明显提高，且亩节约作业成本 50 元，每亩实现节本增效 122 元，生产效率大大提高，果农的劳动强度减轻。目前我国田间管理机械化工程发展的趋势主要是根据农艺要求和施药技术的发展，积极研制和开发先进、适用、节能、高效、安全、低污染的机械系列新产品，改善产品性能，提高产品的制造质量和使用可靠性，增加产品品种，提高“三化”程度，扩大服务领域，全面地满足农、林、牧业生产发展的需求。

在农业生产中，田间管理耗费工时，农业机械化作业则可以节省大量的人力物力。在田间管理机械化工程的评估中，作物高度、密度等性质的适应性以及田块形态如平地、丘陵等的适应性是重要的评估指标。

2. 收获机械化工程

收获机械化工程指的是用机械代替手工具和人力进行麦类、水稻、大豆、玉米等收获作业的过程，收获是作物生产的重要环节，是作物栽培过程中的最后一个环节，也是劳动力要求最高、机械化作业要求最迫切的环节。收获机械化主要是谷物机械化收获，近年来果蔬收获等机械化工程也有所发展。

分段收获机械化

谷物收获过程一般包括收割、运输、脱粒、分离和清粮等作业环节，采用分段收获法则需要相应的机械分别完成各项作业。其中收割机的功用是将作物的茎秆割断，并按后继作业的要求铺放于田间，它是分段收获和两段收获中经常使用的机具。脱粒机的脱粒装置主要依据冲击、揉搓、梳刷和碾压等不同原理进行脱粒。

谷物清选包括清粮和选粮。清粮是从脱粒后的谷物中清除夹杂物，选粮是从谷物中清除夹杂物，并将干净的粮食分级，分别用以做种子、食用和饲料。以大豆收获为例，分段收获具有收割早、损失小、豆粒破碎少等优点，但不足之处在于多种机械轮流进地会延长整个收获过程。

联合收获机械化

联合收获机集收割机、脱粒机和清选机等工作装置于一体，一次性完成作物的切割、脱粒、分离和清粮等全部作业，直接获得清洁的粮食。以4HLB-2型花生联合收获机为例，收获机工作时以挖拔方式起出植株，去土后由夹持链将其送入摘果段进行摘果和分离回收。联合收获是集成度最高的收获方式，其收获质量好，发展前景良好。

果蔬收获机械化

不同种类水果通过不同方法实现机械化收获。对于乔木水果，机械化收获的有效方法是振摇收集法，机械式振摇机一般由振动头、夹持器和接果架等部分组成；对于藤茎水果，普遍采用门架跨行式机器来收获。蔬菜的机械化收获也要根据其种类采取相应的办法来实现。对于根菜类（马铃薯、萝卜等），一般采用挖掘装置将地下根茎掘起，再经抖动输送器清除泥土送入料箱；叶菜类收获机械一般由扶茎器、圆盘切割器、升运输送器和料箱等部分组成；瓜果类中西红柿收获机械研制技术较为成熟。除此之外，采摘机器人是未来智能农业机械的发展方向，欧美、日韩及我国相继研究了采摘苹果、番茄、橘子等的智能机器人，采摘机器人主要由采摘机构、末端执行装置、视觉系统、移动装置和控制系统等组成。

谷物收获具有久远的发展历史，我国联合收割机技术的研究起步晚，早期以仿制国外机型为主，20世纪80年代末期以来，呈现快速发展态势，先后研制出新疆2号背负式小麦收割机、轮式自走式稻麦收割机、履带式自走式稻麦收割机等收割机型。20世纪90年代我国农村经济发展中，收获机械化出现了为世人瞩目的景象：包括小型收割机在内的收获机械产量于1994年跃上10万台大关；1995年联合收割机产销量走出多年徘徊状态，创造了突破万台的历史纪录，此后自走式联合收割机连年持续稳步增长。1999年小麦机收水平超过了61%，成为小麦生产过程基本实现机械化的标志。进入21世纪，谷物联合收割机发展的总趋势是在保证良好性能的前提下，增强谷物联合收割机的作业能力；扩大机械的适应性，提高机器的工作效率和利用率；采用新技术来完善产品的性能，满足及适应农业发展的新需求。我国果园采摘机械的研究起步较晚，与国外同类型装备差距较大。前期主要是无动力的通用型机械，如与手扶拖拉机配套的机械振动式山楂收获机、气囊式采果器和手持电动式采摘臂等。20世纪80年代开始，我国开始研发切割式采摘器，果园采摘也从人工使用剪刀采摘发展到使用机械装置采摘。

收获机械化的发展方向是由分段收获向联合收获作业发展，以减少中间环节的损失，提高收获质量。因而在谷物收获机械中，谷物联合收割机占据主导地位。作物收获机械化的评估效果和收割效率以及机械产品应用也有关系。同时采摘机器人的研发也说明未来果蔬机械化采摘将向着信息化、机器人化、无人化发展。

3. 畜牧机械化工程

畜牧机械化工程是指根据人类对畜产品的需求和畜禽生长发育以及生产需要，通过装备和操作机器设备来饲养畜禽的过程。畜牧业机械化是农业机械化的重要组成部分，主要包括：牧草收获机械化、饲料加工机械化、畜禽饲养机械化（奶牛场机械化、牛肉场机械化、养猪场机械化、养禽场机械化等）以及畜禽产品采集加工机械化等。

畜牧业在农业中占有重要地位，是人们获得动物性食物的主要来源。对一个国家来说，畜牧业的发展与人们的生活水平有着密切关系，可以作为衡量人们生活水平的指标。随着社会经济的发展和科技的进步，畜牧业走上机械化的路子，大大降低了畜牧业的劳动强度，推动畜牧业发展。

牧草收获机械化

即利用机器设备完成牧草、青饲料的收割和收集等的收获全过程。经过收获调制的牧草称干草，因此牧草收获机械化亦称干草收获机械化。牧草收获方法一般有散长草收获、捡拾集垛收获、方捆收获、圆捆收获和干草压块收获等五种。割草机按切割器型式分为往复式和旋转式。前者适用于一般人工草场和天然草场，后者主要用于高产人工草场。

饲料加工机械化

粗饲料主要指牧草和农作物秸秆。牧草的机械加工主要是针对牧草的收获、打捆、压块、制粒和储藏，以及深加工过程中所需要的机械设备，主要包括割草机、打捆机、饲草粉碎机、压块机和制粒机。农作物秸秆是非常规饲料。未经处理的秸秆适口性差、利用率低，家畜采食量低。通过机械加工再处理，打断木质素之间的脂键，使细胞间的木质素溶解，降低纤维素结晶度，释放纤维素，以提高纤维素消化率，同时也方便进一步化学处理和生物处理。秸秆加工机械化设备主要包括铡草机、揉碎机、秸秆铡碎机及秸秆茎叶分离机。

畜禽饲养机械化

畜禽饲养机械化主要指从畜禽进入舍内，包括从自动供料、自动饮水、定时光照、自动刮粪、消毒直到出栏淘汰的一系列操作过程。以养猪场机械化为例，采用机电设备代替人工养猪的过程即养猪场机械化。受传统养殖方式的影响，加上生猪市场价格的不稳定，我国部分地区存在养猪场机械化发展的情况。随着养猪设备机械化及自动化，房舍环境自动化控制技术、饲料自动投喂技术以及脂肪测定技术等广泛应用于养猪场机械化中。

早在20世纪60年代左右，发达国家就相继实现了畜牧机械化。例如澳大利亚、新西兰、荷兰等以草食畜牧业为主，大规模发展优质草料种植、机械化牧草收割等。我国的畜牧机械化程度和发达国家相比存在差距，但如今畜牧机械化发展已实现从无到有，由生产单一机械发展到生产多品种的生产设备。

畜牧机械化的迅速发展，为我国畜牧业的发展提供了有力的保障。目前，饲料饲草加工、牧草种植及收获、畜禽标准化饲养、生产检测等方面形成了门类齐全的成套设备。计算机信息技术结合现代化电子、液压、气动与自动控制技术及声控技术和新材料、新工艺等技术在畜牧业及畜牧机械化领域崭露头角。而且，畜牧机械化将与动物生产过程中的防疫、施药、微量元素添加、品种改良适应性等结合得更为紧密。

（三）设施园艺工程

设施园艺工程，又称设施栽培工程，是以设施工程建设为手段，控制植物生长环境条件进行生产的现代农业生产方式，是利用特定的设施（保温、增温、降温、防雨、防虫），人为创造适合作物生长的环境，以生产优质、高产、稳产的蔬菜、花卉、水果等园艺产品的一种环控农业。

设施园艺涵盖了建筑、材料、机械、自动控制、品种、栽培、管理等多种学科和多个系统，科技含量高。设施园艺的发展将推动农业现代化进程，是反映国家和地区农业现代化水平的重要标志之一。

我国的设施园艺工程基本结构形式有简易覆盖、塑料小棚、塑料中棚、塑料大棚、普通日光温室、加温温室、节能型日光温室，以及连栋玻璃温室、连栋大棚等。

现代化温室内配套设备有加温系统、保温系统、降温系统、通风系统、灌溉与施肥系统、CO_2施肥装置和设施内栽培管理机械等。

《汉书》记载：“太官园种冬生葱韭菜茹，覆以屋庑，昼夜（燃）蕴火，待温气乃生。”这段比较详细地叙述了生产场所、加温方式和种植作物，说明我国在汉代就有了蔬菜栽培技术。新中国成立初期，结合北京、济南、沈阳等传统保护地栽培技术，形成了以风障、阳畦等为主的保护地栽培体系。20 世纪 50~80 年代，塑料大棚和地膜覆盖得到推广普及。80~90 年代，日光温室和遮阳网、防虫网、避雨栽培得到普及推广。大型现代化温室引进与国产化发展时期是在 90 年代，而现代温室的发展促进了工厂化穴盆育苗技术的发展。

近年来，在一些大中城市郊区，设施园艺面积不断扩大，尤其在东南沿海经济发达地区其发展更为迅速，初步形成了符合中国国情的以节能为中心的设施园艺生产体系。北方广大地区大力推广高效节能型日光温室，冬季不用加温可生产耐寒蔬菜，基本消除了冬春蔬菜淡季；南方大力推广塑料小拱棚和遮阳网，降温防雨，克服了夏季蔬菜育苗的难题。

随着 21 世纪尖端科学技术的迅速发展，设施园艺工程已发展为生物、工程、环境、信息等多学科技术综合支持的高技术密集型产业，以高效、集约、可控以及可持续发展为特征。装备水平、生产方式、集约化是评价设施园艺发展水平的重要指标。由全球面积最大的设施园艺大国迈向科技创新与生产力水平居世界领先地位的设施园艺强国，是我国设施园艺产业的发展目标。

（四）农业信息化工程

农业信息技术是现代信息科学技术迅猛发展和农业产业内部需求相结合的必然产物，是社会经济发展的标志。农业物联网是现代信息与通信技术在农业中的集成与应用，是农业生产方式变革的重要支撑，是现代农业发展的重要方向。精准农业技术被认为是 21 世纪农业科技发展的前沿，是科技含量最高、集成综合性最强的现代农业生产管理技术之一。

1. 农业物联网工程

农业物联网工程是指通过农业信息感知设备，把农业系统中动植物生命体、环境要素、生产工具等物理部件和各种虚拟“物件”与互联网连接起来，进行信息交换和通信，以实现对农业对象和过程智能化识别、定位、跟踪、监控和管理的一种网络，具有全面感知、可靠传送和智能处理的特点。

农业物联网集农业信息感知、数据传输、信息智能处理技术于一体，并根据大田种植、设施园艺、畜禽养殖、水产养殖以及农产品物流的重大需求，形成典型的产业应用。我国农业正处于从传统农业向现代农业迅速推进的过程中，农业物联网是我国农业现代化的重要技术支撑。农业物联网体系包括感知层、传输层和应用层之间的接入协议以及实现技术应用的解析技术、安全技术、质量系统管理和网络管理等内容，如图 5-3 所示。

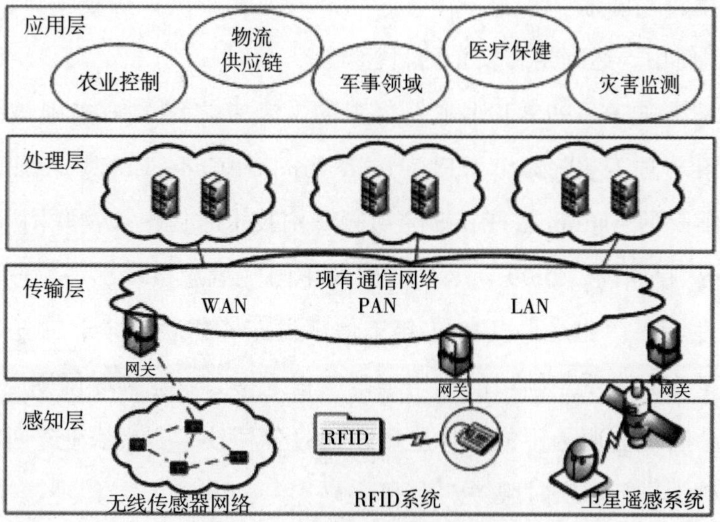

图 5-3　农业物联网网络架构

其中农业物联网关键技术包含以下几方面。

农业信息感知技术：在任何时间与任何地点对农业领域物体的相关信息，如光照、温湿度、风速、风向、降雨量、气体含量等进行采集。

农业物联网数据传输技术：将感知设备接入传输网络，对采集到的数据进行高可靠度的信息交互和共享。

农业信息智能处理技术：以农业信息知识为基础，采用各种智能计算方法和手段，使得物体具备一定的智能性，能够主动或被动地实现与用户的沟通。

农业物联网工程有三种模式。

①以质量安全为目标的农业物联网工程模式：主要应用于农产品质量追溯、生产信息采集、环境监控和电子商务等方面，对原材料产地信息、生产管理、农产品加工、物流跟踪、终端查询等环节进行监控，保证农产品等原材料可全程追溯，从根本上预防食品安全事故的发生。

②以粮食安全为目标的农业物联网工程模式：主要应用于育种信息化、精准农业、农机调度、航空喷药、粮食估产、病虫害远程诊断等方面，对育种、播种、灌

溉、施肥、施药、收获、估产等进行调控，可以显著提高动植物的产量，保证我国的粮食安全。

③以生态安全为目标的农业物联网工程模式：主要应用于生产环境监控、病虫害预警防治、水 / 肥 / 药精准决策控制和温室智能控制等方面，在灌溉、施肥、施药、饲喂等环节采用自动滴灌、水肥一体化、精准农业处方决策等技术可以有效减少水 / 肥 / 药的不合理使用，达到生态安全的目标。

物联网概念最早在 1995 年比尔 · 盖茨的《未来之路》一书中被提出，随后在 1999年，美国麻省理工学院提出了 Electronic Product Code(EPC) 系统的物联网构想。同年麻省理工学院的 Ashton 教授在研究射频识别技术时提出"物联网"(The Internet of Tings) 一词。在国内，2009 年 8 月"感知中国"概念被提出，物联网被正式列为国家五大战略性新兴产业之一。2011 年工信部发布《物联网"十二五"发展规划》，将智能农业确定为九大重点领域的应用示范工程之一。农业物联网则是物联网技术在农业生产经营、管理和服务中的具体应用，通过各种技术实现农业产前、产中、产后的过程监控、科学决策和实时服务。

目前，农业物联网已在我国初步实现应用。随着信息技术的不断升级，农业现代化迈入了全新的信息时代，传统农业的升级对农业物联网提出了新的需求。我国农业物联网的需求日趋强劲，传感器国产化、通信低成本化、信息处理智能化是农业物联网的必然发展趋势。

农业物联网工程是现代智慧农业发展的需要，也是衡量一个国家综合科技实力与农业发展水平的重要标志。我国要加快农业技术创新步伐，走出一条集约、高效、安全、持续的现代农业发展道路，农业物联网是农业生产方式改变的重要手段，是现代农业发展的必然方向。

2. 精准农业工程

精准农业工程是基于信息技术、生物技术和工程装备技术等一系列科学技术成果发展起来的一种新型农业生产方式，主要包括全球定位系统（GPS）、遥感技术（RS）、决策支持系统（DSS）、信息采集与处理技术（ST）和智能化农业机械装备（IAM）等。

农业现代化是相对于传统农业而言的，其实质体现了当代科学技术在农业领域的综合应用。在先后经历了原始农业、传统农业、工业化农业（石油农业或机械化农业）等阶段后，农业正在进入以知识高度密集为主要特点的知识农业阶段。"精准农业"已成为发达国家面向 21 世纪的现代信息农业的重要生产形式，如图 5-4 所示。

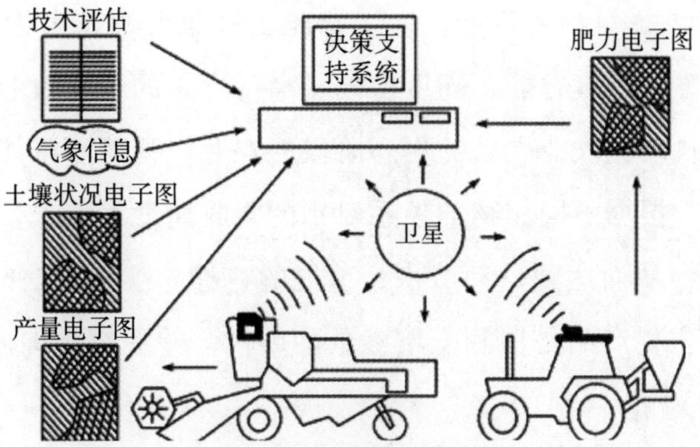

图 5-4　精准农业实施

第一，在第一年收获的时候，用带产量传感器的联合收割机获得农田内不同地块的作物产量信息，将这些数据输入计算机，可获得产量分布图。第二，根据产量分布图，对影响生产的各项因素进行测定和分析，并结合决策支持系统，确定产量分布不均匀的原因，并制定相应措施，生成田间投入处方图。第三，根据田间投入处方图，基于按需投入的原则实施分布式投入。在第二年收获时，再按上述过程，根据产量分布图，制定新的田间投入处方图，如此循环，即可达到精准种植的目的。

我国农业历来就有精耕细作的优良传统。我国北方土地平整，近年来农民联合经营的规模越来越大，各种形式的种植大户的出现，为精准农业的技术应用提供了良好的基础。国内精准农业应用技术研究工作正在兴起，中国农业大学成立了“精细农业研究中心”，北京、东北等地正在进行精细农业的实践。研究和发展适合我国国情的精细农业技术，推动我国农业生产持续稳定发展，是我国农业现代化的重要内容。

农业现代化评估的关键是现代信息技术、生物技术和工程装备技术的应用水平。根据我国农业发展所面临的资源环境问题，要发展具有中国特色的精准农业，走具有中国特色的精准农业发展之路，实现我国农业的可持续发展。

3. 智能农业工程

智能农业工程是指基于农业物联网、人工智能、大数据等信息技术，构建农业生产经营信息采集、监测、分析系统，整合视觉诊断、远程控制、风险预警、信用评估等功能，为农业生产经营提供智能化、信息化、精准化方案，提高农业经营的效率与农产品质量，比如智慧灌溉和智能环境探测的应用。

智能农业是以物联网、大数据、人工智能、机器人等技术为支撑和手段的一种高度集约、高度精准、高度智能、高度协同、高度生态的现代农业形态，是继传统农业、机械化农业、自动化农业之后的更高阶段的农业。智慧灌溉能够通过传感器探测土壤中的水分含量，根据不同作物的根系对水的吸收速度和需求量的不同，控制灌溉系统进行有效运作，从而达到自动节水、节能的目标。“超级农作物”是来自美国硅谷的创业公司，其主要产品是探测土壤参数的硬件，并用软件向农民呈现有关数据，旨在建立“土壤物联网”。

智能环境探测为农业耕种提供“火眼金睛”。人工智能在农业领域还可以实现土壤探测、病虫害防护等功能。在土壤探测领域，Intelin Air公司开发了一款无人机，通过类似于核磁共振成像的技术拍下土壤照片，通过电脑智能分析，确定土壤肥力，精准判断适宜栽种的农作物。

我国农业领域人工智能的应用始于20世纪80年代，1983年首个专家系统“砂姜黑土小麦施肥专家查询系统”研制成功。20世纪90年代以后，在国家自然科学基金委、科技部、农业部等部门的推动下，我国人工智能在农业领域的应用步伐逐渐加快。2017年7月，国务院印发的《新一代人工智能发展规划》明确提出，发展智能农业、建立典型农业大数据智能决策分析系统，开展智能农场、智能化植物工厂、智能牧场、智能渔场、智能果园、农产品加工智能车间、农产品绿色智能供应链等集成应用示范。

目前我国人工智能在农业领域的应用主要包括直接生产性应用与经营性应用。前者以智能农场、农作物精益管理、自主劳作机器人为代表；后者则以农业风险评估、经营主体信用评估为代表。人工智能技术在农业领域应用的新模式、新手段和新生态系统，使其与农业深度融合发展为一个新业态——智能农业。总体来看，智能农业有望成为推进农业供给侧改革、改善农业生产方式、完善农业生产经营机制的重要技术动力源。

由于现代科技飞速发展，农业的发展避免不了要融合和吸收新技术，智能农业将有效助力农业生产要素的合理分配、科学管理与经营。智能农业的发展是推动农业现代化的重要途径。

（五）农产品产地初加工与储藏工程

现代农业生产的核心目的是获取高产优质的农产品，农产品加工和储藏已经成为对中国“三农”发展带动作用最大的支柱产业。农产品产地初加工与储藏是农业生产链条中的关键环节，是保障农产品品质及丰产丰收的重要途径，是实现农业现代化战略任务的重要内容。

1. 产地初加工工程

农产品产地初加工工程是指在农产品产后进行的首次、简单加工，是使农产品性状适于进行流通和深加工的过程，主要包括产后清洗、挑选、分类分级、干燥、包装、预冷和储藏保鲜等环节。其目的是减小农产品损失，提高农产品附加值，延长农产品保质期，减少储藏和运输环节的损伤率。

农产品产地初加工一端连着农业和农民，另一端连着工业和消费。重视和改善农产品产地初加工设施条件，具有增加供给、均衡上市、稳定价格、提高质量、保证加工、促进增收等多重效果。

初加工工程主要有清洗、分级、干燥、预冷、包装。例如，板栗在初加工过程中的保鲜时间不是很长，在保鲜过程中易因变质而腐烂，为此，针对板栗的产地初加工主要有筛选分级、冷藏保鲜和分级包装销售等。初加工设备简单、容易操作，但作用却非常显著，是减损、增效、延长保质期、提高运输便利性的有效手段，也是农业现代化的重要标志。

发达国家把农产品产后的储藏、保鲜、加工放在农业发展的首要位置。以农产品加工为基础的食品加工业已成为美国各制造业中规模最大的行业。发达国家的农产品加工企业规模庞大，以粮油加工业为例，为保证产品质量，在基地的选择上，不仅需要考虑加工品种的专业化、规模化，还要考虑所选择基地的气候生态条件和化肥种类等因素，因此，农产品加工都有着专用的加工品种和固定的原料基地。发达国家通过产前、产中、产后相结合，促进农业产业化的健康发展。例如，荷兰针对马铃薯的育种、栽培、储藏、供销等有一套行之有效的管理体系。我国农产品加工业遵循经济社会发展的客观规律，加快结构调整、产业聚集、技术创新和专用原料基地建设，取得了很大成效。

产地初加工工程评估的关键在于适于不同品种的粮油果蔬产品的设备发展，促进农产品的增值，实现从单一原粮向精粮加工产品的转变，拓宽市场销路和实现粮食加工的增值，促进产业升级。

2. 产地储藏工程

农产品产地储藏工程是以与农产品产收后的生命活动过程和环境条件相关的采后生理学为基础，以农产品在采后储、运、销过程中的保鲜技术为重点，进行农产品采后保鲜处理的过程。

产地储藏的意义在于，一是果实能够及早进入较适宜的储藏环境，有利于抑制果实的呼吸强度，实践证明，从果实采收到进入储藏环境的时间越短，储藏期相应越长，储藏效果越好；二是产地储藏方法简便，经济有效，有利于大面积推广应用；三是能够显著增加产地收入。

目前农产品产地储藏工程中所使用的方法有常温储藏、低温储藏、气调储藏等，而我国农产品产地储藏的主要方法为以传统储藏为主并辅以低温储藏。

常温储藏即简易储藏，是我国农村及家庭普遍采用的贮藏方式，主要包括堆藏、沟藏、窖藏和通风贮藏四种类型。低温储藏是指在具有良好隔热性能的库房中借助机械冷凝系统的作用，将库内的热传递到库外，使库内的温度降低并保持在有利于水果和蔬菜长期储藏范围内的农产品保鲜储藏方法。气调储藏是在冷藏保鲜的基础上，增加气体成分调节，通过对储藏环境中温度、湿度、二氧化碳、氧气浓度和乙烯浓度等条件的控制，抑制果蔬呼吸作用，延缓其新陈代谢过程，更好地保持果蔬新鲜度和商品性，延长果蔬储藏期和销售货架期。通常气调储藏相比普通冷藏可延长储藏期2~3倍。

将农产品的储藏保鲜放在农业的首位，可以大大保障农产品高附加值的实现和资源的合理利用。美国把70%的资金投入产后环节，意大利、荷兰为60%，日本为70%左右。在食品工业转化率中，各发达国家粮食工业转化率在80%以上，果菜工业转化率在50%以上，农产品产值的70%以上是通过产后的储运、保鲜、加工等环节来实现的。农产品储藏方式正从传统的自然人工储藏转变为科学储藏。随着科学的不断发展，我国农产品储藏能力提升，这将有利于丰富城市农产品市场。目前，果品储藏保鲜技术有很大程度的提高，果品采后储藏病害防治、运输和包装等技术广泛应用，随着水果产量的迅速增加和农村经济的发展，已逐步形成了南北、东西大流通和季产年销的市场格局。通过农产品加工储藏业的带动，把农业产前、产中、产后的各个环节连接在一起，可延长农业的产业链、价值链和就业链，促进农业产业化、农村工业化和农村城镇化。

农产品产地储藏工程是自然科学与工程应用相互交叉的多学科技术，影响农产品储藏的因素很多，关键在于储藏环境的温度、湿度、气体成分、微生物和仓库害虫的控制等。与此同时，农产品产地储藏工程正向信息化、自动化和网络化发展，这也是农产品产地储藏工程评估的关键所在。

二、食品工程

人类以家庭烹调和手工方式加工食品的历史延续了许多世纪，但是食品工业的出现则是近百年的事情。长期以来，食品工业是以食品小作坊的形式、以经验和传统方法为生产基础的。随着科学和工业的发展，食品加工引入了化工单元操作，食品制造过程通常由几个单元操作组成，进而发展成食品工程。食品工程的发展大大改变了现代的食品生产体系和供应体系。

（一）粮食工程

粮食加工业是食品工业和农产品加工业的支柱产业，是粮油产业的重要组成部分，是促进生产流通、衔接产销、稳定供给的重要环节，在保障国家粮食安全中具有重要战略地位。大力发展粮食加工业对满足城乡居民消费需求，促进粮食增产、农民增收和劳动力转移，推动一二三产业协调发展具有重要意义，是新时期全面建设小康社会和推进社会主义新农村建设的重要举措。

1. 稻谷加工工程

稻谷加工工程即将稻谷的颖壳、皮层去除，为了确保稻谷质量与营养成分不受影响，在加工过程中需要在胚乳破损程度最小时去除稻壳皮层。常规的稻谷加工工程主要包括清理、砻谷及砻下物分离、糙米碾白、成品处理及副产品整理等工序。

稻谷是我国主要粮食作物之一，全国约2/3的人以大米为主要食粮。2017年我国稻谷播种面积为3074.7万公顷，产量为21267.7万吨。2017年我国稻谷消费总量18511万吨，其中食用消费15700万吨，占84.8%；饲料消费1380万吨，占7.5%；工业消费1300万吨，占7.0%。稻谷加工工程直接影响到人民生活水平和食品工业发展。

稻谷清理要求以最经济合理的工艺流程，清理原粮中各种杂质，以达到砻谷前净谷的要求，同时被清除的各种杂质中，含粮不允许超过有关的规定指标，其过程中初清、除杂、去石、磁选等工序必不可少，除稗工序依常年加工稻谷的含稗多少而定。通过对稻谷籽粒施加一定的外力，破坏稻壳与糙米的结合，而使稻壳脱离糙米的过程称为砻谷，稻谷经一次砻谷后不能全部成为糙米，砻谷后的物料中主要是糙米、稻壳以及未脱壳的稻谷，因此，要对砻下物进行充分分离，得到相对纯净的糙米、稻壳、回砻谷（即未脱壳的稻谷）。应用物理或化学方法部分或全部剥除糙米籽粒表面皮层的过程称为碾米，其基本要求是合理控制大米的精度，不应片面追求大米的白度。

成品整理一般包括碾米、凉米、白米分级、白米抛光、色选等工序。成品整理的目的是通过多道工序除去白米中含有的碎米、糠粉和异色米粒等，使白米在包装前纯度、等级均符合质量标准要求，将米温降到有利于储存的范围，以提高商品价值，改善食用品质。副产品整理的目的是将米糠中的可食用部分分选出来，得到纯净的副产品，提高综合利用价值，同时将可食部分（完整米粒、大碎米）送入相应工序，进而提高出米率。

我国是世界稻米生产和消费大国之一，发展历史悠久，稻谷产量始终居世界前列。据记载，人类文明进入新石器时代时，中国长江下游的原始居民已经掌握水稻的种植技术，并把稻米作为主要食粮。百年前机械碾米机问世，现代工业革命使稻米加工同步发展，而现阶段稻谷加工工程已经相对成熟。近些年在国外技术与农产品进口的竞争刺激和影响下，我国的稻谷加工工艺整体水平明显提升。稻谷加工尽管是传统行业，但随着经济的发展，从业者也要与时俱进，根据市场需求开发不同产品。成品分级提纯、清糠和抛光粉分级处理以及色选等碾米加工辅助工艺的作用不可忽视，辅助工艺在降低物料及能源消耗、减少用工、节约工时、降低管理工作量等方面具有明显的效果。这也是未来稻米工程的发展趋势。

提高成品大米及其制品的质量、促进产品的多样化发展，是本领域发展的重要评估指标。这需要进一步深入开展稻谷加工科学技术研究和设备开发，为促进稻谷加工产业转型升级提供支撑。

2. 小麦加工工程

小麦加工工程主要指借助一定的工艺和设备将经过清洗、调制后的净麦加工成符合国家标准规定的成品面粉，小麦制粉是小麦加工工程的核心内容，加工成适合不同需求的小麦粉的同时分离出麦麸、麦胚等副产品。

小麦是世界上食用人数最多、分布最广的粮食作物，被称为世界性粮食。中国是全球小麦消费量最高的国家，近 90% 的小麦被加工成小麦粉。小麦粉是食品的基本原料，可以用来制作馒头、包子、面条、油条、面包、饼类等各种食品。

小麦清理是小麦制粉的重要环节，清理效果直接影响到小麦粉的纯度和白度，清除原理主要是利用麦粒与杂质的物理性质差异，如大小、形状、质量等。水分调节是将含水量较多的小麦粒进行烘干，对含水量过少的小麦粒适当补充水分，使所有的小麦粒能够处于同一湿度、同一软度，便于之后研磨加工得到具有良好物理性质的小麦粉。研磨是利用机械作用力把小麦籽粒剥开，然后从麸皮上刮净胚乳，再将胚乳磨成一定细度的小麦粉。研磨系统分为皮磨、渣磨、心磨等，气压磨粉机结构如图 5-5 所示。其中皮磨是将小麦粒剥开，并将胚乳分离下来的过程；渣磨的作用主要是将皮磨过后分离出来的麦皮进行进一步研磨，把遗留在其中的胚乳分离出来；心磨的作用是将经皮磨与渣磨后的胚乳研磨成细粉。

目前小麦粉加工企业广泛采用的制粉方法是逐步粉碎制粉法。将小麦经过前几道研磨系统尽可能多地提取麦渣、麦心和粗粉，并且将提取出的麦渣、麦心送往清粉系统按照颗粒大小和质量进行分级提纯。将精选出的纯度高的麦心和粗粉送入心磨系统磨制成高等级小麦粉，而精选出的质量较次的麦心和粗粉则送往相应的心磨系统磨制成质量等级较低的小麦粉。

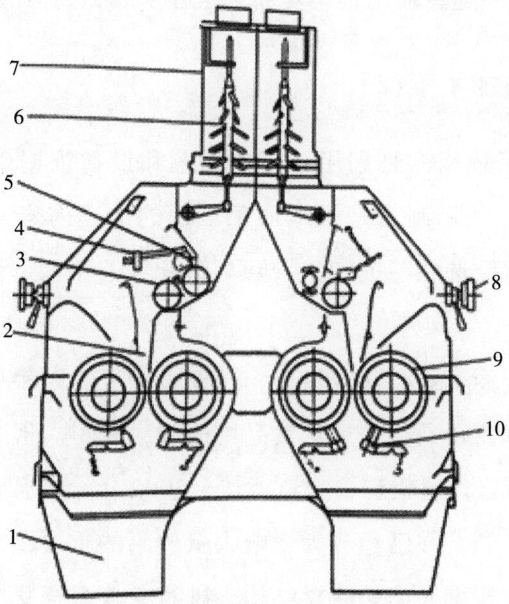

图 5-5　气压磨粉机的结构

1- 机座　2- 导料板　3- 喂料辊　4- 喂料门传感器　5- 喂料活门　6- 存料传感器　7- 存料筒　8- 磨辊轧距调节手轮　9- 磨辊　10- 刷子或刮刀

小麦加工是小麦从种植生产到进入消费者餐桌整个过程中不可缺少的重要环节。伴随人类文明的演变，小麦制粉经历了从低级到高级的发展过程。中国早在4600多年前就开始种植小麦，并用石臼捣碎小麦用于生产制粉。19世纪，欧洲开始使用辊式磨粉机。19世纪40年代中国仍普遍使用石磨制粉，1878年3月中国第一家机械加工面粉厂在天津诞生。改革开放后，1984年北京中美示范面粉厂150吨生产线的成功引进，是新中国成立后第一次从国外引进的一条具有国际先进水平的等级面粉生产线。中国制粉工作者经过20多年与西方技术碰撞、交流，逐渐形成具有中国特色的小麦加工技术，推动了国内制粉技术的创新。

随着人们消费水平的不断提高，对小麦粉的加工要求越来越高，专用粉是未来的发展方向。就质量而言，较之普通面粉，专用粉研磨纯度更高、粉更细、质量更好，二者的技术要求存在些许差异。小麦加工应顺应市场需求，追求更高的生产加工技艺，将小麦粉的加工工艺进一步精化，提供蛋白含量多样化、加工精度多样化的产品，保证小麦粉制造业的长远发展。

为满足人们健康消费的需求，小麦适度加工是未来的发展方向。小麦粉加工工艺要考虑矿物质、维生素等营养物质的保留，形成具有特色的营养平衡型小麦粉。新时代保持小麦粉适度加工并非让工艺技术回到20世纪70年代，而是制粉工艺的精深化。总体来说，专用粉生产和适度加工是小麦加工工程发展和评估的要点。

3. 玉米及杂粮加工工程

玉米及杂粮加工工程指的是利用一定的工艺和设备依据用途将玉米和杂粮制成半成品或成品的过程。玉米制粉是玉米加工工程的中心内容，主要包括清理、水汽调节、脱皮和脱胚、分级选胚与提糁、研磨与筛分等工序。杂粮加工工程主要包括制粒、磨粉两种工艺。

杂粮种类繁多、营养丰富、功效良多，长期食用五谷杂粮可以预防热性疾病、心脑血管疾病，清除人体内毒素，是现代食品中的健康食材。但杂粮相对于人们平时吃的细米、白面等细粮而言口感粗糙、味道不佳。2002年全国营养与健康调查的结果表明我国主食消费比例失调，并已经成为影响大众健康的重要因素。国家相继实施一系列政策促进杂粮开发，改善人们的膳食结构，推行主食多样化、杂粮主食化，越来越多的人开始关注玉米及杂粮。

玉米清理一般采用筛选、风选、去石、磁选等方法。玉米加工时水汽调节是采用水或水蒸气湿润玉米籽粒，增加玉米皮和胚的水分，使皮层韧性增加，与胚乳的结合力减少，使胚乳分离而碾碎胚乳。脱皮指脱掉玉米表面的皮层，可提高脱胚效率。脱胚与破糁的目的在于利用机械的力量破坏玉米的结构，改变其颗粒形状和大小，使之符合工艺和成品的要求。处理后得到的在制品是一种混合物，其中有整粒、大中小破碎物、胚等，必须对其筛理分级。经平筛分级后，分出的大碎粒需要重新进入下道脱皮机或回入脱胚机破糁脱胚，分出的粗粒送入研磨系统处理。

我国的杂粮大体分三类：第一类是谷物类，如高粱、粟、大麦、燕麦、荞麦等，第二类是杂豆类，如芸豆、绿豆、红豆、扁豆、豌豆、蚕豆等，第三类是薯类，主要指红薯、马铃薯等。目前杂粮加工制品可分为四大类型：一是原杂粮经过简单处理所制成的初级加工品；二是方便食品；三是传统风味小吃制品；四是以高粱、燕麦等杂粮为原料制成的酿造食品。

杂粮加工又根据加工程度分为初加工和深加工。所谓初加工，是指杂粮的加工过程简单、加工程度浅、步骤少，加工之后的产品与原料相比，营养成分、理化性质、生物活性成分等变化小，加工工序主要包括清洗去杂、筛选、分级、去皮、干燥、抛光等。深加工是指加工过程复杂、加工程度深、步骤烦琐，经过烦琐的加工工序，原料的营养成分部分损失或分割很细，理化特性变化较大，生物活性成分损失较大，并按照需要进行重新搭配的多层次加工过程，主要包括功能性物质和生物活性成分的萃取、分离以及提纯等加工。

发达国家或地区对杂粮作物原料的加工研究起步早、投入大、发展快，其杂粮加工的特点是机械化、自动化、规模化、集约化；品种多样化；严格作业，清洁卫生；环保意识强，达到无污染综合治理。我国杂粮加工技术研发起步晚，投入的人力、资金有限，与欧美等农业发达国家相比差距很大。20 世纪 80 年代中期，杂粮经营放开后，我国杂粮开始转为个体小规模加工经营，之后随着科技发展，一些高新技术被应用于杂粮食品加工，我国杂粮产品在数量和质量上不断提高。近几年，我国有一批杂粮加工企业与科研机构致力于深加工产品的研发，并取得了一些可喜的成果。例如山西、四川、贵州等部分企业在燕麦、荞麦、薯类、食用类等杂粮的开发利用上出现了一些相对成功的典范，加工产品涉及速食、保健、休闲食品等，但仍存在新产品少、产品品质相对较差、缺乏高端产品等问题。

我国杂粮加工工艺较为落后，制约着杂粮加工工程的发展，要加快我国杂粮加工工程的发展步伐，做到紧密结合杂粮生产，因地制宜发展杂粮初、深加工；加强基础研究与应用研究，研发高质量、高附加值产品；加快高新技术在杂粮加工中的应用，实现杂粮食品快速发展。

我国作为主要的杂粮生产国家，具有地理、资源优势。杂粮营养功效众多，未来将利用现代食品加工技术全面开发杂粮资源，提高杂粮的营养价值和促进产品多样化，实现工厂化生产。

4. 副产物的综合利用工程

副产物的综合利用工程是通过借助一定设备工艺将农副产物加工制成再生能源或其他可利用物质的过程。随着粮食工业快速发展，农产品加工日益精细，进而产生了大量的加工副产物，如稻壳、米糠、麸皮、胚芽等，这些副产物含有丰富的蛋白质、脂肪、膳食纤维和其他生物活性成分。深度开发利用农产品加工副产物，对于农产品加工综合利用和保护环境具有重要意义，而且能支持和促进农产品生产的发展，提高资源利用的附加值，提升农产品加工业的国际竞争力，还能带动相关产业的发展。

目前典型的综合利用主要包括稻壳发电、制作饲料和培养基、制备化工原料、食品化利用以及提取活性成分 5 个方面。①稻壳可燃物达 70% 以上，燃烧时可产生热量约为标准煤的一半，但价格仅为标准煤的 1/6，因而稻壳是一种廉价的可再生能源。稻壳发电利用气化技术、分离技术，将稻壳通过煤气发生炉产生煤气，以煤气驱动煤气内燃发动机，带动发电机组发电。②将米糠、胚芽添加到以稻壳为主的原料中，经制粒机制成颗粒状，便是一种含高蛋白、高碳水化合物的优质饲料。副产物还可制备成食用菌培养基（栽培平菇、香菇等）、酵母培养基，是一种优良的氮源，还可用来制作农作物育苗时所用的苗床。③粮食工业副产物可制取合成树脂、涂料、农药和医药等所需的多种化工原料。④米糠、麦胚中都含有 15% 以上的脂肪，工程上常用来制备米糠油和胚芽油，经脱脂处理后，米糠可制作烘焙食品和各种营养饮料，麦胚可用来生产麦胚豆奶、麦胚豆腐、蛋白饮料、谷物棒、麦胚蛋糕等多种食品。⑤麸皮、米糠、胚芽中含有相当丰富的 B 族维生素和维生素 E，麦胚还可用来提取谷胱甘肽、黄酮类物质、麦胚凝集素、二十八烷醇等多种活性成分。

我国作为农业大国，农副产物的种类多、产量大，但与发达国家相比，对农副产物综合利用的研究与开发起步晚，技术水平低，多数农副产物均作为废弃物处理，造成资源的极大浪费。从环保和经济效益两个角度出发对农副产物进行充分、有效地加工利用，制成再生能源或其他系列产品，是我国农副产品加工产业升级的重要环节。因此，我国亟须加快农副产物资源化利用的进程，加强农副产物综合利用技术的研究，开拓其应用领域，追上食品、化工、生物医药等相关产业的脚步，实现农副产品加工产业的生态效益、经济效益及社会效益。

目前，我国的粮食工业副产物利用主要存在以下四个问题：综合利用率低、技术装备水平落后、标准化程度低、政策不到位。这些方面的进步，是该领域工程化发展过程中评估的关键。

（二）油脂工程

油脂工程是食品工程的重要组成部分，在国民经济中具有重要的作用和地位。从油脂加工到其包装及储运都是油脂工程的重要内容。随着人们对油脂及其相关产品需求的不断增加以及对产品更高的品质要求，油脂产业得以快速发展，油脂工程的内涵和外延也不断扩展。

1. 油脂加工工程

油脂加工工程指从植物油料中提取油脂，并对提取的毛油进行精炼，去除其中的非油物质，得到精制的食用油脂产品的过程。油脂是人民生活的必需品，其含热量高，营养丰富。油脂中所含的必需脂肪酸、油溶性维生素等对人体具有重要的生理功能。目前主要的植物油料有大豆、油菜籽、花生、葵花籽、芝麻等。其中我国大豆产量约占世界油料总产量的50%。油脂加工工程包括油料预处理、浸出制油、油脂精炼等一系列机械化工程。

油料预处理即在油料取油之前对油料进行清理除杂、水分调节、剥壳、脱皮、破碎、软化、轧坯、膨化、干燥等一系列处理，目的是除去杂质将其制备成具有一定结构性能的物料，以提高出油率和产品质量。借助机械外力的作用，将油脂从油料中挤压出来的取油方法称为压榨法。而目前工厂中多采用浸出法制油，基本过程是油料通过一定的预处理后，用有机溶剂进行浸泡浸出，浸出所得的液体部分称作混合油，将混合油进行蒸发和蒸馏从而得到毛油。

油脂精炼指针对毛油进行脱胶、脱酸、脱臭、脱色从而得到成品油。食用油脂的精制多采用水化脱胶。脱除油脂游离脂肪酸的过程称为脱酸。脱酸的方法有碱炼、蒸馏、溶剂萃取及酯化等，其中应用最广泛的为碱炼法和蒸馏法。工业生产中应用最广泛的脱色方法是吸附脱色法，此外还有加热脱色、氧化脱色、化学试剂脱色等方法。脱臭工艺包括间歇式脱臭工艺、半连续式脱臭工艺和连续式脱臭工艺。

20世纪50年代初，中国油料加工以土榨及小型机榨为主，劳动强度大，出油率低，为此，我国总结推广了高水分蒸胚、“高温淡碱”等先进制油法，以提高出油率。20 世纪 70 年代，中国油脂工业不断发展壮大，浸出法制油得到了普及推广，大连成为中国最先使用该法的城市。进入 20 世纪 90 年代，粮油市场逐步放开。21 世纪初用酒精作溶剂的试验成功，提高了制油生产水平，所产之豆油色淡、无异味、出油率高。目前，中国油脂工业的发展已经接近国际先进水平。

虽然我国浸出技术发展很快，但是企业规模发展不平衡，我国油脂浸出设备有较大的节能空间，在未来发展中，降低能源消耗的技术将得到快速发展，并将应用在油脂加工业中。随着我国创新体系的建立，膜分离混合油技术、膜分离尾气技术、酶法制油等油脂制取和精炼工艺技术将在我国得到较快的发展。

近年来我国油脂加工技术发展很快，加工工艺改造、充分利用膜分离技术以及酶技术等现代加工技术提高食用油脂加工工艺水平是未来油脂工程发展评估中的重要指标。

2. 油脂包装工程

随着油脂产品种类的增多、小包装食用油消费比例的增大以及企业和消费者商品意识的增强，油脂包装工程成为油脂工程中的重要内容。油脂包装工程指对油脂及其制品选择合适的包装材料进行包装，做到避光、隔绝空气，确保产品不渗漏、不变形、减少品质的劣变，同时符合食品卫生要求，防止尘埃、微生物及有毒有害物质的污染，并且在注重造型和装潢设计的同时考虑到储存、流通运输的方便以及降低包装成本。

油脂包装包括液体油脂和油脂深加工制品的包装。首先，液体油脂一般采用硬质塑料瓶包装，包括灌装、压盖、贴标等工序。由于容量小、灌装频繁，一般多采用自动灌装设备进行连续灌装。目前我国液体油脂的包装多采用聚乙烯（PE）等材料加热吹塑而成，按照密度高低，PE 分为高密度聚乙烯（HDPE）和低密度聚乙烯（LDPE），随着密度增高，PE 的透氧率、透气率、透油率相应降低，因此，HDPE 是较理想的油脂包装材料。其次，油脂深加工制品（如人造奶油、起酥油等半固体油脂制品）的包装主要采用铝箔与塑料薄膜组合复合材料，制成聚丙烯、铝箔、聚丙烯复合罐体，提高强度、避光和气密性能，也可采用具有良好耐油性和耐潮性的半透明纸、蜡纸和羊皮纸制成纸盒、纸杯，并外涂蜡或复合聚乙烯以提高防渗性能。

21 世纪初期，受限于市场与技术，灌装机械厂家只能生产以容积式或液位式为主的低端包装机械，配套的制瓶机械多数为半自动，贴标机械产量低且不稳定，有的甚至是手工贴标，与国外先进产品相比差距很大。外资企业在我国新建大型现代化油脂加工厂，带动了我国油脂工业的发展，国内一些加工制造能力较强的包装机械企业，通过引进技术、消化吸收，整体生产技术得到了较快的发展，食用油包装机械的设计及制造能力取得了相当大的进步。灌装机作为食用油包装机械的核心设备，实现从低速向高速的发展，以 5L 规格为例，直线式灌装机（双排）产能可达到 3000 瓶 /h，而旋转式灌装机可达到 6000 瓶 /h。根据计量方式的不同，灌装机可分为容积式、电子称重式、感应流量计式、液位控制式。目前电子称重式灌装机因灌装精度高在食用油灌装生产线上应用较多。

我国包装行业步入高速发展阶段，同时国内的抗氧化包装设备处于向技术成熟转型的阶段。随着人们认识的不断深入，单纯使用天然抗氧化剂作为油脂的抗氧化包装方法将会遇到很大的瓶颈。所以，未来油脂抗氧化包装发展的方向应该为综合型的，即采用天然抗氧化剂和物理工艺除氧相结合的方式。

目前广泛应用的油脂抗氧化技术主要有添加抗氧化剂法和气调保护法，其中抗氧化剂的研究和应用更为广泛，对采用物理工艺进行抗氧化保护的研究发展缓慢。总之，在油脂包装工程上，对油脂氧化程度和安全性的评估是关键。

3. 油脂储运工程

油脂储运工程主要指油脂收购、输送、储存及油脂储运过程中保鲜等一系列工程。油脂酸败是指油脂在储运过程中容易氧化分解，导致变质。油脂储运过程中应避免油脂酸败情况的发生。

油脂的储藏稳定性除与其自身脂肪酸组成和天然抗氧化剂的含量有关外，还与仓储环境条件密切相关。通常影响油脂安全储藏的因素有温度、水分、氧气、杂质、日照、金属、抗氧化物等。氧气、日照、杂质、金属等因素与油脂储藏稳定性都呈现反比关系，即储藏稳定性随上述因素强度的增加而下降。目前我国的油脂是采用器具管理、多种方式综合实施、质量检查和及时清理次品的全段工程操作进行储运的，主要包括容器检查、综合抗氧化措施、应急备案及次品处理。

油脂入库前，要注意检查容器是否清洁，同时为消除或减弱理化及生物因素对油脂的不良影响，通常采用添加抗氧化剂、气调、满罐、低温等多种方式综合实施的方法进行油脂的储藏。管理油品的关键是做好“四防”工作，即防日晒、防潮湿、防氧化和防污染。超过国家规定水分、杂质、酸价标准的油品，最好回厂处理，除此外油品还要进行毒素含量检验。

改革开放以前，国家对粮油实行“四统一”管理体制，20 世纪 80 年代以来，为使油脂运输与国际接轨，国家开始推行散装运输，粮食系统陆续配备了自备罐车、储备油罐等设施，开始形成合理有效的油脂散运网络，促使油脂储运的快速发展。20世纪90年代初期，国家取消油脂计划管理，形成了开放式的流通格局，油脂运输方式更加灵活，运输效率有所提高。随着人们消费水平的提高，小包装集装箱运输悄然兴起，运量呈逐年上升趋势。目前油脂工业已发展成为规模化生产的现代化产业，一方面市场需求增加、生产水平提高会对油品的生产环节提出更高要求，另一方面植物油库向大型化、现代化发展，以满足植物油市场流通的需要。

过去植物油加工厂和植物油库的油脂储存能力较小，油脂储运工艺也比较简单粗放。现在，油脂工业已逐步发展成为大规模生产的现代化产业，油脂储运工艺设计也应符合现代工业生产和物流的高标准要求，采用合理油脂储存技术，如于油罐外壁涂刷银粉漆以增加阳光反射降低罐内油脂温度，油罐内壁涂刷树脂材料减少金属材料与油品的接触，采用从罐底进油并装满储罐从而降低空气接触，或采用充氮气储存防止氧化。油脂储运工程中油脂损失率及储存保鲜是其重要的评估指标。

（三）水产品加工与保藏工程

随着生活水平的提高，人们对于水产品的需求越来越大、质量要求越来越高。适宜的水产品加工保藏是提高水产品综合收益和附加值的重要途径，优质水产品通过深加工可以有效提高品位，低质水产品通过深加工既可以增加营养源又能够提高综合利用率。

1. 水产品保活运输工程

水产品保活运输工程是指通过创造较适宜的鲜活水产品生存环境，或通过一系列物理或化学措施降低其新陈代谢，使水产品在运输前后不死亡或减少死亡，延长其存活时间的方法。

水产品具有低脂肪、高蛋白的特点，是人们摄取动物性蛋白质的一个重要来源，也是如今人们餐桌上不可替代的一部分。随着生活水平的不断提高，人们对于水产品的鲜活要求也在不断上升，传统的运输方法已经难担重任，如何改善水产品的运输方法，提高水产品在运输过程中的存活率，进而实现“北鱼南吃，南鱼北运”是如今亟须解决的一个问题。

常见的水产品保活运输主要是有水保活运输。

有水保活运输包括净水运输、充氧运输、有水低温运输。可以按规定要求向水体中充入氧气，保证水产动物在运输途中氧气充足，确保水体的溶氧不低于水产动物的窒息点，氧气充足的情况下可在一定时间内实现高密度保活运输，能够有效降低水产动物的新陈代谢，延长保活时间，具有安全可靠、成本低廉的特点。它不仅是一种绿色无公害型运输方式，而且符合动物福利法的相关规定。

循环水活鱼运输系统是为实现鱼类的远距离长途运输，提升运输后鱼类鲜活程度和鱼肉品质而发展起来的一种新技术。其基本思路是构建一整套相对完整的闭式循环水暂养系统，通过温度调控、增氧脱气、消毒杀菌、生物过滤等工艺实现水质调节，并通过自动监控系统实现水质的实时在线掌控。

活鱼运输在我国具有悠久的历史，包括鱼苗、鱼种和成鱼运输。我国从 20 世纪 50 年代中期开始采用汽车运输活鱼，一种是普通汽车，另一种是活鱼车，80 年代国外活鱼运输中开始使用液氧技术。在水产品保活运输工程中，传统有水运输成本低、可操作性强，在一定距离内是可以实现保活运输的，稍长距离的运输可以通过在中途设置换水站来维持，但由于缺乏足够的技术保障，且在经济利益的驱使下往往存在使用违禁药物来保证鱼类存活的情况。无水运输技术门槛较高，而且对于品种也有一些特殊的要求，大范围推广应用的难度较高。有些水产动物保活技术还不够成熟和完善，还需研究者在今后予以改善以及开发新的水产动物保活技术。在执行操作水产动物保活技术时，技术人员要严格按照要求去操作。在操作的过程中发现问题应及时反馈，这样有利于水产动物保活技术的研究与创新。

水产品运输需要在原有的保活技术上创新、完善及优化。同时，还要有严格的操作标准，在设备上也要优化设计；引进新材料，开发新设备，如相变恒温材料等，从而提高水产品的保活率，进一步降低水产品保活运输的成本。

2. 水产品保鲜加工工程

水产品保鲜加工工程是为提高水产品鲜度，采用物理、化学或生物技术抑制内源酶和微生物，延长保质期。结合现代的水产品加工和保鲜技术，重点在于水产品的保鲜，开发出更多的水产品加工工艺，采用新兴的保鲜和调味技术，保持水产品原有的风味特色。

水产品中蛋白质水解生成的代谢物为微生物的生长提供营养，会加速鱼体腐败变质。不饱和脂肪酸氧化分解生成的有机物，易引起水产品风味和感官品质变化。水产品保鲜加工工程包括保鲜工程和加工工程两大方面。

水产品保鲜工程

水产品保鲜工程主要包括冷冻保鲜、气调保鲜和化学保鲜三方面。首先，冷冻保鲜指将鱼体中心温度降至 -15℃，再置于 -18℃冷库中贮藏的保鲜方式，适用于长期保鲜，目前陆上水产品冻结使用较多的装置是流态化冻结装置。其次，气调保鲜是通过调整水产品包装中气体的比例和组成来达到延长货架期的保鲜方法，主要通过二氧化碳抑制腐败微生物的生长和繁殖，从而延长水产品货架期，但气调保鲜水产品存在汁液流失的问题，且一些致病菌可以在低温气调包装水产品中生长，对食用的安全性造成潜在威胁。最后，化学保鲜主要利用盐藏、烟熏和保鲜剂等。

水产品加工工程

水产品加工工程主要包括干制加工和罐藏加工。干制加工就是除去其中微生物生长、发育所必需的水分，微生物繁衍受到抑制，防止水产品变质，从而使其长期保存。干制方法可以分为自然干燥和人工干燥两大类。渔区普遍采用的水产品干制方法是隧道式热风干燥，见图 5-6。对于水产罐头生产而言，新鲜的原料是保证罐头质量的先决条件。目前罐头厂常用的罐头排气方法有加热排气、真空封罐排气和蒸汽喷射排气三种。

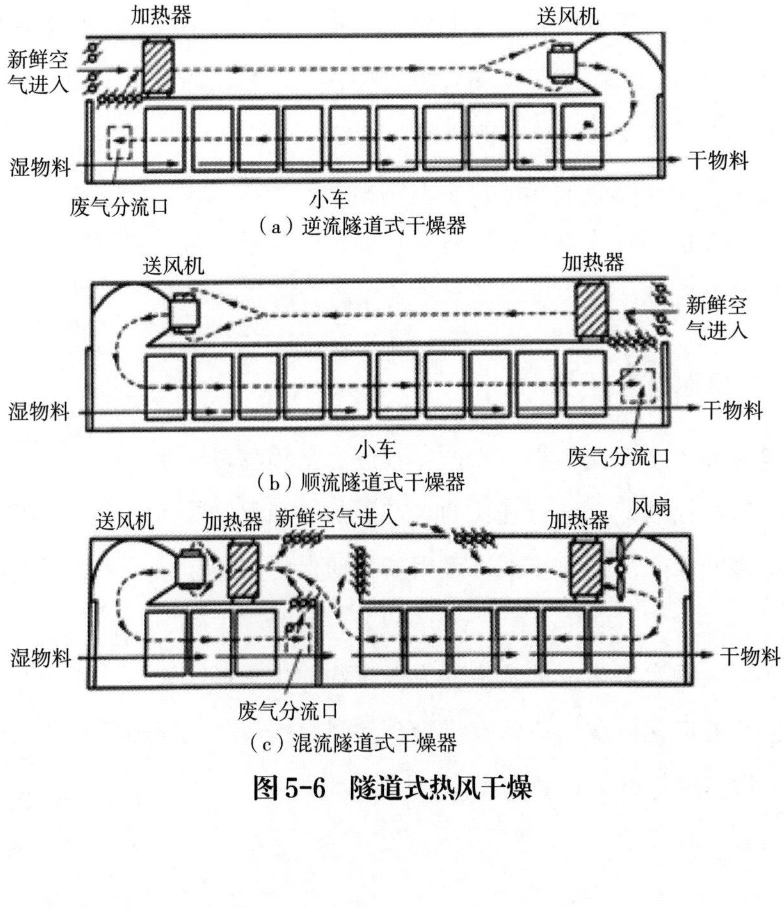

图 5-6　隧道式热风干燥

随着技术不断发展，我国的水产品精深加工技术有了较大的进步，各种水产品的精深加工都有了较大的创新和突破，由此出现了很多的水产品加工企业，水产品加工能力逐渐提高，加工总量不断提升，越来越多的技术被应用到水产品的加工和储藏过程中，高新技术的研发和应用在保鲜加工方面呈现加速发展的趋势。这些技术的发展能够有效提高水产品加工企业的技术含量，推动水产品储藏和加工的发展。

水产品保鲜加工工程关键在于使物理、化学、生物保鲜加工方法优势互补，提高水产品品质，朝着安全高效及减少季节、地域等条件限定的方向发展。不断研发新的保鲜加工技术，改进保鲜设备，创建完善的测量标准，实行规范化管理，实现技术创新与标准化结合，促进中国水产品保鲜技术的战略目标调整和可持续发展。

（四）畜禽产品加工工程

畜禽产品是食物中动物蛋白的主要来源。畜禽产品加工业是食品工业的重要组成部分，畜禽产品的加工处理过程称为畜禽产品加工，畜禽产品包括乳、肉、蛋、毛、皮、骨、血等。

1. 肉与肉制品加工工程

肉与肉制品加工工程是指对原料肉进行加工转变的过程，如腌制、灌肠、酱卤、熏烧、蒸煮、脱水、冷冻以及一些食品添加剂的使用等。肉制品是我国居民日常消费量较大的食品之一，在食品工业中占据重要地位。目前市场上的肉制品主要有腌腊制品、灌肠制品、罐头制品、酱卤制品、熏烤制品、脱水制品和其他肉制品，如油炸肉制品、速冻肉制品、低温肉制品等。

腌腊制品是原料经预处理、腌制、晾晒或烘焙等方法加工而成的一类肉制品。用到的机械设备有盐水注射机、滚揉按摩机、成型机等。灌肠制品分为香肠（生香肠、熟香肠、发酵香肠、烟熏香肠）和其他类灌肠（红肠、粉肠、火腿肠）。罐头制品常见的包装形式有金属罐包装、玻璃罐包装、塑料复合罐包装、蒸煮袋包装。酱卤制品是将原料放入调味料和香辛料，以水为加热介质煮制而成的熟肉类制品。根据配料、工艺的不同可将酱卤制品分为白煮肉、酱卤肉类、糟肉类、蜜汁制品和糖醋制品。熏烤制品包括熏制品和烤制品。常见的熏烤制品分为中式传统烟熏制品（哈尔滨熏鸡、沟帮子熏鸡、北京熏肉）、西式烟熏制品（生火腿、去骨火腿、培根）、广东脆皮乳猪、烤肉、广式叉烧肉、北京烤鸭等。肉经过干制形成干肉制品，按形状区别主要有肉松、肉干、肉脯等。

现代肉制品加工的起源可以追溯到1809年，尼古拉·阿佩尔发明罐头，世界上开始出现罐头食品厂。二战前后，欧美各地普遍建成了规模化加工的食品厂，并且科学技术的进步大力推进了肉制品加工业的发展。1955年以来，基于石油化工的进步，出现了性能优越的塑料包装材料，从而引发了食品包装的第二次革命，推动了肉制品工业的飞速发展。

我国的肉食品行业开放较早，市场化程度较高，为肉食品产业的发展提供了有利的条件，并且我国的肉食品还具有成本优势，基于此，只要加强肉类制品的质量管理及品质保障，同时改进加工技术，提高产品附加值，大力研发更适应市场需求的肉制品，综合利用副产原料，通过加工形成企业综合效益，我国的肉食品行业必将跨入国际先进行列。

随着餐饮行业的发展，肉制品的营养、卫生、风味相关研究的发展，肉制品与餐饮行业结合越来越紧密，给肉制品开发提供了更多的思路。风味特性是肉制品的重要品质之一，风味直接影响到消费者的购买意愿，是评估肉制品质量的重要指标。

2. 乳与乳制品加工工程

乳与乳制品加工工程指的是以牛乳或羊乳及其加工制品为主要原料，遵循法律法规及标准规定所要求的条件，加入或不加入适量的维生素、矿物质和其他辅料，制成乳粉、炼乳、干酪、奶油、冰淇淋等产品。人均乳制品消费量是衡量一个国家人民生活水平的主要指标之一。

为了达到卫生的要求，农场要有用于低温储存的专门场所。产量比较大的大型农场，常常安装单独的冷却器，在进罐前将牛乳冷却，避免已经冷却的牛奶与刚挤的热奶混合。刚挤出的牛奶温度约为37℃，要立即冷却到4℃左右，以抑制微生物的繁殖。但是随着乳品厂规模的扩大和数量的减少，收奶范围增大，并且从农场到乳品厂平均距离增加，收奶时间间隔延长，增加了乳被污染和劣变的可能，因此建议应将乳冷却到2~3℃。

目前，我国的乳制品主要有液态乳、稀奶油、炼乳、乳粉、酸乳等。液态乳加工过程中最重要的工艺是热处理，根据产品在生产过程中采用热处理方式的不同，可将液态乳分为巴氏杀菌乳、超高温灭菌乳、保持式灭菌乳。乳经过喷雾干燥等加工制成乳粉，目前我国生产的奶粉主要是全脂奶粉、全脂加糖奶粉、婴儿奶粉及少量的保健奶粉等，婴儿奶粉的产量逐步上升。稀奶油是牛乳经分离得到的富含脂肪部分。炼乳是一种浓缩乳制品，是将新鲜牛奶经过杀菌处理后，蒸发出去大部分水分而制得的产品，主要是甜炼乳和淡炼乳。酸乳是由保加利亚乳杆菌和嗜热乳酸链球菌进行乳酸发酵制成的凝乳状产品，成品中必须含有大量的、相应的活性微生物。

我国乳制品行业自新中国成立后开始发展。1984 年 7 月，国家首次将乳制品行业作为主要发展方向和重点，并列入《1991~2000 年全国食品工业发展纲要》。此后，乳制品行业进入快速发展阶段。自 2008 年“三聚氰胺”事件以来，我国乳制品行业遭受重大冲击，近年来逐渐恢复。我国经济的快速发展、城乡居民收入的提高、消费者营养意识的普及和企业对乳制品市场的开拓与培育，以及世界各国的乳制品企业合作增多，促进了资源的整合，为乳制品行业的发展带来了新机遇。世界上许多国家都对乳制品消费予以高度重视，并加以引导和鼓励。乳品工业是我国改革开放以来增长最快的重要产业之一，也是推动一二三产业协调发展的重要战略产业。随着国民经济的发展和人民生活水平的提高，乳制品逐渐成为人们生活必需的食品。

乳制品加工作为我国奶业发展中的重要一环，不仅能够改善城乡居民的膳食结构，提高居民生活水平，而且能够带动畜牧、食品、物流等相关产业的发展，推动一二三产业的协调发展。随着乳制品市场的不断改革，对乳制品质量的要求也在不断提高。乳制品企业为了扩大市场份额，在激烈的市场竞争中获得优势，都在想方设法减少企业的成本支出，提高乳制品的质量。乳制品的质量和安全是乳与乳制品加工工程的重要指标，为此，在乳制品的生产加工中，企业应不断引进和采用新的加工技术，用新的科学技术进行加工引导，让乳制品市场竞争逐步走向科学化。

3. 蛋与蛋制品加工工程

蛋与蛋制品加工工程指以禽蛋为原料加工制成鲜蛋消费产品、传统蛋制品、蛋液产品、干蛋品、蛋品饮料产品、蛋调味品、蛋罐头及方便蛋制品等产品。鲜鸡蛋经过加工后的蛋制品可分为再制蛋制品（皮蛋、咸蛋、卤蛋等）、深加工蛋制品。目前我国的深加工蛋品有蛋粉、蛋液、提取溶菌酶和免疫蛋球白等，其中以蛋粉和蛋液为主。

禽蛋是一种既营养丰富又易被人体消化吸收的食品，我国是世界上蛋类生产量最大的国家。禽蛋可提供均衡的蛋白质、脂类、糖类、矿物质和维生素。禽蛋内蛋白质含量 11%~15%，脂肪含量 11%~16%，此外蛋黄中富含铁、磷、镁等矿物质，易被人体吸收利用，可作婴幼儿及贫血患者补充铁的良好食品，被人们誉为“理想的滋补食品”。

蛋制品包括腌制蛋、液态蛋、蛋粉、蛋黄酱等。腌制蛋在中国各地均有大量生产，其加工方法也有多种，如草灰法、盐泥涂布法、盐水浸渍法、泥浸法、包泥法等。液态蛋加工是将鲜蛋的蛋壳去掉，进一步进行低温杀菌、加盐、加糖、蛋黄和蛋白分离、冷冻、浓缩等处理，从而形成一系列加工蛋制品，称为液态蛋制品。鲜蛋加工成液态蛋主要经过洗蛋、照蛋、打蛋、蛋液分离、过滤、杀菌等工序。蛋黄酱是利用蛋黄的乳化作用，以精制植物油或色拉油、食醋、蛋黄为基本成分，添加以调味物质加工而成的一种乳化状半固体食品。蛋粉是用喷雾干燥法除去蛋液中的水分而加工出的粉末状产品，主要有全蛋粉、蛋黄粉和蛋白粉。

世界加工鸡蛋的历史已有 130 多年，生产总量在 75 万吨以上，主要生产国为美国、英国、加拿大、日本、法国等，其生产能力约占总产量的 2/3。自 1985 年禽蛋产量跃居世界第一位以来，我国已连续 20 多年保持世界第一产蛋大国的地位，人均占有量也大大超过了世界平均水平。但相对于欧美等国家，我国在蛋制品加工方面尚有不足。日本采用加糖浓缩法将液体蛋进行浓缩，从而保证蛋的物理特性。

目前传统蛋制品加工新技术、新产品不断涌现，传统蛋制品加工业呈现一片繁荣的景象。大量的科学研究和技术应用，推动了我国蛋制品加工行业的发展。近几年企业在建设大型蛋鸡养殖基地的同时建设蛋制品深加工项目，比如河北同和、山西大正伟业、河北北粮农业股份有限公司，国内深加工蛋制品的产能和产量持续增加，深加工蛋制品的进口量大幅减少。目前，美国、日本、法国、意大利、澳大利亚、加拿大、德国等鲜蛋自动处理程度和技术水平很高，而我国蛋制品工业机械水平相对较低，应加强这方面的研发工作，尤其是鲜蛋处理系统，逐步实现机械化、自动化生产，提高劳动生产率，开展利用机械或科学的方法代替人工照验蛋的研究。传统的感官检验和光照既费时又费力，结果既不科学也不准确。因此，对鲜蛋品质检验技术、方法和设备的研究是近 20 年蛋制品工业的又一热点。未来基于对国外先进技术的引进、消化，自主研发新技术是提高我国蛋制品生产技术的根本保障。

4. 畜副产物综合利用工程

畜副产物综合利用工程是将畜禽等副产物加工成饲料等产品，副产物利用技术从根本上改变了畜禽副产物资源的大量浪费和损失。畜副产物主要有蛋壳、骨头、血液等。

近年来，我国畜产品生产和加工产业快速发展，畜产品的产量有了很大的提高。在畜产品的加工过程中，常产生大量的副产物，如壳、血、骨等。这些副产物过去往往被视为低价值产品，但是现代科学研究结果表明，在血、骨、内脏等副产物中也含有丰富的营养成分和生物活性物质，具有较高的开发利用价值，是一种重要的可利用生物资源。因此，畜副产物的综合开发利用引起了国内外的普遍重视。

蛋壳占整个鸡蛋质量的10%~12%，由壳上膜、壳下膜和蛋壳三部分组成。鸡蛋壳是一种高度有序、矿化的网状物结构，能抵御外界细菌的干扰。骨头中含有大量的蛋白质、脂质、矿物质等营养成分，骨泥、骨粉是利用畜禽的肋骨、脊椎骨等含骨髓较丰富、骨质较细软的部分加工制成的。经过超微细粉碎的骨泥的最简单、最直接、最经济的使用方法是作为食品添加剂加入各类肉制品中，如香肠、饺子馅、肉饼、丸子等食品。畜禽血液主要用于食品、饲料、化工、肥料、制药、葡萄酒等工业。德国、英国、法国、比利时将猪血液主要用作饲料。血浆、血球蛋白粉是一种良好的食品蛋白添加剂，以血液为蛋白源制备活性肽是未来血液综合利用的重要方向。

20世纪70年代以前，血液利用量很少，主要加工成传统血豆腐、血肠等食用产品；另有极少部分用作饲用血粉，绝大部分血液作为废弃物直接排放。20世纪70年代末期至80年代初期，国家开始重视血液的综合利用，相继研发出系列血液产品。屠宰副产品的加工利用一直是业内人士重点研究的内容，但动物鲜骨的开发利用起步较晚，20世纪80年代才受到重视。我国从20世纪80年代开始引进丹麦、瑞典和日本等肉类加工发达国家的先进技术，经过几十年的努力，我国在各种畜骨的利用上取得了很大的进展。

针对畜禽加工中副产物（废弃物），研究其综合利用技术，进行资源化利用，属于《国家中长期科学和技术发展规划纲要（2006~2020年）》中重点领域环境内容中的优先主题“综合治污与废弃物循环利用”。通过一些新技术的应用，可使精深加工后的畜禽副产物附加值得到大幅度提升，这些副产物加工产品主要包括人类食品、宠物食品、动物饲料、化肥、燃料等。寻找医药、化妆品或其他领域的关键活性因子进行新技术的研发与革新，是实现畜禽副产物高值化利用的主要途径。在畜禽副产物利用过程中，已逐渐形成以提取、纯化、浓缩等关键工艺点的不同组合或集成为特色的深加工技术，获得了营养成分损失少或不受损失，且高效提取肉食中营养因子和功能因子的加工技术。

（五）果蔬加工工程

我国蔬菜及水果的产量居世界第一，但加工量不足全国总量的10%。果蔬产品因具有较强的季节性和地区性，收获和上市期短而集中，形成明显的旺季和淡季。另外大批多汁、营养丰富的果蔬产品如不及时销售、贮藏和加工，就会积压、干缩甚至变质腐烂，造成经济损失。果蔬加工产业是水果和蔬菜种植规模化产业链下游的重要环节。

1. 果蔬保鲜工程

果蔬保鲜工程就是运用冷藏、冻藏、气调等保鲜手段抑制果蔬新陈代谢，延长货架期的过程。果蔬作为人类补充水分、纤维以及其他微量元素的最佳来源，成为人类生存中不可或缺的食品，但是大部分果蔬的生产具有明显的季节性，一旦采摘后的果蔬得不到妥善的贮藏，将迅速地脱水和腐烂。果蔬的贮藏周期短，在运输过程中由于温度高会加速腐败，从而造成较大损失。因此，更新现代化保鲜设备，如冷链和气调保鲜显得至关重要。

目前果蔬保鲜贮藏手段有简易贮藏、机械冷冻贮藏和气调贮藏。简易贮藏是传统的果蔬贮藏手段，主要包括堆藏、沟藏、窖藏、土窑洞贮藏和通风库贮藏等基本形式以及由此衍生出来的假植贮藏和冻藏等。机械冷冻贮藏是目前世界上应用最广泛的果蔬贮藏方式。它是在有良好隔热性能的库房中，控制库内的温度和湿度，从而维持适宜的贮藏环境，达到长期贮存产品的目的。气调贮藏是在冷藏的基础上，将果蔬放在特殊的密闭库房内，同时改变库房气体组成的一种贮藏方法。在一定范围内，降低果蔬贮藏环境中的 O_2 浓度，提高 CO_2 浓度，可以大幅度降低果蔬的呼吸强度和底物氧化作用，减少乙烯的生成量，降低不溶性果胶的分解速度，延缓果蔬后熟和叶绿素分解速度，延长果蔬贮藏寿命。氮气贮藏法是气调贮藏的一种，向冷库内充入氮气，使氧含量在2%~4%，二氧化碳含量在0~5%，可以降低果蔬呼吸强度及延缓果蔬后熟，特别是对于抑制叶绿素的分解和茄红素的合成有明显的效果。

我国各地蔬菜市场的品种结构有很大不同。1975 年以前，北方贮藏蔬菜主要用土法（如冰窖），贮藏品种主要为马铃薯、白菜、萝卜、洋葱等“大路”菜。1975 年以后，冷库（或恒温库）逐渐应用于贮藏蔬菜，数量和品种增加，丰富了市场供应。20 世纪 80 年代以来，我国建设了大量的通风库，引进了大量先进的设施，如大型鲜果气调库、香蕉催熟机、柑橘通风库、挑选分级设备等，使果蔬保鲜从过去的偏重表面零散的研究应用到产前产中产后相结合的全面系统的研究应用。

我国是果蔬生产大国，但目前还有大量的果蔬因无法得到有效的保鲜贮藏而直接损坏在运输、贮藏和销售等环节，积极研发各类符合我国果蔬生产和销售现状的贮藏保鲜技术，可为农户增产增收创造有利条件。果蔬保鲜工程评估的关键在于如何提高果蔬供应品质和增加供应量，要注重除了新鲜度之外的水果风味、品质等质量参数，从而建立评估水果贮藏新鲜度、成熟度、是否有损伤、风味、口感、色泽、安全性等的综合质量保证体系。今后发展的关键是冷藏和冷链系统。

2. 果蔬加工工程

果蔬加工工程是通过干制、糖制、腌制、榨汁、酿造等加工处理工艺，使果蔬达到长期保存、随时取用的目的。在加工处理中要最大限度地保存果蔬的营养成分，改进食用价值，使加工品的色、香、味俱佳，组织形态更趋完美，进一步提高果蔬加工制品的商品化水平。

果蔬加工工程主要是对果蔬原材料进行不同工艺的制作。果蔬加工作为一种新型技术，亦是我国食品工业中较为关键的组成部分，是我国提高国际市场竞争力的有效手段。近几年，果蔬加工制品已成为农业的重要组成部分，对于地方农业经济发展而言具有关键作用。

果蔬干制特指在人工控制条件下，利用一定技术脱除果蔬中的水分，将其水分活度降低到微生物难以生存繁殖的程度，从而使产品具有良好的保藏性。干制方法分为自然干制和人工干制两种。

果蔬糖制是将果蔬原料或半成品经预处理后，利用食糖的保藏作用将固形物浓缩，使浓度提高到 65% 左右的加工方法。在糖制品加工过程中主要使用打浆机（见图 5-7）、浓缩装置（见图 5-8）和果脯真空浸渍设备。

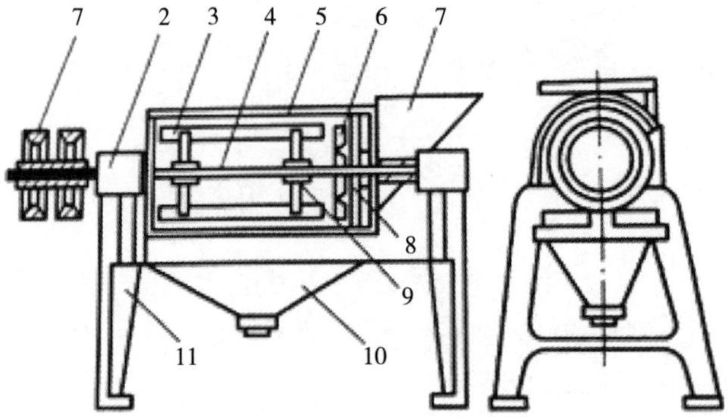

图 5-7　打浆机

1- 皮带轮　2- 轴承　3- 刮板　4- 传动　5- 圆筒筛　6- 破碎刀片　7- 进料斗　8- 螺旋推进器　9- 夹持器　10- 出料漏斗　11- 机架

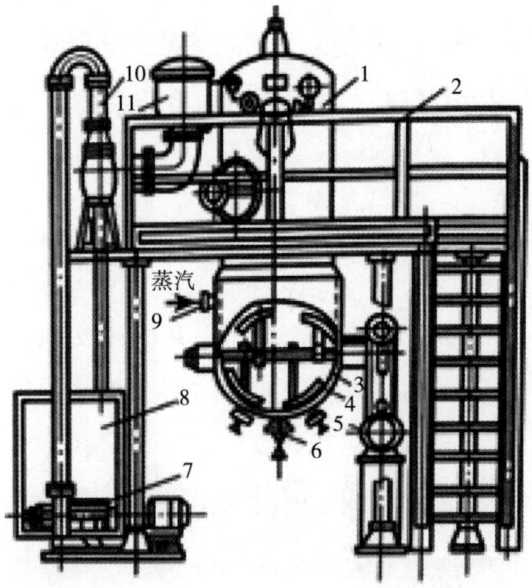

图 5-8　夹套加热室带搅拌器浓缩装置

1- 上锅体　2- 支架　3- 下锅体　4- 搅拌器　5- 减速器　6- 进出料口　7- 多级离心泵　8- 水箱　9- 蒸汽入口　10- 水力喷射器　11- 汽液分离器

蔬菜腌制以盐腌为主，是一种成本低廉、加工简便的大量保藏蔬菜的加工方式。其产品种类繁多，如涪陵榨菜、四川泡菜、酥姜、芽菜等地方特色酱菜，风味各异。主要使用设备包括脱盐机（见图 5-9）以及真空与充气包装机（见图 5-10）。

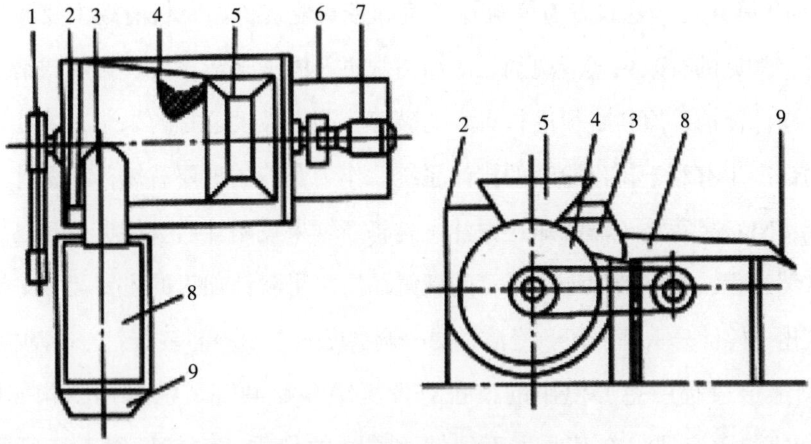

图 5-9 搅拌、浸泡脱盐机

1- 工作台（真空室） 2- 被包装物品 3- 包装袋 4- 热熔封口装置 5- 热熔封口装置 6- 夹装压头 7- 气体流道路 8- 真空泵 9- 喷嘴

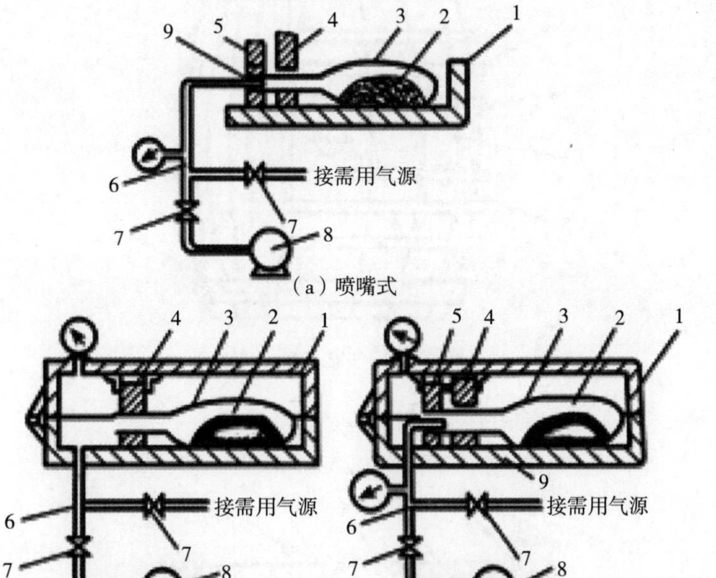

图 5-10 真空与充气包装机

（a）1- 工作台（真空室） 2- 被包装物品 3- 包装袋 4- 热熔封口装置 5- 热熔封口装置 6- 夹装压头 7- 气体流道路 8- 真空泵 9- 喷嘴

（b）1- 上锅体 2- 支架 3- 下锅体 4- 搅拌器 5- 减速器 6- 进出料口 7- 多级离心泵 8- 水箱 9- 蒸汽入口 10- 水力喷射器 11- 汽液分离器

（c）1- 传动轴 2- 储水罐体 3- 出料口 4- 储料罐体 5- 进料斗 6- 机架 7- 电动机 8- 分离筛 9- 进料口（送油压机）

果蔬汁加工常用的输送设备有螺旋输送机和带式输送机。原料清洗主要通过机械和化学作用进行，常见的有鼓风式清洗剂、滚筒清洗机、刷洗式清洗机、桨叶式清洗机、带式清洗机等。在榨汁前，原料必须进行有效的破碎，制得粒度适宜的果浆，才能在榨汁过程中使果浆内部产生有利于排出原汁的排汁系统。作为营养的重要载体，果蔬汁产业正处于转型升级期，NFC 果蔬汁（非浓缩还原汁）是将新鲜果蔬制汁后直接进行超高压杀菌，不经过高温浓缩过程，较好地保证了果蔬的新鲜品质。果蔬汁加工的主要流程：原料→预处理→加热软化→榨汁→杀菌冷却→澄清过滤→调糖度→杀菌→灌装密封→冷却检验→成品。

在果酒酿造过程中主要使用的设备有发酵罐和贮酒罐。橡木桶结构如图 5-11 所示，是传统的酿酒容器，在某些方面能够改善酒的品质，尤其是用于红葡萄酒的陈酿时最为明显，是酿造高档葡萄酒的最理想设备，但橡木桶价格高、容量小。卧式旋转发酵罐结构如图 5-12 所示，经除梗破碎的葡萄浆果由进料口入罐，同时按工艺要求加入 SO_2。发酵顺利启动后，盖上进料口盖后继续发酵。

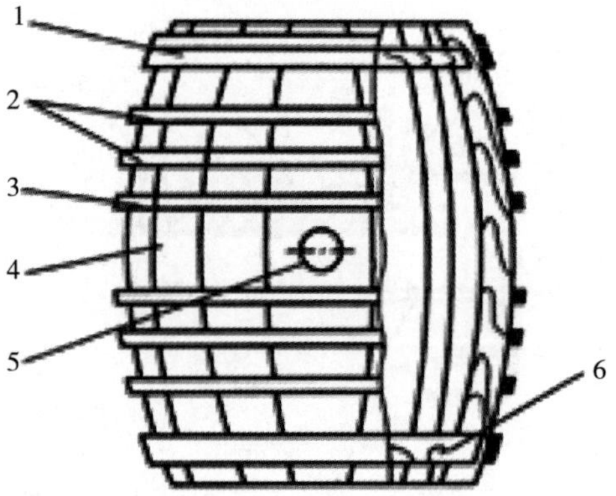

图 5-11　橡木桶结构

1- 头箍　2- 颈箍　3- 腰箍　4- 桶帮　5- 桶口　6- 桶底

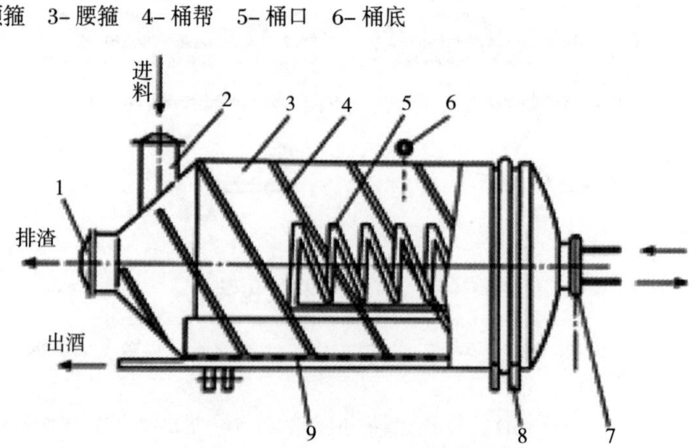

图 5-12　卧式旋转发酵罐结构

1- 出渣口　2- 进料口　3- 罐体　4- 螺旋板　5- 冷却管　6- 温度计　7- 链轮　8- 滚轮　9- 滤筛

蔬菜加工在中国有悠久的历史。如豆酱的生产始于西汉时期，五代以前就已有多种酱菜，如北京的“六必居”就有500余年的历史。传统蔬菜加工分为盐渍菜和干制菜两类。盐渍菜如榨菜、梅干菜、泡菜、酱菜等。干制菜又可分为自然干制菜和人工干制菜。自然干制菜方面，几乎绝大部分蔬菜均可进行，多在太阳光下晒干或在阴凉处风干，方法简便，民间广为应用。近代兴起的利用现代技术进行人工干制的脱水菜，在国内也发展迅速，主要用于出口外销，已占世界脱水蔬菜生产总量的2/3。我国果蔬生产仍将继续保持高速发展的势头，我国果蔬加工业要在保证果蔬供应量的基础上，努力提高产品品质并调整品种结构，加大果蔬采后贮运、加工力度，使我国果蔬业由数量效益型向质量效益型转变。

果蔬加工业的发展不仅是保证果蔬产业迅速发展的重要环节，也是实现采后减损增值、建立现代果蔬产业化经营体系、保证农民增产增收的基础。进一步推动高新技术与装备在果蔬精深加工中的研究与应用，探讨解决相关技术与装备难题，从而提升产业发展速度与水平。

参考文献

[1] 刘小珂，陈颖．河南平原农田林网防护林体系建设现状及对策 [J]. 安徽农业科学，2018,46(33).
[2] 丁占胜，何凤萍．利通区农田林网建设现状与对策分析 [J]. 农业与技术，2018,38(14).
[3] 陈颖．浅谈平原地区农田林网建设存在的问题及对策 [J]. 现代园艺，2018,(11).
[4] 吕雅慧，张超，郧文聚，李鹏山，桑玲玲，陈英义．高分辨率遥感影像农田林网自动识别 [J]. 农业机械学报，2018,49(1).
[5] 郑波．南疆基于果树为防护目标的农田防护林结构及林网优化 [D]. 石河子大学，2017.
[6] 张朝辉．干旱区农田林网生态工程的稳定性评价研究——基于新疆Y县的考察 [J]. 干旱区资源与环境，2017,31(3).
[7] 寇井琴．农田林网断带修复技术 [J]. 农业与技术，2016,36(8).
[8] 朱印章．农田林网建设存在的问题及对策探讨 [J]. 北京农业，2015,(31).
[9] 吕秀芹，华芳，韩树育，王小芹．关于农业开发中农田林网建设的几点思考 [J]. 现代园艺，2014,(21).
[10] 牛新胜，王绍雷，吕振宇，沈广城，郝晋珉，牛灵安，杨合法，闫勇．华北平原典型农区农地细碎化对村级农田林网的影响——以河北省曲周县为例 [J]. 中国生态农业学报，2014,22(4).
[11] 祝亚云，王火，江浩．江苏农田林网的效益、问题与对策 [J]. 江苏林业科技，2017,44(6).
[12] 何冬梅，王磊，江浩，王火．江苏苏北农田林网更新改造经济效益评估 [J]. 江苏林业科技，2017,44(6).
[13] 施士争，路明，王红玲，黄瑞芳．江苏苏北杨树农田林网更新主栽树种选择研究 [J]. 江苏林业科技，2017,44(6).

[14] 李彩云，李伟．小型农田水利工程运行管理存在的问题及对策 [J]. 工程建设与设计，2019,(18).
[15] 潘兴岩，金天宇．小型农田水利工程施工的高效管理分析 [J]. 南方农机，2019,50(18).
[16] 范鹏康．GPS-RTK 技术在农田水利工程测量中的应用 [J]. 现代农业研究，2019,(9).
[17] 周晓锋．农田水利工程设计中的质量控制探究 [J]. 工程建设与设计，2019,(17).
[18] 周继莹．农田水利工程灌溉中节水技术的应用 [J]. 中国新技术新产品，2019,(17).
[19] 丁在彪．浅谈农田水利工程高效节水灌溉发展思路 [J]. 农业科技与信息，2019,(16).
[20] 祁世祥．新疆小型农田水利工程建设管理问题及对策分析 [J]. 陕西水利，2019,(8).
[21] 胡强，刘颖，彭圣军，虞慧．上堡梯田的工程价值及对现代农田水利的启示 [J]. 江西水利科技，2019,45(4).
[22] 孙宏伟．浅谈我国农田水利工程节水灌溉技术 [J]. 科学技术创新，2019,(22).
[23] 高洋．农田水利工程中防渗渠道施工技术分析 [J]. 工程建设与设计，2019,(14).
[24] 任文豪．农田水利工程规划设计与灌溉技术分析 [J]. 南方农业，2019,13,(20).
[25] 姚云霞．农田水利工程中小型泵站设计探讨 [J]. 治淮，2019,(7).
[26] 赵雷，刘白璐，殷艳辉．林业有害生物防治工作存在的问题及对策 [J]. 农业技术与装备，2019,(9).
[27] 路玉婷，李岩．浅谈生物防治在园林植物害虫防治中的应用 [J]. 农业与技术，2019,39(17).
[28] 高杜娟，唐善军，陈友德，周斌．水稻主要病害生物防治的研究进展 [J]. 中国农学通报，2019,35(26).
[29] 胡小平，任志刚．农业生产模式与植物保护的发展 [J]. 植物保护，2016,42(2).
[30] 江毛生，刘二明．农业新科技革命与迈向 21 世纪植物保护 [J]. 湖南农业科学，1998,(3).
[31] 鲁光球，曾士迈．植物保护系统工程初探 [J]. 植物保护，1987,(2).
[32] 王海，王国扣．粮食产地加工与贮藏 [M]. 北京：中国农业科学技术出版社，2007.
[33] 张正科．农产品加工贮藏技术研究 [M]. 长春：吉林大学出版社，2017.
[34] 刘俊红，刘瑞芳，陈兰英．农产品贮藏与加工学 [M]. 北京：中国矿业大学出版社，2012.
[35] 张正周，郭奇亮，刘继，郑旗，樊雪飞．农产品产地初加工及冷链物流发展现状 [J]. 农业与技术，2019,39(3).
[36] 练美林，蓝李真．云和县主要农产品产地初加工现状及建议 [J]. 农业科技通讯，2016,(11).
[37] 程郁，刘明国，周群力．农产品产地初加工补助政策的效果及完善措施 [J]. 经济纵横，2017,(4).
[38] 程勤阳，孙洁．加快发展我国农产品产地初加工势在必行 [J]. 农村工作通讯，2015,(10).
[39] 张强．农业机械学 [M]. 北京：化学工业出版社，2016.
[40] 中国农业机械学会．中国农业机械化工程 [M]. 北京：中国农业科学技术出版社，2004.
[41] 王国跃，宋维龙．国内外畜牧业机械化发展的现状及趋势研究 [J]. 农机化研究，2008,(5).
[42] 付胜利．我国畜牧业机械化现状及发展趋势 [J]. 农村牧区机械化，2012,(3).
[43] 高连兴，刘俊峰，等．农业机械化概论 [M]. 北京：中国农业大学出版社，2011.
[44] 王耀林．设施园艺工程技术 [M]. 郑州：河南科学技术出版社，2000.
[45] 孙锦，高洪波，田婧，王军伟，杜长霞，郭世荣．我国设施园艺发展现状与趋势 [J]. 南京农业大学学报，2019,(12).
[46] 易中懿．设施农业在中国 [M]. 北京：中国农业科学技术出版社，2006.
[47] 刘健．我国设施园艺工程存在的主要问题与对策 [J]. 现代化农业，2006,(1).

[48] 毛罕平 . 设施农业的现状与发展 [J]. 农业装备技术 ,2007,(5).
[49] 孙德发 . 连栋塑料温室结构设计理论及工程应用研究 [D]. 浙江大学 ,2002.
[50] 邢廷铣 . 设施养殖业——新世纪养殖业的发展方向 [J]. 国外畜牧科技 ,2000,(3).
[51] 尚书旗 . 设施养殖工程技术 [M]. 北京：中国农业出版社 ,2001.
[52] 陈晓华 . 农业信息化概论 [M]. 北京 : 中国农业出版社 ,2012.
[53] 李道亮 . 农业物联网导论 [M]. 北京 : 科学出版社 ,2012.
[54] 李瑾 , 冯献 , 郭美荣 . 农业物联网理论、模式与政策研究 [M]. 南京：江苏人民出版社 ,2018.
[55] 武军 , 谢英丽 , 安丙俭 . 我国精准农业的研究现状与发展对策 [J]. 山东农业科学，2013,45(9).
[56] 王孝民 . 精确农业对农业机械化的发展影响及存在问题分析 [J]. 农机使用与维修，2019,(4).
[57] 汪懋华 . 精细农业 [M]. 北京：中国农业大学出版社 , 2011.
[58] 吕程平 . 智能农业与当代农业农村发展 [J]. 今日科苑 ,2019,(6).
[59] 陈桂芬 , 李静 , 陈航 , 等 . 大数据时代人工智能技术在农业领域的研究进展 [J]. 中国农业文摘 (农业工程),2019 ,(1).
[60] 李鹏 . 智能农业 : 大有作为的广阔天地 [J]. 金融博览，2019,(10).
[61] 赵春江 . 人工智能引领农业迈入崭新时代 [J]. 中国农村科技 ,2018,(1).
[62] 王晓芳 , 李林轩 , 黄鹏 . 浅析小麦混合制粉工艺技术 [J]. 现代面粉工业 ,2017,31(2).
[63] 王磊 . 小麦粉加工工艺研究 [J]. 河南农业 ,2018,(26).
[64] 王晓芳 , 李林轩 , 李硕 . 浅析小麦制粉副产品分类与管理 [J]. 现代面粉工业 ,2018,32(4).
[65] 李林轩 , 李硕 , 王晓芳 , 黄鹏 . 浅析小麦制粉企业的工艺技术管理 [J]. 现代面粉业 ,2018,32(1).
[66] 于宏威 , 刘红芝 , 石爱民 , 刘丽 , 胡晖 , 杨颖 , 于淼 , 王强 . 粮油加工过程损失现状及对策建议 [J]. 农产品加工 ,2016,(6).
[67] 李维强 . 合理利用辅助工艺 提高稻谷加工效益 [J]. 粮食加工 ,2015,40(5).
[68] 焦博 , 胡晖 , 刘红芝 , 刘丽 , 石爱民 , 王强 . 食用油中 3– 氯 –1,2– 丙二醇酯的研究进展 [J]. 中国粮油学报 ,2015,30(6).
[69] 李宗哲 , 李德远 , 邵剑钢 . 我国食用油脂加工研究进展及发展对策 [J]. 中国食物与营养 ,2014,20(11).
[70] 郑翠翠 , 刘军 , 邹宇晓 , 施英 , 廖森泰 . 油脂加工过程中氧化稳定性的研究进展 [J]. 中国油脂 ,2014,39(7).
[71] 刘玉兰 , 汪学德 , 徐兆勇 , 丁金川 . 现代植物油储运工艺设计探讨 [J]. 中国油脂 ,2006,(6).
[72] 秦洪万 . 油脂的储运和包装 [J]. 中国油脂 ,1989,(2).
[73] 刘玉兰 . 现代植物油料油脂加工技术 [M]. 郑州：河南科学技术出版社 , 2015.
[74] 周瑞宝 . 植物蛋白功能原理与工艺 [M]. 北京：化学工业出版社，2008.
[75] 毕艳兰，郭诤 . 油脂化学 [M]. 北京：化学工业出版社，2005.
[76] 齐玉堂主编 . 油料加工工艺学 [M]. 郑州：郑州大学出版社 ,2011.
[77] 郭祯祥主编 . 粮食加工与综合利用工艺学 [M]. 郑州：河南科学技术出版社 ,2016.
[78] 陈康健 , 徐彬彬 , 刘唤明 , 邓楚津 , 洪鹏志 . 水产品保活技术研究进展 [J]. 科技经济导刊 ,2019,27(3).
[79] 何蓉 , 谢晶 . 水产品保活技术研究现状和进展 [J]. 食品与机械 ,2012,28(5).
[80] 吴佳静 , 杨悦 , 许启军 , 黄宝生 , 聂小宝 . 水产品保活运输技术研究进展 [J]. 农产品加工 ,2016,(16).

[81] 王红，王少华，熊光权，白婵，廖涛．水产品保鲜技术研究及发展趋势 [J]. 湖北农业科学 ,2019,58(12).
[82] 张成林，管崇武，张宇雷．鲜活水产品主要运输方式及发展建议 [J]. 中国水产 ,2016,(11).
[83] 刘红英．水产品加工与贮藏 [M]. 北京：化学工业出版社，2006.
[84] 刘书成．水产食品加工学 [M]. 河南：郑州大学出版社，2011.
[85] 孟彬，王小乔，张静，王海洋，张海鹏，姜无边．中国肉制品发展趋势 [J]. 肉类工业 ,2011,(8).
[86] 杜克生．肉制品加工技术 [J]. 北京：中国轻工业出版社 ,2004.
[87] 李媛，刘芳．中国乳制品企业的现状分析与对策建议——以蒙牛和伊利为例 [J]. 中国畜牧杂志 ,2018,54(9).
[88] 李媛，刘芳．我国乳制品行业发展现状及趋势分析 [J]. 中国畜牧杂志 ,2019,55(4).
[89] 迟玉杰．蛋制品加工技术 [M]. 北京：中国轻工业出版社，2009.
[90] 蔡朝霞．蛋品加工新技术 [M]. 北京：中国农业出版社，2013.
[91] 郝修振，申晓琳．畜产品工艺学 [M]. 北京：中国农业大学出版社，2015.
[92] 陈黎斌，刘岩，成世盈，等．醋蛋抗氧化肽研究 [J]. 中国调味品，2014,(7).
[93] 郭佳．蛋肠的加工技术 [J]. 农家之友，2010,(3).
[94] 周光宏．畜产加工学 [M]. 北京：中国农业出版社，2002.
[95] 赵大云．冰蛋的加工 [J]. 农产品加工，2009,(3).
[96] 于翠．改性对全蛋粉起泡性影响的研究 [D]. 东北农业大学，2013.
[97] Nysy, Gautron J., Mckee M. D.,et al. Biochemical and functional characterization of eggshell matrix proteins in hens[J]. World' s Poultry Science Journal, 2001,57.
[98] Suguro N., Horiike S.,Masuda Y.,et al. Bioavailability and commercial use of eggshell calcium, membrane protein and yolk lecithin products[C].CAB International 2000 Egg Nutrition and Biotechnology,2000.
[99] 迟玉杰．鸡蛋深加工系列产品综合开发技术概况 [J]. 中国家禽，2004,26（23）.
[100] 邵孟秋，李珂．肉类加工副产物骨的开发利用研究进展 [J]. 岳阳职业技术学院学报 ,2008,(6).
[101] 刘景圣．我国畜产品加工副产物综合利用及产品研发 [C]. 中国畜产品加工业发展年会 ,2004.
[102] 方庆．果蔬贮藏保鲜技术现状与展望 [J]. 农业工程 ,2019,9(8).
[103] 杨堃．浅谈果蔬保鲜技术研究进展 [J]. 山西农经 ,2017,(23).
[104] 闫明暄，刘建辉，张丽清．浅谈我国果蔬的保鲜技术 [J]. 农产品加工 ,2017,(16).
[105] 张愍，高中学，过志梅．生鲜果蔬食品保鲜品质调控技术专论 [M]. 北京：科学出版社，2016.
[106] 祝战斌．果蔬贮藏与加工技术 [M]. 北京：科学出版社，2010.
[107] 刘爱民，封志明，徐丽明．现代精准农业及我国精准农业的发展方向 [J]. 中国农业大学学报 ,2000,(2).

编写专家

张秀清　孙君社

审读专家

殷丽君　郑志安　程永强　曹健康

专业编辑

柯　宓

第六章 环境与建筑工程

建筑为了环境而建造，建筑为了环境而发展，建筑与环境互依共生，这就是建筑在环境问题中的重要作用。而环境工程是一门主要研究采用工程技术和有关学科的原理和方法，达到合理利用自然资源、防治环境污染、改善环境质量目的的学科，包括大气污染防治工程、水污染防治工程、固体废物处理处置工程和噪声控制工程等。环境的重要性是不可估量的，一旦环境受到污染将会对与它赖以生存的事物造成影响，如水、大气、光污染以及“土地沙漠化”等，甚至会导致生态平衡失调等严重问题。我们周边的环境正在向人类敲响警钟，也呼吁人类保护和善待周边的环境。我国为了更好地保护环境颁布了《中华人民共和国环境保护法》《中华人民共和国水污染防治法》等，这些法规对保护环境起到了重要作用；而保护环境更需要相关道德规范，一个品德高尚的公民会自觉拥有保护环境的意识，我们的环境也会更加美好。

随着全球气候变化，加上能源资源短缺等问题，世界各国都在倡导低碳生活，努力发展循环经济，建立一个绿色发展的地球，在建筑方面也不例外，加强绿色低碳建筑建设，就是积极践行生态文明建设理念的重要内容。随着国家经济的快速发展以及城市化建设进程的不断加快，建筑工程也快速发展，人们对建筑工程的关注已经不仅仅局限于建筑工程的施工质量，而且更加强调节能环保的问题，尤其是随着人们环保节能意识的提高，建筑工程环保检测显得非常重要，其有助于促进绿色建筑的发展。

21 世纪人类共同的主题是可持续发展，要求我们对建筑和环境有更深的理解，要求我们慎重地衡量它们之间的利弊关系，做到建筑与环境的协调统一。鉴于“环境与建筑工程”涉及领域非常广泛，我们在主要知识点的选取上，一方面参考了《中国工程院院士增选学部专业划分标准》，介绍环境与建筑工程中最为重要和基础的分支；另一方面则从环境与建筑工程在工业生产和日常生活中的实际应用出发，介绍各领域较为常见的知识点和较为前沿的发展趋势。

不过，过度的专业化会造成知识过分分割，不能统观和统筹大规模工程的全貌和全局，鉴于科学普及的目的，我们在主要知识点的写作上兼顾科学性与通俗性，从“环境与建筑工程”主要知识点的本质、特征和历史出发，在定义、工作原理、工程结构、现状与发展趋势等方面进行深入浅出的诠释，努力做到通俗易懂，方便检索，有利于增长知识，消除疑惑。

本章知识结构见图 6-1。

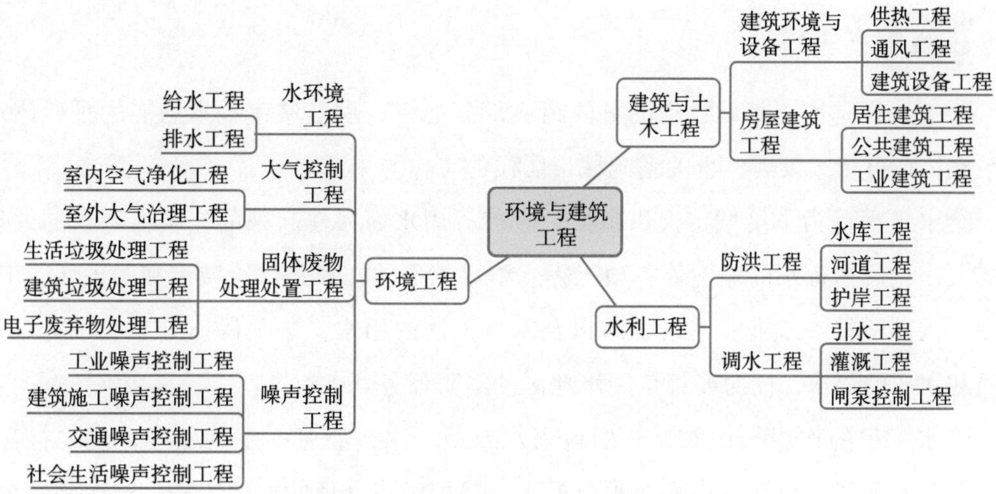

图 6-1　环境与建筑工程知识结构

一、环境工程

随着社会经济的发展，城市人口急剧增加，截至 2019 年底，我国城镇化率突破 60%。城市化快速发展的同时也加剧了人类社会活动与自然环境之间的矛盾，引发了大气污染、水体黑臭、富营养化、噪声污染等环境问题，环境问题的日益严重反过来影响了社会经济的发展。与此同时，随着社会的发展，人们对生活环境的质量要求越来越高，希望能呼吸清洁的空气、饮用健康的水等。因此，环境工程的目的在于通过合理的环境治理工程保持生态环境与经济发展之间的平衡，保证人与自然的和谐共处，主要包括水环境工程、大气控制工程、固体废物处理处置工程和噪声控制工程。

（一）水环境工程

水环境工程是为了保护和改善水环境质量而建设的一系列工程，具体包括物理处理方法、化学处理方法、生物处理方法等。水环境工程主要包括给水工程和排水工程两大类。给水工程（或供水工程）的主要目的是为生活和生产提供达到一定水质标准的水源，如我们日常的饮用水、发电厂的冷却用水等。经过生活和生产使用以后的水中常常含有一系列污染物，如果直接排放会污染环境，排水工程就是使上述污水经过处理达到一定标准后排放的收集、处理工程。

1. 给水工程

给水工程是城市基础设施的重要组成部分之一，也是城市基本功能的重要体现，关系到城市可持续发展，也关系到城市居民的工作与生活。

给水工程是为了给城市提供生活、生产等用水而兴建起来的，包括源水的处理、收集及净化后达标水的输配等各项工程。给水工程的任务是供给城市和居民区、工业企业、铁路运输、农业、建筑工地以及军事方面的用水，必须保证上述领域对水量、水质和水压的要求，同时要担负用水地区的消防任务。

给水工程的作用是抽取天然的地表水或地下水，经过一定的处理，使之符合工业生产用水和居民生活饮用水的水质标准，并用经济合理的输配方法，输送到各种用户。“混凝——沉淀——过滤——消毒”可称为生活饮用水的常规处理工艺。此工艺对水中的悬浮物、胶体物质和病原微生物有很好的去除效果，对无机污染物，如某些重金属离子和少量的有机物也有一定的去除效果。

常规处理工艺流程如图 6-2 所示。

原水通过管道输送至配水井，在加药间加入氯化物等消毒剂，杀灭病原菌，然后在混合池和絮凝池中通过混凝剂将水中胶体粒子以及微小悬浮物聚集，在沉淀池中通过重力作用将水中悬浮颗粒分离。滤池进一步将水中固态颗粒进行固液分离，出水浊度必须达到饮用水标准，处理好的出水在清水池进一步消毒灭菌后通过给水管网输送至各用户。

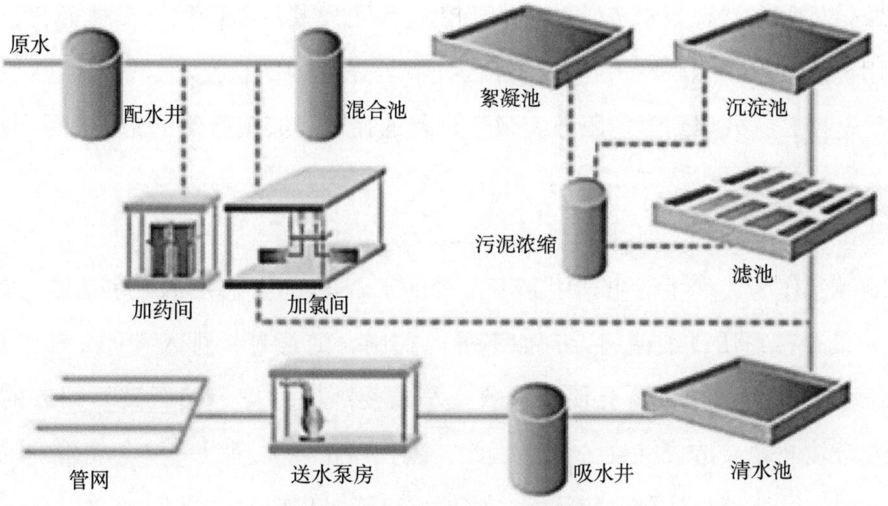

图 6-2　常规处理工艺流程

资料来源：http://www.goootech.com/company/sldj/solution_detail.html?id=73010838。

公元前 2000 年马里兰岛的米奇城就已有给水管网，其中有些管网至今还在发挥作用。古代罗马时期，已形成比较完善的给水系统，第一套系统建于公元前 312 年，靠重力将城外的水引到城内，而后罗马人引进了压力引水管。自然界的水一般比较浑浊，无法直接饮用，中国在明朝以前就开始采用明矾净水，英国在 19 世纪初开始用砂滤法净化自来水，在 19 世纪末用漂白粉消毒。自 1879 年中国旅顺建成第一座供水设施开始到 1949 年，中国只有 60 个城市有供水设施，日供水能力 186 万立方米。到 1978 年，中国有 467 个城市建有供水设施，日供水能力达到 6382 万立方米。改革开放以来，中国供水事业有了较快的发展，城市供水能力稳步提升，到 2017 年底，中国 298 个地级市以上城市具备日供水能力 30475.0 万立方米，城市用水普及率达 98.30%。

随着城市化的快速发展，城市需水量大幅度增加。因此，城市供水厂开始通过大量的扩建、改建来满足城市的用水需求，涉及蓄水量、水流量、净化率等方面的指标要求。小城市的供水系统管路规划简单，对于大城市而言，人口多、城市环境复杂，供水管道的设计、规划、施工面临巨大的压力。同时，在城市中大量存在环保措施实施不到位、居民节约用水意识淡薄、水污染严重、城市供水管道材料质量不过关等问题，从而影响饮用水的安全。

近年来，“智慧”理念逐步渗透到社会公共生活的各个角落，智慧交通、智慧电网、智慧水务、智慧医疗等构成了智慧城市的方方面面，其中，与人们生产生活息息相关的城镇供水在“智慧水务”的影响下也进入了发展的新阶段。具体而言，智慧水务是利用传感技术、互联网、物联网和云计算等先进的信息技术，针对水从原水、生产、输配、排放、处理到客户服务实现全过程的控制，实施智慧的水管理系统。

2. 排水工程

在城镇，作为人们生活生产中必不可少的水资源一经使用便成为污水。这些污水多含有大量有害物质或细菌病毒，如不加以控制，随意直接排入水体（江、河、湖、海、地下水）或土壤中，将会使水体或土壤遭受严重污染，甚至破坏原有的自然环境，引发环境问题，造成社会公害。因此，现代城市需要建设一整套完善的工程设施来收集、输送、处理和处置这些污水，此外城市降水也应及时排除。

排水工程是指收集和排放人类生活污水和生产中各种污水、雨水和地下水（降低地下水水位）的工程。排水工程通常由排水管网、调蓄设施、污水处理厂和出水口组成。其基本任务是保护环境免受污染，以促进工农业生产的发展和保障人民的健康生活。

污水处理

污水处理厂是处理城市污水的主要工程措施，一般由多个单元过程组成的复杂系统，各单元过程互相联系、互相影响，并最终决定整个系统效率。污水处理按处理程度，可分为三个阶段：一级处理、二级处理、三级处理。工艺流程如图 6-3 所示。

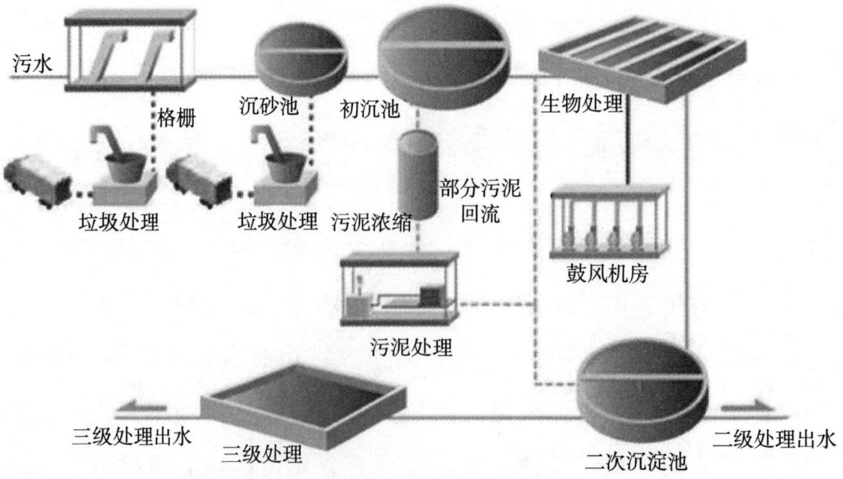

图 6-3　污水处理工艺流程

资料来源：http://www.hrbnature.com/jjfa_show.asp?dataname=news1&id=566&t=%E5%A6%AF%E2%80%B3%E7%BA%BA&type=25。

一级处理是物理处理，通过格栅、沉淀、气浮去除污水中呈悬浮状态的固体污染物质；二级处理是生物处理；三级处理是污水的深度处理，包括营养物的去除和通过加氯、紫外辐射或臭氧技术对污水进行消毒。

雨水处理

雨水处理是指，通过雨水口对地表和屋面雨落管的雨水进行收集，然后经雨水管道系统，最终排入河道、湖泊，也可采用雨水收集系统，即通过小型的再生处理系统对小区内收集的雨水进行处理、回收和利用，部分回收的雨水可用于小区内水景、绿化灌溉等。雨水收集主要包括四个单元：初期弃流——过滤——储存——回用，如图6-4所示。典型雨水回用工艺流程：雨水管道——截污管道——雨水弃流过滤装置——雨水自动过滤器——雨水蓄水池——消毒处理——回用。

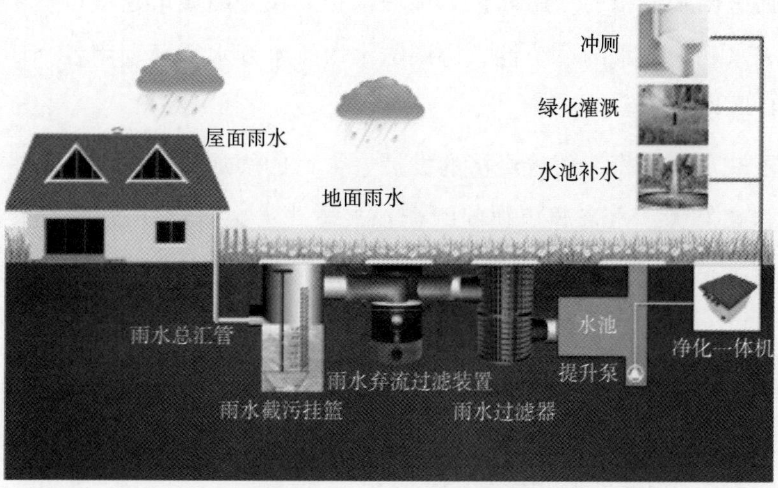

图6-4　雨水收集系统

资料来源：http://www.spongerain.com/news_detail/newsId=89.html。

我国排水工程发展历史悠久，一些古代宫殿已建有较为完整的排水系统，如秦代各城郭已有用以排除城雨水的管渠。新中国成立之前，我国城市排水设施基础薄弱，各城市都没有完整的排水系统，仅有局部雨污水合流制管道。新中国成立后，城市排水工程建设得到了快速发展。20世纪50年代初全国十几个大城市建成的城市排水管渠仅有3000公里。截至1995年，我国城市市政排水系统和社会自建排水系统的污水年排放量为35246.72亿立方米，排水管道长度为110062公里。70~80年代，雨水排水工程中，除北京市修建的北护城河整治工程外，较大的工程还有上海市南区污水干线排灌工程等。2002年以后，中国城市污水处理工程无论在数量还是质量上都得到了迅速的发展。

"九五"时期以来我国排水工程快速发展，排水管网和城镇污水处理厂日趋完善，全国已建设约3000座污水处理厂，通过开展"水体污染治理重大科技专项"等课题研究，推动技术研发和工程应用快速发展。水资源短缺问题日益严重，处理后的城镇污水再生利用成为今后的发展趋势，"水十条"明确提出城市污水再生利用率不低于20%。"十二五"时期以来我国雨水排水系统快速发展，2014年提出海绵城市建设理念。海绵城市是指城市能够像海绵一样，在适应环境变化和应对自然灾害等方面具有良好的"弹性"，下雨时吸水、蓄水、渗水、净水，需要时将蓄存的水释放并加以利用。海绵城市建设应遵循生态优先等原则，将自然途径与人工措施相结合，在确保城市排水防涝安全的前提下，最大限度地实现雨水在城市区域的自然积存、自然渗透和自然净化，促进雨水资源的利用和生态环境保护。在海绵城市建设过程中，应统筹自然降水、地表水和地下水的系统性，协调给水、排水等水循环利用各个环节，并考虑其复杂性和长期性。

作为严重缺水的国家，随着经济的发展、人口的增加和人民生活水平的提高，我国用水量会越来越大，水资源短缺问题会越来越严重，面对日益严峻的水资源形势，为更有效地解决水资源短缺、水污染等问题，我国通过协调政策、强化管理、增加技术和资金投入，在保持经济较高速增长的同时实现可持续发展，使我国城市水污染控制以及城市水环境有明显改善。

（二）大气控制工程

人的生存每时每刻都离不开空气，大气质量与人类的生存环境息息相关。随着社会和经济的发展，能源和资源的消耗量不断增加，空气中污染物的排放强度也在增加，如发电厂、钢铁厂等高炉排放的废气含有SO_2等多种污染物。空气污染会损伤人的呼吸系统，如1952年伦敦发生的"烟雾事件"造成4000多人死亡。建筑物室内装修、家具也会释放甲醛等多种有害气体，所以对大气污染的治理与控制非常重要。大气控制工程主要包括室内空气净化工程和室外大气治理工程。

1. 室内空气净化工程

室内有害物质来源多种多样，如甲醛、苯乙烯类、总挥发性有机物类（TVOC）。

这些有害物质存在于大量的新型建筑材料、装饰材料、新型涂料及黏结剂中，室内空气净化工程主要净化室内有害气体，保障人体健康。

室内空气净化工程是指针对室内的各种环境问题提供杀菌消毒、降尘除霾、去除有害装修残留以及异味等整体解决方案，改善生活、办公条件，有益于身心健康。室内环境污染物和污染来源主要包括放射性气体、霉菌、颗粒物、装修残留、二手烟等。

室内空气净化工程的工作原理是：用风机将空气抽入净化器，通过净化器内置的滤网过滤空气，主要能够起到过滤粉尘、异味、有毒气体和杀灭部分细菌的作用。滤网又分集尘滤网、去甲醛滤网、除臭滤网、HEPA 滤网等。其中成本比较高的就是 HEPA 滤网，它能起到分解有毒气体和杀菌的作用，特别是抑制二次污染。这类产品的风机功能以及滤网的质量决定净化效果，机器的放置以及室内布局也会影响净化效果，且所用滤网的更换费用较高。

室内空气净化方法从最初的通过机械过滤和增加新风来控制含尘量、二氧化碳含量和新风量，发展到通过负离子、静电场、臭氧和紫外线等对含尘量、微生物和气味等进行控制，通过增加新风和增氧等手段控制二氧化碳含量和氧含量，直至通过电等离子、光等离子和吸附等手段对包括挥发性有机物在内的多种污染物进行控制，经历了从功能单一到功能齐全、从技术单一到技术复合、从技术落后到技术先进的发展历程。

第一代空气净化方法主要是在新风和回风口处加装过滤、吸附、静电和负离子等单一或复合技术的除尘净化装置对室内空气进行净化，这种方法以物理净化技术为主，如过滤、吸附静电等。

第二代空气净化方法以臭氧和紫外线等为主要净化方法。

第三代空气净化方法明确了对空气中挥发性有机物的净化手段，以光催化、低温等离子体和光等离子技术为代表的高级氧化技术对挥发性有机物有明显的降解效果，同时，将高级氧化技术与前述其他净化技术结合，有效增强空气净化功能，是一类净化效率较高的空气净化方法。

现阶段，根据所处理的污染物类型的不同，将主要的室内净化技术（静电、过滤、吸附、光催化、等离子、负离子、膜技术及生物技术等）合理地结合在一起，综合各种方法的优势，弥补单一方法的不足。为此，学者将高效滤料用于室内空气污染物净化，高效滤料结合了过滤吸附、电化学氧化还原、离子化相等多种技术，既克服了单一净化技术的弱点，又可以反复冲洗利用，是当前室内空气净化的发展前景。

未来对室内空气净化工程的评估可以从以下几个方面展开：首先技术的综合化水

平，其次技术经济合理、无二次污染或副作用，再次空气净化装置的一体化、小型化水平，最后建筑装饰材料是否具有净化功能。

2. 室外大气治理工程

空气污染会对人体造成严重损害，引发心血管疾病、肺部疾病、糖尿病、痴呆症、膀胱癌和皮肤疾病等。为减轻空气污染给人类带来的危害，开展室外大气治理工程十分必要和迫切。

室外大气治理工程是采取工程技术措施防治人类生产和生活引起的大气污染，改善大气质量。为进一步提高大气污染治理水平，必须及时更新治理设备、治理工艺，应用先进的技术手段提高大气污染治理效果。采用新型的监测技术，转变传统管理观念，对大气环境各项指标进行全面的监测。在实际工作中加大各项资金的投入，采购新型的监测装置，加强技术人员培养，以切实满足新设备的操作要求。

城市大气污染综合治理是把城市的大气环境作为一个整体，将治理工作纳入国民经济、社会发展和城市建设计划，依靠科技进步加强城市大气污染治理的科学研究。

城市大气污染治理一靠政策、二靠科学，预防为主，突出重点、标本兼治，步骤如下：①调查城市大气污染源，污染物的种类、数量、时空分布及排放高度。②测定或收集污染物在一定的气象条件下对环境造成的影响。③研究当地污染物在大气中的扩散模式，并计算出地区各类污染源排放的有害物质量，确定地区各类污染的削减方案。④了解在一定时期内用于城市大气污染治理的资金额。⑤研究各种减轻城市大气污染的措施。

实施工程前需明确污染来源，治理重点为烟尘污染、机动车尾气污染、工业污染，控制扬尘，加强大气污染科研和监测工作，加强宣传教育，加强监督和监察。

城市大气污染防治的途径主要有调整能源战略、采用清洁能源、推行清洁生产工艺、合理使用煤炭资源、强化大气环境管理、进行污染物总量控制、应用植物净化大气等。

1668 年，英国学者加斯特洛发表了关于消烟机械方面的论文，提出减少煤烟产生的技术措施。1809 年英国采用石灰乳脱除煤烟中的硫化氢。1840 年英格兰西部工业城市曼彻斯特建造了高烟囱排放烟气。1849 年英国开始采用氧化铁法脱除硫化氢。1897 年日本建造了煤烟脱硫塔，烟气经过石灰乳脱硫后，再由高烟囱排入大气。

18 世纪末到 20 世纪初，大气污染主要是煤燃烧排放的烟尘和二氧化硫等造成的。随着工业发展、交通车辆的急剧增加，特别是第二次世界大战以后，社会生产力突飞猛进，石油在能源结构中的比重不断上升，以致大气污染物的种类越来越多，污染问题日益严重，给人类的健康、动植物的生长、建筑物和生产设备的使用寿命等带来严重的危害。从60年代起，许多国家相继开展大气污染防治研究，对硫化物、氮氧化物、烟尘等主要的大气污染物进行了单项治理和综合防治，初步形成了大气污染防治工程体系。中国在大气污染防治工程方面，也由单项治理着手转向综合防治。

城市面临的大气污染问题主要包含以下几方面：缺乏环境保护意识、大气污染防治不科学等，由于不具备完善且可实施的防治方案，环境保护工作很难落实到实际工作中，并且在当前城市经济发展背景下，也没有对城市建设和生产活动给予高度重视，甚至还有部分企业随意排放污染物的现象，给大气环境造成了严重污染。在煤炭燃烧的过程中，会形成一些有害物质，如二氧化硫、二氧化碳等，这在一定程度上会污染大气环境。此外，我国工业生产技术的不断提高，在能源转换和清洁能源等多个方面面临较大问题，尤其是能源的不合理使用，致使大气污染问题比较突出。

针对大气污染治理工程，应当先了解引起大气污染的原因，再根据相关数据信息提出有效的治理方案，通过政府实行宏观调控、构建环境污染预警体系、运用新科技优化产业布局等有效方法，实现治理大气污染的目的，进而给人们创建安全且健康的生活环境。

（三）固体废物处理处置工程

固体废物就是生产、生活和其他活动中出现的对环境造成污染的固态、半固态废弃物，通俗地说就是“垃圾”，包括厨房产生的厨余垃圾、建筑施工产生的建筑垃圾、电气等拆解产生的电子垃圾等。上述各种固体废物如果不合理处置极易产生二次污染，而经过合理处理则可以变废为宝，因此，“垃圾”也可以被看作放错地方的“资源”，比如厨余垃圾含有多种有机质，可以发酵制作肥料，建筑垃圾可以再生处理后重新用作建筑材料。因此，固体废物的处理处置非常重要。

1. 生活垃圾处理工程

随着人口增长以及城乡一体化进程的加快，城镇人口越来越集中，生活习惯和环境均有了较大的改变，但伴随而来的还有越积越多的生活垃圾，生活垃圾的处理对人类生活环境的影响越来越大。

生活垃圾处理工程指日常生活或者为日常生活提供服务的活动所产生的固体废弃物，以及法律法规所规定的视为生活垃圾的固体废物的处理，包括生活垃圾的源头减量、清扫、分类收集、储存、运输、处理、处置及相关管理活动。处理的目的是减少垃圾产量，使垃圾的“质”（成分与特性）与“量”更符合可持续发展的理念。垃圾处理遵循减量化、无害化、资源化、节约资金、节约土地和居民满意等原则，因地制宜，综合处理，逐级减量。

生活垃圾可分为以下四类：可回收物、厨余垃圾、有害垃圾、其他垃圾，如图6-5所示。有害垃圾指含有对人体健康有害的重金属、有毒物质或者对环境造成现实危害或者潜在危害的废弃物。

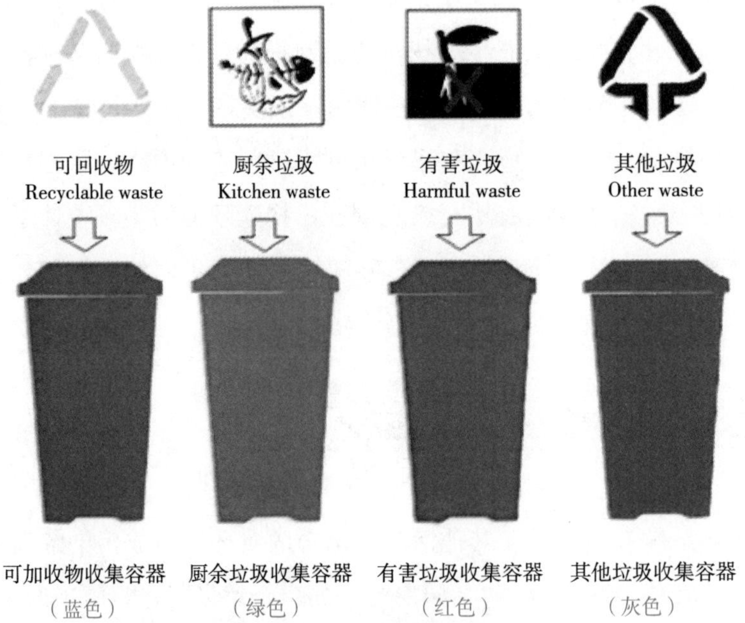

图6-5　垃圾分类标识

资料来源：https://health.qq.com/a/20140611/016797.htm。

第一阶段：垃圾分选系统

分选是垃圾处理的一种方法，是将垃圾中可回收利用或不利于后续处理处置工艺要求的物料分离出来。由于城市生活垃圾构成的复杂性，在垃圾的资源化利用方面，分选是极其重要的步骤之一。分选方法主要包括筛分、重力分选、风力分选、磁力分选、电力分选、浮选等。

第二阶段：有机物的生物处理系统

生物处理系统主要包括好氧堆肥和厌氧消化。堆肥是指利用自然界中广泛存在的微生物，通过人为的调节和控制，促进可生物降解的有机物向稳定的腐殖质转化的生物化学过程。厌氧消化是一种利用无氧或缺氧环境下生长于污水、污泥和垃圾中的厌氧微生物群的作用，在厌氧条件下使有机物如碳水化合物、脂肪、蛋白质等经水解液化、气化而分解成稳定物质（CH_4、CO_2等），同时杀灭病菌、寄生虫卵等，达到垃圾“减量化、稳定化、无害化”处理的一系列生物化学反应过程。

公元前 9000 年至公元前 8000 年，人类就开始在居住地之外的场所寻找生活垃圾的堆放地，此时的垃圾种类比较单一，如贝壳、骨头和碎陶片等。

公元 15 世纪，在欧洲和亚洲的一些城市已经形成了城市生活垃圾处理系统的雏形，如定期清扫街道、生活垃圾收集以及对感染瘟疫而死亡的动物和人的尸体进行焚烧处理等。生活垃圾在居民区简单堆放，造成居民区卫生条件恶化，进而严重破坏居民区生活环境，水源污染、疾病流行等事件时有发生。

19 世纪中后期，人类对于细菌和病原体导致疾病传播等问题有了突破性认识，同时也认识到生活卫生条件与细菌和病原体的产生和传播密切相关。净化水源、保护居住环境、改善卫生条件等问题开始引起各个国家的高度重视。1879 年，英国建立垃圾焚烧设施，1896 年，德国汉堡建立了人类历史上第一座垃圾焚烧厂。从此，人类开启了对垃圾进行科学处理、资源化利用的新里程。

19 世纪末，人们开始尝试回收垃圾焚烧过程中的可利用能量和材料。1898 年，美国纽约建立垃圾分选场，1900 年，德国汉堡、柏林、慕尼黑等城市开始尝试进行垃圾的分类和回收。1960 年以来，为了安全有效地处理垃圾，世界各国不仅采用焚烧手段，也开始采用填埋和堆肥等方法对垃圾进行处理。1970 年以后，随着环境监测手段和技术的不断提高，垃圾处理造成的新的环境问题成为国际社会关注的焦点。1970 年，各个发达国家开始高度重视垃圾的无害化处理，并投入大量资金进行技术开发和研究。

19 世纪 80 年代，人们明确认识到垃圾问题不仅与物质利用和生产活动有关，也与社会组织、生活习惯和消费行为密切相关。因此，垃圾问题的解决不可能单靠某一项技术或某几项工程，只能通过全社会参与的系统工程来逐步实现垃圾减量化、垃圾资源化和垃圾处理无害化。这也是当今世界垃圾处理的三个原则。

纵观国内生活垃圾处理技术的理论研究和工程实践，成熟且常用的生活垃圾处理技术主要有填埋、堆肥、焚烧三种。回收利用技术目前仅在少数几个城市中进行试点，应用实例尚不多。填埋技术作为生活垃圾的传统和最终处理方法，仍然是我国大多数城市解决生活垃圾问题的最主要方法，占处理总量的95%左右。生活垃圾作为再生资源逐步得到重视。分类收集、分类处理方式在我国大中型城市中逐步推行；对一次性物品使用的限制初见成效，同时通过进一步规范产品包装行为，过度包装现象逐步减少。有关生活垃圾减量化、资源化的地方性法规陆续出台。生活垃圾回收利用工作将逐步纳入依法管理的轨道，生活垃圾回收利用技术将重新得到重视，生活垃圾回收利用的比例将逐步增加，并将带动废品回收业和相关产业的新一轮发展。

生活垃圾处理的评估依据是真正实现无害化处理和资源化利用的比例。生活垃圾的处理是环境保护的一项重要内容，日益增加的生活垃圾对垃圾处理场和处理设施提出了严峻的挑战。加强环境保护宣传、提高国民环保意识和加大投入、提高垃圾处理科技水平是实现生活垃圾无害化的根本途径。

2. 建筑垃圾处理工程

21世纪以来，我国城市化迅猛发展，随之而来的是每年产生的千万吨甚至上亿吨的建筑垃圾。建筑垃圾对我们的生活环境具有多方面的危害，如果长期不进行处置，那么将对城市环境卫生、居住生活条件、土地质量评估等产生恶劣影响。

建筑垃圾处理工程是指对建筑的建设过程中产生的废弃物进行相应的处理，实现建筑垃圾的无害化和资源化。建筑垃圾是指建设单位、施工单位在新建、改建、扩建和拆除建筑物时产生的各类建筑物、构筑物、管网等，以及居民装饰装修房屋过程中所产生的弃土、弃料及其他废弃物。按照来源可分为土地开挖废弃物、道路开挖废弃物、旧建筑物拆除废弃物、建筑工地废弃物和建材生产废弃物五类，主要由渣土、砂石块、废砂浆、砖瓦碎块、混凝土块、沥青块、废塑料、废金属料、废竹木等组成。

建筑废弃物作为再生资源已成为资源循环的新起点，今后必将会成为循环经济的重要组成部分。回收并加工利用建筑废弃物，不仅能解决资源短缺问题，还可以减少垃圾产生量，可谓“一举多得”。

建筑垃圾废弃物回收利用首先要对建筑垃圾进行粗分选，将可回收大块木料、塑料板以及纸料分离出来。然后进行细分选，使用滚筒筛或风力分选设备，对得到的轻组分包括木料、纸片和塑料等进行焚烧或填埋处理，对重组分中的混凝土、砖瓦、金属等进行磁选，回收金属材料。最后进行建筑垃圾的破碎，通过破碎作业使混凝土块和石材等建筑垃圾尺寸减小，保证形状的均匀度，从而节省存储空间及方便以后加工处理。

美国是最早进行建筑垃圾综合处理的发达国家之一，早在1915年就对筑路中产生的废旧沥青进行回收利用。在长达近一个世纪的实践中，美国在建筑垃圾处理方面，形成了一系列完整、全面、有效的管理措施和政策法规，使得美国建筑垃圾再生利用率接近100%。日本是环境保护与资源再生利用方面立法最为完备的国家，20世纪初就开始制定建筑垃圾处理的相关法律。经过几十年的努力，日本建筑垃圾的再生利用取得了明显的效果，1995年再生利用率已超过65%，2000年达到90%。德国的建筑垃圾循环利用率也较高，如混凝土的再生利用率达到80%以上。

我国建筑垃圾管理起步于20世纪80年代末，尚未建立起完善的法律法规，配套制度、管理政策需要进一步完善，绝大部分建筑垃圾未经任何处理，便被运往郊外或乡村，采用露天堆放或者简易填埋的方式进行处置。20世纪90年代以来，我国已把城市建筑废弃物减量化和资源化处理作为环境保护和可持续发展的战略目标之一。

我国建筑垃圾量占到城市垃圾总量的30% ~ 40%。目前我国建筑垃圾量将突破30亿吨。耗费大量的征用土地费、垃圾清运等建设经费，同时，清运和堆放过程中的遗撒和粉尘、灰砂飞扬等问题又造成了严重的环境污染。为进一步加强建筑垃圾管理，加快积存建筑垃圾的清理和资源化处置，推进循环利用，北京市在2018年制定了《北京市建筑垃圾分类消纳管理办法（暂行）》，通过经济激励和各区县原位消纳处理限制等手段，提高建筑垃圾资源化利用水平。2018年12月，国务院办公厅印发《“无废城市”建设试点工作方案》，筛选确定了“11+5”个城市和地区作为试点，全面提高城市固体废物的分类和资源化水平。

建筑垃圾资源化利用是一项系统的复杂的工程，不能一蹴而就，要重视经济与生态之间的平衡，城市建筑垃圾涉及规模较大，如何做好建筑垃圾的处理与资源化利用是一个关键问题，有关部门要加强法律法规建设，出台一系列政策作为保障，相关企业要做好技术与工艺的革新，构建产学研一体化的建筑垃圾资源化利用体系，促进再生资源企业的稳定发展。

3. 电子废弃物处理工程

电气和电子废物（统称电子垃圾）已成为世界主要的废弃物，其增长速度超过任何其他类型的废物。电子废弃物中一些金属元素可以回收利用，具有较高的价值，但也含有一些重金属等有毒有害物质，如果处理不当极易造成二次污染，如一节5号废旧电池可以污染1立方米的土壤，并且持续数十年的时间。

电子废弃物，是指被废弃不再使用的电器或电子设备。电子废弃物种类繁多，大致可分为两类：一类是所含材料比较简单，对环境危害较小的废旧电子产品，如电冰箱、洗衣机、空调机等家用电器以及医疗、科研电器等，这类产品的拆解和处理相对比较简单；另一类是所含材料比较复杂，对环境危害比较大的废旧电子产品，如电脑、电视机显像管内的铅，电脑元件中含有的砷、汞和其他有害物质等。

电子废弃物处理工程包括对电子废弃物的处理与处置，以及对电子废物的再利用、循环利用。通过提高资源利用率，可变废为宝，充分发挥包括电子废物在内的各类废物资源的作用，成为支撑我国经济社会快速发展的方式之一。

为了加快提升我国电子废弃物处置能力，我们必须处理好以下关键技术问题：首先，建立完善的电子废弃物回收系统。改变以往仅仅依靠个体回收、生产商换购回收的模式。建立大型电子废弃物回收企业，利用高科技网络平台建立针对电子废弃物高效回收的模式。其次，大力发展电子废弃物高效处理、深加工等技术，不断提升电子废弃物资源化利用的产品附加值，提升产业利润水平。再次，解决电子废弃物的高效拆解和分类的关键技术问题，将人工智能技术引入电子废弃物拆分破碎领域，并研发具有自主知识产权的自动化拆分装备。复次，研发电子废弃物中金属与塑料、玻璃等材料的高效分离技术，如低温破碎分离技术，不断提高金属的回收利用率，并拓展塑料等高分子材料的综合应用领域。最后，解决好电子废弃物再生利用成本高且易造成环境二次污染的问题。

自 2000 年 4 月 1 日起，国家环保总局、海关总署等部门联合发文，明确规定，禁止进口废电视机及显像管、废计算机、废显示器及显示管、废复印机、废摄（录）像机、废家用电话机等 11 类废旧电器。2003 年仅在英国，至少有 2.3 万吨没有申报或是由“灰色市场”而来的电子垃圾非法运往非洲、印度和中国等地区。而在美国，有 50%~80% 的电子垃圾以假循环再造之名出口，因为美国拒绝签署巴塞尔公约，这种做法在美国竟然是合法的。2005 年在 18 个欧洲港口的检查中发现，至少 47% 的废料是非法出口的，其中包括电子垃圾。国外的电子垃圾经常由发达国家出口至发展中国家，违反《控制危险废物越境转移及其处置巴塞尔公约》。

虽然我国已经颁布了《废弃电器电子产品回收处理管理条例》，但是很多城市发现，在实际运用中，很多问题得不到有效解决，很多不法企业利用法律漏洞，实施违法行为。电子废弃物处置领域的发展趋势包括以下几方面。

（1）解决电子废弃物的高效率拆解和分类技术问题；研究自动化程度更高的拆解分类新技术和新设备。

（2）解决拆余物中金属材料与高分子材料和玻璃等非金属材料的高效率分离问

题；研究拆余物中金属相互分离的新技术和新设备，提高金属的回收率；研究塑料等高分子材料的综合利用新技术和新设备。

（3）解决拆解、分类和各类材料回收利用过程中的二次污染问题；研究处置用水的减量化技术和处置废水的零排放技术；研究处置后二次废渣的综合利用新技术和零排放技术；研究二次废气的处置技术和达标排放技术；开发高效环保设备。

（4）研究无害化前提下电子废弃物处置的资源化工程建设方案，建设若干个示范工程。

电子废弃物具有污染性和资源性的双重特征，在解决了技术和资金瓶颈的前提下，贯彻循环经济理念，把电子废弃物纳入地区循环经济发展体系，并制定完善的法律法规体系和地方性鼓励政策，为中国电子废弃物循环利用产业发展提供法律保障。

（四）噪声控制工程

噪声控制工程，即噪声控制方式，针对噪声源、噪声的传播路径及接收者三个方面做隔离或防护。噪声控制工程采用的方式就是将噪声的能量作阻绝或是吸收，按噪声的来源分为工业噪声、建筑施工噪声、交通噪声和社会生活噪声。

1. 工业噪声控制工程

随着我国工业技术的发展，相关部门和越来越多的人开始关注工业噪声所带来的危害。工业噪声会给人们的生活和健康带来不利影响，为了保障工业人员的身心健康，对噪声的控制显得十分必要。

工业噪声通常是指在工业生产过程中因设备等的振动、摩擦、气流挠动所产生的噪声。我国《工业企业噪声卫生标准》对工业噪声的允许值规定为不得高于 85 分贝，部分经过改进仍难达标的可放宽到 90 分贝。通常工业噪声可分为机械性噪声、空气动力性噪声、电磁性噪声这三类。

噪声防护设施指的是可以减轻噪声至标准范围内的一系列装置、措施。这个可以从源头和传播途径两方面来进行控制。

工业噪声源头的控制

在噪声源头方面，可以通过改进机械设计、设备结构达到减小噪声的目的，而对于气流噪声的控制，则可以通过将与生产无直接关联的电动机、鼓风机等高噪声设备置于生产车间外部或独立成间，以防止其产生的噪声对其他岗位的工人产生影响。

工业噪声传播途径的控制

首先就是吸声和隔声技术的使用。吸声技术主要是使用一些可以吸收声音的材料，即在声音传播的过程中将声波吸入材料，然后利用吸声材料中的空隙和纤维把声波转化为热能，进行内部吸收或者消耗。隔声技术主要是利用可以隔离声音的材料在声音传播的过程中将其阻隔，阻断声音的传播路程。其次就是消声技术的使用。消声技术应用范围比较小，作为新兴技术，多在高精端设备中使用。消声技术中的一种比较常见的消声装置就是消声器。最后就是隔振技术的使用。隔振技术就是利用隔振的材料将振动源和支撑振动源的基础隔开，或是将振动源和防振的对象隔开，隔断或减弱振动源由于振动而发出的声波。这种技术现主要在汽车领域使用。

早在250年前，一些学者就指出噪声可能是造成在噪声环境中工作的工人耳聋的主要因素。但这种看法在当时尚缺少科学的听力测定资料作为依据。1930年以后，通过工业现场调查与工人听力测试验证了这种观点。30年代末有人提出制定工业噪声标准的建议，于是，许多学者陆续提出将总声压级作为评价工业噪声标准等建议。这些建议的安全值大多为总声压级75~90分贝，有害值大多为90~120分贝。中国1979年制定的工业噪声标准规定新建工厂总声压级不超过85分贝，对于老厂则规定不超过90分贝，与国际标准相比大致相近。当作业场所噪声超过国家标准时，应佩戴耳塞、耳罩或防噪声帽，以保护听力不受噪声损伤。

随着现代工业技术发展，工业噪声已成为危害工人健康和污染环境的重要因素，有效控制噪声是我国机械产品发展面临的问题，同时也是全球发展的趋势。我国目前在工业噪声控制技术上还有许多不足之处，需要努力研究更有效的降噪新技术。

我国在工业噪声防治方面已经取得了一些成绩，但是和欧美等发达国家相比，还存在一定的差距。近几年来，随着我国工业技术的发展，越来越多的人开始关注工业噪声所造成的危害，因此许多相关单位开始对噪声控制进行研究，降噪技术也得以快速发展。

2. 建筑施工噪声控制工程

伴随着我国城市的快速发展，各个地区都加快了老旧小区改造的步伐，这就意味着更多的建筑工程需要施工，而在工程施工过程中产生的噪声会对环境造成严重的污染，影响人们的正常生活。

建筑施工噪声指在城市中建设公用设施如地下铁道、高速公路、桥梁，敷设地下管道和电缆等，以及工业与民用建筑的施工现场，大量使用各种不同性能的动力机械，使原来比较安静的环境成为噪声污染严重的场所。

建筑施工噪声具有以下特点：①非永久性；②突发性；③普遍性；④持续时间集中且强度大；⑤控制难度大。

建筑施工噪声控制措施包括以下几方面。

（1）采用低噪声设备和工艺代替高噪声设备和工艺，如低噪声振动器、电动空压机、电锯、打夯机等，并在声源处适当位置安装消音器。

（2）利用吸声材料或由吸声结构形成的金属或木质薄板钻孔制成空腔体吸收声能，降低噪声；对由振动引起的噪声，通过降低机械振动减少噪声，如将阻尼材料涂在振动源上或改变振动源与其他刚性结构的连接等。

（3）进入施工现场不得高声叫喊、不得故意摔打模板和乱吹哨、限制使用高音喇叭，尽量减少噪声扰民。

（4）在施工现场周围社区居民密集的区域进行噪声作业，必须严格遵守法律法规规定的时间，晚上 10 点之后至次日早上 6 点之前严禁强噪声作业，遇到施工工艺要求而无法停止作业须昼夜施工的情况，需要提前填报昼夜施工申请、昼夜施工方案及降低噪声的措施，经地方人民政府行政主管部门批准，并对周围社区居民区贴安民告示后，方可施工。

中国在 1990 年便制定了 GB 12523-90《建筑施工场界噪声限值》，在 2011 年进行了修订并更名为 GB12523-2011《建筑施工场界环境噪声排放标准》，对施工场界环境噪声排放限值和测量方法做了规定。

近年来，尽管各地有关部门采取了一些措施和手段进行了噪声治理，但问题仍很严重。随着公众环境保护意识的增强，各地噪声扰民诉讼案件不断增多。如上海某工程施工中，因赶工期夜间施工的噪声使周围居民不堪忍受。居民将施工单位告到法院，施工单位向居民做出了每户 5000 元的补偿。

治理建筑施工噪声，要通过完善相关法规，加强执法管理。例如在城市大力推广使用商品混凝土，在城市建筑工地禁止搅拌混凝土，一律使用集中生产的商品混凝土，以减少混凝土现场搅拌所产生的巨大噪声污染。北京市颁布的《北京市建设工程施工现场管理办法》第 3 章第 20 条规定：“除城市基础设施工程和抢险救灾工程以外，进行夜间施工作业产生的噪声超过规定标准的，对影响范围内的居民由建设单位给予适当经济补偿。”

针对建筑施工噪声扰民问题，施工单位要加以重视，有关部门应把该项目工作列入“工程招标”“优质工程”等考核内容。随着科学技术的不断发展，以及人们环境意识的提高，建筑施工噪声将会进一步得到有效的控制，为人们营造良好的生活和工作环境。

3. 交通噪声控制工程

随着城市化进程的推进，汽车数量急剧增加，城市道路交通噪声问题日益严重，影响人们的身心健康和生活质量。交通噪声成为城市环境噪声的主要来源之一，占城市环境噪声的 30%~50%，减少交通噪声污染，改善城市声环境，提高人们生活质量势在必行。

交通噪声主要指机动车辆、飞机、火车和轮船等交通工具在运行时产生的噪声，其噪声源具有流动性。交通工具在运行过程中不可避免地会产生噪声。例如，汽车的刹车、飞机起飞降落、火车在铁轨上的运动等都会产生交通噪声。在城市中机动车辆噪声占最主要部分，高达 85%。其中，汽车是一个综合噪声源：首先，若不加消声器，汽车排气噪声可达 100 分贝以上；其次，引擎和轮胎产生的噪声，引擎噪声可达 90 分贝以上，而车速在 90 公里 / 时以上时轮胎噪声可达 95 分贝左右。同时，在汽车所有噪声中，汽车喇叭声强度是最大的，频繁使用喇叭会造成明显的扰人的噪声污染。

交通噪声的控制途径主要分为三个方面：降低噪声源的辐射噪声、控制噪声传播途径、保护噪声受害者。

交通噪声的控制方法有以下几种：第一，控制声源，优化车辆设计，降低其辐射噪声。第二，交通噪声与交通量、车速和车型等因素有关，因此，应改善交通运行条件。第三，针对噪声传播途径降噪，在道路与噪声接受点之间设置声屏障，如在道路与接受点之间种植绿化林带。

早在 20 世纪 50 年代，针对工业噪声问题，国外已经开始对噪声环境进行研究，随着全球经济的发展，道路交通噪声逐渐引起了人们的注意，各国学者纷纷对其进行研究。美国联邦高速公路管理局于 1978 年发布了 FHWA 高速公路交通噪声预测模型。该模型以等效连续 A 声级 LAeq 为评价指标，主要用于高速公路匀速车流交通噪声的预测。中国城市交通噪声研究较国外起步比较晚，目前研究以工业噪声为主，主要集中在消声、隔声、吸声等方面。

城市道路交通噪声问题在我国大中城市都较为突出。以 2000 年为例，我国大中城市道路交通噪声等效声级范围为 56.2~80.7 分贝。8.9% 的城市污染较重，22.4% 的城市属于中度污染，53.3% 的城市属于轻度污染，15.4% 的城市属于环境质量较好。

我国交通噪声防治工作主要由环保部门负责。《环境噪声污染防治法》规定城市规划管理部门应将交通噪声考虑进规划中。《声环境质量标准》(GB3096-2016)通过设定明确的噪声限值，对声环境功能区进行了分类，以期对城市的噪声管理进行指导。环保部发布的《地面交通噪声污染防治技术政策》提出，要从“合理规划布局、加强交通噪声管理、噪声源控制、传声途径噪声削减、敏感建筑物噪声防护”五个方面对交通噪声进行控制，这是我国首次对交通噪声的防治原则和方法提出明确要求。随后《地面交通噪声污染防治技术政策(编制说明)》则初步进行了技术路线的阐释，并推行了一系列防治原则。

道路交通噪声控制工程是在道路建设过程中或建成之后，对道路周边的噪声进行评估，通过对结果进行分析，提出相应的控制措施，使噪声在可控范围内，优化周边居民的生活环境，为道路选址、城市规划提供一定的支撑。

4. 社会生活噪声控制工程

随着社会经济的快速发展和城市化的加速，近年来社会生活噪声在我国许多城市已取代交通噪声成为主要的环境噪声污染源。社会生活噪声类型以及人们对它的感知也随着社会经济的发展而不断变化。社会生活噪声问题日渐突出。

社会生活噪声主要是商业、娱乐、体育、游行、庆祝、宣传等活动产生的噪声，其他如打字机、家用电器等小型机械，以及住宅区内修理汽车、制作家具和燃放爆竹等所产生的噪声也包括在内。商业、文体、游行、宣传等活动有时会使用扩声设备，造成的噪声污染更为严重。有些室内活动造成的噪声经常在100分贝以上。社会生活噪声分为3类：营业性场所噪声、公共活动场所噪声、其他常见噪声。

社会生活噪声可通过采取城市规划分区和制定有关法令等措施加以控制和限制。针对家用电器等小型机械应通过提高加工精度和改良机械结构，减弱噪声的强度。在办公室内利用噪声调节器发出一种低声级低频的稳定的噪声来掩蔽某些扰人的噪声，这种方法在某些地方已有所应用。噪声传播途径的控制主要包括吸声、隔声和消声等。吸声主要是利用吸声材料或者建立吸声结构来吸收声能；隔声主要是通过隔声结构，将噪声与接受者之间隔离，从而降低其危害性；消声主要是利用消声器，城市绿化带就是广泛采用的消声措施之一。

美国在社会生活噪声污染防治方面进行了详细的规定。纽约市1963年颁发的《反噪声法规》规定了各类噪音的标准，1972年的《噪声控制法》对有关噪声的标准进行了详细的规定，1975年发布了《社区噪声控制法规样本》，并将其作为各州、地方和社区法规制度的参考。德国于1968年颁发《噪声技术导则》，在1998年对其进行修订，1974年颁布了《联邦噪声辐照防治法》，规定了运动设备、割草机等方面配套的实施细则。我国《中华人民共和国环境噪声污染防治法》于1997年3月1日开始施行。现行《环境保护法》于2015年1月1日起开始实施，首次明确提到噪声污染。《治安管理处罚法》第58条对社会生活噪声污染有明确的处罚规定。

我国虽然有控制社会生活噪声污染方面的立法，但是由于立法滞后与法规不完善，社会生活噪声污染防治仍然存在诸多问题，如社会生活噪声污染界定不清晰、标准不完善、管理体制不健全、执法方式不完善、诉讼中受害方补偿难等。

社会生活中噪声已经发展为一个严重的社会问题，需要社会各界的广泛关注和重视，从个人到政府相关机构，都需要针对噪声污染问题贡献应有的力量，采用一切行之有效的措施对噪声污染进行防治，只有这样才能减少社会生活噪声污染，营造良好的生活环境。

二、建筑与土木工程

建筑与土木工程是研究人类生活所需要的基础设施的规划、设计、建造和维护的工程，具体包括城市和村镇规划，城市设计，建筑与结构设计，市政工程设计，桥梁、道路与隧道工程设计，地下与水工结构设计及其勘测、施工和维护等。

（一）建筑环境与设备工程

建筑环境与设备工程包括建筑物采暖、空调、通风除尘、空气净化和燃气应用等系统与设备以及相关的城市供热、供燃气系统与设备的设计、安装调试与运行等。随着时代的发展和城市的扩大，现代建筑日新月异，已不再是过去的平房或低楼层、格局死板的建筑，出现了大量新型建筑体系，相应的，对其内部的设备也提出了更多和更高的要求。建筑环境与设备工程需要技术人员与建筑设计师之间良好的配合，对建筑结构和用户需求有完整的认识和了解，做出切实可行的设计。

1. 供热工程

随着社会经济的迅速发展，人们的生活水平日益提高，供热工程的建设基本解决了人们冬天采暖的问题。随着人们环保意识的提高，供热工程在保证供热质量的同时，也注重有效提升经济效益。供热工程已经成为城市发展中的一项重要工作，直接影响着人们的日常生活以及经济的可持续发展。

供热工程：通常是在冬季使用，安装在建筑工程内部，供人们御寒取暖使用的管道设备或者热源传输设备等一系列组件。它可以包括为人们的生产、生活服务和其他取暖用途的所有内容，如提供、输送、控制热源以及散热或者其他任何相关的附属工程设施。供热系统分类：①按各部分的位置，分为局部供暖系统、集中供暖系统。②按换热方式，分为对流供暖、辐射供暖。③按供热介质，分为热电厂供热系统、热水供热系统、低温水供热系统、熔盐储能供热系统。

目前我国主要采取的是集中供热。集中供热是由集中热源所产生的蒸汽、热水，通过管网供给一个城市（镇）或部分区域生产、采暖和生活所需的热量的方式。它具有节约燃料、减少城市污染等优点，发展速度很快。集中供热系统由热源、供热管网、热用户三部分组成。集中供热的热源包括热电联产的电厂、集中锅炉房、工业与其他余热、地热、核能、太阳能、热泵等，亦可由几种热源共同组成多热源联合供热系统。居民集中供热系统如图 6-6 所示。

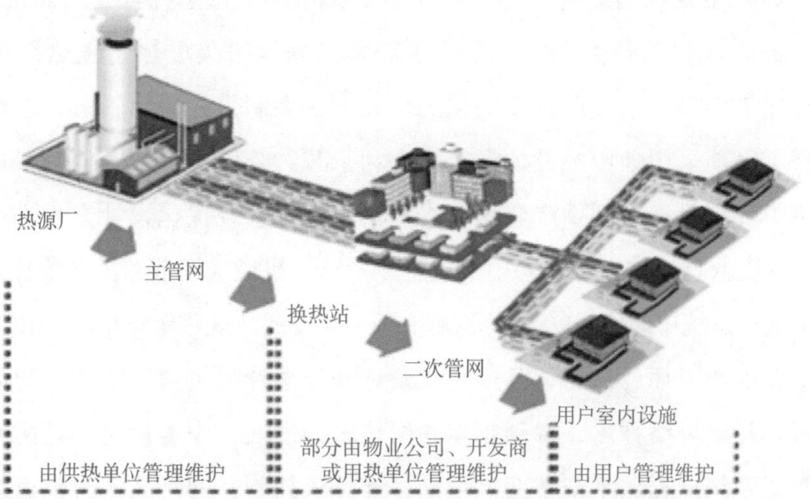

图 6-6　居民集中供热系统

资料来源：https://www.zuowenzhai.com/yao-1578794510212372660.html。

火的使用、蒸汽机的发明、电能的应用及原子能的利用，是人类利用能源历史上四次重要的突破。

（1）火的使用使人类走向了文明。

（2）蒸汽机的发明开启工业革命的道路。

（3）电能的应用改变了人类生活生产方式。

（4）原子能的利用开拓了人类能源使用新途径。

在人类历史上，北京原始人化石发源地龙骨山和欧洲安得塔尔化石发源地都曾经发现过烧火的遗迹。局部的取暖装置，如火炉、火墙和火炕，至今在北方农村仍有大量使用。例如，火炕是集取暖、做饭于一体的典型的节能用热装置。蒸汽机的发明，促进了锅炉制造业的发展，19 世纪初期，在欧洲开始出现以蒸汽或热水为热媒的集中供热系统或供暖系统。集中供热方式开始于 1877 年，美国纽约建成了世界上第一个区域锅炉房并向附近的 14 家用户供热。20 世纪初，一些工业发达国家，开始利用发电厂内汽轮机的排气，为工业生产和居民生活供热，而后逐步演化为现代意义上的热电厂（也称热电联产）。特别是第二次世界大战之后，大多国家都在搞经济复苏，城镇集中供热事业得到了前所未有的蓬勃发展，其主要原因是集中供热（特别是热电联产）具有明显的节约能源、改善环境、提高人民生活水平和保证生产用热等优点。

我国集中供热技术的发展主要体现在以下几个方面：①高参数、大容量供热机组的热电厂和大型区域锅炉的兴建，为大中型城市集中供热开辟了广阔的应用前景。②改造凝汽式发电厂为热力厂。③改变了许多年来城市集中热水供热系统的单一模式，初步形成集中供热系统形式多样化的局面。④预制供热保温管道直埋敷设的广泛应用，改变了以前采用地沟敷设的形式，有利于节约管网投资和方便施工。⑤一些新型供热管道附件和设备得到推广应用。⑥在集中供热系统优化设计方面进行了大量的研究。供热系统的自控技术，如采用微机监控系统、机械式调节器控制等技术，已在国内一些集中供热系统中应用。⑦建设部颁布了一些规范、规程等设计和施工基础资料。

计算机在供热方面的应用，已逐步从设计和简单计算机辅助绘图向智能化和交互式方向发展。随着网络技术，特别是互联网技术的发展，作为信息处理的人机系统开始从一个封闭系统向开放系统转变。可见，计算机控制、网络技术为供热系统的运行调节提供了新的工具，系统方法、信息方法和人工智能等的应用已经成为供热技术发展的时代特征。用光缆、电话线作为通信、数据采集线路，实现远程自动化控制。

供热工程作为能源工程，其目标应为“不多不少”。也就是说，在实现室温“不冷不热”的同时，要做到按需供热。

供热工程作为环保工程，其衡量目标应为“不雾不霾”。供热工程，在某种程度上，也是雾霾的制造者之一。因此，供热工程必须同时承担起防治雾霾的重任。

2. 通风工程

随着人们生活水平的提升，对有关生活质量方面的影响因素的关注度不断上升。良好的通风技术可以为人们工作和生活提供适宜的环境，在社会发展中的积极作用日益凸显。

通风工程是送风、排风、除尘、气流输送，以及防烟、排烟系统工程的统称。通风的意义是使室内的污染物浓度达到有关标准。在以人为主的室内环境中，污染物主要包括：①人体新陈代谢中产生的二氧化碳、皮肤表面的代谢产物。②建筑材料中挥发出的有害物，如苯类、醛类等有机物质。③周围土壤中存在的氡等放射性物质。④室外大气中存在的灰尘、二氧化碳。

某些房间对空气环境有较高的要求，不允许周围空气流入（如医院的手术室、实验大楼中的精密仪器室等），这些房间的机械送风量应大于机械排风量（或者只设机械送风，全部用自然排风），使室内压力大于大气压力。室内多余的空气会通过门、窗和其他缝隙流至室外。某些污染较严重的房间（如厕所、厨房等），为了防止其中的污浊空气流入周围的空间，应使室内的压力小于大气压力，使室内的污浊空气不致流至室外。室外空气经百叶窗进入送风室，送风室内设有净化空气用的空气过滤器和加热空气用的空气加热器等，空气经过净化和加热后由风机加压经过风管输送到房间内的送风格栅（即出风口），再分布到各室内，与室内空气混合。有时，排风经下部的排风口吸入回风管道，返回送风室，与室外新鲜空气混和后继续使用。

1862 年，英国的圭贝尔发明离心通风机，其叶轮、机壳为同心圆型，机壳用砖制，木制叶轮采用后向直叶片，效率仅为 40% 左右，主要用于矿山通风。

1880 年，人们设计了用于矿井排送风的蜗形机壳和后向弯曲叶片的离心通风机，结构已比较完善。

1892 年，法国研制了横流通风机；1898 年，爱尔兰人设计出前向叶片的西罗柯式离心通风机，并在各国广泛采用；19 世纪，轴流通风机应用于矿井通风和冶金工业的鼓风作业，但其压力仅为 100~300 帕，效率仅为 15%~25%，直到 20 世纪 40 年代以后才得到较快发展。

1935 年，德国首先采用轴流等压通风机为锅炉通风和引风。

1948 年，丹麦制成运行中动叶可调的轴流通风机，同时，旋轴流通风机、子午加速轴流通风机、斜流通风机和横流通风机也都获得了发展。按气体流动的方向，通风机可分为离心式、轴流式、斜流式和横流式等类型。离心通风机工作时，动力机（主要是电动机）驱动叶轮在蜗形机壳内旋转，空气经吸气口从叶轮中心处吸入。由于叶片对气体的动力作用，气体压力和速度得以提高，并在离心力作用下沿着叶道甩向机壳，从排气口排出。

中国通风行业的发展较国外慢，有调查显示：通风设备在我国的建筑行业应用率不高于 2%，由此可以看出我国的通风行业还处于起步阶段。人们对于通风设备的认识还不足。2019 年 5 月 1 日，《住宅新风系统技术标准》正式实施。这项标准的实施对通风系统行业的快速健康发展有很大的帮助。

近年来我国的建筑业发展迅速，人们对住房问题日益重视，对住房的舒适度的要求越来越高。建筑物内的通风会影响到居民的生活质量，这就要求设计人员在设计通风装置的过程中提升设计的质量，最终达到一个良好的居住效果，不管是材料的选择还是施工人员的管理都要加强。因为通风工程是一个复杂的系统，需要保证每一个环节，尽可能地为广大住户创造安全舒适的居住条件。

3. 建筑设备工程

建筑设备给人们营造安全、合理、舒适的生活与生产环境，包括：充分发挥建筑物使用功能，为人们提供卫生舒适和方便的生活与工作环境；为生产提供必要的环境保障；同时，保护人民生命财产以及经济建设安全等。

建筑设备工程是指民用和工业建设项目中设备系统的“实现”，包括设计、施工安装和调试使用，是整个建设项目的重要内容。建筑设备工程涉及众多工程领域，专业面广，材料繁多，工艺复杂，在经济、技术和功能上的地位越来越高。主要学科包括建筑给排水工程、建筑采暖工程、通风与空气调节工程、建筑电气工程和建筑设备监控与火灾自动报警系统。建筑设备是建筑物的重要组成部分，包括给水、排水、采暖、通风、空调、电气、电梯、通信及楼宇智能化等设施设备。

为使建筑设备工程更好地运行和发挥作用，首先就应该掌握施工技术要点，做好设备安装。建筑设备工程是涉及面广、技术复杂、工程繁多的综合性工程。施工质量直接关系到企业生产能力的形成、生产效益的发挥、建筑物的使用功能及生命财产的安全。建筑设备工程主要由施工准备、安装、试运行、移交几个阶段组成。

在远古时代，人类的祖先借山洞栖息，躲避风雨严寒。随着时代的进步，科学技术的发展，人们开始有能力建造房屋，寻找更安全可靠的庇护之所。

近代房屋建筑为了满足生产和生活的需要以及提供卫生、安全而舒适的工作环境，要求在建筑物内设置完善的给水、排水、供热、通风、空气调节、燃气、电力等设备系统。设置在建筑内的设备系统，必然要求与建筑、结构及生活需求、生产工艺设备等相互协调，发挥建筑物应有的功能，并提高建筑物的使用质量，避免环境污染，高效发挥建筑物为生产和生活服务的作用。在我国，最先引入各种建筑设备的城市是开埠后的上海，从1865年租界点燃煤气灯开始到20世纪初暖通空调设备进入建筑，各种设备大量装配于建筑中，并成为建筑中不可缺少的组成部分。

建筑设备已成为建筑中不可分割的重要组成部分。随着经济技术的发展和生活质量、工作效率的提高，建筑设备在建筑中的地位日趋重要。建筑设备已成为形成和保障建筑功能的重要组成部分，在建筑投资中占50%~70%，并且是建筑物长期运行成本中的主要支出。随着城市建设步伐的加快，新技术、新材料、新工艺不断发展，建筑设备工程在建筑领域中的作用日益突出。同时，社会对建筑设备工程专业人才的要求也越来越高。

智能建筑工程项目的评估包括节能及经济效益的评估。按需求出发，实事求是，追求最大的性能价格比是公共建筑或社区规划设计的指导方针，既包括建筑设备工程质量，也包括质量过关的材料和设备，更需要好的施工工艺和质量把控。建筑设备工程施工过程中，由施工工艺、方法不当所造成的影响往往是普遍的、隐蔽的、难以修复的。施工过程质量把控不到位将使建筑设备工程的功能发挥大打折扣，甚至带来安全隐患。施工过程中的质量记录和见证资料是施工质量的重要证明文件，对于那些监管缺失、质量记录资料不完整和不足以证明质量符合要求的建筑设备工程，进行工程质量鉴定与评估尤为必要。

（二）房屋建筑工程

房屋建筑工程是指各类房屋建筑及其附属设施和配套的线路、管道、设备安装工程及室内外装修工程。房屋建筑工程指有顶盖、梁柱、墙壁、基础以及能够形成内部空间，满足人们生产、居住、学习、公共活动等需要的工程。房屋建筑工程一般简称建筑工程，是指新建、改建或扩建建筑物和附属构筑物所进行的勘察、规划、设计、施工、安装和维护等各项技术工作及其完成的工程实体。

1. 居住建筑工程

居住建筑是与人们日常生活关系最为密切的建筑类型，是人类生存活动和社会生活所必需的基本物质空间，在我国社会经济发展中占有极为重要的地位。

居住建筑是指供人们日常居住生活使用的建筑物，包括住宅、别墅、宿舍、公寓。居住建筑是以家庭为单位的住宅形式，要求保证居住的安全性和私密性，平面布局多为对外封闭而向内开敞，这是影响居住建筑形制和设计的重要因素。居住建筑工程主要考虑居住环境的舒适度，保证冬天保温、夏天散热及居住环境。同时节能设计也十分重要，居住建筑是城市建设中占比最大的建筑类型，住宅经常成片建设。居住建筑工程，除了合理安排居住区的群体建筑、公共配套设施、户外环境外，还要考虑地理位置、住宅的规模和质量、功能空间的面积等因素，住宅本身的设计一般要考虑以下几点：①保证分户和私密性，使每户住宅独门独户，保障按户分隔的安全和生活的方便，视线、声音的适当隔绝并不为外人所侵扰；②保证安全，建筑构造符合耐火等级要求，交通疏散符合防火设计要求；③处理好空间的分隔和联系，户内的空间设计方面，基于家庭人口的不同，要有分室和共同团聚的活动空间；④现代住宅应充分满足用户生活的基本要求，设施完备，包括炊事和浴室厕所以及给水排水、燃气、热力、照明、电气和必要的储藏橱柜、搁板等。

我国真正意义上的现代住宅发展应该是以 1949 年新中国建立为起点的，这不仅是因为新中国成立前住宅建设匮乏，更重要的是新制度的建立包括对住宅问题的政策性干预，促使住宅建设走向一个新的时期。

（1）新中国成立初期模仿欧苏住宅。

（2）“浅基薄墙”的简易住宅。20 世纪 60 年代，受自然灾害的影响，出现了一批简易住宅。

（3）初具雏形的高层住宅。20 世纪 70 年代，解决大城市缺乏土地和急需住宅之间的矛盾。

（4）“小方厅型”住宅套型出现。随着 70 年代末我国人口控制计划的有效实施，我国家庭人口结构向小型化发展。

（5）20 世纪 90 年代初商品住宅套型模式。

（6）21 世纪初以来追求舒适度的住宅套型模式。

随着我国社会经济的不断发展，住宅产业也迅速发展，进而带动整个国民经济结构调整升级，并成为重要的支柱产业。为提高居民的居住质量，国家大力推进绿色建筑、装配式建筑等。经过十几年的努力，我国的住房已经从对量的需求转变为对质的需求。居住建筑已经不仅仅限于居住功能，人们对环境的要求越来越高，文化因素与建筑的结合越来越紧密，所以在住宅设计中应注意更多元素：主题文化、环境、功能。“以人为本”已经成为居住建筑的发展趋势。

居住建筑的评估主要是健康与节能的评估，从居住物理环境、社会环境和绿色环保等方面对居住环境进行定性、定量评价，评估的主要依据是《绿色建筑评价标准》（GB-T 50378-2019）。

2. 公共建筑工程

公共建筑在城市建筑中占有相当大的比重，是直接为大众工作、学习、文化、休闲等需要服务的建筑物，具有广泛的社会性，随社会生产方式和生产力的进步而发展。

公共建筑是指供人们进行各种公共活动的建筑。一般包含办公建筑（包括写字楼、政府部门办公室等）、商业建筑（如商场、金融建筑等）、旅游建筑（如酒店、娱乐场所等）、科教文卫建筑（包括文化、教育、科研、医疗、卫生、体育建筑等）、通信建筑（如邮电、通信、广播用房）、交通运输类建筑（如机场、高铁站、火车站、汽车站、冷藏库等）以及其他（派出所、仓库、拘留所）等。

各种公共建筑的使用性质和类型不同，但都可以分成主要使用部分、次要使用部分（或称辅助部分）和交通联系部分三大部分。设计中应首先抓住这三大部分的关系进行排列和组合，以求得功能和关系的合理和完善。在这三部分的构成关系中，交通联系的空间配置往往起关键作用。交通联系部分一般可分为水平交通、垂直交通和枢纽交通三种基本空间形式。

新中国成立前，公共建筑多为木结构、碎砖围护墙、瓦顶、纸糊顶棚的小平房，全部由工人手工操作。1950~1960 年，我国开始对预制装配式混凝土（Precast Concrete，PC）建筑的设计和施工技术进行研究，并形成了一系列相应类型的建筑体系。1980 年，PC 建筑的应用进入全盛时期，出现了集设计、制作、安装于一体的装配式混凝土建筑生产模式。近年来，我国开始倡导预制装配式建筑。

公共建筑能耗最高，据有关专家的调查，北京市大型公共建筑的能耗是普通住宅的 10~15 倍。21 世纪到来，人们从工业时代进入信息时代，建筑业的权威专家曾说过：21 世纪的高消费就是回归大自然、回归乡土，具体来说，就是在进行建筑设计时首先要研究生态环境状况，考虑如何与周边环境的协调，实现自然能源的合理利用。

公共建筑评估的主要依据是地价和能耗以及能源利用效率。随着社会的发展，人类面临着人口剧增、资源过度消耗、气候变暖、水资源短缺等诸多问题。为了解决这些问题，可持续发展成为各国共同追求的目标，设计评估的主要依据是《公共建筑节能设计标准》（GB 50189-2015）。

3. 工业建筑工程

工业建筑工程是我国建筑行业的重要组成部分，为我国工业生产提供活动空间，对于国家的经济发展和社会的繁荣稳定具有十分重要的意义。

工业建筑指供人们从事各类生产活动的建筑物和构筑物，包括工业厂房（可分为通用工业厂房和特殊工业厂房）。

工业建筑必须紧密结合生产，满足工业生产的要求，并为工人创造良好的劳动卫生条件，以提高产品质量和劳动生产率。工业生产类别很多、差异很大，有重型、轻型，有冷加工、热加工；有的要求恒温、密闭，有的要求开敞，这些对建筑平面空间布局、层数、体型、立面及室内处理等有直接的影响。因此，生产工艺不同的厂房具有不同的特征。一些工业厂房有大量的设备及起重机械，厂房为高大的敞通空间，在采光、通风、屋面排水及构造处理上都较一般民用建筑复杂。

18 世纪后期工业建筑最先出现在英国，后来美国以及一些欧洲国家也兴建了各种工业建筑。20 世纪 20 ~ 30 年代苏联开始进行大规模工业建设。20 世纪 50 年代中国开始大量建造各种类型的工业建筑。

工业生产技术发展迅速，生产体制变革和产品更新换代频繁，厂房向大型化和微型化两极发展；同时普遍要求在使用上具有更大的灵活性，以便于改建和扩建，便于运输机具的设置和改装。工业建筑设计的发展趋势包括以下几方面。

（1）适应建筑工业化的要求。扩大柱网尺寸，平面参数、剖面层高尽量统一，楼面、地面荷载的适应范围扩大；厂房的结构形式和墙体材料向高强、轻型和配套化发展。

（2）适应产品运输的机械化、自动化要求。为提高产品和零部件运输的机械化和自动化程度，提高运输设备的利用率，尽可能将运输荷载直接放到地面，以简化厂房结构。

（3）适应产品向高、精、尖方向发展的要求，对厂房的工作条件提出更高要求。如采用全空调的无窗厂房（也称密闭厂房），或利用地下温湿条件相对稳定、防震性能好的地下厂房。地下厂房已成为工业建筑设计中的新领域。

（4）适应生产向专业化发展的要求。许多国家采用工业小区（或称工业园地）的做法，或集中一个行业的各类工厂，或集中若干行业的工厂，在小区总体规划的要求下进行设计，小区面积从几十公顷到几百公顷不等。

（5）适应生产规模不断扩大的要求。由于用地紧张，多层工业厂房日渐增加，除独立的厂家外，多家工厂共用一幢厂房的“工业大厦”也已出现。

（6）提高环境质量。

工业建筑的设计应当适应科技进步和经济发展的需要，尤其要注重技术和生产、人文、环境的关系，使得工业建筑设计在人文方面的理念更加先进，评估可参考《工业建筑可靠性鉴定标准》(GB50144-2008)。

三、水利工程

随着社会经济的快速发展，保障民生的很多基础设施建设加速发展，水利工程就是其中之一。水利工程是我国的重要基础设施工程之一，在发电、蓄水灌溉、防洪排涝以及经济发展中发挥了至关重要的作用。比如，都江堰的主要作用是灌溉防洪，使成都平原成为大粮仓，获得“天府之国”的美称；三峡工程的主要作用是防洪发电，让流域附近的居民能够远离洪灾危害的同时，还创造了很大的经济价值；南水北调工程解决了南北水资源时空分配不均的问题，使北方部分地区水资源长期短缺的局面得到缓解。另外，水利工程还能够增加空气湿度，在改善其周围的生态环境方面有很多积极作用。

（一）防洪工程

防洪工程是为控制、防御洪水以减免灾害损失所修建的工程。常用的防洪工程有堤防工程、水库工程、蓄滞洪区工程以及河道治理工程。按功能和兴建目的可分为挡水、泄洪和拦蓄。按施工对象可分为水库工程、河道工程和护岸工程。

1. 水库工程

水库既是一个自然综合体，又是一个经济综合体，具有多方面的功能，如调节河川径流、防洪、供水、灌溉、发电、养殖、航运、旅游、改善环境等，具有重要的社会、经济和生态意义。

水库工程是在河道、山谷、低洼地及地下透水层修建挡水坝或堤堰、隔水墙，形成蓄积水的人工湖。水库规模通常按库容划分为小型、中型、大型等。水库三大件是指大坝、溢洪道、放水建筑物。

大（一）型水库：总库容大于10亿立方米的水库。

大（二）型水库：总库容为1亿~10亿立方米的水库。

中型水库：总库容大于1000万立方米、小于1亿立方米的水库。

小型水库：总库容大于10万立方米、小于1000万立方米的水库。

水库有山谷水库、平原水库、地下水库等。其中以山谷水库，特别是其中的堤坝式水库数量最多，通常所称的水库工程多指这一类型，它一般都由挡水、泄洪、放水等水工建筑物组成。

挡水建筑物：阻挡或拦束水流、壅高或调节上游水位的建筑物，一般横跨河道修筑的称为坝，沿水流方向在河道两侧修筑的称为堤，坝是形成水库的关键性工程。

泄水建筑物：能从水库安全可靠地放泄多余或需要水量的建筑物。如在水利枢纽中设河岸溢洪道，一旦水库水位超过警戒水位，多余水量将由溢洪道泄出。

专门水工建筑物：除上述两类常见的一般性建筑物外，为某一专门目的或为完成某一特定任务所设的建筑物。渠道是输水建筑物，此外还有同桥梁、涵洞等交叉的建筑物。水力发电站枢纽按厂房位置和引水方式可划分为河床式、坝后式、引水道式和地下式等。

中国台湾的虎头埤水库修建于清道光二十一年（1841年）。新中国成立后建的第一座水库是官厅水库，其位于河北省张家口市和北京市延庆县界内，于1951年10月动工，1954年5月竣工，1958年动工修建了三门峡水库和东平湖水库。

2013年我国实行了第一次全国水库普查，10万立方米及以上的水库工程98002座，总库容9323.12亿立方米。其中，大型水库756座，总库容7499.85亿立方米；中型水库3938座，总库容1119.76亿立方米；小型水库93308座，总库容703.51亿立方米。水库工程主要分布在湖南、江西、广东、四川、湖北、山东和云南七省，占全国水库总数量的61.7%。总库容较大的省份是湖北、云南、广西、四川、湖南和贵州六省，占全国水库总库容的47%。随着城市供水量的提高，水库工程越来越重要，2020年滨州开工新建16座小型水库，临沂政府投资70亿元建设黄河水库。

水库工程主要评估经济效益和社会效益。水库工程保证了国民经济和社会的安全发展，促进了农业的发展，并为国家生产力的结构布局打下了良好基础。水力发电促进了国民经济的发展，带来了社会效益和环境效益。

2. 河道工程

河道工程不仅仅是为了满足人们对水资源的需求，更是为了改善和恢复生态系统，并对我国的环境保护和可持续发展起到重要作用。

河道工程是综合治理河道的工作。为了控制河道洪水，改善防洪、灌溉、淤滩及工农业用水条件，针对不同的要求，对河道进行疏通、护岸、堤防等综合治理。整治河道时，必须使上下游、左右岸统筹兼顾，近远期相结合，达到行洪安全和合理利用水土资源的目的。

河道整治分长河段的整治及局部河段的整治。在一般情况下，长河段的河道整治主要是为了防洪和航运，而局部河段的河道整治是为了防止河岸坍塌、稳定工农业引水口以及桥渡上下游的工程措施。主要工程类别有控导工程、护岸工程、护滩工程等。河道治理措施有修建河道整治建筑、开展河道裁弯工程、拓宽河道、清除泥沙、疏通河道、整治河道水质、做好生态护岸工作。

古代的河道工程以防洪、灌溉和航运为主，都江堰是由蜀郡太守李冰父子在前人鳖灵开凿的基础上组织修建的大型水利工程，由分水鱼嘴、飞沙堰、宝瓶口等部分组成，两千多年来一直发挥着防洪灌溉的作用，使成都平原成为沃野千里的“天府之国”，灌区达 30 余县市、面积近千万亩，是迄今为止世界上年代最久、唯一留存、仍在继续使用、以无坝引水为特征的宏大水利工程，凝聚着中国古代劳动人民勤劳、勇敢、智慧的结晶。此外，它山堰属于甬江支流鄞江上修建的御咸蓄淡引水灌溉枢纽工程，还有郑国渠、灵渠等历史上著名的河道灌溉工程。近现代河道工程以防洪和水质净化为主，如苏州河治理工程、南明河治理工程等。

近年来，随着国家经济的快速发展，河道治理工程的建设对自然环境造成了一系列影响。河道整治工程普遍忽视对河道生态环境系统的保护，造成河道生物群落与河流生境的退化。为此，河道整治工程应充分保护生态环境系统，以实现适度的河道治理。如辽河流域河道生态工程需解决流域内河道水资源匮乏、水质污染严重、水资源和水环境承载力低的问题。未来河道工程不仅用于防洪还要充分考虑对周围环境与生态的保护。

3. 护岸工程

面对越来越严峻的环境问题，要切实保护好人们的生命和财产安全，护岸工程是水利工程的重要内容之一，能有效防止水流和波浪对岸坡基土的破坏，日益引起人们的重视。

护岸工程指在河口、江、湖、海岸地区，对原有岸坡采取砌筑加固的措施，用以防止波浪和水流的侵袭、淘刷和在土压力、地下水渗透压力作用下造成的岸坡崩坍，使主流线偏离被冲刷地段的保护工程设施。

通常防护措施有：①直接加固岸坡，在岸坡植树、种草。②抛石或砌石护岸。主要分类有埽工护岸、石工护岸、木龙和种树护岸、堵塞滩地串沟等。

护岸工程按形式可分为坡式护岸、坝式护岸、墙式护岸以及其他护岸形式。

（1）坡式护岸，将建筑材料或构件直接铺护在堤防或滩岸临水坡面，形成连续的覆盖层，防止水流、风浪的侵蚀和冲刷。

（2）坝式护岸，依托堤防、滩岸修建丁坝、矶头、顺坝以及丁坝和顺坝相结合的T形坝、拐头形坝，导引水流离岸，防止水流、风浪直接侵蚀、冲刷堤岸。

（3）墙式护岸，靠自重稳定，要求地基满足一定的承载能力。可顺岸设置，具有断面小、占地少的优点，常用于河道断面窄，临河侧无滩又受水流淘刷严重的堤段，如城镇、重要工业区等。

（4）其他护岸形式，如桩式护岸，通常采用木桩、钢桩、预制钢筋混凝土桩和以板桩为材料构成板桩式、桩基承台式以及桩石式护岸。

早在周代就有沟渠堤岸植树的制度。战国时，《管子》主张“大者为之堤，小者为之防，树以荆棘，以固其地，杂之以柏杨，以备决水”。国外也有类似的记载，早在公元前28世纪，欧洲凯尔特人和伊里利来人就采用柳枝编织篱笆的技术来进行防护。秦汉以后，一直到宋元，由于人们对水的认识不断深入，护岸的材料也更加丰富。这时出现了使用树枝、林秸、石头等捆扎而成作为护岸材料的方式。这种手法在现代叫作“柴枕法”。到了明清，有记载的护岸方法有抛石护岸、柳树护岸、山石护岸与条石护岸。在材料应用上，由于块石取材方便且与自然易融合，一直在护岸建造当中广泛应用。

以景观生态学为指导的生态适应性护岸是城市护岸的发展方向。景观生态学是基于城市景观发展的复杂状况，应运而生的综合性学科。应用景观生态学原理对城市（生态适应性）护岸景观和生态体系进行空间尺度和景观格局上的分析和研究，从而营造可持续的城市护岸景观将是城市护岸发展的新趋势。

护岸工程主要评估防护效果。护岸工程的评估涉及生态护岸的功能及内涵、分析各种护岸断面形式与构筑方法、护岸工程中采用的设计和新工艺的运用、护岸工程施工组织与管理、工程实施后评估、施工工艺与施工管理方面的经验和教训。抛石、桩等水下结构部位的检测是护岸工程检测与评估的重点和难点。

（二）调水工程

调水工程是优化水资源配置的战略格局，以及提高水利保障能力的重要途径。我国最大的调水工程是南水北调工程。其是为了缓解我国北方地区严重缺水的局面，采用人工和天然河渠相结合的方案，通过东线、中线和西线三条线路从长江流域调取水资源的一项规模宏大、影响深远的战略性基础设施。工程设计将三条调水线路与长江、黄河、淮河和海河四大江河相连，从而构成以“四横三纵”为主体的总体布局，最终实现我国水资源南北调配、东西互济的合理配置格局。

1. 引水工程

受季风气候的影响，我国水资源的空间分布极不均匀，总体上由东南沿海向西北内陆逐渐减少，北方地区水资源贫乏，南方地区水资源相对丰富。水土资源在地区上的组合不匹配，水资源分布与产业布局不相适应，各地区水资源供需状况差异较大，有些地区水资源短缺已经严重制约了其经济发展。引水工程主要是为了解决区域水资源分布不均的问题，意义重大。

引水工程是采用现代工程技术，从水源地通过取水建筑物、输水建筑物引水至需水地的一种水利工程。一般指从河道、湖泊等地表水体自流引水的工程（不包括从蓄水、提水工程中引水的工程），按大、中、小型规模分别统计。

引水工程由取水、输水两大部分建筑物组成。取水建筑物分为无坝自流取水建筑物、无坝扬水取水建筑物、有坝表层自流取水建筑物、有坝深水自流取水建筑物、有坝深水扬水取水建筑物。输水建筑物分为明流输水建筑物和压力输水建筑物两大类。明流输水建筑物分为渠道、水槽、隧洞、水管、渡槽、倒虹吸管等。压力输水建筑物分为压力隧洞、压力管道两种。压力管道分为钢管、预应力钢筋砼管、玻璃钢管等。引水工程是一项综合性水利工程，工程沿线涉及的地域通常长达数百至上千公里，沿途输水建筑物和输水设施种类复杂，数量繁多，包括水源工程、输水工程、供水工程以及水电站等众多工程建筑物。

我国引水工程历史悠久，公元前486年修建的引长江水入淮河的邗沟工程、公元前256年修建的都江堰引水工程、公元前219年建成的沟通湘江（长江水系）和漓江（珠江水系）的灵渠、公元1293年全线贯通的京杭大运河等早期跨流域调水工程，主要用于漕运和农业灌溉。我国是典型的水资源分布不均匀的国家，统计资料表明，2000年全国668座大中型城市中缺水的达到400座，其中有11座严重缺水，年缺水量达60多亿立方米，缺水区主要分布在华北地区和沿海地带。自20世纪80年代开始有计划的调水工程规划建设以来，我国陆续修建了一批调水工程，包括山西万家寨引黄入晋工程、广东东深供水工程、天津引滦入津工程、山东引黄济青工程、甘肃引大入秦工程、西安黑河引水工程、大连引碧入连工程、北京京密引水工程、四川武都引水工程、甘肃景泰川引水工程等调水工程；大型调水工程有南水北调工程、辽宁大伙房水库输水工程等。据不完全统计，已建及在建的跨流域调水工程130余项，拟议和规划设计的跨流域调水工程1项，这些工程的修建给我国的发展带来了巨大的社会、经济和环境效益。

随着科学技术的发展和人们对引水工程的深入研究，引水工程的发展已经进入了新的阶段。近几年，法国、西班牙、新加坡、土耳其等国家建设了大规模引水工程，中亚的哈萨克斯坦也提出了恢复从西伯利亚河向中亚引水的研究工作，我国的南水北调工程有效解决了北方水资源短缺的困局，这一切都意味着兴建引水工程的新时期即将来临。随着引水工程的不断发展，引水工程的目的不仅是区域水量调控，还包括水质改善、水土保持等。美国Green的引水工程显著降低了该湖的营养盐浓度和浮游植物含量，从而降低了湖泊水体的初级生产力水平，明显改善了湖体的富营养化状况。引水工程可以改善水体水质，也可能对水体水质产生不利影响，所以，引水工程的实施需要考虑对受纳水体的生态环境等影响。

引水工程的评估内容主要是安全评价，同时包含引水工程目标的科学性评估、引水的水质标准的科学性与可操作性评估、投资的合理性评估、规划设计的科学性与可操作性评估等。

2. 灌溉工程

随着社会经济的发展，人口快速增加，粮食的产量直接影响到社会经济的发展，虽然粮种、化肥、农药已成为粮食生产的基本条件，但是农业灌溉对于提高粮食产量仍然起着决定性的作用。

灌溉工程是指为灌溉农田而修建的各项工程和设施的统称，包括从水源取水到田间灌水的整套工程设施，一般由三部分组成：①水源（河流、湖泊、塘坝、水库及井泉等）和渠首取水建筑物（渠首的闸、坝和提水泵站等）；②输水和配水系统（包括各级渠道或管道，以及附属建筑物）；③田间灌水设施。按输、配水工程的结构类型，分为明渠灌溉工程系统和管道灌溉工程系统两类，前者由各级明渠把灌溉水送往田间，后者则用有压管道完成输、配水任务。灌溉的主要方法有漫灌、喷灌、微喷灌、滴灌、渗灌等。

近年来自动灌溉系统得到了广泛应用。灌溉系统工作时，湿度传感器采集土壤里的干湿度信号，将检测到的湿度信号通过信号转换模块，把标准的电流模拟信号转换为湿度数字信号，输入可编程控制器。可编程控制器内预先设定 50%~60%RH 为标准湿度值，实际测得的湿度信号与 50%~60%RH 相比较，可以得出：在这个范围内、超出这个范围、小于这个范围三种情况。可编程控制器将控制信号传给变频器，变频器根据湿度值，相应地调节电动机的转速，电动机带动水泵从水源抽水，需要灌溉时，电磁阀就自动开启，通过主管道和支管道为喷头输水，喷头以一定的旋转角度自动旋转。灌溉结束时电磁阀自动关闭。为了避免离水源远的喷头压力不足，在电磁阀的一侧安装一块压力表，保证各个喷头的水压满足设定的喷灌射程，避免发生因水压不足而喷头射程减少的现象。整个系统协调工作，实现对草坪灌溉的智能控制。

郑国渠在战国末年由秦国穿凿。公元前 246 年（秦王政元年）由韩国水工郑国主持兴建，约用十年时间完工。它西引泾水东注洛水，长达 300 余里（灌溉面积据称 4 万公顷）。都江堰位于四川省成都市都江堰市城西，坐落在成都平原西部的岷江上，始建于秦昭王末年（约公元前 256 至前 251 年），是由蜀郡太守李冰父子在前人鳖灵开凿的基础上组织修建的大型水利工程，由分水鱼嘴、飞沙堰、宝瓶口等部分组成，两千多年来一直发挥着防洪灌溉的作用，使成都平原成为沃野千里的“天府之国”，灌区达 30 余县市、面积近千万亩。

我国地域辽阔，各地的气候、土壤、水源等自然条件、作物种植模式和经济发展水平千差万别，因此目前推广的各种节水灌溉方式都有其适用的地区和作物类型。但是我国喷灌和微灌面积及其占灌溉面积的比例都很小，与我国水资源的紧缺形势和生产力发展水平不相适应，因此，节水灌溉是今后主要的发展趋势。据统计，我国有一半以上的耕地没有灌溉设施，属于“望天田”，2/3 的有效灌溉面积还在沿用传统的灌溉方法。在节水灌溉面积中，采用现代先进节水灌溉方式的较少，绝大部分只是按低标准初步进行了节水改造，输水渠道的防渗衬砌率不到 30%。因此，我国的节水灌溉尤其是高效节水灌溉存在巨大的发展空间和潜力。

水资源短缺与节水将是我国不得不面对的永恒主题。它不仅关系到粮食安全、生态安全，而且关乎国家安全。农业节水将是缓解我国水资源供需矛盾的主要途径。灌溉工程要实现可持续发展，取得更好的节水效果，更大的经济效益、社会效益和环境效益。

3. 闸泵控制工程

随着经济社会的发展和城市人口的增加，城市防洪排涝标准不断提高，城市排涝闸泵的规模相应增大，设计要求也不断提高。

闸泵工程在河道整治中发挥着重要作用，不仅可以充分发挥河道的排水和水资源调控作用，提高地区排涝能力，而且可以改善人居环境和投资环境，实现区域可持续发展，还可以促进人与自然协调发展。

水闸是修建在河道和渠道上控制流量和调节水位的低水头水工建筑物及设备。关闭闸门可以拦洪、挡潮或抬高上游水位，以满足灌溉、发电、航运、水产养殖、环保、工业和生活用水等需要；开启闸门，可以宣泄洪水、涝水、弃水或废水，也可向下游河道或渠道供水。在水利工程中，水闸是挡水、泄水或取水的建筑物。水闸，按其主要功能可分为节制闸、进水闸、冲沙闸、分洪闸、挡潮闸、排水闸等。按闸室的结构形式，可分为开敞式、胸墙式和涵洞式。

水泵是输送液体或使液体增压的机械。它将原动机的机械能或其他外部能量传送给液体，使液体能量增加，主要用来输送的液体包括水、油、酸碱液、乳化液、悬乳液和液态金属等。水泵性能的技术参数有流量、吸程、扬程、轴功率、效率等。根据不同的工作原理可分为容积泵、叶片泵等类型。容积泵是利用工作室容积的变化来传递能量；叶片泵是利用回转叶片与水的相互作用来传递能量，另外还有离心泵、轴流泵和混流泵等类型。

比较著名的有埃及的链泵（公元前 17 世纪），中国的桔槔（公元前 17 世纪）、辘轳（公元前 11 世纪）和水车（公元 1 世纪），还有公元前 3 世纪，阿基米德发明的螺旋杆，可以平稳连续地将水提至几米高处，其原理仍为现代螺杆泵所利用。公元前 200 年左右，古希腊工匠克特西比乌斯发明的灭火泵是一种最原始的活塞泵，已具备典型活塞泵的主要元件，但活塞泵在蒸汽机出现之后才得以迅速发展。1840 ~ 1850 年，美国沃辛顿发明泵缸和蒸汽缸对置的蒸汽直接作用的活塞泵，标志着现代活塞泵的形成。19 世纪是活塞泵发展的高潮时期，当时已用于水压机等多种机械，然而随着需水量的剧增，从 20 世纪 20 年代起，低速的、流量受到很大限制的活塞泵逐渐被高速的离心泵和回转泵所代替。但是在高压、小流量领域往复泵仍占有主要地位，尤其是隔膜泵、柱塞泵独具特色，其应用日益增多。

水闸作为蓄水和排涝建筑物，在现今社会中的作用越来越大，不仅关系到人民的财产和生命安全，也是地方经济发展的保证，有些水闸工程甚至成为生态旅游景点、休闲场所。随着工程质量要求的提高，在工程施工过程中，应以施工组织设计为指导，全面控制施工过程，重点控制工序质量。工程的安全保障水平也需要提高，目前闸泵工程安全生产还存在设置不全面、不系统、不规范等问题，应加强精细化发展，充分发挥闸泵工程各方面的效益。

随着城市自然生态的改变，洪涝灾害的频繁发生，防洪标准越来越高，直接关系到闸泵工程的工程质量，除了引入新设备、新技术外，内在的工程质量、施工安全水平也需要同步提升，以保障人们的财产安全及社会经济的快速发展。

参考文献

[1] 李登新主编 . 环境工程导论 [M]. 北京：中国环境出版社 ,2015.

[2] 曲向荣 , 李辉 , 吴昊编著 . 环境工程概论 [M]. 北京：机械工业出版社 ,2011.

[3] 洪傲主编 .2015 年高校专业详解与选择指南 [M]. 杭州：浙江摄影出版社 ,2015.

[4] 宣兆龙主编 . 装备环境工程 [M]. 北京：北京航空航天大学出版社 ,2015.

[5] 张健主编 . 环境工程实验技术 [M]. 镇江：江苏大学出版社 ,2015.

[6] 黄汉江编著 . 建筑经济大辞典 [M]. 上海：上海社会科学院出版社 ,1990.

[7] 邱洪兴编著 . 土木工程概论 [M]. 南京：东南大学出版社 , 2015.

[8] 夏晖，孟侠编著 . 景观工程 =Engineering for landscape[M]. 重庆：重庆大学出版社 ,2015.

[9] 姜晨光主编 . 现代土木工程概论 [M]. 北京：中国水利水电出版社 ,2015.

[10] 管锡珺主编 . 市政公用工程新技术概论 [M]. 北京：中国海洋大学出版社 ,2008.

[11] 张竞峰 . 环境工程污水处理的主要技术分析 [J]. 江西建材 ,2019,(12).

[12] 郝吉明 , 马广大 , 王书肖编著 . 大气污染控制工程（第三版）[M]. 北京：高等教育出版社 ,2010.

[13] 纪雪婷 . 环境工程之城市污水处理 [J]. 中外企业家 ,2019,(34).

[14] 张雪英 . 论环境工程专业课程教学中的人文教育 [J]. 教育教学论坛 ,2019,(47).

[15] 李利娜 . 城市雨水系统提标在排水工程中的应用及分析 [J]. 隧道与轨道交通 ,2019,(3).

[16] 尚业雯 . 海绵城市理念在城市排水工程设计的应用探究 [C]. 中国环境科学学会 (Chinese Society for Environmental Sciences).2019 中国环境科学学会科学技术年会论文集（第二卷）,2019.

[17] 科技承载梦想，创新改变未来——海绵城市 [Z]. 中国科学院 ,2019.

[18] 关于开展中央财政支持海绵城市建设试点工作的通知 [Z]. 财政部 ,2015.

[19] 国务院办公厅印发《关于推进海绵城市建设的指导意见》[S]. 中国政府网 ,2015-10-17.

[20] 杨柄桥 , 李德武 , 张怡 . 浅析海绵城市的可持续发展战略 [J]. 科技展望 ,2017,(22).

[21] 徐心一 , 张晨 , 朱晓东 . 海绵城市建设水平评价与分区域控制策略 [J]. 水土保持通报 , 2019,(1).

[22] 金芸 . 浅谈我市海绵城市建设的对策与思考 [J]. 城市建筑 ,2016,(14).

[23] 王崴 . 市政排水工程常见质量问题及处理 [J]. 建材与装饰 ,2019,(23).

[24] 林国星 . 探索环境工程中大气污染的治理措施 [J]. 绿色环保建材 ,2019,(12).

[25] 李胜兰 , 艾兴 . 新形势下大气环境保护与治理的探讨 [J]. 环境与发展 ,2017,29(3).

[26] 易丽德 . 新形势下大气环境保护与治理的探讨 [J]. 环境与发展 ,2019,31(6).

[27] 蒋建国主编 . 固体废物处理处置工程 [M]. 北京：化学工业出版社 ,2015.

[28] 卢洪波 , 廖清泉 , 司常钧编著 . 建筑垃圾处理与处置 [M]. 郑州：河南科学技术出版社 ,2016.

[29] 李亚贞 . 环境工程中垃圾处理利用的相关分析 [J]. 中小企业管理与科技 (中旬刊),2019,(11).

[30] 孙金坤 , 欧先军 , 马海萍 , 侯永斌 . 建筑垃圾资源化处理工艺改进研究 [J]. 环境工程 ,2016,34(12).

[31] 于凤军 , 刘光辉 , 王桂东 , 刘文俊 . 建筑垃圾处理及再利用技术与工艺 [J]. 现代制造技术与装备 ,2014,(4).

[32] 马永鹏 , 黄子石 , 徐斌 , 董中林 . 我国电子废弃物管理与回收处理分析 [J]. 湖南有色金属 ,2019,35(5).

[33] 叶智毅 . 关于电子废弃物循环再利用的分析与探究 [J]. 中国资源综合利用 ,2019,37(7).

[34] 王子薇 . "互联网 +" 背景下电子废弃物逆向物流网络构建研究 [J]. 福建茶叶 ,2019,41(5).

[35] 王晓晨 . 电子垃圾该何去何从 [N]. 健康报 ,2019-04-24(004).

[36] 林华山 . 电子废弃物资源循环利用现状及对策探究 [J]. 中国资源综合利用 ,2019,37(3).

[37] 邱彬 . 工业噪声控制技术探讨 [J]. 时代农机 ,2018,45(5).

[38] 刘然 . 简谈工业噪声及其防护措施 [J]. 山东工业技术 ,2015,(10).

[39] 徐君 , 卢云江 , 黄德彬 . 工业噪声的危害和控制 [J]. 科技传播 ,2012,(6).

[40] 万会元 . 浅谈建筑施工噪声控制 [J]. 城市建设理论研究 (电子版),2017,(27).

[41] 吴秀琳 , 吕忠 , 吴晓林 , 余晓平 , 黄雪 , 石国兵 . 声屏障设计对住区道路交通噪声影响的效果分析 [J]. 重庆建筑 ,2019,18(11).

[42] 丁印成 . 城市交通噪声环境综合治理方案研究 [J]. 山西建筑 ,2019,45(20).

[43] 吴琼 , 谢志儒 , 赵琨 , 刘龙 . 城市道路声环境影响评价现状问题与建议 [J]. 环境影响评价 ,2019,41(6).

[44] 刘羽天 . 论环境问题对设计的影响 [J]. 内江科技 ,2019,40(10).

[45] 肖翔文 . 浅析城市轨道交通的噪声与振动及其控制措施 [J]. 科技资讯 ,2019,17(29).

[46] 田玉卓主编 . 供热工程 [M]. 北京：机械工业出版社 ,2008.

[47] 田兴涛 . 智慧供热系统关键技术浅析 [J]. 中外能源 ,2019,24(11).

[48] 于佳丘 . 论建筑工程供热与经济发展和环境保护的关系 [J]. 山西建筑 ,2019,45(19).

[49] 王洋 . 试析房屋住宅采暖通风工程技术措施 [J]. 科学技术创新 ,2019,(31).

[50] 吴奇浩 . 通风工程常见质量通病的具体原因及防治措施 [J]. 住宅与房地产 ,2019,(12).

[51] 刘莉馨 . 建筑设备监控系统标准化设计研究 [D]. 北京建筑大学 ,2018.

[52] 李伟 . 智能建筑设备电气控制系统研究 [J]. 中国设备工程 ,2018,(11).

[53] 刘晓钧 . 建筑工程中采暖通风技术措施的相关探讨 [J]. 住宅与房地产 ,2016,(9).

[54] 胥小龙 . 我国公共建筑节能迈入新时代 [J]. 建筑 ,2019,(22).

[55] 万仁华 . 浅谈工业建筑结构设计选型发展趋势 [J]. 江西建材 ,2019,(10).

[56] 方婷 . 居住建筑节能设计与评估探讨 [J]. 住宅与房地产 ,2019,(28).

[57] 周波 . 居住建筑空间格局等级特征层次化分析 [J]. 建筑 ,2019,(16).

[58] 王清勤 , 范东叶 , 赵力 , 吴伟伟 , 李小阳 , 吕行 , 王博雅 . 国内外居住建筑的内涵与分类 [J]. 建筑科学 ,2019,35(6).

[59] 马军朋 . 居住建筑设计中绿色可持续发展策略探究 [J]. 居舍 ,2019,(17).

[60] 王明帅 . 公共建筑设计空间功能的创新之我见 [J]. 城市建设理论研究 (电子版),2019,(15).

[61] 古发美，高瑜．城镇化背景下乡村公共建筑营建策略解析 [J]. 居舍 ,2019,(7).
[62] 袁叔宝．我国工业建筑施工技术的发展趋势探析 [J/OL]. 中国建材科技 .http://kns.cnki.net/kcms/detail/11.2931.TU.20181024.1110.054.html,2020-1-8.
[63] 张敏．工业建筑规划中环保因素研究 [J]. 工程技术研究 ,2017,(4).
[64] 常丽萍．水库环境保护措施与应用探析 [J]. 科学技术创新 ,2019,(32).
[65] 刘燕英．生态水利理念在河道规划设计中的应用 [J]. 工程建设与设计 ,2019,(20).
[66] 雷军．现代水库建设管理中存在的问题与对策研究 [J]. 科技风 ,2019,(29).
[67] 人水和谐守初心润泽民生担使命 [J]. 河北水利 ,2019,(9).
[68] 徐铖龙，卢玉海，龚文峰，刘月阳，季小引．新型建造技术在大型水库工程中的应用 [J]. 西部皮革 ,2019,41(18).
[69] 王玉岭．城市河道水环境生态综合治理对策 [J]. 区域治理 ,2019,(27).
[70] 李锦鹏．生态护坡技术在河道整治中的应用 [J]. 黑龙江水利科技 ,2019,47(5).
[71] 张鹏，王欢欢，许昌，闫新．城市生态河道治理的思路与方法 [J]. 建材与装饰 ,2017,(38).
[72] 阮伟琴，杨滨．关于河道治理及生态修复的相关思考 [J]. 江西建材 ,2017,(7).
[73] 宁献婧．浅谈水利工程堤防护岸技术 [J]. 黑龙江科技信息 ,2016,(18).
[74] 黄求凤．水利工程除险加固技术应用探讨 [J]. 江西建材 ,2016,(4).
[75] 任立强．河道护岸工程实例论述 [C].《建筑科技与管理》组委会 .2014 年 10 月建筑科技与管理学术交流会论文集 ,2014.
[76] 刘学成．浅谈河道治理与护岸工程 [J]. 治淮 ,2014,(7).
[77] 刘硕．浅谈护岸工程设计要点 [J]. 内蒙古水利 ,2013,(5).
[78] 贾也刚，王志柱．论护岸工程措施 [J]. 建筑与预算 ,2012,(2).
[79] 张郗．世界灌溉工程遗产认知及价值研究综述 [C]. 中国城市规划学会、重庆市人民政府．活力城乡 美好人居——2019 中国城市规划年会论文集（09 城市文化遗产保护）,2019.
[80] 中国再添世界灌溉工程遗产 [J]. 自然与文化遗产研究 ,2019,4(9).
[81] 王应，班世富．水润瀑乡大前景 [J]. 当代贵州 ,2019,(31).
[82] 田栋良．浅析农田水利灌溉工程的规划设计 [J]. 农业科技与信息 ,2019,(9).
[83] 吴时强，戴江玉，石莎．引水工程湖泊水生态效应评估研究进展 [J]. 南昌工程学院学报 ,2018,37(6).
[84] 刘卫林，陈祥，王永文，彭友文，朱圣男，刘丽娜．龙泉滘闸泵工程对江门市防洪排涝的影响研究 [J]. 南昌工程学院学报 ,2018,37(4).
[85] 张磊，方洁．引水工程对生态环境的影响研究 [J]. 山东农业工程学院学报 ,2018,35(5).
[86] 涂师平．从良渚大坝谈中国古代堰坝的发展 [J]. 浙江水利水电学院学报 ,2017,29(2).
[87] 刘立，秦静茹，王崔敏．新形势下农田水利灌溉发展探讨 [J]. 农家参谋 ,2017,(15).
[88] 范连志，甘胜丰，周永强．水利堤坝工程闸泵区段蚁害隐患模型研究 [J]. 中国水能及电气化，2016,(10).

编写专家

王建龙　王文海　卞立波

审读专家

高永青　杨　庆　梁大为

专业编辑

胡　萍

第七章

机械与运载工程

机械与运载是人类生产和生活的基本要素之一，是人类物质文明最重要的组成部分。

机械的发明是人类区别于其他动物的一项主要标志。机械工程是众多工程学科中范围最广的学科，任何现代产业和工程领域都需要应用机械，各个工程领域的发展都要求机械工程有与之相适应的发展，都需要机械工程提供其所必需的设备。某些机械的发明和完善，又推动新的工程技术和新的产业的出现和发展。大型热能与动力机械的制造成功，促成了电力系统的建立；火车的发明促使铁路工程和铁路事业的兴起；内燃机、燃气轮机、火箭发动机等的发明和进步以及船舶、飞机和航空器的研制成功推动了航海工程、航海事业、航空工程和航空事业的兴起。

交通工具和交通方式的发展也有力地促进人类文明的进步。从简单拖拽工具的使用到轮子的产生，从畜力的利用到蒸汽机的出现，从热气球到超音速飞机的诞生；智人由洞穴散居到部落交流，进而聚居一地；城市演变为帝国，国与国之间征服扩张，直至今日的全球一体化，无不仰赖交通科技的进步。

进入 20 世纪，随着技术的发展和知识总量的增长，机械与运载工程开始分解为更专业的分支工程领域。这种分解的趋势在第二次世界大战结束时达到了最高峰。现在，机械与运载工程涉及面广，涵盖机械、微机电系统（MEMS）、增材制造、机器人、航空、航天、海洋运输装备、汽车、轨道交通、综合交通等十多个子领域，所涉及的产业几乎全部为技术密集型、高关联性的大规模产业，无一例外地成为各国战略布局的重点。

由于机械与运载工程的知识总量已扩大到远非一个人所能全部掌握，一定的专业化是必不可少的。鉴于机械与运载工程涉及领域非常广泛，我们在主要知识点的选取上，一方面参考了《中国工程院院士增选学部专业划分标准》，介绍机械与运载工程中最为重要和基础的分支；另一方面则从机械与运载工程在工业生产和日常生活中的实际应用出发，介绍各领域较为常见的知识点和较为前沿的发展趋势。

不过，过度的专业化造成知识过分分割，不能统观和统筹稍大规模的工程的全貌和全局，鉴于科学普及的目的，我们在主要知识点的写作上科学性与通俗性并重，从机械与运载工程的主要知识点的本质、特征和历史出发，在定义、工作原理、工程结构、现状与发展趋势等方面进行深入浅出的诠释，努力做到通俗易懂，方便检索，有利于增长见识，消除疑惑。

本章知识结构见图 7-1。

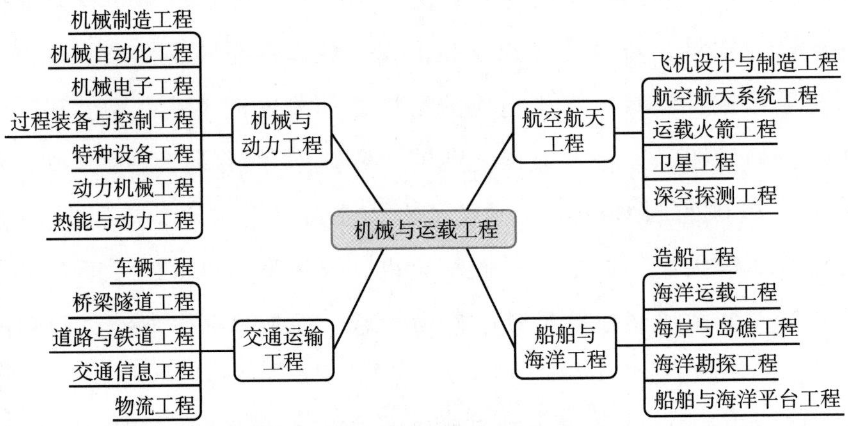

图 7-1　机械与运载工程知识结构

一、机械与动力工程

机械与动力工程是研究工程领域中的机械制造、机械自动化、机电一体化，以及能源转换、传输和利用的理论和技术。这一领域是提升机械产品的质量、提高能源利用率、减少一次能源消耗和污染物质排放、推动国民经济可持续发展的应用工程技术领域。

纵观机械工程发展史，动力成为发展生产的重要因素。17 世纪后期，各种机械不断改进和发展，煤和金属矿石的需求量逐年增加，依靠人力和畜力已不能进一步提高生产力水平。纺织、磨粉等产业越来越多地在河边设场，利用水轮来驱动工作机械。18 世纪初出现了蒸汽机，蒸汽机的发明和改进引发了工业革命，矿业和工业、铁路和航运都实现了机械动力化。19 世纪末，电力供应系统和电动机开始应用。20 世纪初，电动机在工业中慢慢取代了蒸汽机，成为驱动各种工作机械的基本动力。21 世纪，机械化与电气化进一步促进了相互的发展。

（一）机械制造工程

机械的种类繁多，以常见机械——汽车为例，汽车由车身、发动机、驱动装置、车轮等部分组成；组成汽车的各个部分应当具有充分发挥其性能的最佳形状，所选用的材料应考虑到其强度和功能的要求。组成机械的零件、所用的材料以及加工方法是机械制造工程的核心问题。机械制造工程为整个国民经济提供技术装备。

机械制造工程是机械产品从原材料开始到成品之间相互关联的劳动过程的总和，包括毛坯制造，零件机械加工、热处理，以及机器的装配、检验、测试和油漆包装等主要生产过程；也包括专用夹具和专用量具制造、加工设备维修、动力供应（电力供应、压缩空气、液压动力以及蒸汽压力的供给）等。机械制造工程要实现将原料加工为成品的目标，必须满足可制造出成品、制造出的成品具有一定水准的精度或强度等要求，且能够系统化、自动化生产。

机械制造工程首先涉及构成机械的多种材料，一般有钢铁、有色金属、非金属材料等。机械制造工程的加工方法涉及铸造、锻造、粉末冶金、钣金加工、焊接、磨削、特种加工、热处理等。

机械产品的制造包含产品决策、产品设计、工艺设计、产品制造、产品使用等环节。上述环节中任何一个环节的断裂都会导致系统的崩溃，各个环节的状态都将对整个系统的运行产生影响。

现代机械产品的制造是持续演变和极其复杂的动态过程，大致可以描述为一个负反馈系统，即人们依据市场客户需求反馈信息，开发新产品，不断改进和发展现有产品的动态过程。机械制造工程的每个组成环节都具有不可替代的重要性。汽车制造是典型的机械制造工程，图 7–2 是日本日立公司汽车制造工程流程。

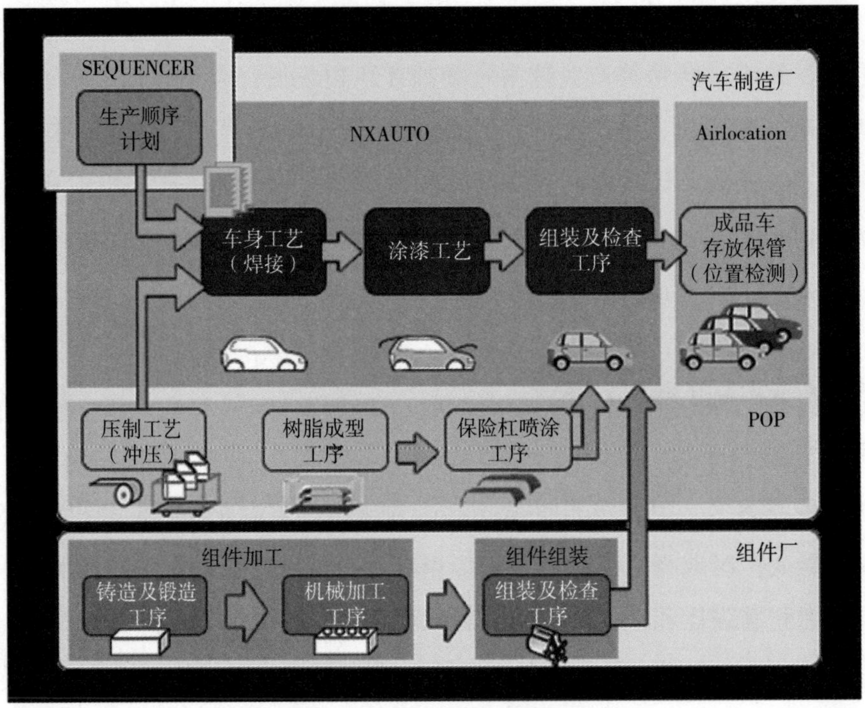

图 7-2　汽车制造工程流程

机械制造工程是一项将传统制造技术与现代制造技术相关联，并与实际生产技术紧密结合的工程。人类成为“现代人”的标志是制造工具。石器时代的各种石斧、石锤、木弓等简单工具是机械制造的先驱。古希腊已有关于圆柱齿轮、圆锥齿轮和蜗杆传动的记载。17 世纪以后，资本主义在英、法等欧洲国家出现，商品生产开始成为社会的中心问题，许多高才艺的机械匠师和有生产观念的知识分子致力于改进各产业所需的工作机械和研制新的机械产品。1845 年英国人 J.C. 柯拜在广州黄埔设立柯拜船舶厂，是中国领土内最早的一家外资机械厂。1861 年曾国藩创办安庆内军械所是中国人自办的第一座机械厂，安庆内军械所于 1862 年制造出中国第一台蒸汽机。

目前，我国机械制造工业水平还远远落后于工业发达国家，2018 年我国制造业增加值仅为美国的 22.14%、日本的 35.34%。我国高附加值和技术含量的产品生产能力不足，需大量进口，缺乏能够支持结构调整和产业升级的技术能力，传统的机械制造技术与国际先进水平相比仍存在很大差距。

机械制造的产品位于价值链的最高端，具有技术先进、知识密集、附加值大等特点，机械制造业在国民经济中处于基础性地位，为整个国民经济提供技术装备，同时也是一个国家的支柱型行业，能在很大程度上影响国民经济的发展。机械制造关乎人们的生产方式、生活方式、经营管理模式以及社会的发展。机械制造工程经历了刚性、柔性以及综合自动化的发展过程。

展望未来，现代机械制造工程的发展主要表现在两个方向上：一是精密工程技术，以超精密加工的前沿部分、微细加工、纳米技术为代表，将进入微型机械电子技术和微型机器人的时代；二是机械制造的高度自动化，以现代集成制造和敏捷制造等的进一步发展为代表。

对机械制造工程的评估主要涉及对机械制造产品质量的检验。检验是采用测量器具对毛坯、零件、成品、原材料等进行尺寸精度、形状精度、位置精度的检测，以及通过目视检验、无损探伤、机械性能试验及金相检验等方法对产品质量进行鉴定。特殊检验主要是指检测零件内部及外表的缺陷。其中无损探伤方法是指在不损害被检对象的前提下，检测零件内部及外表缺陷的现代检验技术方法。

（二）机械自动化工程

随着社会对生产效率的需求越来越高，众多行业逐渐将机械自动化工程应用到生产当中，使生产过程实现智能化与人性化。如今的机械自动化已经渗透到社会生活的方方面面，大到航天、造船、采矿、钻井，小到冰箱、洗衣机、手机、曲别针，它的身影无处不在。

机械自动化工程主要指在机械制造业中应用自动化技术，实现加工对象的连续自动生产，实现有效的自动生产过程，这一工程旨在加快生产投入物的加工变换和流动速度。机械自动化工程的应用与发展，是机械制造业技术改造、技术进步的主要手段和技术发展的主要方向，其优点在于机械设备可以不用通过人力发出指令，就高效快速地生产加工机器、零件、装备，降低投资成本，提高工作效率。

自动化是指机器或装置在无人干预的情况下，按预定的程序或指令自动地进行操作或控制的过程，而机械自动化就是机器或者装置通过机械方式来实现自动化控制的过程。

机械自动化的种类很多，有的是在一个产品的整个制造过程中完全自动化，比如活塞制造过程中从熔化铅块到制成成品，分批包装；火力发电厂的自动控制需要调节燃煤数量、上水量及通风等。有的是在一个操作过程中全部自动化，比如飞机在两个航站间的无线电定向飞行。有的仅维持制作过程中所需的一定的物理量，比如化学工业中的流量、温度控制等。

实现机械自动化是一个由低级到高级、由简单到复杂、由不完善到完善的发展过程。当机器的操作采用自动控制器后，生产方式才从机械化逐步过渡到机械控制（传统）自动化、数字控制自动化、计算机控制自动化。只有建立了自动化工厂后，生产过程才能全盘自动化，才能全面提高生产率，达到自动化的高级理想阶段。图 7-3 所示的火电厂机炉协调系统中的机炉协调控制和自动发电控制是典型的机械自动化工程。

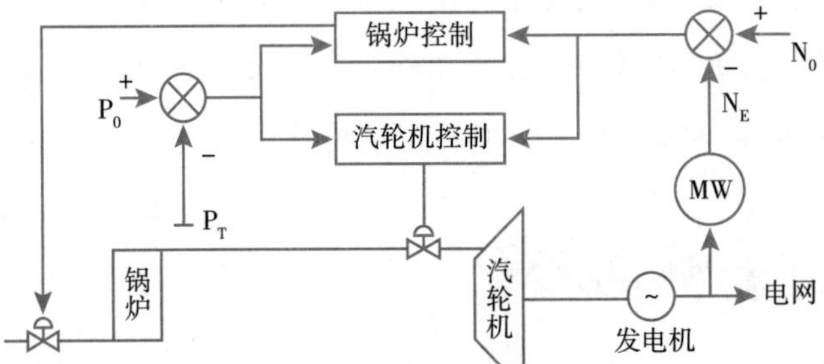

图 7-3 机炉协调控制和自动发电控制

机械自动化是最早出现的自动控制系统，是自动化的一个分支。公元前 14 至前 11 世纪，中国、埃及和巴比伦就出现了自动计时装置——漏壶。1788 年瓦特改良蒸汽机，其借助于离心调速装置而使本身的转速保持稳定，这种离心调速装置就是世界上最早的自动化机器。1969 年开始在汽车生产线中使用莫迪康（Modicon）可编程逻辑控制器，开启了自动化和信息化的产业升级。在手工生产时代，每装配一辆汽车要 728 个人工小时，而今天如果以汽车生产线每下线一辆车的时间为准的话，那么生产一辆汽车大概只需要 5 分钟。

现代机械制造自动化工程是一个从低级到高级、从简单到复杂逐步发展完善的过程，尤其是数控设备的大量使用使得机械自动化程度得到极大提高。根据圣路易斯联邦储备银行的研究，截至 2017 年，美国的自动化普及率已经从 22 年前的每 1000 名员工仅配备 0.5 台机器人升至 1.8 台机器人。

工业发达国家早在 20 世纪就广泛实现了制造自动化，托莱多工厂是美国自动化程度最高的汽车制造厂之一，它可以在一个班次中生产 500 辆汽车。如今我国现代机械制造与制造强国相比仍有一定的差距，表现在基础材料、技术工人、相关产业等方面。另外从近些年生产情况来看，我国缺少机械自动化技术独立研发能力，自动化装备自主生产和制造能力代表了一个国家工业技术能力。随着各项技术的进步和互联网时代的到来，机械自动化工程也必须面向智能化、集成化和环境友好型发展。

机械自动化工程中的评估主要涉及风险评估和效能评估。一是详细分析机械设计自动化设备的安全性能，并且针对机械设备中的不安全因素进行分析和优化，避免在今后使用中出现不安全现象。这种安全性评价能够为机械的安全操作和机械人员的安全管理工作创建良好的条件。二是以人力与时间为依据，预估自动化工程的经济与社会效能。用自动化的机器替代部分人工劳动，这是工业发展的一个新趋势。但是面对高度自动化带来的工作岗位减少以及随之引发的社会问题，其负面影响或许远超正面影响。如俄亥俄州是美国制造业的核心地带，但是在 1967~2014 年，该州因应用机械自动化工程而减少了 671000 个工作岗位。

（三）机械电子工程

机械电子工程，也称机电一体化工程，是将传感器、执行元件和信息处理融入一个机械设计中，从而使用其产生的协同工作效果的综合性工程，集合了机械制造、电子工程和计算机工程的特点。安全气囊、防滑刹车系统、复印机、CD 机、行驶模拟装置和自动售票机等一系列运用了机械电子技术的产品代表了机电一体化工程在日常生活中的广泛应用。

机械电子的概念源于日本的“Mechatronics”一词，日本机械振兴协会对其的解释为“在机械的主动功能、信息处理功能和控制功能上引入电子技术，并将机械装置和电子设备以及软件等有机结合起来构成的产品或系统”。这一工程有计划地、有效地把机械与电子结合起来，相互渗透和有机结合，以创造最优产品。

机电一体化工程的主功能和构造功能是以机械技术来实现的。在机械与电子相互结合的实践中，计算机与信息处理装置指挥整个产品的运行。信息处理是否正确、及时直接影响到产品工作的质量和效率。机电一体化工程的突出特点在于把电子器件的信息处理和自动控制等功能“糅合”到机械装置中。

机电一体化工程要求传感器能快速、精确地获取信息并经受各种严酷环境的考验，传感器作为感受器官，将各种内外部信息通过相应的信号检测装置反馈给控制及信息处理装置，因此检测与传感是实现自动控制的关键环节。由于微型机的广泛应用，自动控制技术越来越多地与计算机控制技术联系在一起，包括自动控制理论、控制系统设计、系统仿真、现场调试、可靠运行等从理论到实践的整个过程，都是机电一体化中十分重要的步骤。

一个较完善的机电一体化工程系统应包含机械本体、动力部分、驱动部分、执行机构、传感测试部分、控制及信息处理部分等基本要素，如图 7-4 所示。

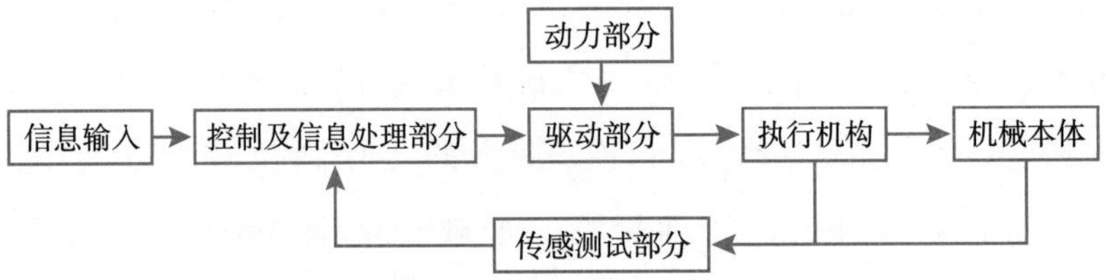

图 7-4 机电一体化工程系统的基本组成

机电一体化工程最早于 1971 年在日本杂志《机械设计》的副刊上被提出。但早在机电一体化工程这一概念形成之前，世界各国的科学技术工作者已为机械与电子技术的有机结合自觉不自觉地做了许多工作，研发了不少机电一体化产品，如电子工业领域内通信电台的自动调谐系统 、雷达伺服系统 ，机械工业领域内的数控机床、工业机器人等，这一切都为机电一体化这一概念的形成奠定了基础。20 世纪 90 年代后期，主要发达国家开始了机电一体化技术向智能化方向迈进的新阶段：一方面，光学、通信、微细加工等技术在机电一体化工程中崭露头角；另一方面，对机电一体化系统的建模设计、分析和集成方法，以及机电一体化的学科体系和发展趋势都进行了深入研究。

从市场的角度来看，我国机械电子工程的发展历史不长、程度不深，在很多方面与日本以及欧美等国家相比有一定的差距。许多产品的品种、数量、档次、质量都不能满足要求，进口量较大。例如我国的数控机床在机床总数方面的占有率仍然较小，而国外的数控机床占其总数的 30%~80%；美、日等发达国家工业系统中 CAD 应用率已超过 85%，而我国 CAD 应用率和覆盖率还比较低。

机电一体化产品是具有高技术含量的产品，其技术附加值随机电结合程度的加深而提高。随着时代的发展和技术的进步，这种趋势还将增强。传统的机械工程产品向机电一体化方向发展，是机械工业发展的大势所趋。

机电一体化工程的评估主要涉及工程的结构、控制过程和生产过程的稳定性。机电一体化工程在设计、优化以及运行的过程中，应考虑到结构更简化、更紧凑，使系统的操作相对来说更加简单；控制过程应便捷高效，减少操作人员的工作量；同时还应保证工程系统的可靠性和安全性。

（四）过程装备与控制工程

现代人越来越依赖高度机械化、自动化和智能化的产业来创造财富，因此必然要创造出现代化的工业装备和控制系统来满足生产需要。流程工业是加工制造流程性材料产品的现代国民经济支柱产业之一，要求越来越高度机械化、自动化和智能化的过程装备与控制工程。如果说制造工具是区别原始人与动物的最主要标志，那么也可以说，现代过程装备与控制系统是现代人类文明的最主要标志。

过程装备与控制工程是指机、电、仪一体化连续的复杂系统，它需要长周期稳定运行，并且系统中的各组成部分（机泵、过程单元设备、管道、阀、监测仪表、计算机系统等）均互相关联、互相作用和互相制约。过程装备与控制工程可从两方面进行定义。

①过程装备：化工生产是分很多步骤的，而每个步骤需要用到不同的化工机器和化工设备，如各种过滤机、离心分离机、搅拌机以及各种容器（如干燥器、蒸发器、电解槽等），这些机器设备连在一起就是过程装备。

②控制：在整个生产流程中还涉及机器设备的各项参数，比如压力、温度、液位、浓度等，为使生产稳定有序进行就需要对这些化工机器设备及参数进行检测、控制。

过程装备与控制工程涉及领域十分宽广，一是以机电工程为主干与工艺过程密切结合，创新单元工艺装备；二是与信息技术和知识工程密切结合，实现智能监控和机电一体化；三是不仅研究单一的设备和机器，而且更主要的是研究与过程生产融为一体的机、电、仪连续复杂系统，在工程上就是要设计建造过程工业大型成套装备。

过程装备工程是对过程装备及其系统的状态和工况进行监测和自动化控制，以确保生产工艺有序稳定运行，提高过程装备的可靠度和功能可利用度的系统工程。控制工程将现代自动化先进技术与化工机械相结合以提高设备的效率。内浮顶储油罐是典型的过程装备，储罐由拱顶储罐内部增设浮顶而成，可通过罐内控制工程系统有效控制雨水、灰尘进入储油罐，结构如图 7-5 所示。

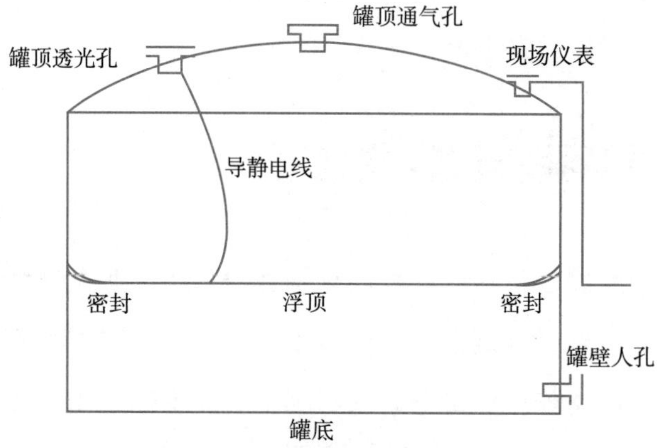

图 7-5　内浮顶储油罐结构

以美国为代表的西方发达国家早在 19 世纪中期就开始建立完善的过程装备与控制工程，如美国中西部的储罐和锅炉制造者于 1916 年就成立了一个协会（后来的钢制储罐协会）开始系统探讨石油储存安全性问题。我国在 20 世纪 50 年代建立了自己的化工生产设备，这是过程装备与控制工程的前身。

20 世纪 70 年代末，中国大规模、全方位地引进国外技术和进口国外设备，但没有做好引进技术装备的消化、吸收和创新工作，没有同时加快装备制造业发展，因此，步入引进—落后—再引进的怪圈。1962 年，美国首次建造了 10 × 10000 立方米大型浮顶油罐（直径 87 米，罐高约 21 米），我国直到 1987 年才建成国内第一座 10 × 10000 立方米储罐。

中国的制造业和装备制造业的增加值居世界第四位。尽管中国是制造业大国，但制造业的劳动生产率远低于发达国家，约为美国的 5.76%、日本的 5.35%、德国的 7.32%，其中最主要原因是技术创新能力十分薄弱，处于国产化的低层次阶段。不过，进入 21 世纪之后，对机械设备的深入研究，较好地促进了化工生产设备的完善，过程装备与控制工程逐渐在化工、制药、生产、建筑等行业得到了广泛的应用。2016 年，我国在伊拉克纳西里耶油库项目中设计完成的 8.8 × 10000 立方米（直径 91 米）双盘式浮顶油罐，已经达到国际先进水平。

过程装备与控制工程是发展经济、提高国际竞争力不可缺少的基础，这一领域的发展将会促进机械工程、材料工程、化学工程、信息工程等的发展。

过程装备与控制工程的评估主要涉及机、电、仪一体化连续复杂系统的周期稳定运行，系统中的各组成部分（机泵、过程单元设备、管道、阀、监测仪表、计算机系统等）都需要保证安全，因为任何一点发生故障，都会影响到整个系统。此外，由于过程装备与控制工程涉及的材料中，有些易燃、易爆、有毒或者加工要在高温、高压下进行，所以系统的安全可靠性也十分重要。

（五）特种设备工程

特种设备是涉及生命安全、危险性较大的设备和设施，一旦发生事故，极易造成群体伤害和较大的社会影响。锅炉、压力容器、电梯、起重机械等专业性设备广泛地应用于生产生活的各个领域，区别于普通的机械设施，对于这些特种设备需严格落实安全管理制度，实行严格的检验制度并加强对生产企业的管控。

特种设备工程是指特种设备的设计、生产、施工作业、保养和维修等一系列活动的工程。特种设备分为承压类特种设备和机电类特种设备。承压类特种设备主要有锅炉、压力容器（含气瓶）、压力管道，机电类特种设备主要有电梯、起重机械、客运索道、大型游乐设施和场（厂）内专用机动车辆等。为保障特种设备的安全运行，我国针对各类特种设备，从生产、使用、检验检测三个环节都有严格规定，实行的是全过程的监督。

纳入我国安全监察的特种设备有8种：承压类特种设备3种，即锅炉、压力容器、压力管道；机电类特种设备5种，即电梯、起重机械、客运索道、大型游乐设施、场（厂）内专用机动车辆。承压类特种设备是生产和生活中广泛使用的、具有爆炸危险性的特种设备。电梯、起重机械等机电类设备作为载人的特种设备，一旦运转失灵，往往会造成人身伤害事故，后果不堪设想。

电梯是一种典型的特种设备工程，结构如图7-6所示。和电梯一样，特种设备的设计、制造、安装、维修、改造，必须按照《特种设备安全监察条例》实施，并依法取得许可证后，方可从事相关业务。特种设备必须定期检验，特种设备的安全附件、安全保护装置、测量调控装置必须按照相关要求，定期进行检验。

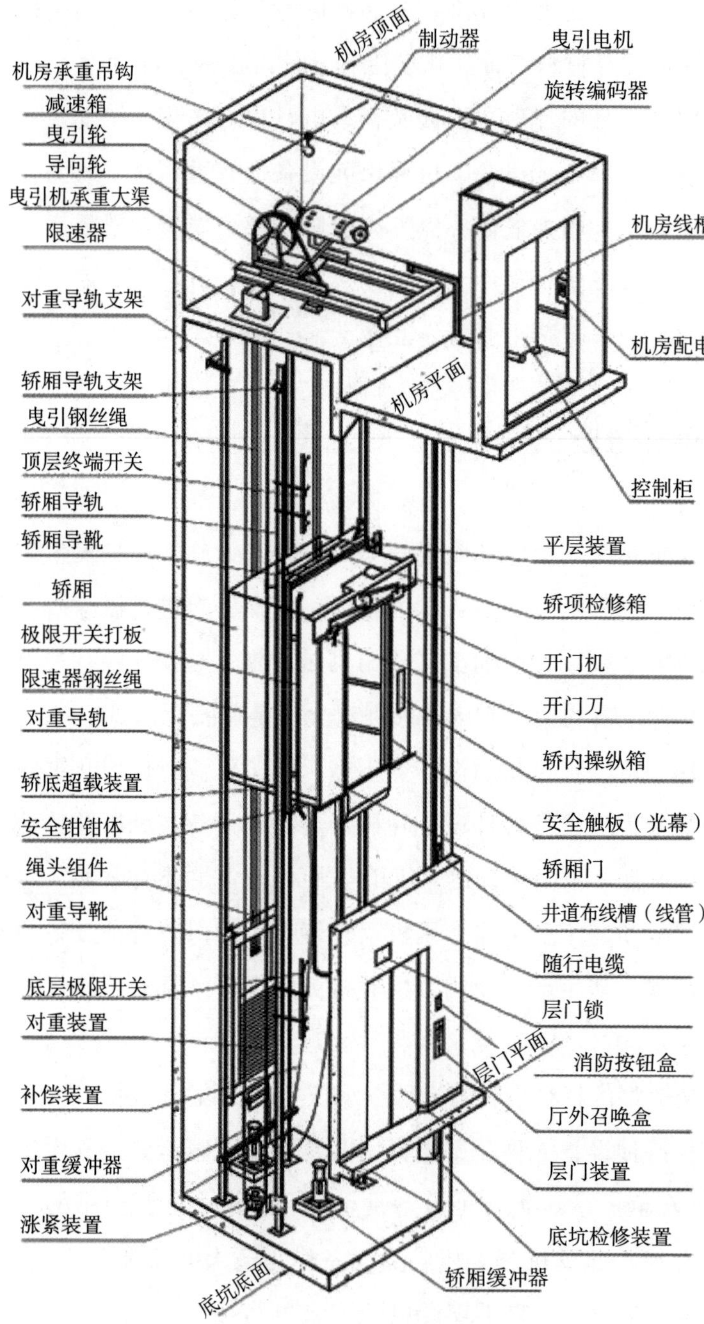

图 7-6　电梯结构

我国从 20 世纪 60 年代初在有关文件中开始使用“特种设备”这一概念，但对其内涵和外延没有形成统一的定义。2000 年 6 月颁布的《特种设备质量监督与安全监察规定》中第一次明确规定了特种设备的定义：“特种设备是指由国家认定的，因设备本身和外在因素的影响容易发生事故，并且一旦发生事故会造成人身伤亡及重大经济损失的危险性较大的设备。特种设备包括电梯、起重机械、厂内机动车辆、客运索道、游艺机和游乐设施、防爆电气设备等。”

2002 年 6 月和 2003 年 3 月《中华人民共和国安全生产法》和《特种设备安全监察条例》相继颁布，从法律法规上进一步明确了特种设备的基本特征以及确定范围的原则和方式。其他工业发达国家和地区也有类似针对特种设备的法规和条例，如德国的《设备安全法》中使用“需要监察的设备”这一概念来描述危险性较大、需要严格管理的特种设备。

科技的进步与社会生产力的提高使得特种设备的应用越来越广泛，我国特种设备的生产制造行业稳步发展，生产企业和专业人员队伍逐步成熟，截至 2018 年底，全国特种设备总量达 1394.35 万台，其中电梯是数量最多的特种设备。特种设备安全监管经过半个世纪的发展和完善，已经取得了源头监管、全过程监管等成就，在一定程度上有效避免了特种设备事故的发生，特种设备安全事故持续减少。

在特种设备的设计制造方面，环境污染问题不断出现，甚至在设备改良方面也会出现新的问题。例如，为解决能源供给问题将原本高能耗高污染的燃煤锅炉改良为燃气锅炉类特种设备，虽然减少了环境污染，但能源消耗增加，环境污染问题也无法得到根除。因此，特种设备的设计制造应面向高效、节能、低污染趋势发展。

特种设备工程的评估主要涉及风险评估。通过对特种设备的风险因素进行识别、分析与评估，确定设备事故发生的可能性和危害的严重程度，提出切实可行的风险控制对策，提高对特种设备的分级监管能力，确保特种设备安全运行。评估过程应综合考虑特种设备组成部件故障和设备设计、制造、安装、改造、维修、检验、使用等环节风险发生的可能性和严重性。

（六）动力机械工程

动力机械是指把热能或化学能等能量转换成动能的形式供其他机械使用的机械装置。动力机械按自然界中不同能量转变为机械能的方式，可以分为风力机械、水力机械和热力发动机三大类，主要有风车、水轮机、蒸汽机、汽轮机、内燃机（汽油机、柴油机、煤气机等）、喷气式发动机、航空发动机等。压缩机、制冷机、内燃机是在工业、国防和日常生活中使用比较多的通用动力机械。

动力机械工程是把燃料的化学能和流体动能安全、高效、低污染地转换成动力的工程。动力机械工程涉及能量转换的基本规律和过程、转换过程中的系统和设备，以及与此相关的控制技术。它广泛应用于能源、交通、电力、航空、农业、环境等与国民经济、社会发展及国防工业密切相关的领域。

动力机械工程首先需要使燃料在机器内部燃烧，其次需要将其释放出的热能直接转换为动力。以内燃机为例来说明动力机械工程的工作原理。广义上的内燃机不仅包括往复活塞式内燃机、旋转活塞式发动机和自由活塞式发动机，也包括旋转叶轮式的燃气轮机、喷气式发动机等，但通常所说的内燃机是指活塞式内燃机。

活塞式内燃机以往复活塞式最为普遍。活塞式内燃机将燃料和空气混合，在其气缸内燃烧，释放出的热能使气缸内产生高温高压的燃气，燃气膨胀推动活塞做功，再通过曲柄连杆机构或其他机构将机械功输出，驱动从动机械工作。图 7-7 为往复活塞式内燃机结构。

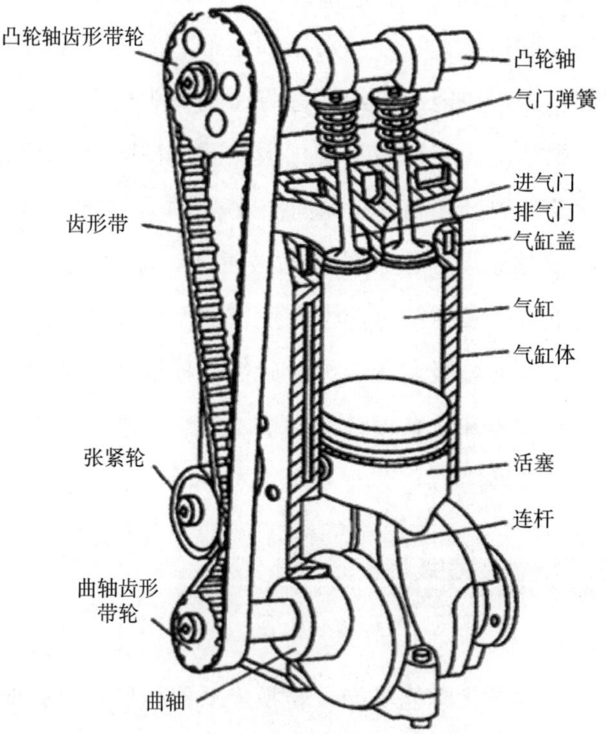

图 7-7　往复活塞式内燃机结构

1670 年，荷兰物理学家惠更斯用火药在汽缸内燃烧，热能膨胀推动活塞运动，形成了现代“内燃机”的工作原理。17 世纪后期，随着煤和金属矿石的需求量逐年增加，依靠人力和畜力已不能将生产提高到一个新的阶段。在英国，纺织、磨粉等产业越来越多地将工场设在河边，利用水轮来驱动机械工作。在这样的生产需要下，18 世纪初出现了大气式蒸汽机，用以驱动矿井排水泵。1765 年英国人瓦特发明了有分开的凝汽器的蒸汽机，降低了燃料消耗率。1781 年瓦特又创制出提供回转动力的蒸汽机，扩大了蒸汽机的应用范围。蒸汽机的发明和发展，使矿业和工业、铁路和航运都得以机械动力化。

20 世纪初，电动机已在工业生产中取代了蒸汽机，成为驱动各种工作机械的基本动力。生产的机械化已离不开电气化，而电气化则通过机械化对生产发挥作用。20 世纪中期，蒸汽机在汽轮机和内燃机的影响下，已不再是重要的动力机械。内燃机和随后发明的燃气涡轮发动机、喷气发动机，成为船舶、飞机、航天器等的基础技术因素之一。

动力机械工程中的蒸汽工程、燃气轮机及其联合循环工程和水轮机工程三个工程学科是目前我国发电设备制造业的主流学科，其所生产的火力发电设备和水力发电设备占我国电力工业的 95% 左右，是国民经济发展和人民生活水平提高的基础工业，是国家综合实力的重要体现。

我国已成为全球动力机械生产和使用大国，仍以内燃机为例来解析我国动力机械工程的发展现状和趋势。内燃机作为制造业链条上的重要一环，是乘用车、商用车、发电设备、铁路、船舶、石油等工业领域最为核心的组成部分。2017 年，我国内燃机产量突破 8000 万台，总功率突破 26 亿千瓦，产品进出口额突破 240 亿美元，已连续 8 年居世界内燃机生产和消费首位。

当前我国内燃机产品的动力性、经济性、环保性等主要指标与国际先进水平相比差距较大，具有国际品牌和国际竞争力的制造企业较少，在用的道路车辆及工程机械、农业机械、船舶和固定机械配套动力中还存在一大批低水平、高耗能产品。面对严峻的节能减排形势，加快推进内燃机工业节能减排、提高内燃机燃油效率和减少二氧化碳排放，对于加快内燃机工业产业升级、保障我国能源安全和应对气候变化而言意义重大。

动力机械工程的评估主要涉及可靠性与有效性。动力机械的工作环境与结构功能日益复杂，在设计、制造和使用等环节存在大量影响可靠性和输出功率的随机因素，因此必须保证动力机械工程的可靠性和有效性。通常依据不同的工作场合选择动力机械，需要考虑到对应工作机械的负载特性，包括载荷性质、工作机制、结构布置等；经济性分析包括能源供应、使用及维修费用，动力机械购置费用等。

（七）热能与动力工程

热能是动力的主要来源之一，如冬天燃煤取暖是利用煤燃烧所产生的热能；火箭发射人造地球卫星利用的动力来自燃料燃烧所产生的热能；蒸汽机车牵引火车的动力来自蒸汽的热能；热电厂所产生的低品位蒸汽供给工厂热能，在寒冷地区提供暖气；动力设备产生的废热用作制冷动力等。热能除了能被直接利用外，还可以通过转换装置变成电能，从而获得更广泛地利用，如火力发电。

热能与动力工程把燃料的化学能和液体的动能安全、高效、低（或无）污染地转换成动力的工程。热能与动力工程可以实现热能与动能两者间的转换与利用，其应用的主要目的是在能源的使用过程中，提高能源的转换与使用效率以实现节能降耗。

热能与动力工程的主要工作原理为：一是通过将燃料放入相应设备中燃烧，获得一定的热量；二是在热动设备及其相关工艺的作用下，实现热能向机械能转换。

热能与动力工程的结构主要分为几个模块：一是以热能利用和转换为基础的控制工程；二是以内燃机为基础的热力发电；三是以电能转化为机械能为基础的制冷低温工程。各个模块之间联系紧密，互相影响。热能与动力工程属于高新技术产业，工程系统复杂，集机械、电力、电气、电子、液压、计算机等多学科于一体，综合性表现明显。轴流式涡轮喷气发动机是典型的热能与动力工程，结构如图 7-8 所示。

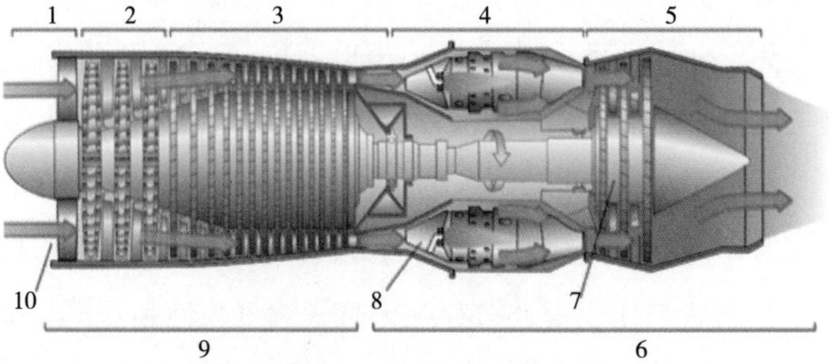

图 7-8　典型的轴流式涡轮喷气发动机图解

1 吸入　2 低压压缩　3 高压压缩　4 燃烧　5 排气　6 热区域　7 涡轮机　8 燃烧室　9 冷区域　10 进气口

薪柴是人类第一代主体能源。人类学会用火之后，首先用于燃烧煮食和取暖并进行夜间活动。随着蒸汽机的发明，煤炭以高热值、分布广的优点成为全球第一大能源。1875年巴黎北火车站的火电厂实现了最早的火力发电。随着发电机、汽轮机制造技术的完善，输变电技术的改进，特别是电力系统的出现以及社会电气化对电能的需求，20世纪30年代以后，火力发电进入大发展时期。50年代中期火力发电机组的容量由200兆瓦级提高到300 ~ 600兆瓦级，到1973年，最大的火电机组达1300兆瓦。

19世纪末，人们发明了以汽油和柴油为燃料的内燃机。福特成功制造出世界第一辆汽车。从这一时期起，石油以更高热值、更易运输等特点，于20世纪60年代取代了煤炭第一能源的地位，成为第三代主体能源。石油作为一种新兴燃料直接带动了汽车、航空、航海、军工业、重型机械、化工等工业的发展，甚至影响着全球金融业。20世纪30年代以来，随着科学技术的进步，各类新能源开始陆续投入使用，与之相关的热能与动力工程系统也相继发展起来。

能源动力工业是国民经济与国防建设的重要基础和支柱产业，同时也是涉及多个领域高新技术的集成产业。我国当前处于经济转型阶段，应大力发展热能与动力工程，重点引导其开发有助于节能减排的能源和相关先进技术，这对于实现经济与社会的可持续发展有着重大的意义。

我国乃至整个世界，在现阶段都面临着能源短缺问题。而在热能与动力工程中所使用的能源品质要求比较高，并且属于不可再生能源，因此热能与动力工程的主要发展趋势是可持续化、清洁化。为了有效地解决该问题，引入和使用可再生能源无疑成为最好的选择。比如在制冷功能运行中，可以使用地热与太阳能资源，这些绿色清洁能源可再生，并且不会造成环境污染。除此之外，还应大力地发掘风能、潮汐能等可再生资源的应用前景。

热能与动力工程的评估主要涉及有效性、持久性及清洁性。能源动力及环境是目前世界各国面临的重大社会问题。有效、持久、清洁地利用能源是热能与动力工程领域所面临的首要课题，高效地将能源转换为动力是热能与动力工程评估的重要标准。此外，如何利用工程热物理理论解决各种工业工艺过程和自然过程中有关热的问题也十分重要。

二、交通运输工程

交通运输业指国民经济中专门从事运送货物和旅客的社会生产部门。交通运输业在整个社会机制中起着纽带作用。交通运输是衔接生产和消费的一个重要环节，也是人们在政治、经济、文化、军事等方面联系交往的手段。因此，交通运输是人类社会生产、经济发展、日常生活中不可缺少的重要环节。总体而言，现代化交通运输工程由铁路、水路、道路、航空、管道五种基本方式，以及与交通运输相关的桥梁隧道建设、现代化交通信息与物流等相关技术共同组成。本部分主要介绍以下五个部分的内容：①车辆工程；②桥梁隧道工程；③道路与铁道工程；④交通信息工程；⑤物流工程。

（一）车辆工程

众所周知，中国是世界人口第一大国，公众对于出行有极大的需求。汽车行业朝着互联网化、智能化的方向迈进，新能源、新材料的运用，有助于实现汽车产业的转型升级，相信会为汽车产业注入新动力，带动车辆工程行业蓬勃发展。当前，能源革命、互联革命和智能革命共同驱动汽车产业全面重构，汽车产业进入了全新的发展阶段。

车辆工程是研究汽车、高铁、机车、工程车辆等陆上移动机械的理论、设计及制造技术和发展问题的工程技术领域。它主要包括车辆的研究、设计和开发、生产与制造、质量检测及控制以及相关检测装置和复合型仪器的开发等。

在车辆工程中有许多技术具有非常重要的地位，包括车辆的混合动力技术、电子控制技术以及近些年发展的智能控制技术。

混合动力技术对于车辆工程领域来说始终都有着较为重要的影响力，因其自身要适应社会经济以及环境等诸多因素的需求和限制，所以车辆工程领域对于突破性的车辆内部系统创新研究的需求极为迫切。混合动力技术的应用及时地解决了车辆工程领域迫在眉睫的成本与环境之间的矛盾。混合动力技术现有两种系统。由于混合动力技术融合了燃油与动力的综合特点，在内部应用的系统以油电混合动力系统为主，除此之外还有一个较为常用的液压混合动力系统。这两个系统都是混合动力技术研究致力完善与改进的重要方面。

电子控制技术对车辆工程的应用起到一定的推动作用。电子控制系统主要分为两个系统，即闭环控制系统和开环控制系统。开环控制系统的主要作用是在计算机系统下，对相应的控制系统进行处理，即在相应系统的程序结束后，对其进行数据的收集、整理、整合和分析，但并不会干扰控制系统。闭环控制系统中，当被处理过的系统输出量到达执行系统后，可以直接对数据进行有效的控制。电子技术的控制过程主要包括三个部分，即数据的实时采集、实时决策的控制和实时控制这三个方面。

智能控制技术与车辆工程的有效结合，不仅可以智能、有效、安全地控制车辆，为人们的车辆使用带来极大的便利条件，为车辆的行车安全提供有效保障，可以说创造了车辆工程发展史上的新突破，对现代化车辆工程发展有着十分重要的意义。智能控制技术应用在车辆工程中，有着良好的效果。智能控制技术是通过控制车辆上的装置结构或应用系统等来实现智能化控制车辆，主要从车辆动力装置、汽车防撞系统、汽车尾灯、汽车车身等方面来探讨智能控制技术在车辆工程中的应用。

经过长期的发展演变，车辆工程领域从最初仅涉及材料、力学、机械设计、化工、流体力学等到广泛拓展至与机械电子工程、计算机、机械设计及理论、电子技术、测试计量技术、控制技术等学科相互交叉、渗透，并进一步扩大到医学、心理学及生理学等领域，形成了一门涵盖多种高新技术的综合性学科和工程技术领域。我国汽车工业起步于20世纪50年代，起步较晚，竞争力不足，但经过60多年的发展，已经具备了较好的产业基础。近年来，我国汽车生产总量迅速增长，产业集中度明显提升，产业规模显著扩大。产品的结构日趋合理，研发水平日益提高。

随着时代的发展变迁，国外汽车行业顺应市场需求，正朝着低碳化、智能化、网联化的方向发展。汽车公司、研究机构正朝着无人驾驶、新能源、新材料的领域频频发力，在汽车NVH控制、汽车电动化及汽车碰撞安全技术方面取得了创新性成果。2014年，世界上第一款3D打印零部件制造的汽车在美国的芝加哥国际制造技术展览会上亮相。随着3D打印技术的出现和新材料的产生，或许又一次汽车革命即将到来。

随着国家大力发展互联网，以及互联网在各领域的应用，逐步形成了“互联网+”。“互联网+汽车”是互联网与实体经济特别是制造业融合发展并成为最具变革潜力的领域。汽车物联网（车联网）由于具备良好的规模效应以及产业带动作用，被公认为物联网应用示范的首选领域。随着“互联网+”技术的发展和成熟，车联网技术必将应用于更多的车辆工程领域，为汽车产业带来前所未有的新技术、新业态、新格局，其中包括智能交通和远程控制等。

“互联网+汽车”是互联网与实体领域的融合，尤其是汽车制造业，具有较大的发展潜力。智能化汽车，一直是汽车行业关注的焦点，特斯拉的推广使用令智能化汽车焕发了勃勃生机。中国智能网联汽车产业将向“大规模定制化”方向转型，汽车商业模式将向“大数据、互联、平台”方向转型，这必将使汽车行业、交通运输行业发生颠覆性和革命性变革。综上所述，智能化程度将是未来评估车辆工程的一个重要指标。

（二）桥梁隧道工程

交通建设在国家经济发展中起着十分重要的先行作用，在公路、铁路和城市交通建设中，为跨越江河、深谷和海峡或穿越山岭和水底都需要建造各种桥梁和隧道等结构构造物。社会的进步要有经济发展的带动，经济发展必须得到交通运输行业的支持，而交通运输则需要桥梁隧道的施工保证。

1970 年，国际经济合作与发展组织召开的隧道会议综合了各种因素，对隧道所下的定义是：以某种用途、在地面下用任何方法按照规定形状和尺寸修筑的面积大于 2 平方米的洞室。桥梁隧道工程是指在公路、铁路和城市交通建设中，为跨越江河、深谷和海峡或穿越山岭和水底都需要建造各种桥梁和隧道等结构构造物，围绕它们开展的工程项目的统称。桥梁隧道工程施工最大的特点是地质条件复杂、施工技术要求高，相关工作人员不仅要熟练掌握各项专业施工技术和方法，而且必须提高工程综合管理水平，同时具有较强的责任心。

桥梁隧道工程在施工方面具有复杂性与多变性的特征，主要体现在以下三个方面：第一，施工区域地况复杂。隧道施工区域地质条件复杂多变造成隧道工程建设施工队伍难以在施工前对该区域的不同地质情况展开科学的预测工作，无法准确判断隧道瓦斯、水等分布情况。第二，安全保障难题。隧道施工区域地质情况难以预测，使施工队伍无法提前预知区域内的地质变化情况，从而无法采取有效的安全防范措施，易导致在隧道工程施工过程中出现塌方等安全事故，威胁到施工人员的生命安全。第三，施工管理难题。在隧道工程施工过程中各技术环节环环相扣、紧密相关，若其中一项施工技术环节出现失误，将会影响其他环节的工作质量，并且会增大重新修复的难度，造成严重的经济损失。

桥梁隧道工程在具体施工阶段凸显系统性的特点，涉及多种技术的组织与管理，主要体现以下三个方面：其一，路基质量方面。在道路桥梁隧道工程施工完成后常会出现大面积损坏现象，主要原因是道路桥梁路基夯实度未达到相关技术标准。其二，混凝土裂缝方面。在施工过程中，混凝土裂缝的出现将会使整个工程施工质量大打折扣，影响工程的安全投入使用，主要原因：一方面，施工人员操作不规范，未能严格按照管理规章制度合理应用各项施工技术和设备，在施工环节中遗留质量问题；另一方面，混凝土本身质量问题，采购低质量的混凝土原材料，导致隧道工程施工中所用混凝土出现质量问题，使工程产生裂缝。其三，钢筋保护方面。施工单位要提高桥梁隧道工程的施工质量与水平，必须提高施工人员的质量意识，使其具备先进的钢筋保护管理工作理念。以钢筋锈蚀现象为例，它是桥梁隧道施工中的管理难点。

在 17 世纪以前，古代桥梁一般是用木、石材料建造的，并按建桥材料把桥区分为石桥和木桥。石桥的主要形式是石拱桥。18 世纪初，发明了用石灰、黏土、赤铁矿混合煅烧而成的水泥。19 世纪 50 年代，开始采用在混凝土中放置钢筋以弥补水泥抗拉性能差的缺点。此后，19 世纪 70 年代建成了钢筋混凝土桥。铁桥包括铸铁桥和锻铁桥。世界上第一座铸铁桥是英国科尔布鲁克代尔厂所造的塞文河桥，建于 1779 年，为半圆拱，由五片拱肋组成，跨径 30.7 米。19 世纪以后，相继形成梁的定理和结构分析理论，推动了桁架桥的发展，并出现多种形式的桁梁。20 世纪初，预应力混凝土研制成功，开启了预应力混凝土桥梁结构的时代，开始向大跨度结构发展。20 世纪 30 年代起世界上掀起了建设大跨悬索桥的热潮，50 年代斜拉桥结构初现光芒并很快波及世界桥梁工程界，60 年代日本、丹麦开辟了兴建跨海工程的先河。

我国近年来在桥梁隧道工程方面取得的最大成就莫过于港珠澳大桥的通车。港珠澳大桥因超大的建筑规模、空前的施工难度以及顶尖的建造技术而闻名世界。港珠澳大桥建成通车，极大地缩短了香港、珠海和澳门三地间的时空距离；作为中国从桥梁大国走向桥梁强国的里程碑之作，该桥被业界誉为桥梁界的“珠穆朗玛峰”，被英媒《卫报》称为“现代世界七大奇迹”之一，不仅代表了中国桥梁建筑的先进水平，更是中国国家综合国力的体现。

桥梁隧道工程建设与国家发展和人民生活之间密切相连。随着国家经济水平的提高，桥梁隧道工程的数量不断增加，人们对出行条件的要求也逐步提高，城市交通压力日益增加，工程项目的建设也逐渐受到重视。因为工程的施工管理工作没有达到指定的标准，技术水平不高，监督不严密，使得施工安全不能保证，施工质量问题非常突出。现阶段，我国在施工过程中资金投入力度大幅度增加，总体上取得了良好的发展效果。

（三）道路与铁道工程

随着经济的发展和社会的进步，我国道路与铁道工程发展迅猛，火车、高铁、地铁走进了人们的生活，方便了人们的出行。道路与铁道工程是我国基础设施建设的关键，对城市的发展起着重要作用，如何更好更快地完成道路与铁道工程是当下道路发展的关键。

道路工程是指以道路（包括公路与铁路）为对象而进行的规划、设计、施工、养护与管理工作的全过程及其所从事的工程实体。同其他任何门类的土木工程一样，道路工程具有明显的技术、经济和管理方面的特性。铁道工程是指铁路上的各种土木工程设施，同时也指修建铁路各阶段（勘测设计、施工、养护、改建）所运用的技术。铁路工程包括与铁路有关的土木（轨道、路基、桥梁、隧道、站场）、机械（机车、车辆）和信号等工程。

道路工程大致可以分为以下几个工程。

路基工程。路基既是路线的主体，又是路面的基础并与路面共同承受车辆荷载。路基土石方工程按开挖的难易分为土方工程（松土、普通土、硬土三级）与石方工程（软石、次坚石、坚石三级）。

路面工程。为适应行车作用和自然因素的影响，在路基上行车道范围内，用各种筑路材料修筑多层次的坚固、稳定、平整和一定粗糙度的路面。其一般由面层、基层（承重层）、垫层组成，表面做成路拱以利排水。按荷载作用下的力学特性，路面可分为刚性路面（水泥混凝土路面）和柔性路面（沥青路面、碎石路面、级配路面）。

道路排水工程。排水工程要与水利灌溉相配合，地面排水和地下排水兼顾，路基路面排水与桥涵工程相结合。总的要求是：查明情况，全面考虑，因地制宜，就地取材，防重于治，经济适用，多种措施，综合治理，构成统一的排水系统。

隧道工程。在地面以下开挖供汽车通行的构筑物称道路隧道。按所经地区情况分为：第一，避免地面干扰建在城市地下的城市隧道；第二，有利于航运和国防在河流或海峡底下的水底隧道；第三，降低越岭高程。修建隧道要根据工程造价、施工条件及竣工后运营和养护条件，与其他路线方案进行详细的技术经济比较，决定取舍。

养护工程。维护道路完好状况，预防和及时修复各种缺陷损坏，提供并保证安全、快速、经济、舒适的行车条件，有计划地改善道路技术状况，以适应交通发展需要。各国多采用有训练和装备的养路道班和工程队组织，完成养护工程任务。

道路，古而有之。但是铁道是近代历史的产物。世界上第一条铁路由英国始建于1825年。在修建铁路的初期，筑路技术不高，用木梁及木板铺设，把路面铺平后，用木梁当钢轨，钉在相距两英尺的横向木枕上，木枕下铺垫小石子，车辆置于木梁上，用马车拉，速度很慢。随着蒸汽机车的使用，路面铺设钢轨、枕木，铁路在运输中开始真正发挥作用，筑路技术得以发展。19世纪初，在工业革命的推动下，铁路建设事业迅速发展，筑路技术大大提高。

人类修建铁道工程的历史可以大致分为三个阶段：第一，世界铁道高速发展时期，即第一条铁路诞生至第一次世界大战前（1825~1913年）。大修铁路要求迅速提高筑路技术，为此，加大对铁道工程技术的研发投入，基于铁路勘测、设计和施工及有关工业生产等设立相应的科技研究试验部门，奠定了各专业技术发展的物质基础。

第二，铁路稳固发展时期（1913~1970年）。这一时期，世界建成铁路20余万公里，铁道工程技术及有关学科得到了进一步发展。内燃牵引和电力牵引与蒸汽牵引相比具有很大的优越性，前者热效率提高，牵引能力增强，大大提高了列车牵引重量，对筑路技术的要求也提高了。

第三，铁道发展新时期（20世纪70年代至今）。这一时期发展中国家大修铁路，铁道工程学科不断发展，在各种技术领域都取得很大的成就和突破。随着日本修建高速铁路取得巨大社会效果，重载、高速运输的发展使铁路获得新的生机，国外把它称为铁路的第二个春天。

随着我国经济的高速发展，我国的基础设施建设项目大量上马。根据有关规划，到2020年全国公路总里程将达260万～300万公里，其中高速公路达7.5万公里，中部地区将新建铁路6500公里，其中新建客运线3000公里，增建铁路二线3000公里。

道路与铁道工程的评估主要注重以下几个方面：第一，裂缝病害。裂缝是道路工程中常见的病害之一，在实际施工过程中，如果使用的施工材料不达标、施工现场温差较大、施工操作不规范等，都会造成裂缝的出现。第二，道路碾压操作不达标。道路的平整度是评价道路工程质量的重要指标，不仅关系到道路的外观形象，而且会影响路面的承载能力。第三，沟槽回填操作不规范。在道路工程施工过程中，由于沟槽回填环节操作不规范，沟槽下沉的现象屡见不鲜。

（四）交通信息工程

随着我国现代城市基础设施的逐步完善以及人们物质生活水平的不断提高，交通需求急剧膨胀，由此引发了交通路网拥堵、城市环境污染、交通能源消耗以及安全事故频发等一系列问题。随着互联网信息的高速发展，基于网络实时大数据的交通信息工程的发展壮大，有效缓解了以上问题。

交通信息工程及控制是在交通工程理论基础上，实现道路交通规划、管理和控制的智能化。交通信息工程研究领域以信息技术在交通运输领域的应用为核心，是控制、通信、计算机、微电子、信息等技术在交通领域的交叉集成应用。

交通信息工程涉及多种技术，主要包括以下几个方面：随着人类社会的发展，其对交通信息的需求也逐渐增加。现今人类的科学技术已经进入智能化时代，交通信息工程也逐渐朝向智能化发展。交通问题的解决必须依赖于先进的管理理念与现代科学技术的有机结合，建立高效的交通信息管理系统，更加方便地指导交通行为，减少事故，构造高效科学的交通管理机制。20 世纪 90 年代初，计算机、通信等技术飞速发展，在交通运输、交通管理、交通服务等领域应运而生了一个跨学科、系统化的综合学科，即智能交通系统（Intelligent Transport System，ITS）。

ITS 是在关键交通基础理论研究的前提下，把先进的信息技术、数据通信技术、电子控制技术及计算机处理技术等有效地综合运用于地面交通运输体系，从而建立起一种大范围、全方位发挥作用且实时、准确、高效的交通运输管理系统。

智能交通信息工程是一个汇集了众多高新技术的大系统，内部包含了许多个子系统，在这些子系统中，要用到各种各样的技术，包括传感器技术、电子视野技术、测量技术、判断处理技术、数据库技术、控制以及伺服机构技术、计算机技术、通信技术、网络技术、人机联系技术、人体机理学、交通规划理论以及交通工程学等。

20 世纪 60 年代，电子路径导向系统是美国对智能交通最早的尝试。20 世纪 80 年代，智能化车辆–道路系统的出现是一次显著的进步。1994 年美国首次将智能交通系统从车和道路延展到一切与交通工具和交通相关的领域。1995 年美国正式确定 ITS 的七大领域，包括出行和交通管理、出行需求管理、公共交通运营管理、商用车辆运营、先进的车辆控制和安全系统、应急管理、电子收费。1998 年，日本建立了车辆信息通信系统，包含收集分析交通信息，并及时把路况和交通引导信息发送出去的管理中心以及搭载可接收和实时显示交通信息显示器的车辆。

我国的智能交通信息工程发展相对较晚。20 世纪 70 年代，城市交通信号控制试验研究是最初进行的相关研究，20 世纪 90 年代获得快速进展，1995 年，交通部 ITS 工程研究中心进行了“全球卫星定位系统与导驾系统”和“基于 GPS 的路政车辆管理系统”等项目的研究。1999 年，北京市交通管理科技工程正式完成并使用，标志着我国向智能交通管理迈出了重要的一步。交通综合信息系统是“交通科技工程”的核心系统，是北京交通高效运作的基础保障。

“十一五”期间，我国制定了重大国家科技计划。依托这些计划项目，智能交通系统取得了极大的进步。2016 年底中国的城市化率为 57.4%，预计 2020 年达到 60%，城市化发展的同时，必然伴随着交通拥堵加剧，因交通拥堵和管理问题，中国有 15 座城市每天损失近 10 亿元财富。由此可见，智能交通信息工程的系统研究与发展势在必行。未来交通信息工程的发展重点将转向以智能交通为代表的智能车路协同系统、车联网、大城市区域交通感知与联网控制、多元交通信息资源融合与共享、载运工具与货物状态在途监测与安全预警等方面。

交通信息工程进入智能化阶段后，其评估的重点在于交通信息工程的综合安全问题，涵盖功能安全、信息安全和物理安全。综合安全态势的动态评估需要实时监测并处理大量多粒度、多维度、多模态的数据，如何结合交通系统的运行特征、架构特征等实现数据的融合并建立交通综合安全态势的指标体系是需要考虑的问题。构建监测数据与安全态势指标之间的关联关系，形成交通综合安全态势的动态评估对提升交通运营服务的可靠性和弹性、对交通系统架构的优化设计和装备的智能维护具有重要意义。

（五）物流工程

当前，我国正处于工业化发展的中期阶段，是世界上发展速度最快的发展中国家，对物流发展的规模与速度提出了更为迫切的要求。物流涉及国民经济的各行各业。流通的物质涉及国防、民生、工农业生产、教育所用的物质以及废弃物的处理与回收等。流通的工具涉及铁路、公路、水运、航空、邮政等各个运输行业和部门。

孙中山在 1894 年致清朝总理大臣李鸿章的上书中，把中国的富强之经、治国之本阐述为“人尽其才，地尽其力，物尽其用，货畅其流”。最后的“货畅其流”正是今天所说的物流。物流（Logistics）一词源于第二次世界大战期间美国的军事后勤工程的物资分配，其后在欧洲和日本也得到了广泛的应用。关于“物流”的定义是“物品从供应地向接收地的实体流动过程。根据实际需要，将运输、储存、装卸、搬运、包装、流通加工、配送、信息处理等基本功能实施有机的结合”。这个定义包括四个部分的内容：第一，“物品从供应地向接收地的实体流动过程”，指“物流工程”的具体工程内容；第二，“运输、储存、装卸、搬运、包装、流通加工、配送、信息处理等基本功能”，指“物流工程”的系统装备与工程技术系统；第三，“实施有机的结合”，指“物流工程”的“工程管理”和“管理工程”；第四，进行“物流”和“物流工程”系统规划与设计时，必须遵循的是国家的经济管理原则和相关政策、法规。

物流工程有单项物流工程和综合物流工程两大类。单项物流工程一般是指某个物的物流工程，如煤炭物流工程、石油物流工程、电力物流工程、原材料物流工程、机器设备物流工程、日用品物流工程等。单项物流工程还指运输、装卸、包装、流通加工、仓储、配送、信息处理等工程。因此，单项物流工程往往带有较强的生产部门和行业性质，如煤炭物流工程属于煤炭部门、石油物流工程属于石油部门、电力物流工程属于电力部门、机器设备物流工程属于机械制造部门、日用品物流工程属于商业部门、运输工程属于运输部门、包装工程属于包装部门、流通加工属于流通加工部门等。

综合物流工程不同于单项物流工程，有三个特点：一是它不像单项物流工程那样立足于物的生产供应部门，而是立足于物的利用，立足于满足用户的需求，但不等于它不考虑物的生产供应问题，而是从物的利用和满足用户的需求出发来考虑物的生产供应工程问题；二是它不能像单项物流工程那样往往可以立足于某个物的生产供应企业、部门和地区，而要立足于社会或国家物流综合管理部门，这是因为其出发点是物的利用和满足用户的需求；三是它不是各个单项物流工程的简单相加，它有专门的综合物流工程技术。对于综合物流工程技术，不能有像对待单项物流工程技术一样的要求。

对于社会和国家来说，单项物流工程技术和综合物流工程技术应该是相辅相成、互相促进的。然而，对于综合部门和综合企业来说，或许综合物流工程技术更为重要，对于某个物的生产供应部门和单项物流企业来说，或许单项物流工程技术更为重要。但是，综合物流工程离不开单项物流工程，同样，单项物流工程也离不开综合物流工程。

物流工程起源于早期制造业的工厂设计。18 世纪末，美国发明家惠特雷将生产过程分成几个工序，使每个工序形成简单操作的成批生产，提出“零件的呼唤性”的概念，并用了 10 年时间来发明、设计、制造其提议的机器，还布置工厂。20 世纪初，工业工程和科学管理的创始人之一吉尔布雷斯在建筑工作中提出的动作分析和后来的流程分析就带着物流分析的含义。

第二次世界大战后，被战争破坏的国家需要重建工厂，工厂的规模和复杂程度明显增大。工厂设计要运用复杂的系统设计运筹学、统计数学、概率论，同时系统工程理论、电子计算机技术也得到普遍应用。20 世纪 90 年代，结合现代制造技术和现代管理技术等进行物料搬运和平面布置的研究，物流系统的研究范围也扩大到从产品订货到销售的整个过程。充满生机和活力的物流业在全球范围内蓬勃发展起来。

随着信息科学的发展和产业的专门化、集成化，长期以来处于割裂的两个方面走到了一起，物流工程未来的发展趋势体现在以下几个方面：第一，物流管理体制的变化，从过去专门的物资流通部门的“统购统销”，向多元化的市场经济发展；第二，物流的系统化、专业化、集成化，从而形成新型物流企业；第三，物流管理的信息化、决策的科学化；第四，传统的物料搬运设备和仓储设备向自动化、智能化发展；第五，物流系统的集中监控，集散控制系统在物流设备中的应用；第六，物流装备的监控与物流管理的集成；第七，计算机科学和电子商务的飞速发展，促进了物流业从传统的运作模式向现代物流的发展。

未来评估物流工程的发展水平可以参考以下几个方面：首先，物流工程的系统化与信息化；其次，物流的社会化和专业化；再次，仓储、物流装备的现代化；最后，物流与商流、信息流一体化。

三、船舶与海洋工程

船舶与海洋工程是船舶建造与船舶修理工程以及海洋资源开发等的统称。它是在船舶科学技术的理论与实践不断发展的基础上，所形成的船舶性能、结构、强度、设备、设计、建造、工艺和船用机电、材料、观通导航，以及建设岛礁与海洋资源开发平台和注重现代高新技术的应用等方面的综合性工程。具体而言，船舶工程以船舶、船舶的航运活动及其有关工程技术问题为研究对象，是一门独立的工程技术学科；海洋工程侧重在海洋资源开发与利用方面。本部分主要介绍以下五个方面的内容：①造船工程；②海洋运载工程；③海岸与岛礁工程；④海洋勘探工程；⑤船舶与海洋平台工程。

（一）造船工程

船舶是最古老的水上运输工具，已经有 7000 年乃至更长的历史。殷商时代的甲骨文中的“舟”字，象形为用纵向和横向构件组成的木板船，说明我国木板船产生于 3000~3500 年以前。在漫长的岁月中，它完成了由独木舟到桨船、帆船、轮船的过渡，由利用人力发展到利用自然力、机器动力和核动力。

造船工程是为水上交通、海洋开发和国防建设提供技术装备的综合性大产业领域，也是劳动、资金、技术密集型产业领域，对机电、钢铁、化工、航运、海洋资源勘采等上、下游产业发展具有较强的带动作用，对促进劳动力就业、发展经济和保障海防安全意义重大。随着管理技术不断发展、成组技术理论的确立、系统科学的产生和发展、网络计划技术出现和电子计算机的利用，我们实现管理科学化和现代化有了基础。

造船工程主要包括以下技术环节：从事船舶设计与研究、建造船体、安装发动机和整套的舾装品，在造好的船舶上进行整修等。基本要素包括：第一，中间产品，是最终产品的组成部分。舾装单元和舾装模块是典型的中间产品。舾装单元是对特定区域内的设备进行合理布置，单独地高效率地制作；舾装模块是对组成一定功能的相关设备、支架、仪表、管路和电缆等进行组装；在适当时机整体吊入船体进行安装。第二，船体分道建造。以分类成组的中间产品为导向，组成若干个相对独立、最大限度平行作业的生产单元，按工期要求，保持一定的生产节拍作业。现代造船模式中的区域舾装技术、区域涂装技术、高效焊接技术、信息控制技术、精度造船技术等都离不开船体分道建造技术。第三，壳舾涂一体化作业。确立了以“船体为基础、舾装为中心、涂装为重点”的管理思想，从设计、采购、生产计划与控制等方面围绕中间产品进行协调与配合。

中国近代船舶工业始于19世纪中期，起初西方商人在广东黄埔和上海开办修船厂，清政府于1865年在上海创办了制造军火和轮船的综合企业——江南制造总局，于1866年在福建马尾设立了福州船政局。此后中国海军建设基本停顿，各船厂便主要从事民用船舶建造。上海的船厂于20世纪初造了长约100米、载重1900吨、载客300余人的长江客货船“江新”“江华”等。而后又发展了船体结构特轻的“隆茂”型长江上游客货船，航速达每小时14海里。江南造船所于1921年为美国航运部造了“官府”型万吨级远洋货船四艘，1936年完成了排水量2500吨、航速每小时21海里的巡洋舰“平海”号，这几艘船是旧中国所造的最大的商船和军舰了。

世界船舶工程未来的发展趋势可以概括为以下几个方面：第一，韩国造船业在相当长时期内仍将保持领先地位。韩国造船业近年来已经牢牢占据世界造船强国的位置。虽然与中国和日本的竞争仍很激烈，但未来相当长一段时间内韩国将继续保持世界造船业的领先地位。

第二，日本造船业将逐渐衰退。由于在主流船舶市场受到来自中国的强有力挑战，在高端船舶市场又难以撼动韩国造船业的地位，日本造船业整体上已经呈颓势。

第三，中国造船业的地位将进一步上升。由于拥有多方面的综合优势，中国造船业未来将在世界造船业中发挥更大的作用。我国船舶工业发展极为迅速，1995 年中国造船产量第一次超过德国，占到世界市场份额的 5%，位列韩国、日本之后，成为世界第三造船大国。

第四，欧洲船舶工业的技术优势将长期存在。虽然在造船产量上已经低于东亚造船国家，但是由于具有雄厚的技术优势，欧洲造船业在部分高技术、高附加值船舶市场仍然控制着核心技术。

第五，新兴造船国家将崭露头角。随着一些新兴造船国家开始加快造船业的发展步伐，未来一个时期这些国家的造船产量和国际市场份额都将有所上升，如越南、巴西、委内瑞拉、印度、菲律宾等。

造船工程评估的特点体现为特殊性和专业性、技术关联性多、综合性强、涉及面广，是技术和知识密集型新兴服务业。目前国外船舶的价值评估主要采用的是成本法和市场法，一般不采用收益法。在国外船舶的价值评估中，一般是同时采用成本法和市场法。在评估工作的前期必须兼顾这两种方法，同时搜集成本、费用和收益等数据，这些数据包括以下几方面。

第一，历史成本。这可以从建造者手中获得。如在美国，由于海船涉及政府的担保和补贴，根据信息自由法律，可以从海事管理机构获得海船有关评估的官方信息。第二，重置成本。可以从建造者手中获得。评估师应该意识到，这些成本也许会被高估。作为一个替代方式，也可以通过其他方法来估算船舶的建造成本。第三，可比较的售价。通常，这也可以从船舶制造商、船舶交易经纪人和有关水运的出版物中获得。在一些海运的出版物中，提供了当前所出售船舶的名录与售价。第四，船舶营运的收益和费用数据。此类数据虽然较难获得，但在评估中是很有用的。第五，关于一些特殊情况的信息，如市场环境状况等信息。

（二）海洋运载工程

我国拥有 1.8×10^4 公里的海岸线，3×10^6 平方公里的海疆。因此，大力发展海洋运载工程对保障国家安全、发展海洋经济、维护海洋权益具有重要的战略意义。

海洋运载工程主要是指通过海洋运载设备完成特定任务的工程项目。作为海洋运载工程的核心，海洋运载装备的质量与数量决定着一个国家的海洋开发与利用能力。海洋运载设备是指以开发和利用海洋资源、维护海洋权益为目的的运输与作业装备，是认知海洋、开发海洋、利用海洋、维护海洋权益的基础和保障。现代海上运载装备类型众多，按照用途和功能可以分为两大类，一类是以运输为目的的民用商船及装备；另一类是为完成特定海上任务以作业为主要用途的特种船舶及装备。

为满足不同层次的需求，海洋运载工程的整体发展呈现体系化的特点。根据调查美国海洋运载装备，主要以船的大小将其分为全球级、大洋级、区域级和近岸级四个等级，并根据海洋研究的需求，有侧重地发展多功能大型海洋综合调查船，实现一船多用，一次出海完成多项任务，使调查船利用率最大化。为满足安保、警戒、执法、救捞、援助等多样化任务的需求，美国、日本等国正在推动海洋安全保障装备体系化发展，统筹考虑天、空、水面、陆地等装备技术及一体化信息系统技术的发展，以形成配套完整的装备系列，并系统地进行技术研究和装备建设。

经过几十年的发展，我国船舶工业取得巨大成就，主要表现在经济规模迅速扩大和技术实力不断增强。全面掌握了三大主流船型的系统化设计技术，形成了一批标准化、系列化的船型，基本掌握了一些高技术船舶和海洋工程装备。船用低速柴油机单机功率由 3×10^4PS（1PS=0.735kW）提升至 6×10^4PS，智能型船用柴油机形成系列机型，达国际先进水平；船用低速柴油机多种关键零部件实现本土化，成熟机型本土化率达 80%；船用中高速柴油机配套产业链逐步完善，主要引进机型本土化率基本达到 80% 以上，部分机型达到 90%；低压船用发电机形成系列化产品，技术性能指标接近国际先进水平；船用舾装件产品基本实现国内自主配套；锚泊机械（含锚、锚链、锚绞机）、拖曳机械、舵机等甲板机械实现国内制造；船用电梯、泵、空压机、海水淡化装置、空调装置及冷藏设备、消防灭火装置等舱室设备国内制造能力均有所突破。在船舶通信导航和自动化系统方面已掌握部分核心技术并成功装船。

我国海洋调查船在经历了 20 世纪六七十年代的建造高峰期和 20 世纪八九十年代的平稳期后，建造数量大幅减少，大部分调查船的船龄接近或超过 30 年，没有新的调查船可更换，出现部分调查船超期服役的情况。进入 21 世纪后，相关单位根据情况逐步开始建造一些海洋调查船。2012 年“蛟龙号”成功到达了 7062 米的深海，使我国深海载人的潜器技术取得突破性进展，部分技术指标处于世界前列。2017 年 3 月 4 日和 7 日，“蛟龙号”载人潜水器分别在西北印度洋卧蚕 1 号热液区和大糟热液区进行了中国大洋 38 航次第一航段的第 3 次下潜和第 4 次下潜。2018 年 5 月 8 日，国家深海基地管理中心副总工程师丁忠军透露，“蛟龙号”载人潜水器计划于 2020 年 6 月至 2021 年 6 月执行环球航次。

当前世界海洋运载工程方面形成了欧美、日韩和中国“新三极”。目前，我国是海洋大国，但还不是海洋强国。先进的海洋运载装备是增强海洋拓展能力，支撑海洋事业发展，支撑 21 世纪以海底深潜、海底观测和深海钻探为三大主要方向的“地球系统科学”研究的必要条件。然而，我国目前面临着总装造船产能严重过剩，船舶产业资源过于分散、集中度低等问题，且仍处于中低端产品总装建造阶段，设计研发能力薄弱，高端设备建造力量不足。我国海洋运输装备产业要实现由大到强的转变，亟须产业升级。

我国未来发展与建设海洋运载工程的主要思路是：以发展“绿色技术”和“深海技术”为两个着力点，走自主创新的道路，应对国际造船与海运产业的绿色技术革命及海洋资源开发与核心利益保护挑战。我国海洋运载装备科技的发展思路可以总结为：倡导自主创新、引领绿色技术、拓展海洋空间、打造自主品牌。

总而言之，未来评估一个国家的海洋运载工程主要涉及以下四个方面：第一，绿色化；第二，集成化；第三，智能化；第四，深远化。世界海洋运载工程将呈现以“绿色船舶技术”为基础，以“综合集成”“智能化”“深远海”为主要发展趋势，通过采用先进技术，把使用功能和性能要求与节约资源和保护环境的要求紧密结合，在船舶设计、制造、使用与拆解的全周期中，节省资源和能源，减少或消除环境污染，保障生产和使用者的健康安全，提供友好舒适的环境。

（三）海岸与岛礁工程

我国有长达 18000 多公里的海岸线（不含岛屿），海岸地区资源丰富、人口稠密，是我国经济发达地区，是工农业生产和城市建设发展的前沿基地，经济效益显著。随着沿海经济的发展，我国海岸与岛礁工程日益增多，这些工程也增加了沿海生态环境压力。

海岸工程是人类开发利用海洋资源的系统工程。在海岸带进行的各项建设工程属海洋工程的重要组成部分，主要包括围海工程、海港工程、河口治理工程、海上疏浚工程和海岸防护工程、沿海潮汐发电工程、海上农牧场、环境保护工程、渔业工程等。建筑物和有关设施大多构筑在沿岸浅水域。由于水下地形复杂和径流入海的影响，海流、海浪和潮汐都有显著的变形，形成了破波、涌潮、沿岸流和沿岸漂沙，特别是发生风暴潮的时候，海况更是万分险恶，使海岸工程受到严重的冲击，甚至遭到破坏。此外，在寒冷的地区，海洋工程还会受到冰冻和流冰的影响。

具体言之，海岸与岛礁工程是自然科学和工程技术在海岸带以及岛礁开发规划、设计与建设中的应用，这些工程是为了人类利益，用之减缓或控制海岸地区大气、海洋与陆地的相互作用，以提高海岸带与岛礁周围环境资源的潜在能力，故海岸与岛礁工程就是进行海岸与岛礁防护、海岸带与岛礁周围资源开发和空间利用的各种工程设施，主要包括海岸防护工程、海港工程、河口治理工程、海上疏浚工程、围海工程、海洋能利用工程、渔业工程、环境工程以及人工岛工程等，是海洋工程的组成部分并与近海工程有所重叠。

为整治海洋国土、开发海洋资源而在海岸兴建的工程，按建设目的分为：第一，护岸工程，抵御海浪和潮水袭击，保护岸滩不受侵蚀；第二，挡潮闸工程，防止海水倒灌，保护淡水资源；第三，港口及航道工程，发展海上运输，供船舶航行与停泊、装卸货物、接送旅客和进行补给；第四，海洋能源开发工程，如兴建潮汐、潮流发电站、波浪发电装置等；第五，滩涂和海上养殖工程，利用海水功能在潮上带、潮间带或浅海栽培动植物的工程设施；第六，围海工程，狭义定义一般指岸滩防护工程，主要建筑物有丁坝、海堤、潜堤或离岸堤等。

海岸工程在建设过程中涉及陆域吹填、水下炸礁、构建海上建筑物、建设防波堤及桥墩等。这些工程作业不仅改变了工程附近海域水下地形和水流条件，而且会对相关海域的水质和生态系统造成不利影响。岛屿是大陆的前沿，对保障国家安全作用巨大。岛屿港口码头的建设为投资、居住、旅游、通行、生产创造了极大的便利，是一项十分重要的基础工程。施工技术及管理措施对工程的施工质量、进度影响较大，必须结合岛屿的客观情况，加强对施工技术的研究及创新，在施工中应用先进的施工工艺、施工方法、施工技术、新材料，确保工程进度及质量。

人类利用海岸与岛礁建设相关工程的历史可以追溯到古代。人为添附的则表现为岸外筑堤和填海造地等。在国际上，通过人为添附来增加本国陆地面积具有悠久的历史。荷兰是填海造地最典型的国家，自 13 世纪便开始了填海之路，如今其国土面积的 1/5 是填海而来的，故有“上帝造海，荷人造陆”之称。日本早在 11 世纪即有填海造地的历史记录，在过去 100 年中，日本沿海城市约 1/3 的面积通过人为添附而获取。此外，新加坡、韩国和摩洛哥等国均通过人为添附让其国土面积大为增加。近年来，中国相继在华阳礁、永暑礁、赤瓜礁、渚碧礁、南薰礁、东门礁和美济礁等南海岛礁展开建设，并取得了阶段性成果。

中国沿海各省（市）以占 19.4% 的国土面积，承载着全国 34% 以上的人口，是我国人口密度最大的地区。此外，沿海地区的经济在国民经济中占有举足轻重的地位，超过61%的国内生产总值集中于沿海地区。改革开放以来，中国海岸带地区经济迅猛发展，作为我国经济发展活跃的区域，经历了快速的城市化与工业化进程。随着经济的高速发展和人口的剧烈增长，沿海地区土地需求量急剧增加，人地矛盾日益突出。沿海地区经济的发展严重受制于土地资源的不足，而围填海既可解决土地资源不足的问题，又可在一定程度上避免政策制约。因此，沿海各省（市）均大规模兴建海岸工程。

针对海岸与岛礁工程，现今评估的重点是生态环境保护。我国现在大力开展生态岛礁工程建设，旨在维护国家海洋权益，保护和修复海岛生态环境，创新海岛开发利用模式，创造优良的海岛生态、生产、生活空间与条件，打造生态健康、环境优美、人岛和谐、监管有效的生态岛礁。

（四）海洋勘探工程

深海海域蕴藏了丰富的石油、天然气及非常规油气资源，是地球上尚未被人类充分认识与利用的最大潜在战略资源基地。随着能源问题加剧，深海海域在战略地位上的重要性日益凸显。

海洋勘探是指为探明资源的种类、储量和分布情况，对海底资源，尤其是海底矿产资源进行的取样、观察和调查的过程。海洋蕴藏丰富的矿产资源，从海岸到大洋均有分布，如全球海底石油储藏量约为世界已探明石油储量的两倍，深海锰结核和海底热液矿床等储量巨大，都有待于勘探和开发利用。

在海洋资源勘探、钻探以及水下相关装备与设施安装的设计处理过程中，如地基基础、浮式平台和存储系统的锚泊、管道铺设、边坡稳定等问题的设计处理，就必然需要对目标海域，尤其是深海沉积物覆盖区域的海底地形地貌、地质特征、土体属性和水文参数等进行全面精准深层的勘探调查。

海洋勘察船钻井取样技术：当勘察船驶入目标海域后，首先通过钻井系统对海床进行钻孔，在钻孔过程中通过钻井泵向钻杆内孔中喷注循环海水，使钻杆与井眼的环孔岩屑及时排出，方便持续钻进。

当钻到海床以下目标层位时，由一条电缆将取样及测试装置通过钻井系统顶部驱动装置上方的喇叭口，沿着钻杆内孔下放到海底进行取样测试作业。其配套的取样测试工具是一种通过电缆操作控制的井下液压装置，泥面以下的钻具和海底基盘将为测试探头和液压取样管提供反力，可在钻井全深度范围内进行作业。这种作业模式的系统复杂、配套设备多、运行成本高。

电视抓斗勘探技术：通过科考船上的铠装电缆将抓斗下放至海底，以程序指令控制抓斗的开合来实施勘探作业。该装置主要用于海底浅表层的勘探取样，驱动形式为水下液压驱动，控制方式为甲板操作与自动控制相结合。

深海硬岩取样钻机勘探技术：深海硬岩取样钻机是一种海底硬岩勘探装置，用于深海底浅表地层固体矿产资源岩心钻探取样。重力柱状勘探取样技术主要用于海底浅表层取样，以获取柱状沉积物样品。

根据触底方式的不同，可分为重力柱状取样器和重力活塞取样器。重力柱状取样器由重锤和取样管组成。重力活塞取样器由重锤、取样管、释放器系统和活塞系统等组成。在作业过程中，通过缆绳将取样器释放到水下，取样器通过自由落体的方式插入海底，同时绳缆将内置活塞迅速拉至取样器顶部，海底沉积物也随着活塞的上行而进入取样器，最后其上的闸阀将取样器底部闭合密封，完成取样过程。

19 世纪中叶，在北美和欧洲之间，作为远距离通信手段的海底电缆铺设变得十分重要。为了在大西洋铺设海底电缆，就必须对海底地形和沉积物进行详细调查。因此，美国海洋学家莫莱绘制了第一幅大西洋深度图。而早在1842年，达尔文就随“猎犬号”在太平洋、印度洋对珊瑚礁进行了研究和考察，并指出海底研究将有广阔的前景。英国的“挑战者号”在1872~1876年开展了深海调查，巡1航三大洋近7万英里，带回了大量的基本资料，经过分析整理，在1895年出版了“挑战者号”报告50卷，奠定了近代海洋学的基础。

美国的海洋地质计划是从20世纪30年代开始的。1930年，美国的伍兹霍尔海洋研究所对北美东岸沉积物进行调查，并利用爆破式取样管采集底质柱状样品。其后，斯克里普斯海洋研究所对美国西岸的海底峡谷及深海底做了调查，用岩心取样管在加利福尼亚湾取得了5.6米长的软泥，为地史研究开辟了新途径。

随着海洋油气勘探开发从浅海、半浅海向深海延伸，难度逐步增加，先进科学技术的支撑作用愈发重要。近几年，海洋勘探通过广泛使用三维地震技术和海上多维多分量勘探技术等促进了勘探效率的提升。井筒技术也比陆上发展得迅速，主要使用长距离水平钻井及分支水平钻井等技术。

当前国际海洋油气勘探具有比较明显的特点。一是海洋油气勘探开发的大部分费用花在平台上，海洋石油平台的建设费用非常高，减少平台的建设是提高效益的重大课题。“海上的事陆上办”，钻井尽量采用大位移井、多底井、分支井等，大大提高深海油气勘探的效益。二是鉴于海洋油气勘探的高投入和高风险，深海油气勘探一般立足于寻找大圈闭，发现大油气田。

在海洋勘探过程中，对于海洋环境的保护始终是其评估的一个重要方面。比如，在石油钻探过程中倾倒的废物和原油对海洋生物也有显著的毒害作用。井口喷出的石油和随意丢弃的装备可能对海兽和海鸟构成危害。一些关键地区如白鲸生活的环境、海鸟的繁殖地等也容易受到海上开采和运输活动的侵害。海上石油的勘探、生产活动和油轮发出的噪声也会产生严重的环境问题。在勘探时，人工地震可能导致某些海洋生物的死亡。当然现在这种方法已被仪器发出的声探方法所替代。

（五）船舶与海洋平台工程

船舶工业是为水上交通、海洋资源开发及国防建设提供技术装备的现代综合性和战略性产业，是国家发展高端装备制造业的重要组成部分，是国家实施海洋强国战略的基础和重要支撑。海洋工程装备和高技术船舶领域将大力发展深海探测、资源开发利用、海上作业保障装备及其关键系统和专用设备；推动深海空间站、大型浮式结构物的开发和工程化；形成海洋工程装备综合试验、检测与鉴定能力，提高海洋开发利用水平；突破豪华邮轮设计建造技术、全面提升液化天然气等高技术船舶国际竞争力，掌握重点配套设备集成化、智能化、模块化设计建造技术。在新的产业竞争环境下，决定竞争成败的关键不再是设施规模、劳动力成本等因素，而是技术、管理等软实力以及造船、配套等全产业链的协同，科技创新能力对竞争力的贡献更为突出。

海洋工程是开发和利用海洋的综合技术科学，以开发、利用、保护和恢复海洋资源为目的。工程主体位于海岸线向海一侧的新建、改建和扩建工程。海洋工程包括有关的建筑工程及相应的技术措施，可分为海岸工程、近海工程和深海工程三类。

海岸工程主要包括海岸防护工程、围海工程、海港工程、河口治理工程、海上疏浚工程、沿海渔业设施工程和环境保护设施工程等。近海工程又称离岸工程，自 20 世纪中叶以来发展很快。它主要包括在大陆架较浅水域的建设工程（如海上平台、人工岛等）和在大陆架较深水域的建设工程（如浮船式平台、半潜式平台、石油和天然气勘探开采平台、浮式储油库、浮式炼油厂和浮式飞机场等）。深海工程则包括无人深潜的潜水器和遥控的海底采矿设施等工程。

我国近年来进行金海气田钻探工作，大部分采用自升式平台。在平台自重、设备、操作荷载以及风浪等环境荷载作用下，钻探平台应能安全而可靠地进行勘探作业。在完成一个勘探点的作业以后，应能方便地将平台移至新勘探点进行作业。为此，就要求平台基础能奠基在坚实的持力层上，具有足够的抗滑和抗倾稳定性，基础的竖直和水平位移控制在一定限度内，并能够将基础从土中拔起，浮运至新勘探点。

船舶与海洋平台工程的技术关联度大、技术含量高，可带动国内相关行业的科技进步和产业发展。发展船舶工业，第一，对一个国家外贸发展和综合技术提升产生巨大的拉动作用；第二，在资金构成方面比较适合工业化国家初期的产业递次发展；第三，对国民经济产业部门直接关联面达 84%，其中尤以机械、冶金、电子、石化等行业最为密切；第四，直接为航运、能源、海洋开发等产业发展和国防建设提供必要的装备，从而形成了国民经济中一条重要的产业链。

从过去几十年间世界造船业的发展看，无论是传统的还是后来兴起的造船国家，无不重视船舶与海洋平台工程。当今名列世界前茅的韩国和日本，其大型造船企业几乎都将海洋工程设备的研发和建造列为重要目标。美国及欧洲等已在商船领域失去竞争力的国家，则凭借其深厚的技术力量和国内市场需求，依然保持了海洋工程设备的研发和建造实力。此外，以修船见长的新加坡船厂，则独辟蹊径，也在海洋工程设备市场上占有重要的一席之地。

21 世纪是海洋世纪，海洋经济也逐渐成为我国国民经济中新的增长点；随着海洋产业的高速兴起，海洋工程装备已成为世界主要造船企业新的利润增长点。《船舶工业调整振兴规划》明确要求加快自主创新，发展海工装备，逐步扩大海工装备的市场份额，重点发展钻井平台、生产平台、浮式生产储油装置、工程作业船、模块及海洋工程装备配套设备。

在船舶与海洋平台工程领域，随着中国造船技术的快速发展，所造船舶与海洋工程设计和建造的技术要求越来越高和难度越来越大，船舶与海洋平台工程面临着“数据爆炸，知识匮乏，管理落后”的发展困局。随着大数据技术在各行各业的改革中起到关键性的作用，船舶与海洋平台工程应大力引入大数据的应用，从而提高管理水平，普及工艺知识，突破技术封锁，实现换道超车。

船舶与海洋平台工程的风险评估主要是指一个新的海洋平台开工之前，项目经理要组织项目组的主要成员（一般指项目工程师）对该平台进行风险评估，识别平台在建造前期所面临的风险，哪些风险可能影响平台的进展以及平台在运行的过程中会出现哪些新的风险，这些风险应该如何处理等，只有尽可能地把平台建造过程中的所有风险都预估出来，才能逐一地去应对，真正做到运筹帷幄，推动平台的顺利建造。

四、航空航天工程

航空工程是将航空学的基本原理应用于航空器的研究、设计、试验、制造、使用和维修过程中的一门综合性工程。关于飞行及提供飞行保障的各种技术也是航空工程的内容。航空活动主要是在离地面 30 千米以下的大气层内飞行。航空工程以基础科学和工程科学为基础，广泛采用现代科学技术的最新成果。航空工程通常采用系统工程的理论和方法来组织实施。航天工程是探索、开发和利用太空以及地球以外天体的综合性工程。其中，航天技术主要是指用于航天系统，特别是航天器和航天运输系统的设计、制造、试验、发射、运行、返回、控制、管理和使用的综合性工程技术，其理论基础是航天学。本部分主要介绍以下内容：①飞机设计与制造工程；②航空航天系统工程；③运载火箭工程；④卫星工程；⑤深空探测工程。

（一）飞机设计与制造工程

航空技术是一项综合性的高技术，飞机设计与制造的过程，实际上就是对各种系统和技术进行权衡、折中、综合与优化的过程。为了提高飞机的性能，人们采用了越来越多的新技术、新材料和新系统，并且在飞机设计中尽可能多地将飞机的各个部件、各个系统和各项技术参数进行一体化设计，以便寻求尽可能好的飞机设计方案。

所谓飞机设计与制造工程，是指在掌握丰富的航空专业技术的基础上，利用并行工程的设计方法和虚拟设计的技术手段，对飞机所涉及的技术和系统进行全面的综合和优化的制造工程。

通过飞机设计技术，可以实现飞机设计工作中技术的集成、系统的集成、过程的集成、人员的集成和管理信息的集成。

技术的集成是指在飞机设计过程中，同时考虑多项技术对飞机总体性能的影响，对各项技术参数进行统一的优化。所谓系统的集成，是指将过去彼此独立的系统集成在一起，实现信息和资源共享，降低全系统的重量和成本，提高系统的可靠性。过程的集成是指将飞机设计、制造、使用维护和改进改型中将要遇到的技术问题予以统一考虑，从而实现设计 / 制造一体化，并为今后的改进改型做好预先规划。

人员的集成是指通过计算机网络和虚拟设计系统使得处于不同地方的设计、制造和使用维护人员共同为飞机设计而工作，最大限度地发挥集体的智慧，减少设计中的疏忽和差错。管理信息的集成就是通过数据库和数据库管理系统，将飞机设计过程中的各种数据、资料和设计方案利用数字化技术进行统一管理，以便于设计、制造、使用维护和管理人员准确、迅速、方便地获得各自所需的信息，从而提高工作效率，并为实现飞机的一体化生产和全寿命期管理创造条件。

飞机设计是一项综合性的技术。早在 20 世纪初，人们在研究颤振问题时，就对飞机的结构和强度进行了综合设计。20 世纪 70 年代出现的主动控制技术，要求飞机设计人员必须对飞机的飞控系统与飞机的气动布局进行一体化设计。

20 世纪 90 年代以来，随着计算机技术、网络技术和虚拟现实技术的发展，以及并行工程在飞机设计中的应用，传统的飞机设计方法和设计手段已经发生了质的变化。目前，飞机设计技术正受到越来越多国家的重视，无论是理论研究还是工程应用都不断取得突破。但是，由于技术水平不同、需求不同，各国发展重点各有侧重。

中国的飞行器制造工程专业有着悠久的历史并且是一个专业性很强的工科专业。进入 21 世纪后，为了积极应对新一轮工业革命，中国提出了《中国制造 2025》，美国和德国分别提出了“工业互联网”和“工业 4.0”，都强调飞机设计与制造工程要和信息技术与制造技术高度融合，在传统的飞机制造工业中引入信息化，形成信息化的制造技术与工艺是现代飞行器制造技术的最重要内容，这就决定了相应的飞行器制造工程专业将面临转型升级。

在飞机设计与制造工程中，数字化技术应用的比重越来越高。我国飞机制造业自 20 世纪 70 年代末开始逐步引入数字化技术，并应用于型号研制的实践中，基本掌握了数字化设计和制造单元的技术。数字化技术在飞机设计与制造等工程中的应用便是把实物飞机内全部参数以统一比例集中于 3D 模型，与传统设计制造工作具有较大的差异。飞机设计与制造工程在模型精度方面具有较高的要求，为了对电子样机进行协调，使飞机设计及制造工作达到相应的工艺要求，需要对其精确度进行提升，使部分零件达到完全真实的水平，模型在零件尺寸、材料等方面还原度极高，甚至某些时候能够将模型直接引入飞机制造工作。

飞机设计与制造工程的评估是至关重要的。总体评估是飞机设计与制造工程中的关键环节。基于军机的可支付性、任务性能、安全性、生存力、可用性（战备状态）等性能标准，考虑用户要求和上述指标对飞机系统的影响，建立了飞机总体设计评价准则，并给出了每项指标的评价准则、计算公式以及分析飞机总体设计的评估方法。

第一，建立综合评价准则和评价指标体系，对设计方案进行评价和优选，需要有合适的评价准则。第二，各种指标的度量。可支付性，近期研制的飞机项目常进行经济性审查，因此飞机设计人员必须考虑所采取的决策如何影响研制项目的经济性。任务性能，是飞机完成任务的能力（满足或超过所有任务需求）的量度。第三，采用基准评价法评价时一般先选定一个基准飞机或基准总体方案，其余的每一个方案通过与基准方案的比较来使每一项指标量度无量纲化和规范化，从而避免指标量纲不一致的缺陷。第四，用户对指标偏爱系数（指标重要性系数）的确定直接影响到最终评价结果。

（二）航空航天系统工程

对于现代大型复杂工程，比如航天工程和航空工程，采用系统工程方法是必须的。在一项工程中，运用系统工程的水平，代表了工程管理者的水平。系统工程标准的诞生与应用，代表了一个行业的工程管理水平，代表了从“两总”系统、总体（系统）工程师到每一个工程参与人员的工程水平。

航空航天系统工程是航空工程和航天工程的组织管理技术。按照系统科学的思想，应用运筹学、信息论和控制论的理论并以信息技术为工具组织和管理航空航天系统的规划、研究、设计、制造、试验和应用。航空航天系统工程的根本出发点在于以最小的代价（人力、物力、财力和时间）、最有效地利用最新科学技术成就、获得最高的经济效益并达到航空航天预期的目的。

航空航天系统工程的实施由三个重要部分组成：项目管理、质量保障和工程实施。系统工程是工程实施中的重要组成部分。系统工程的目的是采用多学科的途径和方法使航天型号达到规定的各项要求。通过系统工程可以在航天型号研制的早期确定顾客的需求和产品需要达到的功能，可以协调和权衡航天型号全寿命周期中的性能、试验、制造、运行、费用与进度、培训与保障以及完成任务后处置等的关系。系统工程将所有涉及的学科和专业集成到系统寿命周期的各个阶段中。通用的系统工程考虑到所有商业需要和技术需求，总的目标是提供符合使用者需求的产品。

航空航天系统工程是发展最早的系统工程。美国、苏联都已将系统工程原理用于航空航天系统工程。中国的航空航天系统工程在钱学森的指导下按系统工程的原则进行组织和管理。航空航天系统是现代比较典型的复杂的大系统，例如，航天器发射时的大系统包括航天器、运载器航天器发射场分布在各地的航天测控系统（包括测控站、测量船、测量飞机）、航天器回收设施、用户台站（网）等。

这些系统或设备本身也是复杂的体系，由一些分系统和许多装置组成。像这样复杂的大系统，每一个组成部分的设计、制造、试验和应用都需要有统一协调的技术要求，才能使全系统协调一致地运转；对所有承担研制的单位以统一的计划和协调的程序进行高度集中的调度，才能使研制工作处于最优的管理状态，并且研制费用最少、时间最短。试验发射也是在同一个信息控制中心的统一指挥之下进行的，各个台、站要统一行动，各项工作要协调一致。为完成这些艰巨而复杂的总体协调工作，可采用的最科学的方法是系统工程方法。

1958 年，钱学森的《工程控制论》出版，奠定了中国系统工程的理论基础。20 世纪 70 年代，他又花了很多精力从事系统工程的推广应用和系统学的理论研究。钱学森曾指出，系统工程是组织管理“系统”的规划、研究、制造、试验和使用的科学方法，是一种对所有“系统”都具有普遍意义的科学方法。在我国航天事业发展 50 年的历程中，无论是预先研究、型号研制，还是各项管理工作，都始终贯穿着系统工程的理念、体系与方法。

1978 年，钱学森发表的论文《组织管理的技术——系统工程》，对系统工程的概念、内容、在我国的发展、理论基础及应用前景等做了深刻的阐述。1979 年，钱学森提出了建立系统学的任务。1982 年出版了《论系统工程》一书。同年 5 月，航天部成立了从事系统工程理论与应用研究的研究所。1986 年开始了“系统学讨论班”的学术研讨活动，大力推进系统学的理论探讨与系统工程的推广应用。

中国航天系统工程组织管理模式在航天工程实践中被具体称为“一个总体部、两条指挥线”。总体设计部是集成创新的龙头，负责总体设计、系统协调，是总设计师实施技术抓总的技术支撑机构；“两条指挥线”是指由总设计师负责的技术线和由总指挥负责的指挥线。技术线由总设计师、各分系统主任设计师以及单项设备、部件的主管设计师组成；指挥线由总指挥、各研制单位的主管领导、计划调度系统和机关职能部门有关人员组成。

实际上，中国航天系统工程组织管理模式从宏观管理角度来看还有一个顶层领导体系，是由党中央、中央军委、国务院及各相关部委和航天企业集团组成的一个分层次领导组织体系，具有负责重大工程项目的决策与组织协调职能。

从目前的理论研究与实际应用情况看，倾向于单一技术成熟度评估思维，即对系统某一级别对象完成独立技术成熟度评估。这种做法虽然容易实现，但并不符合实际技术系统的整体结构关系。任何一个技术系统的先进性、成熟性、可靠性都依赖于各层次技术的情况及其技术集成能力，简单的装置技术与制造问题都可能影响到航天工程的安全性能。因此，应该以最基本的单机构成要素为起点进行技术成熟度评价，进而按照逐层集成的方法完成一项航天工程整体技术系统成熟度的评估工作。

（三）运载火箭工程

一个国家进入空间的能力在很大程度上决定了其空间活动的范围。空间技术代表着现代高技术的最新发展水平，世界新闻和舆论经常把空间活动中的事件与一个国家的综合实力和国际地位联系在一起，把空间技术比作当今信息社会中综合国力的增长源、经济及社会发展不可缺少的推动力、现代军事力量的倍增器。而运载火箭是确保进入空间的能力，是发展空间技术的基础，是夺取空间优势的主要手段。它可以牵引应用卫星、大型军事卫星、空间站、星际探测器等有效载荷的发展，推动空间应用产业的发展。

运载火箭工程是围绕火箭的设计、制造、组装与发射的航天系统工程。由火箭组成的航天运输系统是往返于地球表面和空间轨道之间以及轨道与轨道之间运输各种有效载荷的运输工具系统的总称，包括载人或货运飞船及其运载火箭、航天飞机、空天飞机、应急救生飞行器和各种辅助系统等。

运载火箭工程主要包括以下几个方面的技术：第一，运载火箭由传统串联向捆绑助推器构型发展以提高适应性。“阿波罗”计划后的重型运载火箭，如航天飞机、“能源号”火箭、“战神 5 号”火箭、美国新一代重型运载火箭 SLS 等都采用了捆绑助推器构型。这种构型的重型运载火箭具有很好的任务适应性，同时也降低了对箭体直径和发动机推力的要求。因此，国际上新研制的重型运载火箭的多任务适应能力是一个突出特点。

第二，运载火箭动力系统选择大推力发动机，充分发挥液体、固体发动机的优势，实现最佳动力组合。动力系统是火箭的核心部分，是设计火箭时首先要解决的问题。国外重型运载火箭大多使用大推力发动机，有效地减少发动机数量，降低火箭总体的复杂度，有利于提高可靠性。

第三，充分利用成熟技术是各国发展重型运载火箭的有效途径。采用成熟技术和通用组件有利于减小研制难度和风险，降低研制和发射成本，成为各国未来发展新型重型运载火箭的有效途径。

第四，采取渐进式发展策略。美国国家航空航天局公布的新一代 SLS 研制方案，采取了极其务实的渐进式三阶段发展策略，符合“由易渐难”的型号研制规律，可降低火箭的研制难度和风险，同时利用初始构型可以实现多项空间探索技术的先期验证，还可作为国际空间站商业乘员运输系统的备份运输工具。

1969 年 7 月 16 日，“土星 5 号”重型火箭搭载着“阿波罗 11 号”飞船，从肯尼迪航天中心点火升空，开始了人类历史上的首次登月之旅。这一刻，人类迈出了伟大的一步，树立了文明进程上不朽的丰碑。重型运载火箭从此走上了人类深空探测的历史舞台，不仅为载人航天和深空探测提供了更加广阔的发展空间，从根本上提升了进入空间的能力，还强力带动了整个航天工业的快速发展。随着未来大型空间开发和利用活动的开展，重型运载火箭作为进入空间不可或缺的运输工具，必将发挥重要的作用。早在 20 世纪 80 年代，美国就开展了继“土星 5 号”之后的下一代重型火箭的构型研究，提出了重型运载火箭（HLLV）的概念。在老布什执政期间，由美国国家航空航天局（NASA）牵头完成了多轮重型运载火箭构型的论证工作。

在新一代大中型火箭稳步发展的同时，快速响应发射和重复使用是航天运载技术的重要发展方向，并且均取得了重要进展。同时新型火箭动力技术可有效提升运载火箭性能。

美国“猎鹰重型”成为现役运载能力最强的火箭。美国太空探索技术公司（SpaceX）“猎鹰重型”火箭 2 月成功首飞。该型火箭的低地轨道运载能力达 60 吨级，两倍于此前运载能力最强的“德尔塔—4H”火箭，且发射价格仅为后者的三分之一。该火箭已获得美空军的两项发射合同，未来将持续为美军部署大型空间信息系统提供低成本发射选择。

我国最新研制的运载火箭是“长征五号”系列运载火箭，又称“大火箭”，是为了满足进一步航天发展需要，并弥补中外差距而在 2006 年立项研制的一次性大型低温液体捆绑式运载火箭，也是中国新一代运载火箭中芯级直径为 5 米的火箭系列。“长征五号”系列由中国运载火箭技术研究院研制，设计采用通用化、系列化、组合化的理念。中国未来天宫空间站、北斗导航系统的建设，探月三期工程及其他深空探测的实施都将使用该火箭系列。

针对运载火箭工程的评估主要指的是可靠性指标。运载火箭系统总体的可靠性指标分为飞行可靠度和发射可靠度，研制之初通过选用恰当的可靠性指标分配方法将其分配到各分系统，再由各分系统分配到所属单机，从而得到火箭各分系统、单机在设计时的可靠性指标，将此作为产品开展可靠性研制的目标和依据。其中，关于可靠性指标的试验验证和评估作为了解产品可靠性研制水平的主要方式，其方法和程序一直以来都是火箭总体、各分系统及其单机不断探索的课题。

（四）卫星工程

空间开发是 21 世纪人类活动最重要的领域之一。在今后几十年内，人造卫星和卫星应用仍将是空间开发的主战场。相关统计表明，世界各国发射的人造卫星占航天器发射总数的 90% 以上，人造卫星是人类探索、开发和利用太空最主要的工具。研制人造卫星是世界各国航天活动的主要内容，卫星工程也是空间技术的重要组成部分，将对社会、经济及军事等各个方面产生巨大的影响。

要建立一个长期稳定的卫星运行系统，从工程角度讲有五大方面：卫星、运载工具、测控、发射场和应用。其中卫星是基础，因为运载工具、测控、发射场是为卫星服务的。和地面应用系统相比，一是在研制过程中，所有地面应用系统的技术参数都应和卫星的技术参数相匹配；二是空中的卫星仅有一颗或几颗，其作用举足轻重，一旦出现问题就会影响全局，而地面应用系统就比较局限，即便是十分重要的、可能影响大局的环节，但基于地面的可维修性，不至于长久地造成系统失效；三是尽管地面系统总产值甚高，但风险是分散的，而卫星的造价高、研制周期长，决定了其难度更大。所以在建立一个长期稳定运行的卫星系统时，质量好、可靠性高的卫星应是基础。

卫星工程是研制和管理卫星的综合性工程技术，同时也可指某一项卫星的研制任务或建设项目，对于某项卫星的研制任务通常叫作卫星型号研制工程。卫星工程是典型的高技术工程，具有规模大、系统复杂、技术密集、综合性强、质量和可靠性要求高，以及投资量大、研制周期长、项目风险大、社会经济效益显著等特点。卫星工程包括两个相互关联的并行基本过程，即卫星研制的技术过程和卫星研制的管理过程。卫星工程管理指为实现预期的目标，有效利用资源，对卫星工程所进行的决策、计划、组织、指挥、协调和控制。

卫星工程有一般地面工程的普遍特性，对其管理应当遵循一般工程的普遍规律；但由于卫星工作在地球大气层外的空间特殊环境，它又具有不同于一般地面工程的特殊性，还必须看到：卫星工程是一个国家综合实力的标志性工程，国家的社会制度、经济制度、政府机构设置、基础工业发展程度、经济实力，乃至国防和外交政策等（即国情）将决定这个国家卫星工程的发展。基于卫星工作环境的特殊性，卫星工程本身应具有普遍性，然而不同国家的国情却是不断变化的。只有不断为适应这些变化而做出合理的工程管理上的调整，才能保证卫星工程快速发展。

基于20世纪50年代的航天技术，人类开启了走向太空的新时代。自1957年苏联率先发射了第一颗人造地球卫星开始，人类从未停止过探索太空的脚步。1958年，中国科学院开始研制我国第一颗人造卫星。经过半个世纪的努力，人类的空间活动取得了巨大成就，极大地促进了生产力的发展和社会的进步，影响深远。在应用卫星、深空探测、载人航天等众多空间活动中，应用卫星是最重要的，它的发展最快，极大地改变了人们的生活。

全球航天发射活动进入新的高峰期，2018年全球共发射461个航天器，其中500千克以下的小卫星321颗，占年度发射卫星总数的69.6%，成为航天体系中的重要组成部分。从整体趋势看，小卫星部署数量呈现阶梯式增长态势。2012年以前，处于技术积累阶段，每年部署数量在50颗以下；2013~2016年，进入业务化应用阶段，每年部署数量超过100颗。

从卫星所属国家看，2018年，全球共有27个国家和地区部署小卫星，既包括美国、中国、欧洲、俄罗斯等传统航天国家或地区，也包括众多新兴航天国家，覆盖亚太、独联体、中东和非洲、南美等地区。其中，美国部署小卫星数量最多，达到161颗，占全球部署数量近半；中国、欧洲分别居第二和第三位，部署52颗和37颗；俄罗斯、韩国、日本紧随其后。

从资产属性上看，2018年，军用、民用和商业小卫星数量分别为40颗、142颗和139颗。相较往年，军用、民用小卫星数量和占比均实现增长，其中，军用小卫星数量增长尤为显著，小卫星对军事航天能力的补充作用日益突出；商业卫星由于周期性部署的因素，2018年的数量和占比均有所回落。

对于卫星工程的评估主要来自两个方面：其一，卫星的市场运营方面，在政府、军方、商业市场用户需求的牵引下，小卫星进入了实用化、业务化、规模化的发展阶段，为对地观测、通信等传统应用带来了创新的解决方案，未来，小卫星发展活力有望被进一步激发，为全球经济建设和社会发展注入新的动力；其二，卫星自身的技术创新方面，随着与卫星相关的多种创新技术的持续研发和应用，空间安全、空间科学等领域也实现了重要突破。

（五）深空探测工程

发射人造地球卫星、载人航天和深空探测是人类航天活动的三大领域。而深空探测又是人类探索宇宙奥秘的必经之路。深空探测是指脱离地球引力场，进入太阳系空间和宇宙空间的探测活动。各个国家，针对不同的探测对象开展了不同的深空探测工程。我国开展与实施深空探测工程对于科技进步和人类文明的发展具有显著的作用和意义。

深空探测工程是当今世界高新科技中极具挑战性的领域之一，是众多高新技术的高度综合，也是体现一个国家综合国力和创新能力的重要标志，对保障国家安全、促进科技进步、提升国家软实力以及提升国际影响力具有重要的意义。以我国的探月工程为例，主要分为“绕”“落”“回”三步走。深空探测工程是人类探索宇宙奥秘、保护和建设美好地球家园的必然选择，也是一项高技术、高风险、高投入的航天工程。

深空探测工程是一个多学科交叉、科学与技术高度结合的系统工程，大致可以分为“器”与“人”两大类。在飞行器制造领域，主要涉及六个方面：第一，轨道设计与优化技术。相比近地卫星轨道，深空中繁多而各异的目标天体、多样而复杂的力场环境、丰富而奇妙的运动机理包括平动点应用、借力飞行和大气减速等，赋予了轨道设计与优化技术新的内涵。第二，新型结构与机构技术。深空探测器的结构是承受有效载荷、安装设备和建构探测器主体骨架的基础。第三，测控通信技术。深空探测器的测控通信面临着由距离遥远所带来的信号空间衰耗大、传输时间长、传播环境复杂等一系列问题，是深空探测的难点之一。第四，自主技术。为了实现深空探测器在轨自主运行与管理，必须突破自主任务规划、自主导航、自主控制、自主故障处理等关键技术。第五，新型科学载荷技术。深空探测目标的多样性决定了其需要不同的新型载荷，科学目标的新要求也需要载荷探测精度的提升。第六，新型能源与推进技术。高效的能源与推进系统是进行深空探测任务的基本保障。核能源具有能量密度高、寿命长的特点，是解决未来深空探测能源问题的一个有效途径。

深空探测工程中关于“人”的技术方面主要是针对航天员而言的。实施长期有人参与的深空探测工程是未来国际航天领域的发展趋势。目前，国际上载人深空探测工程的任务主要以“阿波罗登月”为代表，但航天员深空活动的时间较短，而长期有人参与的深空探测工程，如载人月球基地、载人火星探测等，则需要重点考虑航天员长期在轨可能遭受的空间环境效应，尤其是空间辐射环境威胁。同时，需要注意微重力或低重力环境、在轨行走的尘埃环境、舱内的微生物环境可能带来的潜在威胁。

深空探测在几十年的发展中经历了两个高潮期：一是 1958~1976 年，二是 1994 年至今。1958~1976 年是深空探测的第一个高潮期，是美、苏两国在冷战背景下的空间竞赛期，共实施 166 次探测任务。其标志性成果是实现了无人月球采样返回和载人登月。1994 年美国发射的“克莱门汀”月球探测器发现了月球可能存在水冰，掀起了深空探测的第二次高潮，迄今共实施了 53 次探测任务。其显著标志：一是欧洲（欧空局）、日本、中国和印度等加入深空探测国家行列，二是实现了小天体采样返回和火星巡视探测。

从各国深空探测的远景目标和任务规划分析得出，国际上深空探测总体表现出以下发展趋势和特点：第一，月球探测是开展深空探测的首选目标；第二，火星是目前行星探测的最大热点，作为距地球最近的类地行星之一，火星探测是继月球探测之后行星探测的最大热点，是未来载人行星探测的重要目标；第三，小天体探测成为深空探索领域的重点发展目标之一，小天体（包括小行星和彗星）探测具有重要意义；第四，探测方式日趋多样，逐步由技术推动转向科学带动，美国和俄罗斯两国在深空探测活动中，由易到难，逐步掌握了飞越、撞击、环绕、软着陆、巡视及取样返回等多种探测方式；第五，大型探测任务的国际合作模式成为重要的发展途径，深空探测具有全球性、科学性和开放性，因此更具有国际合作的必要性和可行性，并且深空探测数据的分析研究也需要世界范围内科学家的广泛参与。

对于深空探测工程的评估主要集中在安全方面，确保深空探测的各种飞行器的运行安全与航天员的安全是重中之重。在飞行器方面，为逐步突破行星际飞行术、自主导航与控制和深空测控通信等关键技术，有计划、有步骤地开展小型的多目标、多任务探测活动。同时，结合多目标、多任务探测形式，适时地开展火星、小行星和彗星等天体的科学探测。有选择地开展以空间科学为主要目标的相对独立的深空探测任务，载人航天与深空探测结合是未来深空探测的必由之路，酌情研究二者结合的时机和实施的具体方式。在相关技术成熟之后，利用无人飞行器开展深空探测是未来的重要方式。

参考文献

[1] 郭邵义主编 . 机械工程概论 [M]. 武汉：华中科技大学出版社，2015.

[2] 陈勇志，李荣泳主编 . 机械制造工程技术基础 [M]. 成都：西南交通大学出版社，2015.

[3] 王杰等编著 . 机械制造工程学 [M]. 北京：北京邮电大学出版社，2004.

[4] 赵秀龙，段裘佳，曹铭主编 . 机械工程与自动化研究 [M]. 沈阳：辽宁大学出版社，2018.
[5] 雷子山，曹伟，刘晓超 . 机械制造与自动化应用研究 [M]. 北京：九州出版社，2018.
[6] 张岚 . 机械自动化在机械制造中的应用价值 [J]. 科技展望 ,2015,25(4).
[7] 全燕鸣编著 . 机械制造自动化 [M]. 广州：华南理工大学出版社，2008.
[8] 杜平 . 刍议机械电子工程行业现状分析及未来发展趋势 [J]. 化工管理 ,2016,(33).
[9] 李景湧编著 . 机械电子工程导论 [M]. 北京：北京邮电大学出版社，2015.
[10] 潘雍 , 傅明星 , 于晨 . 机械电子工程综述 [J]. 机电工程 ,2014,31(5).
[11] 陈伟洪 . 机电一体化技术在现代工程机械中的发展运用分析 [J]. 装备制造技术 ,2014,(1).
[12] 黄宗益 . 工程机械机电一体化、机器人化 [J]. 中国机械工程 ,1996,(3).
[13] 涂善东编著 . 过程装备与控制工程概论 [M]. 北京：化学工业出版社，2019.
[14] 李斌编 . 典型过程装备控制技术 [M]. 北京：科学出版社，2016.
[15] 宋鹏云 , 胡明辅 , 姚建国 . 过程装备与控制工程和过程工程 [J]. 化工高等教育 ,2004,(2).
[16] 刘亚军 , 张玉鹤 . 大型特种设备管理 [J]. 交通世界 ,2016,(33).
[17] 梁峻 , 陈国华 . 特种设备风险管理体系构建及关键问题探究 [J]. 中国安全科学学报 ,2010,20(9).
[18] 丁守宝 , 刘富君 . 我国特种设备检测技术的现状与展望 [J]. 中国计量学院学报 ,2008,19(4).
[19] 石端伟主编 . 机械动力学 (修订版)[M]. 北京：中国水利水电出版社，2018.
[20] 中国科学技术协会主编 . 动力机械工程学科发展报告 2010–2011[M]. 北京：中国科学技术出版社，2011.
[21] 于立军，韩向新，翁史烈编 . 热能动力工程 [M]. 上海：上海交通大学出版社，2017.
[22] 武伟佳 . 浅析热能与动力工程的应用 [J]. 科技创新与应用 ,2014,(25).
[23] 吕太主编 . 热能与动力工程概论 [M]. 北京：机械工业出版社，2013.
[24] 杨昊程 . 对车辆工程发展的分析 [J]. 现代国企研究，2015,(6).
[25] 谭景文 . 浅议车辆工程的发展 [J]. 汽车与驾驶维修 (维修版)，2017,(11).
[26] 潘鹏飞 . 车辆工程领域中混合动力技术的应用现状分析 [J]. 山东工业技术，2019,(5).
[27] 李祖见 . 道路桥梁隧道工程施工难点分析 [J]. 城市住宅，2019,(4).
[28] 朱拓 . 公路桥梁隧道工程项目建设管理 [J]. 交通世界，2019.(6).
[29] 温洪儒 . 道路桥梁隧道工程施工中的难点与对策分析 [J]. 建材与装饰，2019,(5).
[30] 朴广太 . 对铁道工程施工若干问题的研究 [J]. 山东工业技术，2017,(2).
[31] 闫君 . 基于铁道工程施工的若干问题研究 [J]. 建设科技，2016,(4).
[32] 罗荣 . 解析铁道工程施工中常见的技术问题及应对措施 [J]. 科技与创新，2014,(11).
[33] 张伟 , 等 . 大数据背景下的智能交通系统应用与平台构建 [J]. 山西建筑，2019,(6).
[34] 苏莞茹 . 智能交通系统的现状与发展 [J]. 价值工程，2019,(5).
[35] 宁滨 . 智能交通中的若干科学和技术问题 [J]. 中国科学 : 信息科学，2018,(9).
[36] 徐寿波 . 关于物流工程的几个问题 [J]. 北京交通大学学报 (社会科学版)，2003,(3).
[37] 单圣涤 . 关于物流与物流工程中几个基本概念的探讨 [J]. 中南林学院学报，2006,(10).
[38] 宋伟刚，刘杰 . 物流工程的现状及其发展趋势 [J]. 机电一体化，2002,(1).
[39] 杨槱 . 中国船舶工程四十年 [J]. 船舶工程，1984,(8).

[40] 张长涛 . 当前世界船舶工业发展特点与趋势 [J]. 船舶物资与市场，2007,(2).
[41] 程庆和 . 数字化造船 – 船舶工业的发展方向 [J]. 国防制造技术，2011,(8).
[42] 中国海洋工程与科技发展战略研究海洋运载课题组 . 海洋运载工程发展战略研究 [J]. 中国工程科学，2016,(4).
[43] 胡兴军 . 浅谈我国船舶工业发展现状及对策 [J]. 广东造船，2016,(12).
[44] 王班 . 世界船舶工业发展回顾与展望 [J]. 船艇，2008,(5).
[45] 王月 . 海岸工程对海洋环境的影响 [J]. 山西建筑，2015,(8).
[46] 许宁 . 中国大陆海岸线及海岸工程时空变化研究 [D]. 中国科学院，2016.
[47] 马德洪 . 浅谈岛屿港口工程施工技术及措施 [J]. 科技创新与应用，2015,(4).
[48] 天星 . 破解海洋勘探开发难题 [J]. 中国石油企业，2008,(9).
[49] 杨红刚 . 海底勘探装备技术研究 [J]. 石油机械，2013,(12).
[50] 赵锦霞 . 浅谈我国生态岛礁分类建设 [J]. 海洋开发与管理，2017,(1).
[51] 王鹏 . 船舶及海洋工程平台电力负荷分析 [J]. 船舶与海洋工程，2015,(2).
[52] 郭佳 . 大数据在船舶与海洋工程行业的应用基础和展望 [J]. 内燃机与配件，2017,(10).
[53] 朱百里 . 海洋平台基础工程 [J]. 结构工程师，1987,(5).
[54] 赵群力 . 飞机一体化设计技术 [J]. 航空科学技术，2004,(6).
[55] 卢正红 . 飞行器制造工程专业建设新思路 [J]. 装备制造技术，2019,(1).
[56] 李文杰 . 飞机设计与制造中数字化技术应用价值 [J]. 科技创新与应用，2017,(5).
[57] 张小达，冯铁惠 . 航天系统工程主线与技术要素简介 [J]. 航天标准化，2014,(12).
[58] 王礼恒 . 中国航天系统工程 [J]. 航天工业管理，2006,(10).
[59] 郭宝柱 . 中国航天系统工程方法与实践 [J]. 复杂系统与复杂性科学，2004,(1).
[60] 陈建光 , 等 .2018 年国外航天技术发展综述 [J]. 国防科技工业，2018,(12).
[61] 刘竹生 , 等 . 国外重型运载火箭研制启示 [J]. 中国航天，2015,(1).
[62] 马之滨 , 等 . 构筑中国通天路 – 前进中的中国运载火箭 [J]. 国防科技工业，2003,(4).
[63] 徐福祥 . 探索符合国情的卫星工程管理结构与方法 [J]. 中国空间工程科学技术，2001,(2).
[64] 叶培建 . 关于我国卫星工程技术途径的思考 [J]. 中国工程科学，2001,(9).
[65] 林柯炘 . 空间科学卫星工程质量管理方法探索与实践 [J]. 质量与可靠性，2016,(4).
[66] 李波 . 我国深空探测工程科学数据管理研究 [D]. 山东大学，2016.
[67] 吴伟仁 . 深空探测发展与未来关键技术 [J]. 深空探测学报，2014,(3).
[68] 沈自才 . 载人深空探测任务的空间环境工程关键问题 [J]. 深空探测学报，2016,(4).

编写专家

黄庆桥　田　锋　李芳薇　车玉晓　杨　甲

审读专家

魏　浩　林　赫　杜严勇

专业编辑

刘　慧

第八章 化工与轻纺工程

科学与工程的发展研究揭示：从综合到不断分化，又从分化到更高水平的综合，这种不断上升的“综合→分化→综合”的否定之否定式的运动和加速度式发展，是纵贯全过程的，是科学与工程发展的两个客观实践的过程性规律。科学与工程的分化在形式上表现为专门化和精细化，但实质上是其向纵深发展的途径。科学与工程的综合在形式上更多地表现为横断学科与边缘性的交叉学科，其实质更多的是围绕某一领域的需求，在各门相关学科间产生新的结合层与交叉点，形成一个新的结构整体。现代科学与工程技术的鲜明特点是科学的技术化和技术的科学化。科学与工程技术的大综合趋势突出表现为研究的完整性、研究对象的多样性和研究成果的统一性。

化学工程是研究改变物料的化学组成和物理性质的工程技术学科。化学工程的研究内容不仅包括具体化学变化的过程，而且包括分离混合物为较纯净的不同组分的过程，以及改变物料的物理状态和性质的各种过程。因此，化学工程需要以高等数学、物理学、化学等学科为基础，研究化学、石油、冶金、轻工、生物、食品、环保等工业中具有共同特点的操作单元和反应过程等，以及有关的流体力学、热量传递和物质传递的原理、热力学和化学动力学等，以求得工业生产的优质、高效、低能耗，并防止环境污染。因此，化学工程是纺织与轻化工程的基础，从形式上看，纺织与轻化工程是化学工程的专门化和精细化，然而，实质上纺织与轻化工程在某种程度上是化学工程各个工程系统的综合应用。因此，无论是化学工程，还是纺织与轻化工程，其发展历程都符合科技发展的一般规律，也应该是行业内外人员自觉遵守的规律。

西方工业国家在化学工程和纺织与轻化工程的行业领域无法有效处理其与自然生态体系之间的关系，往往通过产业转移来保护本国的自然生态体系。发展中国家在接收转移产业的同时，其自然生态系统也遭到了破坏。中国如果不能在基础理论和技术层面上有效解决发展与自然生态体系之间的关系难题，也只能再次进行产业转移。正如目前出现的向东盟国家转移产业和投资设厂现象。西方工业国家的产业转移，使得该产业的从业人员大幅减少，导致高校撤销相应的专业设置和研发机构。中国处于工业化的中期阶段，化工和轻化工行业居世界前列。中国来解决这个西方工业国家无法解决的难题，改变产业转移策略，已具备了一定的实力与社会需求基础。根据中国的社会发展阶段和科技发展规律，需要对科技发展战略做出调整，如前述创立和实施以理论和技术为中心的协调研发战略，在国家层面制定引领创新型国家建设的科技发展战略。以科学与工程教育为抓手，重点建设与化学工程和轻化工程相应的高等教育专业，是有效提高中国在该领域的科技实力的基本措施。通过化学工程和轻化工程与其他各学科的有效结合、交叉，实现该领域知识的再生产与扩大再生产，在专业建设和行业发展上获得更大的空间，使我国处于承接该领域高等教育资源的国际转移和抢抓研发的国际领先机遇的有利地位。同时，除了建设学科专业、培养从业人员，以及培养一大批行业内的创新型人才之外，还要对普通国民进行基础科学与工程素养的普及与培养，这是稳步推进各工程项目发展的保障。

本章知识结构见图 8-1。

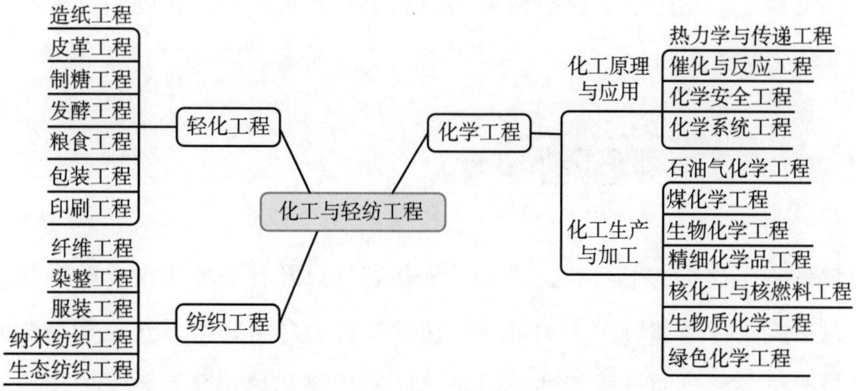

图 8-1　化工与轻纺工程知识结构

一、化学工程

化学工程是在化学加工工业（CPI）的基础上发展起来的，是以化学、物理学和数学为基础，并结合其他技术以研究生产过程中共同规律的工程学科。从生产某种产品的意义上说，化学反应过程是生产过程的核心，而实际上，为化学反应过程创造适宜条件和将反应物分离制成纯净产品的单元操作，在生产过程中占据重要的地位，在工厂的设备投资和操作费用中占较大的比例，决定了整个生产的经济利益。随着化工生产的发展，化工单元操作不断发展，化工生产中常用的单元操作已达到20余种。因此，化学工程核心部分包括七个分支：热力学与基础数据（相平衡、化学平衡、能量利用与转换规律）、单元操作（过程工业中共性物理过程及设备）、传递过程（动量、热量、质量传递规律及“三传”统一性）、分离工程（气液、液液、气固、液固、固固分离原理及装备）、反应工程（反应器内返混、相间传递、相内传递与化学反应的耦合等）、系统工程（从整体目标出发，对系统进行分析、分解、综合、优化）、控制工程（结合“动态”“反馈”等特点，研究控制理论在化工中的应用）。然而，现代化学工程的主要任务是：通过反应、原料的混合与分离、能量和质量的传递，最有效地实现化学加工工业的生产过程，获得品种繁多的产品，最优地利用资（能）源及保持良好的生态环境。

因此，现代化学工程已经超出传统意义上提供工业产品的社会责任，在追求经济效益和社会效益的同时还担负环境效益（环境保护和生态安全）和可持续发展的责任。由此，根据化学工程发展的时代特征，把整个化学工程划分为11个子工程系统：热力学与传递工程、催化与反应工程、化学安全工程、化学系统工程、石油气化学工程、煤化学工程、生物化学工程、精细化学品工程、核化工与核燃料工程、生物质化学工程和绿色化学工程。

（一）热力学与传递工程

热力学是研究物质的平衡状态与准平衡状态，以及状态发生变化时系统与外界相互作用（包括能量传递和转换）的物理、化学过程的学科，涉及热量和功之间的转化关系。它是探讨各种热力过程特性，提高热能利用率和热功转换效率的学科基础。物理量朝平衡转移的过程即传递过程，也就是指物系内某物理量（如速度、温度、浓度）从高强度区域自动地向低强度区域转移的过程。化工传递过程通常是流体的动量传递、热量传递和质量传递三种传递过程的总称。对这三种传递现象的物理、化学原理和计算方法的研究，是单元操作和化学反应工程研究的基础。

热力学与传递工程是利用热力学、动力学和流体动力学的基本原理和规律解决化学反应工程中的能量和物质传递的设备和装置的设计和建设活动的总称。具体而言，就是针对动量传递（流体输送、过滤、沉降、固体流态化等）、热量传递（加热、冷却、蒸发、冷凝等）和质量传递（蒸馏、吸收、萃取、干燥等）分别遵照流体动力学基本规律、热量传递基本规律和质量传递基本规律为各个单元操作设计和创建相应的设备和装置，以实现反应和生产过程的能量效率最大化、生产效率最大化和成本最小化的目的。

热力学与传递工程主要包括单元操作、化工热力学、传递过程、过程动态学及控制等方面。

单元操作是多种化工产品生产的物理过程的总和，如流体输送、换热（加热和冷却）、蒸馏、吸收、蒸发、萃取、结晶、干燥等，这些基本过程称为单元操作，对应的工艺设备包括流体泵、管道、阀门、蒸馏塔、精馏塔、吸收塔、萃取器、倾析器、结晶槽、干燥塔等。单元操作的设计和研究，可以用来指导各类产品的生产和化工设备的设计，典型的单元操作见图 8-2。为了适应新的技术要求，一些新的单元操作不断出现并逐步充实进来。

图 8-2　典型化工过程的单元操作

资料来源：http://hxgcxy.hnhgzy.com/c/2013-03-25/20778.shtml 和 www.bf35.com。

化工热力学是单元操作和反应工程的理论基础，解决传递过程的方向和极限问题，提供过程分析和设计所需的有关基础数据。因此，化学工程也可以简单分为两个层次：单元操作和反应工程较多地直接面向工业实际，传递过程和化工热力学较多地从基础理论角度，支持前两个分支。通过这两个层次使理论和实际得以密切结合。

传递过程是单元操作和反应工程的共同基础。在各种单元操作设备和反应装置中进行的物理过程不外乎三种传递：动量传递、热量传递和质量传递。例如，以动量传递为基础的流体输送，反应器中的流体分布；以热量传递为基础的换热操作，聚合釜中聚合热的移出；以质量传递为基础的吸收操作，反应物和产物在催化剂内部的扩散等。传递工程着重解决上述三种传递的速率及相互关系问题，串联起一些本质类同但表现形式各异的现象。

因此，热力学与传递工程的基本功能包括：① 根据能量转换的规律，解决某种能量向目标能量转换的最大效率问题；② 根据物态变化的规律和状态性质，确定相变发生和化学反应发生的可能性及其方向，确定相平衡和反应平衡的条件与达到平衡时体系的状态，解决化工生产中原料、试剂和催化剂的传递和反应以及产物和副产物的分离和传递的相关问题。

化学工程最早诞生于美国。1888 年，Lewis M. Norton 在 MIT 的化学系上开设了世界上第一个定名为“化学工程”学士学位的基础课程组。20 世纪初期，William H. Walker 修改了课程组使化学工程与其他专业清晰地区分开来，成为一门独立的新专业。William 等的主要贡献在于提出了化工过程系统的“单元操作”概念，尤其是 1915 年 Arthur D. Little 首先阐明了研究各种“单元操作”的基本原则，是化学工程认识论与研究方法的第一次“质”的飞跃，是化学工程的第一次抽象，使人们摆脱了简单工艺过程的知识积累，标志着热力学与传递工程的开始。

化学和过程工业涵盖能源和资源转化利用等重要基础产业，但效率低、污染重、能耗高、资源浪费严重且技术开发周期长、风险大、费用高。这些问题已成为该行业乃至全球可持续发展的瓶颈。热力学与传递工程是化学工程的理论核心，经过近百年的发展，经历了从单元操作到“三传一反”的认识过程，未来构建以新能源新材料为核心的新一代化学工程的科学基础在于对化工多相复杂过程中多尺度现象和介尺度机制的认识和调控。探索多尺度和介尺度行为的形成机理，实现对这些行为的科学定量描述与定向调控已成为过程工业发展和复杂系统研究的发展方向。

在实际工作中，热力学常用来回答“能不能”的问题，而动力学则是回答“行不行”的问题。因此，该工程致力于实现各个单元操作的能量效率最大化、产品生产率最大化且废物量最小化，最终目的是实现资源利用率最大化、生产成本和生态环境成本最小化，实现能源与化工原料和产品的绿色可持续发展与利用。

（二）催化与反应工程

目前世界上除了天然物如农作物、新鲜水果蔬菜之外，绝大多数生产生活材料都是通过化学反应工程生产出来的，涉及人们生产生活方方面面（衣、食、住、行）的化学及化工产品约有 90% 是通过催化过程生产的，可以说，现代化学工业的发展主要依赖于催化与反应工程的开发。

催化与反应工程又称化学反应工程，是化学工程核心内容“三传一反”中的“一反”。因此，催化与反应工程顾名思义就是有催化剂参与的反应工程。由于催化作用在绿色化学和低碳经济的发展中起着很重要的作用，而催化与反应工程对节能降耗减排做出了直接的重要贡献，催化反应占了整个化学工业反应过程的 90% 以上。

催化与反应工程从反应器的设计开始，以石油化工为主线，将目前在国民经济中占主导地位的石油化工产业链中的典型反应作为切入点，以对催化裂化的优化为基础，针对所得的有机化工产品开展了氧化、还原、耦合强化以及聚合等反应的研究，尝试根据催化与反应的特点和发展方向，解决催化与反应的效率和成本问题，实现资源利用率最大化、生产和生态环境成本最小化。催化与反应工程是在化工热力学、反应动力学、传递过程理论以及化工单元操作的基础上发展起来的，主要针对工业反应过程，以反应途径的开发、反应过程的优化和反应器的设计为主要目的，催化裂解的关键设备如图 8-3 所示。

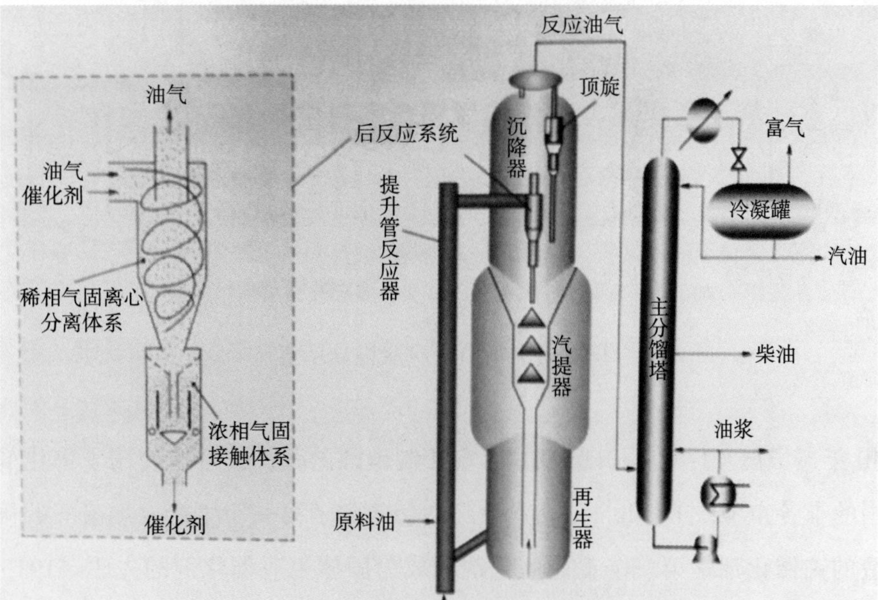

图 8-3　催化裂解反应系统的关键装备示意

资料来源：孙宏伟、张国俊编著《化学工程》。

反应器设计的主要任务是研究和建立各类反应的模型，探寻各种反应器的结构特点、优化及设计规律，主要任务包括各类均相、多相、酶催化及仿生催化剂的研制及在工业反应过程中“三传一反”的作用规律，以及相匹配的反应器优化、制备技术的研究与开发等。催化与反应工程涉及化学、石油化学、生物化学、医药、冶金及轻工等许多工业部门。根据原料、催化剂、产品不同，设计的反应器纷繁复杂，针对不同目的的典型反应器设计如图 8-4 所示。

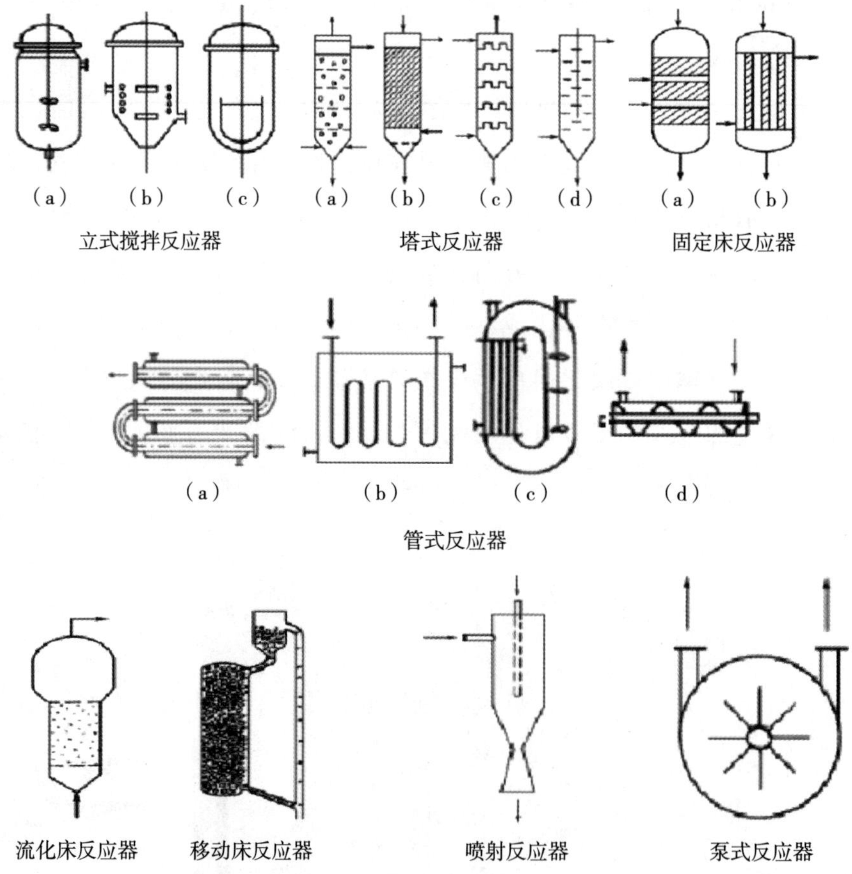

图 8-4　典型反应器设计示意

1740 年，华德（J. Ward）奠定了铅室法制硫酸的基础，首次使用了催化剂。1875 年，德国的雅各布（E. Jakob）在克罗伊茨纳赫建立了第一座生产发烟硫酸的接触法装置，制造的铂催化剂是第一个工业催化剂，成为固体工业催化剂的先驱。1913 年，德国巴登苯胺纯碱公司（BASF）开发了用于接触法制备硫酸的负载型钒氧化物催化剂。经过“一战”、“二战”和“冷战”时期人们对各种新材料、新医药等需求的推动，催化理论与技术得到高速发展，但目标仍然主要关注反应效率问题。直至 20 世纪 90 年代，化学工业的粗放型增长，带来了灾难性的环境问题，人们对催化与反应工程的研究开始注重反应原料的选择（无毒无害）、反应工艺（原子经济性和产物选择性）和反应产品（应用和废弃的无毒无害）的设计，从而使催化剂设计和催化工艺成为实现化学反应工程可持续发展、资源和能源合理利用、环境污染源头预防的终极解决方案。

仅以石油催化裂解为例，在我国催化裂解是成品油生产的主要工程，成品油市场的 70% 汽油组分、30% 柴油组分都是由催化裂解装置提供的。汽油质量升级主要靠提高催化裂解汽油质量，控制催化裂解汽油的烯烃、硫、芳烃和辛烷值等指标，并与相应国际标准接轨或制定新标准。

国外主要是从“配方”入手，利用多种工艺生产汽油，然后进行多种汽油调配。我国的炼油工艺烯烃含量一般高达 40%~50%。因此，我国的清洁汽油生产主战场是对催化裂解汽油提质。例如，2004 年中国抚顺石化公司（150 万吨 / 年）、中石油哈尔滨石化公司（100 万吨 / 年）、华北石化公司（100 万吨 / 年）、呼和浩特石化公司（90 万吨 / 年）都成功实现了“催化裂解汽油辅助反应器改质降烯烃技术”的工业化。工业化应用结果表明，工艺简单，易实现，能够直接生产出满足欧Ⅲ标准的汽油。

传统的催化与反应工程评估主要专注于资本成本和效益，忽略了社会效益和环境效益。20 世纪下半叶，环境问题备受关注，以消除有害物质为目的的“环保催化”跻身催化领域，逐渐形成了炼油、化工、环保催化剂三足鼎立之势。每一种新型催化材料的发现及新催化工艺的成功应用都会引起相关工艺的重大变革。现今人类面临的环境污染、能源枯竭等问题的解决在很大程度上还得依赖催化剂及催化工艺。因此相应工程项目的立项和评估除了传统的资本成本和效益评估、安全评估之外，还需进行社会效益（生活改善、劳动就业）和环境效益的评估。

（三）化学安全工程

众所周知，化工生产中涉及的化学品种很多，且大部分是易燃、易爆、有毒的危险化学品，且生产过程又有高温、高压、自动化、连续化、大型化等特点。化工生产的各个环节不安全因素较多，且事故后果严重，危险性和危害性更大。因此，化学安全工程日益受到大众的重视。

化学安全工程是化学工程和安全工程的交叉。它主要是运用化学、物理的理论和方法及化学工程的技术方法和手段，研究和运用化学危险介质的特性、变化规律，化学反应过程的危险因素、稳定条件、转换机理以及事故规律，研究和运用符合化学反应过程中危险介质特性及反应过程安全要求的装备、控制措施以及生产过程的防灾技术与防护技术的相关工程和行业。

化学安全工程是安全工程在化学工程领域最重要的分支，针对安全事故特点，本质上是安全和消防学在化工领域的应用，从源头设计到末端处理、从预防到防治与处置进行设计和建设，主要工程内容包括：①强化化工企业规划与布局；②强化化学危险介质的危险特性、变化规律、生产、储存、运输、使用过程中的安全技术；③强化化工反应工艺过程的安全；④化工过程中由介质引起的危险因素、事故规律以及必须采取的工程技术措施的分析、评价、论证和正确的技术措施；⑤强化与介质危险特性、过程工艺安全相适应的装备技术及控制技术；⑥强化化学反应过程及生产工艺的防灾技术、防护技术；⑦强化安全法规建设；⑧强化安全知识普及教育；⑨强化安全管理；⑩强化安全投入，完善应急救援体系。典型化工过程安全管理模型如图 8-5 所示。

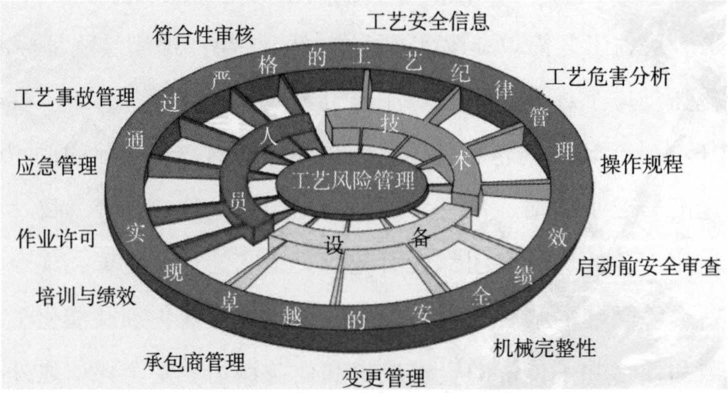

图 8-5　化工过程安全管理模型

资料来源：https://kuaibao.qq.com/s/20180111G0IS2400?refer=spider。

1990 年美国石油协会（API）结合石油行业特点，发布了适用于油气开采、输送行业的推荐性标准 API RP 750《过程危害管理》。该标准包含 11 个要素，系统阐释了有灾害性泄放可能的装置在设计、建设、运行、维保等全过程的危害管理。1992 年美国职业安全与健康管理局（OSHA）发布了强制性联邦法规 29 CFR 1910.119《高度危险化学品过程安全管理》（简称 PSM 法规），包含 14 个要素，采纳了 CCPS、API 等协会组织的相关倡议和标准内容，如过程安全信息、过程危害分析（PHA）、操作规程、培训、开车前安全审查、设备完整性、变更管理、事故调查、应急预案与响应、符合性审查要素，增加了员工参与、承包商、动火许可和商业保密 4 个要素。2007 年

CCPS出版了《基于风险的过程安全》(RBPS)，开始推行RBPS管理系统。该系统主要包含四大事故预防原则(即对过程安全的承诺、理解危害和风险、管理风险、吸取经验教训)以及20个要素。RBPS拓展了过程安全管理系统的要素构成和适用范围(不限于化工企业)，而且进一步明确了系统的核心，即风险识别与管控。随后各国纷纷仿效，建立了相应的风险识别与管控标准和法规。

我国已成为世界化工品生产第一大国，总产值占世界总产值的25%，为国民经济的发展、工业现代化建设、社会繁荣和人民生活水平的提高做出了巨大贡献。与此同时，相关行业事故屡发。虽然近年相关事故数量呈现下降趋势，但安全生产形势依然严峻。分析其原因：一是我国化工产业起步晚、起点低、基础薄，化工行业人才、技术、装备和管理不能满足行业安全生产的要求；二是企业只关注产品，安全水平低，选址布局不合理，安全设计水平、工艺和装备自动化控制水平较低；三是化工安全生产复合型人才、具有与生产操作相关专业知识和安全知识的操作人员缺乏，掌握先进工艺安全管理的人员更是短缺。

化工安全工程起源于对重大化学品事故的反思，美国首先提出了系统化的管理内容及要素，逐步形成了有效遏制重大事故的化工过程安全管理系统，目前已发展为内容更广泛的责任关怀管理系统。国外工业化国家在化工过程安全管理及责任关怀的法规标准、指南工具等方面发展较为成熟。企业基于国家法规和行业要求，将化工过程安全管理融入HSE管理体系或商业运行系统。我国正处于化工过程安全管理的快速发展阶段，目前已初步建立了相关法规和标准，部分企业开始尝试执行化工过程安全管理，但是在法规标准的内容更新、实施指南及工具的开发、不同管理系统的整合等方面还需进一步完善。

事故的发生既有偶然因素又有必然因素，是客观存在的。实际情况还需要化工制造的监管者、技术工作者和操纵者熟悉或熟知基础安全常识，满足信息化制造需求，实现安全制造。化学工程的立项、建设和营运本身就必须满足安全工程的评价，因此安全工程的设计和投入贯穿于化工项目的始终。

安全无小事，化工安全更是天大的事，化学安全工程不仅是化工企业、学校、化工企业管理职能部门的事，更是全社会民众都应该学习、研究和管理的大事。

(四)化学系统工程

随着科学技术的发展，近年来一门新兴的工程正在形成和发展，这就是系统工程。系统工程是一门用近代数学方法和工具研究与讨论一般系统的分析、规划、设计、组织、管理和评价等问题的一门基础学科，包含一大门类的工程技术，是一门组织管理的学科。系统工程对各级领导做出正确决策和科学预见，实施科学、民主的管理，具有非常现实的实践意义和极其显著的经济效果。

化学系统工程（Chemical System Engineering）是将系统工程的理论和方法应用于化工领域的一门新兴的边缘工程，是化学工程和系统工程的交叉，基本内容是：从化工系统的整体目标出发，根据该系统内部各个组成部分的特性及其相互关系，确定化工系统在规划、设计、控制和管理等方面的最优策略，借助的数学工具是运筹学和现代控制论的一些方法，依靠的技术手段是电子计算机。

化学系统工程是系统工程方法和技术在化工设计、生产、控制和管理方面的应用，就是利用化学工程、数学的基本原理、方法和工具，研究和模拟化工系统的各个装置的特性及其彼此之间乃至技术经济参数之间的定量关系，从而为工艺系统的深入理解、模拟放大、设计及控制的最优化奠定基础。利用最优化方法，对已知系统进行分析，从而创造出更新的未知系统。化学系统工程原理如图 8-6 所示。

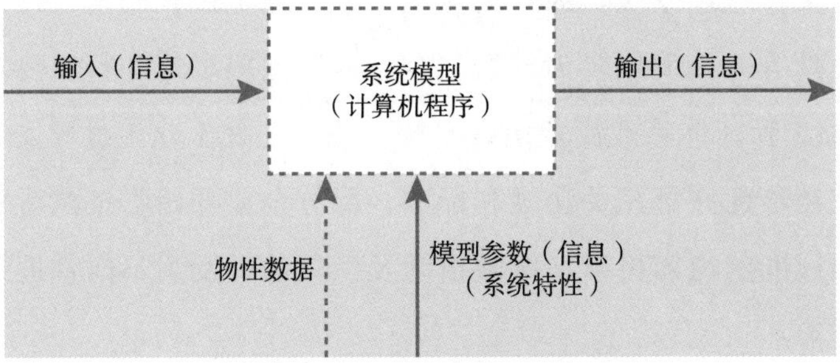

图 8-6　化学系统工程原理

系统工程要求有全局观念，对组成系统的各个环节与单元之间的关系不仅有定性的分析，还必须有定量分析，要求科学地处理人力、资金、设备和材料四个因素之间的关系。化学系统工程一方面会对现有化工厂、化工设备进行挖潜改造、改善操作，对其达到最优化生产具有显著作用；另一方面大大加快新化工过程的开发放大速度，使新化工生产装置及工厂达到最优化设计，实现化工生产的最优控制，克服投产后动态变化的影响。

化学系统工程是一种新开发的交叉工程，到目前为止，人们对其的理解和定义亦不完全相同，还未形成统一的标准和规范。

化学系统工程是20世纪80年代初才新兴的多学科集成的交叉工程科学。1982年在日本京都召开的首届国际过程系统工程会议给出其定义，6年后在美国组织权威专家编写的《化学工程发展前沿》报告中又对其定义做了拓展：“过程系统工程是研究如何选择优化了的单元设备及其连接关系而组成一个化工过程系统，以便从给定的原料中，以最少的总费用和最小的环境污染，安全地生产出达到一定要求的产品，并在操作运行中采取和保持最优操作条件。”这一定义如今来看已然不够全面，不应当仅限于生产系统，而应当向外延伸到经销、管理和投资决策等方面，故应加上“通过科学、定量的管理和运营决策，保证在不断变化的各种市场及其他外部条件下，都能使化学过程系统获得可持续发展的最大效益”。

现代科学技术的发展要求产品开发放大的周期大大缩短，这就需要有新的开发放大方法，而化学系统工程就是快、好、省的新的开发放大方法。电子计算机的出现和发展使过去许多手算不能解决的课题得以顺利解决，这也为系统工程提供了强有力的手段。现代化工生产设备内部连续自动化程度高，需要结合数学模型采用电子计算机控制。化学工程的进一步发展，对以“三传一反”为基本现象的化工单元操作有了深入了解，尤其是近年来随着化学反应工程的发展，学界提出了许多有关的数学模型可供设计和操作使用。基于上述原因，系统工程的方法得以迅速发展，并逐步形成具有特色的化学系统工程。

目前，研究人员正在开发一个可以全面分析与评估某一过程或产品的能源利用情况、资源利用情况和环境污染情况的新分析方法——可持续分析方法。该方法是研究绿色化学的有力工具，也是十分重要而又富有成果的化学系统工程的新领域。

一般把单元操作和反应过程作为化工系统的基本元素，化工系统则可看成是一系列基本元素按一定联结方式组成的网络。化学系统工程实质上是计算机仿真技术在化学工程中的应用。因此，化学系统工程对化工生产的重要贡献和影响体现在大型流程模拟软件的普遍应用，追求的是整体系统的最优化、效益的最大化。

（五）石油气化学工程

现代石油化工产品与人们的生活密切相关，大到太空的飞船、天上的飞机、海上的轮船、陆地上的火车和汽车，小到我们日常使用的电脑、办公桌、牙刷、毛巾、食品包装容器、丰富多彩的服饰、各式各样的建材与装潢用品和变化多端的游乐器具等，都跟石油天然气化学工程有着密切的关系。

石油气化学工程是指以石油和天然气为原料，生产石油产品和石油化工产品的加工工程。石油化工产品通常又称油品，主要包括各种燃料油（汽油、煤油、柴油等）和润滑油以及液化石油气、石油焦炭、石蜡、沥青等。生产这些产品的加工工程常被称为石油炼制，简称炼油。石油天然气化工产品由炼油过程提供的原料油进一步加工获得。

以石油原油为原料的化学工业简称石油化工，主要包括：①燃料油型生产；②润滑油型生产；③燃料化工型生产；④燃料润滑油综合型生产，既生产各种燃料、化工原料或产品，又生产润滑油。石油气化学工程的典型产业链如图 8-7 所示。

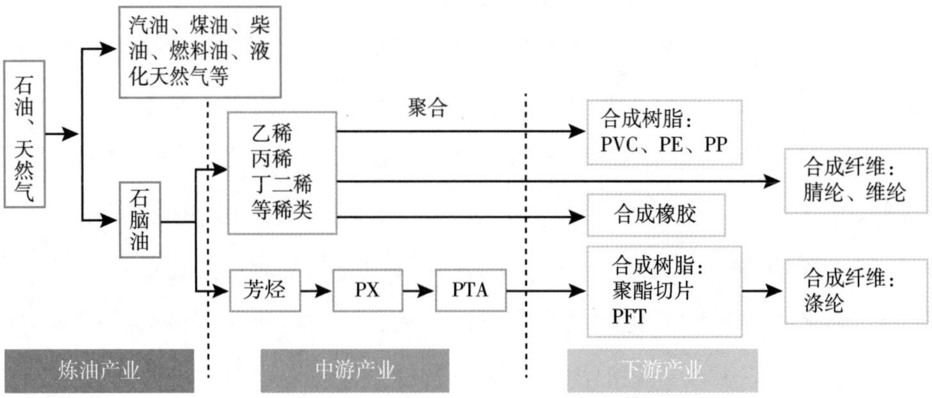

图 8-7　石油气化学工程产业链

资料来源：https://www.sohu.com/a/146068644_617351。

以天然气为原料的化学工业简称天然气化工，主要内容有：①制炭黑；②提取氦气；③制氢；④制氨；⑤制甲醇；⑥制乙炔；⑦制氯甲烷；⑧制四氯化碳；⑨制硝基甲烷；⑩制二硫化碳；⑪ 制乙烯；⑫ 制硫磺等。

石油气化学工程利用的基础原料比较固定，基础原料有四类：炔烃（乙炔）、烯烃（乙烯、丙烯、丁烯和丁二烯）、芳烃（苯、甲苯、二甲苯）及合成气。这些基础原料通过分离工程（各种蒸馏塔）和催化与反应工程可以制备出各种重要的有机化工产品和合成材料。

生产石油化工产品的第一步是对原料油和气（汽油、柴油、丙烷等）进行裂解，生成以乙烯、丙烯、丁二烯、苯、甲苯、二甲苯为代表的基本化工原料；第二步是利用这些基本化工原料生产多种有机化工原料（约 200 种）及合成材料（塑料、合成纤维、合成橡胶）。

1920 年美国用丙烯生产异丙醇，这是大规模发展石油化工的开端。1939 年美国标准油公司开发了临氢催化重整过程，这成为芳烃的重要来源。1941 年美国建成第一套以炼厂气为原料用管式炉裂解制乙烯的装置。在第二次世界大战以后，由于化工产品市场不断扩大，石油可提供大量廉价有机化工原料，同时基于化工生产技术的发展，逐步形成石油化工。1951 年，以天然气为原料，用蒸汽转化法得到一氧化碳及氢，使碳一化学得到重视，目前用于生产氨、甲醇，个别地区用费托合成生产汽油。20 世纪 80 年代，90% 以上的有机化工产品来自石油化工。

现阶段，石油和化学工业实现平稳快速增长，效益进一步改善，运行质量进一步提高，产业结构升级步伐加快，产品技术向高端领域延伸，节能减排成效显著，资源利用效率提高。

石油气化学工程的主要工程之一是石油化工炼制生产汽油、煤油、柴油、重油以及天然气，是当前主要能源的供应者。

石油气化学工程是材料工业的支柱。全世界石油化工提供的高分子合成材料产量约 1.45 亿吨，1996 年我国已超过 800 万吨。除合成材料外，石油化工还提供了绝大多数有机化工原料，在属于化工领域的范畴内，除化学矿物提供的化工产品外，石油化工生产的原料在国民经济中的地位无可替代。

石化工业提供的氮肥占化肥总量的 80%，农用塑料薄膜的推广使用，加上农药的合理使用以及大量农业机械所需的各类燃料，形成了石化工业支援农业的主力军。

现代交通工业的发展与燃料供应息息相关，没有燃料，就没有现代交通工业。金属加工、各类机械毫无例外地需要各类润滑材料及其他配套材料，消耗了大量石化产品。建材工业是石化产品的新领域，如塑料管材、门窗、铺地材料、涂料被称为化学建材。轻工、纺织工业是石化产品的传统用户，新材料、新工艺、新产品的开发与推广，无不有石化产品的身影。当前，高速发展的电子工业以及诸多的高新技术产业，对石化产品，尤其是以石化产品为原料生产的精细化工产品提出了新要求，这对发展石化工业有着巨大的促进作用。

石油气化学工程是以石油天然气为原料的大型工程。因此，在工程立项和建设时，项目评估是非常重要的工作。立项前除了要完成工程项目本身市场化规律中的资本效益、原料—选址评估之外，最主要的是必须接受能源、土地管理、环境保护、安监管理等部门的安全和环境评价以及对社区民众进行宣传说服，其后才能立项。在项目建设和营运期间，还要接受其相应的监管。

（六）煤化学工程

从近期来看，钢铁等冶金工业所用的焦炭仍依赖于煤的焦化，而炼焦化学品如萘、蒽等多环化合物仍是石油化工较难替代的有机化工原料；煤的气化随着气化新技术的开发应用，仍将是煤化工的主要方面；将煤气化制成合成气，然后再合成一系列有机化工产品的开发研究，是近年来进展较快且引起关注的领域。

煤化学工程简称煤化工，是以煤为原料，经化学加工使煤转化为气体、液体和固体产品或半产品，而后进一步加工成化工、能源产品的过程。主要包括煤的气化、液化、干馏，以及焦油加工和电石乙炔化工等。随着世界石油资源不断减少，煤化工有着广阔的应用前景。

煤化学工程是利用许多现代学科如化学、煤田地质学、煤岩学、化学工程学、系统工程学、企业管理学的基础原理和技术，通过煤转化利用技术，用化学方法将煤炭转换为气体、液体和固体产品或半产品，而后进一步加工成化工、能源产品的工业活动。目前主要的煤转化利用技术涉及煤的燃烧、焦化、气化、液化以及煤基化学品等多个领域，典型的煤化工产业链如图 8-8 所示。

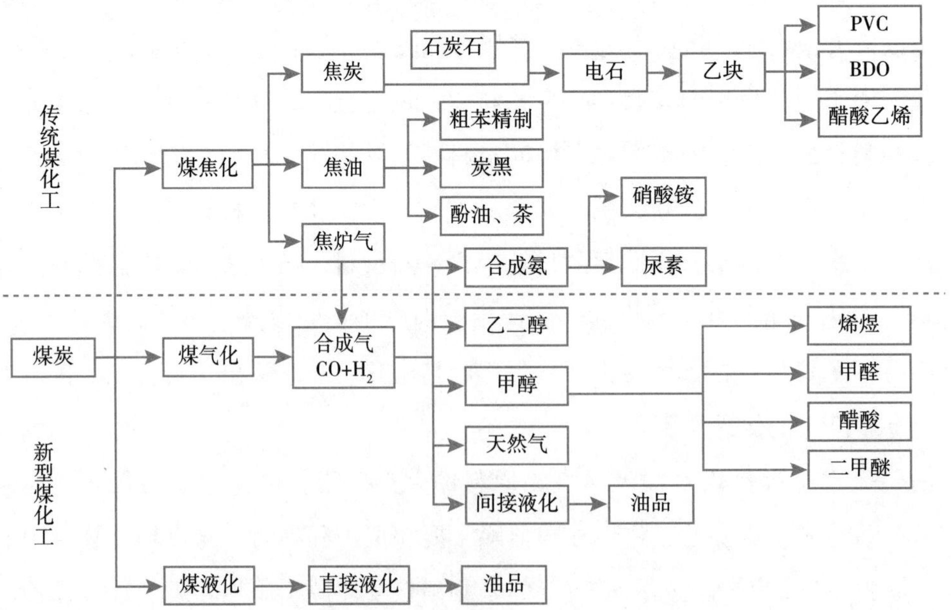

图 8-8　典型的煤化学工程产业链

资料来源：http://www.yutong-china.com/xingyexinwen/detail29372617.html。

煤化学工程是煤清洁高效利用的重要科技支撑。煤化学工程的学科基础、技术进步、发展方向均与煤的清洁高效利用，特别是与煤燃烧、煤转化、污染物控制、净化和利用等密切相关。近年来煤化学工程利用原子经济性反应、原料路线选择优化、单元过程优化集成、新型分离技术组合以及定向反应与合成方面的科技进步，针对煤的清洁高效利用中碳、氢、氧有效组分的高效转化；硫、氮等污染组分联合脱除；富碳、富氢原料充分利用，劣质煤与生物质综合利用；提高物料转化效率，实现能量梯级利用；高温气体净化分离，反应分离一体化；新型清洁煤燃烧、低碳产品合成与低碳排放过程等，都取得了一定程度的突破。

煤化学工业始于18世纪后半叶，19世纪形成了完整的体系。进入20世纪，许多以农林产品为原料的有机化学品改成以煤为原料生产，煤化学工业成为化学工业的重要组成部分。第二次世界大战以后，石油化工发展迅速，很多化学品的生产又从以煤为原料转移到以石油、天然气为原料，从而削弱了煤化工业在化学工业中的地位。目前，煤转化利用技术的研究开发重点转移为煤炭低碳化利用的洁净煤技术，如原料煤的净化、高效清洁燃烧、大规模先进气化、低煤化学品合成以及多联产技术。

我国是煤资源大国，煤化工起步较晚，但发展很快，技术越来越先进，基本代表了该行业国际发展现状和趋势。目前我国现代煤化工发展现状和趋势呈现以下特点。

一是产业规模快速增长。2013年，我国煤制油产量170万吨，煤制烯烃产量180万吨；煤制乙二醇产能90万吨/年，已投产煤制天然气示范项目产能达到27亿立方米，产业规模居世界前列。

二是工程示范取得了积极进展。其中神华集团鄂尔多斯煤直接制油示范项目、包头煤制烯烃示范项目、内蒙古伊泰集团煤间接制油项目运行稳定，并取得了较好的经济效益。内蒙古新奥集团煤制二甲醚、大唐集团内蒙古克旗煤制天然气项目一期工程、新疆庆华煤制天然气项目一期工程都已经建成投产。

三是产业的集中度明显提升。目前已培育了一大批大型骨干集团和企业，产业发展格局初步形成，仅甲醇产品已形成了山西晋煤、神华、河南煤业、兖矿集团、中海油等10家百万吨级生产企业，合计产能占全国总产能的37%。内蒙古的煤化工产业正由示范项目向示范基地转变。

四是关键技术和装备实现新突破。我国自主研发了大型先进煤气化、煤制甲醇、煤直接制油和间接制油、煤制烯烃、煤制乙二醇、万吨级煤制芳烃、低阶煤分质利用等技术；研制了大型煤气化装置、12 万吨等级大型空分、8 万吨等级以上空分空气压缩机、百万吨级煤制油反应器、60 万吨级甲醇制烯烃反应器等大型装备，取得了一大批具有自主知识产权的科技成果。

煤化学工程无论是生产能量还是生产化学品，都属于化学转化过程，形式上与石油气化工非常相似，区别在于工程原料不同。因此，工程项目的评价也非常相似，都取决于工程本身的技术经济评价和安全与环境评价以及相应的监管。然而，尽管与石油化工同属化石原料工业，但新型煤化学工程是资源可持续发展的新技术，在环境评价方面保有优先项目级别。

（七）生物化学工程

人类很早就发现了生物法生产食用化学品的技术。我国从商周朝就已经掌握黍米发酵生产酒（乙醇）、醋（乙酸）的技术。随后，我国先民还单独掌握了大豆的食用加工技术，但这些仅仅只能算人们利用生物质资源的实例，即使是大规模生产的酒坊和醋坊，也还算不上生物化学工程。然而就现代化学和生物概念而言，这是人类最早利用生物技术生产化学品（乙醇、乙酸），提取蛋白质（豆腐），继而利用豆腐发酵产生氨基酸的生化工程雏形。

生物化学工程简称生化工程，也称生物化工，是以生物与化学为基础，理论和工程应用并重，综合遗传工程、细胞工程、酶工程与工程技术理论，通过工程研究、过程设计、操作的优化与控制，获得生物过程的目标产物（通常是化学品），是生物化学与化学工程的交叉结合。

生物化工对解决人类所面临的资源、能源、食品、健康和环境等重大问题起到积极的作用。它以生物化学为理论基础，运用化学工程的原理和方法，对实验室规模的以活细胞或酶为催化剂的生物技术成果进行工程开发，使之成为工业规模的生物反应工程。在生物化工过程中必须有活性酶或微生物的参与，与新兴的生物质化工（以生物质为原料生产化学品）有着本质的区别，严格意义上而言，生物化工是生物质化工的分支。生物化工侧重于生物反应和反应器工程、生物分离工程、生物加工工艺、动植物细胞培养工程、生物过程检测与控制、生物制药工程等。生化工程的通用工程原理，如图 8-9 所示。

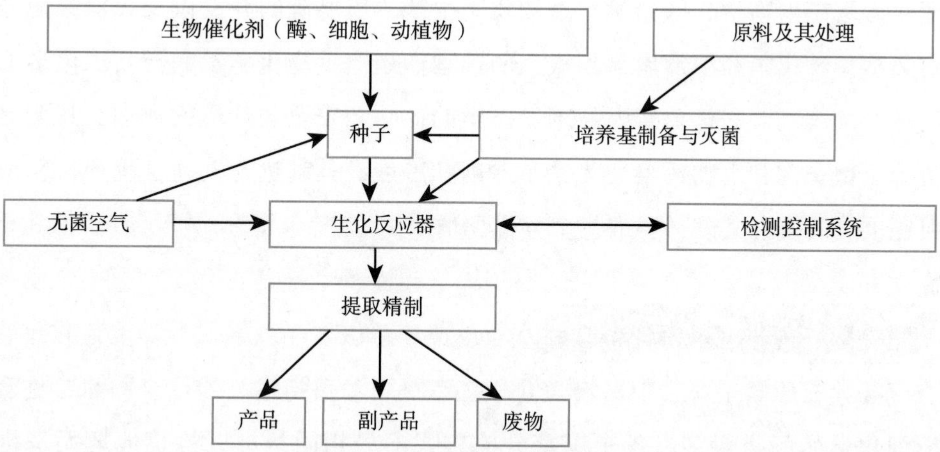

图 8-9 通用生化工程原理

生物化工起始于第二次世界大战时期，以抗生素的深层发酵和大规模生产技术为标志。20 世纪 60 年代末至 80 年代中期，转基因技术、生物催化与转化技术、动植物细胞培养技术、新型生物反应器和新型生物分离技术等的研究和开发，使生物化学工程进入了新的发展时期。20 世纪后期，以基因工程为代表的高新技术迅速崛起，为其进一步发展开辟了新领域。我国生化工程起始于 80 年代，2000 年销售产值已经达到 200 亿元，平均增长 33.58%。

近十年来，生化工程在世界范围内迅速发展，在生物化学领域取得了许多重要的科技成果。经过 50 多年的发展，生物化工已经形成了一个完整的产业体系，在整个产业领域也得到了一些新发展。首先是生产抗生素，然后是对包合激素的生物转化、氨基酸发酵、维生素的生物生产、单细胞蛋白和淀粉糖的生产的研究。20 世纪 80 年代以来，随着现代生物技术的兴起，生物化学品利用动植物细胞和重组微生物的大量培养来生产药物疫苗、蛋白质、多肽等。据 OECD 预测，到 2030 年，生物经济中生化工程的贡献率将为 39%，应用生化工程生产的化学品预计占化学品总产量的 35%。

生物化工具有减少反应步骤，缩短生产时间，提高产量产率，将低价原料的价值充分发挥出来并创造出新的价值的优点，其被广泛应用于化工企业的生产过程中。

生物化工的发展将有力地推动生物技术和化学工程生产技术的变革和进步，产生巨大的经济效益和社会效益。未来生物技术过程在化工领域必将取代一部分化学工艺过程，为此生物化工产业将成为 21 世纪的主导产业。

总的来说，生物化工的发展，将会给我国的化工生产带来很大的便利，将其科学合理地运用在生物学、医药学、石油化工生产、新能源的开发以及环境保护等不同领域，必然会对我国经济发展起到很大的推动作用。生物化学工程与其他化学工程一样，项目的建设运营同样要兼顾技术经济学的评估和安全与环境的评估，甚至更为严格。由于生物安全和生物污染，无论是深度和广度，其都远比其他工程项目复杂，项目立项评价应该慎之又慎，要进行全方位评估。

（八）精细化学品工程

精细化学品门类很多，各个国家分类方式不尽相同，可以笼统地把大宗化学品（例如，石油化工产品）以外的化学品都划归为精品化学品种。近 20 年来，社会生产水平及人类生活水平提高，基于化学工业产品结构的变化以及开发新技术的要求，精细化工产品越来越受到重视，其产值比重逐年上升。

“精细化学品工程”（Fine Chemical Enginering）通常简称为“精细化工”，是研发、生产拥有特定功能的小批量、多品种、高技术含量、高附加值的精细化学品及其工业化生产过程的所有工业项目的统称。

人们通常理解的精细化学品泛指各类与生命（包括人类、动物和植物）相关的化学品；和颜色相关的化学品；和表面 / 界面活性相关的助剂类化学品；和味觉相关的化学品；化学工业生产相关的各类助剂，如催化剂、添加剂、润滑油等助剂类别；特种功能材料相关的功能性高分子材料、黏接剂、合成材料助剂等特种高分子产品；和高新技术领域相关的磁性材料、特种试剂、汽车用化学品、电子化学品及材料、生物化工制品等高新精细化学品。药物是用于疾病治疗的高附加值、重要专用化学品，也属于精细化学品的范围，而与之相关的产品和技术则属于药物化学工程（药物化工）。

因此，凡涉及以化学品（无论是化工中间体、天然提炼精油，还是化工成品）为原料，采用化学工艺和方法进行加工生产的所有工业活动都应该属于精细化学品工程。简言之，只要是生产精细化学品，如香精、香料、医药、农药、化妆品、洗涤剂、胶黏剂等靠近用户的终端产品的相关工程活动，都应该属于精细化学品工程。精细化学品工程广泛的产业链如图 8-10 所示。

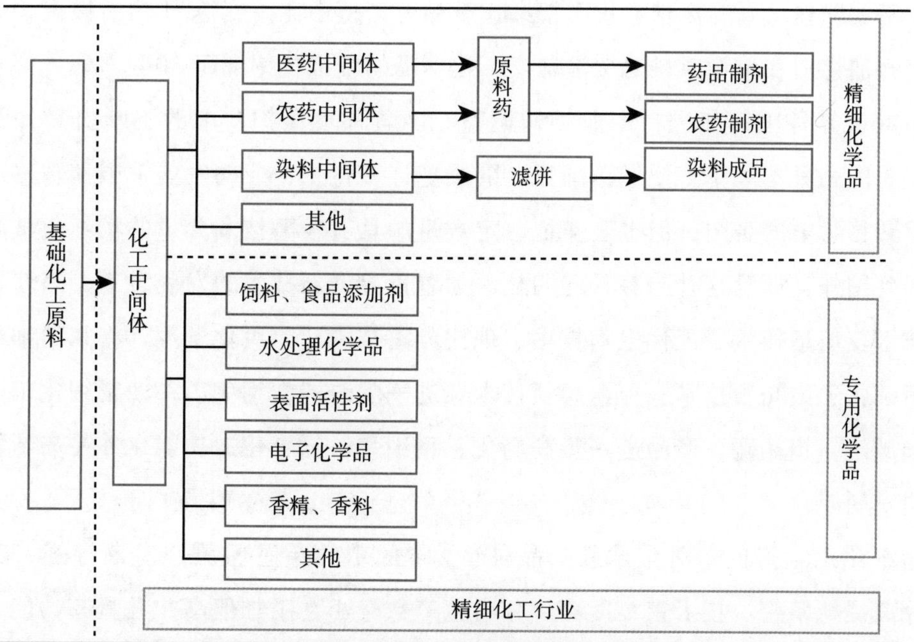

图 8-10　精细化学品工程的产业链

精细化工是化工行业中高利润、高附加值的重要行业，其实质是将化学品生产精细化、终端化，主要特点为：①具有特定的功能和实用性；②技术密集程度高；③小批量，多品种；④生产流程复杂，设备投资大，对资金需求量大；⑤实用性、商品性强，市场竞争激烈，销售利润高，附加值高；⑥产品周期短，更新换代快，多采用间歇式生产工艺。

我国于 20 世纪 80 年代才将精细化工确定为重点发展目标，在政策上予以倾斜，发展较为迅速。“八五”期间已建成精细化工技术开发中心 10 个，年生产能力超过 800 万吨，产品品种约万种，年产值达 900 亿元，已打下了一定的基础。20 世纪末精细化工率达到 35%。

目前，世界精细化学品品种已超过 10 万种，我国已有精细化工门类 25 个，品种达 3 万多种，并且在我国 40 余种产品产量居世界第一或第二位的化工产品中，以精细化工领域产品居多，其中染料产量已连续多年居全球第一，农药、维生素等产量也居世界前列。

全球精细化工中间体和专用化学品尽管生产吨位远低于大宗化学品，但生产总值约占全球化学品市场总值的 60%。世界先进国家化学工业高度发达，精细化工产品产值已占化工总产值（称为精细化率）的 70%。化学品的精细化率通常被认为是一个国家化学工业发展水平的标志。我国精细化学品总产值占比一度达到40%以上，但是由于近年石油化工和化工原料的大幅增产，化学品的精细化率低于30%。

目前世界各国都在进行产业结构调整。随着环境保护要求的不断提高，欧共体国家、美国和日本等军工业发达国家，陆续把许多化工企业向发展中国家转移。虽然它们有转移污染的企图，但也确实把一定数量的具有较高技术含量的精细化学品生产线转移到国外，而且这种趋势日趋明显。随着世界高新技术的发展，不少高新技术如纳米技术、信息技术、现代生物技术、现代分离技术、绿色化学等，将和精细化工融合，精细化工为高新技术服务，高新技术又进一步改造精细化工，使精细化工的产品应用领域进一步拓宽，产品进一步高档化、精细化、复合化、功能化并往高新精细化工方向发展。

精细化工生产的多为技术新、品种替换快、技术专一性强、垄断性强、工艺精细、分离提纯精密、技术密集度高、相对生产数量小、附加值高，并具有功能性、专用性的化学品。许多国内外专家学者把21世纪的精细化工定位为高新技术。因此，精细化工的项目评价注定与大吨位的石油气化学工程和煤化学工程不同，无论是技术经济学的评价，还是安全和环境的评价，都不如后者复杂，前者风险级别较低，相应的安全和环境监管也不严格，然而精细化工生产涉及面广，环境e-因子远高于后者，也属于高污染行业，因此并不代表可以放松评价和监管标准。

（九）核化工与核燃料工程

核工业是一个庞大的系统，铀矿开采，铀的提取、纯化、转化，同位素富集，燃料原件制造，乏燃料后处理，高放废物处置，都离不开核化工与核燃料工程。我国的核燃料产业伴随着中国核事业的发展，从无到有、从小到大、从引进技术到自主发展、从“两弹一星”到核电站、从军用到民用，形成了一套较为完整的核燃料循环工业体系。

核化学工程与普通化学工程一样，要研究和解决核反应工程相关的原材料、反应过程、分离、能量传递与控制和废弃物处置等设备和工艺技术问题，很多过程与传统化学工程在形式上具有很强的相似性，但由于原材料、产物和生产目的不同，在各个单元操作上有本质上的差异。核燃料工程主要是研究和解决核反应所需的燃料的分离、提纯和制备工艺问题，具体而言，主要是裂变原料重核元素^{235}U和核聚变轻核元素如^{2}H、^{3}H和^{6}Li的分离与提纯和针对不同反应堆的燃料制备的技术和相关设备问题。

核反应是涉及化学元素原子核的反应，包括核裂变和核聚变两种反应类型，无论是裂变还是聚变，本质上都是化学反应，都是几种物质发生作用而产生新物质的反应。不同之处在于，普通化学反应是分子层面的反应，反应本质是分子间作用而发生原子重组生成新分子；核化学反应是原子层面的反应，反应本质是原子核及其组成部分（质子和中子）之间发生作用而导致质子和中子重组生成新原子核。二者的目的不同，普通化学反应的主要目的是获取新物质，而核化学反应的主要目的是根据质能方程（$E=mc^2$）获取和利用通过核反应过程的核素质量损失而反应产生的能量。典型的核反应堆模型如图 8-11 所示。

核裂变反应堆模型　　华龙一号核反应堆模型　　受控核聚变反应堆

图 8-11　典型核裂变和核聚变反应堆模

资料来源：https://zhidao.baidu.com/question/625536716301830604.html，http://news.cableabc.com/technology/20180210689480.html，http://3ww.gzzhanjiang.metalsinfo.com/news/display.php?pid=12&news_id=206709。

核燃料包括“裂变核燃料”和“聚变核燃料”两大类，如铀、钚、钍、氘、氚、锂等核素。这些核素蕴藏着巨大的能量，可供人类和平利用，如核能发电，同时也是核武器的核心装料。这些核素有的存在于自然界，如铀、钍、氘、锂等，有的需要人工转换，如钚、氚等。核燃料循环产业就是把自然界存在的核燃料通过提取、分离、转化、加工向反应堆提供燃料，在反应堆内燃烧释放能量，并从燃烧过的乏燃料（贫燃料）或辐照过的增殖材料中提取未烧尽的新生的核燃料，或用于核武器，或再返回堆中使用，并将乏燃料剩余废物进行最后安全化处理的全过程。典型核燃料工程的各单元操作如图 8-12 所示。

因此，核燃料工程是研究和开发核燃料如铀、钍、氘、锂等的提取、分离、转化（如需要人工转化的钚、氚等）工程中的相关工艺技术和设备问题，在形式上，与能源工程和化学工程中涉及的燃料和原料工程类似；然而，由于转化本质的不同，对应的各个单元操作基本不同。

核化学起始于 1898 年居里夫妇对钋和镭的分离和鉴定。其后 30 年左右的时间内，通过物理上探测 α 、β 和 γ 射线等技术的发展，确定了铀、钍和锕三个天然放射性

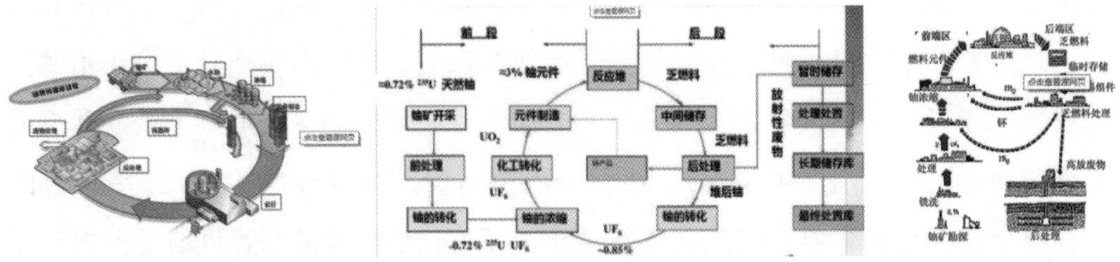

压水堆核燃料循环　　轻水堆铀、钚染料循环　　铀燃料循环

图 8-12　典型核燃料工程单元操作

资料来源：http://blog.sina.com.cn/s/blog_9dd27999010103y7.html，https://www.wendangwang.com/doc/d9acb3acd89505cfa8bcdd0e，http://system.hite.com.cn/2011-05-13/163517230.html。

衰变系，指数衰变定律，母子体生长衰变性质，明确了元素的同位素概念，以及同一核素的不同能态等事实。此外，还陆续找到了其他十几种天然放射性元素。

1919 年卢瑟福等发现由天然放射性核素发射的 α 粒子引起的原子核反应，1934 年小居里夫妇制备出第一个人工放射性核素——磷 30。由于中子的发现和粒子加速器的发展，通过核反应产生的人工放射性核素的数目逐年增加，而 1938 年哈恩等发现原子核裂变更加快了这种趋势，并且为后来的核能利用开辟了道路。

随着科学技术的进步和我国社会经济的发展，国家做出了积极发展核电的战略决策，我国的核电技术已处世界领先水平，核工业迎来了第二个春天。核化工与核燃料产业面临着巨大的发展机遇和挑战。

从重元素的可控核裂变产生动力是当今核反应在技术上最重要的应用。这是因为：世界上铀、钍核燃料所蕴藏的能量大大超过煤、石油和天然气所蕴藏能量的总和；核燃料的能量远比传统化石燃料的能量强大而集中；在经济效益上世界上许多地区用核裂变产生的能量可与用传统化石燃料燃烧产生的能量相匹敌。

建立以裂变堆为基础的核动力工业，包括生产近年来才在商业上有重要价值的材料，特别是铀、钍、锆和重水，具有重要意义。核动力工业也以许多新型化工过程为基础，包括分离同位素、溶剂萃取分离金属和大规模分离、纯化强放射性物质。核化工与核燃料工程的研究成果已广泛应用于各个领域。

核化工与核燃料工程和传统化学工程相比，尽管在某些单元操作上具有相似性，但由于原料和目的不同，实质性工程技术和设备差异极大，因而对和平核工程项目评估的要素和严格度也差异极大。除了传统的技术经济学评价外，更为重要的是，要注重反应堆安全和核燃料、核废料的泄漏与处置评价。在选址上要特别注重安全性和环境评估，同时要做好社区安全性宣传。我国核工业起步晚，但后来者居上，现已拥有世界上最先进和最安全的输出工程技术。

核能出现在人类的面前，向这个世界投放了巨大的阴影，也发出希望的光芒。至今人们仍以很大的精力改善它、发展它，不断追求和探索可控热核聚变。因此，核化工与核燃料工程的研究和应用，既能促进相关产业的协同发展，又能在一定程度上满足人们对清洁能源的需求，甚至有可能成为解决人类能源问题的终极方案。

（十）生物质化学工程

化石资源（如煤、石油和天然气）不可再生，日渐枯竭；使用化石资源还会造成严重的环境污染。基于资源与环境问题的严峻性，人们积极寻找新型的可再生资源。生物质资源与化石资源的基本成分类似，都主要由碳、氢元素构成。因此，目前可再生的生物质资源被认为是替代化石资源的最佳选择。人们正在积极寻求将生物质资源转化成传统化石资源的产品和中间体的方法和工程手段。

生物质化学工程是指以生物质［利用大气、水、土地等通过光合作用而产生的各种有机体，包括植物、动物和微生物。广义上，生物质包括所有的植物、微生物以及以植物、微生物为食物的动物及其生产的废弃物。狭义上，生物质主要是指农林业生产过程中除粮食、果实以外的秸秆、树木等木质纤维素（简称木质素或木素）、农产品加工业下脚料、农林废弃物及畜牧业生产过程中的畜禽粪和废弃物等物质］为起始原料，通过热化学法、生物化学法和化学法，利用提取、气化、热解、直接液化、水解发酵、沼气技术、间接液化和酯化等手段生产燃料与化学中间体和产品的工程活动总称。

目前正在研究和实施的主要生物质化学工程转化方法有：①直接气化法，通过直接加热加空气气化，产生燃气合成生物柴油；②热化学法，通过直接液化生产燃料油、化工原料，通过共液化生产化学品、液体燃料，通过气化法生产燃气和合成气（H_2+CO，这是传统合成化学的最基本和简单的原料源），通过热裂解法生产碳、生物油、合成气、甲酸和乙酸；③生物化学法，通过水解、发酵生产乙醇，通过沼气技术生产沼气（CH_4）；④化学法，通过间接液化生产甲醇、柴油、二甲醚和氢气，通过酯化生产生物柴油。生物质化学工程转化原理如图 8-13 所示。

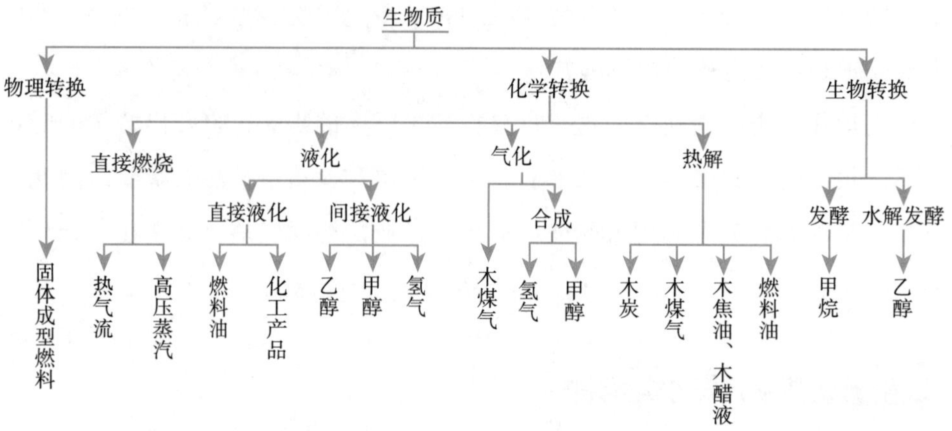

图 8-13　生物质化学工程转化原理

生物质化学工程本质上而言，是绿色化学工程的一个分支，具有绿色化学工程及其相关特征。根据生物质资源的特点，生物质既可以作为能量来源，也可以作为化工原料来源。理论上，生物质化学工程获得了取之不尽、用之不竭的原料优势，能够可持续发展；生物质绝大多数无毒无害，选作原料的生物质清洁、无污染。生物质的典型能量利用和化工产品工程如图 8-14 和图 8-15 所示。

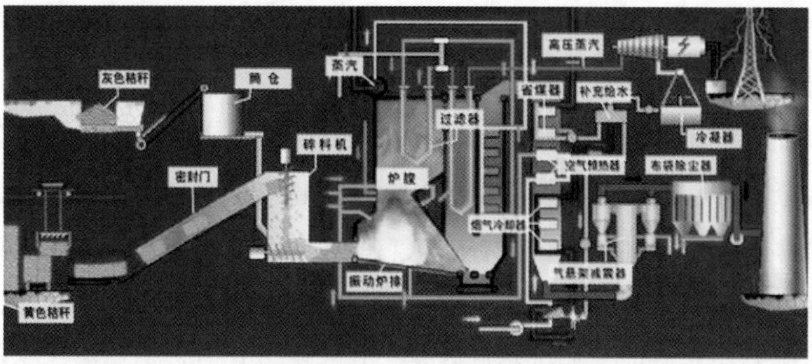

图 8-14　生物质发电

资料来源：http://baijiahao.baidu.com/s?id=1681704525618188047&wfr=spider&for=pc。

由于生物质资源多样，结构复杂，生物质化学工程面临的科学问题和技术挑战包括：在科学问题上，①木质素的结构及其对降解性的影响；②定向地朝着人们需要的产品进行降解；③富氧的分子的处理；④其中所含的一些杂质对降解参数和产物的分布，用可再生的原料。在技术问题上，①生物质的富集；②不同种类生物质和在不同

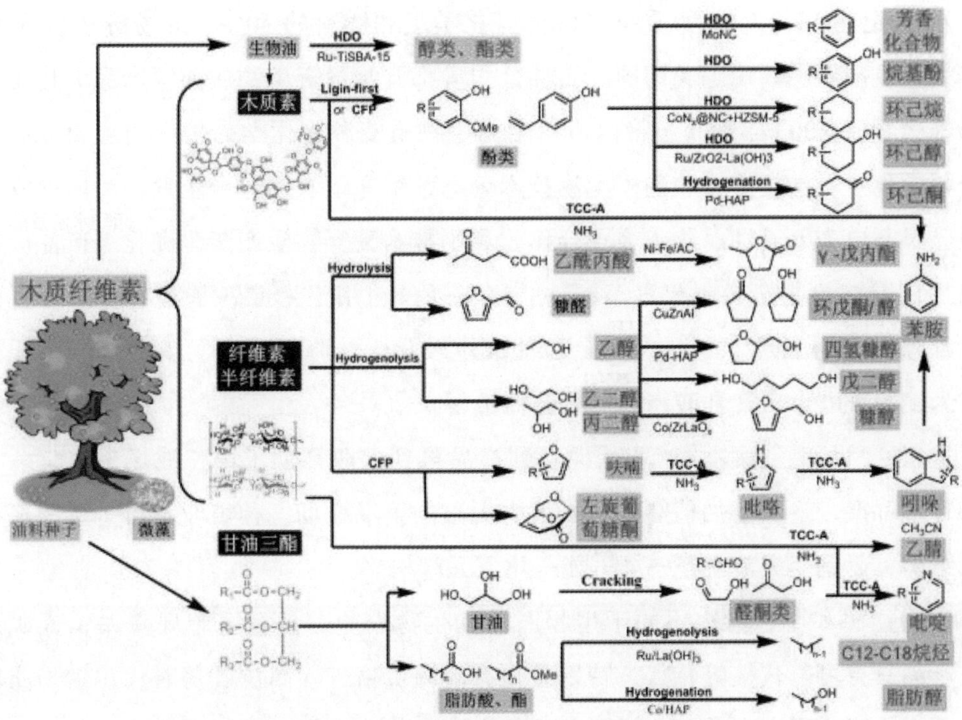

图 8-15　木质素生物质化学工程的产业链

地方生长的生物质的不同；③连续的操作；④对混合物的操作；⑤产品的浓缩和分离；⑥如何有效地利用副产品。

我国从商周时期就已经掌握用作物黍米发酵生产酒（乙醇）、醋（乙酸）的技术。随后，人们还掌握了从大豆中提取蛋白质（豆腐），继而利用豆腐发酵产生氨基酸等技术。然而，这些仅仅只能算人们利用生物质资源的实例，即使是大规模生产的酒坊和醋坊，都不能算是生物质化学工程。

20 世纪 70 年代的石油危机，使得世界各国在寻求可替代化石资源以实现可持续发展、保护环境和追求循环经济的基础上，纷纷把目光集中到可再生资源，“生物质经济”渐渐浮出水面，生物质的利用必须打上现代化学工程的烙印，才能真正变成生物质化学工程。美国和巴西以玉米和甘蔗生产的燃料乙醇和化工原料乙醇已崭露头角，欧洲以油菜生产生物柴油等取得了成功。

进入 21 世纪，石油危机日益加剧，许多国家都制定和实施了相应的开发生物质资源的计划。化石资源渐趋枯竭，基于减排温室气体、保护环境的需要以及实现人类可持续发展的目标，发展生物质产业已成为重要战略，使古老的生物质产业具有新的、生机盎然的前景。

21 世纪前 50 年，生物质将提供世界化学品和燃料的 30%，市场份额达到 1500 亿美元。英国石油公司、美国国际石油公司等都开始投资生物质能源产品。化工巨人巴斯夫公司于 2003 年宣布，将以可再生的生物质资源为化学品生产的主要原料。杜邦公司剥离了石油资产，收购了生物技术公司，组建了农业综合企业。美国的森林企业也已经与电力、石油、化工公司合作，利用林木废弃物生产能源和化工产品。丰田公司用白薯淀粉基塑料制成汽车配件。富士通公司用玉米淀粉基塑料替代计算机外壳，杜邦公司用玉米生产 1,3- 丙二醇的成本较化学法降低 25%。卡杰尔 – 道氏公司用玉米淀粉发酵生产聚乳酸和其他聚合物塑料。

进入 21 世纪，生物质产业从原料到产品再到农业开创了第三战场，这是一个能源和环境并举、产品附加值高和市场潜力无限的第三战场。种植业不再是粮—经—饲三元结构，而是变成粮—经—饲—能—化五元结构。

生物能源和生物材料不同于生物医药和生物农业，具有生产规模大、资源消耗多、产品具有可替代性等特点，特别是化石能源价格进入高位震荡时代，生物质化学工程在生物能源和生物材料方面具有难以估计的市场潜力。

生物质具有储量丰富、来源广泛、清洁、无毒无害、可再生等特点，符合人类可持续发展战略，既可以用作原料，又可以作为能源，因而以此为原料的生物质化学工程是化学工程绿色化的起点。因此，在工程立项方面其应作为优先项目。同时，生物质化学工程是针对人类解决能源和环境危机而出现的，因此，与传统化学工程相比，其环境和社会效益评价都优先于其他项目，尽管如此，它本质上仍属于化学工程，安全问题不容忽视。

（十一）绿色化学工程

目前导致严重环境问题的根源部分来自化学工业生产和化学品应用的污染。因此，传统上，人们会对化学工业“另眼相看”，谈化学色变，将其与工业“三废”（废气、废水和废渣）挂钩。环境污染固然与早期粗放型化学工业生产密不可分，然而，化学带来的环境污染很大程度上与人们对化学品的无知而滥用有关，举例而言，牙膏和洗涤剂等日用品生产所导致的污染远不及人们使用和滥用这些化学品（产品本身和用废）所带来的环境污染。绿色化学是从产品生产源头到产品废弃全流程进行无害化设计，因此绿色化学的发展也促成新的工业革命。

绿色化学又称为环境友好化学或环境无害化学。具体而言，绿色化学就是利用化学原理在化学品的设计、生产和应用中消除或减少那些对人类健康、社区安全、生态环境有毒有害物质的使用和产生，设计和研究没有或只有尽可能小的环境副作用，并在技术、经济上可行的化学品和化学过程。

绿色化学工程在原理上主要包括以下几方面。

①绿色化工产品设计——遵循“全生命周期”设计、降低原料和能耗设计、再循环和再利用设计、利用计算机技术辅助设计等。

②绿色化原料及新型原料平台设计——基于绿色和可再生原材料选择的原则，对于传统原料合成中有毒、有害、有刺激性的原料替代绿色化工艺进行开发和利用。

③新型反应转化技术设计——依据新型原料平台，开发高活性、高选择性的转化催化剂成为新型化学工程工艺方法的发展方向，反应工程与相关技术（如生物技术、分离技术、纳米技术等）的结合为开发新型反应路径提供了空间。

④催化剂绿色化设计——对可回收并能反复使用的绿色固体催化剂的研究，酶催化剂和仿生催化剂等的研究也成为未来的发展方向。目前某些重要产品如 KA 油的仿生催化合成已进入中试，如图 8-16 所示。

图 8-16　仿生催化剂生产 KA 油—巴陵石化 7 万吨示范项目

资料来源：作者现场拍摄。

⑤溶剂的绿色化及绿色溶剂设计——无溶剂设计和利用无毒或低毒溶剂（无溶剂、水、低级脂肪醇、离子液体、超临界 CO_2）来替代挥发性的有机溶剂以及溶剂的闭环循环是目前绿色化学的重要研究方向。

⑥新型分离技术设计——新型分离技术普遍关注超临界流体萃取、分子蒸馏、生物分子和大分子分离等方面。

⑦计算机和人工智能与绿色化工相结合——通过机器学习、计算机搜索减少实验次数及原料消耗，同时精确选择底物分子、催化剂、溶剂和反应途径等，借助计算机

技术模拟研究原料、反应器设计、经济和商业模型等，从而降低生产成本，过程分析化学精准测控原料、中间体和主副产物而精准控制工艺参数实现防污减排的目的。典型计算机辅助药物设计模型如图 8-17 所示。

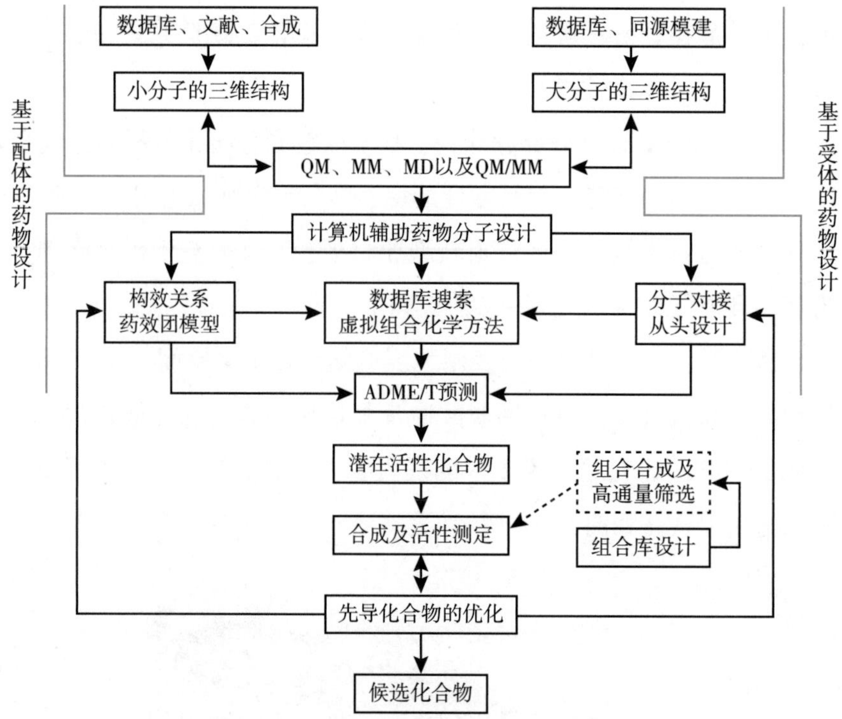

图 8-17　典型计算机辅助药物设计模型

⑧过程和设备强化设计——通过过程和设备强化设计，实现分子操控，极大地提高原子利用率和减少副产物生成，既节约资源和能源，又减少废弃物生成，如图 8-18 所示。

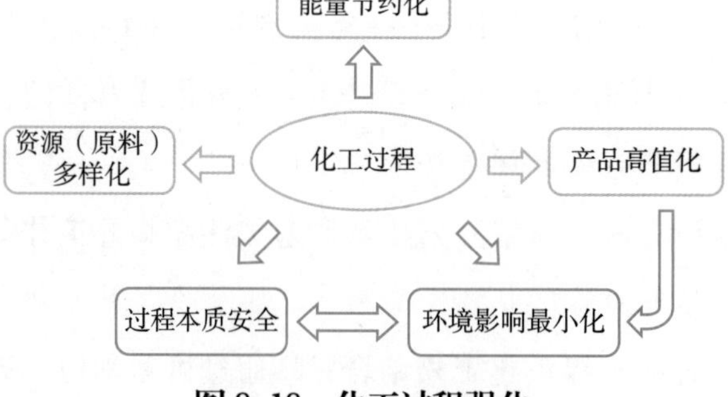

图 8-18　化工过程强化

因此，绿色化学工程原理如图 8-19 所示，根据相关内容可总结为以下几个子工程：绿色化工产品工程，包括产品或目标分子的优化和设计；绿色原料工程，包括原材料（起始材料）的替代和设计；绿色转化工程，包括绿色试剂或转化方法以及转化条件的设计、优化和开发；绿色催化工程，包括绿色催化剂的设计和开发；过程和设备强化工程，包括过程分析化学的实施和应用、过程和设备的强化。

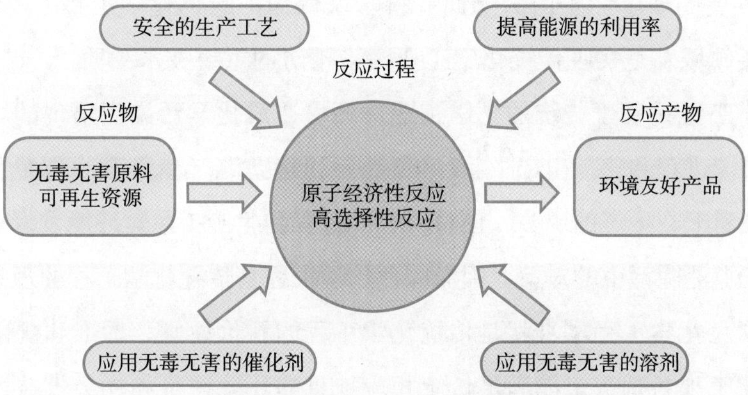

图 8-19　绿色化学工程原理

1990 年美国颁布《污染防治条例》（PPA），将污染防治定为国策。随后不久就出现了“Green Chemistry”一词；1994 年 8 月在第 208 届美国化学会年会上讨论了环境无害化学、环境友好工艺或绿色技术等问题；1996 年哥顿会议（Gordon Conference）第一次以环境无害有机合成为主题，讨论了原子经济、环境无害溶剂等，这是在世界高水平的学术论坛上首次讨论绿色化学专题。1997 年 6 月在华盛顿国家科学院召开主题为“2020 年的应用展望”（Implementing Vision 2020）的第一届“绿色化学与工程会议”，此后每年举行一届，会议主题均包括绿色化学和化工内容。由此拉开了化学工业绿色化的大幕。

绿色化学工程是在西方发达国家诞生的。1990 年美国《污染防治条例》的颁布开启了对绿色化学化工的研究。此外欧盟和日本等国家和地区也都非常重视绿色化学工程的发展，并采取各种形式来推动无污染化学产业的发展。中国也十分重视该行业发展动态，1995 年确定了“绿色化学与技术”院士咨询课题，1997 年召开了“可持续发展问题对于科学的挑战及绿色化学”研讨会，积极推动相关研究和产业的发展。尽管我国起步较晚，但势头强劲，发展迅速，特别是我国具有制度优势，在“绿水青山就是金山银山”的指导思想下，传统化学产业纷纷转型升级。每个企业都在寻找新的路线来提高利润，同时减少危险废物的产生，以使人们的工作更高效和环境更友好，绿色化学研究和工程化改造为制造商和消费者提供了较好的选择。

绿色化学工程是当今化学科学研究的前沿，它吸收了当代化学、物理、生物、材料和信息等科学的最新理论和技术，具有明确的社会需求和科学目标。从科学的视角看，它是化学工程基础内容的更新和更高级的化学工程；从环境视角看，它是从源头上预防和消除污染；从经济视角看，它合理地利用资源和能源、降低生产成本，符合经济可持续发展的要求。正因为如此，科学家认为，绿色化学工程将是 21 世纪化学工业的最重要领域，是实现传统化学工业污染预防的重要技术手段。

绿色化学工程是基于传统的化学工业对环境造成化学污染而出现的。因此，其核心内涵是在反应过程和化工生产中，尽量减少或彻底消除有害物质。绿色化学工程的着眼点是将污染消灭在生产的源头，使整个合成过程和生产工艺对环境友好，是治本、治根，是从根本上消除污染的对策，因而绿色化学工程是传统化学工程的理想和目标。

因此，绿色化学工程本身就是传统化学工程的评价原则、标准和规范。相关项目相比于传统化工项目，一定能满足传统相应项目的环境评价和社会效益评价标准，属于优先扶持、审批和评估的项目。尽管如此，因绿色化学工程属于朝阳产业，在产业经济学评价方面无范例可寻，在安全评价与监管方面应该更加严格。

二、轻化工程

轻化工程以多种天然资源及产品为原材料，通过化学、物理和机械方法加工纺织品、皮革、纸张和卷烟等，进行原料和产品设计、生产加工工艺设计、产品性能检测分析、生产技术管理和新产品开发与研究。传统轻化工程分别对应的行业是制浆造纸工业、皮革工业和纺织工业。据轻化工程专业教学指导分委员会不完全统计，三个行业所创造的工业总产值超过 5400 亿元，占 GDP 的比重不低于 3.8%，出口创汇额达 1000 亿美元以上，约占全国出口创汇额的 1/4。全国规模以上的制浆造纸业与纸制品企业有 5285 家，皮革企业有 3370 家，印刷企业有 1190 家（纺织业中有染整车间的企业有 6332 家），共计 9845 家。从业人员不完全统计近 700 万人，其中制浆造纸业有 115 万人，皮革有 500 万人，染整有 82 万人。由于纺织工业占比较高，为了清晰说明，我们对纺织工程单独进行介绍，传统轻化工程中的纤维工程、服装工程和染整工程的主要对象是纺织品，因此将其纳入纺织工程中进行介绍。同时，根据工程技术和学科的发展特点，将制糖工程、发酵工程和粮食工程纳入轻化工程。因此，本部分将介绍以下七个轻化工程学科，以帮助行业内外人员了解和理解各工程学科之间内在和外在的逻辑联系：造纸工程、皮革工程、制糖工程、发酵工程、粮食工程、包装工程和印刷工程。

（一）造纸工程

现代的纸是我们日常生活中最常用的物品，无论读书、看报，还是写字、作画，都得和纸接触。纸在交流思想、传播文化、发展科学技术和生产方面，是一种强有力的工具和材料。回顾历史，造纸术和指南针、火药、印刷术并称中国古代科学技术的四大发明，是中国人民对世界科学文化发展所做出的卓越贡献。

造纸，也称为造纸术，一般将植物经过制浆处理制成植物纤维的水性悬浮液在网上交错的组合，初步脱水，再经压缩、烘干而成纸张的技术。

造纸工程是以多种植物资源及产品为原材料，通过化学、物理和机械方法加工得到纸张等轻纺产品的生产技术与过程。造纸工程主要研究和解决制浆造纸的清洁生产技术、湿部化学与造纸助剂、应用型的制浆造纸生物技术、复合型的特种纸制造技术等，形成了与多领域交叉与融合的学科。

现代造纸工程一般包括制浆、调制、抄造等子工程。

（1）制浆工程，是造纸的第一步，一般通过机械制浆法、化学制浆法和半化学制浆法等将木材等植物变成纸浆，其工艺流程如图 8-20 所示。

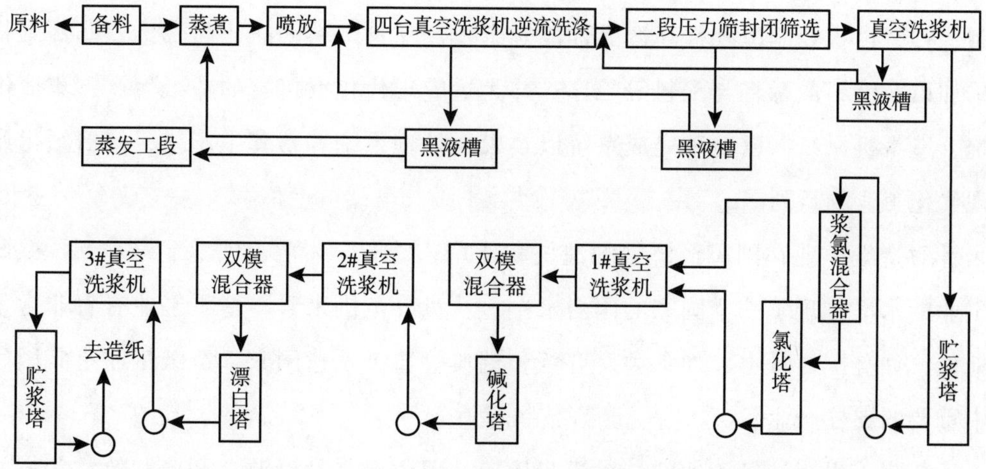

图 8-20　制浆工程工艺流程

（2）调制工程，是造纸工程的一个关键环节，与成品纸张的强度、色调、印刷性能、纸张保存期限直接有关。一般常见的调制过程大致可分为散浆、打浆、加胶与充填三个过程。

（3）抄造工程，主要是使稀纸浆均匀交织和脱水，再经干燥、压光、卷纸、裁切、选别、包装。常见流程包括纸料的筛选、网部、压榨部、烘缸、压光、卷纸、裁切、选别和包装，其典型工艺流程如图 8-21 所示。

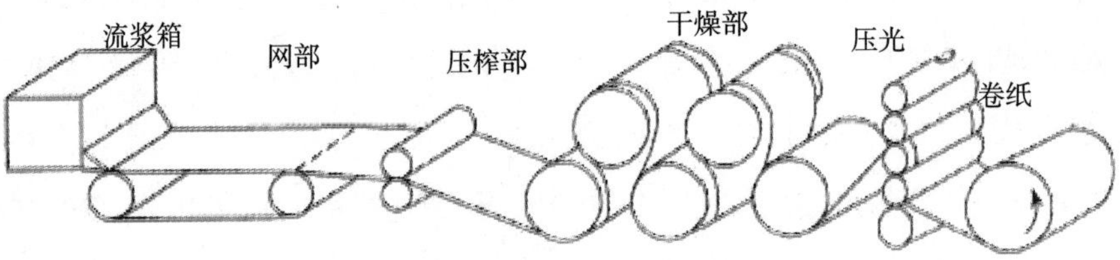

图 8-21　抄造工程工艺流程

造纸工程具有以下主要特点：①技术密集型和资金密集型；②行业具有规模效应；③对资源依赖度较大；④市场集中度低；⑤资源消耗较高、污染防治任务艰巨。

中国造纸术源远流长，迄今已有 1900 多年的历史。中国古代造纸术的发明，也奠定了世界造纸工程技术史的基础。自公元 4 世纪起，中国的造纸术东经朝鲜传入日本，西经中东阿拉伯国家传入非洲和欧洲。18 世纪，欧洲把中国的造纸术又传到了美洲和大洋洲。造纸术是中国古代的四大发明之一，也是中国对世界文明的伟大贡献。

现代造纸工程是对中国古法造纸的传承和发展，尽管工艺过程和装备水平都发生了巨大的变化，但主要工艺的核心内涵还是传承中国古代造纸工艺的精髓。

在古法造纸的基础上，现代造纸工艺以大机器造纸生产为主导，从强化质量源头控制、抄造过程控制以及提高产品性能等出发，完善纸料的净化与筛选、非纤维物质的添加以及纸料的稀释与配料等工序；并为适应现代化大机器的造纸生产，集成供浆系统、造纸机系统、复卷和完成系统以及表面处理系统等整套生产线，使造纸生产步入现代化工业的行列。

针对造纸工业在国民经济中的地位和作用，曾有学者将其誉为“软钢铁”，即造纸工业的水平体现了一个国家的国力水平。从世界范围来看，造纸工业有着非常重要的地位，如美国、日本、加拿大、芬兰和瑞典等造纸发达国家，造纸工业是其国民经济中重要的支柱产业。

近年来，世界造纸工业的技术进步迅速，但由于受到资源、环境和效益等方面的约束，节能降耗、节水减排、保护环境、提高产品质量和经济效益等成为全球造纸工业的发展重点。而生产清洁化、资源节约化、林纸一体化和产业全球化成为世界现代造纸工业的发展目标。中国造纸工业也朝着这一目标发展。

2009 年以来，我国造纸行业进入整合期，一大批不符合要求的落后产能被淘汰，企业兼并重组加快。随着产业整合的深入，已经完成产能布局以及扩张的企业具有规模经济优势和议价能力，将会成为产业整合中的中坚力量。

随着我国造纸工业的快速发展，纤维原料的供给不足成为影响行业发展的重要瓶颈。国内企业还未建立起有效的销售配送系统，缺乏稳定市场的能力，难以保证持续获利和规避风险。此外，目前行业发展还受到地域性集中度过高而资源短缺；产品结构不合理，难以满足市场需要；造纸机械水平落后，阻碍产品质量提高；生产造成严重污染而阻碍可持续发展等因素的制约。因此，在新工程的立项和审批方面，对于不具有规模、技术、资金和环保、竞争等方面优势的工程项目，要严格把关。

（二）皮革工程

皮革行业是一门古老而又新兴的产业。最早的皮革应该仅指带毛之革——制裘（毛革、裘皮），随后产生了不带毛的革——制革。随着 1893 年一浴铬鞣法制革技术的诞生，现代制革工业兴起，中国的皮革业同世界皮革业一样已从皮革的主体行业——制革、制鞋、皮服装、制裘及皮具等逐步扩展到皮革的配套行业——皮革化工、皮革机械、质量监控、皮革五金和鞋用材料等，形成了十分完整的皮革工业体系。

皮革工程是指根据皮革科学和工程领域（制革、毛皮、鞣料及助剂、皮革制品及机械、人造革、合成革、化工材料等）有关学科基础理论、应用技术、实验研究方法、测试技术等将天然动物皮和人造材料加工成皮革及其制品的技术和过程。

皮革工程对皮革的加工过程包括三大工段，即准备工段、鞣制工段和整饰工段，抑或分成两大工段，即湿加工工段（水场、准备和鞣制工段）和干加工工段（整饰工段）。鞣制工段按照实际工艺过程可以分为两部分——鞣制和鞣后湿处理。鞣后湿处理也称为鞣后湿整理，或称为干加工前处理、染整前处理，包括复鞣、染色加脂等。在整饰工段中，还包括干燥、整理和涂饰阶段。干整饰环节，能够赋予皮革应有的性能和新特征。皮革工程工艺流程如图 8-22 所示。

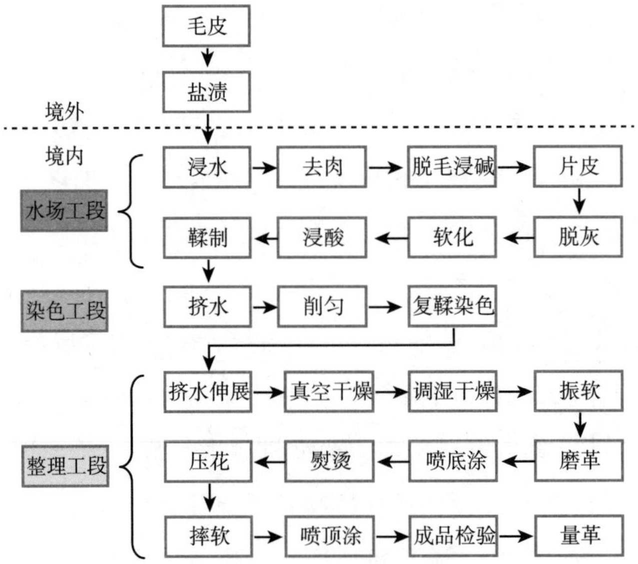

图 8-22　皮革工程工艺流程

皮革工程的对象及其生产与加工包括以下几类：“真皮”——动物（生皮）由皮革厂鞣制加工，是现代真皮制品的必需材料。再生皮——各种动物的废皮及真皮下脚料粉碎后，调配化工原料加工制作而成。人造革——也叫仿皮或胶料，是 PVC 和 PU 等人造材料的总称。它是在纺织布基或无纺布基皮革上，由各种不同配方的 PVC 和 PU 等发泡或覆膜加工制作而成，可以根据不同强度、耐磨度、耐寒度和色彩、光泽、花纹图案等要求加工制成，具有花色品种繁多、防水性能好、边幅整齐、利用率高和价格相较真皮更便宜的特点。合成革——模拟天然革的组成和结构并可作为其代用材料的塑料制品。它表面主要是聚氨酯，基料是涤纶、棉、丙纶等合成纤维制成的无纺布。它的特点是光泽漂亮，不易发霉和虫蛀，并且比普通人造革更接近天然革。合成革表面光滑、通张厚薄，色泽和强度等均一，在防水、耐酸碱、微生物方面优于天然皮革。各种皮革面料如图 8-23 所示。

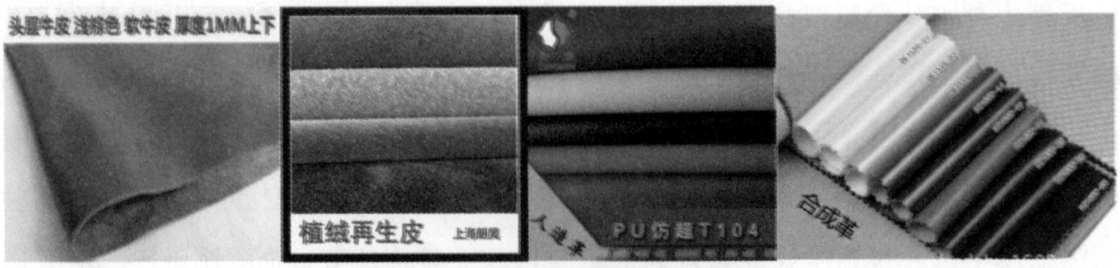

图 8-23　皮革工程的典型皮革面料产品

资料来源：www.1688.com。

人类开始制革的确切时间至今无从考证，但普遍认为，制革史是人类发展史极其重要的组成部分，与人类文明史息息相关。

18 世纪，近代科学技术逐渐发展，开始有人专门从事制革原理和技术的研究。1858 年人们认识到铬盐作为鞣剂的可能性并进行了研究。1848 年发明了二浴铬鞣法，1893 年发明一浴铬鞣法，从此，皮革科学技术突飞猛进。我国最早采用现代鞣革技术和机器设备的制革厂是建于 1898 年的清朝商办天津硝皮厂。1909 年前后，英、日、意等国在上海开办了大型皮革厂，产量占当时上海皮革生产量的 50% 以上。我国近代皮革工业由上海发起而后扩散至全国。

我国皮革业在产业资源等方面具有明显优势。皮革资源量世界第一，其中猪皮、羊皮原料资源量居世界第一，牛皮原料资源量居世界第三。皮革、毛皮制品产量居世界第一。皮革行业已成为轻工业中的支柱产业。

皮革行业涵盖制革、制鞋、皮衣、皮件、毛皮及其制品等主体行业，以及皮革化工、皮革五金、皮革机械、辅料等配套行业，上、下游关联度高，其有集创汇、富民、就业于一体的特点。

皮革业社会效益显著，在产业项目立项审批时属于优先项目，皮革业的发展应注重提高质量、降低成本、简化工序、控制和减少环境污染，并给予适当扶持。

（三）制糖工程

中国是世界上最早制糖的国家之一。早期制得的主要有饴糖、蔗糖，其中饴糖占有更重要的地位。随着时代的进步和社会的发展，糖业发展基本经历了早期制糖、手工业制糖和机械化制糖三个阶段，这是世界糖业发展总趋势，而中国则是其中的典型国家。

传统上制糖工程是指以甘蔗、甜菜等为原料制作成品糖，以及以原糖或砂糖为原料精炼加工各种精制糖的生产活动。制糖工程产品主要包括：甘蔗制原糖；甘蔗成品糖，如白砂糖、绵白糖、赤砂糖（红糖）、黄砂糖等；甜菜成品糖，如白砂糖、绵白糖；加工糖，如冰片糖、冰糖、方糖、精制糖浆、精炼砂糖等；桔水等制糖副产品。现代制糖工程还包括：以淀粉为原料生产麦芽糖、葡萄糖、果糖、高果糖、葡萄糖浆等，包括淀粉及淀粉制品的制造；糖果制造，包括糖果、巧克力制造。

制糖工程是从甘蔗或甜菜等含糖植物中提取糖分的生产过程，从化学工程的角度而言，可以归属为天然物分离提取工程。制糖过程就是利用渗浸或压榨提出糖汁，然后除去非糖成分，再经蒸发、浓缩和煮糖结晶，最后用离心分蜜机分去母液而得白砂糖成品，含有不能结晶的部分蔗糖和大部分非糖的母液即废糖蜜。制糖工程的工艺流程如图 8-24 所示。

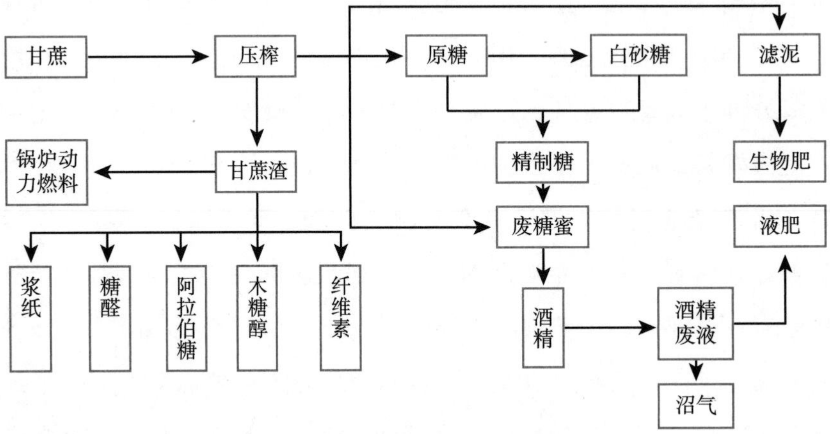

图 8-24　制糖工程的工艺流程

制糖工程的核心工艺包括：提汁——原材料如蔗茎或甜菜经过前处理而榨出蔗汁；清净——混合汁中含有各种非糖分，须经清净处理后才能进一步加工，工程技术主要有石灰法和亚硫酸清净法，石灰法多用于制造甘蔗原糖；蒸发——清汁经预热后放入内装加热汽鼓的立筒式蒸发罐，通入热蒸汽，使糖汁受热而蒸发浓缩，成为可以煮糖结晶的糖浆；煮糖、助晶、分蜜——将糖浆抽入煮糖罐在真空下进一步加热蒸发浓缩至一定的过饱和度后投入糖粉起晶，随后不断加入糖浆或糖蜜，使晶粒逐渐长大，直到全罐内形成含晶率和母液浓度都符合规定的糖膏，经助晶槽流入分蜜机，利用离心力分去母液，留在机中的结晶糖经打水洗涤，卸出干燥后即为砂糖成品，而分出的母液还可第 2 次、第 3 次煮糖、分蜜；原糖精炼——在原糖汁中加入糖蜜进行洗涤后，由离心机再次分离，并将晶粒洗净，再加少量石灰乳并用硅藻土过滤，然后通过脱色得精糖液。制糖工程工序及其相关设备如图 8-25 所示。

现代制糖工业除了砂糖生产外，还包括多种其他糖品工程：①绵白糖是中国甜菜糖厂的主要产品，制法同白砂糖，只是煮糖时起晶粒数更多、养晶时间更短，分蜜后加上 2% 的转化糖浆，经干燥粉碎即得。②方块糖。通过煮糖、养晶，使晶粒大小适度，分蜜时晶粒表面保留少量水分，随即趁热将湿糖压条、切块，干燥后即得。③冰糖。一般采用静置结晶法。将白砂糖加水溶化、煮沸，加进少量豆浆或卵白，借助蛋

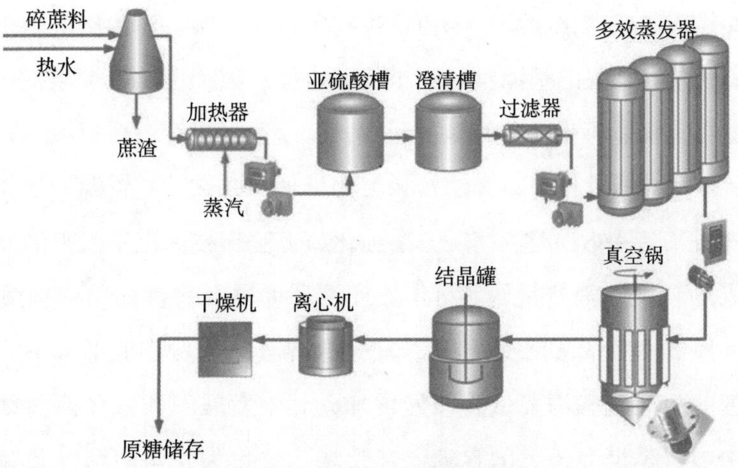

图 8-25　制糖工序及相关设备

资料来源：http://xml.shufadashi.com/b/183/gzzt1838387.html。

白质的热凝固彻底清除其中的杂质，过滤得到的清糖汁放在敞口锅内熬成糖浆。在结晶容器中放入晶核，糖分围绕晶核逐渐养大，再经分蜜、干燥即得。④液体糖。精糖加水溶解或用糖浆加少量活性炭粉末过滤均可制得。

18 世纪末 19 世纪初，甜菜制糖的成功极大地推动了制糖业的发展，推动了制糖业的机械化。1799 年阿哈尔德发表论文称，可以用甜菜制糖。1802 年，阿哈尔德在东欧西里西亚附近的库内恩建立了世界上第一座甜菜糖厂。1811 年，法国建成一座甜菜糖厂。此后，欧洲各国相继建厂，甜菜制糖业快速发展。

全世界生产甘蔗糖的国家和地区共有 80 多个，甘蔗糖产量占世界食糖总产量的 65% 左右，产量最高的国家是印度，其次是巴西、古巴、中国和澳大利亚。近年国外甘蔗制糖行业在生产工艺、机械设备及产品方面都有较大的发展。蔗糖主产国纷纷合并和淘汰中、小厂，扩建和改造老厂，促进企业向大型化方向发展，设备也趋向大型化。制糖工程中自动控制和微电子技术的应用，使各生产环节全面应用计算机控制和管理，以蒸发站热力系统为中心，对锅炉发汽、加热、煮糖、分密等岗位的用汽实行调节，充分节省能源并提高糖质量，实现糖产品多样化。制糖工程积极开展副产品综合利用和糖产品深加工开发。

因此，制糖工程除了满足人们对糖的消费需求以外，进一步深度发展，如糖类物质及其药物的制备与生物利用，包括：①开展大分子活性多糖物质及其药物的化学动力学基础理论研究，探讨这些糖类物质的化学结构、物化性质与药理性能等；②针对食用多糖以及真菌中多糖蛋白等的制备进行机理研究和营养保健机制探索，并大力开发微生物多糖及其药物、生化制品；③通过生物工程的方法，对天然生物多糖进行改性及利用，使与多糖合成有关的基因整合到小的染色体外因子中加以扩增，从而增加活性多糖物质的生物合成效果，开发新的多糖药物；④以适当天然糖质资源为营养基质，探讨其促进或抑制生物培养过程的新方法及相关的机理，并在糖质资源的生物利用过程中实施现代控制技术等。另外，天然糖质分离纯化新方法新技术也是未来的发展方向。

目前中国人均食糖年消费量约为 8.4 公斤，是世界人均食糖年消费最少的国家之一，远远低于世界 24.9 公斤的平均水平，属于世界食糖消费“低下水平”的行列。未来十年世界食糖的生产量和消费量将缓慢增加，其中发展中国家食糖消费量将出现明显增长趋势，中国将是世界最大的食糖潜在市场。这也为我国制糖以及糖产业深度加工的发展确立了基调。

（四）发酵工程

我国早在数千年前就发明了酿酒、制造酱油和食醋等技术。据考古发掘证实，我国的龙山文化时期（距今 4000~4200 年）就已有酒器出现，古代还流传下来许多有关酿酒的文献记载。1680 年，荷兰人列文虎克（Leeuwenhoek）制成显微镜，人们通过显微镜观察到微生物。1897 年，德国人毕希纳（Buchner）提出酶的催化理论，人们对发酵的本质有了全面的认知。

发酵工程是指基于生物细胞的特定性状，通过现代工程技术手段，在反应器中生产各种特定功能性物质，或者把生物细胞直接用于工业化生产的一种工程技术系统。发酵工程涉及微生物学、生物化学、化学工程、机械工程、计算机工程等，并将它们有机地结合在一起，利用生物细胞进行规模化生产。发酵工程是生物制造实现产业化的核心技术，是利用微生物的生长繁殖和代谢活动大量生产人们所需产品的过程，是生物工程与生物技术学科的重要组成部分。因此，发酵工程也称作微生物工程。发酵工程的技术体系主要包括菌种选育和保藏、菌种的扩大生产、微生物代谢产物的发酵生产和分离纯化制备，也包括微生物生理功能的工业化利用等。

发酵工程是生物反应过程，本质上是以生物细胞为催化剂的化学反应工程。但长期以来，发酵工程仍然是微生物工程的代名词。因此，发酵工程的内容和特点也就是微生物工程的内容和特点。发酵工程主要内容包括：发酵原料的选择及预处理、微生物菌种的选育及扩大培养、发酵设备选择及工艺条件控制、发酵产物的分离提取、废弃物的回收和利用等。发酵工程的工艺流程如图 8-16 所示。

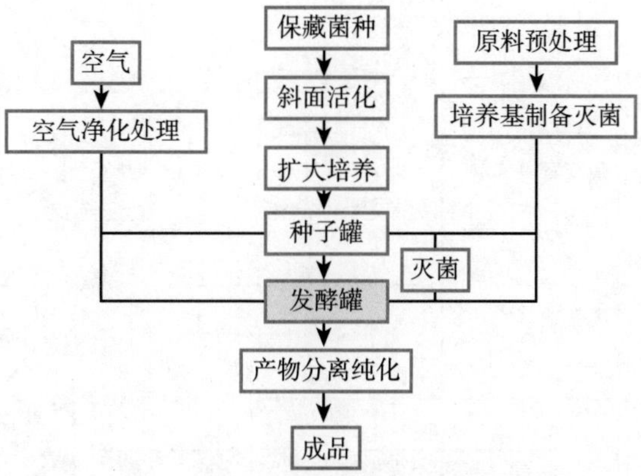

图 8-26 发酵工程的工艺流程

发酵工程是一个错综复杂的过程，尤其是大规模工业发酵，需要采用各式各样的发酵技术，发酵的方式就是其中最重要的发酵技术之一。发酵的方式可从多个角度进行分类：按发酵过程对氧的需求，发酵分为好氧发酵和厌氧发酵；按发酵培养基的相态，发酵可分为液态发酵和固态发酵；按发酵培养基的深度或厚度，发酵分为表面发酵和深层发酵；按发酵过程连续性，发酵可分为分批发酵和连续发酵；按菌种生活的方式，发酵分为游离发酵和固定化发酵；按菌种的种类，发酵分为单一纯种发酵和多菌种混合发酵。在实际工业生产中，大多是各种发酵方式结合进行的。目前应用最多的是需氧、液态、深层、分批、游离、单一纯种相结合的发酵方式。发酵工程应用非常广泛，其现有和可能涉及的产业如图 8-27 所示。

因此，发酵工程涉及食品工业、化工、医药、冶金、能源开发、污水处理等领域。发酵工程的产品可大致分为以下几大类：①传统发酵产品；②微生物菌体细胞；③微生物酶类；④微生物代谢产物；⑤微生物的转化产物；⑥工程菌发酵产物；⑦动物、植物细胞大规模培养的产物。

发酵工程是从 20 世纪 40 年代随着抗生素发酵工业的建立而兴起的。70 年代以来，基于细胞融合、细胞固定化以及基因工程等技术，发酵工程进入了一个崭新的发展阶段，广泛应用于医药、食品、农业、化工、能源、冶金、新材料和环境保护等领域。现代发酵工程是指利用工业微生物菌种，特别是经 DNA 重组技术构建的微生物基因工程菌来生产商业产品。因此，现代发酵工程的实施需要两方面专家的通力合作，即微生物及分子生物学专家负责菌种分离，鉴定、改造或创新得到高效表达的微生物基因工程菌，应用于工业化生产；而生化工程技术专家则要保证新型工业微生物菌种能在最适合的发酵条件下大量生长并合成代谢产物，以获得工业规模的最优生产效率。

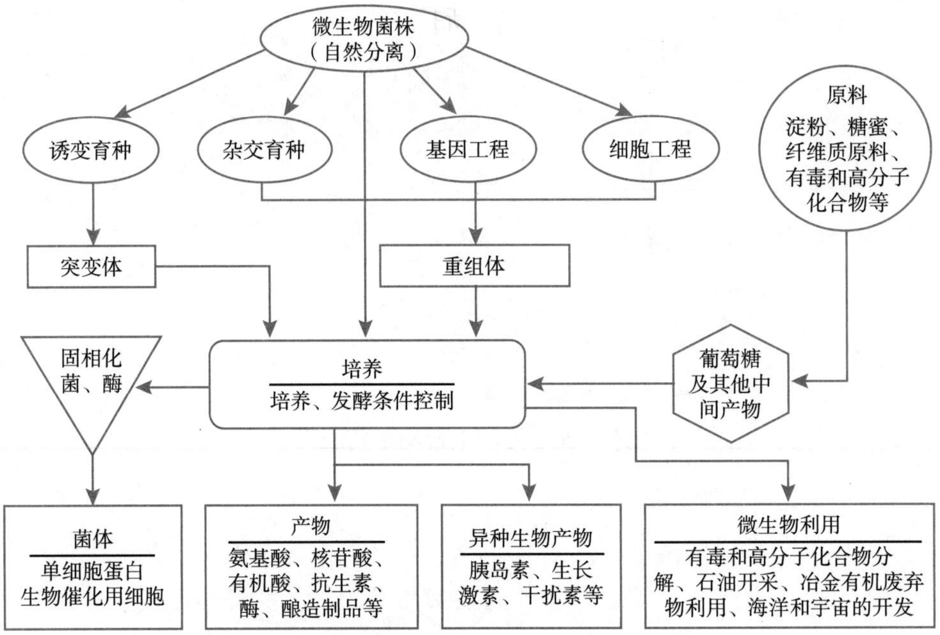

图 8-27 发酵工程产业

资料来源：https://max.book118.com/html/2017/0328/97623616.shtm。

发酵工程随着生物技术的发展，应用越来越广泛和定向专一，在不同的工业领域都有所应用。在医药工程方面，主要生产抗生素、抗癌药物、维生素、手性药物、多烯不饱和脂肪酸（如 EPA、DHA、AA 等）；在食品工业方面，从传统的酿造到菌体蛋白，主要用于生产氨基酸、乳制品及谷物发酵和生物色素（如 β-胡萝卜素、虾青素等）；在能源工业方面，通过生物发酵可以利用生物质作为原料生产“绿色石油”；在化学工业方面，可以生产可降解的工程塑料、耐寒农用薄膜和黏合剂的合成原料；在冶金工业方面，可以生产浸矿剂用于浸提稀有贵重金属（如黄金、铜、铀等）；在农业方面，能够生产生物肥料（固氮菌、钾细菌、磷细菌）、生物农药、兽类抗生素、食品和饲料添加剂、农用酶制剂、动植物生长调节剂等；在环境保护方面，可以消除工业“三废”、生活垃圾和农业废弃物，消除“白色污染”（废旧塑料）。

发酵工程未来的发展方向主要有：①基因工程的发展为发酵工程带来新的活力。②新型发酵设备的研制为发酵工程提供先进工具。③大型化、连续化、自动化控制技术的应用为发酵工程的发展拓展了新空间。④强调代谢机理与调控研究，使微生物的发酵机能得到进一步开发。⑤生态型发酵工业的兴起开拓了发酵工程的新领域。

发酵工程作为生物技术的重要组成部分，是生物技术产业化的重要环节。发酵技术有着悠久的历史，作为现代科学概念的微生物发酵工业是在传统发酵技术的基础上，结合了现代的基因工程、细胞工程等新技术。发酵工业具有投资少、见效快、污染小等特点，日益成为全球经济的重要组成部分。因此，发酵工程属于优先扶持的产业，在立项审批和评价时应优先于其他项目。然而，发酵工程涉及生物安全，因此在安全和环境评价方面应该更加慎重，需进行全方位评价和监管。

（五）粮食工程

粮食是人类赖以生存的主要生活资料。我国民众的食物结构以植物蛋白为主，直接消费的粮食所占比重较大，由粮食转化为肉、蛋、奶的消费较少。粮食无论是直接消费还是间接转化后的消费，其与人类的密切程度都是其他商品无法替代的。粮食是农业的基础，农业是国民经济的基础，粮食在国民经济中占有不可替代的地位。

粮食工程隶属于食品科学与工程，与粮食工程相关的工程则包括化学、生物、机械、农学、轻工技术与工程等，相关专业包括食品科学与工程、食品质量与安全等。因此，粮食工程是利用化学、生物学的理论和原理，结合机械工程、农学和轻工技术研究和解决粮食产后储藏、加工和利用的技术和工程问题，是粮食产后加工与研究以及后续产品研发的基础与核心。

粮食工程是以粮食产品为核心，集生产资料供应、生产、加工、转化、流通、储备、销售于一体的各相关环节和组织载体所构成的组织体系。因此，粮食工程涉及以生物学和农学为基础进行的粮食生产，以化学和机械工程与技术为基础进行的粮食储运、加工和流通，以物流、物联为基础进行的粮食贸易、销售和储备。因此，粮食工程具有很强的工程性、技术性、实践性，集成了粮油加工生产技术管理、设备操作与维护、粮食品质检验、储藏保管等技术。粮食工程是粮食研究与加工及其后续产品研究与开发的基础和核心。

因此，粮食工程就原理而言主要包括以下内容。

（1）粮食质量控制工程，以生物学和化学为基础对粮食化学成分和生物活性物质以及微生物进行分析和监控，包括粮食中化学成分和生物活性物质、微生物的检测和分析，强化粮食质量和品质的稳固与控制，以及防霉、祛毒，如图 8–28 所示。

（2）粮食加工工程，以化学、粮食科学、机械、电气和交通工程与技术为基础，研究和解决粮食储存、输送、预加工、加工和粉尘控制问题，主要包括粮食输送技术、粉尘控制技术，粮食加工工程的设计和建设，粮食加工预处理，如除杂、水分调节与搭配、清理流程（如筛分除杂、磁选、风选，精选、去石和分级等），小麦、稻谷和油料

水分检测　　防霉检测　　生物活性检测

图 8-28　粮食质量控制工程

资料来源：http://detail.net114.com/chanpin/102270580.html，http://b2b.youboy.com/yunfu_dusujianceyi_pf.html 和 http://www.tsing-tj.com/jiance/wsw/。

作物的加工，如小麦制粉（研磨、筛理、清粉、制粉及面粉后处理）、稻谷碾米［砻谷与砻下物分离、糙米精选与调质、碾米与成品整理，以及特制米（如蒸谷米、免淘洗米、营养强化米和留胚米）及配制米的生产等］和油脂提取与加工。粮食加工流程如图 8-29 所示。

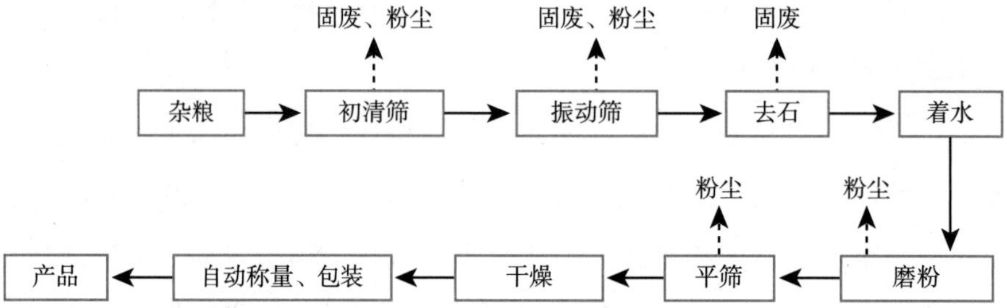

图 8-29　粮食加工流程

（3）粮食储运工程，以化学、环境学和微生物学为基础，研究和解决原粮和成品粮油的储藏问题，如图 8-30 所示。

粮食储运预备　　粮食储仓实时监测　　粮油运输自动化

图 8-30　粮食储运工程实况

资料来源：https://www.5648.cc/news/detail/16895.html，https://www.sohu.com/a/244919443_663738 和 http://china.makepolo.com/product-detail/100761408212.html。

（4）粮食综合利用工程，以化学、生物学和食品科学为基础，研究解决粮油加工品种的副产品综合利用问题，例如，加工利用技术包括制备技术、分离提取技术、浓缩技术和干燥技术，副产品综合利用则包括稻米加工副产品（如碎米、米糠、稻壳和米胚）、小麦加工副产品（如小麦麸皮、麦胚和次粉）、玉米加工副产品（如玉米胚、玉米芯、麸质和皮渣、玉米浸泡液）、大豆加工副产品（如黄浆水、豆渣和豆粕、豆油脚、皂角脂肪酸）等的综合利用。粮食工程深加工产业链如图 8-31 所示。

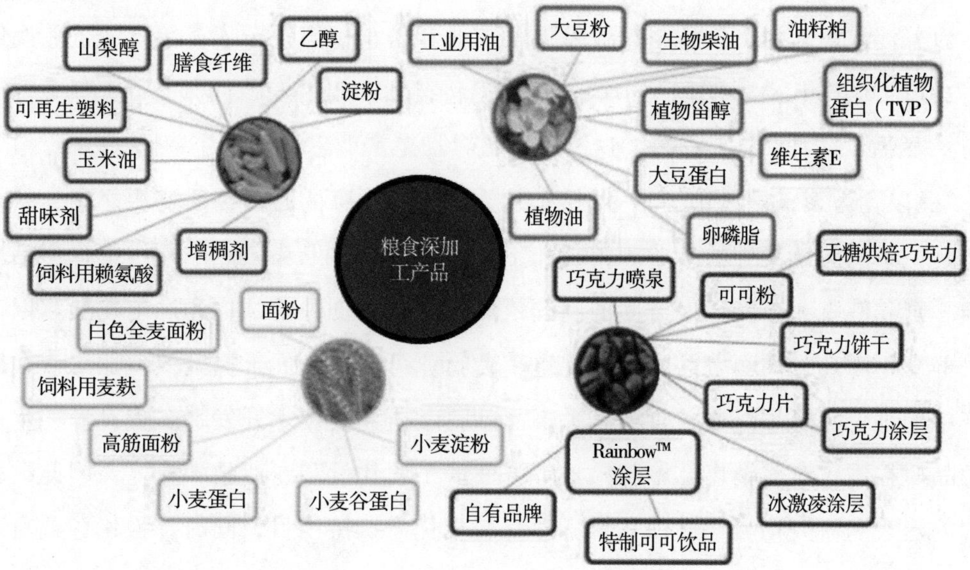

图 8-31　粮食工程深加工产业链

资料来源：http://control.blog.sina.com.cn/myblog/htmlsource/blog_notopen.php?uid=3590692611&version=7&x。

粮食工程就学科发展而言，属于食品工程与科学，因而食品工程与科学的发展史就隐含着粮食工程发展史。

中华人民共和国成立后十分重视粮食生产和加工，提出了“手中有粮食心中不慌”、“备战、备荒为人民”和“民以食为天”，要保证人民温饱继而吃好。1953 年起实行“粮食统购统销”政策。这样大规模的相对集中的保管粮食，如何科学保管，避免粮食储藏过程中产生虫害、霉变，如何实现粮食机械化、自动化输送，如何促进粮食科学加工和粮食利用都被提上日程。1954 年南京工学院（现东南大学）筹设我国历史上第一个“粮食专业”。

我国是人口大国，也是粮食生产大国、消费大国。粮食加工业一端连着粮食生产者和经营者，一端连着消费者，是粮食再生产过程中的重要环节，是粮食产业链的重要组成部分，是国民经济的重要行业和食品工业的基础行业，对促进粮食生产和流通、沟通产销、服务“三农”、维护国家粮食安全、满足消费需求、丰富市场供应、提高城乡居民生活质量具有重要作用。

近年来，我国粮食行业发展迅猛，规模居世界首位，粮食工业在许多领域已经接近或达到国际先进水平。在这种发展趋势下，我国粮食工程形成了鲜明的特点：①粮食加工工业趋向平稳；②扶持政策助推粮油加工企业发展；③加工原料实现了区内外互补。

为了促使粮食加工科技与产业发展，工业和信息化部发布了《粮食加工业发展规划（2011~2020年）》，明确了中国粮食加工科技和产业的发展目标、重点任务、产业布局、发展方向和重点工程等，这为中国粮食加工产业发展指明了道路。

“民以食为天，国以粮为本。”粮食是人类赖以生存的必需物质资源之一，粮食加工业是关系到国计民生的产业。粮食加工业发展面临的形势依然严峻，粮食产品质量安全、营养健康和节能环保方面的问题依然存在，粮食种植结构和加工发展难以适应人民群众不断升级的消费需求。为促进粮食行业可持续发展，提升粮食加工业在国民经济中的地位，亟须培养粮食或相关产品的科学研究、技术开发、工程设计、生产管理、品质控制、产品销售、检验检疫等方面的工程建设和专业技术人才。因此，相关工程的建设和研究项目在立项和审批时都属于优先扶持项目，同时，强化各项目建设和运营中的安全和环境评价。

（六）包装工程

包装是商品的重要组成部分，是增加产品附加值的有效途径。现代国际经济环境下，包装在国民经济中处于十分重要的地位。商品包装以技术科学、管理科学和艺术科学等多学科相互渗透、发展、结合为条件，以优化其保护功能、强化其促销功能和扩大其方便功能为主要特征。包装在国民经济中的重要性主要表现为它是实现商品价值和使用价值的手段，是使生产、流通和消费紧密联系的桥梁。

包装工程是人们综合运用物理学、化学、材料学、美学、色彩等包装学知识，在社会、经济、资源及时间等因素限制下，为实现其主要功能（保护产品、方便储运、促进销售）从产品内包装设计、外包装设计、结构包装设计、缓冲包装设计、运输包装设计、包装工艺设计、集合包装设计等方面实施的各种技术活动。包装工程涉及物理、化学、生物、人文、艺术等多方面知识，有机地吸收、整合了不同科学与工程的新理论、新材料、新技术和新工艺，从系统工程的观点来解决商品保护、储存、运输及促进销售等流通过程中的综合问题。

包装工程实际上包含了如下要素：①材料要素。它构成包装的“骨肉”，是形成包装实体的物质基础。②容器要素。它实质上是包装的结构要素。③技术要素。它是根据科学原理、生产经验和设计要求，运用相应的工艺、工具和设备，使包装物和内装物组合成包装件的方法、技能及操作程序。④信息要素。通过包装件上设计的视觉要素——形、色、质所构成的视觉形象向人们传达商品信息。

因此，广义上讲，包装工程主要包括以下子工程。

（1）包装材料工程，主要涉及包装选材和制材。包装材料主要包括纸包装材料、塑料包装材料、复合类软包装材料、金属包装材料、木材包装材料，如图 8-32 所示。

图 8-32　包装材料工程的典型包装材料

资料来源：http://www.52bjw.cn/product-info/42084272.html，http://www.6903.com/hyzx/Fb1yhg-h458270810.html，https://www.86pla.com/news/Detail/30820.html 和 www.52bjw.cn。

（2）包装工艺，是指根据产品的要求而制定的一系列包装制造工艺，以控制产品在包装过程中的实际操作，实现产品批量化，其工艺流程如图 8-33 所示。不同的包装材料会采用不同的包装工艺，总体而言基本流程包括包装设计、包装材料准备、包装印刷、包装整饰和模裁切。

（3）包装结构设计和选型，主要是指包装的内外部结构设计，按照一定的造型式样和设计要求，选定包装材料及相关辅料，并基于一定的技术方法、设计方法对包装容器内外部构造进行设计，典型设计和造型如图 8-34 所示。

（4）产品包装结构、造型与装潢设计，主要是对产品包装结构进行设计，保护产品在运输和储存过程中不被损坏，同时对包装外观进行美化，增加利润，增强消费者购买欲，促进销售。

（5）包装系统设计（CPS），主要涵盖包装项目论证、创意设计、包装设计、包

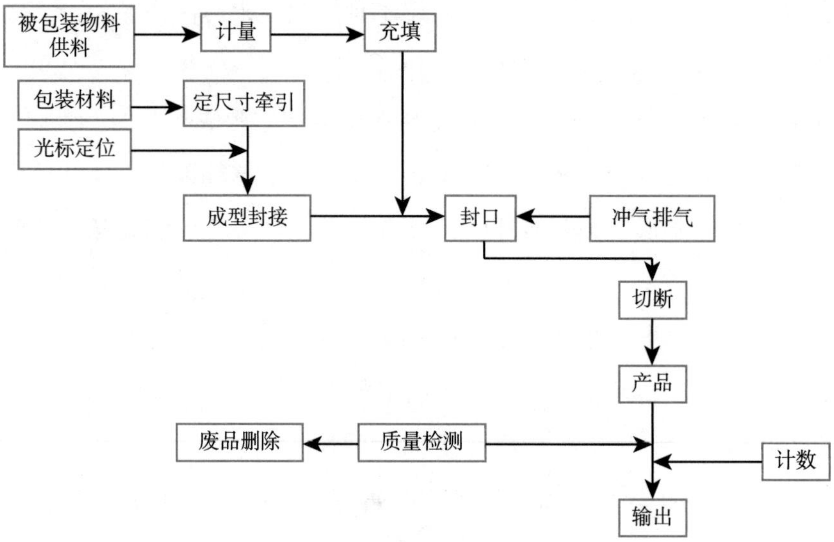

图 8-33　典型包装工艺流程

图 8-34　包装结构设计和选型典型

资料来源：http://www.xuexila.com/sheji/shejizuopin/8304.html 和 https://www.zcool.com.cn/work/ZMTQ1NDU2NzI=.html。

装样品制作、包装测试（如抗震、抗压、抗跌落）、成本核算、方案分布及成果提交。

（6）包装管理，主要是指对产品的包装进行规划、组织、指挥、监督和协调，也是企业管理的重要组成部分。

因此，狭义上讲，包装工程主要是指包装工艺、包装结构设计和包装测试与管理。包装工程可以简化为包装设计、包装材料、包装机械和包装工艺四大子系统。

包装工程大致经历了原始包装、传统包装和现代包装三个发展阶段。早在距今 1 万年左右的原始社会后期，人们采用葛藤捆扎猎获物，用植物的叶、贝壳、兽皮等包裹物品，这是包装发展的胚胎。

16 世纪欧洲陶瓷工业开始发展，以陶瓷、玻璃、木材、金属等为主要材料的包装工业开始发展，近代传统包装开始向现代包装过渡。在现代包装阶段，由于工业生产的迅速发展，特别是19世纪的欧洲产业革命为现代包装工业和包装科技的产生和发展奠定了基础。

包装行业是一个跨地区、跨部门的特殊行业。由于全球包装行业向亚洲转移，特别是向中国转移，预计未来三到五年中国包装行业总产值将加速增长，年均增长率约为21%，在国民经济发展中起着举足轻重的作用。

现代包装工程具有鲜明的特点：一是系统性，涉及学科门类多，环环相扣，缺一不可。二是广泛性，涉及国民经济中各个行业，应用范围广。三是依附性，一般依附于其他行业或企业并为之服务。四是多科性和交叉性，系统性和广泛性决定了包装知识结构的多科性和交叉性。

由此，未来的包装工程发展趋势如下：①适合于环境保护的绿色包装设计；②适合于突出商品个性化的包装设计；③适合于电子商务销售的现代商品的包装设计；④安全防伪的包装设计。包装设计的创新方法与融汇高新科技成果的印刷工业技术强强联手，追求精辟独到的原创性和独特视觉效果是未来包装设计业可持续发展的新方向。

中国已有40多所高校基于包装工程设置了专业，为包装行业发展提供人才保障。包装工业和技术的发展，推动了包装科学研究和包装学的形成，包装科学的成就又繁荣了包装工程和包装行业。包装工程分类多样，通常依赖于包装材料、包装运输、包装工艺、包装设计、包装管理、包装装饰、包装测试、包装机械等学科技术。因此，包装工程项目涉及较多行业，其社会经济学评价、环境与安全评价应遵循相关行业的标准与规范。

（七）印刷工程

印刷术发明前夕，文化的传播主要靠手抄的书籍。手抄费时、费事，又容易抄错、抄漏，既阻碍了文化的发展，又给文化的传播带来不应有的损失。印章和石刻给印刷术提供了直接的经验性启示，用纸在石碑上墨拓的方法，直接为雕版印刷指明了方向。中国的印刷术发展经过了雕版印刷和活字印刷两个阶段，给人类的发展献上了一份厚礼。

印刷工程是一门综合性、应用性较强的工程学科，主要是研究和解决印刷科学基础理论与相关技术和设备的问题，包括：印刷科学的基础理论，印前图文信息输入、处理和输出原理及相关技术，各种印刷方式和印刷原理及工艺过程，各种印刷成像方式的原理及技术，各种印刷材料的组成、特性和印刷适性，印后加工技术，印刷全过程的质量控制和管理。

印刷工程在不同的发展阶段，核心任务不变，却有着不同的内容和形式，需要不同的技术支撑。在手工制版时期，印刷需要的主要技术是绘画技术和雕刻技术。在照相制版工艺阶段，照相术应用于印刷制版，感光成像技术和银盐感光材料的处理技术是主要的支撑技术。在现代印刷工艺阶段，印刷信息和数据处理主要采用的是数字技术，计算机技术和网络技术则是数字印前和数字印刷的主要支撑技术，高性能印刷机是印刷质量和速度的根本保证。因此，机电一体化是印刷过程中另一主要支撑技术，除此之外，印刷材料技术与信息记录材料技术也是现代印刷工程的支撑技术。因此，现代印刷工程主要涵盖以下几方面。

（1）数字印前原理与技术，主要涉及印前图像、图形、文字三类页面对象处理的基本原理和相关技术，从信息源（原稿）到制成印版的全过程（如果是计算机直接印刷技术，则是从信息源到印刷品输出的全过程）。

（2）印刷成像技术，包括各种与印刷工程相关的成像技术，例如，热敏成像技术、静电照相成像技术、喷墨成像技术、离子成像技术以及磁成像技术等；印刷原理与工艺技术，包括印刷工艺流程、印刷中油墨转移原理、影响油墨转移的因素、印刷过程的润湿原理、印刷压力形成、最佳压力调节以及印刷中影响印品质量的因素分析等。

（3）印刷材料及适性，主要包括纸张的组成和基本结构、纸张物理性能、纸张光学性质以及纸张印刷适性、油墨组成、油墨干燥性能、油墨流变和印刷适性、其他相关印刷材料（如胶辊、橡皮布、黏结剂的印刷特性）等；印后加工原理及工艺主要包括书刊装订技术、印品表面加工技术（如上光、覆膜、上蜡等）以及纸容器的印后加工成型技术等。

（4）印刷设备，主要包括印前处理设备、印刷机、印后加工设备。

无论印刷概念如何扩展，印刷工程的核心始终包括印前、印刷和印后加工工艺过程。其中，印前（Prepress）是指原稿的设计、图文信息处理和制版；印刷是指采用有压或无压方式将印版上的油墨转移到承印物上；印后加工则是指根据最终产品要求而进行的裁切、折页、装订、表面整饰和成型加工等作业。完整的印刷工艺流程如图8-35所示。

毛笔和墨的发明，使得读书人不仅能读书还能书写，不必像刀笔时代那样需要一

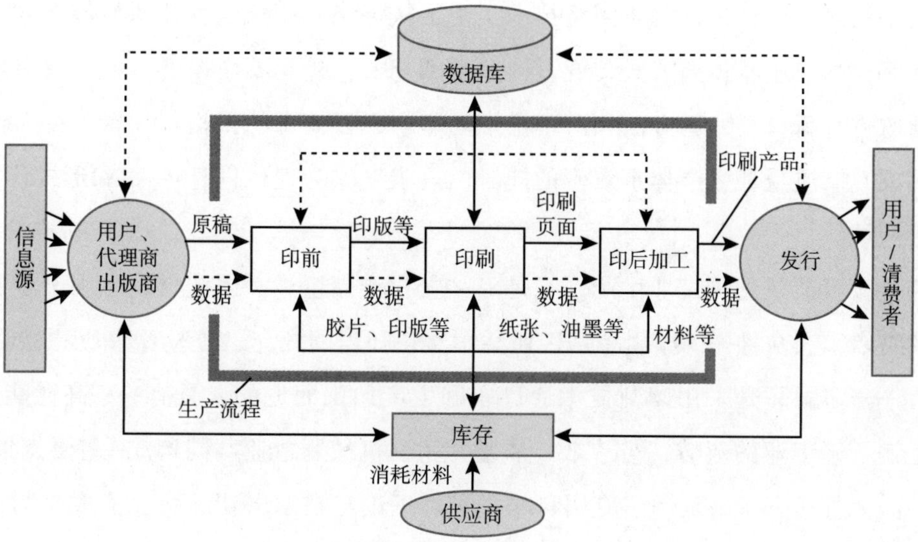

图 8-35　完整的印刷工艺流程

资料来源：http://www.csys114.com/wenti/45.html。

个刻写匠随时侍候，而且更方便记录自己的思想。春秋以前，中国历史上虽然不乏大政治家、大思想家，但没有一人亲自著书，原因就在这里。

随着隋唐科举制度的兴起，传播好文章的需求又在社会上出现，专业抄书匠为了大量复制好文章，仿照拓片技术大量复印，后又结合印章阳文反书法，创制雕版印刷术。其出现的年代大约在盛唐至中唐之间，盛行于北宋，最后由布衣毕昇发明泥活字而成熟。

谷腾堡的近代铅活字印刷术在比其早约 400 年的中国北宋毕昇发明的活字印刷术的影响下创制，其成功地发明了由铅、锑、锡三种金属按科学、合理比例熔合铸成的铅活字，并采用机械方式印刷而功勋卓著。西方各国以此为先导，在文艺复兴和工业革命的推动下，开创了以机械操纵为基本特征的世界印刷史上的新纪元。

印刷媒体复制科技的发展经历了一个漫长而复杂的过程，随着科学与技术的发展而展现不同的内容与形式，其发展演变经历了模拟方式、模数混合方式和数字方式。

中国传统印刷业发展迅速但利润低、信息不对称、买卖沟通不畅、以熟人交易为主等问题屡见不鲜。可以预见，印刷行业的互联网化，甚至制造业的互联网化将是大势所趋。网络渠道更加方便、便捷，节省资源、节约人力。为此，传统印刷行业也需要尽早改变。

因此，印刷工程在持续近 30 年的技术与工艺的变革中，基于信息传播理论和先进的数字技术、计算机技术与网络技术实现了从传统的模拟信息处理与传播方式向全新的数字信息处理与传播方式转变，内涵不断充实，外延不断拓展。各种数字化新设备、新软件、新材料、新方法和新理论推动印刷工程体系的重构与创新，在大幅提高彩色图文复制质量和生产体系效率的同时，逐步发展为现代信息传播领域中不可或缺的关键领域。

印刷工程既是一种工业生产，又是一种文化产品生产，因此具有不同于普通工业工程的特点：大众性——印刷品是传播科学文化知识的媒介，是教育事业的物质基础；工业性——印刷品是采用印刷技术通过印刷生产加工而成的，具有一般工业的特性，印刷业属于轻工业的范畴，与造纸、油墨、印刷机械制造业共同构成一个庞大的工业体系；技术性——印刷是一门应用科学，必须理论与技术密切结合才能成功制作出技术与艺术融合的印刷品；艺术性——印刷技术就是一门赋予印刷品美感的艺术加工技术，印刷借助计算机、信息技术、工程学不断强化，使印刷品设计精美、版面生动、色彩协调、装潢典雅与赏心悦目。

印刷工程项目立项审批和评价中的主要问题是印刷废水问题，这是审批和监管的重点。

三、纺织工程

我国是世界上最大的纺织品服装生产和出口国。纺织品服装出口的持续稳定增长对保证我国外汇储备、国际收支平衡、人民币汇率稳定、促进社会就业及纺织业可持续发展至关重要。随着中国经济的高速发展，中国纺织业在为中国劳动力创造大量就业的同时，造就了有支付能力的国内消费群体。改革开放以来，我国纺织工业快速发展，在国际上具有明显的比较优势。对解决就业、提高人民生活水平、出口创汇、进行产业配套发挥了重大的作用，同时也积极推动了农村城镇化水平的提高。随着国内需求的增长和国际市场的拓展，纺织工业仍呈快速增长的态势。

目前，我国已具有世界上规模最大、产业链较为完善的纺织工业体系，从纺织原料生产（包括天然和化学纤维）、纺织、织布、染整到服装及其他纺织品加工，形成了上、下游配套产业，成为全球纺织品服装第一生产国、出口国，但并不是纺织强国。我国纺织品三大行业纺织业、服装业、化学纤维制造业产值占比约分别为61%、28%、11%，除化学纤维生产技术和服装骨干企业的缝纫设备接近国际先进水平以外，纺纱、织造、染整等传统工艺与世界水平有较大差距。同时，纺织行业无论是纤维制造，还是纺纱、织造、染整都存在较严重的环境污染问题，面对越来越严格的环保法规和用户对于纺织品的更高要求，纺织行业面临巨大的转型升级压力。因此，我们在纺织工程的传统工程系统——纤维工程、染整工程和服装工程的基础上，根据现代纺织工程的转型发展趋势，为现代纺织工程总结并赋予了时代特征，新增了代表纺织工程发展前沿的两个工程系统——纳米纺织工程和生态纺织工程，以此既遵从人们对纺织工程的认知，又增加对纺织工程发展前景的探讨。

（一）纤维工程

在现实生活中，纤维用途广泛，可织成细线、线头和麻绳，造纸或织毡，还可以织成纤维层；同时常用来制造其他物料，及与其他物料共同组成复合材料。随着科学技术的进步，已经形成一大批高科技产业群体，纤维科学界也将高分子纤维材料的高性能化、多功能性作为发展方向，开发了以芳香族纤维、碳纤维为代表的高强、高模、耐高温的高性能纤维（也称为超级纤维），在仿真仿生技术的基础上发展了超真纤维、高感性纤维以及具有特殊功能（如抗静电、膜分离、医疗保健、光、电、热等功能）的纤维。

纤维工程是指研究和解决纤维材料开发、生产和应用过程中所涉及的理论、工艺方法和设备问题的一切活动的总称，主要包括新型纤维材料的研究和开发、纤维材料的制备、纤维材料的特性分析和改性、纤维材料的有效利用等。由于纤维材料的开发和利用早已经超出了传统印刷和纺织纤维的范畴，纤维工程除了与传统的高分子材料工程、造纸工程、纺织工程和服装工程相关之外，更多的是与航天航空、新型建筑、高速交通工具、海洋开发、体育器械及防护用具等工程相关。

纤维工程根据纤维的来源和应用功能与环境不同而开发出不同的纤维材料生产和加工技术。现代纤维工程，除了造纸工程中的传统造纸纤维和纺织业中的传统棉纺和合成纤维之外，还包括各种新型功能纤维工程。

（1）造纸纤维——主要是利用造纸工程对天然的木材加工而除去木质素之后的木质纤维，同时包括人工合成造纸纤维，如图 8-36 所示。因此造纸纤维工程本质上属于造纸工程。

（2）纺织纤维——传统纺织纤维包括天然棉纤维和生物合成纤维以及人工合成纤维，典型纺织纤维如图 8-37 所示。

棉纤维和生物合成纤维（主要是动物毛、绒和蚕丝）使用历史悠久，加工时主要

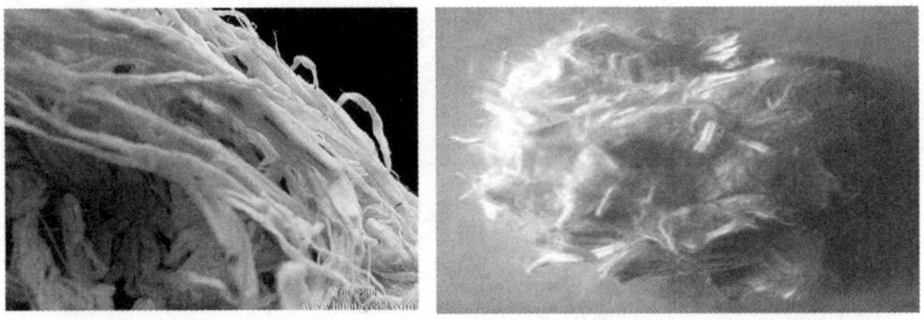

现代造纸原料的植物纤维　　人工合成造纸纤维（聚乙烯醇维纶）

图 8-36　木质纤维和人造纤维实物

资料来源：https://zhishi.xkyn.net/jingyan-vgamsbbbsmkpkbspsb.htm 和 https://detail.1688.com/offer/529247404840.html。

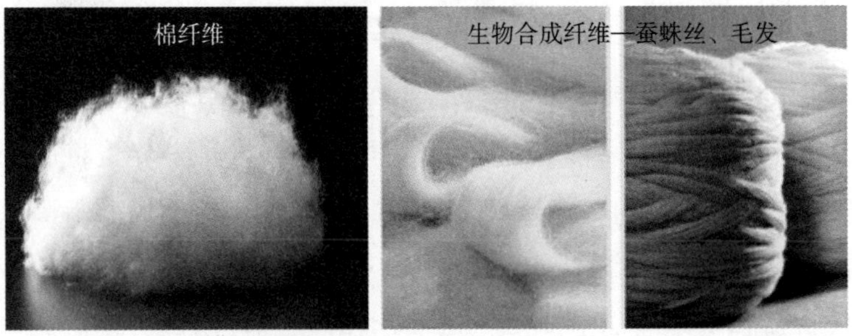

图 8-37　传统纺织纤维实物

资料来源：www.oilseedasia.com。

采用物理技术以及现代纤维的整理技术，因此工程技术成熟而简单。

合成纤维是将人工合成的、具有适宜分子量并具有可溶（或可熔）性的线型聚合物，经纺丝成形和后处理而制得的化学纤维。通常将这类具有成纤性能的聚合物称为成纤聚合物。与天然纤维和人造纤维相比，合成纤维的原料是由人工合成方法制得的，由石油化学工业生产，不受自然条件的限制。合成纤维性能优良，目前基本上能够实现“私人订制”，不同性能的各种合成纤维具有成熟而简单的实验室鉴别方法，如图 8-38 所示。

（3）新型功能纤维，材料本身与传统纺织纤维有很多差别，加工生产技术也是不同的，主要包括以下几方面。

阻燃纤维是在国家“863”计划研究成果基础上开发的具有阻燃抗熔滴性能的高技术纤维新材料。这项工程采用新一代纤维阻燃技术——溶胶凝胶技术，使无机高分子阻燃剂在粘胶纤维有机大分子中以纳米状态或以互穿网络状态存在，既保证了纤维优良的物理性能，又实现了低烟、无毒、无异味、不熔融滴落等特性。该纤维及纺织

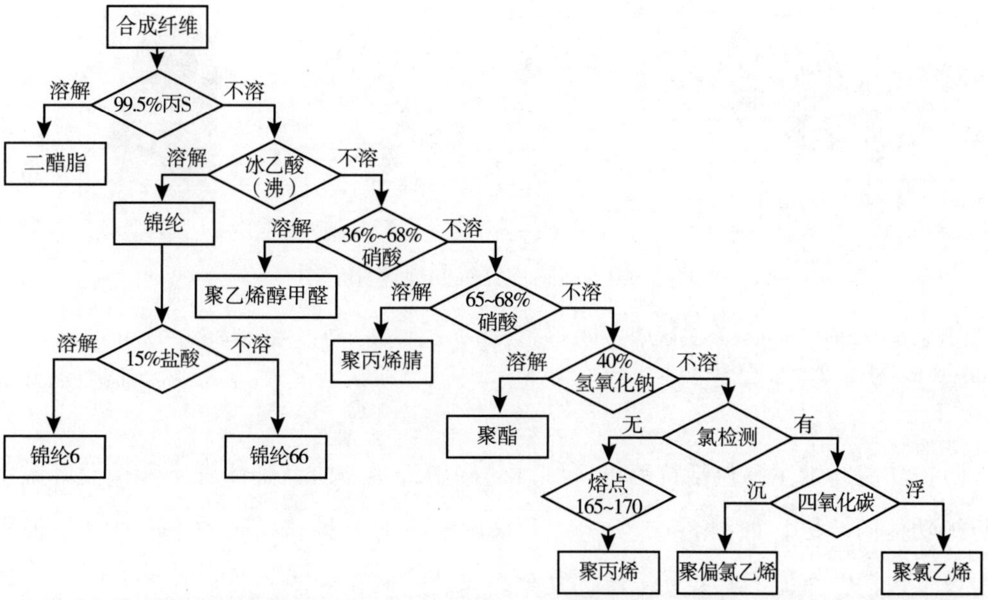

图 8-38 合成纺织纤维的 5 种实验室鉴别方法

品同时具有阻燃、隔热和抗熔滴的效果，其应用性能、安全性能和附加值大大提高，可广泛应用于民用、工业以及军事等领域，如图 8-39 所示。

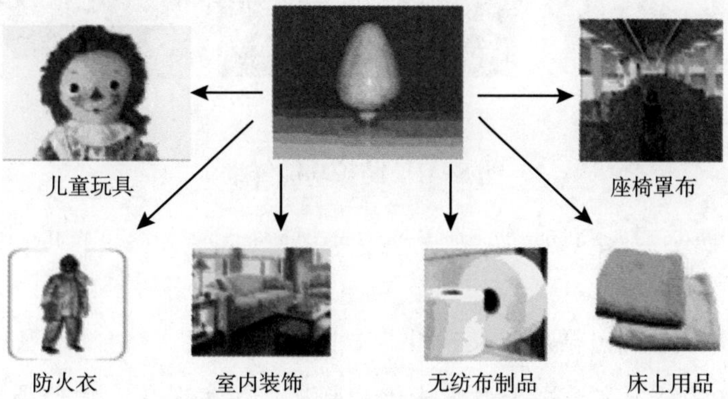

图 8-39 阻燃性纤维应用

资料来源：https://www.tnc.com.cn/search/products.html?keyword=%E9%98%BB%E7%87%83%E7%BA%A4%E7%BB%B4。

高感性纤维，技术核心是仿天然纤维，特别是仿真丝技术，主要包括截面异形化、碱减量加工、超细化、混纤化、复合丝化、表面改性、仿生化等。这种合成纤维除了具有优良的力学性能和耐热性能外，还具有良好的柔软性、舒适性和独特的抗静电、耐脏易洗、抗菌、亲水等功能。其功能原理及应用如图 8-40 所示。

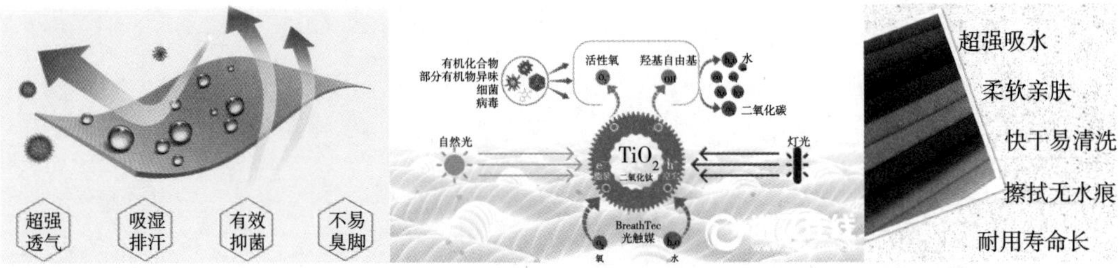

图 8-40　高感性纤维的原理和应用

资料来源：http://www.dusun.com.cn/ds-9361.html，http://st.zjol.com.cn/kjjsb/202003/t20200301_11728693.shtml 和 http://www.258.com/product/9048681.html。

防护功能纤维主要包括抗静电纤维、防辐射纤维、防紫外线纤维和保温纤维。不同防护功能的纤维，如图 8-41 所示，会采用独特的原料和相应的生产加工，但主要工程技术包括表面加工、共混纺丝、复合纺丝、共聚和接枝共聚、填充法等。

防辐射银纤维　　保温纤维　　防紫外纤维

图 8-41　防护功能纤维

资料来源：https://so.m.jd.com 和 https://cn.made-in-china.com/gongying/qxkl88-VMSJLmoDgBkn.html。

分离功能纤维主要包括离子交换纤维、吸附性纤维、螯合纤维、氧化还原纤维、高吸水纤维。这些纤维主要用于海水淡化和制盐，污水净化，食药品浓缩、分离、精制和提纯，人工脏器、皮肤、血管、晶状体，气体分离与纯化，其原理和形貌如图 8-42 所示。不同的应用功能会采用独特的原料与不同生产和加工技术制成纤维膜，主要技术包括湿法成膜、干法成膜、冻胶法成膜、复合法等。

传导性纤维主要包括电导纤维、光导纤维和超导纤维等，如图 8-43 所示，不同的传导功能会采取不同的原料和生产加工技术制成相应的纤维材料，主要技术包括物理法（拉丝、纺丝、切削、涂层法、VAD 法、DVD 法、PCVD 法等）、化学法（MCVD 法、PCVD 法、溶胶—冻胶法）、共混（复合）法、熔体纺丝法等。

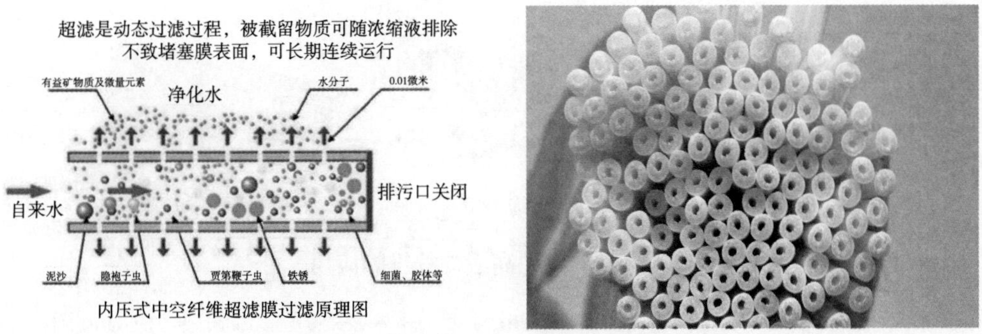

图 8-42　中空纤维分离原理和形貌

资料来源：http://franky_ni.cntrades.com/sell/itemid-220927335.shtml 和 http://wamjx.com/cp/829.html。

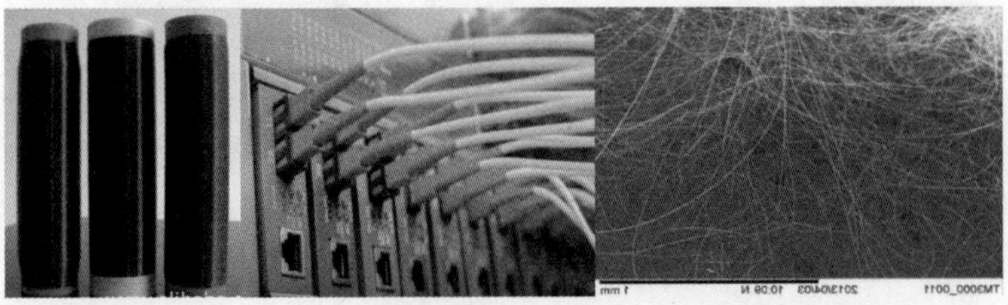

导电涤纶纤维　　光导纤维　　超导纤维扫描图

图 8-43　典型传导性纤维

资料来源：http://www.52bjw.cn/product-info/156885437.html，https://rf.eefocus.com/article/id-333099 和 http://www.hmfl.cas.cn/xwzx/tt/201309/t20130910_122578.html。

高分子活性纤维主要包括生物膜反应器、生物膜传感器、药物递送和释放体系，如图 8-44 所示。根据原料和功能主要的生产和加工技术包括微胶囊法、界面缩聚法、物理负载和吸附法。

新型生物质纤维工程主要包括甲壳质和壳聚糖纤维，如图 8-45 所示。这是继天然纤维素纤维之后的天然高聚物纤维，与天然纤维一样，自然界蕴藏量丰富、可再生、生物相容性极佳、可生物降解，主要应用于生物医药行业，主要的生产和加工技术是溶液纺丝法。

碳纤维是一种特殊的人工合成纤维，其日常应用如图 8-46 所示。主要用于强度大、重量轻的领域如航空航天、防弹、交通运输等。作为强度增强材料，碳纤维复合材料的比模量和比强度都高于钢和铝合金，密度、耐热性和耐腐蚀性等性能优良，主要工程技术是通过固相碳化形成有机纤维。

人类使用天然纤维的历史可以追溯到远古时代。兽皮、树皮和草叶：5 万 ~10 万

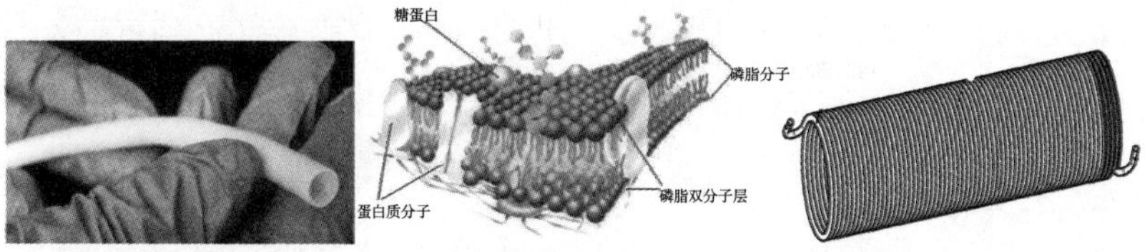

人造血管　　生物膜传感　　药物递送扭矩纤维

图 8-44　典型高活性纤维的应用

资料来源：http://www.micro-epsilon.com.cn/articles/post/2109.html，https://www.51wendang.com/doc/1c2752cc010eeabb34179bcd 和 http://www.jigao616.com/zhuanlijieshao_17947777.aspx。

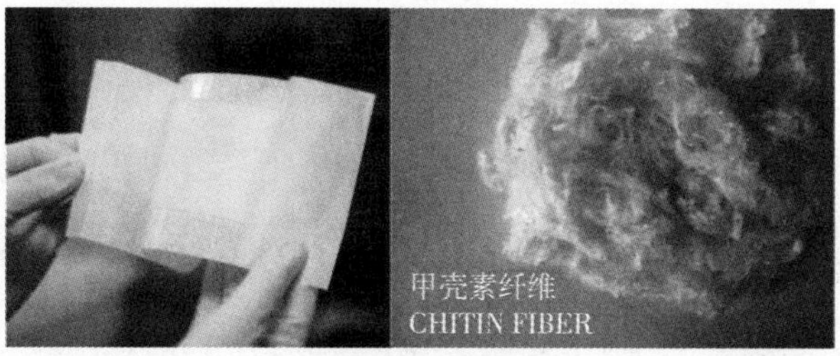

图 8-45　壳聚糖纤维

资料来源：http://www.jimo.gov.cn/n28356051/n6180/161122114115513177.html 和 https://zhidao.baidu.com/question/2119717534318440307.html。

图 8-46　"黑黄金"碳纤维日常应用

资料来源：http://www.fridasecuritytech.com/zuixindt/361600200.html，https://item.jd.com/10188074810.html，http://www.gxstty168.com/qiche/537746.html 和 https://www.sohu.com/a/220615405_798474。

年前，随着体毛的退化，人类开始用兽皮、树皮和草叶等天然衣料遮体保温。随后，人类掌握了将植物纤维进行分离精制的技术。

1664 年，英国 R. 胡克在其所著的《微晶图案》一书中，首次提到人类利用蚕吐的丝通过人工方法生产纺织纤维。1905 年黏胶纤维问世。它因原料（纤维素）来源充分、辅助材料价廉、穿着性能优良而成为人造纤维的最主要品种。继黏胶纤维之后，又实现了醋酯纤维（1916）、再生蛋白质纤维（1933）等人造纤维的工业化生产。由于人造纤维原料受自然条件的限制，人们试图以合成聚合物为原料，经过化学和机械加工，制得性能更好的纤维。1939年杜邦公司首先在美国特拉华州的锡福德实现了聚酰-66纤维（见聚酰胺纤维）的工业化生产。20世纪60年代，石油化工的发展，促进了合成纤维工业的发展，合成纤维产量于1962年超过羊毛产量、于1967年超过人造纤维，在化学纤维中占主导地位，成为仅次于棉的主要纺织原料。性能优良的合成纤维的出现，为纤维在其他行业中的广泛应用提供了基础。

就传统的纺织纤维而言，中国经过多年的发展，形成明显的人力竞争优势，拥有最完整的产业链、最高的加工配套水平。众多发达的产业集群应对市场风险的自我调节能力不断增强，为行业稳健发展提供了坚实的保障。从国际环境看，国际市场仍有较大拓展空间和机遇。而未来世界经济发展必将促进国际贸易增长，而中国纺织品服装出口增长有利于为纺织纤维开拓国际市场。从国内经济环境看，国内需求将成为行业增长的重要驱动力。目前，80%左右的中国纺织品在国内消费。随着国内经济的持续快速增长，居民收入稳步提升，促进内需市场进一步发展。

其他功能性纤维属于特种纤维工程，在国内和国际都是科技前沿，随着社会生产的发展和科技的进步，在强度、模量、耐热耐腐蚀性等不同应用环境下面临新的挑战和机遇。近年，纤维科学界把高分子纤维材料的高性能化、高功能化作为重要的研究方向，开发了一大批具有高性能（高强度、高模量、耐高温性等）、高功能（高感性、高吸湿、透湿防水性、抗静电及导电性、离子交换性和抗菌性等）的新一代化学纤维，形成纤维行业的高新产业体系。这些纤维会在石油、化工、电子、通信、航空、航天、海洋工程、原子能、新型土木建筑、交通运输、生物医药等领域得到广泛应用。

随着聚合物纤维基础理论研究的深入，一系列高性能和多功能性的高科技纤维出现。同时，在纤维高性能和功能化原理、基础规律、纺丝工艺技术等方面还有许多问题有待研究。

（二）染整工程

当前纺织品发展的总趋势是精加工、深加工、高档次化、多样化、时新化、装饰化、功能化等，并将增加纺织品的“附加价值”作为提高经济效益的手段。印染后整理加工向多样化、多变化方向发展是当代印染技术的重要发展趋势，针对不同产品采用不同的工艺流程，辅以各类新型染化助剂和高速、高效的先进设备，使印染产品的质量和档次不断提高，同时也促进了与染整技术相关的工艺、染料、助剂及设备的发展。

染整工程，也称印染工程，是借助各种机械设备，通过化学的或物理化学的方法，对纺织品进行加工处理的工艺过程，主要包括预处理、染色、印花和整理工艺过程。染整质量对纺织品的使用价值有重要的影响。

染整是现代印染的概念，是化学整理溶入印染行业后的科学定义。按照习惯，印染一词仍然在行业内普遍使用，但实际上染整就是印染，二者在现代纺织行业内没有区别。典型的棉麻坯布染色工艺流程如图 8-47 所示。

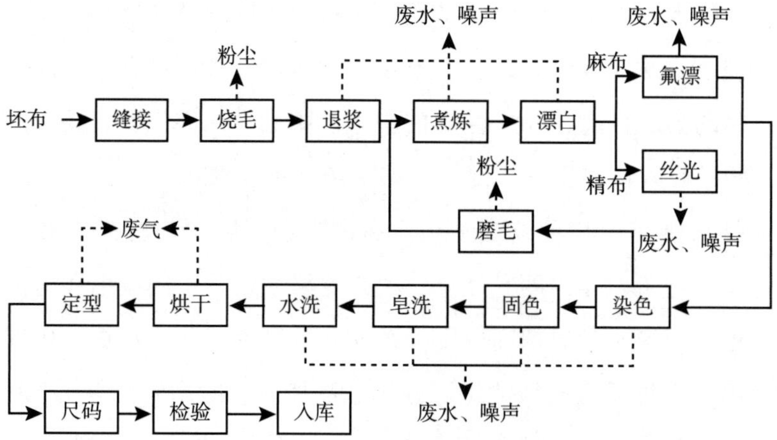

图 8-47 典型棉麻坯布染色工艺流程

因此，染整工程主要包括预处理、染色、印花和整理这四个工艺过程。

（1）预处理工艺是利用化学和物理机械作用，除去纤维上所含有的天然杂质以及在纺织加工过程中施加的浆料和沾上的油污等，使纤维充分发挥其优良的品质，使织物具有洁白的外观、柔软的手感和良好的渗透性，以满足生产的要求，为染色、印花等下一步工序提供合格的半成品。

（2）染色工艺是指将染料从染液中通过物理化学作用而附着于纤维上，并在纤维上形成均匀而坚牢的预定色泽的工艺过程。各种纤维的化学组成各异，适用的染料也不相同。常见的染色工艺设备和车间如图 8-48 所示。

数字化染色工艺及设备　　　　无人自动化染色车间

图 8-48　常见的染色工艺设备和车间

资料来源：http://news.51sole.com/article/17042.html 和 http://www.ccedpw.com/html/news/show_18163.html。

（3）印花工艺过程主要利用筛网印花方法。醋酯纤维和锦纶、腈纶织物在印花烘干后，采用常压蒸化使染料上染，然后水洗；涤纶织物用分散染料印花烘干后，在密闭容器中高温蒸化，也可作常压高温蒸化或焙烘使染料上染；涤纶织物还可用分散染料进行转移印花。合成纤维织物还可采用涂料印花，工艺简单，但印制的大面积花纹的手感较硬。典型的印花设备和车间如图 8-49 所示。

图 8-49　印花设备与车间

资料来源：https://cn.made-in-china.com/tupian/18122870005-aeOxkvjopFhC.html 和 http://www.jsjmfz.com/bar54.htm。

（4）整理工艺过程是根据纤维的特性，通过化学或物理化学的作用改进纺织品的外观和形态稳定性，包括压光整理、上浆整理、拉幅整理、增白整理、磨砂整理等，如图 8-50 所示，以提高纺织品的服装性能或赋予纺织品阻燃、拒水拒油、抗静电等特殊功能。除此以外，还可作柔软、防水、防油、吸湿排汗、涂层等功能性整理加工。大多数整理加工是在织物染整的后阶段进行。在毛纺织物染整中往往把许多预处理过程归入整理范畴，并把整理划分为湿整理和干整理。

染整业几乎是与纺织业同步发展起来的。古人一般用植物的色素进行染色，荀子《劝学篇》中“青取之于蓝而青于蓝”的“青”即靛青染料，“蓝”指的是蓝

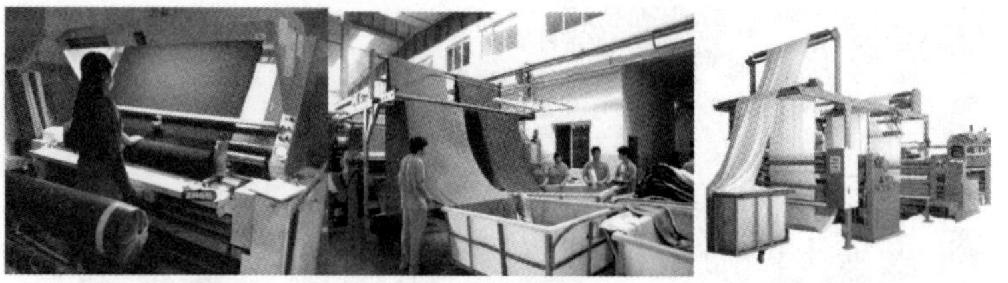

图 8-50　典型的整理工艺过程

资料来源：http://www.168tex.com/2015-07-30/490468.html 和 http://blog.sina.com.cn/s/blog_13de2fdd70102v5xm.html。

草。一直到明朝末年，我国的纺织品漂染能力都处于世界领先水平。17 世纪到 19 世纪 30 年代，英国通过科学革命和技术革命，实现了纺织的工业化。此后，英国人帕金发明了合成染料。1863 年，德国的霍夫曼向帕金学习了化工技术，建立了有机实验室，两年后，德国的化工厂已经达到几千人的规模。染料工业的发展，为染整工业的发展奠定了坚实的基础。新中国成立以来，我国染整工业快速发展。1952 年我国印染布的产量为 19 亿米，1978 年产量为 65 亿米，取消布匹按人口定量供应政策的 1983 年产量为 73 亿米。1995 年全国工业普查时，印染加工能力是 206 亿米，实际产量为 136 亿米。2000 年全国印染布产量为 160 亿米，2001 年印染布产量为 180 亿米。

染整的发展与纤维生产以及化学工业、机电工业的发展密切相关。染整加工最早使用的化学品和染料都是天然产品，加工手续烦琐、费时。基于酸、碱、漂白粉等进行染整预处理，加工效率大为提高，改变了预处理的原始加工方式。合成染料的发展使人们摆脱了对天然染料的依赖，为染色和印花提供了为数众多、色泽鲜艳、不易褪色的适合于不同纤维染色的染料品种。

目前先进国家的染整行业已从粗放型、劳动密集型向技术密集型、资本密集型方向转变，行业竞争已围绕资源利用、生态平衡、成本控制等主题而展开。纺织品染整加工业是我国的传统行业，也是纺织行业的重要环节。“效能、经济和生态”是当前染整工业的发展趋势。染整工业水平在一定程度上代表了一个国家纺织工业的水平，它的发展对促进整个纺织工业的发展起着十分重要的作用。近几年染整行业发展速度很快，在原材料、设备、生产技术、产品市场等方面已形成了较为完备的行业体系。

染整工程的大多数工序是化学加工过程，纺织材料经化学加工后要反复水洗并加以烘干，能耗和水耗都很大，对水质的要求也比较高。在化学处理过程中还会产生有害物污染空气和水。因此，按照我国可持续发展战略、行业新型标准和环保标准，确定染整工艺和设计设备时，必须设法降低能耗，提高水资源利用率，减少环境污染。因此，对于染整工程项目的立项和审批以及建设营运的监管主要关注节能降耗、污染与治理。

（三）服装工程

服装既是人们的生活必需品，又是工业产品和商品，既有保护人体的功能，又有美化人体的艺术效果，更能体现人们艺术修养和精神风貌。服装具有多重属性。服装工业不是孤立的，从物质性而言，它与一个国家的农业、畜牧业、纺织、印染、化工、机械、电子等的发展密切相关；从精神性上讲，又与造型设计、结构设计、工艺制作方法、国内外流行趋势和市场动态、消费心理等密切相关。

服装工程是一个独立的工程学科，主要包括服装材料工程、服装设计与加工工程和服装生产管理工程，涉及服装设计、服装加工与制作和生产管理等方面。服装工程既与自然科学的各个学科，如农业、畜牧业、纺织、印染、化工、机械、电子、材料等有密切联系，又与社会科学的各个学科，如历史、哲学、美学、心理学、商品学、管理学、文学等密切相关。

服装工程是一个庞大的工程体系，广义的服装工程主要包括：①服装材料工程，涵盖服装材料、服装材料工艺、纤维产业等。②服装造型工程，这是服装工程的核心，主要涵盖服装设计和服装构成，其中服装设计包括服饰美学、服装设计学和服饰色彩学等，而服装构成则包括服装工学、服饰工艺、工作机械、服装工业学等。③服装制品工程主要包括服装类别、服装形态学、服装商品学、服装流通学等；着装工程包括服装卫生、服装人体工学、服装气候学、服装社会学、服装心理学、服饰流行学等。④服装管理学，包括服装整理学、服饰管理学、服装经济学等。服装工程产业链如图 8-51 所示。

狭义的服装工程专指服装设计工程和服装构成工程，主要涉及服饰美学、服装设计、服饰色彩、服装工学、服饰工艺、工作机械等。①服饰美学主要是美学的服装体现与应用、审美标准和审美观念的发展与变化；②服装色彩是指色彩搭配规律、色彩知识、色彩共性、色彩心理反应、色彩的主客观性等；③服装设计是指设计原则，设计美学，设计规律，设计要素的统一、综合和效果，设计现状等；④服装工学是指服装工艺技术、成衣制作工序与技术管理、成衣加工费用计算、服装加工方法、生产

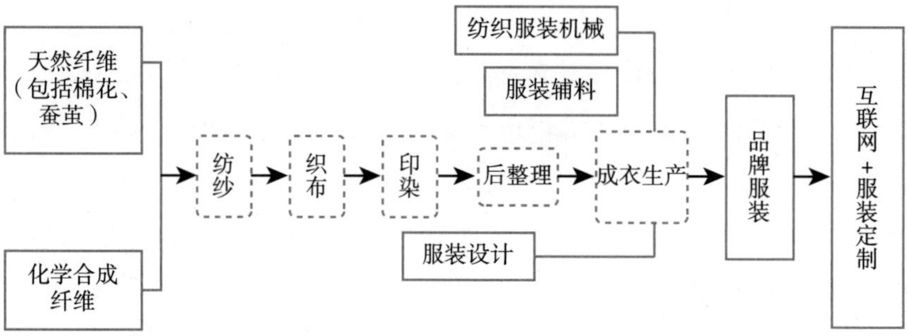

图8-51 服装工程产业链

效率等；⑤服饰工艺是指服饰设计与服装制作工艺内容，包括手工制作、机械制作、绣花工艺、服装制版、花色缝制等；⑥工作机械是指成衣工厂的机械设备的设计和管理、机械保养与维修、服装设备的正确使用与技术培训等。

关于服饰的起源基本有三种说法，分别为：掩羞说——人类对身体外露感到羞耻而加以掩饰的需求；保护说——防御自然界对人体的伤害的需求；装饰说——夸耀、标识、巫术和吸引他人的需求。而后随着社会经济、文化等的发展，服饰又逐渐成为具有炫耀身份、确定等级以及美化装饰等主要功能的社会文化产品和商品。

中国是一个讲究礼仪的国家，服饰文化从礼仪文化中脱颖而出，服饰穿戴都有着严格的礼仪要求，宫廷礼仪用服饰尤为严格，而民间服饰在长期的发展过程中也深受宫廷的制约，逐渐形成了带有封建色彩的民间服饰。辛亥革命后，封建的冠服制度瓦解，从西方传入了很多新款式，这时人们的衣着观念也发生了变化，要求从服饰的束缚中解放出来，首次出现了服饰穿着的个性解放。原来的礼仪约束、登记制度等逐渐被打破，现代个性化的服饰文化开始形成，进而形成服装产业。

中国的服装行业和工程发展现状具有以下特点。

一是整体发展不平衡。东部和东南部的产量占据了全国产量的80%以上，而中西部地区的服装产业还较落后。各服装企业之间的竞争也还停留在较低的层面上，缺乏真正意义上的国际服装品牌。

二是日益增大的库存压力。服装季节性明显，且服装产品更新的速度越来越快，库存问题成为最令服装企业头痛的问题之一。

三是缺乏自主的设计风格。

四是行业专业人才匮乏。无论是生产管理还是设计、营销、广告等，很多企业根本不能为人才提供宽阔的舞台，因而吸引不了人才。

五是产业链的不健全。面料是服装产品的关键，但目前处于产业链上游的国内面料供应商较国外面料商还有比较大的差距，面料研发能力不足，高品质的面料大多还依靠进口，这也直接制约着整个产业水平的提升。

将来，中国会造就一大批有较高艺术修养，掌握现代科学技术、管理知识、操作技能并熟悉市场的多能型人才。中国服装只有突破传统观念，锐意改革，才能使服装工程实现艺术、技术、市场和管理四要素的统一，让中国设计成为世界舞台的亮丽风景。

新时代服装产业的投入非常大，但能够提高利润、降低运作成本、加强供应链管理、提供全球可视决策支持，在这个意义上投入是“软技术”，对于企业的未来发展是绝佳的投资，实体项目工程需要遵守行业规范和接受行业监管。另外，信息化的成功实施，不仅能够帮助服装企业提高利润，也能增强服装产品的市场竞争力。因而，对于广大的中国服装企业来说，信息化无疑是加快发展步伐的重要推动力。

（四）纳米纺织工程

18 世纪的工业革命是以纺织工业的兴起为主要标志的，而纳米技术可能是 18 世纪工业革命以来改革产品生产方式的重大技术。纳米技术与纺织品的结合，必然会给纺织工业带来新的变革。近年来，随着功能性纺织产品市场需求的不断增加，纳米级功能材料的应用也逐渐进入纺织工业的多个领域，在特殊功能纺织品、改善产品的舒适性、形成优异的人体防护等方面，都有广泛的应用。

纳米纺织工程是纳米材料工程与纺织工程交叉结合的一门系统性工程学科，主体目标是功能性纳米纺织产品的开发与应用，涉及纳米纺织纤维材料的制造，纳米纤维的纺纱、织造、染色、整理加工，功能性织物的纳米材料浸渍与涂层加工，电纺纳米纤维的制备，纳米纺织材料中纳米材料的表征技术，由纳米材料特性形成的新型功能性的测试与技术标准问题等，构成了纺织工程领域中从纳米科学、技术到工程应用的系统问题。因此，纳米纺织工程不仅涉及纳米纺织纤维材料的制造，而且涉及纳米技术在传统纺织工程各个环节的应用以及相关纳米纺织产品及其功能特性的表征、测试和技术标准的科学与工程应用问题。

纳米纺织工程是纳米材料与纳米纺织品及服装加工的一系列科学与工程应用问题，涉及保护人类健康、提高人类生活质量的各类纳米功能性整理技术，包括抗紫外、远红外、抗电磁波、抗菌与抗病毒、药物保健、自洁与防污、空气负离子、纳米电纺纤维等。典型纳米纺织工程产品如图 8-52 所示。

阳光“洗涤”的纳米织物　防水纳米织物　纳米银抗菌织物　防污纳米织物

图 8-52　典型纳米纺织工程产品

资料来源：https://www.sohu.com/a/74287664_119737，https://www.sohu.com/a/291889998_100078853，https://www.tnc.com.cn/info/c-005001-d-65961.html 和 http://www.mrshuhua.net/shpgthhearrueya/。

因此，纳米纺织工程主要是通过纳米技术对天然和合成纤维进行加工处理而赋予纺织纤维特定的功能性。采用纳米材料对天然纤维和天然—化纤混纺织物进行功能化整理而改变纤维表面层的组成，并能牢固附着在纤维上或与纤维发生化学结合反应，形成具有低表面能的新表面层，使纺织织物具有拒水、拒油、防污和自清洁，抗菌、抑菌和除臭，导电、抗静电与电磁波和阻燃，远红外和防紫外，防螨和防虫，给药和增香，改善负离子微环境等功能，这成为纳米纺织工程的代表性功能，相应的工程技术主要包括纺丝法、涂层法、整理法。另外，目前技术水平并不能满足人们对相应纺织材料功能性的深层次追求，因此人们希望从纤维原料制造开始利用纳米技术制造新型纳米纺织材料，而不是纤维材料功能化。

目前纳米纺织工程主要功能评价包括：防水——未经处理的织物防水特性指标为 1（完全湿透），而经过处理的防水特性指标为 5（没有沾湿）；防油——未经过处理的织物防油特性指标为 0，而经过处理的防油特性指标为 6（最高为 8）；防污——经过纳米技术处理后的织物，在污渍附着上有非常明显的降低；环保概念——经过纳米技术处理的织物，所有环保指标要求完全合格；透气——在透气方面的降低不超过 20%，透气效果远远高于其他涂层处理；触感——经过纳米技术处理的织物，在触感方面不产生可察觉的改变；经济耐用——拉伸特性和耐磨特性都有非常明显的提高；不易变色——可以长时间保持色彩鲜艳、亮丽如新；无毒性——不存在任何毒性反应；无臭——不存在任何附加气味。

采用纳米功能材料进行整理的工艺正在积极开发中，主要的方法根据织物的用途不同而分为浸轧法和涂层法等，关键技术是根据棉或棉—化纤织物的特性和整理的目的，选择相应配套的分散剂、增稠剂、黏合剂、稳定剂、柔软剂等助剂以及合理的成浆工艺、浆料稳定技术等。用纳米材料对天然纤维和天然—化纤混纺织物进行功能化整理是一项从原材料、工艺、设备到市场都正处于开拓阶段的事业，正在钻研、积极开拓的科技人员，愿意与更多的企业和企业家共同投入这项事业并创造丰硕的成果。

纳米纺织工程是随20世纪80年代纳米技术的诞生而发展起来的。最初人们是为了赋予织物拒水、拒油性而通过纳米染整技术增强织物的相应功能。拒水拒油整理的目的是阻止水和油对织物的润湿，利用织物毛细管的附加压力，阻止液态水和油的透过，但仍然保持了织物的透气、透湿性能。纤维状的毛绒棉在拒水整理后更易于储积静态的空气，整理后纤维对水的不浸润性是织物获得拒水性能的根本原因，并且使水滴在织物表面只能以小水珠的状态存在，降低了水压引起的对织物空洞的渗透。由此逐渐形成纤维表面的特定功能及其表征的一系列原理和技术。拒水拒油整理织物首先应用于生产军服、防护服，现已广泛用于制作运动服、旅行包、旅行装、帐篷等。

作为纳米技术基础的纳米纺织材料，现阶段在纺织品中的应用以无机纳米材料为主，主要集中在抗菌、防臭、抗老化、防色变、防污、防紫外、抗静电等方面。利用纳米技术处理的纺织面料，性能改善明显。如使制成服装饰品的织物在防水、防油、防污、透气、防臭、不易变色、无毒性、不改变触感、经济耐用等方面性能明显提高。

随着现代科技和人们生活水平的提高，多种多样采用纳米粉体材料进行改性的功能化纤都得到研究应用，如防蚊和防螨纤维、拒水和拒油纤维、吸水和吸湿纤维、变色纤维、耐热纤维、芳香纤维、磁性纤维、储能纤维、发光纤维、导电纤维、防辐射纤维和阻燃纤维。采用纳米材料对天然纤维和天然纤维—化纤混纺织物进行抗紫外线—抗红外线（即凉爽化整理）、远红外反射、保健、抗菌、除臭、抗静电、阻燃等功能整理后，一定能够在纺织工业领域开拓出新天地。

纺织技术和纳米技术的进一步发展，催生了新型纳米纺织材料的新技术，如分子技术制备法、静电纺丝法和生物制备法等。

纳米纺织材料是用一种特殊的物理和化学处理技术将纳米原料融入面料纤维，从而在普通面料上形成保护层，增强面料的防水、防油、防污、透气、抑菌、环保、固色等功能，可广泛应用于服装、家用纺织品及工业用纺织品。纳米纺织工程的工艺技术既属于新型纺织纤维工程的分支，也属于染整工程的分支。根据纺织品的功能不同，采用的工艺技术也不同。因此，纳米纺织工程项目的立项和营运应遵循相关的行业规范和标准。

（五）生态纺织工程

由于石油工业和化学工业的发展，化学纤维、化学合成染料和化学助剂等化工产品广泛地应用于纺织工业，改变了人们过去单一的“棉毛”衣着的窘境，极大地满足了人们“吃好”“穿好”“穿暖”“舒适”的基本需求。然而，随着社会的进步和人民生活质量的提高，人们越来越重视生存环境和自身健康水平。穿用“绿色纺织品”“生态纺织品”成为人们的生活需求。纺织品对人体健康的危害及纺织品加工对环境的污染，已成为当今世界最关注的问题。

生态纺织工程就是运用纺织学和生态学的基础理论，遵照可持续发展战略，解决纺织品和纤维原料，以及纺织、染整、服装加工整理过程中面临的生态性问题。在纺织品加工中利用生物酶技术解决纺织品的生物相容性和加工工艺的生态性问题，使用环保型浆料、环保型染料、环保型助剂降低传统纺织工程中化学品对其使用者产生的风险和伤害。通过对纺织品材质重新定义和设计，从源头上控制纺织品生产、加工、使用和废弃过程中产生的“三废”所造成的环境污染和生态影响，是传统纺织工程借助于相关学科和工程的先进理论和工程实践，解决从产品设计到生产、使用等各个环节的相关环境和生态问题的工程革新，强调纺织品从设计、生产、使用到废弃全过程进行综合性评价的系统工程。

纺织品要具有优良的生态性，其不是采用具有生态性的纺织纤维，或采取了一两项生态型新工艺技术就能实现的。因此，生态纺织工程是强调纺织品从设计、生产、使用到废弃全程的综合性生态系统工程，着重研究和强调纺织品消费生态学，内容上相较于传统纺织工程具有鲜明的特点。在宏观上，着重研究和解决纺织品在使用过程中对人体及其周围环境可能产生的影响，为纺织品设计、开发与生产指明方向。在微观上，重点研究和解决纺织品中哪些物质是对人体有害的，这些物质如何检测，其含量应当控制在什么范围内才不会对人体造成危害，并制定科学的法规和执行标准。

生态纺织工程要研究和解决纤维、纺织品和服装从设计、生产、使用到废弃全程对人类和环境的影响。生态纺织工程要求纤维、纺织品和服装的生产过程必须是环境友好的，不产生空气污染，噪声控制在允许的范围内。生态纺织工程会引领消费者正确认识生态纺织品，即对人体有害物质的含量控制在规定的极限值以内，不会对人体造成危害；生产者使纺织品上各种有害物质的含量控制在规定的范围以内。具体而言，要研究和解决纺织品使用过程中，纺织原料或各种染化料处理剂对消费者身体健康或环境可能造成的损害等问题及相关消费心理等。

因此，生态纺织工程涉及以下领域：①植物纤维的种植和收获，肥料、生长调节剂、落叶剂、除草剂、杀虫剂、防霉剂等化学品的使用及其对人类和环境可能产生的影响；②动物纤维生长过程中，动物的放养环境及饲料和添加剂的选用；③化纤产品的生产方式、工艺过程和原料的选用及其对资源再生和可重复利用所产生的长远影响，以及“三废”排放和治理等；④加工纺织品过程中各种浆料、化学助剂、燃料和其他处理剂的使用；⑤以染整为代表的纺织品化学处理工艺对环境造成的影响以及服装成衣加工过程中的定形工艺问题；⑥服装加工过程中，各种整理工艺所用的整理剂和化学品使用问题；⑦废弃纺织品的回收利用；⑧废弃纺织品在自然条件或人工辅助条件下降解和不能对环境造成污染的无害化处理；⑨对废弃纺织品可能引起的生态环境、其他相关问题的评价；⑩在处理废弃纺织品的过程中，纺织品上的染料、助剂和纺织原料本身对环境产生的影响以及采用可以确保对环境、社会的影响降至最低程度的处理方法等。

20 世纪 70 年代美国开始关注纺织工业给环境带来的污染，环保型纺织品应运而生，为避免合成染料、合成纤维对环境造成污染，种植彩色棉花并用天然植物染料对纺织品进行染色。20 世纪 80 年代欧洲一些国家确认某些纺织品对人体健康有害，1989 年奥地利 Wilhelm Herzog 教授制定了世界上第一部测定纺织品上有害物质的标准，也可说是纺织生态学标准。20 世纪 90 年代初，德国、奥地利、英国、意大利、比利时、丹麦、瑞典、挪威、葡萄牙、西班牙等欧洲国家的学者、纺织测试研究院，组成国际纺织生态学研究和检测协会，促进纺织生态学向纵深发展。1992 年世界上第一部较科学、较完整的生态纺织品标准（Oeko-TeX Standard 100）发布，这是纺织生态学研究的结果，也是生态纺织工程概念正式诞生的标志。

目前，生态纺织工程着重于纺织品消费生态，研究纺织品在使用过程中对人体及其周围环境可能产生的影响及检测方法。具体研究纺织品上哪些物质是对人体有害的，这些物质如何检测，其含量应当控制在什么范围内才不会对人体构成危害。纺织品消费生态学要求残留在纺织品上的各种有害物质的含量必须控制在一定的范围以内，不能对人体造成危害；着重解决纤维、纺织品和服装生产过程对人体和环境的影响及其检测和控制方法，研究如何使纺织品（服装）在生产过程中不产生空气污染、水污染，或污水排放和噪声应控制在标准允许的范围内；着重研究和解决如何消除在纤维、纺织品、服装上的有害物质，或有害物质残留量控制在标准允许的范围内；着重研究和解决废弃纺织品对自然环境的影响及其检测和控制方法，研究废弃纺织品的组成与分类、生物可降解性以及对环境的影响，研究废弃纺织品的无污染处理方法，研究废弃纺织品的回收利用途径和方法。

因此，生态纺织工程与绿色化学工程类似，是在传统纺织工程和生态学理论基础上发展而来的一门新兴工程学科，从生态学而言，属于应用生态工程的范畴，从纺织学而言，属于纺织工程发展的高级阶段，是纺织工程发展的趋势和目标。

生态纺织工程是研究和解决生物与环境的相互关系、人类与环境的相互关系的多学科性、应用性的新兴工程，目标是实现纺织工程领域内从产品设计、生产、使用到废弃处置全产品周期各个环节都满足生态、环境和资源可持续发展的基本要求。因此，生态纺织工程也是理论性的概念工程，其理论和实践原则渗透于传统纺织工程的全方位，本身就属于传统纺织工程的评价范围和标准。

参考文献

[1] 教育部高等教育司组 . 高等理工学科专业发展战略研究报告 [M]. 北京 : 高等教育出版社 ,2006.

[2] 中华人民共和国教育部 . 高等学校中长期科学和技术发展规划（2006 — 2020）[M]. 北京 : 清华大学出版社 ,2004.

[3] 孙宏伟 , 张国俊 . 化学工程——从基础研究到工业应用 [M]. 北京：化学工业出版社 ,2015.

[4] 陈涛 , 张国亮 . 化工传递过程基础 [M]. 北京：化学工业出版社 ,2002.

[5] 陈光进 . 化工热力学 [M]. 北京：石油工业出版社 ,2018.

[6] 王志魁 . 化工原理 [M]. 北京：化学工业出版社 ,2010.

[7] Theodore L. B., Adrienne S. L., Frank P. I., David P. I., David P. D.. Introduction to Heat Transfer. 6th ed. Wiley, 2011.

[8] McCabe W. L., Smith J. C., Harriot P.. Unit Operations of Chemical Enginerring. 7th ed. New York,2004.

[9] 唐新 , 王新平 . 催化科学发展及其理论 [M]. 杭州：浙江大学出版社 ,2012.

[10] Clapham D. E.. Symmetry, selectivity, and the 2003 Nobel Prize[J]. Cell, 2003.

[11] Corma A.. From microporous to mesoporous molecular sieve materials and their use in catalysis[J]. Chem Rev, 1997.

[12] Service R. F.. The next big（ger）thing[J]. Science, 2012.

[13] 赵斌，韩江 . 化工安全工程 [J]. 中外企业家 ,2015,(6Z).

[14] 毕明树 , 周一卉 , 孙洪玉 . 化学安全工程 [M]. 北京：化学工业出版社 ,2014.

[15] 苏国胜 . 国内外化工过程安全管理发展历程及实施对比 [J]. 安全、健康和环境 ,2018,18(5).

[16] Tan J., Lu Y. C., Xu J. H., Luo G. S.. Mass transfer performance of gas-liquid segmented flow in microchannels[J]. Chem Eng J., 2012.

[17] 魏勇 . 安全工程专业《化工安全》课程教学改革研究 [J]. 科技视界 ,2012,(35).

[18] 杨友麒 . 过程系统工程与集约化经营的发展方向和对策 [J]. 化学进展 ,1999,(2).

[19] 姚平经 . 过程系统工程 [M]. 上海：华东理工大学出版社 ,2009.

[20] 崔克清 . 安全工程大辞典 [M]. 北京：化学工业出版社 ,1995.

[21] 谢克昌 , 赵炜 . 煤化学工业概论 [M]. 北京：化学工业出版社 ,2012.

[22] 张洁 . 精细化工工艺教程 [M]. 北京：石油工业出版社 ,2004.

[23] 吴海霞 . 精细化学品化学 [M]. 北京：化学工业出版社 ,2009.

[24] Rieck H. P.. Powdered Detergents[M]. Marcel Dekker: Showell E. M. S., 1998.

[25] Bauer H., Schimel G., Jurges P.. The evolution of detergent builders from phosphates to zeolite to silicates[J]. Tenside Surf Det, 1999.

[26] Pollak P., Fine Chemicals[M]. 2nd ed. The Industry and Business: A John Wiley and Sons, Inc, 2011

[27] 刘晓兰 . 生化工程 [M]. 北京：清华大学出版社 ,2010.

[28] Christensen M. W., Andersen L., Kirk O., Holm H. C.. Industrial lipase immobilization[J]. Eur J Lipid Sci Tech,2003.

[29] Yu M. R., Lange S., Richter S.,Tan T. W., Schmid R. D.. High-level expression of extracellular lipase Lip2 from Yarrowialipolytica in Pichiapastoris and its purification and characterization[J]. Protein Expres Purif, 2007.

[30] Pan X. X., Chen B. Q., Wang J., Zhang X. Z., Zhu B. Y., Tan T. W.. Enzymatic synthesizing of phytostrol oleic-esters[J]. Appl Biochem Biotech, 2012.

[31] 齐晶 . 简析生物化工发展现状和趋势 [J]. 中国科技投资 ,2016,(13).

[32] 刘峙嵘 . 核化工与核燃料工程基础 [M]. 北京：中国石化出版社 ,2012.

[33] 白新德 . 核材料化学 [M]. 北京：化学工业出版社 ,2007.

[34] 李冠兴 , 武胜 . 核燃料 [M]. 北京：化学工业出版社 ,2007.

[35] 王军编 . 生物质化学品 [M]. 北京：化学工业出版社 ,2008.

[36] 闵恩泽 , 吴巍，等 . 绿色化学与化工 [M]. 北京：化学工业出版社 ,2000.

[37] Paul T. Anastas,John C. Warne. Green Chemistry—Theory and Practice[M].London: Oxford University Press,1998.

[38] 韩秋燕 . 生物质化工产业现状、发展态势与我国生物质资源 [J]. 化学工业 ,2008,26(8).

[39] P. T. 阿纳斯塔斯 ,J. C. 沃纳 . 绿色化学理论与应用 [M]. 北京：科学出版社 ,2002.

[40] 仲崇立 . 绿色化学导论 [M]. 北京：化学工业出版社 ,2000.

[41] Paul T. Anastas, John C. Warner. Green Chemistry—Theory and Practice[M].London: Oxford University Press, 1998.

[42] 纪红兵 , 佘远斌 . 绿色氧化与还原 [M]. 北京：中国石化出版社 ,2005.

[43] 闫立峰 . 绿色化学 [M]. 合肥：中国科学技术大学出版社 ,2007.

[44] 陈晓隆 . 绿色化学化工的现状与发展研究 [J]. 黑龙江科学 ,2014,5(3).

[45] 廖隆理 , 陈敏 , 程海明 , 等 . 轻化工程专业皮革方向发展战略研究 (IV)[J]. 皮革科学与工程 ,2004,14(6).

[46] 何北海 . 造纸原理与工程 [M]. 北京：中国轻工业出版社 ,2010.

[47] 陈务平 . 制浆造纸工程设计 [M]. 北京：中国轻工业出版社 ,2016.
[48] 金浩 , 熊丹柳 . 皮革工艺与应用 [M]. 上海：华东理工大学出版社 ,2009.
[49] 何露 , 陈武勇 . 中国古代皮革及制品历史沿革 [J]. 西部皮革 ,2011,24(12).
[50] 李闻欣 . 我国古代皮革科学技术的发展 [J]. 西北轻工业学院学报 ,2002,20(2).
[51] 霍汉镇 . 现代制糖化学与工艺学 [M]. 北京：化学工业出版社 ,2008.
[52] 胡孝宗 , 黄志军 , 程曦 . 国外甘蔗制糖行业科技发展现状、趋势及对策研究 [J]. 甘蔗糖业 ,1995,(1).
[53] 浦明 , 杨建华 , 陈子华 , 等 . 甘蔗制糖生产过程自动化的现状和发展趋势 [J]. 轻工科技 ,2018,(11).
[54] 刘洋 , 姚艳丽 , 徐磊 , 等 . 甘蔗渣生产燃料乙醇技术研究现状与展望 [J]. 甘蔗糖业 ,2016,(6).
[55] 蒋新龙 . 发酵工程 [M]. 杭州：浙江大学出版社 ,2011.
[56] 余龙江 . 发酵工程原理与技术应用 [M]. 北京：化学工业出版社 ,2008.
[57] 刘英 . 谷物加工工程 [M]. 北京：化学工业出版社 ,2005.
[58] 林亲录、杨玉民 . 粮食工程导论 [M]. 北京：中国轻工业出版社 ,2019.
[59] 何东平 , 白满英 , 王明星 . 粮油食品 [M]. 北京：中国轻工业出版社 ,2014.
[60] 中国科学技术协会 , 中国粮油学会 . 粮油科学与技术学科发展报告 [M]. 北京：中国科学技术出版社 ,2011.
[61] 蔡惠平 . 包装概论 [M]. 北京：中国轻工业出版社 ,2011.
[62] 尹章伟 . 包装概论 [M]. 北京：化学工业出版社 ,2003.
[63] 刘真 , 邢洁芳 , 邓术军 . 印刷概论 [M]. 北京：印刷工业出版社 ,2008.
[64] 魏先福 . 印刷原理与工艺 [M]. 北京：中国轻工业出版社 ,2014.
[65] 邓广铭 . 邓广铭全集 (第六卷)[M]. 石家庄：河北教育出版社 ,2005.
[66] 程海明 , 陈敏 . 纤维化学与物理 [M]. 成都：四川大学出版社 ,2017.
[67] 王曙中 , 王庆瑞 , 刘兆峰 . 高科技纤维概论 [M]. 上海：东华大学出版社 ,2014.
[68] 王曙中 . 芳香族高性能纤维 [J]. 合成纤维工业 ,1998,21(6).
[69] Shosaburo Hiratsuka. The First Conference of Asian Chemical Fiber Industries[C].JTN Monthly-July,1996.
[70] 张树钧 , 等 . 改性纤维与特种纤维 [M]. 北京：中国石化出版社 ,1995.
[71] 成旭旮 . 合成纤维新品种及用途 [M]. 北京：纺织工业出版社 ,1998.
[72] 范雪荣 . 纺织品染整工艺学 [M]. 北京：中国纺织出版社 ,2006.
[73] 路艳华 . 我国染整业的现状及发展趋势 [J]. 辽宁丝绸 ,2002,(2).
[74] 李美真 . 染整新技术 [M]. 北京：科学出版社 ,2013.
[75] 宋心远 , 沈煜如 . 新型染整技术 [M]. 北京：中国纺织出版社 ,1999.
[76] 王伊千 . 服装学概论 [M]. 北京：中国纺织出版社 ,2018.
[77] 李正 . 服装结构设计教程 [M]. 上海：上海科技出版社 ,2002.
[78] 李当岐 . 服装学概论 [M]. 北京：高等教育出版社 ,1990.
[79] 程伟 . 服装行业信息化现状瓶颈及未来发展 [J]. 信息与电脑 ,2010,(1).
[80] 法磊 . 中国服装行业的现状与发展路径 [J]. 中国纤检 ,2012,(7).
[81] 徐青青 . 服装设计构成 [M]. 北京：中国轻工业出版社 ,2001.

[82] 吴卫刚 . 服装美学 [M]. 北京：中国纺织出版社 ,2000.
[83] 刘元凤 . 服装设计 [M]. 长春：吉林美术出版社 ,1996.
[84] 李莉婷 . 服装色彩设计 [M]. 北京：中国纺织出版社 ,2000.
[85] 庞小涟 . 服装材料 [M]. 北京：高等教育出版社 ,1989.
[86] 覃小红 . 纳尺度纺织纤维科学工程 [M]. 上海：东华大学出版社 ,2019 .
[87] 王进美 , 冯国平 . 纳米纺织工程 [M]. 北京：化学工业出版社 ,2009.
[88] 张世源 . 生态纺织工程 [M]. 北京：中国纺织出版社 ,2004.
[89] 陈金坤 . 浅议绿色纺织工程和生态纺织工业园 [C]. 全国纺织印染废水深度处理及回用和污水达标排放学术研讨会科技文集 ,2007.
[90] 姜怀 . 生态纺织的构建与评价 [M]. 上海：东华大学出版社 ,2005.

编写专家

宋旭锋　于艳敏　张天慧

审读专家

周贤太　孙志成　周　阳

专业编辑

胡　萍

第九章 工程与社会

我国是工程大国，对于大型工程项目我们并不陌生，比如大兴国际机场、港珠澳大桥、青藏铁路等，我们每天出行乘坐的高铁、地铁，使用的4G以及正在推行的5G移动通信服务都可视为工程，工程给我们带来生活的便利，促进了社会的发展。工程活动是社会实践的主要形式，工程活动影响了当今社会的方方面面。可以说，一方面工程是直接生产力，建构了人类社会。但另一方面，工程活动是在具体的社会环境之中展开的，工程活动受到诸多社会条件的制约。工程活动与我们的生活息息相关，对于每个人来说，了解工程与社会之间的关系，具有重要的现实意义。

本章将从工程的社会属性、工程的社会运行、工程的社会影响、工程的社会责任、工程的社会参与五个部分，结合工程利益相关者以及具体案例来阐述工程与社会之间的互动关系和丰富内涵，从而方便公众了解工程与社会的关系，提升自身的工程素质，积极参与和工程相关的社会公共事务。

第一部分主要介绍工程的社会属性，从工程的社会特征和工程的社会功能两个方面展开，对工程及其与社会之间的关系进行了较为系统的刻画。第二部分主要介绍工程的社会运行，从工程活动的主体、工程的社会运行、工程的社会评估三个方面展开，对参与工程的利益相关者、工程的生命周期等内容做了细致的介绍。第三部分主要介绍工程的社会影响，从工程的经济、社会和生态影响，工程风险，工程的价值冲突和权衡三个方面对工程活动可能造成的社会影响以及工程中应该如何处理利益冲突等内容进行了阐述。第四部分主要介绍工程的社会责任，从邻避效应、行善与不作恶原则、环境可持续原则、权利与公正原则、负责任的工程创新五个方面，对工程活动中应该遵循哪些基本原则才能使工程活动更好地建造及服务于我们的社会生活作一介绍。第五部分主要介绍工程的社会参与，从公众理解工程、从“公众理解工程”走向工程的社会参与、社会参与的原则与途径三个方面，对公众为什么要了解工程与参与工程，以及如何参与工程进行阐述。我们希望通过以上关于工程与社会多方面、多层次、多角度的介绍，能为公民理解工程与社会的丰富内涵并参与到工程之中提供一个较为可行的指南。

本章内容知识结构见图 9-1。

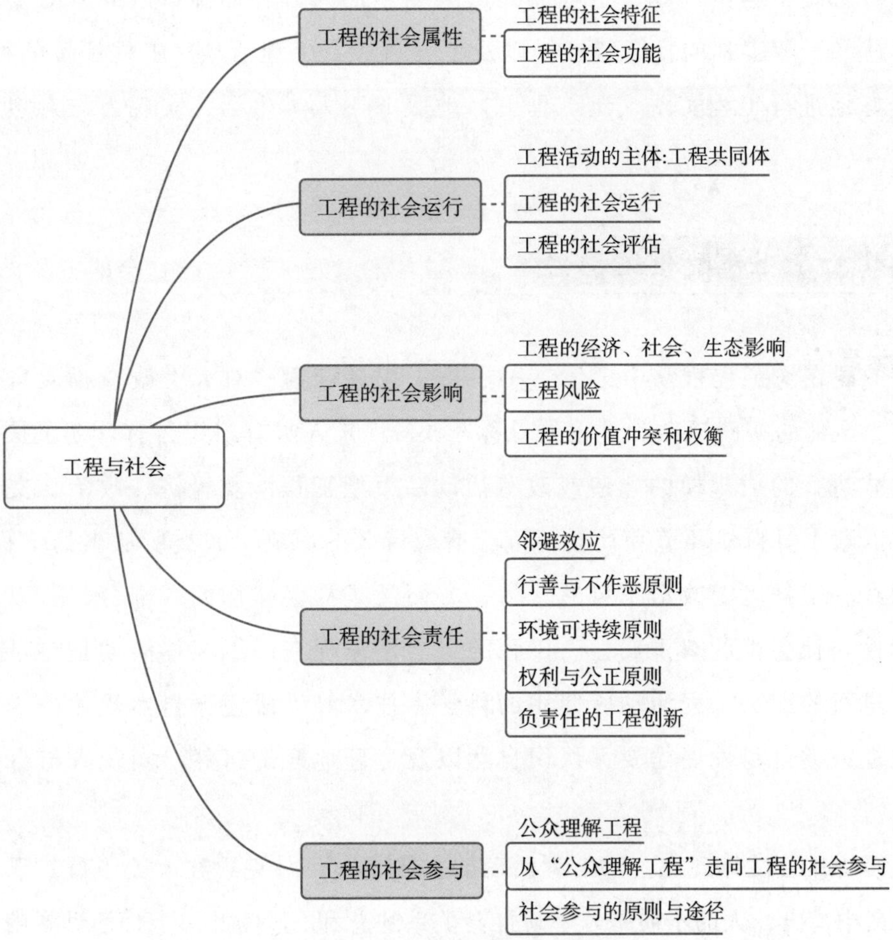

图 9-1　工程与社会知识结构

一、工程的社会属性

工程是直接生产力，是社会存在和发展的物质基础。工程是人类有目的、有计划、有组织的活动，因此工程的一个显著属性就是社会性。工程活动的顺利进行不仅取决于诸多科学方法和技术要素的运用，还取决于诸多政治、经济管理等社会要素的参与。可以说，人类进行的工程活动构筑了现代文明，并深刻影响着人类社会生活的各个方面，工程活动也是现代社会实践活动的主要形式。生活在现代社会的人们身处在工程之中，享受工程带来的种种便利，如外出乘坐的高铁、使用的银行卡等都是工程的产物，工程已经影响到生活的方方面面。因此有必要从社会视角看待和了解工程的社会特征，以及工程目标、工程活动、工程评价的社会性，从而更好地进行工程实践，让工程更好地服务于人类生活，实现人与自然的和谐相处。

（一）工程的社会特征

李伯聪在《工程哲学引论》一书中把工程界定为“对人类改造物质自然界的完整的、全部的实践活动和过程的总称”。工程是人类有组织、有计划、按照项目管理方式进行的成规模的建造或改造活动，大型工程涉及经济、政治、文化等多方面的因素，对自然环境和社会环境会造成持久的影响。人类所从事的工程活动，一方面在一定程度上改造了自然，另一方面又是社会建构的一部分，所以工程具有自然性与社会性的双重属性。工程的自然性体现在：①工程活动是在自然界的背景下进行的；②工程活动所使用的科学、技术等手段遵循自然规律；③工程活动是根据人类自身发展需要，认识自然以及合理地改造自然，实现人与自然的和谐相处。

工程的社会性体现在：①工程活动的主体是人，马克思在《关于费尔巴哈的提纲》一文中指出，人的本质是“一切社会关系的总和”。因此，工程活动本身离不开人的参与，不可避免地具有社会性，比如港珠澳大桥的建设，是由工程共同体成员完成的。②工程是在一定的历史背景和社会环境下进行的，因此工程活动涉及社会的政治、经济、文化等因素，比如天眼（FAST）工程，成为贵州一张亮丽的名片，拥有丰富的社会内涵和文化价值。③工程活动是以有组织的形式、以项目方式进行的成规模的建造或改造活动，如交通工程、水利工程、生态环境工程等。工程的自然性与社会性之间的关系如图 9-2 所示。

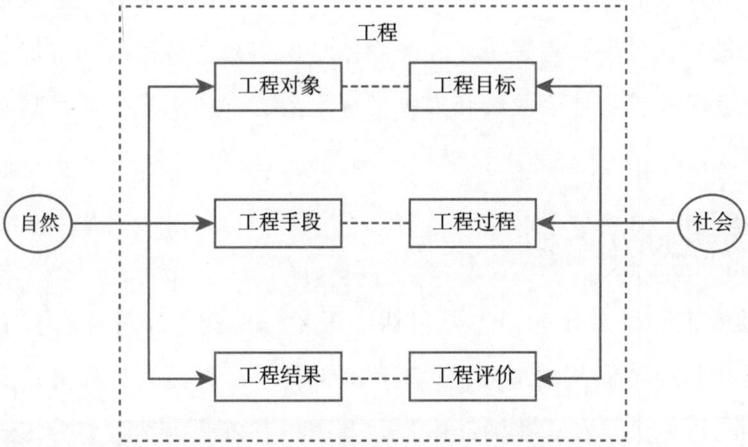

图 9-2 工程的自然性与社会性

工程“社会性”的含义在不同的语境中，可以分为广义的理解和狭义的理解。本章中“社会性”的含义是广义的，包含政治、经济、文化等诸多社会要素。

1. 工程目标的社会性

每项工程都有其特定的目标，而工程目标的社会性其实是与工程目标的经济性结合在一起的，同时其社会性通常以经济性为基础；工程所蕴含的经济内涵和带来的经济效益在一定程度上也体现出工程目标的社会性。

工程目标的社会性一般呈现为工程的社会效益。关于工程的社会效益和经济效益，具体到每个工程而言，有的工程以经济效益为主，而有的工程则强调社会效益。相当多的工程的首要目标并不是经济效益，而是社会效益，即改善民生、促进人类福祉和社会公平、改善生态环境等。比如，我国西部地区的植树造林工程，目标是改善自然生态环境；我国建设高速铁路，首要目的是方便人民的生活；我国积极推进农村新型合作医疗制度建设，目标是提升农村医疗水平，解决农民看病难、看病贵的问题。再如，北京大兴国际机场的建设，是对我国具有重要战略意义的工程，不仅仅是为了方便人们的出行，更为重要的是发展成为国际一流航空枢纽，成为推进雄安新区建设以及京津冀协同发展的重要引擎。

工程活动的基本主体主要是企业。在西方古典经济学的理论框架下，企业的目标通常是实现商业价值，即经济利益最大化。在现实的工程活动中，时常会出现经济效益目标和社会效益目标之间的冲突，其背后的原因往往较为复杂。但是随着时代发展和社会的进步，人们也认识到，企业除了要实现经济效益还应承担相应的社会责任。从企业社会责任的意义上讲，以经济效益为主要目标的工程，应该把企业相应的社会责任囊括进来，至少要考虑企业经济效益与工程社会目标的相容性。市场规律和实践表明，只有那些符合社会发展和人民美好生活需求的工程，才是具有生命活力的工程。

2. 工程活动的社会性

工程活动的主体是多元的，主要包括决策者、投资者、管理者、工程师、工人等不同类型的成员，他们共同组成了“工程共同体”。每类人员都有自身特定的、不可取代的作用，这些人员在工程活动中各司其职，有着明确细致的分工，同时相互配合。在工程活动中，决策者确定工程的目标和约束条件，对工程的立项、方案做出决断，并把握工程起始、进展、结束或中止的时机；投资者进行投资活动，解决工程的资金问题；管理者实施管理活动，保障工程顺利进行；工程师要根据工程目标和各种资源要素的约束进行工程设计，以及从事相关的技术活动；工人则负责工程的具体建造和实现等。因此，工程活动其实就是各种类型的人的社会性活动的集成，是多元主体以工程共同体的方式从事的社会活动，即工程是社会建构的。现代的许多大型工程，比如我国三峡工程、探月工程——嫦娥工程等，往往需要十几万名甚至几十万名人员的参与。工程活动中不仅包含复杂的物质性构建和操作活动，还包括大量社会行动。工程活动的社会性集中地体现在工程共同体成员的合作之中。

工程活动不仅具有自身的“总目标”，对于参与工程活动的不同类别的人员来说，还有更具体的“个人目标”。在工程活动中，不同的工程参与者的个人目标可能会有所不同。投资者、管理者、工程师和工人这几类主体的目标有共同和一致的部分，也会有认识不一致和利益冲突的部分。在认识工程的社会性时，“利益冲突”常常是一个格外引人注目的“焦点”。因此工程活动的社会性不仅体现在工程共同体的合作关系上，还体现在其内部的冲突关系上。很多时候，工程活动的技术问题往往容易解决，而工程共同体成员之间出现的各种冲突却很难解决。因此，最大限度地协调不同目标诉求带来的利益冲突，统一工程共同体对工程目标的认识，是工程顺利进行的前提条件。

工程活动是在一定的社会环境中进行的。首先，社会环境为工程活动提供了可控和便于利用的社会资源，如高效的政府服务体系、完备的政策和制度保障、便利的社会基础设施等；其次，社会环境还作为结构性因素影响着工程活动，并通过工程活动渗透到“工程物”中，如长城、阿波罗计划、三峡工程、嫦娥工程等都折射出其特定的社会背景。

工程活动是在一定的工程规范与工程准则的指导和约束下进行的。工程活动需要遵守的规范不仅包括各种技术规范和工程规范，还必须重视各种社会规范与工程伦理，包括各种法律法规、职业伦理章程、当地文化与习俗、社会常识以及惯例等。

工程活动的社会性是工程内在本性的表现，应正确认识和把握工程活动的社会性，重视对工程活动中多种社会行动的集成，构造良好的工程秩序，从而促进工程与社会之间的和谐。

（二）工程的社会功能

1. 工程是社会存在和发展的物质基础

人类社会存在和发展的基础包括物质基础和精神基础两个方面。工程的社会功能主要体现为工程为社会存在和发展提供物质基础，满足了人类生活的基本需求，提高整体社会的生活质量。恩格斯说：“马克思发现了人类历史的发展规律，即历来为繁茂芜杂的意识形态所掩盖着的一个简单事实：人们首先必须吃、喝、住、穿，然后才能从事政治、科学、艺术、宗教等等。”马斯洛需求理论认为，人的需求有生理的需求、安全的需求、社交和情感归属的需求、尊重的需求、自我实现的需求等，生理需求是最基本的需求。衣食住行是人们生活的最基本的需求，是人类生存、发展和从事一切活动的基本保证；而衣食住行都要依靠纺织、农业、建筑、交通等工程来实现，因此，工程是最直接的生产力。

工程，特别是大型工程，构成了社会发展的基本物质支撑。党的十九大提出，决胜全面建成小康社会，开启全面建设社会主义现代化国家新征程。近些年全国各地都在规划、设计和建设成千上万的、大大小小的工程项目，如港珠澳大桥工程、天眼（FAST）工程、大兴国际机场等，诸多工程构成了我国经济社会发展的基本物质支撑，是强国之路的必要条件。

2. 工程是社会结构的调控变量

工程是当今社会运行和人们生活的重要组成部分，是社会结构中的重要调控变量之一。工程活动作为直接生产力，会影响社会结构的变迁。第一，工程会改变社会经济结构，促进相关领域产业升级。每一次科技革命最终要落实到大批量的工程建设中，才推动了经济的发展。第一次科技革命中蒸汽机的发明所带动的制造工程、交通运输工程，第二次科技革命中诞生的一系列电力工程等，都有力地推进了人类社会经济结构的演进。目前，以人工智能、量子通信、大飞机、探月工程为代表的新兴工程领域也正在改变当前的社会经济结构。

第二，工程会改变人口的空间分布，带来城乡结构的变迁。大规模工程建设带动了城市化的发展，促进了城乡结构和人口布局结构的优化。当前我国正处于城镇化高速发展时期，城镇化率从2000年的36.2%快速提高到2016年的57.4%。铁路的路线设计与建设，改善了沿线地区人民的生活条件，助力精准脱贫。当代高新技术产业聚集区的出现，也对人口流动产生了重要影响，如北京、上海、深圳、杭州以“互联网+”、人工智能技术、5G为代表的高新技术产业聚集地吸引了众多的人才。

第三，工程作为社会结构的调控变量，是对经济、社会、生态和区域的协调发展进行宏观调控的有效手段，从而推进社会的繁荣发展。如通过环境工程来治理环境，通过投资公共工程来调控经济发展等。在我国的西部大开发、振兴东北地区老工业基地、中部崛起等重大国家战略中，主要途径就是通过启动实施一系列工程，包括能源、铁路、公路、机场、水利水电、通信、现代农业等，推动区域经济发展，缩小区域贫富差距，构建和谐社会，最终实现共同富裕。

3. 工程是社会变迁的文化载体

工程是历史背景下科学技术、管理经验、经济水平、社会文化、艺术审美等诸多要素的结晶。因此，工程不仅是创造物质财富的直接生产力，本身还负载着特定的社会文化价值，是历史的见证。一些重大的工程还会成为其所在地的名片和人民的精神纽带，有助于增强民族和国家的自豪感和凝聚力。比如都江堰水利工程，历经数千年，现在依然发挥着灌溉作用，它是我国古代人民智慧的结晶，也承载着跨越千年的巨大的文化价值。过去的工程也可能会被新时代赋予新的文化内涵，比如，古代作为军事防御工程的万里长城现在成为“中华民族精神的象征”。

历史上的工程原本的生产功能已经不再发挥作用，但丰富而典型的社会文化蕴涵可能会将其造就为工业遗产。全球已有包括钢铁厂、矿山和铁路等在内的30多处工业遗产被列入世界遗产名录，中国也已有11处工业遗产被列为“国家重点文物保护单位”，2017年我国也正式推出了10个国家级工业遗产旅游基地。因此，在进行工程设计的时候要多多考虑社会文化的因素，打造具有经济效益、社会效益和文化载体的综合优质工程。

4. 工程社会功能的二重性

工程对社会的影响具有二重性，不仅有正面效应，也有负面影响。著名社会学家贝克（Ulrich Beck）指出，科学、技术和工程力量的强大性，与其社会后果的两面性相伴生，给自然和社会带来了巨大风险和不确定性。20世纪60年代美国学者雷切尔·卡逊出版《寂静的春天》以来，现代工业发展带来的环境、生态和安全问题已受到全世界的广泛关注。今天新兴科技展现出更加强大的力量，以人工智能为代表的信息工程、以基因编辑为代表的生物工程在展示出良好应用前景的同时，也带来了一些伦理问题以及尚未被人类意识到的社会风险。

西方学者科林格里奇（D. Collingridge）认为，试图控制技术是困难的，甚至几乎不可能。在技术发展的早期，技术可以被控制时，我们没有足够多关于其可能带来有害后果的信息和知识，因而不知应该控制什么；当技术的后果变得明显时，该技术往往已经广泛扩散成为社会和经济领域中很难割舍的一部分，对其进行控制将需要很高的代价且极为困难，这就形成了科林格里奇困境。这对工程来说也同样适用，在工程的预评估和决策中，信息不完备和有限理性，使决策者不可能完全预料到工程可能带来的社会影响。

这种工程中的风险和不确定性，并不意味着人类对其毫无办法。工程共同体应该努力获取尽可能完备的信息，组织多学科的专家团队进行论证，提高决策质量、优化设计，尽最大努力减少工程的负面影响。当前，一些国家正在推行建构性技术评估（Constructive Technology Assessment，CTA）。CTA主张对工程进行全程动态评价，对工程中的问题或潜在问题即时反馈，动员社会公众和利益相关者积极参与工程活动，建立汇集社会建议、实行社会监督的有效机制。我们可以最大限度地优化工程决策、工程设计、工程管理、工程施工等过程，从而推动工程更好地发展、更好地服务于人们生活和人类社会。

二、工程的社会运行

相较于科学与技术而言，工程的社会属性体现得更为突出，工程日益成为通过普遍的社会化分工协作，科学、高效和创造性地完成工程目标的过程。而从工程实践主体的层面来看，与这一过程相伴随的就是工程的社会运行。这部分将简要介绍工程活动的主体——工程共同体、工程的社会运行以及工程的社会评估三方面内容。

（一）工程活动的主体：工程共同体

“共同体”是社会学中的一个重要的概念，例如在科学社会学研究中，科学共同体始终是一个热点话题。同样，在工程社会学研究中，工程共同体也处于核心地位。科学共同体的目标是追寻真理，而工程共同体的目标是更为广泛的一种活动——造物。按照工程共同体的组织形式或制度形式不同，我们大致可将工程共同体分为两种类型：工程活动共同体和工程职业共同体。下面将从工程活动共同体及其构成、工程职业共同体及其代表、工程共同体嵌入社会这三方面展开论述。

1. 工程活动共同体及其构成

工程共同体的第一个类型是由在一起分工合作、从事工程活动的各种成员所组成的共同体，我们可以把这种类型的工程共同体称为“工程活动共同体”。谈到工程活动共同体人们往往只会想到工程师。诚然，以工程师为代表的工程设计人员是工程共同体的重要组成部分，但将工程师与工程共同体完全画等号就犯了错误。除了工程师以外，工人、投资者、管理者以及其他一些利益相关者都是工程共同体的组成部分。在现实的工程中，他们和工程师一样不可缺少。如果只是简单地把工程共同体视为工程师的同义反复，我们就不能真正理解复杂的现实工程；一味地强调工程是工程师的工程就会造成很多本不必要的悲剧。例如在核电站的选址与建造中，如果决策者只是遵循工程师的意见，而不去倾听工程共同体中其他成员的想法，就会给决策的实施造成很多障碍，甚至造成工程的最终失败，造成时间资金的诸多损失。因此如果想全面地理解工程，就应当全面地理解工程共同体的构成。下面将简要说明工程共同体的基本构成。

工程师

在工程活动的全周期中，工程师一直在发挥着重要的作用。首先，在工程设计阶段，工程师设计工程活动，构思工程活动的蓝图，以工程目标为中心，采用调研、分析论证等方法，探寻各种方案的可行性。其次，在工程决策阶段，工程师提供并阐释工程方案，在工程决策中担任参谋者的角色。因此，他们在为自己所坚持和信奉的方案辩护的同时，还要通过比较和竞争选择最佳方案，协助决策者敲定最终方案。最后，在工程实施阶段，工程师一方面要提供必要的生产技术和工艺；另一方面要直接对工程活动的进度进行调节。此外，工程师在统筹成本、质量和销售等方面也担任管理者的角色。

工程师在工程共同体中的特殊地位还体现在其是往返于科学场域与工程场域的摆渡者。一方面他是亲历亲为的“工程实践者”。另一方面，他往往掌握着工程共同体中其他成员所不具备的科学技术知识，并通过专业的工程师教育赋予他的转化能力，尽其所能将科学知识物质化。这一特点是工程共同体的其他成员所不具备的。

工人

工人是工程活动共同体中不可或缺的一部分，负责执行工程活动的操作环节，通过必要的体力和智力劳动，将工程行动方案最终落到实处。缺少工人的工程是难以想象的。工人在工程活动中处于基础地位，承担着工程的最终活动。

马克思主义经典作家曾指出，工人阶级始终是推动社会前进的最基本的动力，是革命和建设的主体；工人阶级是雇佣劳动者，主要是产业工人，以从事体力劳动为主。随着社会化生产的发展，社会分工越来越细，劳动过程也越来越复杂，工人的劳动不再仅仅表现为简单的手工劳动或简单的机器操作，一个劳动过程的完成往往包括机器操作、工程技术工作和管理工作等几部分，既要进行体力劳动，又要进行脑力劳动。

我们现在广泛使用的“工匠精神”概念，指的就是在一大批高水平的工程师之外，还需要一批有担当、追求精益求精的高素质工人。传统意义上我们将工人分为白领与蓝领，这种分类随着时代的发展显然有些过时，如今无论是基础科学研究过程中枯燥反复的运算、实验，大科学装置建设中诸多实践难题的解决，还是建立在经验积累的基础上的应用技术创新，都要求工程师与工人不断提升自身的科学技术知识水平。这一趋势也势必推动工程师与工人这两类人群有所融合，今天的工人已从被动接受工程师的指导向主动学习探索转变。

投资者

工程活动不能脱离资金支持。没有资金投入的工程只是一种想象性的工程，无法被实施。工程活动中的投资者通常作为工程项目的发起者，拥有主动权，在工程决策中作为雇佣者，起主导作用，在很大程度上影响和决定着工程的规模和“品味”，而工程师、管理者或经理人以及工人作为被雇佣者，处于被支配地位。从历史上看，投资者的具体存在方式或表现形式是多种多样的，例如，皇帝、资本家等可能成为某项工程的投资者；在现代社会中，除了个人投资者外，机构投资者往往发挥更重要的作用。

管理者

管理者是指具有一定管理能力从事管理活动并处于不同层次和岗位的领导者或负责人，更善于进行协调、指挥和决策，从全局出发考虑问题。相较于工程师与工人，工程活动的管理者要力图使部门目标与工程的总体目标相一致，确保工程总体目标的实现。

管理者要统筹兼顾人力、物力和财力，以缓解和减少在工程活动中可能出现的各种矛盾冲突，如劳资矛盾、人际关系矛盾、人—机矛盾、资金物资不足的矛盾和福利待遇差异等。这些主要矛盾通常影响和制约着工程活动的实效性、先进性，以及该工程共同体的凝聚力、执行力、感召力、信誉度、知名度和美誉度等。位于各个层次的管理者要从实际出发，适时调整方案策略，以期工程活动的完美达成。

其他利益相关者

工程活动是一种涉及领域众多、综合性较强、必定带来广泛影响的社会实践活动，包含大量的相关利益者，除了大众普遍认为的工程师、工人、投资者和管理者外，还不可避免地存在“其他利益相关者”。比如工程用户、工程项目建设区域的居民、政府、公众、新闻媒体等。对这些社会利益相关者我们要给予足够的重视，明晰他们的需要和目标，以便工程项目顺利地开展和建设。

2. 工程职业共同体及其代表

前文已详细阐述了工程活动共同体的构成和特征，接下来我们要明确工程共同体的第二个类型——“工程职业共同体”。一方面，工程活动共同体重点关注整个工程活动或工程建设，而工程职业共同体的宗旨在于保障本职业群体的“共同利益”。例如，工人自发组织的工会，工程师协会或由学会、投资人和管理者组成的雇主协会等。另一方面，工程活动共同体的成员构成较为复杂，而工程职业共同体的成员较为单一，大多是同职业的人员。

在众多工程职业共同体中，工会、雇主组织与工程师协会可谓“三足鼎立”。工会是劳动关系冲突的产物，其目的是维护自身利益，作为对抗资本的一种手段而存在。由于当代资本主义的新变化，工会与资本的对抗性程度日趋平缓，但二者仍作为一对学术话语出现。总的来看，当代工会以维护工会成员的利益为主要目的，而雇主组织的主要职能是与工会围绕劳动关系进行协商和谈判。

与以上两者不同，工程师协会一方面强调其成员应符合自身的职业伦理规范，承担相应的社会责任，另一方面重视维护本职业成员的权利。

工程师的权利指的是工程师的个人权利。作为人，工程师有生活和自由追求正当利益的基本权利，例如在受雇时不受基于性别、种族或年龄等因素的不公正歧视的权利。作为雇员，工程师享有履行其职责后接受工资回报的权利、从事自己选择的非工作的政治活动而不受雇主的报复或胁迫的权利。作为职业人员，工程师有其职业角色及其相关义务产生的特殊权利。

一般来说，作为职业人员，工程师享有下列八项权利：①使用注册职业名称；②在规定范围内从事职业活动；③在本人执业活动中形成的文件上签字并加盖执业印章；④保管和使用本人注册证书、执业印章；⑤对本人职业活动进行解释和辩护；⑥接受继续教育；⑦获得相应的劳动报酬；⑧对侵犯本人权利的行为进行申述。上述八项权利中，最重要的是第二项和第五项权利。

3. 工程共同体嵌入社会

工程共同体不是一种孤立、片面的存在，它有着深厚的社会基础。因为工程共同体在发展过程中必须与不同社会群体进行广泛而深入的交往，从这个角度我们断言，工程共同体已嵌入社会，因此工程共同体必须承担对人类和自然发展的责任。现实生活中，我们也看到一些公众强烈反对某些工程项目的案例，有些工程项目在最初的设计上并没有考虑公众的利益，使得公众对于工程有所误解与抵触，质疑和冲突频发。究其原因，某些项目的社会嵌入程度还不够深入，脱离了群众生活，最后导致公众产生反对与抗拒的心理。基于不断爆发的工程项目与公众冲突事件，我们应当意识到，公众是工程实施过程中的一个重要影响因素。公众的支持与理解能够推进项目的建设，反之，则带来巨大的阻碍。这就要求我们不仅要促成工程共同体内部成员的一致，而且要赢得普通公众的认同，努力消除公众与工程共同体的“隔阂”。最有效的方式就是在构建工程之初，树立对二者关系的正确意识，通过积极的沟通、协调等手段消解二者的嫌隙。

同时，工程共同体与政府也有着密切联系。近年来的许多工程都是在政府引导、规划和投资下进行的，都是基于特定的社会需要、特定的生态环境而设计并开展的，对现实社会生活造成一定影响。

政府是推动现代社会运转的组织者。受经济、政治、文化、社会以及国际环境的影响，政府在经济建设中的地位日益凸显，功能也不断增多。政府开始参与工程的筹划、抉择、实施等环节，换言之，这些工程的规划、进程和结果中都有政府的身影，美国的田纳西水利工程、中国的三峡工程和“天眼工程”等就是很好的例证。

除了工程本身，工程共同体及其内部成员也与政府政策的制定、调整、决策有着千丝万缕的关系。政府可以为工程共同体提供以下支持：①社会环境方面。良好的社会环境是工程共同体发展的重要条件，涵盖政治环境、文化环境、法制环境、投资环境等。为适应中国特色社会主义进入新时代的新要求，我国政府不断深化行政审批制度改革，将办理建筑施工许可的便利度提升至国际先进水平，进一步精简负面清单。②个人技能提升方面。政府不断增强对工程共同体的技能培训、素质培训；重视职业技能教育，不断改善技术工人和工程师的生活条件、薪资福利。③投资保障方面。政府进一步推进投资审批制度改革，为投资者特别是外商投资者提供制度保障，为其参与工程营造便捷、公平的经济环境。④基础设施建设方面。政府为工程共同体提供必要的生活支持。比如，近年来政府出台政策要求提供集体宿舍、住房补贴等，不断改善普通工人和工程师的生活条件。

正如政府对工程共同体负有服务的责任，工程共同体对政府也有一定的责任和义务。两者的关系不是单方面的付出而是互动的关系。政府是公共工程的出资者，也是工程社会运行和社会后果的监管者，工程共同体应对政府负有经济责任、技术责任、社会责任和伦理责任。

（二）工程的社会运行

如同动物要经历出生、发育、成长、衰老、死亡等过程，工程也是有其生命周期的。我们必须清楚地知道工程的全生命周期包含哪些阶段，进而有针对性地采取不同方法进行有效的管理与控制，以期产生良好的效果。每一阶段的工程侧重点各有不同。而工程管理的方法与原则就渗透在工程全生命周期的各个阶段。

工程全生命周期大致包括如下几个阶段，即工程规划决策阶段、工程设计阶段、工程建造阶段、工程运行维护阶段和工程退役阶段。

工程规划决策阶段是指依据工程总目标和总要求，明确限制工程实施的经济条件、文化条件、社会条件、生态条件等，在此基础上制定工程任务、推进方案、实施措施以及预期产生的影响，提出一个总体方案和详细构想，最后对该方案的可行性做出判断——进入决策阶段。在完成工程规划决策后，我们便需要考虑工程活动的下一个阶段——工程设计阶段。

在工程设计阶段，工程师的首要任务是对工程活动的各种条件进行调研，确定所需的资源条件、工艺条件、技术条件等，运用相关技术、设备、程序和系统对各类信息进行优化集成处理，将资源、工艺、技术等加入已有的程序或流程中，并针对整个工程活动形成一个完整、清晰、详尽的架构。其次，对各种可能发生的情况进行预测，这不仅需要工程科学的知识，还需要工程师所拥有的无法用语言表达但又十分重要的“隐性知识”。还要对每种指标进行优化，采取定性与定量相结合的方法，形成一个切实可行、便于具体操作、高效的设计方案，解决在工程实施过程中可能出现的问题。广义上的工程设计除工程目标的蓝图外，还应包含具体的可操作性设计，即表明这一实施过程、方法，体现出该工程活动的“品位”。在设计阶段，工程共同体的主要成员与社会相关利益者要多次进行沟通与交流，以确保该工程的合理化。

工程建造是一个从抽象到具体、由宏观到微观的过程。工程主体依照先前制订的设计方案开展实践活动，利用以往经验，采用多种工具、设备，对原材料（如石灰、沙、砖等）进行加工，采用一系列富有成效的管理与调节手段，建造符合要求的工程，最终实现工程蓝图与目的。

建造完成，并不意味着工程活动的结束，而是进入工程运行维护阶段。人们出于使用的目的建造建筑物，希望能够延长其使用寿命，在日常生活中得以有序、高效的运行；在该建筑物运行过程中如果不进行定期检测、维修和管理就可能存在安全隐患，进而发生重大工程安全事故。近年来，频频发生的工程安全事故，如北京央视大楼发生火灾、湖南凤凰县大桥坍塌事故、电梯门闭锁故障导致人员坠落井道事故等也为我们敲响了警钟。

所以，为了让工程产品在一定的使用期限内正常运作，维护修理工作是必不可少的。在此阶段，要使用正确的运行维护方法对相应的产品进行保养和维修。

工程活动到达既定的期限时，存在以下几种可能：已不能完成预期目标；超出承载上限，已不能满足当前需要；可能造成生态危害或对他人生产生活存在潜在危险，抑或因不可抗力导致其不再进行工程活动。此时，我们应该对这些工程项目进行清算，运用科学手段使其进入工程退役阶段，结束其运营维护。工程退役阶段是整个工程全生命周期中非常重要的一环。

过去，我们忽视了该阶段的重要意义，导致许多悲剧的发生，当前，我们已对该阶段有了清晰正确的认识，必须采用科学合理的手段去解决退役阶段可能出现的问题，使工程活动完美结束。其中，最为重要的一点是，既不能对环境产生损害，又要采用适合的方法消除工程。不同种类工程活动的处理方式迥然不同，过去我们采取的“一刀切”做法是完全错误的，简单消极的回收、报废、弃置在一定程度上对生态环境造成了不可逆转的损害。

总之，工程规划决策阶段、工程设计阶段、工程建造阶段、工程运行维护阶段和工程退役阶段构成了工程全生命周期，这五个阶段是彼此联系、相辅相成的，构成整个工程活动漫长又富有活力的产生、成长、消亡过程。与此同时，这五个阶段又具有相对独立性，每一阶段有不同的特点。除此之外，我们还要关注可能在每个阶段出现并贯穿整个工程活动的工程管理、工程评估等要素。

（三）工程的社会评估

由于工程活动受经济、政治、文化、伦理等多重社会因素的影响，必然要对其进行社会评估，以预测工程的社会后果、衡量工程项目的利弊。工程的社会评估有助于工程决策科学化、合理化，最终达到建设和谐工程的目标。我们要理解工程的社会评估的必要性，认识工程的社会评估的性质，了解工程的社会评估的具体方法。

1. 工程的社会评估的必要性

首先，工程活动本身包含着社会性。近年来，许多工程活动得到公众的关注，在社会上引发广泛的讨论。比如，转基因作物的研发与利用、核电站选址和化工厂选址等，十分具有争议性，最后导致许多工程项目不得不延缓进行或停工。

其次，工程活动通常牵扯着社会各方的利益。某些利益相关者有可能基于自身利益诉求，通过忽视、扭曲社会效益评估等手段，使工程项目获得批准。正是基于这样的考虑，公众、相关社会组织和政府日益重视工程的社会评估。当前，我国政府有关部门已将“社会稳定风险评估”作为论证工程可行性的必要组成部分。以往的工程活动所带来的负面结果在社会上造成了不良影响，甚至在一定程度上造成社会动荡。优化工程的社会评估可以降低或消除工程项目的不良社会影响，提高社会的稳定性。

2. 工程的社会评估的性质

工程社会评估的民主性

工程的社会评估的民主性表现为各方利益相关者的广泛参与和讨论，而不是仅仅交由相关专家进行论证。通过这种方式，能够从社会角度，尽可能全面地考察工程项目的可行性以及由此带来的社会影响。一旦工程活动进入社会领域，各方利益相关者就会围绕工程项目进行协商与权衡，对各种可能的潜在影响进行考察和论证，降低了工程项目可能带来的社会风险，最后达成一个比较满意的结果。由此可见，社会评估在社会层面体现了民主协商的精神。

工程社会评估的建构性

工程的社会评估是一个动态的过程，通过集体建构，对潜在风险加以识别和判定并提出相应的解决方案。这个建构过程，就是利益相关者运用其专业知识（如经济学、社会学、哲学、政治学、生态学等理论），将某些地方性知识、传统文化和多方需求纳入思考范围，构建一个具有预见性、可操作性的工程设计和工程建设规划，优化其实现的路径。

工程社会评估的包容性

工程的社会评估始终以人为中心，尤其关注社会弱势群体在工程活动中可能遭遇的风险。一般来说，弱势群体往往在获取补偿和应对风险方面都处于不利地位。在工程建设过程中，要考虑到弱势群体的实际需要，增强其参与感并使其从中受益。工程的社会评估要具有包容性，这不仅可以推动工程活动的开展，还可以促进社会公平，以达到“1+1>2”的效果。同时，在工程项目实施过程中，可能存在“非自愿移民”的情况。弱势群体可能因工程活动而失去土地资源、难以维系生存，这些可能性应纳入事前的社会评估环节，对弱势群体的诉求予以回应，实现工程活动的包容性发展。

工程社会评估的规范性

工程的社会评估的规范性是指工程的社会评估取决于一种有效的社会机制，绝不是随意形成的，而是具有专业性、可操作性、约束性。政府的相关部门明确相应的管理机构和专业的评估机构，对不同类型的工程项目进行社会评估。在社会评估过程中，做到具体行业具体分析，依据各个行业的特点，制定相应的社会评估标准与管理规范。通过完备的评估机制、程序和要求，实现工程的社会评估的有效性，完成工程目标。

3. 工程的社会评估的具体方法

在工程的社会评估过程中，要采取多种方法，以实现社会评估的有效性。下面将简要说明几个具体方法。

整理归纳相关信息

开展工程的社会评估的前提是广泛、系统地收集、整理和归纳相关信息，如目标人群的统计资料、可支配收入、社会公共服务、人们对工程项目的意见和态度等。此外，还要了解不同社会群体和利益相关者的需要和诉求，以及对当地风俗习惯、文化传统等方面进行全面考察。获取准确、翔实的基础资料是开展工程的社会评估的基础。

辨别利益相关者

工程活动必然涉及个人、组织和政府等相关群体。利益相关者主要是指直接受工程活动影响的社会成员。在工程的社会评估过程中，要关注这些利益相关者的诉求和需要，考虑不同利益相关者之间可能出现的利益冲突。通过评估潜在的风险，制定相应的解决措施，将风险规避到最小。

值得注意的是，工程活动中的利益相关者构成较为复杂，且任何一个工程项目也不可能事先识别所有的利益相关者，会造成部分利益相关者被忽略的情况。为尽可能囊括全体利益相关者，必须向社会各界公开项目相关信息。随着信息技术的发展，人们可以通过网络获取更多信息。在网络上公布工程项目的相关信息，能够在一定程度上让公众进行事前监督，以此了解利益相关者的组成。通过这种方式，能够找寻潜在的利益相关者，使工程的社会评估得以完善。

由于利益相关者在工程活动中一直呈动态变化，评估者要重视这种波动与变化，通过多种方式，减少可能出现的矛盾冲突，准确把握其需求。要做好利益相关者动态考察工作，一是绘制并不断更新工程项目的利益相关者图谱；二是评估来自不同利益相关者的不同需求及其可能变化；三是提出应对这些需求的可供选择的方案。

对利益相关者进行分析

在辨别出利益相关者后，要对他们的心理、行为等方面进行分析，以推测主要利益相关者在工程活动中的地位和对工程项目产生的影响。评估者对可能产生的积极影响和消极影响要有基本的预测，作为社会评估的基础。

加强与利益相关者的联系

利益相关者是工程的社会评估的积极因素，利益相关者往往包含个人、社会组织和政府机构等。相关专家、权威部门成员与普通民众都可以参与到工程项目中，从经济、政治、文化、伦理、法律、生态等各个角度对某一工程活动进行分析和评价，对潜在风险进行预测，制订工程方案并从中获益。

利益相关者可以从两方面参与工程项目。一方面，提供地方性知识对工程项目的规划设计进行补充，主要通过某些工具对相关数据进行收集和整理。另一方面，采取实际行动，参与工程项目的制定与实施，评估者要特别考虑到相关弱势群体在其中的作用，了解他们所面临的困难和实际需要，调动弱势群体参与工程设计和实施的积极性、主动性。通过以上两种方法，可以更加全面、准确地进行社会评估，确保评估的时效性，缓解或消除社会不稳定因素，维持社会和谐稳定。

判定社会风险

利益相关者之间的利益冲突可能带来社会风险，影响工程活动进程。如何判定潜在的社会风险并制定相应的解决措施，是开展工程的社会评估的重要内容。要判定哪个环节最有可能出现矛盾冲突，要采用何种方式规避这些冲突？若无法避免，我们可以在何种程度上缓解这些问题？是否可以在一定程度上调整决策设计以便符合利益相关者对工程项目的要求？

这就要求评估者对可能的社会风险加以断定，权衡利弊。必要时，可以促使决策者与利益相关者代表对话。通过各种技术手段、利用大数据对社会风险程度进行辨别，全面了解引发社会风险的各种因素，以弥补或重新制订决策方案。

三、工程的社会影响

工程活动的实际过程是非常复杂的。由于各种因素的影响，工程的意向目标与其实际后果并不一定匹配，在认识和评价工程问题时，不仅要重视工程的目的，而且要关注工程过程及其造成的后果。

（一）工程的经济、社会、生态影响

列宁说："世界不会满足人，人决心以自己的行动来改变世界。"人类想要在自然界中生存和发展下去，就需要向自然界谋取人类所必需的生活和生产资料。工程是人类改造世界的基础，尤其是近代科技革命以来，工程更是架起了科学、技术与产业发展之间的桥梁，成为社会进步的强大杠杆。因此，工程对人类具有巨大的正面价值，任何否定这种积极作用的观点都是片面的。

但作为人们主动改造自然的实践活动，工程也会对社会产生具体而深远的影响。特别是大型工程如"三峡工程"等往往会直接影响当地的政治、经济、文化、生态环境和社会生活。通常工程的目标都比较明确，实施起来，组织性和计划性较强，相应地，社会对工程的制约和控制也较强。

1. 工程的经济影响

工程活动都有明确的经济目标，这往往是评价工程意义的重要指标。工程对经

济的影响主要包括经济价值和经济性两个方面。一方面，很多工程能够立项并得以实施的原因主要是能带来显著的经济效益，甚至会较大程度改变当地的贫困状况。尽管工程的实施还必须充分考虑社会、生态等多方面因素，但经济效益无疑是激发人们开展工程活动的重要动力。另一方面，对复杂的工程实践来讲，如何以尽可能小的投入获得尽可能大的收益是人们关注的重点。从经济观点来看，投资是工程活动的基本要素，物质性的工程活动（包括物质性构建活动，生产、制造等）是实体经济的主要形式和内容。

然而，效益与风险是相关联的。尽管工程开始实施前，相关人员会对其建成后的效果进行预测，但由于现代工程活动的复杂性，许多工程出现了一些意料之外的负面效果，其中巨大的经济损失就是表现形式之一。很多时候，这些后果是十分严重且难以消除的，尤其是某些大型工程项目造成的灾难性后果。这就使得人们认识到对待大型工程项目必须慎之又慎。

2. 工程的社会影响

工程项目是社会主体进行的综合性社会实践活动，任何工程项目都必须在一定时期和社会环境中展开。因此，社会性是工程最重要的特征之一。工程的顺利实施需要众多行动者的参与和协作，同时也需要考虑利益相关者，处理好工程网络中各个群体间的利益关系，这都是需要考虑的工程的社会维度问题。

随着现代科学技术的进步，工程对社会产生了巨大的影响。生产的机械化、自动化、智能化减少了人的劳动强度和劳动时间，信息通信技术增进了人的智力和创造力等。例如工厂的流水生产线，大大降低了产品的制造成本，使得很多产品都可以进入寻常百姓家。这些产品的大众化、普及化，不仅提高了人们的生活质量，而且缓解了社会各个阶层之间的紧张关系。然而，工程在带来效益的同时也带来了就业风险、安全风险等，例如高速电子收费系统取代收费站员工的工作，从而造成很多职工失业。因此，在追求工程效益的同时，我们也应该重视工程给社会带来的负面效应。

3. 工程的生态影响

工程实践会直接给自然环境和生态平衡带来不可逆转的影响。由于一些工程不加节制地开发和利用自然资源，肆意地排放废弃物，对环境造成了恶劣影响，如各种污染、土地沙化、水土流失等，导致生态系统功能退化。特别是近年来，工程活动规模越来越大，其对生态的影响也越来越深远。

随着人们环保意识的增强，工程开始朝着环境友好型方向发展，工程生态价值的性质也在发生转变。例如，我国大力开发新能源，发展循环经济，开展了三北防护林体系建设等重大生态修复工程，以及一大批江河湖泊生态环境保护项目。因此，工程并不总是给生态带来负面影响，一个好的工程会优化当地的生态环境。

总体而言，工程的一般含义就是“造物”，本质是利用各种知识资源与相关基本经济要素，构建一个新的人工物，目的是形成直接生产力。工程可以在不同领域发挥出不同的功能，创造出更多的可能性，提高人类行动的效率。工程的实际价值取决于社会要求和社会环境，这也是工程具有好的和坏的双重效应（即通常所谓的“双刃剑”）的根源。工程的负面影响，很多时候是人们行动方向和行为方式的问题，而非工程本身的过错。我们应当提高自身认知，把工程应用于促进人的全面发展、社会和谐以及人与自然协调发展的方向。

（二）工程风险

工程总是伴随着风险，这是由工程本身的性质决定的。工程系统不同于自然系统，它是根据人类需求创造出来的自然界原初并不存在的人工系统，包括自然、科学、技术、社会、政治、经济、文化等诸多要素，是一个远离平衡态的复杂有序系统。从哲学的观点来看，风险现象之所以产生，是由于我们生活在一个充满不确定性的世界。可以看出，工程风险往往与不确定性联系在一起，即风险来自不确定性。

1. 工程风险的来源

由于工程类型的不同，引发工程风险的因素也是多种多样的。大体来说，工程风险主要由以下三种不确定因素造成：工程内部技术因素的不确定性、工程外部环境因素的不确定性和工程设计过程的复杂性。

首先，工程风险的技术因素。作为一个复杂系统，工程中任何一个环节出现问题都有可能引起整个系统功能的失调，进而引发风险事故。例如工程年限问题，工程的整体寿命往往取决于工程内部寿命最短的关键零部件，如果它们的功能不稳定，整个系统就会处于不安全的隐患之中。此外，现代工程通常是由多个子系统构成的复杂化、集成化的大系统，这对控制系统提出了更高的要求。在工程实践中，不仅要求优良的信息技术、网络技术和计算机技术掌控全局，也要求专业的操作者在面对突发情况时灵活处理。

其次，工程风险的环境因素。环境因素主要有两个方面，一个是气候条件，另一个是自然灾害。良好的外部气候条件是保障工程安全的重要因素。任何工程在设计之初都有一个抵御气候突变的阈值。在阈值范围内，工程能够抵御气候条件的变化，而一旦超过设定的阈值，工程安全就会受到威胁。自然灾害也是工程风险的主要来源之一，这也是工程活动开始前就应该考虑的问题。

最后，工程设计过程包括许多复杂因素。一个好的工程设计，必然经过前期周密调研，充分考虑政治、经济、文化、社会、环境等相关要素，再经相关专家和利益相关者反复论证后做出决策；相反，如果相关方只是考虑自身利益或未充分考虑各个要素，就会给工程带来相当大的风险，甚至会造成工程事故的发生。此外，施工质量也是工程风险的重要影响因素。施工质量是工程的基本要求，所有的工程施工规范都要求把安全置于优先考虑的地位。一旦在施工质量的环节出现问题，就会留下安全事故的隐患。因此，在工程施工中，必须严把质量关，严格执行国家安全标准，避免工程施工缺陷的出现。

2. 工程风险的评估

工程活动内在地包含着风险和不确定性。风险在原则上是无法完全消除的，因此在工程实践中，一种实际的做法是对风险进行评估，确定风险的接受范围。这里涉及工程风险可接受性概念。工程风险可接受性是指人们在生理和心理上对工程风险的承受和容忍程度。当然，即使面对同一工程风险，不同的主体对它的认知也是不同的，其可接受性因人而异，即工程风险的可接受性是具有相对性的。因此，我们需要对风险的可接受性进行分析，界定安全的等级，针对一些意外风险事先制定相应的预警机制和应急预案。

“风险评估”就是对风险带来危害的大小和可能性的预测和评价。这包括技术评估和伦理评估两个方面。其中技术评估主要是对工程设计时可能存在风险的部件、控制系统等进行科学的分析。而伦理评估关注的核心是工程风险的可接受性在社会范围的公正问题，要求我们遵循以人为本、预防为主、整体主义和制度约束等原则。其中，“以人为本”原则意味着在风险评估中应避免狭隘的功利主义，充分保障人的安全、健康和全面发展。“预防为主”原则要求我们实现从“事后处理”到“事先预防”的转变，做到充分考虑工程中的各个因素，尽可能降低其负面影响。此外，还要加强日常安全隐患排查，强化日常监督管理，完善预警机制，建立应急预案，培训救援队伍，加强平时安全演习等。安全教育是避免工程事故的一种有效手段。只有每个人都真正认识到安全意识的重要性，才能全方位、多角度地防控工程风险。“整体主义”原则要求我们应从社会整体和生态整体的视角来思考某一具体的工程实践活动。“制度约束”原则要求我们建立健全安全管理的法规体系，建立并落实安全生产问责机制，做到责任具体、分工清晰、主体明确、责权统一。通过逐级严格检查和严肃考核，增强安全责任意识，提高安全生产执行力，把安全生产的责任落实到每个环节、每个流程、每个岗位和个人。

3. 从工程风险到工程安全

某种程度上，工程风险是可以预防的。首先，在工程设计阶段，为了避免因设计理念局限性造成的风险，要明确“谁参与决策”和“如何进行决策”的问题。就前者而言，可以考虑吸收各方面的代表参与决策，如工程师代表、政府部门代表、伦理学家以及利益相关者各方代表等。而对后者来说，应重视工程决策中的民主化。在决策过程中各方面代表应该充分发表意见，交流信息，进行广泛讨论，在此基础上努力寻求一个经济上、技术上和伦理上都可以被接受的最佳方案。

其次，工程质量是决定工程成败的关键。没有质量作为前提，就没有投资效益、工程进度和社会信誉。工程质量监理是专门针对工程质量而设置的一项制度，它是保障工程安全、防范工程风险的一道有力防线。

最后，工程事故预防包括两个方面：一是对重复性事故的预防，即对已发生事故的分析，寻求事故发生的原因及其相关关系，提出预防类似事故发生的措施，避免此类事故再次发生；二是对可能出现事故的预防，此类事故预防主要针对可能将要发生的事故进行预测，即查出存在哪些危险因素组合，并对可能导致什么事故进行研究，提出消除危险因素的办法，避免事故发生。

人们希望通过工程活动塑造美好的未来，然而由于固有的不确定性及其他原因，工程也给人们带来了很多风险。面对工程风险，仅靠专业人员的努力是远远不够的，必须发动社会力量的积极参与，才能从根本上预防和治理工程事故。

（三）工程的价值冲突和权衡

工程活动是涉及多种自然与社会资源，需要协调多种利益诉求和冲突的社会活动，需要众多的行动者，如投资者、管理者、工程师、工人等参与。在这个过程中，基于社会主体价值标准的多元化以及现实的人类生活本身的复杂性，常常会出现具体情境之下的道德判断与抉择困境，即“伦理困境”。

面对伦理困境，如何进行抉择？功利论以“最大幸福原则”为基础，强调行动产生的非道德的价值，比如幸福；义务论则认为行动本身就具有内在价值；契约论则更注重行为的程序合理性，强调达成共识之后按照契约行动；美德论则从职业伦理的角度为人的行动提供了一种内在的倾向性标准，如诚信、正直、友爱等。价值标准的多元化导致了人们在具体的工程实践情境中选择的“两难”，工程本身的复杂性又加剧了行为者在反映不同价值诉求的伦理规范之间的权衡。此外，工程系统的各个部分之间“紧密的合作”和“复杂的配合”又使得运气的存在成为可能，它削弱了工程伦理规范带给行为者的安全感和稳定感，继而在对可期待的工程活动的结果中产生了一种深深的不确定性。

面对复杂的伦理问题或伦理困境，需要审慎地思考以下关系。第一，自主与责任的关系。在尊重个人的自由、自主性的同时，要明确个人对他人、对集体和对社会的责任。第二，效率和公正的关系。在追求效率的同时，要恰当处理利益相关者的关系，以促进社会公正。第三，个人与集体的关系。在追求工程的整体利益和社会收益的同时，充分尊重和保障个体利益相关者的合法权益。第四，环境与社会的关系。工程实践的一个重要特点是给自然环境和生态平衡带来直接的影响，在实现工程的社会价值的过程中，如何遵循环境伦理的基本要求、促进环境保护、维护环境争议，是工程实践不得不面对的重要挑战。

同时，伦理困境的解决必须融入个人美德对规则的反思、认识、实践。工程共同体的每一个人都有相应的责任。由于现代工程往往建立在丰富、高深的专业知识基础上，工程师在工程建设中处于特别重要的地位。在工程实践情境中，工程师既是专业人员，也是工程共同体中其他角色之间的枢纽，其面临的问题不仅仅局限于伦理准则，还包括具体实践境域下的角色冲突、利益冲突和责任冲突。

1. 角色冲突与权衡

工程师在社会生活中扮演着多重角色，不同的角色有不同的责任及追求。当工程师作为职业人员的时候，他受雇于企业，是雇员；他作为社会人，是社会公众的一员；此外，他还是家庭中的一员，甚至某些社会组织中的成员，角色冲突导致了工程师所处的道德行为选择困境。首先，作为职业人，一方面工程师受雇于企业，另一方面工程师有自己的职业理想，把社会公众的健康福祉放在首位。当企业的决策明显会危害到社会公众的健康、福祉时，工程师就面临着工作追求和更高的善的追求之间的冲突。

其次，工程活动是一项复杂的社会实践，涉及企业、工程师群体以及社会公众甚至政府。工程师在促进工程成功实施的过程中，协调各方目的，当工程师实践过程中的行为与一般道德要求相冲突的时候，他就陷入了角色冲突的困境。最后，工程师还可能是企业的管理者。工程师与管理者的职业利益不同，这使得他们成为同一组织中两个范式不同的共同体。当企业的决策违反工程规范标准或者可能对公众安全、健康和福祉造成威胁的时候，处于企业决策者位置的工程师就面临着角色道德冲突。

工程师角色冲突的解决有赖于在宏观与微观方面建立一套机制。宏观层面的工程职业建设，为问题的解决提供制度保证和理论基础；微观层面对工程师个体的道德心理进行关怀，培育工程师的道德自主性，为制度建立内在的道德基础。首先，职业建设为解决冲突提供宏观制度背景。工程职业需要不断完善自己的职业建设。工程职业的技术标准和伦理标准是工程职业建设的两个最主要的方面，技术标准是职业人员在工程质量方面的承诺，而伦理标准是关于职业人员职业行为的承诺。其次，增强工程师个体道德自主性的实践。工程师并不是只会遵守规范的机器，而是有自己的独立意志、会思考和有情感的个体。只有当工程师把规范条文内化为自己的道德原则，从内心认同接受的时候，才能自觉地产生道德行为，做出合理的道德选择。最后，回归工程实践。工程师角色冲突伴随着工程实践的整个过程，工程实践本身就是解决角色冲突的唯一途径，角色冲突产生于实践，于实践中得以解决。角色冲突的出现和解决构成了工程实践的一部分，伴随着工程实践的始终，而工程实践也就是角色冲突的不断产生和不断解决。

2. 利益冲突与权衡

工程中的利益冲突问题是工程伦理和工程职业化中的一个重要话题。工程中利益冲突的种类既包括个体利益（如工程师）与群体利益（如公司）之间的冲突，也包括个体利益与整体利益（如社会公众）之间的冲突，更包括群体利益与整体利益之间的冲突。当工程师在日常工作中面对利益冲突的情形时，应该如何应对？

工程师应该保持对雇主、客户与公众的忠诚，保持工程师职业判断的客观性，这就要求工程师尽可能地回避利益冲突，具体到工程实践情境，包含以下五种“回避”利益冲突的方式：①拒绝，比如拒收卖主的礼物；②放弃，比如出售在供应商那里所持有的股份；③离职，比如辞去公共委员会中的职务；④不参与其中，比如不参加对与自己有潜在关系的承包商的评估；⑤披露，即向所有当事方披露可能存在的利益冲突的情形。前四种方式都归属于“回避”的方法。回避利益冲突的方法就是放弃产生冲突的利益。通过回避的方法来处理利益冲突总是有代价的，即有个人损失的产生。其中不同的是，“拒绝”是被动地失去可获得的利益，而“放弃”是主动放弃个人的已有利益。而“披露”能够避免欺骗，给那些依赖于工程师的当事方知情同意的机会，让其有机会重新选择是找其他工程师来代替，还是调整其他利益关系。

3. 责任冲突与权衡

责任冲突是指工程师在工程行为及活动中进行伦理抉择的矛盾状态。在具体的工程实践场景中，相互冲突的责任往往表现在个人利益的正当性、群体利益的正当性、原则的正当性中。那么，如何化解公众利益与雇主利益的冲突？如何诚实公平地履行自己的职业责任和雇员责任？我们可以从以下几个方面进行思考：第一，了解雇主和公众的利益需求，同时考虑工程可能对环境和生态产生的负面作用。第二，思考相关利益者的各种权益要求，深度权衡利益之间的矛盾与冲突，仔细比较各利益的受众面和影响程度，同时梳理规范、准则对工程师提出的责任要求，针对以上利益诉求考察并初步筛选已给出的行动方案。第三，尊重生活传统给予自己的道德信念与良知，忠实于工程实践与个人真实生活的统一。第四，慎思工程行为的伦理优先顺序，并用道德敏感性“过滤”规范对自己的责任要求，身临其境地“想象”已给出的方案可能产生的后果，更新对规范的认识。

良好工程目标的实现固然离不开工程师“履行责任”开展工程活动，但其真正实现还是依赖于工程师在整个工程生活中践履各层次责任并始终彰显卓越的力量。因此，工程师要按照伦理章程的规范要求遵循职责义务，根据当下的工程实际情境，调整践履责任的行为方式，不断探索和总结“正确行动”的途径。同时，工程还应努力促进不同的社会角色、各种价值和利益集团的代表乃至广大公众的参与、对话并力求达成共识，这是解决价值冲突的一个重要环节。

四、工程的社会责任

现代工程是价值负载的决策过程，这个过程中很重要的一个议题就是社会责任。当今国际工程界早已将“公众的安全、健康和福祉放在首位”作为普遍遵守的原则。社会责任包括环境保护、社会道德以及公共利益等方面，由经济责任、可持续发展责任、道德责任等构成。随着工程规模越来越大，各种技术越来越综合，工程本身也越来越复杂，工程实践中的问题也越来越突出。因此，无论是工程师、公众，还是企业、政府等决策者，都应该正确认识工程的社会责任，提高自身的伦理意识和社会责任感，从而使工程更好地造福社会、造福人类。

（一）邻避效应

随着城市化进程的加快，人们对城市公共设施的需求不断增长，各种公共服务项目也日益增多。在给人民群众带来便利的同时，一些公共服务项目也引发了一些社会矛盾，近年来我国各地陆续发生了多起因建设项目选址而引起的社会群体事件。例如2009年广州番禺区生活垃圾焚烧厂的选址因遭到周边居民的强烈反对而搁置；2012年昆明PX项目（对二甲苯化工项目）由于民众的强烈抵制而取消；2018年11月福建泉州发生泉港碳九泄漏事件后，民众认为该石化项目会污染环境、损害健康，要求停止项目扩建计划。这类公共服务项目建设对当地居民生活等造成影响，导致他们在心理、行为等方面产生抵抗情绪，进而滋生“不要建在我家后院”（Not In My BackYard，NIMBY）想法的现象称为邻避效应。“邻避效应”起源于“邻避设施”的兴建。“邻避设施”是指能使大多数人获益，但对邻近居民的生活环境与生命财产产生威胁的“危险设施”，如垃圾场、变电站、殡仪馆、炼油厂、精神病院等。由于潜在危害性，此类项目附近的居民会自发组织起来，与政府或公共服务项目方进行博弈，以人身安全、生态环境、居民健康等为主张，反对设施的兴建。在此过程中，公众可能会表现出强烈的群体性冲突行为，这种由邻避效应所引发的群体性事件常常被学者称为“邻避冲突”（NIMBY conflict）。

邻避效应问题实际上反映了工程项目建设的成本与利益的不均衡问题。这种不均衡性主要表现在两个方面：第一，从社会公平角度看，公共服务设施建设所带来的利益是由全体民众共同享用的，而负面作用却由公共服务设施周围的居民承担。这种负外部性特点（即项目具有不同的承担者和享受者），造成了工程风险分布的不平等和不均衡。第二，从收益角度看，某些公共服务项目如垃圾焚烧发电厂等的建设，常常会造成周围的土地和房产贬值等，这对于附近居民而言有着重大的影响。居民在此项目中所要承受的成本甚至远远超过他们从中所获得的收益。随着公众自我意识的逐渐增强和对个人利益的不断重视，邻避设施建设和运营越来越多地遭到了居民的极大反对。

邻避冲突的发生是各种条件下多重因素引发的结果，这些因素包括环境污染、风险感知、公众的维权意识增强等。邻避效应无所谓好坏，而是社会现实，是随着社会经济发展必然产生的一种社会现象。而由此引发的公私博弈（即公众与企业、政府的博弈），既是一种心理上的博弈，更是一种行为上的博弈。对邻避效应的治理可以从以下几个方面加以思考。

（1）政府方面，要治理邻避效应，政府起着关键的作用。一方面，政府在制定公共政策时，应以公共利益为原则，保证程序透明和信息公开，并建立良好的信息互动模式，与公众充分对话协商，避免政策制定偏离平等性与公共性。另一方面，公众对公共服务项目的风险认知会在很大程度上影响他们的行为选择，政府需要利用专业知识为其解疑，保持一种友好的态度，通过各种机制与公众取得良好的沟通，让其明白在邻避设施的设置问题上他们更多的是一种合作而非对立的关系。

（2）社会方面，如果一味依靠政府单一的力量进行疏导和治理，很难达到理想的效果。因此，应积极构建社会参与邻避效应治理的体系，让社会力量和社会组织参与公共服务项目决策制定和运营中，充当公私间交流沟通的桥梁。

（3）公众方面，应积极参与公共服务项目决策，增进对政府的信任，合理表达个人的利益诉求，保证信息能公开透明地传达，力求有效消除邻避效应。此外，公众应适当对参与公共事务进行学习，提高自身理性思考和独立分析的能力。

在现代社会，随着工业化的进一步发展，以及居民权利意识、风险意识以及环保意识的逐渐增强，邻避效应将会越来越突出，这对政府、社会和公众提出了更高的要求。政府、社会和公众应积极妥善协调和疏导邻避效应，真正实现政府、社会和公众的多赢局面。

（二）行善与不作恶原则

一般来说，具体的工程实践都有直接目的、长期目的及最终目的。因此，从事工程活动的主体在确定其目的时会面临如何处理直接目的、长期目的和最终目的之间的相互关系的问题。苏格拉底对目的的研究是同对善的研究结合在一起的。苏格拉底主张“在人们的目的之中，有特殊的、相对的、主观的目的和所谓普遍的、绝对的、客观的目的之分，前者不是真正的善，必须给以批判否定，以便寻求和确立后者”。在伦理学中，学者不仅讨论善恶的问题，而且常常讨论至善的问题。如果我们能够承认善是人的行动和行为的目的，那么很显然，至善就是最高目的，对于许多伦理学家来说，至善不仅是伦理学方面的最高目的，而且是整个人生的最高目的。

一些学者对此产生质疑，认为伦理道德仅仅是人的活动和人生的一个方面，人在从事某一活动时，其目的往往是多维度的。对于工程活动来说，不仅有工程技术方面的目的，而且还有经济目的、政治目的、文化目的、伦理目的等。这就要求我们在研究工程活动时，对工程的目的进行整体性研究。然而，物质工程往往被看作一个经济学问题而不是一个伦理学问题；功利主义的效用最大化原则在许多人——特别是工程决策者——心目中被解释为利润最大化原则，这就更加促使许多企业家都把利润最大化原则当作企业决策和工程决策的首要原则，甚至是唯一原则。实际上，工程决策绝不等于经济决策，必须重视工程活动中经济学思考和伦理学思考的结合。对此，一些学者提出了“行善不作恶”原则。

“不作恶”为行为伦理底线，可以理解为不伤害原则。它是指人人具有生存权，工程应该尊重生命，尽可能避免给他人造成伤害。这是道德标准的底线原则，无论何种工程都要强调“安全第一”，即必须保证人的健康与人身安全。例如，美国职业工程师协会的伦理准则中规定：“工程师应当公开所有可能影响或看上去影响他们判断或服务质量的已知的或潜在的利益冲突”。工程是以满足人类需求为指向，应用各种相关的知识和技术手段，调动多种自然与社会资源，通过群体协作，将某些现有实体（自然的或人造的）汇聚并建造为具有预期使用价值的人造产品的过程。在这个过程中，需要我们妥善处理工程与人的关系、工程与社会的关系、工程与自然的关系，使其尽可能地达到和谐的结果。这就要求工程共同体要通过自律使被动的“我”成长为自由的“我”，从而表现为一种从向善到行善的自觉、自愿与自然的职业精神。

（三）环境可持续原则

1980年3月，联合国大会第一次使用可持续发展的概念，向全世界发出呼吁：“必须研究自然的、社会的、生态的、经济的以及利用自然资源过程中的基本关系，确保全球的可持续发展”。1987年，世界环境与发展委员会经过四年的努力，发表了题为《我们共同的未来》的长篇报告。报告中首次对可持续发展的概念做了规范和统一，指出：“可持续发展是既满足当代人的需要，又不对后代人满足其需要的能力构成危害的发展”。由此，可持续发展在世界各国引起广泛重视，并成为21世纪全球发展战略之一。

1. 传统工程观对环境的影响

传统工程观认为，工程是对自然界的改造，是人类征服自然的产物。这种看法是建立在工程的技术功能和经济功能的片面认识上的，对工程过程和运行的生态环境缺乏足够的关注。在现代社会，出于单纯经济利益的工程建造活动导致的生态环境问题已经严重影响人类的生存质量，也极大地影响和制约着经济、社会和环境的可持续发展。传统工程观中工程与自然的矛盾主要体现在以下三个方面。

第一，工程生产过程的单向性与自然界的循环性的矛盾。自然进化过程中生物和周围其他事物之间都有着一种有机的联系。这是一种动态的、循环的逻辑。而传统的工程观强调的是一种线性的、单向流动的逻辑，即"自然资源—产品—废弃物"的单向流动。所以，作为传统工程观所支配的工业技术体系在其内在逻辑上具有与自然界的循环性相矛盾的性质。

第二，工程技术的机械片面性与自然界的有机多样性的矛盾。自然界的有机多样性是深层的秩序或自然生态平衡的反映。近代以来的工程以高度受控的工业技术系统方式，建造对自然系统影响强烈的人工系统，而又缺少自我调控与反馈机制，使内在功能不能适应外在影响因素的变化。这么做的直接后果是造成技术社会与自然环境的有机联系的断裂，并且对生物多样性造成了严重危害，直接威胁到人类的生存和可持续发展。

第三，工程技术的局部性、短期性与自然界的整体性、持续性的矛盾。工程活动以满足人的需要为目的，是一种功能性较强的系统。传统工程观片面地强调工程对于自然的改造和利用，工程的建造缺少来自生态规律的约束和对生态环境的优化。这与环境整体性、持续性的特点相矛盾。此外，工程中所包含的技术进步存在众多的技术风险，充满了不确定性。而这种不确定性又带来了背离生态可持续发展的可能性。人们逐渐意识到长期忽视人和人类活动与自然的协调共生所带来的后果，因此在反思传统工程观局限性的同时，很多人越来越深刻地认识到必须树立科学的工程观，这种工程观与人类的可持续发展要求密切联系在一起。

2. 现代工程的环境价值观

工程的环境价值观的核心问题是自然的价值和权利问题。过去，人们一直关注自然界的工具价值，即自然界对人的有用性，把自然界看成人类的资源仓库。在这种思想的指导下，人类只按照自己的利益行动，并以自身的利益对待其他事物。随着相关理论的不断完善，有学者提出自然价值客观论，认为自然的价值不依附人的存在或人的评价而存在，自然价值就是对生物需要的满足。因此，只要对地球生物系统的完善和健康有益的事物就有价值。如果我们承认了自然界具有内在的价值，那么，我们也就认可了自然界的权利，因为“价值”与“权利”这两个概念是有联系的。自然界的权利主要表现在生存方面，即它自身拥有按照生态规律持续生存下去的权利。基于此，人与自然的关系不再是“静观关系”，而是一种“互动关系”，即人在工程实践活动中实现与自然的和谐相处。

工程作为“建造”活动，直接影响着人类的生存状况和自然环境。工程活动负载着人类价值，这就使工程活动具有道德上的善恶之分。好的工程可以造福人类，达到人与自然的和谐统一；坏的工程则会损害人和环境的长远利益。事实上，通过良好的设计，把自然的规律性和人的目的性有机结合起来，工程完全可以实现工程建设与环境保护的良好循环。关键是在工程建设过程中树立起环境伦理意识，以促进工程建设的可持续发展。工程师在这个过程中扮演着关键角色。德国著名伦理学家伦克指出，“我们不仅有积极的责任把健康和良好的生活环境留给后代，而且也更有积极的责任和义务避免致命的毒害、损耗和环境破坏，而为人类将来的生存创造一种有价值的人类生活环境”。这表明工程师有责任关注工程给环境带来的影响，关注产品的可持续利用。需要注意的是，可持续发展仅仅依靠工程师是不可能的，也是不现实的。它不仅需要工程师的努力，而且需要相关工程共同体的努力，需要政府的努力和国际的积极合作。

可持续发展原则要求我们在工程实践活动中转变人类中心主义观念，确立以人为本，人与自然、社会协调发展的价值观。工程活动的最高境界应该是实现并促进人与自然的协同发展，它倡导的是把生态效益、社会效益、经济效益的统一作为至上的道德目标。这一原则也能够使工程共同体充分认识到人与自然是相互依存的，人类是自然界的改造者，也是自然界的一部分。人对自然的依存要通过人类的主观能动作用，在变革自然的同时善待自然，使之与人类和谐相处。而工程作为技术的应用和实践，在展示技术力量的同时，应该从更高的意义上展示出人类的无穷智慧与道德责任和精神。

（四）权利与公正原则

1. 权利原则

权利问题是一个复杂问题，其具体内容和形式是不断变化的。个人在社会中要结合成为一个集体，进行集体性的活动，实际上就是通过“谈判”和“签约”而建立起契约关系的过程。任何主体都必须以自己所拥有的权利为基础去谈判，因此，建立契约关系的前提和基础是有关主体自愿签约和拥有相应的权利。在契约关系中，一个主体不仅需要坚持自己的权利而且应该尊重其他主体的权利。在具体的工程实践活动中，契约关系涉及各利益相关者，尤其是公众在工程建设中的权利和责任问题。

在工程，尤其是特大型工程的实际建设过程中，由于自身的复杂性和不确定性，工程活动往往存在一定的风险。很多情况下，这种风险的后果是由公众直接承担的，这也是现实中很多冲突发生的重要原因，如邻避冲突。实际上，公众作为工程中重要的利益相关者，根据知情同意原则，应享有一定的权利并且承担相应的责任。公众在工程中的权利主要表现在：①知情权。在工程建设之前，公众有权知道工程的相关信息，尤其是安全信息。政府和相关企业要保证信息的公开化和透明化，以便公众更好地了解相关情况。②参与权。在工程决策中，公众应该享有平等参与、讨论及表决的权利。尤其是垃圾站、核电站等会对周围居民产生严重影响的项目，应保证周边居民对工程审批、建设、运营等各个阶段（涉及国家安全信息的除外）的知情权和参与权。政府和企业应充分了解相关居民的利益诉求，在双方充分沟通的基础上，通过协商等方式寻求合理的措施。同时，公众在享有上述权利的同时，也应承担相应的责任。这主要表现在一旦发生工程事故，公众要做好承担不良后果所造成的健康和环境影响的责任。这要求相关部门与企业通过建立合理的制度和措施，确保及时、透明地沟通信息。同时，与公众进行风险沟通，使其对可能产生的风险有清晰的认知。

只有在工程建设中充分尊重公众的权利，才有助于取得工程所在地利益相关者的理解、支持与合作，才有助于维护公正，减少不良社会后果。

2. 公正原则

公正是指全体公民公平地享有政治、经济、文化和社会发展的成果。公平正义是人类社会长久以来的不懈追求。亚里士多德说：“公正不是德性的一个部分，而是整个德性。”一个社会所能提出的公正标准，总是同一定时代的生产方式、文明程度相一致的。其中既有对平等的诉求，又包含着不平等的规定（它规定了不平等的程度）。因而，公正的标准又是历史的、具体的。在今天的现实条件下，我们追求公正的前提之一是承认利益冲突和价值多元化，目标不只是伸张道义或权利，还在于促进社会的团结与合作。公正最基本的概念就是每个人都应获得其应得的权益，对平等的事物平等对待。在工程领域，狭义上的公正原则主要表现为如何合理分配成本、风险与效益。

在现实的工程实践中，会出现效率和公正的矛盾。一方面，经济和工程活动必须讲究效率，但效率与权利和制度安排并不必然都是公平和公正的。另一方面，具有公正性的经济活动、权利与制度安排可能并不是高效率的。公正强调人们应当得到的权益，效率则关注现实活动目标的实现。在某种意义上，二者会发生冲突。事实上，工程活动中应该将公正的实现与效率的追求相统一。首先，工程涉及每个人的切身利益，因此要坚持基本的分配公正；其次，公正是相对于具体的社会情境而言的，是工程实践内在目标的有机组成部分。由于必要的效率关系到全体公众及环境的福祉，公正的实现不应该妨碍效率的合理提升。若具体工程活动中公正与效率所追求的目标有所差异，则需要对两者的目标做出一定的调整，使两者尽可能统一于工程活动的总体目标体系之中。

需要指出的是，公正问题总是以处于社会不利地位的人为出发点提出的，这也是他们的一项权利。在这方面，国际工程界已开始形成共识，他们“把工程技术用来消除贫穷，改善人类健康福利，增进和平”作为其责任。第二届世界工程师大会的《上海宣言》（2004 年 11 月 5 日）开宗明义地指出，“众所周知，在消除贫困，持续发展，实现联合国制定的《千年发展目标》的事业中，工程师承担着重要的责任”。这也意味着工程在社会公正方面起着重要作用。

在工程活动中，实现分配公正的关键在于如何在不同利益与价值追求的个人与团体间，达成有普遍约束力的分配与补偿原则。这些原则实际上是面对工程活动中复杂的利益分配行为，不同伦理观念和道德水准的人群的伦理共识。在实际操作中，我们可以通过程序公正来确保分配公正，主要包括以下内容：第一，进行项目社会评价；第二，针对事前无法准确预测项目的全部后果，以及前期未加考量的公正问题，应引入后评估机制；第三，扩大目标人群关注的视域，开展利益相关者的分析；第四，确保公众的知情权，做到知情同意，在工程的决策、建设及运营阶段，吸引相关方积极参与。

工程实践是人类社会存在和发展的基础，也是价值导向很强的实践活动。在进行工程活动时，我们应全面考虑工程的收益和成本、相关方的权利，通过建立补偿机制，对利益受损者给予补偿，以实现分配公正，从而保证工程为和谐社会建设做出贡献。

（五）负责任的工程创新

1. 负责任创新的内涵

“负责任创新”（Responsible Innovation，RI）是近年来从欧美国家兴起的一个创新理念。雷内·冯·尚伯格（Rene von Schonberg）认为，“负责任创新是一个透明互动的过程，在这一过程中，社会行动者和创新者相互反馈，充分考虑创新过程及其市场产品的（伦理）可接受性、可持续性和社会可取性（Desirability），让科技发展适当地嵌入我们的社会中”。荷兰的 Jeroen van den Hoven 说：“负责任创新研究的不仅是要强调可持续的发展，更要考虑发展的初始、过程、前景所涉及的责任性追溯。”无论《增长的极限》中提出的可持续发展模式，还是《我们共同的未来》中对可持续发展做出的解释，都面临两个重要问题，一是可持续性达到什么程度才意味着持续增长，二是可持续发展的概念似乎已经膨胀到“可以表示任何事情”。显然，可持续发展的理念需要落实到工程技术实践层面，确保其合理性和有效性，才能真正实现其预定目标。

当今社会，技术创新所带来的双重影响，使人类逐渐意识到不能仅以经济发展为目标，而忽略了对社会、自然和人的影响，不能忽略企业的社会责任。责任问题是可持续发展无法回避的一个核心问题。20 世纪 70 年代末，在“可持续发展”理念提出后不久，汉斯·尤纳斯（Hans Jonas）提出“责任伦理”。他认为科技的力量不可避免具有带来伤害的能力，不仅是对自然的伤害，也包括对人类的伤害，这些伤害性的因素必须通过责任伦理来修复或补偿。从这个背景来看，“负责任”与“创新”的结合是必然的趋势。“负责任创新”理念的出现给“可持续发展”提供了一个具有可操作性的路径，它是“可持续发展”理念在当代的深化和发展。

首先，负责任创新是对“责任”的一种拓展。技术哲学家卡尔·米切姆（Carl Mitcham）曾提出，“可持续发展”理念是一种“不对未来加以考虑的进步理论”，即现在比过去好、未来比现在强的观点。当我们认为“明天会更好”的时候，对其并没有深刻定义和清晰的图像认识，只是提出一个“可持续发展”的愿景来作为“进步”的目标。然而，“负责任创新”追求的不仅是进步和发展，还要求我们对当代人、后代人及生态环境负责，在不破坏的基础上，加强生态环境建设。其次，负责任创新是对“义务”的一种强化。“可持续发展”强调的是发展带来的利益性，当发展达到利益目标时，才会对破坏的环境和资源进行后期的治理。这是一种目的性而非过程性的理论，强调先发展后治理。然而“负责任创新”强调在创新发展过程中，面对一些不确定因素和环境挑战，人们应采取的是边预先治理边发展的行动指南，注重发展的过程性。在这个过程中，既保证了发展，又履行了伦理责任。最后，负责任创新是对“行动”的一种具体化。“可持续发展”从理论层面上强调发展，但在指导实践过程中并没有清晰的指向。因为它既没有对实践活动提出具体要求，也没有明确提出发展到何种程度才符合其所要达到的目标。但是理查德·欧文（Richard Owen）等人提出了“负责任创新”四维度模型，即预期（Anticipation）、反思（Reflexivity）、协商（Deliberation）、反馈（Responsiveness）的行动框架，在此框架之内的实践包括多种形式的技术预见与评估、公众参与和协商、价值敏感设计以及跨学科合作等。这使得实践活动中的行动可以具体化，有效改善了可持续发展理论所面对的行动困境。

2. 负责任的工程创新

工程创新的目标就是通过工程理念、工程决策、工程设计、施工技术和生产运行等方面的创新，努力寻求和实现在一定边界条件下的集成和优化。可以说，工程创新具有广泛的关联度和综合显示度，工程创新的状况往往直接决定着国家、地区、产业、企业和有关单位的发展水平和发展进程。然而，工程的复杂性促使我们开展负责任的工程创新。如何做负责任的工程创新？我们可以从以下四个方面思考。

第一，预测维度。由于技术创新可能产生各种后果，这就需要对未来进行预测。“预测维度”通过把最新的科学证据与未来分析联合起来，帮助政策制定者处理复杂的问题，使他们能够更好地理解未来所面临的机遇和挑战。“负责任创新”把关注的重点从“风险”转移到“创新”本身，从对下游环节（后果）的关注转移到对上游环节（创新）的关注，有助于避免“基于风险的危害评估不能提供关于未来后果的早期预警”的弊端。

第二，反思维度。“负责任”意味着行动者和组织机构需要进行反思。与科学家专业上的反思不同，“负责任”使得反思成为一个公共事务。反思所用到的方法包括多学科合作与训练、伦理的技术评估、行为准则等。

第三，协商维度。在“负责任创新”中，“协商”指的是把愿景、目的、问题和困境放到更大的背景之中，通过对话、参与和辩论等方式倾听来自公众和不同利益相关者的广泛意见。通过引入广泛的视角来重新定义问题和识别潜在的争论领域。协商通常采用的方法包括共识会议、公民听证会、科技咨询机构、协商映射等。

第四，反馈维度。“负责任创新”还需要根据利益相关者的反应和变化情况，对框架和方向进行调整。通过协商的有效机制和预期性治理，为技术创新确定方向并影响随后的创新步伐。这是一种互动的、包容的和开放的适应学习过程和动态能力，是对创新过程中的方法进行调整。正如欧文所说："反思和协商本身是重要的，但它们的真正价值和影响是，它们能告诉我们创新如何在反馈机制中变得不同"。在不断的反馈循环中，"负责任创新"理念得以最终体现。反馈过程中可采用的方法包括巨大挑战和专题研究项目的组合、开放获取和其他透明机制、"利基管理"、价值敏感性设计等。

"负责任创新"理论框架中的四个维度是一个有机整体，各个维度在实践中是相辅相成、互相促进的。比如，反思的增加会带来具有更大包容性的协商，反之亦然。同时，这些维度之间也存在一定的张力，可能产生新的冲突。在这种张力下进行的协商，有时候往往是表面的或者迂回的。出于这个原因，对整合这四个维度的理论框架的制度承诺是至关重要的，不能片面强调某一个而偏废另一个。

由于现代科技发展的不确定性日益增强，技术与工程应用的潜在风险比以往高出许多。当一些工程的负面影响尤其是巨大的灾难性事件发生后，追责问题便应运而生。在传统观念里，对这类问题的处理方式往往是"事后诸葛亮"，即在消极后果产生后才会对责任主体以及责任分配问题进行讨论，进行单一追责。但随着工程责任主体日益多元化，单一追责越来越不可能。因此我们应该对这一问题赋予更多前瞻性的意义，即在消极后果产生之前，就对有可能产生的不良因素做出预先估计，并有针对性地思考能否阻止它的出现或发生。

负责任的工程创新正是对上述问题的有效解答。它要求从工程的起始环节就引入伦理考评，充分考虑各个利益相关者的价值诉求，变伦理事后评价为伦理上游参与，使得整个技术创新环节从开始就可以实现真正意义上的"负责任"。此外，它还要求把价值设计放到具体情境中来衡量，目的是从道德价值的角度出发，在直接和间接利益相关者的协助下，公开而富有前瞻性地评估和分析可选择方案及预见结果，从而为一个真实的道德问题提供切实可行的解决方案。需要强调的是，"负责任的工程创新"中的"责任"，不仅仅是对工程师和工程管理者而言的，而是整个工程的利益相关者都应该参与进来，为推动负责任的工程创新贡献自己的力量。

五、工程的社会参与

工程的社会参与是将社会参与理论与工程实践相结合的一种全新尝试，也是工程社会治理方式的有益探索，它不局限于研究工程中的公众参与，而是探究工程实践中多元主体共同参与的理念、机制和模式。本部分将从“公众理解工程”这一概念谈起，探讨公众理解工程概念对工程、对公众和对社会的意义。然后阐明从“公众理解工程”到工程的社会参与这一转变，讨论工程中的民主问题与社会参与的制度保障。最后简单介绍社会参与的原则与模式，以期为公众真正参与到工程实践中提供切实可行的指导。

（一）公众理解工程

要想谈清楚“公众理解工程”就不能不谈“公众理解科学”。因为在提出时间上，“公众理解科学”的概念是早于“公众理解工程”的，同时后一概念的内涵也深受前者的影响。“公众理解科学”这一概念的最早提出是在 1983 年 4 月，当时英国皇家学会理事会博德默小组在报告中第一次将“公众理解科学”引入公共政策。然而在这份报告中，对于“科学”的定义是比较宽泛的，甚至是模糊的。这实际上对于概念本身的应用也造成了障碍。首先，“科学”概念的泛化模糊了科学与工程对社会影响的不同性质；其次，笼统的“科学”以及在此基础上定义的公众科学素养，难以完整地反映出公众对工程的理解所需要的特殊知识与能力；最后，笼统的“科学”概念忽视了科学和工程与公众关系的差异，无法凸显工程直接渗入公众生活的特点。于是，“公众理解工程”这一概念便呼之欲出。1998 年 12 月，在美国工程院提出的“公众理解工程”中这一概念正式从“公众理解科学”中独立出来，科学与工程得到了明确的区分。在这份计划中，工程改造世界的特性也被加以强调。

1.“公众理解工程”的定义

什么是“公众理解工程”呢？我们可以分别从“公众”“理解”“工程”这三个词加以考察。

所谓“公众”，从工程活动的观点看，就是相对于“工程共同体”的一个社会群体，正如前文所言，工程共同体涵盖了工人、工程师、投资者、管理者和其他利益相关者。而“公众”这一社会群体距离工程共同体的核心稍远，但也受到工程活动的影响。在实际的工程建设活动中，“公众理解工程”的“公众”往往被简单化为“工程实施地的群众”，这是不全面的。

所谓“理解”主要包括两部分：知情权和参与权。知情权是指有知晓信息的自由和权利。这要求工程共同体一方对必要的工程信息应做到对公众公开，使公众能够明白这样一个工程的建设，究竟对自己的生活会造成怎样的影响。参与权方面，当今时代的公众不再是工程后果的被动承担者，一旦公众知情权得到保障，那么公众就希望实质性地参与工程建设，使未来完成的工程更好地与自身相适应。

至于“工程”，可理解为是人类有目的、有计划、有组织地运用知识（技术知识、科学知识、工程知识、产业知识、社会—经济知识等），有效地配置各类资源（自然资源、经济资源、社会资源、知识资源等），通过优化选择和动态的、有效的集成，构建并运行一个“人工实在”的物质性实践过程。我们可以看到，工程的概念是十分复杂的，进而“公众理解工程”的含义也是十分丰富的。

2.“公众理解工程”对工程的意义

首先，公众对工程建设的充分理解与参与，能够培养有利于工程活动开展的社会环境。任何工程如果脱离了社会环境的支持都只能是一纸空文。通过开展“公众理解工程”活动，可以帮助人们全面地理解工程的两面性。可以使人们意识到，世界上没有完美无害的工程，我们在享受工程带来的种种益处的同时，势必也要承担工程可能带来的一系列风险。一旦公众能够更加理性地理解工程的风险特征，更有利于工程活动展开的环境就形成了。公众对于有可能出现的风险的过激反应就可以消弭在初始阶段。

其次，公众视角的引入对于目前在工程活动中占主导地位的专家视角是一个有益的补充。目前，工程活动从设计到建设再到维护的全生命周期都是专家拥有绝对话语权。基于工程的复杂程度与专业程度，这当然是不可避免的，但同样不可否认的是某一特殊团体的垄断往往导致决策失灵和腐败现象。一方面，专家的单一视角带来的很多问题可以通过公众视角的引入积极规避；另一方面，公众也可以对工程活动开展监督，避免工程成为小部分人私相授受的手段。

再次，“公众理解工程”有益于工程知识的继承和创新。我们当然不期望公众视角的引入可以解决多少技术难题，如航空航天、武器制造这种重大的系统工程问题即使引入公众视角，可能对于具体技术难题的解决依然没有太多帮助。但如果我们把对工程知识的理解稍稍扩展一些，并不是简单地将它等同于技术知识的话，就会发现，推动公众理解工程，确实有助于工程知识的丰富，因为公众具有专家所不具备的地方性知识。如果工程决策能够充分利用公众的地方性知识，因地制宜地开展工程项目，对于降低工程的不确定性、保护生态环境等都有重要的帮助。将专家掌握的技术知识与公众掌握的地方性知识相结合，我们就有可能在工程知识的形式和内容上有所创新，更好地促进工程活动的开展。

最后，开展“公众理解工程”活动对于改善工程共同体的形象也是有帮助的。当前，普通公众对于工程共同体中的各职业群体存在一种刻板印象，如工程师、程序员往往和“996”联系在一起，投资者往往被冠以“资本家”的称号。这在很大程度上是普通公众对工程活动加以想象的结果，因为公众往往并不清楚工程活动的实际情况，或者说知道得不全面。“公众理解工程”活动的开展对于工程共同体来说，正是一个改善自身形象的好机会，有利于双方增进了解，相互理解与包容。

3.“公众理解工程”对公众的意义

一方面，“公众理解工程”有利于公众了解更多的工程技术知识，更好地利用工程基本设施，切实提高公众的生活质量，回归工程实践的本质目标。在开展多种多样的工程活动中，宣传工程知识、掌握使用工程设施的相关技能无疑是重点。只有实体化的工程设施与虚体化的公众工程素养相结合，工程设施才能发挥其最大功用，在实际生活中我们也常常遇到这样的例子，由于公众不具备配套的工程素养，已经建设好的工程设施只能闲置。此外，工程素养的增强，为进一步学习新的工程技术奠定了基础。随着科技发展，人类社会对公众工程技能的要求不断提高，在这种形势下，推动“公众理解工程”具有重要意义。

另一方面，“公众理解工程”有助于公众行使自己的知情权和选择权，可以在不同的情境中，加深公众对工程的理解，使公众有能力保障自身的合法权益。当今时代工程规模庞大、系统复杂、学科交叉的特征日趋明显。反映在工程活动群体上就是工程共同体中的利益相关者不断增加，甚至很难区分工程共同体的边界。在这种新的利益分配下，将公众纳入工程筹划的核心区域有着重要意义，如果不能切实考虑公众的福祉，那么就谈不上在工程的全生命周期中贯彻公平正义、维护社会秩序，这样的工程往往也不能顺利进行。

4.“公众理解工程”对社会的意义

“公众理解工程”除了对工程、对公众具有重要意义之外，对社会也有重要意义。首先，在这个工程发达的时代，我们很难找到一项公共政策是与工程无关的。但社会各个管理层次的领导者的工程素养往往严重不足。即使领导者对于工程有一定的认识，这种认识往往也是基于特定视角的，而不是更立体和宏观的把握。大力普及“公众理解工程”概念有利于推动社会各阶层人士开阔视野，有利于决策者、领导者做出更合适的决策。

其次，社会的建设不仅仅是物质文明建设，也包含着精神文明建设。公众如果没有参与公共工程话题讨论所应具备的各种素养，那么民主社会的运行就没有从能力上得到保证。“公众理解工程”本身就是社会主义核心价值观的体现。

最后，普及“公众理解工程”概念有助于知识经济的进一步发展。今天的新兴产业对工程技术技能的要求与50年前不可同日而语。未来的职业对工程技术技能的要求只会越来越高。提升公众的基本工程素养，将工程素养作为公众的基本能力加以培养，是迫在眉睫的事情。只有这样，才能保证国家经济建设所需劳动力的高素质，保障经济的可持续发展。

（二）从“公众理解工程”走向工程的社会参与

虽然，“公众理解工程”十分重要，但仅仅停留在理论层面是不够的，需要让公众在工程实践中不再是被动地接受工程共同体的说服、接受工程共同体的工程规划，而是更早地介入工程活动，通过工程的社会参与，实现工程的民主化。

1. 工程的民主问题

工程中的民主问题主要分为工程共同体内部的民主问题和工程共同体外部的民主问题两方面。前者是指工程师、工人、投资者、管理者等职业群体能在工程中充分交流，充分发挥个人的创造力和积极性。后者则更为广泛，涉及政府与公众，要求在工程的设计与实施乃至维护阶段，工程共同体与其他社会群体都能做到有效的交流，开展对话，消弭误会，为工程的顺利开展降低不确定性风险。本部分的重点在于工程共同体外部的民主问题。

工程与公众利益和福祉密不可分，不能为少数人（投资者或专家）垄断，工程理应是行动者网络的产物，这种网络的编织不仅存在于工程共同体内部，也存在于工程共同体之外。强调工程中的民主问题会减少决策和管理的失误。当然也要注意引入公众参与以后可能出现的一些悖论。如公众参与的边界不清导致公众参与的程度无限扩张、工程建设的效率低下或无法做出合理决策。甚至很多本是有利于公众的工程项目，由于公众的工程素养不够又盲目参与导致工程中止。如在一些小区中，业主坚决反对架设基站，认为对人体有严重的辐射伤害。最终导致小区中无法架设基站，手机没有信号，最后伤害的是公众的利益。虽然这些在短期内难以解决，但提升公众的工程素养作为根本的解决方式，必须坚持下去，这在一定意义上也是本书的编写初衷。

2. 社会参与的制度保障

随着法制的不断完善，工程的社会参与在我国迎来了一个利好环境。在国家政策与法律法规的层面，国家出台了一系列文件鼓励和确保工程的社会参与，特别是大型公共工程的公众参与。具体可分为政治环境和法律基础两个方面。

（1）政治环境。我国《宪法》中规定：中华人民共和国的一切权利属于人民。人民依照法律规定，通过各种途径和形式，管理国家事务，管理经济文化事业，管理社会事务。《国务院关于投资体制改革的决定》也要求进一步提升政府投资决策的科学化和民主化水平，完善政府投资重大项目咨询评议论证制度，对于政府投资重大项目实行专家评议制度和公示制度。这些制度保障了公众的知情权和选择权，为社会群体参与工程提供了有利的政治环境。

（2）法律基础。最重要的两部法律是《环境影响评价法》和《城乡规划法》。《环境影响评价法》在总则中明确提出，国家鼓励有关单位、专家和公众以适当方式参与环境影响评价。具体条文中也要求，专项规划的编制机关对可能造成不良环境影响并直接涉及公众环境权益的规划，应当在该规划草案报送审批前，举行论证会、听证会，或者采取其他形式，征求有关单位、专家和公众对环境影响报告书草案的意见。《城乡规划法》中强调，城乡规划报送审批前，组织编制机关应当依法将城乡规划草案予以公告，并采取论证会、听证会或者其他方式征求专家和公众的意见。公告的时间不得少于30日。组织编制机关应当充分考虑专家和公众的意见，并在报送审批的材料中附具意见采纳情况及理由。此外，对于监督检查情况和处理结果也要求依法公开，供公众查阅和监督。可以说，现有的法律制度为工程的公众参与提供了坚实的法律保障。

（三）社会参与的原则与途径

基于社会参与机制的现状，普通公民怎样参与工程活动呢？以下是一些基本原则和常见途径。希望通过这些简要的介绍为工程的社会参与提供一些切实可行的指导。

1. 社会参与的原则

（1）充分参与。工程的社会参与一定需要具有广泛的代表性。引入工程共同体以外的社会群体一定程度上就是为了解决工程共同体代表性不足的问题，当引入的新成员依然不具有广泛性时，问题就没有得到解决。比如引入社会群体参与时，不能只是引入相关专业的专家，而是要包含一些相对普通的成员，如工程所在地的居民代表等。充分参与还体现在社会参与不仅是在工程的实施阶段，而且是工程的全生命周期，特别是工程设计阶段就要介入，从而提高决策的民主化水平。

（2）有序参与。工程的社会参与必须遵守相关法律，按照法律法规的要求，理性地表达自身的诉求，维护所代表群体的正当利益，而不应以社会参与为幌子，有其他不可告人的目的。正如上文所讲，《宪法》、《环境影响评价法》和《城乡规划法》都保障支持工程的社会参与，那么我们的社会参与就必须遵守这些法律，有序开展。

（3）有效参与。在实践中，个体式的参与往往声音微小，甚至是无效的。如果能充分发挥社会组织和民间团体在利益代表、利益协调等方面的重要作用，往往可以事半功倍，而且可以使降低社会成本、提高公众参与的有效度。值得一提的是，社会组织和民间团体的介入，在我国案例较少，不过这一趋势正在逐渐形成。例如，在怒江水电开发工程这一项目中，环保组织与国家环保总局联合，与以云南地方政府和国家发改委为代表的工程支持者之间展开了讨论，并吸引了社会各界人士的广泛关注和参与，形成了强大的社会舆论攻势，并最终让怒江工程搁浅。在争议项目中发挥了重要作用的除了环保组织以外，还有报纸等媒体。在以往的媒体报道中针对争议工程往往是支持肯定的态度，与工程决策者的口径一致，几乎没有相反观点的出现。而在怒江事件中，报纸作为平台，公允地刊登了各方观点，新闻媒体真正成了一个自由沟通的平台。这对于公众的社会参与无疑是有益的。在怒江事件中，当地居民的心声就是通过环保组织等社会群体、民间组织和新闻媒体向外传达的，最终改变了工程决策。这一工程决定启动前，也召开了专家听证会，部分专家持反对意见，但是个别专家的声音毕竟微弱，而环保组织等作为工程非直接的利益相关者能依靠自身的组织性，实现工程的社会参与。这种决策影响力是少数专家所不具备的。这称得上是工程的社会参与实践中有效参与原则的典型案例。

2. 社会参与的途径

国际公众参与协会（International Association For Public Participation，IAP2）成立于 1990 年，是一个致力于在全球范围内促进公众参与的组织。IAP2 对各种公众参与的方式和方法进行了分类，开发了“公众参与带谱”。将公众的参与程度从低到高排列为通告、咨询、介入、协商和赋权。当然，这只是一种理论层次的概括。IAP2 还给出了一系列共享信息的技术 / 工具、获取公众意见的技术 / 工具以及召集公众的技术 / 工具。显而易见，IAP2 的出发点是决策者，各种技术 / 工具旨在帮助决策者促进公众参与。但我们同样可以由此出发探讨公众究竟有哪些技术 / 工具来获取政府或决策者提供的信息，有哪些技术 / 工具可以表达公众意见，有哪些技术 / 工具可以汇集公众讨论公共议题。这些方式，对于工程的社会参与来说也是适用的。简要介绍如下。

（1）共享信息的技术 / 工具：账单插页、简报、中央信息联络人、专家团、新闻特写、户外办公室、热线、信息亭、信息仓库、清单服务与电子邮件、新闻发布会、报纸插页、新闻发布与新闻打包、印刷广告、印刷的公共信息材料、回应简报、技术信息联系人、技术报告、电视和网站。

通过以上 20 种方式，公众可以有效获取工程决策与建设的相关信息。而工程的决策者在推进决策的科学化民主化进程时，也可比照这 20 种技术 / 工具，看看具备多少种，以此来衡量工程的透明度、工程信息的易获取度。

（2）获取公众意见的技术 / 工具：评论表单、网络投票、社区程序员、德尔菲程序、当面调查、网络调查、访谈、邮件调查及问卷、居民反馈登记和电话调查 / 投票。

IAP2 列举了 10 种获取公众意见的技术 / 工具。这同样意味着，我们至少有这些措施可能将自己的声音传递至决策者，进而加入塑造工程的行列。值得注意的是，这 10 种技术 / 工具更多的是公众被动地参与决策，主动的意味较弱。

（3）召集公众的技术 / 工具：肯定式调查程序、专家研讨会、公民陪审团、茶话会—餐桌会议、计算机辅助会议、协商对话、协商投票程序、对话技术、会展活动、鱼缸过程、焦点对话法、焦点小组访谈、展望未来论坛、当前团体座谈会、当前的顾问组、开放日、开放空间会议、事务委员会、公众听证会、公众会议、循环对话、专题研究小组、讨论会、任务小组——专家委员会、参观和田野调查——指导及自我指导、市民会议、网络会议、工作坊、世界咖啡馆。

IAP2 给出了 29 种召集公众的技术 / 工具。其中有相当大的一部分是我们所不熟悉的，比较熟悉的是专家研讨会、开放日等。这一方面说明我们的社会参与机制建设任重道远，社会参与基础比较薄弱，另一方面也说明我国的工程建设至少在公众参与层面依然有许多潜力可挖，大有可为。

参考文献

［1］ 李伯聪 . 工程哲学引论——我造物故我在 [M]. 郑州 : 大象出版社 ,2002.

［2］ 朱京 . 论工程的社会性及其意义 [J]. 清华大学学报 (哲学社会科学版),2004,(6).

[3] 马克思恩格斯文集（第一卷）[M]. 北京：人民出版社，2009.
[4] 殷瑞钰、汪应洛、李伯聪，等．工程哲学 [M]. 北京：高等教育出版社，2013.
[5] 唐魁玉，张妍．论社会工程的三个基本属性——以三峡工程为例 [J]. 辽东学院学报（社会科学版），2008,(5).
[6] 马克思恩格斯选集（第三卷）[M]. 北京：人民出版社，1972.
[7] Maslow, A.H.A Theory of Human Motivation[J].Psychological Review, 1943, 50 (4).
[8] 王章豹，黄驰，李杨．论工程的社会功能及作用机制 [J]. 工程研究－跨学科视野中的工程，2018,10(3).
[9] 马尔里希·贝克．世界风险社会 [M]. 吴英姿，孙淑敏，译．南京：南京大学出版社，2004.
[10] 蕾切尔·卡逊．寂静的春天 [M]. 吕瑞兰．李长生，译．吉林人民出版社，1997.
[11] D. Collingridge.The Social Control of Technology[M]. London: Fances Pinter Ltd,1980.
[12] 段伟文．工程的社会运行 [J]. 工程研究－跨学科视野中的工程，2007,(3).
[13] 李伯聪，等．工程社会学导论：工程共同体研究 [M]. 杭州：浙江大学出版社，2010.
[14] 黄旭东．马克思主义经典作家的工人阶级理论与当代中国工人阶级的新变化 [J]. 江汉论坛，2009(1).
[15] 付俊文，赵红．利益相关者理论综述 [J]. 首都经贸大学学报，2006,（2）.
[16] 范春萍．工程退役问题 [J]. 工程研究－跨学科视野中的工程，2014,6（4）.
[17] 王锋，胡象明．重大项目社会稳定风险评估模型研究：利益相关者的视角 [J]. 新视野，2012,（4）.
[18] 殷瑞钰．工程演化与产业结构优化 [J]. 中国工程科学，2012,(3).
[19] 李世新．正面建设是工程伦理学研究的当务之急 [J]. 武汉科技大学学报（社会科学版），2011,(6).
[20] 张景林．安全学 [M]. 北京：化学工业出版社，2009.
[21] 姚佳，朱建春．社会学视角下邻避效应与治理探析 [J]. 决策探索（下），2019,(3).
[22] 郭巍青，陈晓运．风险社会的环境异议——以广州市民反对垃圾焚烧厂建设为例 [J]. 公共行政评论，2011,4(1).
[23] 乌尔里希·贝克．风险社会 [M]. 何博闻，译．南京：译林出版社，2003.
[24] 李正风，丛杭青，王前，等．工程伦理（第 2 版）[M]. 北京：清华大学出版社，2019.
[25] 杨适．哲学的童年 [M]. 北京：中国社会科学出版社，1987.
[26] 王大洲编．技术、工程与哲学 [M]. 北京：科学出版社，2013.
[27] 全国职业工程师协会（NSPE）．工程师伦理准则 [EB/OL].http://www.nspe.org/resources/ethics/code-ethics,2016-2-20.
[28] 徐嵩龄主编．环境伦理学进展：评论与阐释 [M]. 北京：社会科学文献出版社，1999.
[29] 世界环境与发展委员会．我们共同的未来 [M]. 王之佳，柯金良，译．长春：吉林人民出版社，1997.
[30] Lenk H. Distributability problems and challenges to the future resolution of responsibility conflicts[J]. PHIL&TECH, 1998,3(4).
[31] 陈凡．工程设计的伦理意蕴 [J]. 伦理学研究，2005,(6).
[32] 喻雪红．核电发展的伦理原则 [J]. 广西社会科学，2008,(10).
[33] 苗力田．亚里士多德选集：伦理学卷 [M]. 北京：中国人民大学出版社，1999.
[34] 朱葆伟．高技术的发展与社会公正 [J]. 天津社会科学，2007,(1).
[35] 2004 年世界工程师大会上海宣言——工程师与可持续的未来 [J]. 科协论坛，2004,（12）.

[36] 刘大椿 . 科学技术哲学导论 [M]. 北京 : 中国人民大学出版社，2005.

[37] 赵延东 , 廖苗 . 负责任研究与创新在中国 [J]. 中国软科学 ,2017,(3).

[38] 晏萍 , 张卫 , 王前 . “负责任创新” 的理论与实践述评 [J]. 科学技术哲学研究 ,2014,31(2).

[39] 林淑芬 . 优纳斯论科技时代的伦理学与责任 [C], 台湾哲学学会 2007 年 “价值与实在” 哲学研讨会 ,2007.

[40] 汪冰 . 国外 “负责任创新” 研究综述 [D]. 东北大学 ,2015.

[41] 米切姆 . 工程与哲学——历史的、哲学的和批判的视角 [M]. 王前 , 等 , 译 . 北京 : 人民出版社 ,2013.

[42] Owen.R, Stilgoe J., Macnaghten P., et al. A Framework for Responsible Innovation[C]. Owen.R,Bessant J., Heintz M.Responsible Innovation: Managing theResponsible Emergence of Science and Innovation in Soc–iety.London:Wiley,2013.

[43] 顾萍，丛杭青，孙国金 . “五水共治” 工程的社会参与理论与实践探索 [J]. 自然辩证法研究，2019，35（1）.

[44] 胡志强，肖显静 . 从 “公众理解科学” 到 “公众理解工程” [J]. 工程研究 – 跨学科视野中的工程，2004，（11）.

[45] 张志会 . 从水坝工程看我国公众理解工程的问题与对策 [J]. 工程研究 – 跨学科视野中的工程，2010，2（3）.

[46] 段世霞 . 我国大型公共工程公众参与机制的思考 [J]. 宁夏社会科学，2012,（3）.

[47] 赵洪艳，刘晓锋，尹海洁 . 争议工程决策中的公众参与 [J]. 工程研究 – 跨学科视野中的工程，2018,10（3）.

[48] 杨秋波 . 工程建设中公众参与机制研究 [D]. 天津大学，2009.

编写专家

胡志强　王　楠　田凯今　宋林柯　张　帅

审读专家

李伯聪　王大洲　张恒力　梁　军

专业编辑

张　媛